Geographische Anthologie des 19. Jahrhunderts

Imre Josef Demhardt

Aus allen Weltteilen Ägypten mit Sudan und Libyen

Springer Spektrum

Imre Josef Demhardt
Department of History,
University of Texas at Arlington
Arlington, USA

ISSN 2364-575X ISSN 2364-5768 (electronic)
Geographische Anthologie des 19. Jahrhunderts
ISBN 978-3-662-46273-7 ISBN 978-3-662-46274-4 (eBook)
DOI 10.1007/978-3-662-46274-4

Die Deutsche Nationalbibliothek verzeichnet diese Publikation in der Deutschen Nationalbibliografie; detaillierte bibliografische Daten sind im Internet über http://dnb.d-nb.de abrufbar.

Springer Spektrum

Planung: Merlet Behncke-Braunbeck

Einbandabbildung: Die Umschlagszeichnung ist der Titelkartusche der Zeitschrift *Aus allen Welttheilen. Illustriertes Familienblatt für Länder- und Völkerkunde*, 21. Jahrgang (1890), Heft 1, entnommen.

Gedruckt auf säurefreiem und chlorfrei gebleichtem Papier

Springer Spektrum ist Teil von Springer Nature
Die eingetragene Gesellschaft ist Springer-Verlag GmbH Berlin Heidelberg

Dieses Buch widme ich meinem Vater

Josef Demhardt

Németbóly in Ungarn 9.1.1929 – Wiesbaden 22.9.2015

Der Wissenschaftler und noch mehr der Sohn ist dankbar für die Ermunterung zur Neugier und die Unterstützung auf dem langen akademischen Weg. Gerade weil die Verwerfungen des Krieges Dich nicht Lehrer werden ließen, hast Du mein kindliches Interesse an fremden Erdteilen erkannt und gefördert. Deshalb ist auch diese Buchreihe über die Erkundung der Welt, an deren Entwurf Du noch Anteil genommen hast, nicht zu denken ohne den technikbegeisterten Kleinhäuslerbub aus der "schwäbischen Türkei".

Über diese Reihe

Nachdem die Aufklärung ein breites Interesse an der Geographie (griechisch für Erdbeschreibung) geweckt hatte, waren landeskundliche Textformen im deutschsprachigen Raum bereits um das Jahr 1800 gleich hinter der Belletristik zum meistgelesenen literarischen Genre des aufstrebenden Bildungsbürgertums geworden. Dieses Interesse wurde befeuert durch das Einsetzen neuer Entdeckungsfahrten in alle Winkel des Globus und auch dem interessierten Laien zugängliche Themen und Sprache dieser sich erst entwickelnden Wissenschaftsdisziplin. Das 19. Jahrhundert wurde dadurch zum „geographischen Zeitalter" schlechthin, das begierig den kühnen Gipfelvorstößen der Alpinisten im heimischen Hochgebirge folgte und sich von den bald als Helden gefeierten Entdeckern und Forschungsreisenden immer neue Details der fernen Erdteile erklären ließ.

Die Berichterstattung insbesondere aus Übersee war fast das gesamte Jahrhundert hindurch dreistufig organisiert: Der Reisende berichtete noch von unterwegs, so oft wie angängig, in Reisebriefen an heimische Vertraute, welche häufig deren Inhalt der Presse weitergaben. Nach der Heimkehr wurde das Publikum, das den bruchstückhaft kolportierten Fährnissen des Forschers mitunter über Jahre hinweg gefolgt war, mit einem oder mehreren Artikeln befriedigt, die aufgrund der noch frischen Erinnerungen in Verbindung mit Höhepunkten aus den geführten Reisetagebüchern oft eine sehr unmittelbare Schilderung geben. Bei hinreichend großem Interesse folgte als letzter und umfassendster Publikationsschritt eine auf abgewogener Verarbeitung der Erlebnisse und Ergebnisse beruhende umfangreiche Darstellung in nicht selten mehrbändigen Reisewerken.

Während herausragende dieser monographischen Reisewerke in den vergangenen Jahren als Reprint wieder zugänglich wurden, sind doch die durch Publikumsdruck und Zeitschriftenkonkurrenz entstandenen knappen Textformen von nur wenigen Zeilen kurzen Miszellen bis hin zu mehrseitigen Artikeln die Erst- bzw. Hauptverbreitungsformen des Neuen und Eigenartigen gewesen. Da sich die Geographie als Hochschuldisziplin in jenen Jahren noch ausbildete, sind auch die Texte von Fachmännern (fast nie waren es Frauen!) auch heute noch dem interessierten Laien zugänglich, da noch häufig im größeren Zusammenhang die Themen eher erzählend berichtet und (noch) nicht ins immer Kleinere gehend analysiert wurden. Manche der Texte schwingen sich sogar zu literarischer Höhe auf. Ungeachtet dieser Reize sind die zeitgenössischen Zeitschriftenberichte kaum mehr bekannt, was vor allem an der heute überaus schwierigen Zugänglichkeit dieser Quellentexte liegt.

Zwischen dem Ende des 18. und dem Beginn des 20. Jahrhunderts finden sich im deutschsprachigen Mitteleuropa etwa ein halbes Hundert als geographisch zu bezeichnende Zeitschriften mit einer weiteren Verbreitung und Wirkung, wobei die erst spät und dann nur in Fachkreisen wichtig werdenden Instituts- und kleineren Vereinsorgane hier außen vor bleiben können. Von diesem halben Hundert erschienen die meisten nur über wenige Jahre, mitunter aber fortlebend unter geändertem Titel und Konzept. Jedoch nur eine Handvoll etablierten sich für länger als eine Dekade, und bis auf ein halbes Dutzend waren alle bereits beim Ausbruch des Ersten Weltkriegs endgültig untergegangen.

Aus dem Bewusstsein selbst der meisten Fachgeographen und ganz sicherlich demjenigen des breiten Publikums verschwunden sind diese Chronisten der Errungenschaften und Rückschläge des „geographischen Zeitalters" heute selbst in großen Universitätsbibliotheken nur vereinzelt und dann oft unvollständig aufzufinden. In ihrer Gesamtheit stellen diese geographischen Fach- und Publikumszeitschriften einen reichen, überaus lebendigen und deshalb zu Unrecht vergessenen Fundus der bürgerlichen Weltentdeckung zwischen der Aufklärung und der Moderne dar. Diesen verborgenen Wissensschatz zu heben, zumindest in Auszügen, gilt das Interesse dieser Reihe.

Über diesen Band

Noch bevor 1529 die „Türken vor Wien“ standen und nur mit knapper Not abgewehrt werden konnten, hatte das Osmanische Reich, damals auf dem Höhepunkt seiner Macht, ab 1516 nicht nur den Nahen Osten unterworfen, sondern 1517 auch Ägypten und 1521 die Küstenlandschaften an der Großen Syrte erobert. Damit beherrschte der Sultan von Konstantinopel auf Jahrhunderte weite Gebiete im Südosten von Europa, im Westen von Asien und im Norden von Afrika, ein heute fast vergessenes Weltreich, das seine einstigen Teilräume bis in die Gegenwart prägt. Die osmanische Eroberung der Osthälfte des Mittelmeeraums fiel zeitlich zusammen mit der Umorientierung des europäischen Interesses auf die gerade von Kolumbus entdeckte Neue Welt und bald auch andere überseeische Kolonialgebiete. Auch deshalb kehrten die Europäer dem Nordosten von Afrika drei Jahrhunderte lang gleichsam den Rücken zu. Ein grundlegender Wandel trat erst mit dem französischen Ägypten-Feldzug 1798–1801 ein, der diesen Teil des Orients mit einem Paukenschlag wieder ins Blickfeld des politischen, wirtschaftlichen und damit auch wissenschaftlichen Interesses rückte.

Das nun folgende Jahrhundert sah eine zunehmende Durchdringung der osmanischen Provinzen in Afrika zwischen den Ausläufern des Atlasgebirges und dem Roten Meer durch Forschungsreisende wie Kaufleute, die mit einer verhaltenen Modernisierung der traditionellen Strukturen der noch weithin archaisch geprägten Gesellschaften einherging. Diese Prozesse trugen nicht wenig zum Zerfall des ohnehin im Niedergang begriffenen Osmanischen Reichs bei. Um die Wende zum 20. Jahrhundert schließlich verlor es seine nordafrikanischen Provinzen an europäische Kolonialmächte: Ägypten *de facto* 1882 (*de jure* 1914) und Sudan 1898 an Großbritannien und Libyen 1911 an Italien. Das fundamental Neue, die Umbrüche des Bekannten und das Kuriose waren die wesentlichen Gegenstände der Berichterstattung in den geographischen Zeitschriften. Dabei begriffen die Zeitgenossen das osmanische Nordafrika als einen gekammerten, aber doch stark einheitlich geprägten Kulturraum. Deshalb mag es verwundern, dass noch keine historische Länderkunde es unternommen hat, das Gemeinsame und das Fortwirkende dieser wesentlich im 19. Jahrhundert geprägten Region herauszuarbeiten.

Der Schlüssel zum Verständnis vieler moderner Phänomene im Nordosten von Afrika liegt in einer historischen Betrachtung vor allem von Ägypten, seit jeher das Herzland der Region. Es ist nicht zu hoch gegriffen, wenn man dem französischen Militärabenteuer unter dem nachmaligen Kaiser Napoleon die Zeitenwende des gesamten osmanischen Afrika zur Moderne zuschreibt. In den Turbulenzen nach dem Abzug der Franzosen schwang sich der Söldnerführer Mehmed Ali zum faktisch souveränen „Vizekönig“ auf. Dieser modernisierte das osmanische Ägypten nicht nur grundlegend, sondern unterwarf ab 1820 auch die oberen Nilländer der doppelten Herrschaft des Sultans in Konstantinopel und seiner eigenen Dynastie. Die Modernisierung von Staat und Wirtschaft stützte sich nicht zuletzt auf eine damals überraschend kosmopolitische Bevölkerung mit zahlreichen ansässigen Europäern, blieb aber vielfältig alten Strukturen verhaftet wie etwa der Sklaverei (vgl. Kap. 1).

Der Brotkorb des damals noch fast ausschließlich agrarischen Ägypten war das Nildelta mit der Hafenstadt Alexandria, die von europäischen Reisenden als morgenländischer Schmelztiegel schlechthin beschrieben wurde, wo sich moderne Einsprengsel neben antiken Trümmern fanden. Die ökologische Untersuchung des Naturraums des Deltas mit den Nilarmen stießen bereits napoleonische Offiziere an, die sich auch als Erste den Phänomenen des Wadi Natrun zuwandten. Wenn auch schon von diesen vermutet, so brauchte es noch Jahrzehnte, bis nachgewiesen werden konnte, dass die hiesigen Seen eine Durchsickerung vom Nildelta sind, der „Fluss ohne Wasser“ aber kein ausgetrockneter Altarm des Nil ist (vgl. Kap. 2).

Der Nil und seine Wirtschaft wie Volksleben dominierender Überschwemmungszyklus wurde von allen Reisenden als die Lebensader des Landes beschrieben. Schon früh im 19. Jahrhundert kam mit Ägypten als Touristenziel auch die Flusskreuzfahrt auf dem Nil in Mode, damals aber noch eine wenig entspannte und monatelange Tour auf einheimischen Flussseglern. Schon im letzten Viertel des 19. Jahrhunderts hatte sich dann der heutige „Haupttrampelpfad“ der Reisenden voll ausgebildet. Wegen der überragenden Bedeutung des Nil begann bereits Vizekönig Mehmed Ali mit großen Wasserbauprojekten, um die Bewässerungsleistung des Flusses auszuweiten und zu verstetigen. Nachdem Ägypten 1882 faktisch zu einem britischen Protektorat geworden war, wurde 1902 der erste Staudamm bei Assuan fertiggestellt und bereits 1912 auf 35 m erhöht. Dies leitete das Ende der seit grauer Vorzeit das Niltal prägenden jahreszeitlichen Nilüberschwemmungen ein, das mit dem 1960–1971 nur etwas stromauf errichteten dritten und 111 m hohen Hochdamm besiegelt wurde. Anders als im nun grundlegend veränderten Niltal können manche der historischen Eigenheiten der alten Flussoase im fruchtbaren Becken des Fayyum noch angetroffen werden, einer im 19. Jahrhundert wie heute von ausländischen Reisenden zu Unrecht wenig besuchten Ausstülpung der Niloase (vgl. Kap. 3).

Die moderne Megacity Kairo hatte keinen pharaonischen Vorläufer, sondern entwickelte sich aus mehreren arabisch-osmanischen Siedlungskernen. Als Haupt- und Residenzstadt des „vizeköniglichen" Ägypten entfaltete sie im 19. Jahrhundert eine vielbeschriebene orientalische Pracht mit europäischen Einsprengseln. Der Rundgang zeitgenössischer Besucher schloss neben den Basaren unfehlbar auch einen Besuch der Pyramiden von Gizeh auf dem gegenüberliegenden Flussufer ein – mit damals wie heute nicht immer pfleglichem Umgang mit dem pharaonischen Erbe (vgl. Kap. 4).

Zwar gab es schon in der Antike einen Kanal vom Nildelta zum Roten Meer, doch ist die heutige Wasserstraße des Suez-Kanals erst eine Idee des 19. Jahrhunderts. Nach der Überwindung vielfältiger Widerstände und mit kritischer Begleitung in den Zeitschriften wurde das technologische Großprojekt 1854–1869 von einem privaten Konsortium unter der Führung des Franzosen Ferdinand de Lesseps umgesetzt. Neben der Wasserstraße selbst umfasste die Unternehmung aber auch riesige Bewässerungsflächen entlang eines Süßwasserkanals vom Nil her sowie die Anlage der drei Hafenstädte Port Said, Ismailija und Suez (vgl. Kap. 5).

Vergleichsweise geringe Beachtung durch die Zeitgenossen erfuhr die benachbarte Sinai-Halbinsel, wo vor allem alttestamentarische Bezugspunkte wie die Mosesquellen an der Bucht von Suez und das Katharinenkloster am Berg Sinai, wo die Israeliten die Gesetzestafeln empfangen hatten, öfter besucht und beschrieben wurden. Gerade im gebirgigen Süden aber war es noch um 1900 eine beschwerliche Expedition, vom Berg Sinai zum Haupt des Golfs von Aqaba zu gelangen (vgl. Kap. 6).

Bereits in ihrem Eröffnungsheft 1774 suchte die erste moderne geographische Zeitschrift zu ergründen, woher das Rote Meer seinen Namen hatte. Mit den Eroberungszügen von Mehmed Ali ab 1813 nach Arabien und ab 1820 in die oberen Nilländer wurde dieses Randmeer des Indischen Ozeans vorübergehend fast zu einem ägyptischen Binnenmeer. Allerdings zeichnen alle Berichte bis zum Ende des Jahrhunderts das Bild von Häfen, Schifffahrt und Fischerei in vormoderner Stagnation (vgl. Kap. 7).

Wenn auch gemeinhin die Niltaloase mit Ägypten gleichgesetzt wird, so nehmen doch die Arabische Wüste im Osten und die Libysche Wüste im Westen mehr als neun Zehntel der Landesfläche ein. Die zwischen dem Nil und dem Roten Meer gelegene Arabische Wüste stellt sich heutigen Besuchern kaum anders dar als schon den Forschern des 19. Jahrhunderts: ein von wenigen Nomaden durchzogener gebirgiger Trockenraum mit dem koptischen St.-Antonius-Kloster als Hauptanziehungspunkt (vgl. Kap. 8).

Die Libysche Wüste bildet im Kontrast zu ihrem östlichen Pendant eine absteigende Folge von Beckenlandschaften, bis hinab zur Kattarasenke 133 m unter dem Spiegel des nahen Mittelmeeres. Die in die Depressionsbecken eingestreuten Oasengruppen – heute zwar immer noch entlegene, aber für den Wüstentourismus gut erreichbare und wasserbaulich entwickelte Landwirtschaftsflächen – waren noch gegen Ende des 19. Jahrhunderts nur durch Kamelkarawanen erreichbare grüne Flecken, die in seit alter Zeit kaum gewandelter Selbstversorgungswirtschaft verharrten. Vor allem die Berichte der vom Bremer Saharaforscher Gerhard Rohlfs geleiteten Gelehrten-Expedition 1873–1874 zeichnen ein anschauliches Bild einer zeitgenössischen Wüstenexpedition. Obwohl seit pharaonischer Zeit die bedeutendste ägyptische Wüstenoase, war auch das nur 300 Kilometer südlich der Mittelmeerküste gelegene Siwa noch um 1900 nur beschwerlich zu erreichen und die althergebrachte Klanstruktur gerade erst unter einen diplomatisch lavierenden Agenten der Zentralverwaltung in Kairo gestellt (vgl. Kap. 9).

Bis zum Beginn des 19. Jahrhunderts galt Nubien als die osmanisch-ägyptische Grenzlandschaft gen Süden. Mit den 1820 unter „Vizekönig" Mehmed Ali begonnenen Eroberungszügen schuf sich Ägypten ein weit südlich der zweiten Nilkatarakte bei Wadi Halfa ausgreifendes Kolonialreich. Diese Erwerbungen erstreckten sich bald den Blauen Nil hinauf bis zum Fuß des äthiopischen Hochlandes und am Weißen Nil bis zu dessen riesigen Sümpfen und waren als koloniales Ausbeutungsgebiet mit den Schwerpunkten Tributzahlungen und Sklavenhandel organisiert. Hauptstützpunkt wurde das erst 1821 am Zusammenfluss von Blauem und Weißem Nil gegründete Khartum. In einer letzten Ausdehnungsphase wurde 1870–1873 der Bahr el-Ghazal, die ausgedehnte Beckenlandschaft des oberen Weißen Nil, zuvor schon Jagdgebiet der Sklavenhändler, zumindest oberflächlich dem Vizekönigreich Ägypten unterworfen.

Ab den 1860er-Jahren erregten drastische Berichte über die ägyptische Misswirtschaft das europäische Publikum, sodass der hiergegen 1881 ausgebrochene islamistische Aufstand keinen Zeitschriftenleser überraschte. Bis 1885 hatten die Aufständischen die Ägypter vertrieben und einen Gottesstaat im Sudan errichtet, der schon alle Züge aktueller Gruppierungen im

Orient zeigte. Erst 1898 gelang es ägyptischen und britischen Truppen, das Mahdi-Reich zu zerschlagen und auf dessen Trümmern den Anglo-Ägyptischen Sudan zu schaffen, der in dieser Form auch nach der Unabhängigkeit 1956 bis zur Staatsspaltung 2011 bestand. Noch vor dem Ersten Weltkrieg wurde Khartum als koloniale Planstadt wiederaufgebaut und die koloniale Landesentwicklung durch den Bau von Port Sudan am Roten Meer und einer die Karawanenrouten ersetzenden Eisenbahnlinie zum Flussumschlagplatz Khartum angestoßen (vgl. Kap. 10).

Noch deutlicher als im Sudan ist der aktuelle Staatszerfall in Libyen wesentlich in den osmanischen Strukturen angelegt. Beim Eintritt in das 19. Jahrhundert zeigt sich dieser Reichsteil als ein verfestigter Dualismus zweier Küstenlandschaften, Tripolitanien im Westen und Cyrenaica im Osten der Großen Syrte, mit einem von den Osmanen bis zum Ende des Jahrhunderts nie wirklich beherrschten riesigen wüstenhaften Hinterland mit souveränen Nomadenstämmen. Die Wirtschaftsgrundlage dieser Provinz war nicht die vernachlässigte Landwirtschaft in den wenigen Gunsträumen, sondern der transsaharische Karawanenhandel mit den bis zur Unterwerfung durch die europäischen Kolonialmächte in den 1880er-Jahren althergebrachten westafrikanischen Handelsreichen vom Tschad-See bis Timbuktu am Nigerknie. Vom Niedergang des Osmanischen Reichs suchte Italien 1911 durch die überfallartige Annexion der Landschaften an der Großen Syrte zu profitieren, handelte sich damit aber einen jahrzehntelangen Guerillakrieg mit dem radikalislamischen Senussi-Orden ein. Dieser sich abschließende Orden hatte bereits 1879 Gerhard Rohlfs aus den Kufra-Oasen vertrieben und dafür gesorgt, dass noch bei Ausbruch des Ersten Weltkriegs das von der Cyrenaica, dem Tibestigebirge, dem Darfur und den ägyptischen Wüstenoasen gebildete Viereck, welches in etwa der Fläche des modernen Libyen entsprach, der größte von Europäern nicht erforschte weiße Fleck in Afrika geblieben war (vgl. Kap. 11).

Bevor sich der geneigte Leser in das Studium der Teillandschaften des osmanischen Afrika vertieft, sollen einige Worte die gewählte Erschließungsmethode der Textauszüge und der begleitenden Materialien erläutern. Um den vorliegenden Band handlich zu halten, sind die Texte zunächst nach Regionen und innerhalb derselben nach den die Zeitgenossen bewegenden Themen ausgewählt und dann auf den charakteristischen Kern gekürzt. Diese Textauszüge sind dann zum besseren Verständnis des Lesers mit den inhaltlichen Einordungen sowie Skizzen des zeitgenössischen Umfelds versehen sowie, wo immer notwendig, durch Einschübe oder Fußnoten erläutert. Die Originaltexte sind dabei durch Serifen-Schrift, alle editorischen Elemente an der serifenlosen Schrift zu erkennen.

Die Auswahl und Bearbeitung erfolgt mit wissenschaftlichem Anspruch, ohne jedoch eine quellenkritische Edition sein zu wollen, dabei stets auch mit Blick auf die Balance von Bildung und Unterhaltung des Lesers. Somit stellt der gewählte Ansatz eine Ergänzung sowohl moderner wissenschaftlicher Länderkunden als auch der landeskundlichen Teile von Reiseführern dar.

In editorischer Hinsicht ist die originale Schreibweise in den Textauszügen grundsätzlich beibehalten worden, lediglich heute unverständliche oder verwirrende Schreibungen und offensichtliche (Druck-)Fehler wurden stillschweigend berichtigt. Eckig geklammerte fette Zahlen verweisen auf die Seitenzahl der Quelle, eckig geklammerte Punktierungen auf Auslassungen und Texte in eckigen Klammern auf knappe Erläuterungen im Textkörper eines Auszugs. Um eine gezielte Suche zu ermöglichen, findet sich am Ende des Bandes ein umfangreiches Personen- und Ortsregister. Da die Schreibweisen von Namen von Verfasser zu Verfasser und über die Jahre häufig wechselten und heute nicht selten wieder andere Formen existieren, wird in diesen Fällen im Register die zeitgenössisch gebräuchlichste Form verwandt und bei stark abweichenden Formen der Nutzer durch einen Verweis auf den Haupteintrag geleitet.

Ein Schatz vieler geographischer Zeitschriften sind die beigegebenen Karten, welche den staunenden Zeitgenossen ihren Gegenstand oft erstmals in den Umrissen enthüllten und mitunter in aufeinander folgenden Artikeln nach jeweils jüngsten Forschungsberichten mehr oder minder drastisch umgeformt wurden. Eine Auswahl der die Textauszüge im Original begleitenden Karten und sonstigen Abbildungen ist diesem Band beigegeben. Auf den inneren Umschlagsseiten findet sich eine Orientierungskarte mit den topographischen Hauptelementen, modernen Staatsgrenzen und einigen Orts- und Landschaftsnamen. Die Blattschnitte zeigen die räumliche Abdeckung und im Rahmen der Blattschnitte die Nummer und das Kapitel, in welchem die betreffende Karte gefunden werden kann. Die genaue Seitenlage der Karten, wie auch diejeniger aller sonstigen Abbildungen, kann durch das Verzeichnis der Karten und Abbildungen ermittelt werden, welches auch auf die Fundstelle in den Originaltexten hinweist.

Auch bei diesem Band hat Teresa Kilian beim Zusammentragen der Auszüge aus den mitunter weit verstreuten Jahrgangsbänden der geographischen Zeitschriften geholfen. Nicole Salamanek setzte wieder die von mir entworfene Orientierungsskizze kartographisch um.

Imre Josef Demhardt
Arlington (Texas), August 2016

Inhaltsverzeichnis

Abbildungsverzeichnis

Osmanisches Ägypten – eine Einführung

Imre Josef Demhardt

I. J. Demhardt, *Aus allen Weltteilen Ägypten mit Sudan und Libyen*, Geographische Anthologie des 19. Jahrhunderts,
DOI 10.1007/978-3-662-46274-4_1

1.1 Lage und Eintritt ins 19. Jahrhundert

Fritz Jaeger: Ägypten. In: Geographische Zeitschrift, 1907: 13, Seite 1–23, 71–92.

In der Nordostecke des afrikanischen Kontinents liegt das Nilland Ägypten, ein geographisches Individuum von so charakteristischer Eigenart und so bestimmter Abgrenzung gegen Nachbargebiete, wie wenige Länder der Erde. Besteht doch das ganze Land eigentlich nur aus dem Niltal, das zwischen den Steilrändern der endlos zu beiden Seiten sich ausdehnenden Wüste dahinzieht. Das Land ist somit begrenzt vom Mittelmeer im N [orden], von der libyschen Wüste im W [esten] und von der arabischen Wüste im O [sten]. Aber die Wüste ist mehr als nur der Rahmen des Bildes, das wir zu betrachten haben. Sie hebt nicht nur durch ihre grundverschiedene Natur das Nilland deutlicher als geographische Einheit hervor, sondern beeinflußt es direkt in mannigfacher Weise. Das Nilland wäre ein anderes, wenn es nicht von der Wüste begrenzt würde, und wir können seine Natur nur verstehen wenn wir auch die Wüste in die Betrachtung hereinziehen. [...]

Weniger scharf als gegen die Wüste im O [sten] und W [esten] ist die Grenze Ägyptens im Süden, da das Niltal weit hinauf den Charakter der Oase in der Wüste beibehält. Aber die Natur des Landes ändert sich doch, wo oberhalb Edfu die Felsen der Wüste so dicht an den Fluß herantreten, daß aus der breiten Nilebene nur ein schmaler Saum des Ufers wird, der sich zwischen Wüste und Fluß einschiebt. Eine etwas stärkere Grenze ist jedoch erst der erste Katarakt bei Assuan, der immerhin eine gewisse Verkehrs- und Volksscheide bildet. Bis zu ihm rechnet man daher gewöhnlich und mit Recht das eigentliche Ägypten. Nehmen wir diese Grenze an, so erstreckt sich das Land ungefähr von 24° bis 31½° n [ördlicher] Br [eite]. Daß jedoch auch diese Südgrenze noch etwas Willkürliches hat, lehrt die Geschichte Ägyptens. Sowohl im Altertum als auch im 19. Jahrhundert dehnte sich das ägyptische Reich zu verschiedenen Zeiten sehr verschieden weit darüber hinaus nach S [üden] aus. [...] **[1]** [...] [◘ Abb. 1.1]

Vergegenwärtigen wir uns jetzt die Lage Ägyptens zu den Nachbarländern. Im W [esten] und S [üden] steht das Land in breitem Zusammenhang mit dem ganzen afrikanischen Kontinent. Doch wird die Verkehrsbedeutung dieses Zusammenhangs sehr abgeschwächt durch die Unwirtlichkeit der Wüsten, die zunächst zu durchschreiten sind. Im O [sten] trennt die weniger ausgedehnte arabische Wüste das Niltal vom Roten Meer. Sie läßt sich, wenn auch nur in beschwerlicher Karawanenreise, durchschreiten, um die wichtige Handelsstraße des Roten Meeres zu erreichen. Dies trennt den afrikanischen Nordosten von Asien. Nur im N [orden] des Roten Meeres hängen die beiden Kontinente durch die Landenge von Sues zusammen, [...]. [...] Durch das Mittelmeer ist Ägypten im N [orden] von Europa getrennt, aber für den Verkehr doch besser damit verbunden, als mit dem übrigen Afrika, mit dem es (außer durch das Niltal) nur durch Wüsten zusammenhängt. So wird Ägypten durch seine zentrale Lage zwischen drei Kontinenten und zwei Meeren hingewiesen auf den Verkehr mit Afrika, Asien und Europa übers mittelländische und übers Rote Meer und den indischen Ozean. [...] **[2]** [...]

Das vom afrikaerfahrenen Naturgeographen Fritz Jaeger (1881–1966) so bestimmte Ägypten wurde mit dem Fanfarenstoß der napoleonischen Militärexpedition 1798 nach jahrhundertelanger Randständigkeit in politischer, wirtschaftlicher und kultureller Hinsicht von Europa wiederentdeckt. Dieses Interesse hielt auch nach der raschen Vertreibung der Franzosen an, da die nachfolgenden Herrscher, hierin im Gegensatz zu vielen orientalischen Potentaten ihrer Zeit, das Land entschieden dem Handel und der Modernisierung öffneten. Wiewohl die Aufschließung des Nillandes zunächst noch infolge der Umwälzungen der napoleonischen Kriege in Europa bis 1815 stockte, so erkannte doch der elsässische Länderkundler Theophil Ehrmann (1762–1811) die sich im neuen Jahrhundert ergebenden Forschungsmöglichkeiten:

Theophil Ehrmann: Ueber die neueste Kunde von Aegypten verglichen mit der älteren. Ein geographisch-kritischer Versuch. In: Allgemeine geographische Ephemeriden, 1807: XXIV.10, Seite 171–193; XXIV.11, Seite 249–289.

Aegypten ist bekanntlich eines der merkwürdigsten Länder der Erde, in sehr vielfacher Rücksicht **[171]** höchst interessant, und darum war die nähere Erforschung und vollständigere Kenntniss desselben schon seit langen Zeiten[1] der Zweck rastloser Bemühungen vieler thätigen Forscher [...]. Aber ein Ergebniss unserer Tage [= 1807], nämlich die Unternehmung der Franzosen auf Aegypten unter [Napoleon] Buonaparte [1798–1801], macht Epoche in der Geschichte der Kunde dieses eben dadurch noch wichtiger gewordenen Landes; denn diese Expedition war nicht bloss militärisch; sie hatte noch andere Nebenzwecke, die den Künsten und Wissenschaften zum Vortheile gereichten; desshalb ward sie von einer ziemlich beträchtlichen Anzahl von Gelehrten, Künstlern und anderen aufmerksamen Beobachtern begleitet [...]. – Was liess sich da nicht Alles erwarten?

Aegypten wurde von den Franzosen erobert; sie setzten sich in den Besitz dieses Landes und behaupteten sich beinahe drei volle Jahre lang darin; nämlich vom 2. Jul [i] 1798, wo die Landung bei Alexandrien geschah, bis zum 27. Jun [i] 1801, an welchem die conventionsmässige Räumung des Landes vollzogen wurde. Hier war nun den Forschern ein weites Feld eröffnet, und begünstigt von allen so glücklich zusammentreffenden Umständen, konnten sie nun Alles leisten, was vor ihnen Keiner zu leisten vermocht hatte. Denn nicht zu gedenken, dass **[172]**

1 Seit der Aufklärung hatte das abendländische Interesse an Ägypten zwar zugenommen, jedoch stammten die immer noch wenigen Reiseberichte vor allem von Diplomaten und Kaufleuten. Der wissenschaftliche Pionierreisende für den deutschen Sprachraum war Carsten Niebuhr, der 1761–1767 eine auch das Nilland berührende Arabienreise unternahm; ► Abschn. 6.2 Das Katharinenkloster, Fußnote 4. Noch vor Napoleons Landung bei Alexandria 1798 waren weitere Reisende ins Land gekommen – etwa der aus Pennsylvania stammende Herrenhuter John Antes (1740–1811), der ab 1789 für ein Jahrzehnt als Missionar bei den Kopten in Kairo lebte, und Friedrich Hornemann (1772–1801), der sich 1797–1798 in Kairo auf seine Sahara-Durchquerung vorbereitete; ► Abschn. 11.5 Das Sultanat Fessan und die Kufra-Oasen, Fußnote 72; ► Abschn. 9.1, Die deutsche Gelehrten-Expedition 1873–1874 – und hatten darüber verlässliche Berichte in die Heimat gesandt.

■ **Abb. 1.1** Phyto-geographische Karte des Nilgebietes und der Uferländer des Rothen Meeres, nach älteren und neueren Quellen entworfen und gezeichnet von Dr. G. Schweinfurth. In: Mittheilungen aus Justus Perthes' Geographischer Anstalt, 1868: 14, Tafel 9

ein Einzelner allein nie das ausrichten kann, was ganze Gesellschaften mit vereinten Kräften zu vollbringen im Stande sind; so ist es ja auch bekannt genug, mit welchen Beschwerlichkeiten und Gefahren ein forschender Reisender bis dahin in Aegypten zu kämpfen hatte, wo Barbarei und Despotismus[2] herrschten, wo der reisende Beobachter ohne Schutz von Seiten der Regierung allerlei Bedrückungen und Misshandlungen ausgesetzt, in steter Gefahr schwebte, geplündert oder ermordet zu werden.

Alle diese und noch mehrere andere Hindernisse waren nun aus dem Wege geräumt, und die französischen Gelehrten und Künstler hatten daher die schönste Musse und Gelegenheit zum Beobachten, Untersuchen und Nachforschen. Es ist sich daher auch gar nicht zu wundern, wenn durch ihre Bemühungen die Kunde von Aegypten in einem ganz neuen Lichte erscheint, wenn jetzt viele alte Irrthümer als solche erkannt, und die früheren Nachrichten gar sehr durch die neueren berichtigt, ergänzt und vervollständigt werden. Aber so arg ist es bei weitem nicht, dass man dem französischen [Militär-]Arzte [Jean Francois] Pugnet beistimmen könnte, wenn er in vollem Eifer sagt: „Man werfe ohne Ausnahme und ohne Gnade alle alten und neuen **[173]** Schriften der Reisebeschreiber über Aegypten ins Feuer! Alle haben uns irre geführt. Entweder haben sie nichts gesehen, oder das, was sie sahen, ganz entstellt!" [...] **[174]** [...] [◘ Abb. 1.2]

Die Macht der 30.000 Mann starken Orientarmee von Napoleon Bonaparte war zwar stark genug gewesen, nach der Landung bei Alexandria im Juli 1798 die Mamelucken-Kaste im Sturmlauf vom Herrscherthron in Kairo zu vertreiben, aber doch zu schwach, gegen die sich verbündenden Einheimischen und Briten auf Dauer zu bestehen. Mit dem Sieg der britischen Flotte unter Admiral Horatio Nelson in der Seeschlacht in der Bucht von Abukir am 1.–2. August 1798, der die französische Begleitflotte völlig vernichtete, und dem dadurch begünstigten Aufstand gegen die Franzosen ab Oktober war der Misserfolg des Feldzugs vorgezeichnet. Die entscheidenden Etappen der französischen Niederlage waren im August 1799 Napoleons fluchtartige Heimreise und im März 1801 die Landung britischer Truppen bei Abukir. Bis August hatten die Briten alle französischen Garnisonen eingenommen und transportierten dann mit ihrer Mittelmeerflotte die verbliebenen 10.000 Mann der Orientarmee, mitsamt dem Begleittross aus Wissenschaftlern und Künstlern, zurück nach Frankreich.

2 Gemeint sind die Mamelucken, eine aus zumeist kaukasischen Militärsklaven der osmanischen Oberherren gebildete Verwalterkaste, die seit Anfang des 18. Jahrhunderts unter Führung von Beys anstelle des nominellen osmanischen Gouverneurs die Herrschaft über Ägypten ausübten. Die Landung der Franzosen brach zwar die Herrschaft der Mamelucken, hinterließ aber nach deren Abzug 1801 ein Machtvakuum mit langwierigen Kämpfen um die neue Führungsrolle.

1.2 Mehmed Ali – vom Söldnerführer zum Dynastiegründer

Nach dem Abzug der Franzosen im Sommer 1801 suchten die Mamelucken, mit britischem Wohlwollen, sich wieder als Herrscherkaste zu etablieren. Die Regierung des Osmanischen Reichs in Konstantinopel jedoch, zu dem Ägypten vor Napoleons Abenteuer seit 1517 gehört hatte, sah in diesem Machtvakuum die Gelegenheit, ihren unter der Mameluckenherrschaft zuletzt schwachen Einfluss auf die wichtige Provinz am Nil zu stärken. Zu diesem Zweck wurden Hilfstruppen im damals osmanischen Griechenland und Albanien ausgehoben, darunter unabsichtlich auch der zukünftige Herrscher am Nil.

Mehmed Ali wurde um 1770 im nordostgriechischen Hafenort Kavalla in eine wohl kurdische Familie geboren und verdingte sich ohne nennenswerte Schulbildung als Tabakhändler und Milizionär. In letzterer Eigenschaft landete er als Führer des etwa 300 Mann starken Kavalla-Kontingents der osmanischen Entsatztruppe am 8. März 1801 bei Abukir gemeinsam mit den britischen Eingreiftruppen. In den Nachfolgekämpfen um die Herrschaft stieg Mehmed Ali in Kairo rasch zum Führer der wenigen im Land verbliebenen Milizionäre auf. Sich geschickt mit der Bevölkerung verbündend, konnte er so im März 1804 den letzten Mameluckenführer und im Mai 1805 auch den osmanischen Gouverneur vertreiben, als diese für die Kriegskosten hohe Steuerzahlungen durchzusetzen versuchten. Mit der Unterstützung der städtischen Führer verbarrikadierte sich Mehmed Ali auf der Zitadelle von Kairo und ertrotzte so, dass Konstantinopel ihn am 18. Juni 1805 offiziell zum Gouverneur mit dem Titel Pascha erhob – in der Praxis eine sehr selbstständige Stellung.

Um auch die britischen Truppen zu vertreiben, verbündete sich der neue Pascha 1807 mit der mameluckischen Militärkaste – nur um am 1. März 1811 bei einem Fest in der Zitadelle Hunderte von ihnen abschlachten zu lassen. Bevor seine im Kern albanischen Söldner zu einer Bedrohung für Mehmed Ali selbst werden konnten, kam ihm ein Auftrag der osmanischen Regierung zu Hilfe: 1806 hatten zentralarabische Stämme unter Führung der Familie Saud das zuvor osmanisch beherrschte Mekka und die Ostküste des Roten Meeres erobert. Mit der Rückeroberung wurde 1811 Mehmed Ali beauftragt, dessen kampferprobte Truppen, die nach europäischem Vorbild reorganisiert worden waren, Mekka 1813 und bis 1818 weite Teile des heutigen Saudi-Arabien bis fast zum Persischen Golf hin eroberten und *de facto* Ägypten angliederten. In rascher Folge dehnte Mehmed Ali sein Herrschaftsgebiet durch Militärexpeditionen aus: 1820–1822 marschierten seine Truppen nilaufwärts bis an den Rand des Bahr el-Ghazal und begründeten das Kolonialgebiet des „ägyptischen Sudan", wobei nicht zuletzt die beständige Gewinnung von Sklaven für die Armee ein Leitmotiv gewesen war.

In der Innenpolitik war Mehmed Ali weitsichtig genug, die von den Franzosen eingeleitete Modernisierung der Staatsverwaltung nicht nur beizubehalten, sondern diese

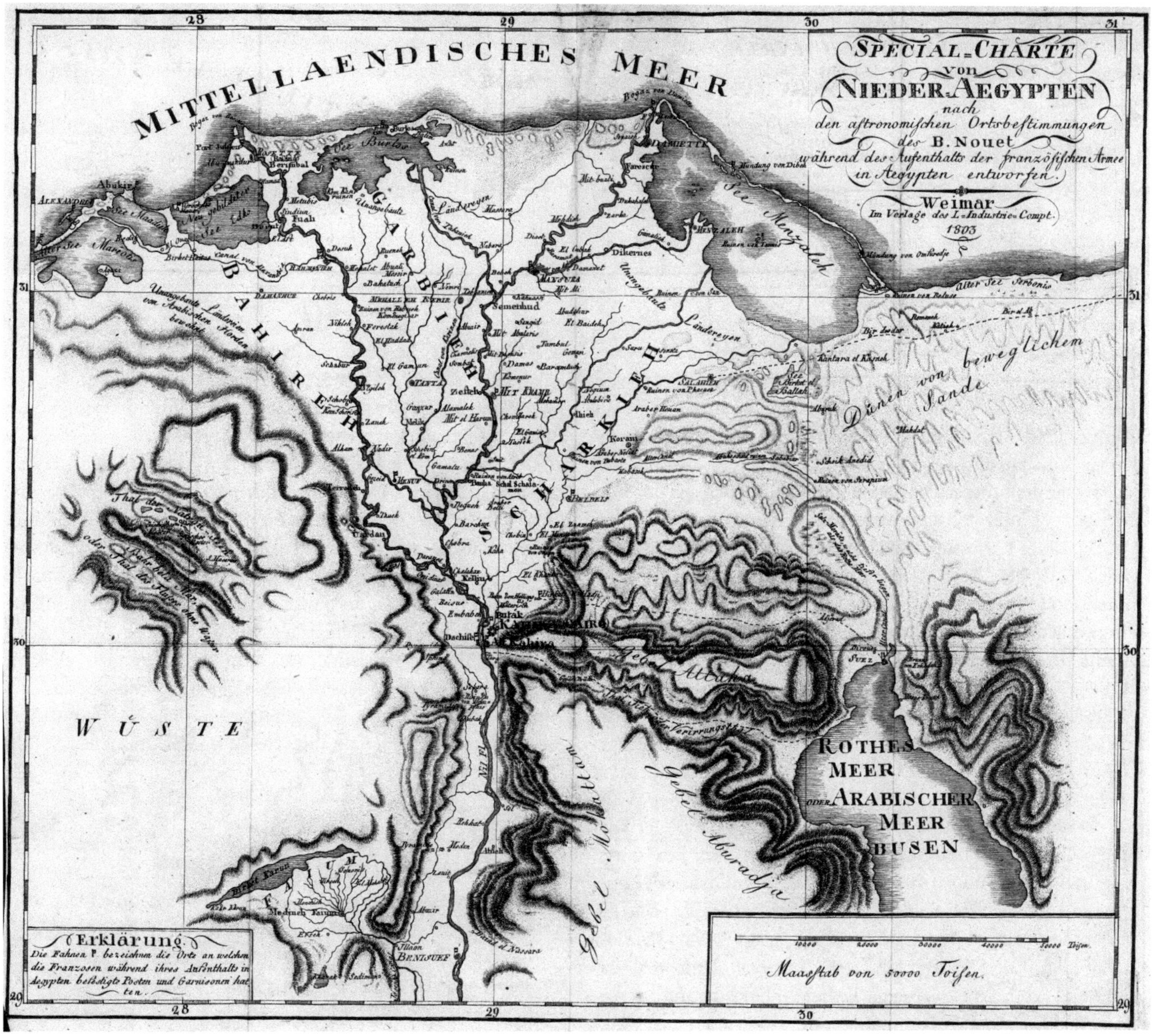

Abb. 1.2 Special-Charte von NiederAegypten, nach den astronomischen Ortsbestimmungen des B. Nouet während des Aufenthalts der französischen Armee in Aegypten entworfen. In: Allgemeine geographische Ephemeriden, 1803: XII.6

zu seinem Herrschaftsprogramm zu machen. Bis Mitte der 1820er-Jahre hatte sich die folgende bis ins letzte Viertel des Jahrhunderts grundsätzlich gültige neue Verwaltungsstruktur des „Reformdespotismus" unter Mehmed Ali herausgebildet:

Anonym: Aegypten's Eintheilung, Verwaltung, Ertrag, 1827. In: Neue allgemeine geographische und statistische Ephemeriden, 1829: XXX.2, Seite 33–50.

Cairo ist die gewöhnliche Residenz des Vicekönigs und der Sitz aller höchsten Behörden Aegypten's. Mehrere Monate des Jahres bringt der Vicekönig jedoch in Alexandria zu […]. Die Civiladministration und oberste Gerichtsbarkeit hat zum Leiter den Kiaja-Bey[3]. Die Polizei zerfällt in die drei Zweige: des Janitscharen-Aga (dieser Titel ist beibehalten)[4], der mit Allem beauftragt ist, was die Militärpolizei angeht. Des Basch-Aga, welcher die Nachtpatrouillen besorgt, für die Ordnung und Ruhe wacht, die **[39]** Lärmer, Ruhestörer und betretenen [= ertappten] Verbrecher in Verhaft nimmt. Des Uahli oder Aga der Polizei, welcher insbesondere die Diebe und öffentlichen Mädchen unter seiner Aufsicht hat.

Jedes Stadtviertel [von Kairo] hat einen Vorsteher, der aus den vornehmsten Einwohnern gewählt wird; dieser Vorsteher macht geregelte Berichte über Alles, was in seinem Bezirke vor-

3 Pascha, Bey und Aga waren im Osmanischen Reich in absteigender Folge Rangtitel leitender Militär- wie Zivilbeamter.

4 Der osmanische Sultan in Konstantinopel hatte seine der schwer beherrschbaren römischen Prätorianergarde ähnlichen Janitscharen, eine aus christlichen Sklavenkindern gebildete Leibgarde, 1826 aufgelöst.

geht, an die eben genannten drei Behörden. Maass und Gewicht, Marktpreis und Gattung der Lebensmittel sind der Aufsicht eines eigenen Oberbeamten anvertraut, dem Mochtereb, oder Aga der Lebensmittel.

Die oberste Leitung der Finanzen ist in den Händen des Hasnader, Schatzmeisters. Dieser hat eine grosse Zahl Kopten, Araber und Syrier, als Beamten um sich, die Einen für die verschiedenen Zweige der Grund-Administration, die Anderen für die Rechnungsgeschäfte und Haltung der Register. Gegenwärtig [= 1827] bekleidet diesen Ministerposten Mohamed-Bey, ein Schwiegersohn des Vicekönigs, der im Jahre 1820 die zweite Armee in's Innere von Africa [= Sudan], bis an die Gränzen von Abyssinien und Darfur führte, alles Land bis dahin dem Vicekönig unterwarf[5] […]. Der Rusnamasch ist der Staatsgüterverwalter. Seit der Vicekönig den Grundbesitz der Moscheen, alle Stiftungs- und Armengüter, und überhaupt alles Grundeigenthum zu Gunsten der Regierung eingezogen hat, beschränkt sich die Wirksamkeit dieses Departements auf die Register der Entschädigungen und Pensionen **[40]**, auf jene der Kosten für die [jährliche Pilger-]Caravane nach Mekka, und auf den Cataster des Landes. […] **[41]** Alle diese obersten Verwaltungszweige, wenn ich den letzten ausnehme, erhalten in ihrer Organisation fortwährend grosse Veränderungen. Es ist ein beständiges Trachten und Vorschreiten zur Annäherung an Europäische Systeme sichtbar.

Die Verwaltung der Justiz, auf das Innigste mit dem Coran verflochten, und aus demselben abgeleitet, hat noch am wenigsten Europäischen Formen sich genähert. Die Persönlichkeit des Herrschers, sein Beispiel und sein ausgesprochener Wille, dringen jedoch auch diesem wichtigen Zweige eine in der Türkischen Geschichte unerhörte Milde auf, mindern gewiss um die Hälfte seiner frühern Wirksamkeit, den Einfluss der Laune, der Bestechlichkeit, der Leidenschaften der Richter etc., und gewöhnen das Volk an Rechte und Pflichten. Im April 1826 liess Mechmed-Ali die Uebersetzung des Code Napoléon[6] in's Türkische und Arabische besorgen. Er befahl bald darauf die Anwendung des Code de Commerce[7], und gab ihm Gesetzeskraft in Streitsachen. […] Den Stand der Einnahmen und Ausgaben klar nachzuweisen, ist bis jetzt ein vergebliches Bestreben gewesen. Die Erhebung der directen und indirecten Steuern geschah ohne geregelte Methode. Der Vicekönig ist daran, die gesammte Administration und das Rechnungswesen auf Europäischen Fuss zu stellen. […] **[42]** […]

Die Verwandlung alles Grundbesitzes in Staatseigenthum oder Domänenbesitz ist die breite Basis, worauf der ganze Bau Mechmed-Ali's ruht. Der Augenblick, worin der Vicekönig diese Maassregel Unterzeichnete, ist derjenige der Wiedergeburt Aegypten's. Keine wurde von den lauten Sachwaltern der Philanthropie strenger getadelt, keine mit schimpflicheren Namen belegt, keine ist in ihrem Wesen philanthropischer als diese. Man kann Aegypten nicht Kleider anziehen die vielleicht für America passen. […] Es sollte von denen, welche gegen das von dem Vicekönig angenommene System zu Felde ziehen, gewiss nicht übersehen werden, dass Aegypten in jeder seiner blühenden Epochen, ganz auf ähnliche Weise behandelt und verwaltet ward, und eben so wenig, dass in den Epochen, wo der Grundbesitz Eigenthum des Anbauers wurde, das Land verfiel und zur Wüste wurde. […] **[43]** […]

Der Vicekönig that, was [der alttestamentarische] Joseph gethan hat, mit dem Unterschiede, dass er das Land nicht um die Güter der Priester zu beeinträchtigen sich genöthiget sah. Er erklärte den Staat für den einzigen Eigenthümer des Grundes und die bis dahin bestandenen Besitzer nur als Nutzniesser desselben. […] Die aus dem Grundbesitze entspringenden Einkünfte der Moscheen, der Schechs, der Armee (Ländereien, die man Wakf und Risaks nannte) versprach er, ihrer ursprünglichen Bestimmung gemäss, zu verwalten. […] **[44]** […]

Es ist der Vortheil der Regierung, den Anbau in den Händen derer zu lassen, mit welchen sie zufrieden ist. Es ist ihr Vortheil nicht minder, den Bebauer entfernen zu können, sobald er ihrem Wunsche nicht entspricht. Aus dem Ersten folgt, dass die grosse Masse der Fellah[8] den Grund, den sie bebaut, als ihr in Erbpacht überlassen betrachten darf, und hinlängliche Bürgschaft für die zur Zufriedenheit des Hausvaters unentbehrliche Aussicht auf die Dauer des Erwerbes hat. Aus dem Zweiten ergiebt sich für das Land der Nutzen, dass die Fleissigen und Brauchbaren vorzugsweise in die bessere Lage gesetzt, und jeder [Anbau-]Cultur die zweckmäfsigsten Leute zugewiesen werden können. […] **[45]** […]

Als es der osmanischen Zentralregierung in Konstantinopel nicht gelang, den 1821 ausgebrochenen griechischen Aufstand zu ersticken, rief sie 1824 auch hier Mehmed Ali und seine wiederholt bewiesene Kampfkraft zu Hilfe. Bis 1826 hatten die Ägypter den Großteil des festländischen Aufstandsgebiets besetzt, wurden aber am 20. Oktober 1827 von den vereinigten britisch-französisch-russischen Flotten in der Seeschlacht bei Navarino besiegt und damit aus Griechenland vertrieben. Infolge der allgemeinen Begeisterung für den griechischen Freiheitskampf hatte dessen Hauptwidersacher Ende der 1820er-Jahre eine sehr gemischte Presse:

Anonym: Egypten unter Mehmed Ali. In: Das Ausland, 1828: 1:1, Seite 69, 74–75, 78–79, 84, 101–103, 114–115, 118–120, 577–578.

Egypten mit einer Bevölkerung von 2½ Millionen Einwohnern und einem natürlichen Reichthume für viele Millionen, ist in seinem jetzigen Zustande in jeder Hinsicht ein höchst unglückliches Land; allenthalben herrscht gesetzlose Willkür, und wenn auch der Einzelne von den Einfällen benachbarter Horden, die früher das Land plünderten, nichts mehr zu fürchten hat, wenn er sogar vor den eigenmächtigen Erpressungen der Regierungsbeamten, worauf diese, ehe sie Besoldung erhielten, gewissermaßen an-

5 Siehe ► Abschn. 10.1, Traum und Alptraum einer Kolonialerwerbung, und ► Abschn. 10.3, Kordofan und Darfur.

6 Das 1804 in Kraft getretene Gesetzbuch von Frankreich, das Vorbildfunktion für die zivilgesetzliche Reform auch in den deutschen Staaten bis hin zum 1900 in Kraft getretenen Bürgerlichen Gesetzbuch hatte.

7 Das 1807 in Kraft getretene französische Wirtschaftsrechtsbuch.

8 Der besitzlose Bauern- und Landarbeiterstand in Ägypten.

gewiesen waren, jetzt gesichert ist, so erliegt er dagegen unter der Generalschatzung des einen Despoten [...]. Mehemed Ali ist auf dem geraden Wege, wie einst Joseph unter den Pharaonen, das ganze Land zur Domäne des Herrschers zu machen: seine Finanzverwaltung läßt diesen Zweck deutlich durchblicken. Nachdem Alle, welche die wiederholt umgelegten Abgaben nicht erschwingen konnten, ihre liegenden Güter dem Fiscus hatten überlassen müßen, beraubte er die zwei ersten Klassen der Grundeigenthümer, die Multezim[9] und die Sheykhs[10], mit Einemmale ihrer Besitzungen, indem er sie auf einen Gehalt im Betrag ihres aus den Steuerregistern ausgemittelten reinen Güter-Ertrags setzte. Da der Gehalt aber blos lebenslänglich ist, so befreit jeder Todesfall den Fiskus von einer dieser Lasten, und die reichsten Familien sinken nach und nach zu Proletariern herab. Es giebt zwar nur eine Steuer, den Myry oder die Grundsteuer, und Mehemed Ali hat, um sie genau zu regeln, unter der Leitung des Florentiner Ingenieurs Massi, eine Landesvermessung veranstaltet; aber die Größe dieser Steuer steht mehr in einem Verhältniß zu den enormen Bedürfnissen des Veziers[11] [= Mehmed Ali] als zu den Kräften seiner Unterthanen. **[114]**

Der Landmann ist so wenig der Herr der Früchte seiner Arbeit, daß er nicht eher darüber verfügen darf, als bis die Regierung die Auswahl der für die Ausfuhr bestimmten Artikel getroffen hat, die er um einen von ihr bestimmten Preis und auf Abrechnung am Myry [= Grundsteuer] erlassen muß. Der ganze Bedarf für die Hofhaltung des Veziers und für seine ersten Beamten wird dem Landmann nur mit der Hälfte des Werths vergütet; bleibt ihm dann noch außer seinem eigenen Bedarf etwas übrig, dann darf er es auf den Markt bringen und verkaufen: da aber der Erlös kaum zur Bezahlung seiner Steuer hinreicht, so bleibt ihm selbst nichts übrig. Im Monat März staunt man über den Reichthum der Erndten in Vergleichung mit dem erbärmlichen Zustande der Dörfer. Nur die unerschöpfliche Fruchtbarkeit des Bodens und die Bedürfnißlosigkeit seiner Bebauer erklärt, wie es möglich ist, daß Egypten immer noch eine so bedeutende Bevölkerung hat. [...] **[115]** [...]

Wiewohl sich Mehmed Alis Herrschaftsstil nur wenig von demjenigen der altägyptischen Pharaonen oder des mittelalterlichen Sultans Saladin unterschied, kam doch das aufgeklärte Europa nicht ohne bildhafte Anleihen an den orientalischen Despotismus der märchenhaften 'Geschichten aus Tausend und einer Nacht' aus:

Sein Premierminister, ein Armenier, entwirft tausend Projecte, um den erschöpften Schatz seines Herrn wieder zu füllen, und zittert bei jedem fehlgeschlagenen Plane für seinen Kopf. Einmal steckte man ihn in einen Sack, und schleppte ihn an den Nil, um ihn hinein zu werfen; die Henker aber wurden durch ungeheuere Geschenke gewonnen, und ließen ihn am Leben. Der Pascha, der die Schwierigkeit kannte, einen gleich geschickten Stellvertreter zu finden, vergab ihm nicht nur, nachdem der erste Zorn vorüber war, sondern nahm ihn auch wieder zu Gnaden auf. Die armen Henker aber, die des Tyrannen Befehl nicht vollzogen hatten, mußten nun in dasselbe Grab wandern, von dem sie den Minister gerettet hatten. [...] **[578]** [...]

Ende der 1820er-Jahre gärte es auch in der osmanischen Provinz Syrien und wieder sah sich der schwache Sultan in Konstantinopel gezwungen, den ungeliebten, aber effizienten Vasallen Mehmed Ali einzusetzen. Dieser besetzte 1832 nicht nur Palästina und Syrien, sondern ließ seine Truppen bis nach Konya im Herzen von Anatolien vordringen, sodass Konstantinopel ihn zähneknirschend 1833 als Herrscher auch über diese beiden Provinzen anerkannte. Damit umfasste das Herrschaftsgebiet des „osmanischen" Paschas Mehmed Ali in den 1830er-Jahren nicht nur das untere Nilland, sondern auch den Sudan bis zum Bahr el-Ghazal, große Teile der arabischen Halbinsel mit Palästina und Syrien sowie die griechische Insel Kreta. Damit hatte er ein ausgedehnteres Reich zusammengebracht, als selbst die bedeutendsten altägyptischen Pharaonen.
Der langsame Niedergang dieser heute kaum mehr erinnerten afrikanisch-asiatischen Macht begann 1839, als die osmanische Zentralregierung versuchte, zumindest Syrien und Palästina wieder unter ihre Herrschaft zu bringen. Zwar besiegten die Ägypter die Osmanen am 24. Juni 1839 in der Schlacht bei Nizip[12] an der heutigen türkisch-syrischen Grenze, doch schritten nun die europäischen Großmächte in dieser Orientkrise genannten Situation zugunsten Konstantinopels ein und zwangen Mehmed Ali zur Räumung aller asiatischen Erwerbungen bis auf die Sinai-Halbinsel. Als Ausgleich musste der osmanische Sultan aber 1841 Mehmed Ali als erblichen Wali oder besonders herausgehobenen Gouverneur im verbliebenen Herrschaftsgebiet anerkennen. Damit waren Mehmed Ali und Ägypten nach zwei Jahrzehnten der Expansion in Arabien, der Levante und in Griechenland zwar wieder auf das Nilland zurückgeworfen, aber eine von der osmanischen Regierung in Konstantinopel *de facto* unabhängig agierende Regionalmacht mit den Nil aufwärts ausgreifendem Machanspruch.
Gleichgewichtig mit dem Aufbau des am europäischen Vorbild ausgerichteten Militärwesens ging Mehmed Ali in den 1820er-Jahren im Innern daran, alle Bereiche der Verwaltung und der (Staats-)Wirtschaft unter Anwerbung europäischer Fachleute durchgreifend zu modernisieren. In der die

9 Im Osmanischen Reich eigentlich die Steuerpächter, in Ägypten unter den Mamelucken jedoch ähnlich dem europäischen Feudalsystem eine Art Lehensträger, die ihrerseits den belehnten Grund verpachteten.

10 Ortsvorsteher, deren Landgüter auch dem Unterhalt von Moscheen und anderen öffentlichen Einrichtungen dienten.

11 Wesire waren im Osmanischen Reich den Ministern vergleichbare höchste Verwaltungsbeamte und der Großwesir erster oder leitender Minister; der korrekte Titel von Mehmed Ali zu der Zeit war jedoch Pascha oder Gouverneur.

12 Wie damals üblich, nahmen ausländische Offiziere als Berater an solchen Feldzügen teil. Bei Nizip war dies auf osmanischer Seite der preußische Hauptmann Helmuth von Moltke (1800–1891), der in Bismarcks deutschen Einigungskriegen 1864–1871 zum Generalfeldmarschall aufsteigen sollte, aber 1841 über seine anatolischen Beobachtungen ein sehr lesenswertes Erinnerungsbuch verfasste: *Unter dem Halbmond. Briefe über Zustände und Begebenheiten in der Türkei aus den Jahren 1835 bis 1839.*

Grundlage bildenden Landwirtschaft wurden feudalherrliche Vorrechte beschnitten und das Ackerland durch den Bau von Kanälen ausgeweitet. Der durch zwangsverpflichtete Fellachen – ägyptische Bauern – 1820 fertiggestellte Mahmudija-Kanal schloss Alexandria an das Nildelta an und schuf so die Grundlage von dessen (Wieder-)Aufstieg zum ersten Hafen des Landes. Durch Schutzzölle und staatliche Betriebsanlagen zur Baumwollverarbeitung suchte Mehmed Ali dem Land zudem eine industrielle Basis zu verschaffen, scheiterte aber auch hier in der Orientkrise 1840, deren Friedensbedingungen Ägypten nicht nur seine griechischen und asiatischen Eroberungen kosteten, sondern auch zur Öffnung seiner Märkte zwang. Europäer waren da jedoch schon längst geschätzte, ja unverzichtbare Stützen des Wirtschafts- und Herrschaftssystems:

Anonym: Egypten unter Mehmed Ali. In: Das Ausland, 1828: 1:1, Seite 69, 74–75, 78–79, 84, 101–103, 114–115, 118–120, 577–578.

So wahr es ist, daß bei einem orientalischen Despoten – und einen solchen, keinen Monarchen im europäischen Sinne, sehen wir in Mehemed Ali – die Erklärung vieler seiner Regentenhandlungen blos in persönlichen Eindrücken und Beweggründen zu suchen ist: so glauben wir doch bei dem Beherrscher Egypten's voraussehen zu müßen, daß er zu sehr Politiker sey, um den menschlichen Gesichtspunkt vorherrschen zu lassen. Mehemed Ali kennt Europa, und noch mehr – er braucht Europa: er ist Kaufmann und König; mit der Civilisation seines Landes muß auch seine Macht steigen. Dieß weiß er; die gute Meinung der Europäer für sich zu gewinnen, ist deswegen eben so sehr eine Aufgabe seines Ergeitzes, als seines wohlverstandenen Vortheils.

Um Schiffe zu bauen, Heere zu discipliniren, Manufakturen einzurichten, kurz um immer reicher und mächtiger zu werden, bedarf er der Kunst fränkischer [= europäischer] Baumeister, fränkischer Taktiker, fränkischer Fabrikarbeiter. Je menschenfreundlicher, je artiger, je weniger paschamäßig er sich gegen diese Leute beträgt, desto leichter und wohlfeiler erhält er ihre Dienste; je gewissenhafter und zuverläßiger er in der Erfüllung von Verbindlichkeiten ist, die er übernommen hat, desto mehr Kredit gewinnt er. […] Wenn er dann und wann auch seine Egyptier brandschatzt, so läßt sich doch diese Operation nicht zu oft wiederholen, weil ihnen dadurch nicht bloß die überflüssigen Säfte entzogen, sondern die Lebensgeister selbst angegriffen werden. Nur der Handel mit Europa sichert ihm unversiegbare Geldquellen, die seine großen Unternehmungen möglich machen. Da er aber die Vortheile dieses Handels allein und ohne Konkurrenz seiner Unterthanen genießen will, so beruht derselbe auch allein auf seinem Kredit. […] **[75]** […]

Wichtige Männer in Egypten sind die Franken [= Europäer], theils als Handelsfreunde des Veziers [= Mehmed Ali], theils als Vorsteher seiner Institute und Verkünder seines Ruhms in Europa, daher man sie häufig im Palaste der Finanzverwaltung, welcher die Stelle der Börse vertritt, den Agenten des königlichen Alleinhändlers aufwarten sieht. Die Türken [= osmanische Beamtenschaft] […] behandeln sie eben nicht immer mit der schuldigen Auszeichnung. Indessen leben sie hier wie in der ganzen Levante[13] als eine Art Kolonie unter der Autorität [= ausschließlichen Gerichtsbarkeit] der Konsuln ihrer Nationen und unter den Gesetzen des Mutterlandes; sie zahlen der egyptischen Regierung keine Abgaben. Lange Zeit waren die Franzosen nebst einigen Venetianern die einzigen europäischen Kaufleute in Egypten; seit Anfang des jetzigen [19.] Jahrhunderts nahmen die Engländer am dortigen Handel Theil. Die Leichtigkeit, womit Mehemed Ali auf Credit verkauft, hat Leute aus allen Nationen, darunter auch manche bloße Glücksritter, dahingezogen, deren Betragen eben nicht geeignet war, die Achtung gegen den Namen des Europäers zu vermehren. Dennoch dürfen die Franken, unter allen Umständen, auf eine gewisse Freundschaft des Veziers [= Mehmed Ali] rechnen; er ist zu klug, um seine für ihn so vortheilhaften Handels-Verbindungen mit Europa abzubrechen, deren Aufhören einen bedeutenden Ausfall in seinen jährlichen Einnahmen zur Folge haben würde. […] **[119]** […]

Gegen Ende seiner vierzigjährigen Herrschaft jedoch wurde die Lebensleistung des Europa gegenüber so ganz anders als die übrigen zeitgenössischen nahöstlichen Potentaten aufgeschlossenen Mehmed Ali auch von der gleichen bildungsbürgerlichen Zeitschrift abgewogener beurteilt. Dies wird aus der Beschreibung einer Audienz eines ungenannten, aber wohl französischen Diplomaten beim alten Pascha im Oktober 1843 deutlich:

Anonym: Ein Besuch bei Mehmed Ali. In: Das Ausland, 1846: 19:1, Seite 475–476.

Artin-Bey[14] hatte mich heute zur Audienz beim Pascha, auf seinem Landsitze „Schubra" [siehe auch Seite 75–76], 7 Uhr Abends eingeladen. In einem sogenannten „Van" (zweirädrige bedeckte Karre […]), fuhr ich, mit meinem Reisegefährten hinaus. Zwei nubische Läufer mit brennenden Fackeln eilten voraus, um wie hier gewöhnlich, den Pöbel mit Peitschenhieben zu verjagen. Der Weg läuft zwischen dem Nil und einem breiten Kanal, durch eine schöne Allee von Sycomoren, eine fortwährende Laube bildend. Bei der Ankunft wurden wir von einem Janitschar [= Leibgardist] bei Artin-Bey eingeführt, damals der erste Dragoman[15] des Paschas […] ist ein Mann von feiner Bildung, der seine Jugend in Frankreich und England zubrachte, und daselbst erzogen wurde.

Said-Pascha, [vierter] Sohn [und dritter Nachfolger] Mehemed Ali's, befand sich mit einigen höheren Officieren im Audienzsaal,

13 Mit diesem italienischen Wort für Sonnenaufgang wurden damals die unter osmanischer Herrschaft stehenden Küstenländer des östlichen Mittelmeeres bezeichnet.

14 Im osmanischen Rangsystem der Zeit war ein Bey ein hochgestellter Verwaltungsbeamter. Artin Bey entstammte der angestammten armenischen Verwaltungskaste und war ein wichtiger Diplomat des Paschas.

15 Dolmetscher und (Reise-)Führer vor allem in orientalischen Ländern im Osten und Süden des Mittelmeeres, aus dem traditionellen Berufsstand der Betreuer ausländischer Diplomaten und Kaufleute hervorgegangen.

und unterhielt sich mit uns, bis wir dem Vater vorgestellt wurden. Wir fanden diesen merkwürdigen Mann, allein in der Ecke eines Divans [= orientalisches Liegesofa] mit gekreuzten Beinen sitzend, sehr einfach gekleidet mit einem „Derbusch" oder Fez als Kopfbedeckung, und rothen Pantoffeln auf den Füßen. Beim Eintritt grüßte er auf türkische Art, mit Handlegen auf Kopf und Stirn und bat uns mit Freundlichkeit neben sich auf dem Divan Platz zu nehmen. [...] Ueber Eisenbahnen, Canäle u.s.w. ließ er sich in viele Details ein, erkundigte sich wegen meiner Reiseroute [...]. Wie ich mich nach einer viertelstündigen Unterredung beurlauben wollte, drang er mich, mit freundlichem Lächeln, durch einen Druck auf die Schulter wieder auf den Sitz nieder, und ließ sich noch in viele andere Materien ein, ohne indessen, wenn auch recht schwatzhaft, die Initiative oft zu ergreifen. Wegen des Canalisirungs-Projects der Suez-Landenge[16] schien er geneigt meinen Fragen auszuweichen und zu erkennen zu geben, daß er die Unternehmung als seine Unabhängigkeit bedrohend, mit schelen Augen betrachte [...].

Mehemed Ali ist ein kleiner, breitschulteriger Mann mit scharfen Gesichtszügen, einer sehr langen Nase und kleinen lebhaften, funkelnden, schwarzen Augen, die gegen seinen schneeweißen, bis zur Brust herabrollenden Bart merkwürdig contrastiren; noch habe ich von ihm kein recht treffend ähnliches Bildniß gesehen [■ Abb. 1.3]. Sein Blick ist durchbohrend – er scheint den Eindruck, welchen er auf seinen Zuhörer macht, ausforschen zu wollen, und sehr zu wünschen, daß er ein effektvoller seyn möge! – Weit davon stumpf und veraltet zu erscheinen [...], hat er ein gesundes und rüstiges Aussehen; etwas Zerstreuung abgesehen [...]. [...] Auf meine Frage während der auf Französisch durch Vermittlung des Dolmetschers gepflogenen Unterredung, ob er denn gar nicht diese Sprache verstände? gab er die merkwürdige[17] Erwiederung, daß er in seiner Jugend keine Gelegenheit etwas zu lernen gehabt, und erst im 43sten Jahre [= etwa 1813] so viel schreiben und lesen gelernt, daß er sich damit helfen könne, [...] **[475]** [...].

Wenn auch von Erziehung und Bildung entblößt, zeigt die Geschichte daß Mehemed Ali von der Natur mit außerordentlichen Eigenschaften und Talenten ausgerüstet war. Die Hauptzüge seines Charakters sind indessen gar zu widersprechend, um ein allgemeines Urtheil darüber fallen zu können. Auf der einen Seite Willkürlichkeit, Despotie, Grausamkeit und Verkennung aller menschlichen Rechte, verbunden mit unermeßlichem und zugleich zwecklosem Ehrgeiz; auf der andern Großmuth, Gutmüthigkeit und eine unverkennbare Neigung zur Civilisation und Toleranz. Wenn er auch zur Regeneration des von der Natur so reichlich begabten, aber durch lange Türkenherrschaft zerstörten und tief gesunkenen Landes vieles ausrichtete, scheint dieses nur zur Förderung seines individuellen Interesses geschehen zu seyn [...]. [...] „L'etat c'est moi", [= Der Staat bin ich] scheint bei ihm vorherrschender, alles überwiegender Grundsatz! – was die Franken [= Europäer] angeht, hat Mehemed Ali dagegen jeden Anspruch auf deren Erkenntlichkeit, indem er aufs kräftigste für das Eigenthumsrecht und die persönliche Sicherheit der Christen gesorgt hat.

■ **Abb. 1.3** Mehmed Ali im Jahre 1840. Zeichnung nach einem Gemälde von Auguste Couder

Man reist in Aegypten eben so sicher wie in Europa; jede Beleidigung oder Molestirung eines Fremden wird streng gestraft. Selbst während des syrischen Krieges im J [ahre] 1840, wo die größern Mächte Europa's, Frankreich ausgenommen, ihm alle feindselig gegenüber standen, war sein Benehmen eben so klug als edelmüthig, indem er ununterbrochen den Unterthanen jener Staaten Schutz und Sicherheit verlieh – ein Verfahren, welches in England vom größeren Publicum verdiente Anerkennung fand, und zum Prägen einer Medaille ihm zu Ehren Veranlassung gab. Unter anderen Umständen hat er auch oft eine sich der Schwäche nähernde Großmuth gezeigt. Seit Jahren die Beute einer Menge von europäischen Abenteurern, die sich durch absichtlichen Betrug auf seine Kosten zu bereichern suchten, und sich überhaupt so benahmen, daß sie in Europa dem Pranger nicht hätten entgehen können, hat er sich doch nie, oder wenigstens höchst selten, an diesen Gaunern gerächt; ja es gibt Fälle wo er dergleichen Leuten [...] wieder aufhalf, und sie, ihr früheres schlechtes Betragen vergessend, mit eigener Gefahr unterstützte.

Diese edlen Charakterzüge stehen in grellem Widerspruch mit andern bekannten Thatsachen, so wie die verräterische Niedermetzlung der Mameluken, die allgemeine Unterdrückung des Volkes und die in seiner Geschichte hervorragende Verachtung für Menschenleben, wodurch die von ihm ausgeführten nützlichen Arbeiten und Reformen sehr an Verdienst verlieren! Nicht ohne Grund wird ihm auch Wankelmüthigkeit und Unbeständigkeit vorgeworfen, wodurch nicht selten die Existenz und Ruhe des Landes gefährdet werden. Ohne alle Ueberlegung gibt er sich

16 Siehe ► Kap. 5, Der Suez-Kanal.

17 Im damaligen Sprachgebrauch stand merkwürdig nicht wie heute für seltsam, sondern meinte eher bemerkenswert.

den Plänen gewisser dreisten Projectenmacher hin und die financielle Lage des Landes soll sich dem zufolge (einer jährlichen Einnahme von 14 Millionen Thaler ungeachtet) so verschlimmeren, daß alles zuletzt zu Grunde zu gehen droht. Die Geldklemme ist oft sehr groß – die Beamten und das Militär werden nur mit Assignaten [= Papiergeld] bezahlt, deren Einlösung unbestimmt und willkürlich ist, und daher mit 25 bis 30 Procent Verlust verkauft werden müssen. Heute gegebene Befehle und angefangene Projekte werden morgen wieder aufgehoben! [...] **[476]**

Nachdem schon in den letzten Regierungsjahren von Mehmed Ali die einst schlagkräftige Armee auf nur rund 10.000 einsatzfähige Männer geschrumpft und große Teile der hölzernen Flotte verfault waren, erwiesen sich nach dem Tod des Paschas 1849 dessen nachfolgende Söhne als unfähige Herrscher. Unter diesen zerrütteten die bereits unter dem Vater zuletzt prekären Staatsfinanzen derart, dass Ägypten 1875 faktisch bankrott war, seine Aktien der Suez-Kanalgesellschaft an Großbritannien verkaufen musste und seither unter britisch-französischer Finanzaufsicht stand. Nicht wenig zu der Finanzmisere beigetragen hatte die lange angestrebte Rangerhöhung zum Khediven oder Vizekönig[18], die der Sultan in Konstantinopel 1873 Mehmed Alis Enkel Ismail, der 1863–1879 regierte, gegen eine Verdopplung der jährlichen Tributzahlungen zugestand:

Anonym: Der Chedive von Aegypten. In: Globus, 1873: 24, Seite 128.

Der Chedive von Aegypten ist in Folge der in Konstantinopel ihm gemachten Zugeständnisse nun so ziemlich souveräner Herrscher des Landes der Pharaonen geworden und von der Pforte[19] nahezu unabhängig. Der Sultan hat dem Vasallen Großes bewilligt. Derselbe darf fortan mit fremden Staaten Verträge abschließen und Gesandtschaften an andere Höfe schicken; auch darf er, was gewiß eine Hauptsache für ihn war, Anleihen ohne vorherige Bewilligung der Pforte aufnehmen. Er darf so viele Soldaten halten wie ihm beliebt, nur muß sein Heer die türkischen Fahnen führen. Zum Bau von Panzerschiffen hat er allerdings die Genehmigung des Sultans einzuholen, im Uebrigen unterliegt er in Betreff seiner Flotte keiner Controle. Die Oberlehnsherrlichkeit der hohen Pforte bleibt anerkannt und diese bezieht von ihm einen Jahrestribut von 150.000 Beuteln, was etwa eben so viele Pfund Sterling ausmacht. Der vom Sultan erlassene Firman [= Befehl] kann als die Magna Charta der ägyptischen Unabhängigkeit betrachtet werden. Ohnehin ist für die Thronfolge die Primogenitur [= Nachfolge des Erstgeborenen] bewilligt worden. **[128]**

Gegen dem äußeren Glanz zum Trotz zunehmenden europäischen Einfluss erhob sich 1881 ein nationalägyptischer Aufstand, den aber im Juni 1882 die britische Beschießung und Landung bei Alexandria sowie im September der Einmarsch in Kairo unterdrückten. Der soeben auf den Thron gelangte Vizekönig Tawfiq, der fünfte Nachfolger Mehmed Alis, konnte seither nur noch nach den „Ratschlägen" des britischen Generalkonsuls regieren, blieb aber formell Oberhaupt, ebenso wie Ägypten samt kolonialen Anhängen formell weiterhin zum Osmanischen Reich gehörig blieb. Nichtsdestotrotz wandelte sich das Nilland ab 1882 *de facto* zu einem britischen Kolonialgebiet, das aber erst nach Ausbruch des Ersten Weltkriegs mit Datum 18. Dezember 1914 auch *de jure* zu einem britischen Protektorat umgewandelt und damit endgültig von dem auf deutscher Seite in den Krieg eintretenden Osmanischen Reich getrennt wurde. Zwar gelang es dem achten Nachfolger Mehmed Alis, Ahmad Fuad, 1922 das britische Protektorat abzuschütteln und sich über einhundert Jahre nach dem Herrschaftsantritt seines Vorfahrens der Dynastie den Königstitel zuzulegen. Jedoch hielt Großbritannien bis zum Ende des Zweiten Weltkriegs Truppen und gewisse Vorrechte im Land, und schon 1952 trieb ein sozialistischer Militärputsch unter General Gamal Abdel Nasser die Dynastie Mehmed Alis nach anderthalb Jahrhunderten ins Exil nach Italien.

1.3 Eine kosmopolitische Bevölkerung

Während Mitte der 1820er-Jahre die Bevölkerungszahl des eigentlichen Ägyptens, also des engen Niltals unterhalb der Katarakte und im Delta, auf etwa 2½ Mio. Menschen geschätzt wurde, fehlten bis zur faktischen Herrschaftsübernahme durch die Briten in den 1880er-Jahren genaue Volkszählungen. So mussten noch Mitte der 1870er-Jahre landeskundliche Beschreibungen bei der Behandlung der Völkerschaften des Landes auf Schätzungen zurückgreifen, die sich auf rund 5¼ Mio. Menschen summierten. Diese Volksmasse wurde in den ersten Reiseführern mit zeittypisch herablassendem vulgäranthropologischem Interesse in einzelne Gruppen unterschieden:

Carl Klunzinger: Bädeker's Aegypten. In: Globus, 1877: 32, Seite 47–48.

Unter den heutigen Aegyptern sind folgende Gruppen zu unterscheiden:

1. Fellachen[20]. Ihre physischen Charaktere sind: Außerordentlich starkes Knochengerüst, besonders der Schädel fest und massig, dabei aber auffallende Schlankheit. Statur im Durchschnitt von mehr als mittlerer Größe. Die Haare stets

18 Um dem Leser die Verwirrung der sich wandelnden orientalischen Herrschaftstitel, die von den europäischen Berichterstattern zudem mitunter falsch oder veraltet wiedergegeben werden, und da Mehmed Ali schon ab den 1810er-Jahren *de facto* souverän am Nil geherrscht hatte, werden er und seine Nachfolger in diesem Buch durchgängig mit dem formal erst 1873 verliehenen Titel Khediv oder Vizekönig bezeichnet.

19 Nach dem Tor des Topkapi-Palastes in Konstantinopel das Synonym für die Regierung des Osmanischen Reichs.

20 Nach dem arabischen Wort für Pflüger die besitzlose Landbevölkerung, im 19. Jahrhundert mehr als neun Zehntel der Ägypter.

schwarz, meist gekräuselt [...]. Hautfarbe der eigentlichen Fellachen oder Landbewohner tiefer, als die der Städter von gleicher Race, von Norden nach Süden immer dunkler werdend. [...]. Im Delta geht der Typus mehr in den des semitischen Syrers [= Arabers] über.

2. Kopten (eingeborene Christen), die direktesten Nachkommen der alten Aegypter, circa 250.000 bis 300.000 Seelen, also etwa 1/10 der Bevölkerung des Nilthals. Da sie meist Städter (Handwerker, Handelsleute, Beamte, Schreiber) sind, so findet man einen gewissen Gegensatz zu den Fellachen: feinern Knochenbau mit zierlichen Extremitäten, etwas geringere Durchschnittsgröße, schmälern, höhern Schädel, hellere Gesichtsfarbe. Die koptischen Landbauer, Kameeltreiber und dergleichen sind von den übrigen Fellachen nicht zu unterscheiden [sic!].
3. Beduinen. Sie verhalten sich zum Nilthalbewohner, wie das Kameel des Nilthals zu dem der Wüste. Man hat zwei große Reihen zu unterscheiden: a. eigentliche Beduinen, arabisch redende und wohl auch größtentheils aus Arabien und Syrien eingewanderte Stämme. Sie haben die dem nördlichen und mittlern Aegypten angrenzenden Wüsten inne oder leben in verschiedenen Gegenden des südlichen Nubiens [= Sudans] als arabisirte Hirtenvölker. b. „Bega". Sie sind zwischen Nil und Rothem Meere in Oberägypten und Nubien bis gegen Abyssinien verbreitet [...]. Die drei Hauptvölker der letzteren sind: Hadendoa, Bischarin, Ababde. Diese [...] zeichnen sich aus durch eine sehr edle, fast kaukasische [= europäische] Gesichtsbildung, sehr dunkel-bronzefarbige Haut, prachtvolle (wohl gepflegte) Haarfülle. Gestalt ebenmäßig, mehr oder minder schlank und hager, Gliedmaßen gracil. Im Uebrigen theilen sie die Charaktere aller Wüstengeschöpfe: Dürrhalsigkeit, tadellosen Teint der Haut, frühzeitiges Runzeln der Gesichtshaut. Die Seelenzahl aller Beduinen des eigentlichen Aegyptens, eingeschlossen die ungefähr 30,000 Ababde, erreicht wohl kaum 100,000.
4. Die arabischen Städtebewohner: gemischt aus allen möglichen Typen des Orients.
5. Die Berberiner, d. h. zeitweilig zum Erwerb eingewanderte, aber nie heimisch werdende, nie sich mit Anderen vermischende Nubier [= Sudanesen], die zahlreichsten Fremden in Aegypten. Sie sind ihrer Ehrlichkeit wegen sehr gesucht, ihre Stellungen sind hauptsächlich Diener, Thürhüter, Pferdeknechte, Kutscher, Köche.
6. Neger, meist Sklaven und deren im Lande geborene Nachkommen. Die meisten Negerstämme des innern Afrikas diesseits des Aequators sind in Cairo vertreten. Schwarze nach Europa mitzunehmen, ist mit großen Schwierigkeiten verbunden, die Regierung verhindert diese Ausführung rücksichtslos.
7. Türken [= Völker des Osmanischen Reichs, v. a. Anatolier], kaum 100.000 Seelen, meist Kaufleute und Militär- oder Civilbeamte.
8. Levantiner: schon seit Generationen eingewanderte, in Aegypten heimisch gewordene syrische [und libanesische] Christen. Daran schließen sich die minder zahlreichen Armenier und Juden an, letztere sehr oft rothhaarig; die Mehrzahl stammt aus Palästina.
9. Europäer: höchstens 100.000, und zwar Griechen 50 Proc [ent], Italiener 25, Franzosen 12, Engländer (incl. Malteser) 8, Oesterreicher (besonders Dalmatiner) 4, und Deutsche 1 Proc [ent]. **[48]**

Die 1882 von den Briten veranlasste erste Volkszählung in Ägypten ergab bis zum zweiten Nil-Katarakt bei Wadi Halfa, also der heutigen ägyptisch-sudanesischen Grenze, 6,73 Mio. Einwohner und 91.000 Ausländer, darunter rund 49.000 alleine im Haupthafen Alexandria und rund 22.000 in der Hauptstadt Kairo. Schon ein Vierteljahrhundert später ergab die Volkszählung 1907 auf den fast ausschließlich besiedelten 31.140 Quadratkilometern des Niltals unterhalb Wadi Halfa bis zum Nildelta eine Gesamtbevölkerung von 11,28 Millionen. Dies kam schon damals etwa 350 Menschen pro Quadratkilometer gleich, während die nur rund 97.000 Beduinen die gut dreißig Mal größeren Wüstenflächen beiderseits des Nil durchzogen:

Anonym: Fläche und Bevölkerung von Ägypten. In: Dr. A. Petermanns Mittheilungen aus Justus Perthes' Geographischer Anstalt, 1909: 55, Seite 192.

Verteilung der Bevölkerung nach Staatsangehörigkeit.

	Gouvernement [= Kairo und Umgebung]	Unterägypten	Oberägypten	Ägypten
Ägypter	863.232	5.431.715	4.608.731	10.903.677
Ottomanen	55.326	10.984	3.015	69.725
Sudaner	24.376	21.337	19.449	65.162
Griechen	50.813	9.954	2.206	62.973
Italiener	32.714	1.036	576	34.926
Briten	18.776	1.382	505	20.653
Franzosen	12.305	1.471	815	14.591
Österreicher u [nd] Ungarn	7.198	403	103	7.704
Russen	2.207	146	57	2.410
Deutsche	1.703	117	27	1.847
Andere	5.158	983	169	6.310

Verteilung der Bevölkerung nach Religionen.

Mohammedaner	839.271	5.353.696	4.076.478	10.269.445
Kopten	49.825	102.215	554.282	706.322
Griech [isch-]Orthodoxe	61.715	13.052	2.186	76.953
Katholiken	53.137	3.636	971	57.744
Protestanten	10.973	998	765	12.736
Juden	25.225	3.057	353	28.635
Andere	23.662	3.863	618	28.143

[192]

Diese aus heutiger Sicht außerordentliche ethnische wie religiöse Vielfalt Ägyptens im 19. Jahrhundert forderte europäische Besucher natürlich zu Berichten auf, wobei das besondere Interesse nicht der weit überwiegenden Bevölkerungsmehrheit der islamischen Bauern galt, sondern den herausragenden Minderheiten. Die bedeutendste Minderheit waren die Kopten, deren Namen sich vom altgriechischen Namen für die pharaonischen Ägypter herleitet. Entsprechend sahen die meisten europäischen Berichterstatter in merkwürdiger Trennung von der nach der arabischen Eroberung des Niltals ab 639 n. Chr. islamisierten Bevölkerungsmehrheit die Kopten mit oft deutlichem zivilisatorischen Dünkel als die einzig wahren, jedoch herabgesunkenen Nachfahren der alten Ägypter:

Don Josaphet: Die Kophten in Ägypten. In: Aus allen Welttheilen, 1893: 24, Seite 217–221, 235–240.

Durch Tracht, Lebensweise, Religionssystem und Sitten nicht minder als durch die Sprache und Schrift unterschieden sich die Nachkommen Pharaos bis auf unsere Zeiten von allen übrigen Nationen, vermieden jede friedliche Berührung mit denselben, verkehrten mit Niemandem, der anderen Glaubens war, indem sie hierin dem jüdischen Volke nicht unähnlich sich zeigten. Was dieses in der Türkei für den Handel, das waren die Kophten lange Zeit in Ägypten für die Regierung in Betreff der Landesverwaltung; unter der Mameluckenherrschaft besaßen sie allein das Monopol der Finanzadministration, die einflußreichen Ämter öffentlicher Sekretäre und Schreiber (Kateb), welche Beschäftigungen ihnen, wie es scheint am meisten zusagen. Ihre Rechenkunst ist äußerst kompliziert und einem Uneingeweihten schwer verständlich, so daß es ihnen zweifellos nicht selten gelang, sich zu ihrem eigenen Vorteile zu verrechnen. Doch über solche Kleinigkeiten setzt sich ein Kophte mit dem Gedanken hinweg, daß doch eigentlich sein Stamm als der Eigentümer und Herr des Landes zu betrachten sei. Auf diese Weise sind nicht wenige Familien, deren Ahnen Makler, Vermittler, Bankiers, Verwalter gewesen, zu oft bedeutendem Reichtum gelangt, den sie allerdings wenig zur Schau tragen, denn auch sparsam, haushälterisch ist der Kophte in allem. Freilich ist die Wichtigkeit ihrer Dienstleistungen sehr gesunken, seitdem die Regierung auch Ausländer, Armenier, Maroniten [= katholische Syrer] in ihre Beamtenreihen aufzunehmen sich entschlossen hat, da die veralteten Methoden ihrer Eingeborenen den modernen Anforderungen nur zum Teil genügen konnten. Wie alle unterdrückten Völker lernen die Kophten von Kindheit an, sich der Gewalt durch Verstellung zu entziehen, zu heucheln, zu kriechen, mit Falschheit und List ihre Pläne zu verwirklichen. […] **[218]** […]

Ein Hauptzug im Charakter der Kophten ist ihre glühende Vaterlandsliebe; keiner dieses Stammes verläßt auch nur Handels oder Studien halber sein heimatliches Ägypten, das ihm für heilig und ehrwürdig gilt, und außerhalb seines Vaterlandes vermutet kein Kophte etwas, das ihn, den Enkel des Pharaonengeschlechtes, auch nur irgendwie interessieren könnte. „Extra Aegyptum non est vita“[21]. […] **[219]** […] Die Leidenschaft für die Musik ist bei den Kophten ebenso vorherrschend, als ihre Anlage dazu entschieden. Wie die Fellahs, so verrichten auch sie keine schwere Arbeit ohne Gesang; sie singen beim Rudern, beim Tabakschneiden, beim Wasserziehen, beim Kaffeestoßen mit voller Brust stundenlang, ohne sonderlich zu ermüden. Doch haben die Gesänge der Kophten einen Charakter: sie klingen fast ohne Ausnahme ernster, dumpfer, melancholischer, als die Lieder der muhamedanischen Araber. […] **[220]** […]

Geschäftiger und betriebsamer als die Türken, welche ganze Tage in einem Kaffeehause, an einer Quelle, unter einem schattigen Baume sitzen, ihre Pfeife rauchen, die Gebetsschnur durch die Finger gleiten lassen und dann und wann ein Täßchen Mokka schlürfen – thätiger und rascher ist das von ihnen unterdrückte Kophtengeschlecht. Bei wenigen Bedürfnissen des Lebens, unter dem milden Himmel ihres Landes, wo die Noth nicht gebietet, alle Kräfte mühsam anzustrengen, um der Armut und dem Mangel zu entfliehen, ist der Kophte, da der Despotismus selbst ihn in seiner Anstrengung lahmt und seine Religion ihm der Feiertage so viele giebt, mit dem Nordländer in Betreff der Arbeitsamkeit nicht zu vergleichen. Aber was der Kophte beginnt, betreibt er rasch und gewandt und wo Sicherheit des Genusses der erworbenen Güter seinen Mut anfeuert, ist er vom frühesten Morgen an emsig und thätig. Wie zur Zeit der Mamelucken zeichnen sich die Kophten noch heute [= 1893] als Administratoren, Steuerkontrolleure und Zolleinnehmer, sowie als Finanzmänner aus; sie sind für Ägypten, was die Armenier für die Türkei, fähige Köpfe und gute Rechner, und gar mancher aus dieser Nation hat es zum Bey [= hohen Verwaltungsbeamten] gebracht.

In der Hauptstadt Kairo vorzugsweise Schneider, Kaufleute und Goldschmiede, flechten sie in Unter-Ägypten vielfach Matten, während in der Provinz Fayum die Destillation der verschiedensten wohlriechenden Wasser, in Siut [= Asyut in Mittelägypten] die Färberei, in Keneh [in Oberägypten] die Töpferei ihre Hauptbeschäftigungen bilden. Auch im Anbau ihres Landes sind sie kaum träge zu nennen; nicht wenige sind als Nilfahrer sehr gesucht und beliebt, doch geschieht dies alles mit einer gewissen Nachlässigkeit, ja, Mutlosigkeit, wie es bei einem derart unterdrückten Geschlechte nicht gut anders der Fall sein kann. Die meisten dürfen kaum merken lassen, daß ihr Geschäftchen oder Unternehmen irgendwie zu prosperieren verspricht, weil mehr als ein habgieriges Auge auflauert, sobald nur ein Schimmer von Reichtum sich zeigt. Diese Unsicherheit des Besitzes hindert natürlich jegliches Aufblühen der Industrie und des Handels, hemmt selbst die Thätigkeit des Landmanns, der seinen Acker nicht mit der gehörigen Sorgfalt zu bestellen wagt, weil reiche Ernten nur erhöhte Abgaben, größere Erpressungen veranlassen würden. […] **[235]** […]

Ein weiterer Name des fahrenden Volkes oder der Zigeuner im frühneuzeitlichen Mitteleuropa war auch „Ägypter". Dies ging aber nicht auf das Nilland zurück, sondern auf die Verballhornung der Herkunftslandschaft einer Gruppe aus Gype im griechischen Peloponnes[22]. Entweder ein Zweig dieser wohl aus Nordindien stammenden Volksgruppe oder eine die gleiche Gesellschaftsnische besetzende Gruppe ist in Ägypten als Ghagar bekannt. Einer der wenigen Berichte über diese Volksgruppe des kosmopolitischen Ägyptens des

21 „Außerhalb von Ägypten ist kein Leben", in der Bedeutung von keiner Kultur und damit keinem Sinn, dorthin zu reisen.

22 Aus dieser Quelle rühren auch die Bezeichnungen Gysy im Englischen, Gitan im Französischen und Gitano im Spanischen.

19. Jahrhunderts stammt aus der Feder des Diplomaten und Orientalisten Alfred von Kremer (1828–1889), der 1858–1862 als österreichischer Konsul in Kairo ansässig gewesen war:

Alfred von Kremer: Die Zigeuner in Ägypten. In: Mittheilungen aus Justus Perthes' Geographischer Anstalt [...], 1862: 8, Seite 41–44.

Die Ghagar bilden in Ägypten einen zahlreichen Volksstamm, der nach bekannter Zigeuner-Art seinen Unterhalt gewinnt, indem die Männer als Kesselflicker, Affenführer, Seiltänzer oder auch als Schlangenfänger [...] sich im Lande herumtreiben, während die Weiber als Tänzerinnen, Buhlerinnen und Wahrsagerinnen sich Geld verdienen. Übrigens erhellt aus vielen übereinstimmenden Nachrichten, die ich einzog, dass ausser dem Handel mit Eseln, Pferden und Kameelen, den sie mit Vorliebe betreiben, fast der ganze Kleinhandel Ägyptens, welches sie nach allen Richtungen als Kleinverkäufer, Hausirer [...], durchziehen, vollkommen in den Händen der Ghagar ist. Sie machen ihre Einkäufe in Kairo, wo sie den einheimischen Kaufleuten wohl bekannt sind, besuchen die grossen Messen von Tanta[23], deren zwei jährlich abgehalten werden [...]. Auf diesen Messen vermitteln sie einen sehr bedeutenden Waarenumsatz und machen so schöne Gewinne, dass reiche Ghagar gar nicht zu den Seltenheiten gehören. **[41]**

Während so ein Theil Handel treibt, lebt ein anderer in Kairo als Schlangenfänger [...] und als schlangenfressende Derwische[24] [...] und so mancher Reisende hat in Kairo die ekelhaften Leistungen der letzteren gesehen, ohne zu ahnen, dass hinter der mohammedanischen Derwisch-Maske der Zigeuner versteckt ist. Diese letztere Klasse kommt oft mit den Europäischen Reisenden in Berührung und leistet den Naturforschern willkommene Dienste, indem sie alle Arten von Wüstenthieren, Schlangen mit und ohne Giftzähne, Eidechsen, Uromastix [= Dornschwanzagame], Wüstenratten, Schakale, Wölfe, Stinkthiere u.s.w., stets bereit haben und lebendig oder todt in kürzester Frist liefern. Die Behendigkeit, mit der diese Leute Schlangen aufzufinden und zu fangen wissen, ist wirklich überraschend. Mit einem Palmstabe bewaffnet, womit er an die Mauern und Decken klopft, und mit einer Rohrflöte, durch deren Ton er die Schlangen aus ihren Schlupfwinkeln herauszulocken vorgiebt, bleibt selten eine [...] Hausdurchsuchung fruchtlos, was allerdings aus dem Grunde erklärlich ist, dass in vielen der alten Häuser Kairo's sich Schlangen aufhalten, die aber fast immer dem harmlosen Geschlechte der Nattern angehören. [...]

Der Name „Ghagar" ist ein ganz allgemeiner, womit alle Zigeuner bezeichnet werden; nach ihrer eigenen Angabe zerfallen sie in verschiedene Stämme. Alle geben sich aber für echte Araber aus und thun sich auf ihre rein Arabische Abstammung viel zu Gute. Sie geben an, aus dem Westen, also aus West-Afrika, eingewandert zu sein; über den Zeitpunkt, wann dieses Ereigniss statt fand, wissen sie nichts Bestimmtes zu berichten. Für die Richtigkeit dieser Angabe spricht übrigens auch der Umstand, dass sie sich ohne Ausnahme zur Religionssekte der Malikiten bekennen, welche bekanntlich in ganz Nordwest-Afrika die herrschende unter den vier orthodoxen Sekten des Islam ist. Alle führen ein unstetes Wanderleben und versehen sich hierzu mit eigenen Wanderbewilligungen, die von dem Scheich der Gilde der Rifäi'j-Derwische oder der Polizei ausgestellt werden.

Am zahlreichsten ist allenthalben in Ägypten der Stamm, welcher mit dem Namen „Ghawäzi" bezeichnet wird. Er hat fast in allen grösseren Städten und Dörfern seine in allen Künsten der Verführung wohl bewanderten Vertreterinnen, welchen die Schönheit eine sehr gefährliche Waffe verleiht. [...] Sie führen in der That auch ein wahres Beduinen-Leben, halten sich fast immer unter Zelten auf und ziehen von einem Jahrmärkte zum anderen. Alle Ghazieh-Mädchen wählen ohne Ausnahme das leichte Handwerk der Tänzerinnen und die Älteren treiben Wahrsagerei. Sie verheirathen sich selten, bevor sie sich ein kleines Vermögen erworben haben, und wählen oft zu ihren Gatten ihre Sklaven. Der Mann einer Ghazieh ist überhaupt selten mehr als ihr Diener, der die Flöte bläst oder die Handtrommel schlägt, wenn sie tanzt, oder auch ihr neue Bekanntschaften zubringt. Beispiele, dass eine Ghazieh einen Dorf-Scheich heirathet, sollen nicht selten sein und, was merkwürdiger, ihre eheliche Treue soll dann eben so gewissenhaft sein, als ihr früherer Lebenswandel leichtfertig war.

Die Zigeuner Ober-Ägyptens nennen sich selbst „Saäi'deh", d [as] i [st] Leute aus Said, d [as] i [st] Ober-Ägypten. Sie ziehen im Lande herum und betreiben Wahrsagerei, Kleinhandel oder den Verkauf von Eseln und Pferden. Ihre Züge sind echt Asiatisch, die Hautfarbe dunkelbraun, die Augen stechend schwarz, das Haar schlicht und ebenfalls schwarz. Die Weiber tätowiren sich oft blau an den Lippen, Händen und auf der Brust; in den Ohren tragen sie grosse messingene Ohrgehänge, um den Hals Schnüre von blauen und rothen Glasperlen. Sie wahrsagen mittelst Muscheln, die sie in einem ledernen Schnappsacke tragen, der über die Schulter geworfen wird; je nach den Gruppirungen der Muscheln, die mit der Hand geworfen werden, wollen sie die Zukunft erkennen. Im Sommer, um die Zeit, wenn der Nil zu steigen beginnt, sieht man sie häufig in den Strassen von Kairo, wo sie leicht an ihrem ledernen, über die Schulter gehängten Schnappsacke, so wie an dem eigenthümlichen Rufe zu erkennen sind, den sie erschallen lassen: „nibejjin-ez-zein", d [as] i [st] wir wahrsagen Gutes und Schönes, oder auch „nidmorel-ghäib", d [as] i [st] wir finden Verlorenes auf. In Kairo hält sich eine zahlreiche **[42]** Gesellschaft solcher Wahrsagerinnen auf, welche auf die Leichtgläubigkeit der Kairiner spekulirt; sie wohnen alle zusammen in einem Gebäude, das Hösch Bardak heisst und knapp unter der Citadelle gegenüber der Moschee des Sultan Hassan liegt. Mit ihnen konkurriren die Maghrebinischen Zauberer und Wahrsager, deren besonders das innere Afrika, namentlich Darfur[25], die grösste Anzahl liefert. Man kann sie an den Strassen sitzen und aus Karten oder Sand wahrsagen sehen. [...]

23 Siehe ► Kap. 2, Alexandria und das Nildelta.

24 Eigentlich bezeichnet der Begriff Derwisch die Mitglieder des islamischen Sufi-Ordens.

25 Siehe ► Abschn. 10.3, Kordofan und Darfur.

Weitere Stammnamen sind H'aleb oder auch Schah'äini und T'at'ar. Die Weiber sind fast alle Wahrsagerinnen, die Männer, welche dem letztgenannten Namen angehören, grösstentheils Hufschmiede oder Kesselflicker und werden auch mit dem Namen A'wwädät oder Mua'merrätijjeh bezeichnet. Auch unter den Ghagar giebt es viele Schmiede, welche die Messingringe machen, die sowohl an den Fingern und Armgelenken als auch an den Ohren, der Nase und dem Halse getragen werden. Die zahlreiche Klasse von Leuten, die mit abgerichteten Affen herumziehen und sie für Geld sich produciren lassen, deren man viele in Kairo sehen kann […] gehören fast alle dem Zigeuner-Stamme an und man bezeichnet sie hier mit dem Namen Kurudäti (von kird, der Affe). Von demselben Volke sind auch die Athleten und Gymnastiker, die unter dem Namen „Bahlawän" bekannt sind und in grösseren Städten bei Jahrmärkten und festlichen Gelegenheiten sich einfinden. […] **[43]** […]

Wie in den vorstehenden Textauszügen immer wieder aufscheint, war die Sklaverei im Ägypten der Mamelucken, des Mehmed Ali und seiner Nachfolger nicht nur ein Aspekt Ägyptens im 19. Jahrhundert, sondern ein tragendes Element in Staatsverwaltung und Wirtschaftsleben. Während ▶ Kap. 10, Der osmanisch-ägyptische Sudan, und ▶ Abschn. 11.2, Der transsaharische Karawanenhandel, die Bedeutung des Sklavenhandels noch in der zweiten Jahrhunderthälfte beleuchten, berichtete der elsässische Arzt Ludwig Frank (1761–1825), der schon vor Napoleons Feldzug am Nil ansässig geworden und dort erst zur französischen Orientarmee gestoßen war, aufgrund fünfjähriger Landeskenntnis über die Heranschaffung und den Verkauf von Sklaven in Kairo zu Beginn des 19. Jahrhunderts:

Ludwig Frank: Ueber den Negerhandel zu Kairo (Kahira). In: Allgemeine geographische Ephemeriden, 1803: XI.6, Seite 659–674.

Die Sklavenhändler (Ghellabis) kommen in Karawanen [aus den oberen Nilländern] nach Aegypten, die von einem oder mehreren Aufsehern […] angeführt werden. Sie haben die Aufsicht über die Karawanen, und schliesen **[664]** den Verkaufs- und Einkaufshandel über die bey sich habenden Sklaven und andern Waaren, wofür sie Kleidungsstücke, Waffen u.s.w. einhandeln. […] Die Sklavenhändler müssen wohl Acht haben, sonst desertiren ihnen viele Sklaven, trotz der ihnen vorgespiegelten Glückseligkeit, die ihrer unter den Fremden warten soll. […]

Die Karawane begiebt sich gewöhnlich bey Tages-Anbruch auf den Weg, und hält nicht stille bis gegen Abend […] **[665]** […] Mit dem Wasser geht man sehr sparsam um; die Negersklaven bekommen bisweilen des Tags nur ein Mal zu trinken, und sterben oft mehr aus Durst, als aus Mattigkeit. Doch sterben auf dieser 36 bis 40 Tage dauernden Reise ungleich weniger Negern, als auf den Negerschiffen, die sie [auf europäischen Sklavenschiffen] aus Afrika nach Westindien [= Karibik] bringen. […] Die Karawanen von Sennaar [= Zwischenstromland von Weißem und Blauem Nil] und Darfur[26] [◘ Abb. 1.4] pflegten vor der Eroberung Aegyptens durch die Franzosen [1798] gewöhnlich in Abutitjch (einer kleinen Stadt in Ober-Aegypten) Halt zu machen, wo die Ghellabi's nach Maasgabe ihrer Habsucht mehr oder weniger von ihren Negersklaven zu Verschnittenen [= Kastrierten] machen liessen, weil diese gewöhnlich doppelt so theuer sind, als die anderen. […] **[666]** […] Man kastrirt nur Knaben von 8 bis 10 Jahren; dies und die gute Konstitution der Negern macht es allein möglich, dass die Sterblichkeit bey dieser grausamen Operation so erstaunlich klein ist. Die Ankunft der französischen Armee in Aegypten hat diesen Verstümmelungen (für einige Zeit) ein Ende gemacht. Zu Folge eines Befehls des General Bonaparte kauften die franz [ösischen] Kommandanten in Ober-Aegypten alle dahingebrachten Negersklaven, die zum Militärdienste tauglich waren, und sie wurden gute Soldaten. […] **[667]** […]

Nur drey Karawanen bringen gewöhnlich [= um 1802] Negersklaven nach Kairo; nämlich die von Sennaar, die von Darfur, und die sogenannte Mograbi- oder abendländische Karawane, die aus Fezzan[27], Burnu [= Bornu am Tschad-See] oder Havnia[28] kömmt. Die zwey ersteren kommen gemeiniglich ein Mal im Jahre; die letztere bisweilen nur alle zwey Jahre. […] **[668]** […] So viel ich durch Nachfragen herausbringen konnte, betrug die Zahl der ehemals nach Kairo auf den Markt gebrachten Negersklaven alljährlich 3, höchstens 4.000 Köpfe; […]. Die Bewohner von Kairo beurtheilen den moralischen Werth eines Negers nach äußerlichen Kennzeichen, und halten diejenigen für gutartige Geschöpfe, die schöne Augen haben, worin das Weisse recht weiss ist, deren Zahnfleisch und Zunge ohne braune oder schwärzliche Flecken ist, deren Inneres der Hände und Fusssolen fleischfarbig ist, und die schöne Nägel haben. […] **[669]** […]

Auf dem Sklavenmarkte zu Kairo erhandelt man die feilgebotenen Negern, wie in Europa die zahmen Thiere; der Käufer besichtigt ein Stück nach dem andern, und wählt, was ihm gefällt. Der Ghellabi macht nie den Preiss; der Käufer muss bieten; nähert sich das Gebot dem laufenden Preisse, so nimmt der Makler die rechte Hand des Ghellabi und die des Käufers, und ermahnt den erstern in den Kauf zu willigen, indem er ihm die andere Hand auf das Genik legt, um seinen Kopf zur Bejahung vorwärts zu beugen. Dies Alles wird mit grossem Lärm und Geschrey begleitet, so dass man glauben sollte, sie seyen im heftigsten Streite miteinander begriffen. So lange der Ghellabi mit dem Gebote nicht zufrieden ist, antwortet er immer: Esta halla, d. h. Gott wird was Besseres schicken, und der Käufer muss mehr bieten. Wann endlich der Kauf richtig ist, dann hört der Lärm plötzlich auf; der Makler, der Ghellabi, der Käufer und der gekaufte Sklave gehen mit einander in **[672]** die Schreibstube am

26 Beides Landschaften mit vorwiegend schwarzer Bevölkerung im Nordwesten des Sudan, siehe ▶ Kap. 10.

27 Das wüstenhafte Hinterland der libyschen Küstenprovinzen; siehe ▶ Abschn. 11.5, Das Sultanat Fessan und die Kufra-Oasen. Da die Wüstenosten des Fessan von islamischen Araberstämmen bewohnt wurden, ist Fessan hier als Transitlandschaft des Handels mit der „schwarzen Ware" zu verstehen.

28 Vielleicht die Verballhornung der Bornu benachbarten Landschaft Kassina. Dann siehe ▶ Abschn. 11.2, Der transsaharische Karawanenhandel, und insbesondere die Fußnoten 80 und 81 (▶ Abschn. 11.5, Das Sultanat Fessan und die Kufra-Oasen).

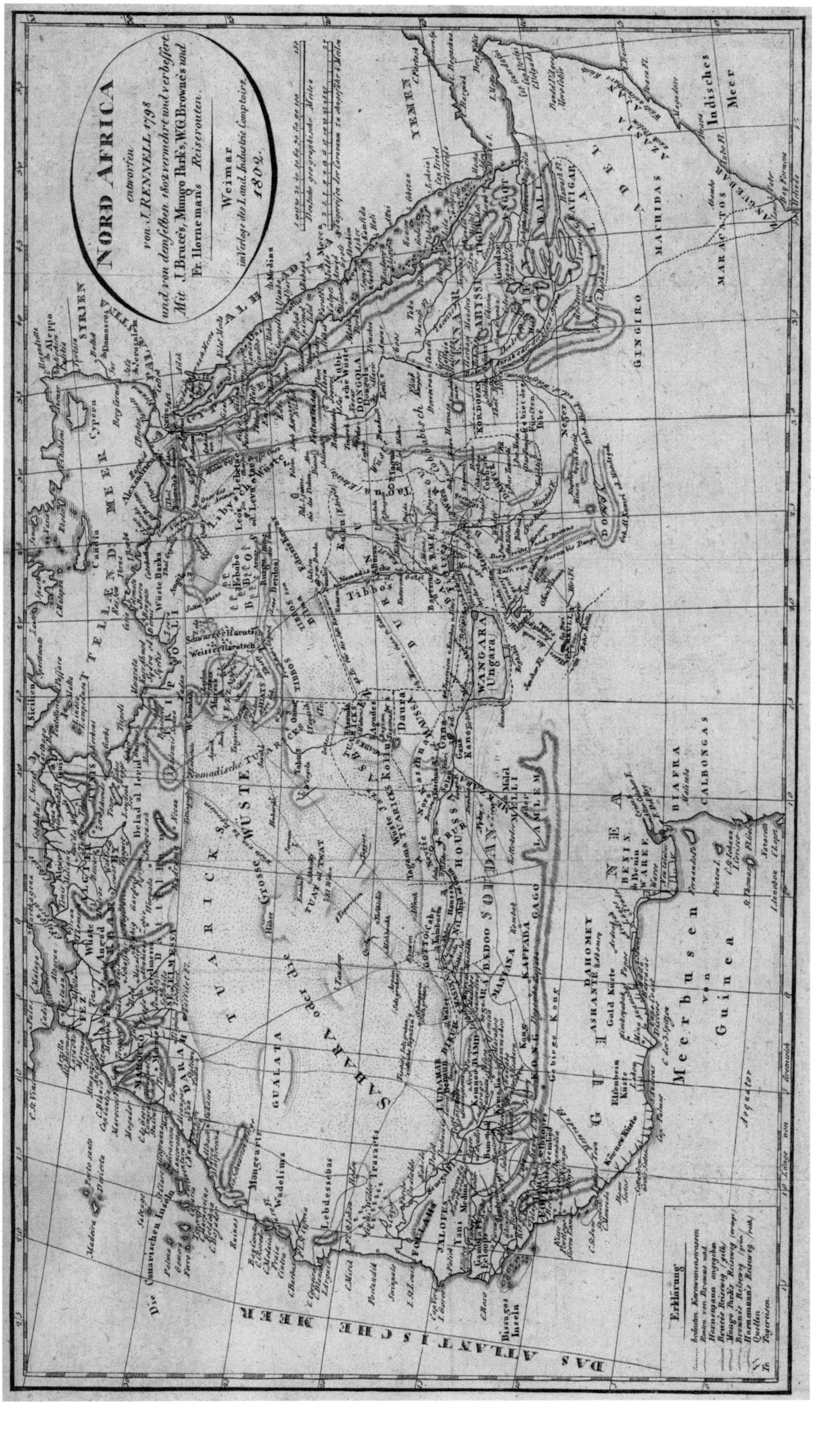

■ Abb. 1.4 Nord Africa entworfen von J. Renell 1798 und von demselben 1802 vermehrt und verbessert. In: Allgemeine geographische Ephemeriden, 1799: III.1

Ausgange [...], wo ein koptischer [= christlicher] Schreiber den Kauf in ein Register einträgt, und dem Käufer eine Abschrift davon zustellt.[29] [...]

Da die Preisse der Negersklaven bald fallen, bald steigen, je nachdem wie viele herbeygeführt werden, so lässt sich nichts ganz bestimmtes hierüber angeben; doch können folgende Angaben im Durchschnitte, als Mindestpreisse [um das Jahr 1800 herum] angesehen werden:

	span [ische] Piaster
Ein Knabe von 10–14 Jahren gilt	50–70
Ein Knabe von 15–18 Jahren gilt	70–100
Ein Mädchen von 8–12 Jahren gilt	35–50
Ein Mädchen von 14–20 Jahren gilt	70–90
Ein Verschnittener v [on] 10–12 Jahren gilt	160–200

Der Zustand der Negersklaven in Aegypten ist in Vergleichung mit dem [auf den europäischen Plantagen] in Westindien, gar nicht hart; doch ist es immer Sklaverey; folglich ein widernatürlicher **[673]** Zustand. Die Sklaven verrichten in Aegypten meistens nur leichte Hausdienste, werden gut gekleidet und genährt, erhalten nach einiger Zeit, wenn sie sich gut aufführen, die Erlaubniss sich zu verheirathen, und sich zu etabliren. Schlechte Aufführung wird mit Schlägen bestraft, die oft Besserung bewirken; wo nicht, so wird der Unverbesserliche auf dem Markte verkauft, natürlich viel wohlfeiler, als die neuherbeygebrachten Negern.

Die Mammelucken[30] kauften jährlich eine beträchtliche Anzahl Negersklaven zu ihrer Bedienung. Die männlichen Sklaven wurden öfters ihre Waffenbrüder, und gelangten mit der Zeit, so gut als die weissen cirkassischen [= tscherkessischen] und georgischen Sklaven zu hohen Stellen in der Regierung. Sie sind, wie gesagt, gewöhnlich gute Soldaten. **[674]**

Auch wenn bereits in den späten Regierungsjahren von Mehmed Ali die Militärsklaverei zu einem Ende kam, so hielt sich doch die Haushaltssklaverei in Ägypten – trotz des 1856 erlassenen Verbots der Sklaverei im gesamten Osmanischen Reich – bis weit in die zweite Hälfte des 19. Jahrhunderts. Auch die faktische Übernahme der Regierung der Briten 1882 in Ägypten und dessen Kolonialgebieten am oberen Nil änderte daran zunächst nur wenig, wie eine Zeitschrift noch 1887 bemerkte:

Anonym: Der Sklavenhandel in Aegypten. In: Deutsche Rundschau für Geographie und Statistik, 1887: 9, Seite 326–327.

Es kann nicht geleugnet werden, daß seit einigen Jahren, und gewiß unter Einwirkung der englischen Occupation, dem immer noch verderbliche Blüten treibenden Sklavenhandel große Aufmerksamkeit geschenkt wird, wie auch energische Maßregeln zu dessen Unterdrückung gehandhabt werden. Dies geht schon aus der Thatsache hervor, daß im vergangenen Jahre 1886 nicht weniger als 2.650 Sklaven beiderlei Geschlechts der Freiheit wiedergegeben worden sind. Im ersten Monate des laufenden Jahres wurden neuerdings 104 Sklaven emancipirt. Der Handel mit lebender Waare wird zwar in Aegypten immer schwieriger und seltener, da das militärische Bureau zur Unterdrückung der Sklaverei eifrige Streifereien unternimmt und die betroffenen Händler vor ein Kriegsgericht gelangen, [...] immerhin aber empfindliche Strafen verhängt. Die Sklavenkarawanen gehen aus dem Innern des [ägyptischen] Sudan nach den kleinen Häfen des Rothen Meeres und von da zu Schiff nach Arabien, wo unter der mangelhaften Controle der türkischen Behörden Sklavenmärkte abgehalten werden. Dieser Geschäftszweig florirt besonders in der heiligen Stadt Mekka, wo auch die wallfahrenden Aegypter sich mit Sklavinnen versehen **[326]** und letztere dann bei der Rückkehr als ihre Gattinnen, Töchter et [etera] einschmuggeln. Um diesem Unfuge zu steuern, hat die ägyptische Regierung verfügt, daß jeder zur Pilgerfahrt sich begehende Aegypter bei der Abfahrt genau die Zahl und Personsbeschreibung der ihn begleitenden Frauen im Reisepässe verzeichnen lassen müsse, und daß bei der Rückkehr nur die angeführten Individuen als sein Gefolge angesehen werden sollen. Selbst in Suakin[31], das doch unmittelbar unter englischem Oberbefehle steht, wird der verbotene Handel getrieben, und erst im Laufe des Januar [1887] hat man zwei nach Dscheddah [in Arabien] bestimmte Sklavenschiffe gekapert. Ihren Insassen wurde natürlich sofort die Freiheit gegeben. **[327]**

1.4 Landwirtschaft und Industrie

Das gesamte 19. Jahrhundert hindurch bildete die zunehmend modernisierte Landwirtschaft, die unter Mehmed Ali aber vor allem den Briten durch Staudamm- und Kanalbauten zur Ausweitung der künstlichen Bewässerung eine starke Ausweitung erfuhr, das Rückgrat der ägyptischen Wirtschaft:

Fritz Jaeger: Ägypten. In: Geographische Zeitschrift, 1907: 13, Seite 1–23, 71–92.

Schematisch können wir das Klima Ägyptens durch folgende Sätze kennzeichnen: Ägypten liegt in der Zone des Passatwindes, der von nördlichen, kälteren nach südlichen, wärmeren Gegenden weht und darum trocken ist. Darauf beruht die Regenlosigkeit und die Wüstennatur des Landes. Nur das nördliche Delta reicht im Winter, wo alle Klimazonen mit der Sonne nach Süden wandern, noch in die Zone wechselnder, vorherrschend westlicher Winde hinein, die ihm Regen bringen. [...] Im Winter beginnt die Herrschaft der nördlichen Winde erst von Kairo

29 Nach den Beobachtungen des Arztes Frank konnten „fehlerhafte" Sklaven zurückgegeben oder umgetauscht werden. Als fehlerhaft galten bereits Schnarchen oder Bettnässen.

30 Bis zum Beginn des 19. Jahrhunderts die zum Teil selbst aus schwarzen Militärsklaven hervorgegangene ägyptische Herrscherkaste.

31 Damaliger Haupthafen des Sudan an der Küste des Roten Meeres; siehe ► Kap. 7, Das Rote Meer, und ► Abschn. 10.5, Verkehrswege durch die Nubische Wüste.

südwärts, das nördliche Delta aber steht unter dem Einfluß eines [Luftdruck-]Minimums, das sich über dem im Winter relativ warmen östlichen Becken des Mittelmeers ausbildet und in Nord-Ägypten westliche Winde erzeugt. In den Übergangsjahreszeiten sind die Windverhältnisse weniger regelmäßig. Im Frühjahr weht oft der heiße Wüstenwind, der Chamsin und erhöht die Temperatur bedeutend [...]. [...] **[13]** [...] Die Zone konstanten Nordwindes ist wegen seiner geringen Feuchtigkeit regenlos und völlige Wüste. So wurde in Assuan und Wadi Halfa in den Jahren 1891 bis September 1895 kein Regen notiert. Nur sehr selten, vielleicht einmal in einem Jahrzehnt ereignen sich hier Gewitter von großer Heftigkeit, deren Wassermengen aber bald in der trockenen Wüste versiegen und verdampfen. [...] **[14]** [...]

Ohne den Nil[32] würde ganz Ägypten unter dem trockenen Klima verdorren, gleich der Wüste, die das Land zu beiden Seiten einfaßt. Der Strom aber führt ihm das lebenspendende Wasser zu und macht es zu einem der gesegnetsten Ackerbauländer der Erde, dessen ganze Volkswirtschaft auf dem Ackerbau beruht. [...] **[71]** [...] In alter Zeit und bis weit ins 19. Jahrhundert hinein mußte sich die Bestellung der Äcker der Bewässerung durch die Nilhochflut genau anpassen. Dementsprechend zerfiel das Jahr in drei gleiche Teile, Überschwemmungs-, Saat- und Erntezeit. Auf den [...] Äckern beginnt man gleich nach dem Zurücktreten des Überschwemmungswassers mit der Aussaat. Ohne vorheriges Pflügen wird der Samen auf den aufgeweichten Boden gestreut und dann mit einem Baumstamm eingewalzt oder mit einem Brett eingeschlagen oder auch von den übers Feld getriebenen Ochsen eingestampft. [...] Etwa vier Monate nach der Aussaat ist die Ernte überall vollendet. Wie die Überschwemmung, so fällt auch die Saat- und Erntezeit in Unter-Ägypten später als in Ober-Ägypten. Im Laufe des 19. Jahrhunderts hat der Anbau neuer Pflanzen, insbesondere der Baumwolle und des Zuckerrohrs das Bedürfnis nach anderen Betriebsformen erweckt. Diese ließen sich aber erst durchführen, nachdem es gelungen ist, das Wasser gleichmäßig über das Jahr zu verteilen. [...] Immerhin hat **[75]** man es im Delta, wo die dauernde Bewässerung eine Bebauung während des ganzen Jahres erlaubt, durch geschickte Fruchtfolge dahin gebracht, daß man in drei Jahren fünf Ernten erzielt [...]. [...]

Bei so starker Beanspruchung des Bodens muß er natürlich gedüngt werden. Die Düngung geschieht teils mit Taubenmist – der Mist der übrigen Haustiere wird als Brennmaterial verwandt –, teils mit der fruchtbaren Erde, die aus dem Ruinenschutt aller Ortschaften gegraben wird, teils mit Gips, den man in der Wüste gewinnt.

Wie zeitlich, so wird auch räumlich der Boden bis ins kleinste ausgenutzt. Wenn sich der Wasserspiegel senkt und die Uferwände des Nils und der Kanäle frei werden, so werden auch sie bepflanzt [...]. Man kargt so sehr mit dem Ackerland, daß man auch Bäume fast nur in den Ortschaften stehen läßt. Die hauptsächlichsten Feldgewächse sind: Weizen, Mais, Gerste, Reis, Saubohnen; der weißblühende, ägyptische Klee, Bersim genannt; Baumwolle, die seit 1863 in großem Maßstabe angebaut wird; Rhizinus, Sesam; Zuckerrohr; Zwiebeln, Kürbisse, Gurken und andere Gemüse und Gewürze. Von Bäumen wird bei weitem am meisten die Dattelpalme angebaut, die dem Fellachen außer ihren Früchten den Blattscheidenbast und die Blattrippen als Material für allerhand Gebrauchsgegenstände liefert. Andere Bäume sind nur spärlich vorhanden, so in Ober-Ägypten die Dumpalme mit eßbaren Früchten. [...] In Gärten gedeihen Wein und Südfrüchte vorzüglich, namentlich auch im Fayum. [...] **[76]** [...]

32 Siehe ► Kap. 3, Der Nil und seine Oase.

Nach jahrhundertelangem wirtschaftlichen Stillstand suchte der einer Händlerfamilie entstammende Mehmed Ali in der ersten Hälfte des 19. Jahrhunderts im traditionell rein agrarischen Ägypten durch eine staatlich verordnete Industrialisierung den Anschluss an die europäischen Volkswirtschaften zu erzwingen:

Anonym: Aegypten. Fabriken. In: Das Ausland, 1836: 9.1, Seite 705–706.

Die erste Fabrik, welche Mehemed Ali errichtete, datirt vom Jahre 1816, seit dieser Zeit hat sich trotz des schlechten Erfolgs der meisten seiner Etablissements dieser Art, eine wahre Fabriksucht seiner bemächtigt, und er hat ohne Aufhören neue gebaut, welche ohne alle Rücksicht auf die Lokalitäten und die Bedürfnisse errichtet, und wieder mit derselben Voreiligkeit aufgegeben werben. Er besitzt im gegenwärtigen Augenblick [= 1836] dreißig Baumwollenfabriken, welche im Durchschnitt jährlich 1.200.000 Stücke von Zeugen [= Stoffe] liefern, an welchen die Regierung etwa 7.200.000 Piaster gewinnt. Die Leinwandspinnereien lieferten 1.000.000 Stücke schmaler und 30.000 breiter Zeuge, aber der Gewinn dabei war so unbedeutend, daß der Pascha dieses Monopol aufgegeben hat. [...]

Die Seidenfabrikation konnte dem Unternehmungsgeist des Pascha's nicht entgehen; er errichtete im J [ahre] 1819 eine Fabrik in Cairo [...]. Man ließ dazu aus Konstantinopel armenische Arbeiter kommen, welche Seidenzeuge und Brokade nach türkischer und indischer Art zu weben verstanden, die Fabrik gedieh bald, und da sie im Geschmack des Landes arbeitet, so hat sie gute Aussichten vor sich. Sie enthält 160 Webstühle, auf denen man im J [ahre] 1835 etwa 1.400 Centner Seide verarbeitete. Die Zeuge [= Stoffe] sind ziemlich glatt, und die Muster elegant, die Farben sind glänzend aber nicht haltbar. Eine Papierfabrik, welche der Pascha errichtete, mißlang, und ist aufgegeben worden. [...]

Ein Malteser, Namens Antonini, hat **[705]** in Karomun in Oberägypten für den Pascha eine Zuckerraffinerie errichtet, welche anfangs sehr schöne Produkte lieferte und die Aussicht gab, daß Aegypten sich eine neue Stapelwaare [= Rohstoffe] zur Ausfuhr in die ganze Levante aneignen werde. Aber die Anwendung von Blut und animalischer Kohle erregte das Murren einer fanatischen Population, welche den Pascha nöthigte, den Gebrauch dieser Stoffe zu verbieten, und von diesem Augenblick an wurden die Produkte so schlecht, daß man den gemeinsten europäischen Zucker im Handel bei weitem vorzieht. Es ist sonderbar, daß Mehemed Ali, der in vielen seiner Anstalten, wie z. B. in der anatomischen Schule [...] die Vorurtheile der Muhammedaner aufs äußerste beleidigte, nicht gewagt hat, in diesem Falle seine Neuerung zu vertheidigen, um so mehr als er sich nicht gescheut hat, seiner Zuckerfabrik eine Distillerie von Rum beizugeben, welche ziemlich gute Resultate liefert. Der einzige Nachtheil den sie hat, ist der, daß die Arbeiter durch den unmäßigen Genuß des Rum bald unbrauchbar werden, und ersetzt werden müssen. […]

Auf der andern Seite kostet der Ankauf der Maschinen große Summen, die Trockenheit der Luft macht, daß sich alles Holz in kurzer Zeit wirft, und man die Spindeln [der Baumwollfabriken] nur mit Mühe, und indem man Gefäße mit Wasser unter ihnen anbringt, in Gang erhalten kann. Der feine Staub der die Luft erfüllt, dringt durch alle Fugen der Maschinen, nützt die Räder ab, und die besten Maschinen sind in kurzer Zeit in allen Fugen los. Die einheimischen Arbeiter sind außer Stande, die Reparaturen zu unternehmen, und man läßt daher ohne Aufhören neue Maschinen kommen, welche oft ungebraucht zerfallen, weil sich niemand findet, der sie aufzustellen weiß. Die Dampfmaschinen müssen mit europäischen Kohlen geheizt werden, und ihre Arbeit wird unterbrochen, wenn ungünstige Winde die Ankunft der Schiffe verzögern. Zu diesen Schwierigkeiten, welche ihren Ursprung in der Natur des Klima's haben, kommt noch die Nachlässigkeit und Unredlichkeit der Beamten, und der Leichtsinn, mit dem man Arbeiter, welche man mit großer Mühe an Fabrikarbeit gewöhnt hat, zur Konskription [= Militärdienst] wegnimmt. Der Pascha weiß es, aber die Fabriken sind für ihn ein Spielzeug, oder ein Schauspiel, wo er bisweilen hingeht, sich zu erholen. Sobald er erscheint, drehen sich alle Räder, schnurren alle Spindeln und das Geräusch gefällt ihm. […] **[706]**

Aber bereits Mitte der 1820er-Jahre war für zahlreiche europäische Besucher wie den Schweden Lundstedt augenscheinlich, dass die Fabrikanlagen kaum einen volkswirtschaftlichen Nutzen für das rückständige Agrarland Ägypten mit sich gebracht hatten. Vielmehr fraßen diese die durch Intensivierung alter Anbaupflanzen wie Zuckerrohr und die Einführung neuer Nutzpflanzen wie Baumwolle sowie Leinsamen und Sesam für die Ölgewinnung binnen weniger Jahre erzielte Verdopplung der Bodensteuerabgaben mehr als wieder auf:

G. F. Lundstedt: Gegenwärtiger Zustand der Gewerbe und des Handels in Aegypten. In: Neue allgemeine geographische und statistische Ephemeriden, 1826: XIX.14, Seite 417–432.

Gleichzeitig mit diesen Anbauungen sind die vom Pascha [Mehmed Ali] angelegten, und auf dessen Kosten betriebenen Fabriken. In Aegpten wie überall, wo die Regierung sich mit dem Handel und den Gewerben selbst abgiebt, geschieht es mehrentheils mit Verlust. Der Pascha hat in seinen Fabriken das Grab seiner Schätze gefunden; sie verschlingen ungeheure Summen, und müssen dessen ungeachtet noch immer unvollkommen bleiben, so lange der Absatz im Innern des Landes so gering bleibt und so lange Aegypten mit den zwei grössten und raffinirtesten Fabriksmonopolisten, welche die Erde je gesehen, zu kämpfen hat; nämlich mit Frankreich und England, die Aegypten ungehindert eine Menge Manufacturwaaren um den nämlichen Preis, den sie im Mutterlande haben, aufdringen. Aber trotz der Hindernisse, worauf Ali bei Einführung Europäischer Erfindungen gestossen ist, fährt er doch in seinen Versuchen unermüdet fort, und wenn auch gleich die meisten ganz misslungen **[428]** sind, so ist es doch mit einigen gelungen, andere sind im Entstehen. Allein auch hier geht es, wie in andern Ländern: vieles wird angefangen, wenig vollendet, und Ausdauer ist dem türkischen Character [von Mehmed Ali] nicht eigen. Alles scheint für den gegenwärtigen, nichts für den künftigen Tag, geschweige denn für die Zukunft berechnet. Vieles scheint auch nur des Scheines wegen, und um damit zu glänzen angefangen, und bei manchen Unternehmungen mehr auf das Gerathewohl, als auf reellen Nutzen und Bedürfniss gesehen seyn.

Es ist überhaupt die Frage, ob Fabriken nützlich sind in einem Lande, wo man in allen andern Dingen so weit hinter der Aufklärung des Jahrhunderts zurücksteht, […]. […] Man erstaunt, wenn man mitten unter einer fast allgemeinen Unwissenheit, und nach dem, was man aus dem Aeussern schließen muss, unter der grössten Armuth und dem grössten Elende auf Manufacturen und Fabriken trifft, die, in Hinsicht ihrer mechanischen und chemischen Grundlagen, zu den neuesten und raffinirtesten Erfindungen der neuern Zeit gehören. Aber wenn diese technischen Wunderwerke ausser ihrer Sphäre zu seyn scheinen, wenn man sie auf dem Boden Aegypten's erblickt; so sieht man auch mit einem gewissen widrigen Gefühl, wie sie alle, mehr oder weniger, dem Untergang entgegen gehen, der zu allen Zeiten und in allen Ländern die **[429]** Folge voreiliger Schöpfungen war. Diess ist z. B., schon mit den Tuch- und Baumwollenfabriken zu Kahira [= Kairo] der Fall, wovon mehrere sogar selbst bei ihrer Errichtung aufgegeben wurden. Die grosse Tuchfabrik in Bulak (einer seiner Vorstädte am Nil) kostete der Regierung ungeheure Summen; nachdem das Gebäude dazu eingerichtet, und ein Theil der Materialien angeschafft waren, ward es in eine Caserne verwandelt.

Dasselbe Schicksal scheint andren Fabriken zu drohen. Doch besteht noch die daselbst von dem Franzosen Jomel errichtete schöne Baumwollespinnerei und Weberei. Nach seinem Tod im Jahr 1823 steht sie unter Aufsicht eines Eingebornen. Es werden darin alle Arten von Baumwollenzeug, Shawls, Cattune, Nesseltuch und geblümte Zeuge gefertigt. […] Die Triebkraft der Maschinen ist, wie überall in Aegypten, der Ochs. Kommt einmal die ganze Fabrik in Gang, so muss sie auf mehr als hundert [Web-]Stühlen täglich 130 bis 150 Pfund Baumwolle verarbeiten und ungefähr 1.000 Menschen beschäftigen können. […] **[430]** […] Die meisten Arbeiter bei diesen Fabriken sind jetzt Eingeborne; doch auch noch einige Europäer dabei angestellt, die zu dem Zweck aus Frankreich und Italien verschrieben [= angeworben] sind. Aber durch den hohen, Europäern bezahlten Arbeitslohn und durch Verschreibung [= Einfuhr] einer Menge Maschinen und Werkzeuge, die im Lande selbst noch nicht verfertigt werden können, werden die hier fabricirien Artikel so theuer, dass sie um die Hälfte wohlfeiler [= billiger] und eben so gut vom Auslande bezogen werden können, Fracht und andere Unkosten mit einberechnet.

Am besten gelingt die Fabricirung von [Schieß-]Pulver, indem die dazu nöthigen Bestandtheile in ganz Aegypten im Ueberflusse vorhanden sind. Ein durch Schiffbruch dahin verschlagener Italiener, Herr Bassi, hat diesen Industriezweig in einen ungewöhnlichen Gang gebracht; jetzt werden täglich 3.000 Pfund von guter, obgleich nicht besonders feiner Qualität, wovon die Hälfte für das kleine Gewehr bestimmt ist, verfertigt. [...] Der Pascha selbst ist der einzige Fabrikherr und Kaufmann im Lande; er eignet sich das ganze **[431]** rohe Material zu, und lässt es durch besoldete Arbeiter veredeln. Alle Waaren, die aus den über das ganze Land zerstreuten Fabriken und von einzelnen Handwerkern in seine Magazine kommen, werden gestämpelt, und keine andere Waaren dürfen in den Handel kommen, als die, welche der Regierung gehören. Besondere Beamte sind beauftragt, über die Einsammlung der verschiedenen rohen Producte die Aufsicht zu führen. Die Landbewohner betrachten die Einsammler der von ihnen erzeugten Producte als ihre Feinde, weil sie ihnen nicht selten die ganze Aerndte entreissen. Man kann mit den Aegyptischen Europäern[33] sagen, dass alle diese Manufactur- und Fabrikanlegungen à force de l'argent[34] entstanden sind, und noch immer ist es die Frage, ob irgend eine derselben in der Länge bestehen kann, ohne sich selbst zu verzehren. **[432]**

Wie den realsozialistischen Volkswirtschaften des 20. Jahrhunderts war auch im Ägypten des 19. Jahrhunderts der monopolistischen Staatswirtschaft kein Erfolg beschieden. Spätestens mit der in der Orientkrise 1840[35] erzwungenen Abschaffung der ägyptischen Schutzzölle und der Öffnung des Binnenmarktes für bessere und billigere europäische Fabrikwaren war der „große Sprung" in die Moderne gescheitert. Bis dahin aber hatte nicht zuletzt dieser unselige Versuch den durch die faktische Verstaatlichung des Ackerlandes zu Beginn der Herrschaft von Mehmed Ali gewonnenen Staatsschatz aufgezehrt. Im Verein mit der Misswirtschaft seiner wenig fähigen Nachfolger auf dem Thron des Vizekönigs wurde daraus eine so große Staatsschuld, dass Ägypten 1875 praktisch bankrott war und unter internationale Finanzaufsicht gestellt wurde. Zu diesem Zeitpunkt wurde der volkswirtschaftliche Beitrag des Gewerbes aber bereits aufgewogen von den Einnahmen aus dem Tourismus.

1.5 Reiche Touristen und arme Handwerksburschen

Musste sich Friedrich Hornemann noch 1798 bei seinem Aufenthalt in Kairo als Mameluck verkleiden und verhalten, um nicht als Ungläubiger verfolgt zu werden, so kam mit der Öffnung des Landes unter Mehmed Ali und dem Aufblühen der Ägyptologie seit den 1820er-Jahren allmählich auch der touristische Besuch der Sehenswürdigkeiten des so fremdartigen Nillandes in Mode. Obwohl Thomas Cook (1808–1892) die von ihm 1841 erfundenen Pauschalreisen – Transport, Unterkunft, Verpflegung und Führung aus einer Hand – bereits 1869 nach Ägypten ausdehnte, blieb das Land bis nach dem Zweiten Weltkrieg ein klassisches Bildungsreiseziel für ein zahlungskräftiges Publikum, vom dem niemand auf den Gedanken gekommen wäre, die Arabische Wüste zu durchqueren, um im Roten Meer zu baden. Bereits in den 1870er-Jahren hatten sich die Nilfahrt als touristisches Kernelement jeder Ägyptenreise und eine breite Infrastruktur für ausländische Besucher herausgebildet. Während die seinerzeit so ganz anders erlebte eigentliche Fluss-„Kreuzfahrt" auf dem Nil im ► Abschn. 3.3 (Flusstourismus im 19. Jahrhundert) beschrieben wird, gibt der nachfolgende Bericht einen guten Einblick in die von wilhelminischen Reisenden in Ägypten wahrgenommenen kulturellen und landschaftlichen Reize während des Dahinsegelns auf dem Nilstrom:

Anonym: Aegypten als Touristen-Ziel. In: Das Ausland, 1875: 48, Seite 461–463.

Immer entlegenere Gebiete unseres eigenen und fremder Erdtheile werden durch die gewaltigen Verkehrsmittel der Neuzeit jener Art von Bereisung erschlossen, welche das Interesse an den Wundern der Natur und der Menschenhände mit möglichster Berücksichtigung des eigenen, materiellen Wohllebens paart, und welche daher nicht mit Unrecht ihren besonderen Namen erhalten hat. Heutigen Tages [= 1875] erfordert sogar der Besuch des uralten Pyramidenlandes mit Einschluß der nördlichen Distrikte Nubiens wenig mehr, als eine wohlgefüllte Börse[36], und schon hat auch für Aegypten sich ein „Bädeker" gefunden[37], welcher mit aller wünschenswerthen Genauigkeit und Gründlichkeit, mit einer Fülle wissenswerther Angaben und interessanter Notizen den Touristen am Nil an die Hand geht und **[461]** sowohl für den Fortgang und die praktische Eintheilung seiner Reise, für die Erleichterung seines Verkehrs mit der einheimischen Bevölkerung und für die Wahrung seines Comforts, wie auch für das Verständniß der Dinge, die vor seinen bewundernden Augen vorüberziehen sollen, die beste Sorge trägt. Werfen wir einen kurzen Blick auf das hauptsächlichste und größte Ziel der Aegyptenreisenden, die Nilfahrt.

Von Alexandrien nach Kairo führt den Reisenden die ägyptische Staatseisenbahn, deren Linien [1875] in einer Gesammtlänge von etwa 1.200 Kilometern fast alle größeren Städte des Nildelta's unter sich verknüpfen und welche nilaufwärts bis Siut [= Asyut in Mitteläqypten] vollendet ist [...]. Die Fahrt bis Kairo währt mit dem Schnellzuge 4½ Stunden. Von Kairo ab muß der-

33 Im Lande ansässige und daher sachverständige Europäer.

34 Etwas tun, weil (zu viel) Geld vorhanden ist.

35 Siehe ► Abschn. 1.2, Mehmed Ali – vom Söldnerführer zum Dynastiegründer.

36 Nach dem 1874 im Brockhaus-Verlag erschienenen Reiseführer *Nilfahrt bis zu den zweiten Katarakten* kostete die Schiffspassage erster Klasse von Triest nach Alexandrien alleine 135 Goldmark, der Aufenthalt in Alexandrien oder Kairo täglich 20 Goldmark und die Anmietung eines Dahabieh genannten Nilseglers auf drei Monate einschließlich Verpflegung für die „große Nilfahrt" bis zu den zweiten Katarakten oberhalb von Abu Simbel etwa bei der heutigen Grenze von Ägypten zum Sudan weitere 8000 Goldmark. Da der Wert der Goldmark damals in etwa 10 Euro entsprach, mussten in den 1870er-Jahren für eine dreimonatige klassische Rundreise durch Ägypten etwa 100.000 Euro heutiger Kaufkraft veranschlagt werden.

37 Gemeint ist der Brockhaus-Führer, da der erste Ägypten-Bädeker erst zwei Jahre später 1877 erschien.

Abb. 1.5 Flusssegelboot vom Typ Dahabieh auf dem unteren Nil. In: Deutsche Rundschau für Geographie und Statistik, 1892: 14, Seite 152

jenige, welcher das eigentliche Aegypten, d [as] i [st] das Nilthal, sehen will, des Nilfahrzeuges, der Dahabie [= kielloses Flusssegelboot] [Abb. 1.5], sich bedienen. Nachdem unter mancherlei Schwierigkeiten der Vertrag mit dem Dragoman[38] auf dem Consulate abgeschlossen ist, wobei äußerste Umsicht und minutiöseste Pünktlichkeit die unerläßliche Vorsichtsmaßregel bildet, und nachdem die Ausrüstung und Verproviantirung des Schiffes mit arabischer Langsamkeit und Saumseligkeit zu Ende gebracht worden, verläßt der Tourist den Quai von Kairo und sieht allmählig das letzte Wahrzeichen der Nilstadt, den Mokkatam [-Berg] und die Citadellen-Moschee mit ihren Minareten, verschwinden.

Die ersten Objecte des Nilthales, welche die Zeit und Aufmerksamkeit des Reisenden in hervorragendem Maße in Anspruch nehmen und daher gewöhnlich unabhängig von der eigentlichen Nilreise besucht werden, sind die weltberühmten Pyramiden von Gizeh, die Ruinen von Memphis, die Pyramiden- und Gräberfelder von Sakara und Daschur. Eine Fahrt von 249 Kilometer bringt die Dahabie nach Minieh [= Minya], einer ziemlich bedeutenden Fabrikstadt, unter dem 28. Breitegrade gelegen. Auf der Fahrt bis dorthin, wie überhaupt im Nilthale aufwärts treten bald von der östlichen Seite die arabischen Gebirge (zwischen dem Nil und dem Rothen Meere), bald von Westen die Hochränder des libyschen Wüstenplateau's dicht an den Fluß heran und zieren seine Ufer mit malerischen Felsengruppen, welche ihrerseits wieder häufig den Denkmalen uralter Architektur zum Piedestal [= Sockel] oder Rahmen dienen. Beni Hassan, nahe südlich von Minieh [= Minya], ist der erste Punkt, an welchem der Nilreisende das bekannte und vielgenannte Ungethüm der afrikanischen Gewässer, das Krokodil, in seiner natürlichen Freiheit zu sehen erwarten darf. An der schroffen Wand des Dschebel Abu Foda, einer der landschaftlich schönsten, aber auch der gefährlichsten Stellen der Nilschifffahrt, sieht man sie bereits häufiger in Höhlen und Felsenspalten im Sonnenscheine ruhen, und weiter gegen Süden werden sie bald zu gewöhnlichen Erscheinungen an den Ufern und auf den Sandbänken des Flusses.

Siut [= Asyut], auf dem Schutte des alten Lykopolis erbaut, ist Hauptstadt der gleichnamigen Provinz und die [in den 1870er-Jahren] bedeutendste Stadt Ober-Aegyptens; die hier einmündende große Karawanenstraße nach Darfur[39] [im Nordwesten des heutigen Sudan] verleiht ihr einen lebendigen und wechselvollen Anstrich. Von Siut nach Belieni, eine Strecke, auf welcher die antike Geographie eine Reihe von blühenden Städten aufführt, bieten sich dem heutigen Beschauer nur sehr unansehnliche Reste. An den Ufern tritt nunmehr die Dumpalme auf, welche gegen Süden zu rasch an Häufigkeit und Höhe ihres Wuchses gewinnt. Von Belieni aus wird der am östlichen Thalrande des Nil gelegene große Tempel von Abydos besucht. Oberhalb Belieni fließt der Nil in fast rein ost-westlicher Richtung und erreicht bei Kenneh [= Quena], von wo eine vier Tagereisen lange Straße nach Kosseir[40] am Rothen Meere führt, den östlichsten Punkt seines Laufes. Kenneh [= Quena] gegenüber liegt auf dem linken Nilufer der große Tempel von Dendera; südlich davon öffnet sich das nach dem Rothen Meere hinaus leitende Thal von Hamamat [= Wadi Hammamat mit Karawanenweg nach Kosseir], welches zahlreiche antike Steinbrüche und Denkmale birgt. Von Westen her tritt ein Vorsprung des libyschen Gebirges in kräftigen Umrissen hart an den Nil heran, während dem arabischen Gebirge eine reiche, schöne Ebene zum Vordergründe dient. Bald aber weitet sich auch dort das Nilthal, von den über 300 Meter hohen schroffen Gipfeln des libyschen Wüstenrandes amphitheatralisch umschlossen, es erscheinen die Tempel von Qurna, das Ramasseum, die Memnonskolosse, die Ruinen von Karnak und Luqsor, die stolzen Ueberreste des [von Homer in der Ilias besungenen] „hundertthorigen" Theben (25° 40' n [ördlicher] Br [eite]).

Auf die Wunder dieser Todtenstadt auch nur in flüchtigen Worten hier einzugehen, würde uns allzu weit führen [...]. Verfolgen wir vielmehr die Fahrt der Dahabie stromaufwärts. Südlich von Theben führt dieselbe durch einen vom arabischen Gebirge und einem mit schroffer Felswand abstürzenden Ausläufer des Libyschen gebildeten Engpaß [...]. Nicht ferne davon steigt aus Palmenhainen das stattliche Esneh [= Esna] am linken Nilufer empor. Die kurze Strecke zwischen Esneh und dem in weiter Thalebene gelegenen Edfu bietet nur wenig Bemerkenswerthes, obgleich in alter Zeit auch hier mehrere Städte blühten. Dagegen findet der Aegyptologe und auch der Aegypten bereisende Tourist in Edfu selbst und in seiner nächsten Umgebung wieder reiche Nahrung für seine Schau- und Wißbegierde. Etwa 28 Kilometer oberhalb Edfu tritt der schluchtenreiche Dschebel Serag auf dem östlichen Ufer hart an den Nil. Die Landschaft nimmt einen wilderen, düsteren Charakter an, die beiderseitigen Gebirge rücken sich näher, das bebaute Land schrumpft zu einem schmalen Striche zusammen, die Ortschaften sind spärlich vertheilt und ärmlich. Kaum 300 Schritte breit windet sich der Nil durch den eine Viertelstunde langen Paß von Dschebel Silsileh und bei dem Austritte **[462]** aus dem letzteren sieht man vor sich eine neue, ihrem Charakter nach bereits zu Nubien zählende Gegend. Die nur etwa 60 Meter hohen Berge

38 Dolmetscher und (Reise-)Führer vor allem in orientalischen Ländern im Osten und Süden des Mittelmeeres, aus dem traditionellen Berufsstand der Betreuer ausländischer Diplomaten und Kaufleute hervorgegangen.

39 Siehe ► Abschn. 10.3, Kordofan und Darfur.

40 Siehe ► Kap. 7, Das Rote Meer.

weichen zu beiden Seiten zurück und geben der Wüste Raum, deren wellenförmige Linien auf der arabischen Seite einen vorherrschend grauen, auf der libyschen einen gelben Ton zeigen. Der Anbau hört beinahe gänzlich auf. Man darf an dieser auffallenden Landschaftsgrenze vielleicht die Südgrenze des einstigen Aegypten suchen.

An der palmenumsäumten Insel Elephantine vorüber segelt die Dahabie dem Ankerplatze von Assuan zu. Der Nil hat hier den Anschein eines Sees, als dessen Südrand die dunklen Massen des granitischen Katarakten-Gebirges erscheinen. Die gleich oberhalb Assuan beginnende Kataraktenfahrt hat bei niedrigem Wasserstande ihre Schwierigkeiten, während zur Zeit der Ueberschwemmungen die Dahabien und sogar Dampfschiffe leicht darüber hinwegfahren. Ein eigentlicher Wasserfall findet sich in denselben freilich nicht, und selbst an der schwierigsten Stelle, im sogenannten Kataraktenthor (Bab-e-Schelal) beträgt das Gefäll nicht mehr als 10 auf 150 [Meter]. In grotesken Gestalten ragen die schwarzen Felsenmassen in den schäumenden Strom herein und die von ihnen herabgestürzten Rollblöcke bilden stellenweise Inseln von 40–60 Meter Höhe. Die Bergfahrt durch die Katarakten kann zuweilen nicht an einem Tage vollendet werden, während thalwärts das Schiff in wenig mehr als einer Stunde durch dieselben hinabschießt.

Die ersten Nilkatarakten bilden die heutige Grenze von Aegypten und Nubien. Oberhalb derselben[41] weitet sich das Nilthal zu dem herrlichen Becken von Philä, umsäumt von wilden, zerrissenen Felsgebirgen. Wiederholt zeigen sich auf der nächstfolgenden Strecke die Spuren römischer Kolonisation; so bei Tafeh, dem einstmaligen Taphis. Das Felsenthor von Kelabsche [= Kalabscha] engt mit seinen schwarzen Wänden den Strom wieder auf 150 Schritte Breite ein. Einige Stunden weiter südlich passirt die Dahabie, an dem Tempel von Dandur vorübersegelnd, den [nördlichen] Wendekreis des Krebses, die Grenze der Tropenzone. 114 Kilometer Entfernung trennen das Felsenthor von Kelabsche von Korosko, dem Ausgangspunkte der Karawanenstraße nach Abu Hammed, welche die gewaltige Krümmung des mittleren Nillaufes abschneidet. […] Der Landschaftscharakter ist im allgemeinen fortwährend der der Wüste mit ihren den Flußufern bald näher, bald ferner rückenden grotesken Felsgestaltungen, zwischen welchen hin und wieder die Reste antiker Bauwerke sich zeigen. […] Der Nil ist auf dieser Strecke mächtig breit, große schönbebaute Inseln wechseln mit langen Sandbänken, dem Lieblingsaufenthalte der Krokodile. Abu Simbl hinterläßt in seinem gewaltigen Felsentempel dem Nilreisenden noch eine Erinnerung, kaum weniger unauslöschlich, als jene an die Cheopspyramide oder an die Riesenhalle von Karnak. Nach einer weiteren Fahrt von 62 Kilometern ist bei Wadi Halfa, dem Einmündungspunkte des gleichnamigen Wüstenthales am östlichen Nilufer der Endpunkt der Fahrt erreicht. Kurz oberhalb dieser Stelle beginnen die zweiten oder großen Nilkatarakten, welche für größere Schiffe gänzlich unfahrbar und nur zur Ueberschwemmungszeit für kleine Kähne zu passiren sind. […] **[463]**

41 Hier wurde 1898–1902 der erste Assuan-Damm und 1960–1970 dann 13 Kilometer stromauf der Hochdamm errichtet, welche die gesamte Tallandschaft und die antiken Stätten bis zum zweiten Katarakt ertränkten; siehe ► Abschn. 3.4, Bewässerungsbauten von Mehmed Ali bis zum Assuan-Hochdamm.

Waren es in den 1870er-Jahren nur etwa 500–600 Deutsche, die pro Jahr einen touristischen Besuch des Niltals unternahmen, so hatte sich deren Zahl bis 2010, dem letzten Jahr vor den Umwälzungen des „Arabischen Frühlings", auf 1,3 Mio. vermehrt, die allerdings mehrheitlich nicht das Niltal, sondern die Badeorte am Roten Meer besuchten. Aber die pharaonischen Hinterlassenschaften des Niltals waren auch für die insgesamt 14 Mio. ausländischen Besucher jenes Jahres der neben Sonne und Meer wichtigste Anziehungspunkt und Garant für etwa ein Zehntel des ägyptischen Nationaleinkommens.
Neben den nur kurz das Land bereisenden Touristen hatte sich vor allem seit der Mitte des 19. Jahrhunderts auch eine kosmopolitische Szene von ansässigen Europäern entwickelt. Diese hatte sich durch den Fachkräftebedarf der Staatsverwaltung, die aufblühende Wirtschaft, die sich herausbildende Wissenschaft der Ägyptologie und schließlich auch den Tourismus gebildet. Als Besucher hatte der Theologe Paul Ewald (1857–1911) einen Einblick in diese Szene erhalten:

Paul Ewald: Die Deutschen in Egypten. In: Aus allen Welttheilen, 1884: 15, Seite 143–145.

Sehen wir uns nach den Deutschen in Egypten um, so finden wir, daß es [um 1880] deren wenig mehr denn 3.000 drüben gibt; dabei sind jedoch die Deutsch-Oesterreicher **[143]** mitgerechnet. Daß diese Zahl so gering ist, liegt am besagten Mangel an Unternehmungsgeist, aber auch an einem Vorteil, den die Deutschen vor mancher übrigen Nation voraus haben: an ihrer Ehrlichkeit. Während Griechen, Syrier und Italiäner sich durch ihr blutsaugerisches, betrügerisches Geschäftsgebahren unvorteilhaft hervortun, während dieses Gesindel, oftmals aus früheren Spitzbuben und Räubern bestehend, jetzt unter dem Schutze europäischer Mächte oder mit Hülfe betrügerischer egyptischer Beamter, sein Wuchersystem immer weiter entfaltet […], hat sich der Deutsche, zu seinem Ruhme sei es gesagt, solchem Treiben fern gehalten. Er beschränkt sich darauf, sein Geschäft ehrlich zu betreiben und Käufern wie Verkäufern gerecht zu werden. Daß natürlich auch böse Ausnahmen vorkommen können, ist selbstverständlich.

Wenn wir nun die in Egypten befindlichen Angehörigen der deutschen Nation nach ihren Beschäftigungen trennen wollen, so möchten sich da vier Abteilungen bilden lassen: die der Gelehrten, die der Beamten, die der Handeltreibenden und die der Handwerker und Arbeiter. Die Zahl der Gelehrten ist gering, mindestens die der seßhaften. Ein großer Teil aber zog und zieht jahraus jahrein zu Forschungszwecken durch Egypten und das Innere des schwarzen Erdteils, so unsere Landsleute [der Zoologe Alfred] Brehm[42], [der Schweizer Geograph und Völkerkundler Werner] Munzinger, [der Ornithologe Theodor] v. Heuglin[43], [der Botaniker Hermann] Steudner, [der wissenschaftliche Instrumen-

42 Siehe ► Abschn. 10.2, Khartum, vor allem Fußnote 50.
43 Siehe ► Kap. 10, Der osmanisch-ägyptische Sudan, vor allem Fußnote 112.

tenbauer Gottlob] Kinzelbach, [der Zoologe Carl] Klunzinger, […] und neuerdings wieder Munzinger, der als Pascha [= Gouverneur] von Massaua in egyptischen Diensten 1870–75 die Küstengebiete des Roten Meeres und das Afargebiet erforschte; [Paul] Güßfeldt[44] und [Georg] Schweinfurth[45], die 1870 und 77 den nördlichen Teil der arabischen Wüste zwischen Kairo und dem Wadi el Tarfeh untersuchten, [Gerhard] Rohlfs[46] und Dr. [Anton] Stecker[47], die 1880 und 81 eine Forschungsreise von Massaua [an der eriträischen Küste] nach Gondar in Abessinien unternahmen u.s.w. […] Zu den seßhaften Gelehrten gehört in gewisser Beziehung auch Dr. Schweinfurth, der seit mehreren Jahren in Kairo lebt und nur ab und zu eine Studienreise unternimmt. Er ist einer von den Deutschen, die sich um Egypten verdient gemacht haben; ihm ebenbürtig ist Klunzinger, der lange Jahre drüben lebte und im Dienste der Regierung stand, dann aber zwei deutsche Aerzte, Dr. Winckler und Dr. Reit, der eine Regierungsarzt in Kairo, der sich während der Cholera auszeichnete, der andere berühmt durch Gründung des Wüstenbades Heluahn bei Kairo. Die warmen Schwefelquellen dort haben ihre Wirkungen gezeigt und heute ist Heluahn als Kurort wohl bekannt. Wo früher der deutsche Arzt seine Kranken in Bretterbaracken und Zelten unterbrachte, stehen heute Hotels, Villen und Häuser dicht nebeneinander. […] **[144]** […]

Der wohl bedeutendste unter den am Nil ansässigen deutschen Medizinern war aber Theodor Bilharz (1825–1862), der 1850 nach Ägypten gekommen und zum Chefarzt eines Krankenhauses und Professor an der Medizinischen Hochschule aufgestiegen war, wo er sich als Erforscher tropischer Wurmkrankheiten hervortat. Bereits 1851 beschrieb er in einem Brief einen in stehenden Gewässern vorkommenden Parasiten als Verursacher der weit verbreiteten Bluthamruhr, wonach 1856 das Krankheitsbild als Bilharziose benannt wurde[48]. Gemeinsam mit dem durch seine ab 1863 erschienene Buchreihe *Illustriertes Thierleben* berühmt gewordenen Zoologen Alfred Brehm[49] begleitete er 1862 das Herzogspaar von Sachsen-Coburg-Gotha auf einem als Forschungsreise verbrämten Jagdausflug nach Eriträa und Äthiopien, der den scheuen und wenig publizierenden Forscher das Leben kosten sollte:

Alfred Brehm: Wieder zwei Opfer Afrikanischer Reisen: W. V. Harnier und Dr. Th. Bilharz. In: Mittheilungen aus Justus Perthes' Geographischer Anstalt […], 1862: 8, Seite 274–276.

Das Ergebniss seiner unausgesetzten Studien über die Anatomie der Neger-Racen, über Krankheiten Ägyptens, seine unzweifelhaft vortrefflichen Arbeiten über alle Verhältnisse des Ägyptischen Volkes, über die gesammte Thier- und Pflanzenwelt (vorzugsweise über Eingeweidewürmer des Pharaonen-Landes) würden uns erst später zugänglich geworden sein. Das eigentliche Wissen und der Werth dieses Mannes wurden nur denen bekannt, welche sich dem Kreise seiner Freunde zurechnen durften; gegen Fremde zeigte sich Bilharz oft mädchenhaft spröde. Eine ihm unbekannte Erscheinung war manchmal genügend, den Mann, welcher mit dem Schatze seines Wissens jede gebildete Gesellschaft beleben konnte, verstummen zu machen. Man brauchte aber nicht lange um Bilharz zu sein, um ihn zu erkennen, und eben deshalb wurde auch […] von Seiten des [mit dem auch über Ägypten herrschenden britischen Königshaus verwandten] Herzogs und insbesondere der Herzogin von Koburg-Gotha Alles aufgeboten, den gediegenen Menschen und liebenswürdigen Arzt für die Reise nach Abessinien zu gewinnen. Bilharz sagte endlich zu, trüber Ahnungen voll. Zu wiederholten Malen versicherte er […], wie unendlich er sich freuen würde, die ganze Gesellschaft glücklich wieder in Ägypten zu haben; ungeachtet des Wohlbefindens der in Umkullu [in Eriträa] seiner ärztlichen Pflege Anvertrauten fürchtete er stets die Tücke des tropischen Klima's. Er selbst musste sie an sich erfahren! Er erkrankte schon auf dem Rothen Meere [an dem bei den übrigen Expeditionsmitgliedern behandelten Typhus] und wenige Tage nach unserer Ankunft in Kairo erlag er der bei ihm mit besonderer Heftigkeit aufgetretenen Seuche […]. In Kairo ist vielleicht noch kein Europäer so allgemein betrauert worden als Bilharz. […] **[276]**

Während sich deutsche Ärzte größter Wertschätzung erfreuten, berichtete der Theologe Paul Ewald nicht nur von den illustren Gestalten, sondern zeichnete ein sehr differenziertes Bild der verglichen mit den Mittelmeervölkern oder Briten doch kleinen deutschen Gemeinde am Nil. In Umkehr der heutigen Verhältnisse in Entwicklungsländern ging es dabei den bei der Regierung angestellten Deutschen vergleichsweise gut, die Dienstleister fanden ihre Nischen, während die sonst weltweit geschätzten Handwerker kaum ihren Lebensunterhalt verdienen konnten:

44 Siehe ► Abschn. 8.1, Ein Besuch im Antonius-Kloster, vor allem Fußnote 2.

45 Der baltendeutsche Georg Schweinfurth (1836–1925) ging nach der Promotion in Botanik 1863 nach Ägypten, wo er über ein Vierteljahrhundert mit nur kurzen Unterbrechungen blieb und dabei die gesamten Nilländer vom Mittelmeer bis zur Schwelle des Kongobeckens bereiste; vor allem in wüstenhaften Gegenden wie auch im äquatorialen Regenwald, die er teils als erster Europäer erkundete. Ab 1889 lebte er in Berlin, wo er als Auszeichnung im Botanischen Garten begraben ist. Da Schweinfurth eine gewandte Schreibfeder führte, ist er der deutsche Klassiker der geographischen Literatur über die Nilländer und taucht auch in mehreren Kapiteln dieses Buches auf.

46 Siehe ► Abschn. 9.1, Die deutsche Gelehrten-Expedition 1873–1874, vor allem Fußnote 9, und ► Abschn. 11.5 Das Sultanat Fessan und die Kufra-Oasen.

47 Siehe ► Abschn. 11.5, Das Sultanat Fessan und die Kufra-Oasen.

48 Als im Ersten Weltkrieg deutsche Namen im englischen Sprachraum verpönt waren und das britische Herrscherhaus von Sachsen-Coburg-Gotha in Windsor und der Deutsche Schäferhund in Alsatian umbenannt wurden, musste die Bilharziose dem Begriff Schistosomiasis weichen, was nach dem Zweiten Weltkrieg dann auch im deutschen Sprachraum mit seiner Schwäche für Anglizismen übernommen wurde.

49 Siehe ► Abschn. 10.2, Khartum, insbesondere Fußnote 50.

Paul Ewald: Die Deutschen in Egypten. In: Aus allen Welttheilen, 1884: 15, Seite 143–145.

Ueberhaupt hat sich heute der Deutsche größerer Achtung in Egypten zu erfreuen, namentlich seit den gewaltigen Kriegserfolgen 1870–71. Ab und zu hört man einen Araber, der etwas deutsch spricht. Bismarck kennen sie fast alle und wenn sich ein Araber bei einem Deutschen recht beliebt machen will, so zeigt er auf seinen kahlen Kopf und spricht das rätselhafte Wort „Bismarck" aus. Er will damit anzeigen, daß er den Lenker unseres Staatsschiffes sehr gut kennt, daß er weiß, wie sehr sein kahler Kopf mit demjenigen des Fürsten Bismarck Aehnlichkeit habe. Sogar die egyptische Nationalhymne beweist, wie sehr man das Deutsche liebt. Es ist eine Art Marsch, der – ich versichere dies ganz ernsthaft – genau so klingt, wie unser deutsches „Nur immer langsam voran! Nur immer langsam voran!"[50] nur daß die ganze Geschichte ziemlich schnell vor sich geht. Man spielt den Marsch schnell herunter, die Karosse des Vizekönigs jagt schnell vorbei, das prächtige berittene Gefolge schnell hinterher und die Truppen marschiren ebenso wenig langsam ab – zum größten Ergötzen desjenigen, der die deutsche Bedeutung des Liedes kennt. Genug, das deutsche Element ist beliebt in Egypten und der Generalkonsul des deutschen Reiches jetzt nächst dem Engländer eine Hauptperson am vizeköniglichen Hofe. […]

Wir finden […] viele europäische Gelehrte in Egypten, die schließlich in den Dienst der Regierung traten, sei es zu wissenschaftlichen Zwecken, sei es als Verwaltungsbeamte. Namentlich liebt man die höheren Verwaltungsposten in den inneren [= südlichsten und gefährdetsten] Provinzen Egyptens […] Europäern zu geben, da man sie den eigenen Leuten nicht anvertraut. Mancher deutsche Forscher wurde dann egyptischer Pascha oder sonst irgend ein Verwaltungsbeamter, z. B. [der Zoologe Ernst] Marno[51], ein guter Wiener, der lange Zeit tief im Innern des Pharaonenlandes nahe an der abessinischen Grenze […] als egyptischer Beamter wirkte und tief im Innern des fremden Landes kürzlich [= 1883 in Khartum] seinen Tod fand. […] In der Post- und Telegraphenverwaltung, sowie in den sonstigen Beamtenkategorien trifft man wenige oder gar keine Deutsche, wohl aber in den niedrigeren Stellungen, z. B. als Polizisten. Es ist wirklich auffällig, wie viele Deutsche sich als Polizisten in Egypten, vor allem in Alexandrien befinden. Damals kurz nach dem Aufstande und Kriege [1882 zwischen Großbritannien und Ägypten] engagirte die [neue den Briten folgsame] Regierung des Landes über 1.000 Europäer als Polizisten […]. **[144]** […] Jetzt hat man die Zahl der europäischen Polizisten in Alexandrien auf ca. 200 beschränkt und unter diesen trifft man etwa 30 bis 40 Deutsche, ehemalige Soldaten, entlassen oder gar desertirt, aber auch abenteuernde Handwerksburschen, die aus Verzweiflung egyptische Polizisten wurden und nun in ihren dunklen Uniformen (in der heißen Zeit grauer Drell) mit dem Halbmond am Kragen und dem Fez mit zur Seite hängender Quaste auf dem Kopfe, ihrer Würde wohl bewußt, umherstolziren. Uebrigens haben es diese Leute keineswegs sehr schlecht. Ihre tägliche Löhnung beträgt 5 Francs = 4 M [ark] und damit mögen sie in Alexandrien recht gut auskommen. Wein, Tabak, Früchte und dergl [eichen], aber auch Fleisch können sie sich für kaum die Hälfte ihres Lohnes in Fülle erwerben, genug, um die täglichen Bedürfnisse eines sehr anspruchsvollen Menschen zu befriedigen. Arbeitslast drückt die Leute auch gerade nicht; im Gegenteil stehen sie fast den ganzen Tag an den Straßenecken und schauen dem bunten Treiben zu. Einzugreifen haben sie sehr selten und von der Arbeitsteilung ihrer Kollegen in Europa haben sie auch keine Ahnung.

Kommen wir nun zu den Handeltreibenden, deren es fast 1.000 Deutsche giebt. Der größte Teil derselben befindet sich in abhängiger Stellung, die kleinere Hälfte ist selbständig. Allerdings haben die deutschen Kaufleute in Kairo fast den ganzen dortigen Importhandel in Händen und auch in Alexandrien und Port Said existiren gute deutsche Firmen, doch die rechte Verbindung mit dem Mutterlande fehlt ihnen. Es mag das auf dem Mangel an guten Kommissionshäusern [= Warenhäuser bzw. Importlager] liegen, die soundsoviele Artikel führen, die verschiedensten Arten derselben und deren Preise kennen und gut und billig bedienen – denn in der Tat sind derartige deutsche Geschäfte wenig oder gar nicht vorhanden, während die Engländer und Franzosen große Filialen und Kommissionshäuser besitzen. Aber ein anderer Fehler ist auch der schon lange sich bemerkbar gemachte Mangel an einer deutschen Schiffsverbindung zwischen Hamburg und Egypten.

Einige deutsche Schenkwirtschaften haben sich ebenfalls in Kairo und Alexandrien aufgetan. Ja, sogar eine deutsch-böhmische „Damenkapelle" beehrte die Egypter mit ihrem Besuch und trug die in unseren Caféchantants[52] beliebten Tänze und Lieder vor. […] Deutsche Handwerker und Arbeiter sind in Egypten sehr selten; sie zählen nach wenigen Hunderten und sind überall hin verstreut. Die meisten unter ihnen führen ein trauriges Loos, denn mit den arabischen Arbeitern zu konkuriren, ist etwa ebenso unmöglich, wie mit Chinesen, man müßte denn zu der Bedürfnislosigkeit der Egypter hinabsteigen. Ein Fellah oder Araber arbeitet für 6 Piaster (à 10 Pfennige) pro Tag, […]. Dabei unterhält derselbe oft eine große Familie und das ist ihm möglich, denn eine Handvoll Datteln und ein Trunk Wasser, das nicht einmal frisch und rein genannt werden kann, genügen ihm oft zur täglichen Nahrung. Ein braver deutscher Schlosser, der als Handwerksbursche nach Egypten gekommen war und endlich in einer italiänischen Werkstätte Beschäftigung gefunden hatte, erhielt täglich 2 Fr [ancs], also 1,60 M [ark] Lohn. Dabei war er aber noch gut bezahlt, denn ein in gleicher Werkstätte arbeitender Italiäner verdiente nur 1½ Fr [ancs] (1,20 M [ark]). Der arme Teufel war überhaupt froh, Arbeit zu haben, denn was sollte er sonst anfangen. Wer wollte ihm im fremden Lande fern von der Heimat helfen? Ein deutscher Schriftsetzer war auch stellenlos; er hatte in Kairo in der Regierungsdruckerei, wie er mir erzählte, kurze Zeit Anstellung gehabt, sich dort ein Sümmchen Geld gespart, das aber nun wieder nach allen Seiten verflogen war. Ueberhaupt konnte ich die merkwürdige Tatsache konstatiren, daß

50 Ein den Zeitgenossen geläufiges um 1840 aufgekommenes Scherzlied, das heute völlig vergessen ist, auf die anti-napoleonischen Befreiungskriege 1813–1815, dessen Titel zum geflügelten Wort wurde, welches die politisch konservativen Widersacher des progressiven Liberalismus charakterisierte.

51 Zu Ernst Marno siehe an zahlreichen Stellen im ► Kap. 10, Der osmanisch-ägyptische Sudan.

52 In der zweiten Hälfte des 19. Jahrhunderts eine beliebte Mischung aus Kaffeehaus und Liedersaal mit Bühne für ein meist einfaches Publikum.

der Wandertrieb die deutschen Handwerksburschen zu deren eigenem Unglück oft nach Egypten führt. Eine Menge dieser Leute trieb sich drüben stellenlos und hülfesuchend herum. Es waren oft ganz biedere Burschen darunter, die über ihre Reiseerlebnisse recht nett zu erzählen wußten und die nicht der Wunsch, viel Geld zu verdienen, sondern der Wunsch, fremde Länder und Völker zu sehen, eine Abenteuerlust, hinüber geführt hatte. [...]

Das Wunderbarste dabei ist aber, daß diese Leute, die aus Mangel an Geld ein Schiff nicht benutzen konnten, nun den Landweg von Konstantinopel [= Istanbul] über Kleinasien, Syrien, Palästina via Suez nach Egypten wählten und auf dieser ungeheueren Wegstrecke mit größtem Opfermute Beschwerden aller Art ertrugen und sich meist nur auf die Mildtätigkeit der Araber und Beduinen verließen, deren Gebiet sie passirten. Daß es ihnen nachher, als sie im Lande ihrer Wünsche waren, noch immer schlecht ging, tat mir doppelt leid. [...] Ein anderer armer Teufel, ein Maler, etwa 35 Jahre alt, war stellenlos und obendrein fieberkrank, seine tägliche Nahrung bestand in einem Glas erbärmlichen Weines und einigen Früchten nebst einem Stück Brot. Nun durchirrte er verzweifelnd die Straßen und suchte nach irgend einer Beschäftigung, dabei war er aber so schwach, daß er jeden Augenblick umfallen wollte. Sein Gesuch um Aufnahme in das deutsche Hospital war ihm nicht bewilligt worden. Andere hatten aus Verzweiflung sich dem Trunk ergeben und delirirten stark. Mit verstörten Blicken und entzündeten Augen irrten auch diese Leute umher [...]. [...] **[145]**

Alexandria und das Nildelta

Imre Josef Demhardt

I. J. Demhardt, *Aus allen Weltteilen Ägypten mit Sudan und Libyen*, Geographische Anthologie des 19. Jahrhunderts,
DOI 10.1007/978-3-662-46274-4_2

2.1 Hafenstadt Alexandria

In der pharaonischen Zeit nur eine unbedeutende Siedlung, erkannte Alexander der Große bei der Eroberung von Ägypten 332 v. Chr. das Potenzial dieses Standortes und gründete schon im Folgejahr eine nach ihm selbst benannte Hafenstadt auf einem schmalen Landstreifen zwischen Westspitze des Nildeltas, Mittelmeer und dem Brackwassersee Mareotis, der damals durch einen Kanal mit dem Nil in Verbindung stand. In hellenistischer Zeit stieg Alexandria zum Wirtschafts- und Kulturzentrum des Mittelmeerraumes auf, bevor erst die arabische Eroberung 641 n. Chr. mit der Gründung der Rivalin Kairo und dann 1517 die Eingliederung ins Osmanische Großreich sowie geographische Veränderungen einen tiefen Niedergang bewirkten:

Detmer Kürchhoff: Alte und neue Handelsstraßen und Handelsmittelpunkte an den afrikanischen Küsten des roten Meeres und des Golfes von Aden, sowie in deren Hinterländern. In: Geographische Zeitschrift, 1908: 14, Seite 251–267, 312–327.

Alexandrien verödete unter der türkischen Barbarei mehr und mehr, so daß es zu Ende des 18. Jahrhunderts kaum über 6.000 Einwohner zählte. Aber nicht allein der Verlust des indischen Handels führte diesen Niedergang herbei, sondern die unter der Herrschaft der Türken eintretenden ungünstigen Verhältnisse [durch den portugiesischen Seeweg um Afrika nach Indien], unter denen auch die europäischen Handelsniederlassungen zu leiden hatten, führten schließlich dahin, daß Ende des 18. Jahrhunderts der gesamte ägyptische Handel tief darniederlag. Ein weiterer ungünstiger Umstand für Alexandrien war, daß die alten Kanäle versandeten, der früher zur Schiffahrt benutzte Mareotis-See versumpfte [■ Abb. 2.1], die Verbindungen der Stadt mit dem Hinterlande also unbenutzbar wurden. Noch aus dem Jahre 1820 wird berichtet, daß der gewöhnliche Weg, sich von Kairo nach Alexandrien zu begeben, sei, den Nil abwärts bis nach Rosetta zu fahren und den Rest der Reise auf dem Meere zu machen. Erst der auf Befehl [des Vizekönigs] Mohammed Alis 1819 begonnene und 1820 beendete Mahmudijjehkanal[1] gab dem Hafen von Alexandrien die nötige Verbindung mit dem Hinterlande wieder und gab die Veranlassung zu einem Wiederaufblühen der Stadt, […]. […] **[253]** […]

Die moderne Geschichte von Alexandria begann am 1. Juli 1798 mit dem Fanfarenstoß der Landung und Einnahme der heruntergekommenen Hafenstadt durch die Invasionsarmee von Napoleon Bonaparte, gleichsam ein Alexander der Große der Neuzeit. Als Mitglied der eigens mitgenommenen Wissenschaftler- und Künstlergruppe, die im Gefolge Napoleons das bis dahin verschlossene Nilland erstmals beschrieben und damit in Europa eine wahre Ägyptenbegeisterung auslösten, berichtete der künstlerisch vielfach talentierte Baron Dominique-Vivant de Non (1747–1825), in der Regel jedoch Denon genannt, 1802 in seinem europaweit erfolgreichen Reisewerk *Voyage dans la Basse et la Haute Egypte* den Einmarsch der Franzosen in Alexandria und den Vormarsch nach Kairo:

[Dominique-Vivant de Non]: Auszug aus Denon's Werk über Ägypten. In: Allgemeine geographische Ephemeriden, 1802: X.9, Seite 260–273.

Am 10. Messidor[2] [= 28. Juni 1798] bey Tagesanbruch sah man von dem Verdeck der Juno die öde Ebene Aegyptens: „die Küste dehnte sich wie ein blaues Band auf dem bläulichen Horizont des Meeres aus. Kein Baum, keine Wohnung war zu erblicken; […]. Der Frohsinn unserer Soldaten wurde dadurch nicht getrübt; einer von ihnen sagte zu seinem Kameraden, indem er ihm die Wüste zeigte: *Sieh einmal, hier sind die sechs Acker Feldes, die man für dich* [als Soldatenlohn] *decretirt hat.* […]" Um Mittag machte D [enon] eine Zeichnung des sogenannten Thurms der Araber[3] […], in einer Entfernung von 5 Stunden von Alexandrien, und als er um 2 Stunden näher war, zeichnete er die allgemeine Ansicht der Stadt. Am 14ten [= 2. Juli 1798] bedeckte sich der Strand mit französischen Truppen, und um Mittag waren sie schon unter den Mauern der Stadt, die nach einem tapfern Widerstand eingenommen wurde. […] **[265]** […]

Von der sogenannten Säule des Pompejus vermuthet der V [erfasser], dass sie zu einem Porticus gehörte, welcher einen Theil eines Cirkus ausgemacht habe; dass aber die Säule selbst erst in spätern Zeiten aus verschiedenen Fragmenten zusammengestoppelt worden sey. Von dem Obeliskus der Cleopatra, nebst dem daneben zu Boden liegenden glaubt Denon, dass sie einen der Eingänge des Palastes der Ptolemäer zierten, von welchem man noch in einiger Entfernung Ruinen erblickt. […] Nahe bey der Moschee, welche ehedem die Kirche des heil [igen] Athanasius war, befinden sich 3 Säulen, welche noch aufrecht stehen, und von denen kein Reisender gesprochen hat. […]

Bonaparte nahm mit seinem Scharfblick sogleich alle Vortheile und Nachtheile seiner Lage wahr; mit eben der Schnelligkeit ordnete er alles an, was zum Vertheidigungsstand der Stadt gehörte, und ohne dem Feind Zeit sich zu sammeln, oder seinen Truppen Zeit zu lassen, die Armseligkeit von Alexandrien und der dasigen Gegend zu sehen, liess er die Armee sogleich in die Wüste hinaus marschiren. „Im Augenblick des Abmarsches sagte ein Officier unter andern zu seiner Truppe: ‚Meine Freunde, wir übernachten heute zu Beda; ihr hörts zu Beda; dies ist gar nichts Schweres; nur voran, meine Freunde' und die Soldaten marschirten. Man kann wohl **[265]** schwerlich einen Zug

1 Die sehr kurze Bauzeit des 77 km langen Kanalbauwerks erklärt sich aus dem Umstand, dass Mehmed Ali über 250.000 Fellachen zum Aushub dienstverpflichtete, von denen rund 20.000 den Strapazen erlegen sein sollen.

2 Erntemonat im 1793–1805 gebräuchlichen französischen Revolutionskalender.

3 Ein aus ptolemäischer Zeit stammender Turm beim Ort Abusir etwa 45 km südwestlich von Alexandria, der weithin als verkleinertes Abbild des untergegangenen Weltwunders des Leuchtturms angesehen wird.

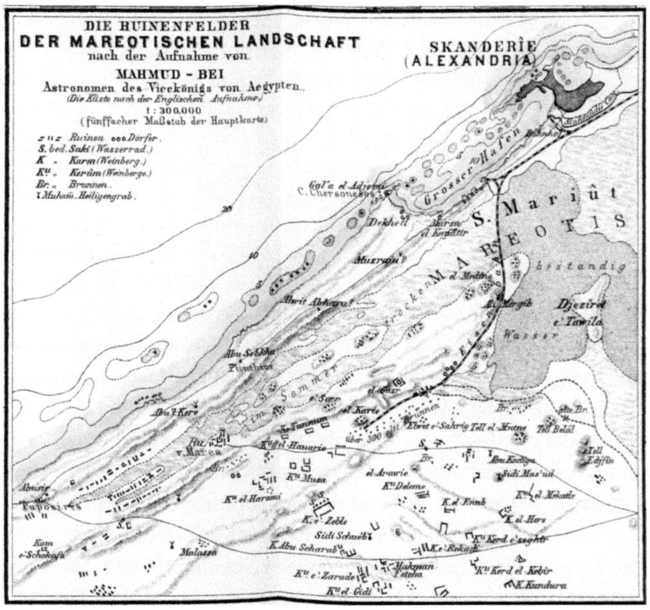

Abb. 2.1 Die Ruinenfelder der Mareotischen Landschaft nach der Aufnahme von Mahmud-Bei […]. In: Zeitschrift der Gesellschaft für Erkunde zu Berlin, 1871: 6, Tafel IV

von grösserer Naivität auf der eignen Seite, und von grösserm Zutrauen auf der andern Seite anführen, als eben diesen. Mehr neugierig als erstaunt rückte man zu Beda ein, und glaubte ein wie die Unsrigen gebautes und bevölkertes Dorf zu finden; statt dessen fanden sie einen mit Steinen zugeworfenen Brunnen, wo morastiges, bitteres Wasser ärmlich quoll. Man musste es mit Bechern ausschöpfen, und es wurde in sehr sparsamen Rationen, wie Branntwein, ausgetheilt. Dies war die erste Proviantvertheilung unter den Truppen in einem fremden Erdtheil, von ihrem Vaterland durch ein mit feindlichen [= britischen] Schiffen bedecktes Meer getrennt, und durch Wüsteneyen, die tausendmal schrecklicher waren. […]"

Der V [erfasser] schildert den mühsamen Marsch der Armee durch die Wüste, und die immer wiederholten Angriffe der Araber [= Truppen der Mamelucken]; wer nur wenige Schritte hinter der Colonne zurückblieb, war ein Kind des Todes. […] Am 2. Thermidor[4] VI [= 20. Juli 1798, im 6. Revolutionsjahr] befand sich die Armee in Gegenwart des Feindes bey den Pyramiden. Nachdem Bonaparte seine Dispositionen getroffen hatte, gab er den Befehl zum Angriff mit den Worten: „Kämpfet und bedenkt, **[267]** dass von der Spitze dieser Denkmäler (der Pyramiden) Euch 40 Jahrhunderte beobachten." […] **[268]** […]

Den Franzosen gelang in der Schlacht bei den Pyramiden zwar der Sieg über das Mameluckenheer und damit der Herrschaftsgewinn über Unterägypten, jedoch schon 1801 zwangen die Briten die von Napoleon zurückgelassenen Truppen zum Abzug. In den Nachfolgekämpfen um die Herrschaft am Nil setzte sich der energische albanische Truppenführer Mehmed Ali 1811 durch und ging bald daran, Alexandria durch die Erneuerung der Kanalverbindung mit dem Nil wieder zum Haupthafen von Ägypten zu machen, zu dessen Aufstieg auch der Umstand beitrug, dass der Vizekönig hier der kühlenden Meerbrise wegen alljährlich seine Sommerresidenz bezog. Schon Mitte der 1820er-Jahre bot Alexandria deshalb einem europäischen Besucher wie dem österreichischen Major Anton von Prokesch[5] ein ganz anderes Bild als den drei Jahrzehnte zuvor lieber rasch weitergezogenen französischen Invasoren:

Anton von Prokesch: Ansichten von Egypten. 1. Alexandria. In: Das Ausland, 1829: 2.2, Seite 1237–1238.

Am 4. Oktober mit Tagesanbruch gewahrten wir einige Barken aus dem Nil, Schebecken[6] mit drei Masten, und bald darauf kamen wir in den Bereich der Ausströmung [des Nil], die sich durch die Trübung des Meeres ankündigt. Endlich, um Mittag, zeigte sich Land, in zitternder, abgebrochener, gelber Linie zwischen Wellen und Himmel. Ein Thurm stieg nach und nach empor – ein Fort – eine Reihe von Dattelpalmen – ein anderer runder gleich hoher Sandhügel: es war die Küste von Abukir[7]. Wir legten rechts um. Schon zeigte sich die Säule des Pompejus – schon verkündigte ein Wald von Masten Alexandria; aber die Sonne ging unter, wir waren zu nahe der Küste und doch zu ferne, um den Hafen zu erreichen und mußten ins Weite.

Am 5. Oktober, kaum daß der Tag angebrochen war, kam uns mir vollen Segeln ein egyptisches Geschwader von 16 Kriegsschiffen entgegen. Wir erkannten die Flagge Moharem-Bey's, des Gouverneurs von Alexandria und Schwiegersohnes des Vicekönigs, und wechselten die üblichen Grüße. Es hielt die Richtung nach Cypern. – Mehr und mehr hob sich Alexandria aus der See mit breiten hohen Gebäuden aus Stein, festen Schlössern an mehreren Punkten, dem Hügel mit Fort Casarelli im Hintergrunde, Häfen zu beiden Seiten, von Schiffen gefüllt, Dattelpalmen, zu Wäldchen vereinigt, welche die einfärbige Haltung der Landschaft wohlthätig unterbrechen; dieß Alles endlich durch die Pompejussäule überragt. Die Fahrt in den alten Hafen (den größeren und besseren) ist sehr gefährlich. Während er dem Auge im Westen völlig geöffnet erscheint, verengen Untiefen

4 Hitzemonat im 1793–1805 gebräuchlichen französischen Revolutionskalender.

5 Anton von Prokesch (1795–1876) besuchte in den 1820er-Jahren in militärisch-diplomatischer Mission mehrfach den orientalischen Teil des Osmanischen Reichs, wo es ihm 1829 gelang, den christlichen Pilgern ins Heilige Land bessere Bedingungen zu verschaffen. Nach dem Ende des Militärdienstes ab Mitte der 1830er-Jahre auf herausragenden diplomatischen Posten, wurde im Krimkrieg 1853–1856, dem zehnten russischosmanischen Krieg, Österreich unter dem Gesandten Prokesch im Deutschen Bund durch seinen preußischen Gegenspieler Bismarck erfolgreich isoliert und so der langsame Führungswechsel in Deutschland deutlich.

6 Typischer Schnellsegler des Mittelmeeres mit schlankem Rumpf, der auch gerudert werden konnte.

7 Landzunge und Hafenort etwa 20 km nordöstlich von Alexandria, das pharaonische Canopus, wo die britische Flotte unter Horatio Nelson am 1. August 1798 die französische Expeditionsflotte vernichtete, am 25. Juli 1799 Napoleon ein osmanisches Entsatzheer schlug und am 8. März 1801 britische Truppen landeten, am 21. März Alexandria einnahmen und so die Franzosen zum Abzug aus Ägypten zwangen.

und Klippen, die wenige Fuß unter dem Wasserspiegel liegen, die Einfahrt dermaßen und geben ihr so verschiedene Richtungen, daß ohne die Hafenlootsen zu erwarten, kein größeres Schiff sich in dieselbe wagt. [...] Die Beschaffenheit der Einfahrt gewährt dem Hafen eine gute Vertheidigung, und von einem Feinde, der seinen Angriff auf Ueberraschung baut, ist Wenig zu befürchten.

Man läßt den Palast des Vicekönigs auf der Spitze einer Halbinsel zur Linken – kahle Dünen zur Rechten, wendet links und fährt in den weißen Hafen ein, der seit Jahrtausenden die wichtigste Landungsstelle Egyptens am Mittelmeere ist. Zwischen den Masten der Schiffe blicken große Vorrathsgebäude und hohe mit Mauern gesonderte Bauten durch, die sich hart ans Ufer drängen. Da bewegt sich eine bunte Menge in Geschäften des Handels zu Fuß, zu Roß, auf Maulthieren und Kamelen; da **[1237]** liegen Waaren gehäuft und große Holzlager; da ist ein unablässiges Anlanden und Abstoßen von hundert und hundert Booten. Ein dumpfes Gewirre dringt ans Ohr und übertönt das Rauschen der See. Man ist in Alexandria.

Weißer Sand, zu Dünen gehäuft, als Vorder- und Hintergrund, als Unterlage der ganzen Landschaft; hinausgeflüchtet auf eine schmale Zunge, von der Wüste gedrängt, von der See bedroht und gegen beide mit Mauern sich wehrend, in engen, schmutzigen, doch meist geraden Gassen und an geräumigen Plätzen mit Kalk geweißte hohe Gebäude aus Stein, in fränkischem [= europäischem] bald und bald im maurischen Stile, mit zwei bis drei fensterbreiten Vorsprüngen (Mohgrabihs) aus geschnitztem Holze und Gitterwerk, mit Terrassen gedeckt, auf welchen die ganze Hauswirthschaft ausgelegt ist, und über die ein Gestelle sich hebt, das man „die schöne Aussicht" zu nennen pflegt; – unansehliche Moscheen mit niederen, geneigten und buckligen Minarets; – Holzhütten und Zelte als Basar; – hie und da eine Granitsäule, eine Isisstatue, eine Hieroglyphentafel, ein Mithraskopf; – hie und da eine Palme mit schwerem Dattelsegen: dieß Alles, umfangen mit doppelten Mauern, plumpen Thürmen, französischen Forts auf hochragendem Sandschutt, ummauerten Dattelgärten, und eingeklammert zwischen der unendlichen See, dem schiffebesäten Hafen, dem Canal Mahmudieh und dem bleichen Spiegel des Sees Mareotis [zur Landseite]: das ist Alexandria.

In diesem Raume treibt sich, im ununterbrochenen Gewühl, Gesindel herum der lumpigsten Art, neben welchem der Pöbel zu Smyrna [= Izmir] und Konstantinopel [= Istanbul] zu einer Gesellschaft guten Tones wird; der Neger, bald stark und groß, bald klein und schwächlich, in Lumpen dürftig gehüllt; der Soldat, in rothem festanliegendem Dienstkleide und mit verrosteten Waffen; der Araber dunkelbraun, in häßlicher Vertrocknung, eine nackte, wandelnde Mumie; der Beduine mit schwarzem, glühendem Auge, edlen Formen und sicherem Schritte, das gehobene Haupt in ein Stück Sackleinwand malerisch gehüllt, seine Habe mit sich und überall zu Hause; der Türke in hellfarbigem Kleide, weniger reich und prangend, als in Asien und Europa, aber, wie dort auch hier, kräftig, stolz, unverrückbar aus der Ruhe des Anstandes; der Grieche, im Anzuge reicher, in den Formen vertraulicher, glatt und stets bei der Hand; der Barbareske[8] [= Mahgrebiner], mit trotzigen Zügen und starkem Körper, rauh, gewaltsam wie die Thiere der Wüste, aber stattlichen Ansehens in seinem weißen Schiffermantel; der Mann des Pascha[9] im rothen Kleide, mit prächtigen Waffen und breitem Turban; der Franke in Mameluckentracht, übersehen oder geduldet im Volke, ausgezeichnet vom Pascha, wenn in dessen Dienste; der Europäer endlich, in unbeschränkter Freiheit in Bezug auf Sitten, Kleidung, Lebensweise und Geschäfte.

Hiezu kommen die Frauen der Araber und Neger, meistens häßliche Gestalten, vertrocknet in den Jahren, wo bei uns das Mädchen Jungfrau wird; schon in der Jugend alt. Diese Weiber sind mit weißem oder blauem Hemde angethan, das nach vornen bis unter die Brust geöffnet ist; den Kopf mit gleichfarbigem Tuche umwunden, von welchem ein schmaler Streifen von der Stirne aus bis unter die Nase reicht, der bei Wohlhabenden mit einigen Goldmünzen besetzt ist; daran hängt ein Zwickel aus schwarzer Seide oder Leinenstoff, der fast bis an die Füße reicht, aber Nichts verdeckt. Was Kind ist, läuft nackt umher. Frauen der Türken, Griechen oder Europäer zeigen sich selten zu Fuße, sondern reitend auf Saumthieren und Pferden, hinter sich ein Gefolge von Dienern und Sklavinnen.

Von Sonnenaufgang bis Sonnenuntergang ist Gedränge in allen Straßen. Dann eilt, wer ein Dach hat, nach Hause, denn er fürchtet die Feuchtigkeit des Abends und der Nacht. Der Beduine und der Bewohner der Dörfer verläßt die Stadt und legt sich in den Sand; die Thore werden geschlossen; vieles arme Volk sucht sich in den Straßen und auf den Plätzen irgend eine trockene Stelle aus, um zu ruhen.

Was das Gedränge des Tages vermehrt, ist die große Zahl von Trag- und Saumthieren, die unablässig ab- und zukommen. An allen Thoren, auf allen Plätzen stehen die Eseltreiber mit gesattelten Thieren zum Gebrauche von Jederman; um ein Geringes reitet man von einem Ende der Stadt zum anderen, während der Treiber neben dem Esel einherläuft; der Fremde zeigt sich kaum außer seinem Hause, so wird er von einigen Zwanzig solcher Kerle angefallen, die ihm ihre Esel aufdrängen wollen; dabei kommt es häufig zu Schlägen unter den Treibern, der Lärm ist ungeheuer, legt sich aber in dem Augenblicke, wo der Fremde sich in den Sattel schwingt. Wer nicht zu Esel oder zu Pferde sitzt, wird verachtet.

In langen Zügen, mit großen Schläuchen an der Seite ziehen die Kameele durch die Stadt. Sie bringen Trinkwasser vom Nil [kanal], denn es giebt keine brauchbaren Brunnen in Alexandria. Hinter diesen Karawanen jagen die Sperlinge und das andere Gevögel einher, hängen sich an die Schläuche und fangen die Tropfen im Falle, die aus den Fugen dringen. Alles Trinkwasser wird gekauft, durch Steine oder sonst geseiht und in Krügen aus thebanischer Erde aufgesetzt, welche es durchlassen und zu einer angenehmen Frische bringen. [...] **[1238]**

Wie es sich mit dem „touristischen" Erlebnis und der Infrastruktur im alexandrinischen Gewimmel verhielt, ergänzte ein Vierteljahrhundert später ein amerikanischer Besucher:

8 Siehe ► Abschn. 11.1, Tripolitanien und die osmanische Herrschaft an der Großen Syrte, Fußnote 1.

9 Gemeint ist ein Gefolgsmann der Entourage des Vizekönigs Mehmed Ali.

Anonym: Alexandria. In: Das Ausland, 1852: 25, Seite 387–388.

Wir liefen gestern bald nach Sonnenuntergang zwischen der Insel Pharos und dem festen Lande, die durch eine Art Landzunge, auf welcher das fränkische Stadtviertel gebaut ist, miteinander verbunden sind, in den alten Hafen von Alexandria ein. Unsere Anker waren noch nicht im Wasser, als wir uns von Booten umschwärmt sahen und sobald der ägyptische Sanitätsbeamte uns verlassen hatte, kam eine Masse von Dolmetschern, Gasthaus-Abgesandten und Bootsleuten an unser Bord. Ein anständig aussehender Araber in weißem Obergewand und rothem Turban redete mich italienisch an, und erbot sich, mich in den „orientalischen Gasthof" zu führen. Zwei andere Reisende, welchen dasselbe Hotel empfohlen worden war, schlossen sich mir an, und wir ließen uns ohne Aufenthalt an das Land rudern. In der Nähe eines schlecht aussehenden Gebäudes, welches man mir als das Zollhaus bezeichnete, wurde angelegt. Hier harrte ein Schwarm von Freunden [des Arabers], um uns zu bewillkommnen, und ich werde des sorglichen Eifers nie vergessen mit welchem **[387]** sie uns unser Boot auf das Trockene zogen und sich dann in dem edeln Wettstreit, unsrer Effecten [= Gepäcks] habhaft zu werden, gegenseitig mit Rippenstößen und Fußtritten bedienten. Wir hätten allerdings gewünscht, ihre Gesichter wären sauberer gewaschen, ihre sackartigen Beinkleider weniger zerfetzt, ihre rothen Turbane weniger fettig und schmutzig gewesen, und es war vielleicht undankbar von unsrer Seite, daß wir unsern Araber gewähren ließen, als er die diensteifrigsten tüchtig ausschalt und ihre Ohren bearbeitete, ehe er unsre Koffer und Reisesäcke unter ihnen vertheilte.

In dem Zollhause wurden wir zwei schwarzen Herren in Turbanen und schwarzen fliegenden Gewändern zugeführt, welche es vorzogen, unser Gepäck ununtersucht zu lassen, um des herkömmlichen Trinkgelds nebst einer kleinen Zugabe desto gewisser zu seyn. Jetzt setzte sich der Zug unsrer Träger in Bewegung; wir kamen durch mehrere Straßen, die von zweistöckigen, weißgetünchten Häusern besetzt waren und erreichten endlich den großen freien Platz des fränkischen Stadttheils, welcher sich warm und glanzvoll in dem Morgen-Sonnenschein vor uns ausdehnte.

Die ersten Gasthöfe und Consulate zieren diesen Platz; der Baustyl ist italienisch, mit einem gelegentlichen sarazenischen Beigeschmack an den Fenstern und Thorwegen, besonders bei den neuern Bauten. Ein kleiner Obelisk von Alabaster, ein Geschenk von Mehemed Ali, erhebt sich in der Mitte des Platzes auf einem Piedestal, welches zu einem Brunnen bestimmt ist, der aber kein Wasser hat. Außer diesem sah ich auch eine Schaar Esel und Eselbuben und einen Zug beladener Kamele auf unserm Wege in den orientalischen Gasthof; dieses ist ein langes und nicht sehr zierlich aussehendes Gebäude auf der nördlichen Seite des Platzes. Die englischen und französischen Dampfschiffe waren eben angekommen, und es waren keine Zimmer zu haben, bevor das Nachmittag-Boot [auf dem Mahmudija-Kanal] nach Cairo abgegangen […] **[388]**

Nachdem die durch Napoleons Ägyptenfeldzug in Mode gekommene Kunde des pharaonischen Ägyptens sich zunächst auf die Pyramiden und die Glanzpunkte Oberägyptens im Umkreis von Luxor konzentriert hatte, wurden die antiken Überreste in und unter der einstigen Landesmetropole Alexandria aber erst sehr spät, 1863–1865, erstmals umfassend ergraben. Auch dies geschah nur wegen des Wunsches des französischen Kaisers Napoleon III., der sich vom Vizekönig Ismail einen verlässlichen Stadtplan des antiken Alexandria erbat. Die Ergebnisse des mit den Vermessungs- und Grabungsarbeiten beauftragten ägyptischen Astronomen Mahmoud Ahmed Hamdy oder Mahmoud-Bey (1815–1885) lernte im März 1870 Heinrich Kiepert (1818–1899) kennen, seit 1859 in der Nachfolge von Carl Ritter einziger deutscher Hochschulgeograph und zu seiner Zeit der führende historische Kartograph mit besonderem Interesse für die Kulturräume des Altertums. Kiepert berichtete in kritischer Abwägung über die 50 Grabungsschnitte und 170 Bohrungen des einheimischen Ägyptologen für die Zeitschrift der Berliner Geographischen Gesellschaft:

Heinrich Kiepert: Zur Topographie des alten Alexandria. Nach Mahmud Bey's Entdeckungen. In: Zeitschrift der Gesellschaft für Erdkunde zu Berlin, 1872: 7, Seite 337–349.

Die Nachgrabungen haben ein völlig rechtwinkliges Netz von 7 der Länge nach von W [est]S [üd]W [est] nach O [st]N [ord]O [st], und 12 der Breite nach von N [ord]N [ord]W [est] nach S [üd]S [üd]O [st] die Stadt durchschneidenden Hauptstrassen erwiesen [◘ Abb. 2.2]; […]. Die eigentliche Centralverkehrsader unter den Längsstrassen, welche mit ihrem westlichen Ende die Häfen berührte, nach Osten hin die Stadt in ihrer mittleren Breite durchschneidet und weiterhin nach der Hafenstadt Kanobos [= Abukir] führte, nach der das östliche Stadtthor benannt war, kann füglich gleichfalls mit dem Namen der Kanobischen Strasse (obwohl derselbe unseres Wissens bei den alten Autoren nicht vorkommt) bezeichnet werden; sie ist in Folge des Umstandes, dass sich unter ihr eine alte **[341]** Wasserleitung befindet, die noch jetzt den städtischen Cisternen Nilwasser zuführt, zu jeder Zeit und bis auf die Gegenwart fast ihrer ganzen Länge nach (nur gegen das Westende zu mit einigen Abweichungen von der geraden Linie) Hauptstrasse geblieben und führt bei der arabischen Bevölkerung den Namen Schari-Bab esch-Scharki „Strasse des östlichen Thores" von dem Thore der im Anfänge des 10. Jahrhunderts […] erbauten neuen Stadtmauer, welches sich bedeutend einwärts von dem alten kanobischen Thore über ihr erhebt. […] **[342]** […] Unter den Querstrassen hat wenigstens eine, welche mehr nach der Ostseite der Stadt hin liegt und nördlich auf das Cap Lochias, südlich auf eine antike Canalbrücke trifft, dieselbe Breite von 14 m wie die kanobische Strasse; sie besteht aus zwei 6,5 m breiten Fahrdämmen, die in der Mitte durch einen 1 m breiten Streifen tiefer Humuserde, welche wahrscheinlich einen Baumgang trug, getrennt sind. Auch an dieser Strasse finden sich unzählige Säulentrümmer, Kapitelle, Substructionen [= Fundamente] grösserer Gebäude und längs ihrer Ostseite eine antike, aus dem grossen Canal abgezweigte Wasserleitung. […] **[343]** […]

Die ehemalige 3.060 m lange Insel zeigt drei im Mittel 10–11 m hohe Erhöhungen, sie läuft westlich in das „Feigencap" Ras-et-Tin aus, auf dessen Spitze der unter Mehemmed-Ali […]

■ **Abb. 2.2** Plan der alten Stadt Alexandria nach den im Jahre 1863 ausgeführten Ausgrabungen construirt von Mahmud-Beg, Astronomen des Vice-Königs von Aegypten. In: Zeitschrift der Gesellschaft für Erkunde zu Berlin, 1872: 7, Tafel V erbaute neue Leuchtthurm steht, östlich in die felsige Halbinsel Burdj-ez-Zefer, wo der alte Leuchtthurm, der sogenannte Pharos stand, [...], der [...] ursprünglich im ganzen 400 Ellen (also 600 Fuss [= ca. 120 Meter]) hoch gewesen sein soll. Der 7 Stadien oder 4200 Fuss lange [= ca. 1300 Meter], daher gewöhnlich mit dem Namen Heptastadium bezeichnete Damm, welcher diese Insel mit der Stadt verband, wird in seiner Richtung, genau S [üd]W [est]-S [üd]O [st] sowohl durch die an beiden Enden, namentlich auf der Inselseite in den Bädern Sefer-Pascha's, noch sichtbare alte Wasserleitung bezeichnet, als auch durch eine merkliche Erhöhung in der Mitte der Breite der von der mittelalterlichen Stadt bedeckten sandigen Halbinsel, **[344]** die sich in Folge der Zerstörung der alten Stadt und durch die ungehinderte Anschwemmung der Meereswellen daran im Laufe der Jahrhunderte angelegt hat. [...]

Sehr bedeutende Reste antiker Gebäude an der zuletzt bezeichneten Küstenstelle, theilweise jetzt vom Wasser bedeckt, scheinen die Stelle des Ptolemäischen Königspalastes zu bezeichnen; auch die daranstossende Lage des Theaters nimmt gegenwärtig ein massiger Ruinenhügel ein. – Das Soma (nach anderer Lesart Sema, d [as] i [st] das Grabmal des grossen Alexander) ist der Autor [= Mahmoud-Bey] geneigt, in dem Schutthügel Kom-ed-Demas wieder zu finden, aus dem allerdings schwachen Grunde, dass dieser arabische Name, der „Gräber" bedeutet, die Uebersetzung des griechischen und sogar das auf seiner Höhe verehrte mythische Grab des Propheten Daniel nur eine muhammedanische Substitution für den griechischen Helden zu bedeuten scheine.

Ebensowenig entscheidend wird unseres Erachtens der Grund für die Ansetzung des Museums und der dazu gehörigen Bibliothek in dem heutigen Garten des deutschen Generalconsulats gefunden werden, dass nämlich an dieser Stelle bei Ausgrabungen eine Steinkiste mit Inschrift, den Namen eines griechischen Autors enthaltend, **[345]** gefunden worden sei, die man wunderlich genug für die Aufbewahrung von Büchern bestimmt glaubte. [...] **[346]** [...]

In den 1870er-Jahren schließlich war Alexandria wieder das, was es in der Antike schon einmal gewesen war, die Handelsdrehscheibe im östlichen Mittelmeer. Der zu seiner Zeit vielgelesene Saharaforscher Gerhard Rohlfs[10] (1831–1896) beschrieb diesen Wiederaufstieg und verband dies mit der zeittypischen Kritik und Zukunftsgläubigkeit des Europäers:

Gerhard Rohlfs: Das jetzige Alexandrien. In: Mittheilungen aus Justus Perthes' Geographischer Anstalt [...], **1874: 20, Seite 788–791.**

In der That hat Alexandrien, wie keine andere Stadt am Mittelmeer eine vortheilhafte Lage. Wegen des ausgezeichneten Hafen braucht es nicht zu befürchten, von Port Said, das allerdings an der Mündung des Canals von Suez[11] liegt, überflügelt zu werden und mittelst der Eisenbahnen und Dampfschiffe auf den Canälen ist es ohnedieß mit dem großen Canal in intimster Beziehung. Alexandrien liegt an einer der größten Verkehrsadern unserer Zeit, einer Verkehrsstraße, welche voraussichtlich immer als eine der am lebhaftesten pulsirenden Handelswege fortbestehen wird. Aber nicht allein das ist es, gleichsam als Etappe zwischen Ostindien und Oceanien einerseits, und Europa andererseits zu dienen, die Stadt Alexander des Großen liegt an der Mündung des einzigen schiffbaren Flusses von Nordafrika, welcher mit seiner mächtigen Verästelung ein ungeheures Gebiet beherrscht. Welche Zukunft erschließt sich der Stadt, wenn die Produkte aus Centralafrika nilabwärts ihr zugeführt werden. [...] Welche Zukunft wird aber Alexandrien haben, wenn die Felsen der Kataracte [bei Assuan und in Nubien] gesprengt und man mit Dampfschiffen wird direct vom Mittelmeer bis zu den Seen Innerafrikas, den großen Wasserreservoirs des Nils wird fahren können.[12]

Aber wenn man auch Alexandrien ein immer mehr günstig sich gestaltendes Prognostikon stellen kann, so hat die Stadt keineswegs Ursache, mit ihrer heutigen Entwicklung **[788]** unzufrieden zu sein. Es ist der Großvater des jetzigen [= 1874] Chedive [= Vizekönig Ismail], Muhammed Ali, dem die Stadt ihren neuen Aufschwung verdankt. Dadurch, daß er der Stadt den [Mahmudija-]Canal herstellte, wurde ihr nicht nur gutes Trinkwasser, sondern auch ein leichter Verkehrsweg mit dem Innern geschaffen. Muhammed Ali war auch der erste, welcher den Schiffen der christlichen Nationen den Eingang in den alten Hafen eröffnete: bis vor seiner Regierung mußten sie den neuen, wenig sicheren Hafen benutzen.

Alexandrien mit etwa 200.000 Einwohnern zerfällt in zwei Stadttheile, von denen der eine von der europäischen Bevölkerung, der andere von der eingeborenen bewohnt wird. Der arabische Stadttheil ist im Nordwesten und Westen gelegen, die Straßen sind eng, unregelmäßig, im Sommer staubig, im Winter mit undurchdringlichem Schmutz erfüllt; die Häuser meist einstöckig und höchst launenhaft gebaut. Hier steht eins mit halber Front, diagonalartig zur Straße, dort hängt eins mit dem oberen Stockwerke über, hier ist eins in die Straße selbst hineingebaut, dort ist eins, welches einen weiten Hof vor sich hat. Fenster sind spärlich vorhanden, namentlich im Erdgeschoße; ist eine Beletage vorhanden, so findet man häufig sehr viele, mit feinem Holzgitter verschlossene Fenster. Sehr practisch ist der zickzackartige Bau des oberen Geschosses, der Art, daß regelmäßig vorspringende Winkel, mit Fenstern versehen, angelegt sind. Alte Gebäude findet man in der Alexandrinischen Araberstadt fast gar nicht, so daß sie keineswegs ein interessantes Aussehen hat, sich höchstens gut bei Mondscheinbeleuchtung ausnimmt. [...] Aber auch hier fängt die Civilisation an mit mächtiger Gewalt einzudringen. Im ganzen arabischen Viertel ist jetzt Gasbeleuchtung. Wie lange wird es dauern, und die Straßen werden gepflastert, sie werden gerade gemacht, [mit Wasser] besprengt, mit schattigen Bäumen bepflanzt und statt der kleinen Gewölbe und Boutiken

10 Siehe ▶ Abschn. 9.1, Die deutsche Gelehrten-Expedition 1873–1874, vor allem Fußnote 9.

11 Siehe ▶ Abschn. 5.4, Die Eröffnung des Suez-Kanals 1869.

12 Siehe ▶ Abschn. 3.4, Bewässerungsbauten von Mehmed Ali bis zum Assuan-Hochdamm.

[= kleine Geschäfte] mit prächtigen Verkaufsläden geschmückt werden. Das letztere wäre namentlich wünschenswerth, denn gezwungen durch die Kleinheit ihrer Verkaufsbuden, rücken die Kaufleute ihre Waaren weit in die Straßen hinein, verengen so die Passage und füllen die Luft mit den sich mischenden Gerüchen gekochter Speisen, frischen Gemüsen, rohen Fleisches, kurz aller Gegenstände, die sie feil haben.

Das muselmanische Alexandrien hat hundert Moscheen, von denen jedoch keine einzige ausgezeichnet und berühmt ist, verschiedene Sanya und Medressen [= beides muslimische Schulformen] und eine Menge Funduks [= einfache Herbergen] oder Karavansereien [= Gasthöfe für Händler und Ausländer], um Menschen und Thiere zu beherbergen. Es versteht sich von selbst, daß in diesen Funduks nur die Eingebornen logiren. Die Bevölkerung des arabischen Theiles von Alexandrien beträgt etwa 100.000 Einwohner, also die Hälfte der Gesammtbevölkerung.

Ganz anders erscheint das europäische Quartier, welches [...] eine eigentliche Schöpfung der Neuzeit ist. Breite und gerade Straßen, zum Theil mit schönen Baumreihen bestanden, hier und da ein reizender Platz mit immergrünen Pflanzen und duftigen Blumen, an den Seiten prächtige, mehrstöckige Häuser, massive Bauten mit den elegantesten Läden, herrliches Pflaster (die Steine dazu hat man von Triest [am Haupt der Adria] kommen lassen, jedes Stück hat ca. 5 Fr [anken] gekostet [...]), mit schönem Trottoir für Fußgänger, machen das europäische Alexandrien zu einer der schönsten Städte am Mittelmeere. Dazu kommt eine ausreichende Gasbeleuchtung und eine [neu gebaute] künstliche Wasseranstalt [= Wasserwerk] (auch die arabische Stadt wird mit Wasser aus derselben versorgt), welche bei Moharrem-Bai Nilwasser in ein Reservoir pumpt, aus der die ganze Stadt mit dem besten Trinkwasser der Welt versorgt wird. Der mittlere Verbrauch an Wasser beläuft sich durchschnittlich auf 8000 cubische Meter täglich.

Auf dem Platze Mohammed Alis, auch *place des consuls* genannt, concentrirt sich am meisten das europäische Leben, hier sieht man die glänzendsten Läden, hier ist das französische General-Consulat, das Stadthaus [= Rathaus], mehrere große Hotels und seit zwei Jahren – Allah und Muhammed verzeihe dem Chedive [= Vizekönig] und seinen Blüthen diese christliche, oder vielmehr heidnische Ketzerei – erhebt sich inmitten der breiten Allee die über lebensgroße Statue des Begründers der jetzigen Dynastie. Die Statue Muhammed Alis ist aus Bronce und im Ganzen 11,50 Meter hoch, wovon 6,50 Meter auf das, aus toskanischem Marmor gemeißelte Piedestal kommen, während die Reiterstatue selbst 5 Meter hoch ist. Die Statue ist von prachtvoller Wirkung, Mohammed Ali in orientalischer Tracht, den Kopf beturbant, sitzt in gebietender Stellung zu Roß, seinem energischen Gesichtsausdruck sieht man es an, daß er der Mann ist, welcher das türkische Joch abschüttelte, der, hätten nicht die Großmächte ihr Veto dazwischen gerufen[13], sein Schwert bis nach Stambul [= Istanbul] selbst hineingetragen haben würde. [...] **[789]** [...]

Daß für die religiösen Bedürfnisse der Europäer reichlich gesorgt ist, versteht sich von selbst in einer orientalischen Stadt, wo die meisten Europäer Katholiken sind oder der griechischen Kirche angehören. Es gibt drei katholische Kirchen, vier für den griechischen Ritus, drei protestantische, eine coptische und eine [syrisch-]maronitische Kirche. Die Juden haben drei Synagogen. Daß Mönche und Klöster nicht fehlen, in einer so großen Stadt, am Mittelmeere, der Geburtsstätte so vieler Religionen, braucht wohl kaum gesagt zu werden. Der coptische Patriarch residirt auch in der Regel in Alexandrien. – An Wohlthätigkeitsanstalten besitzt die Stadt vier Hospitäler, das für Militär und Civilpersonen eingerichtete Gouvernementshospital, das allgemeine europäische Hospital, das Diaconissenhospital und ein griechisches. Von den barmherzigen Schwestern wird auch ein Findlingshaus geleitet. [...] Es gibt sodann viele Wohlthätigkeitsvereine, und auch gesellige; von den letzteren sind die bedeutendsten der Börsencirkel, der philharmonische Gesellschaftskreis vorwiegend aus Franzosen bestehend, und der Club der Deutschen. Für das geistige Leben ist durch eine öffentliche Bibliothek und durch das Erscheinen von neun Zeitungen gesorgt, von denen drei in italienischer, eine in englischer, zwei in griechischer und die übrigen in französischer Sprache erscheinen.

Im hübsch gelegenen und elegant erbauten Lizinia-Theater werden italienische Opern aufgeführt, außerdem gibt es noch ein kleineres Theater Namens Alfieri. Erwähnen wir schließlich noch, daß französische, englische, italienische und griechische Freimaurer-Logen in Alexandrien sind, im Ganzen acht an der Zahl, so glauben wir aller Anstalten Erwähnung gethan zu haben. Nur möchte ich für etwaige, nach Aegypten Reisende hervorheben, daß es dort eine Reihe guter Hotels gibt, von denen zwei ersten Ranges, daß Kaffeehäuser und Restaurationen in großer Anzahl vorhanden sind, ja daß es sogar viele deutsche Bierstuben gibt, wo Wiener Bier verzapft wird. In der Stadt Alexanders des Großen [...] deutsches Bier von deutschen Jungfern geschenkt! In der Stadt des Pompejus, der Cleopatra Gas- und Dampffabriken! Welche Gegensätze und doch so groß nicht, wie man denkt. Denn in der Stadt, wo das weltberühmte Museum mit 700.000 Büchern oder vielmehr Schriftrollen war, und die im Serapeum eine zweite Bibliothek mit 200.000 Bänden besaß und deren Straßen in der Anlage ebensowohl und gerade angelegt waren, wie jetzt die des europäischen Viertels, in der zur Zeit, als die Römer die Herrschaft antraten [...] fast eine Million Einwohner sich befanden, soll die Zukunft erst wieder eine gleiche Blüthe und Bevölkerung hervorbringen, wie wir solche zu Zeiten der Ptolemäer dort vorfanden.

Wenn ich vorhin anführte, daß die europäische Bevölkerung von Alexandrien ca. 100.000 Seelen[14] betrüge, so sind dahin auch die Türken und ihre Descendenz [= Abkömmlinge] zu rechnen, immerhin ein ziemlich zahlreiches Contingent. Sie bewohnen die Halbinsel, welche ehedem als selbe nur **[790]** durch einen steinernen Damm mit dem Festlande verbunden war, als Insel Pharos hieß. Hier sind die Straßen auch ziemlich breit und gerade und besser im Stande gehalten, als im arabischen Viertel.

13 Siehe ► Abschn. 1.2, Mehmed Ali: vom Söldnerführer zum Dynastiegründer.

14 In den 1870er-Jahren waren dies zunächst Griechen, in weitem Abstand gefolgt von Italienern, Briten, Franzosen und dann auch Deutschen.

Hier wohnen die Paschas, Beys, Effendis[15] und hohen Würdenträger des Königreichs. An der westlichen äußersten Spitze des Vorgebirges Ras el Piu oder Feigenvorgebirge genannt, ließ Muhammed Ali ein nach dem Plane des Serail [= Topkapi-Palast] in Constantinopel erbautes Schloß errichten. Dasselbe wird noch von dem Vicekönig benutzt, auch Harem und Dienstzimmer für die Minister befinden sich in demselben. […]

Der alte Hafen von Alexandria hat seit 1870 eine vollkommene Umwandlung erlitten, indem die großartigsten Molenbauten ganz neue Bassins schufen. Im Jahre 1876 wird Alexandrien ein äußeres Hafenbecken besitzen, mit einer Oberfläche von 350 Hectaren und einer Tiefe von wenigstens 10 Meter. Dieser Vorhafen wird nach der offenen Seite durch einen Wellenbrecher geschützt sein, welcher 2.340 Meter lang und 8 Meter hoch sein soll. Die Blöcke dazu werden zum Theil künstlich hergestellt, und werden 20.000 benöthigt, jeder 10 Meter Cubik groß und 20 Tonnen wiegend. Dieser Wogenbrecher hat zwei Eingänge, einer zwischen dem Nordende und Ras el Pin, 600 Meter breit für kleinere Schiffe, ein anderer, am südlichen Ende 800 Meter breit für große Fahrzeuge. Das innere Hafenbecken wird 72 Hectar Oberfläche haben und wenigstens 8,50 Meter tief sein. Auch dieser Hafen wird durch besondere Molen geschützt sein und hydraulische Kräne zur Leichterung der Schiffe erhalten. Die jährliche Schiffsbewegung beläuft sich jetzt [= Anfang der 1870er-Jahre] auf ca. 3.000 einkommende und eben so viel ausführende Schiffe mit einem Gehalt von ca. 1.500.000 Tonnen. […]

Wie der Chedive [= Vizekönig], der Hof und die ganze Regierung im Sommer von Cairo nach Alexandrien übersiedeln, der frischen Meeresbrisen wegen, so folgen auch die meisten Europäer diesem Beispiel. Aber sie wohnen dann weniger in Alexandrien selbst, als im nahegelegenen Ramleh, ein Ort, welcher vor wenigen Jahren seinen Namen (Sand) noch verdiente, jetzt aber ein reizender Villencomplex geworden ist. Ramleh hat im Sommer 6.500, im Winter 3.200 Einwohner und man findet dort alle Annehmlichkeiten einer Villegigatur [= Sommerfrische]. Griechische, französische und italienische Schulen, Schauspiele, Restaurants und ein Hotel deuten darauf hin, daß Ramleh binnen Kurzem das Scheveningen [= Badeort der niederländischen Hauptstadt Den Haag] Alexandriens sein wird.

Aber auch an reizenden Spaziergängen fehlt es den Alexandrinern nicht. Längs des Mahmudie-Canals findet man an den Seiten schattiger Alleen die herrlichsten Gärten und darin versteckt die geschmackvollsten Villen. Keine herrlichere Spazierfahrt kann man sich denken, als längs dieses von Hunderten von größeren und kleineren Schiffen, sowie von eleganten Dahabiehen [= traditionelle Nilsegelboote] belebten Canals.[16] Auch der öffentliche Garten ist hier gelegen, wo tägliche Militär-Musik die elegante Welt anzieht. Wenn man Abends die Hunderte von feinen Landauern mit den schönen griechischen Damen in elegantester Toilette daherfahren sieht, dann glaubt man nicht in Afrika zu sein, sondern man denkt unwillkürlich an die Wagen belebte [villenbestandene] Chiaja in Neapel. Aber es ist alles erst im Werden, denn mit Sicherheit fast läßt sich voraussagen, daß Alexandrien wieder werden wird, was es war, ein Emporium für den Welthandel, die bedeutendste Handelsstadt des Mittelmeeres. **[791]**

15 Hohe osmanische Beamtentitel in absteigender Rangfolge.

16 Siehe ► Abschn. 3.3, Flusstourismus im 19. Jahrhundert.

Aber schon bald nach dem von Gerhard Rohlfs beschriebenen Höhepunkt erhielt das weitere Wachstum einen ersten Dämpfer, als die ägyptische Regierung wegen Finanznot 1875 ihre Suez-Kanal-Aktien an Großbritannien verkaufen musste und 1881 ein Aufstand gegen dessen immer stärkeren Einfluss in der Beschießung der Stadt am 11.–13. Juli 1882 durch eine britische Flotte und deren anschließenden Einnahme mündete. Unter der von den Briten daraufhin installierten Marionettenregierung nahmen Handel, Produktion und Bevölkerung noch einmal rasant zu, wobei die Stadt bis zum Zweiten Weltkrieg ein multiethnischer Kosmos blieb. Der Krieg, der Auszug vieler Juden nach der Bildung Israels, erwachende arabische Unduldsamkeit gegenüber Fremden und schließlich Gamal Abdel Nassers sozialistischer Kurs mit Verstaatlichungen vertrieben viel des beschriebenen kosmopolitischen Kolorits aus Alexandria, während die Stadt vor allem durch den Zuzug armer ägyptischer Landbevölkerung bis zum Beginn des 21. Jahrhunderts auf über 4 Mio. Einwohner anschwoll.

2.2 Das Nildelta

Etwa 25 Kilometer unterhalb des modernen Stadtzentrums von Kairo fächert sich der Nil nach rund 5500 Kilometer langem Lauf ab dem Ausfluss aus dem ostafrikanischen Victoria-See in ein rund 24.000 Quadratkilometer großes Delta auf, das von Alexandria im Westen bis Port Said am Nordausgang des Suez-Kanals halbbogenartig ins Mittelmeer vorspringt. Dieses Delta wurde noch in der Antike von bis zu sieben Mündungsarmen vor allem während des alljährlichen Nilhochwassers mit fruchtbarem Erosionsmaterial aufgeschüttet. Aufgrund historischer Versandungen und Flussregulierungen seit dem 19. Jahrhundert durchziehen gegenwärtig nurmehr der westliche Rosette- und der östliche Damiette-Mündungsarm das Delta. Nachdem bereits unter Vizekönig Mehmed Ali der Umstieg von der althergebrachten Überschwemmung der Felder zur ganzjährigen Kanalbewässerung begonnen hatte und unter der britischen Herrschaft seit den 1880er-Jahren vorangetrieben worden war, unterbindet der 1971 fertiggestellte Assuan-Hochdamm die die pharaonische Kultur einst begründenden alljährlichen Überschwemmungen und Nährstoffeinträge des Nil. Die gegenwärtig mehr als 50 Mio. Bewohner des Deltas, der Herzkammer des ländlichen Ägyptens, sind nun nicht nur von Pumpwerken und Kunstdüngern abhängig, sondern auch dem Brandungsabtrag der Küste und der Bodenversalzung durch vordringendes Mittelmeerwasser und unsachgemäße Bewässerung ausgesetzt. Als gerade zwanzigjähriger Doktorand der Naturwissenschaften bereiste der Ungar Johann Jankó 1888 die Küstengebiete Nordafrikas und beschrieb anschließend auch die von Flussregulierungen damals noch weitgehend unbeeinflusste geomorphologische Bildung der Uferlinie des Nildeltas:

A. Sauer: Das Delta des Nil. In: Globus, 1891: 60, Seite 276–278.

Gleich hinsichtlich der Ausdehnung und Umgrenzung des Deltas gingen die Ansichten sehr auseinander; die Einen nennen Delta ausschließlich den zwischen den beiden Hauptarmen [Rosette und Damiette] gelegenen Teil der Niederung, die Andern das Gesamtgebiet des in Kultur befindlichen Landes, Dritte das Gebiet der fluviatilen [= fließgewässerlichen] Ablagerungen. Mit keiner dieser Bezeichnungen ist aber das Gebiet richtig umgrenzt. Wie der Araber sagt, wenn der Nil steigt, das Wasser reiche von einem Berge zum andren, so läßt sich auch in Übereinstimmung mit seiner geologischen Anlage das Deltagebiet als dasjenige aller der am unteren Nil gegen Ost, Süd und West durch älteres Tertiär abgegrenzten [nacheiszeitlichen] Quartärablagerungen bezeichnen. So sind auch die Angaben über die Länge der Deltaränder recht schwankend. Für die geradlinige Grenze gegen Norden berechnet Janko 285 km, gegen Westen 185 km, gegen Osten 174 km Länge, während die thatsächliche Länge etwa 380, bez [iehungs]w [eise] 250, bez [iehungs]w [eise] 230 km beträgt. Das ganze Deltagebiet gliedert er in die Spitzenregion von Gizeh bis zum gegenwärtigen [= 1888] Teilungspunkt des Nil, bis Batu el Bakara, in die Region des Kanalnetzes, die Seenregion (mit den Seen Mariut [südlich von Alexandria], Abukir [östlich von Alexandria], Edfu [westlich der Rosette-Mündung], Burlus [östlich der Rosette-Mündung] und Menzaleh [zwischen Damiette-Mündung und Suez-Kanal]) und die Mündungsregion. Es ist sehr wahrscheinlich, daß die älteste Südspitze des Deltas, d. h. der Punkt, wo in allerfrühester Zeit sich die Gabelung vollzog, nicht noch oberhalb Gizeh [im Südwesten des Stadtzentrums von Kairo] zu suchen ist, wo das Bett auffällig eng und gleichförmig wird. Unter dem Memphis [etwa 20 Kilometer südwestlich des Stadtzentrums], wohin die Alten die erste Gabelung verlegten, wäre demnach Gizeh zu verstehen.

Eine genaue vergleichende Betrachtung aller Niveauverhältnisse im Delta läßt erkennen, daß dasselbe als Ganzes sich schwach nach Westen hin senkt. Demzufolge wurde **[277]** dasselbe auch hauptsächlich von Ost nach West fortschreitend aufgefüllt und die frühesten Alluvionen [= Anschwemmungen] des Nil dürften im östlichen Teile zu suchen sein; […]. […] Das gesamte Gebiet des heutigen Delta stellte ehedem einen Meerbusen, ein sogenanntes negatives Delta dar, welches im Norden durch zwei ziemlich übereinstimmende Richtungen verfolgende Inselreihen gegen das offene Meer abgegrenzt wurde, den Zug Abuschir-Abukir und Rosette-Damiette. […] Die von Westen kommende Meeresströmung gelangte bei Abukir in das ruhige Wasser des Busens, lenkte die von Süd einströmenden Nilwässer gegen Ost ab und bewirkte, daß die Sedimentation sich vorwiegend in den östlichen Teilen des Meerbusens zuerst vollzog. Die Verschlammung der Landenge von Suez ging nach den gleichen Gesetzen vor sich, die noch heute die Entwickelung der Arme und Mündungen im Nildelta bestimmen. Darum lagerte sich der größte Teil des Schlammes am südlichen oder rechten Ufer ab; neue Überschwemmungen hoben die Ablagerungen höher und die schließliche Verschlämmung der Urmündung bewirkte, daß sich der Nil nach Norden wandte. Es entstand hiermit die Pelusiummündung [im Bereich des Nordendes des Suez-Kanals]; im Laufe der Zeit wurde diese durch westlicher gelegene ersetzt, erst durch den Damiette-, dann durch den Rosettearm [◘ Abb. 2.3]. Gegenwärtig fließt die Hauptmasse des Wassers nach Nordwest, während zu Beginn der Deltaaufschüttung die Richtung ostnordöstlich war.

Die auf die [Bewässerungs-]Kanalregion nach außen folgende Seenzone verdankt nicht, wie man mehrfach glaubte, ihre Entstehung ausgedehnten Senkungen und Einbrüchen des Meeres. Erstere konnte Jankó im Gebiete nicht nachweisen. Große Strecken des Kulturlandes waren bei früherer starker Übervölkerung eingedeicht; mit Aufhören der Kultur wurden solche Gebiete wieder, was sie früher waren, Sümpfe und Moräste. Bodensenkungen dürfen aber aus solchen Wandlungen nicht abgeleitet werden. Und so sind die Seen am Nordrande des Deltas lediglich als die durch Nilalluvium [= Anschwemmungen] noch nicht verdrängten Überbleibsel des alten Meerbusens zu betrachten. Im Großen und Ganzen baut der Nil sein Delta noch nicht in das Meer hinaus, noch bleibt die alte Uferlinie nahezu unverändert; nur bei Damiette und Rosette hat die Ablagerung die Barriere überschritten und hier liefert der Nil für seine landbildende Thätigkeit besonders interessante Belege, wo die Neubildungen ziemlich rasch vorschreiten und wir zudem in der Lage sind, durch vorhandene Kartenskizzen aus früheren Jahrhunderten den Gang der Landbildung in seinen Fortschritten ziemlich genau zu verfolgen. […] **[278]**

Der französische Ingenieuroffizier Antoine-Francois Andréossy (1761–1828) hatte Napoleon seit 1796 auf dessen italienischen Feldzügen begleitet und es dabei bis zum Brigadegeneral gebracht. Nach der Landung des Korsen in Ägypten diente Andréossy ab Juli 1798 kurzzeitig als Kommandant der kleinen französischen Flussflottille auf dem Nil. In dieser Eigenschaft stellte er, auch mit Blick auf Napoleons Vorhaben einer Kanalverbindung vom Mittelmeer zum Roten Meer, Vermessungsarbeiten im Küstenhinterland nordöstlich des Damiettearms an, wo sich der größte, aber den Europäern noch kaum bekannte Strandsee des Nildeltas befand:

Antoine-Francois Andréossy: Untersuchung des Menzaleh-Sees […]. **In: Allgemeine geographische Ephemeriden, 1800: V.6, Seite 491–512.**

Den Alten zufolge hatte der Nil sieben Mündungen, und folglich sieben verschiedene Arme, durch die sein Wasser nach dem Austritt aus den Gebirgen [Mittelägyptens] dem Meere zugeführt wurde. Sie sind der Reihe nach [von Osten nach Westen] folgende: 1) Der Pelusische oder Bubastische, 2) der Tanitische oder Saitische, jetzt [= 1798] Omm-Faredsche, 3) der Mendesische, jetzt von Dybeh, 4) der Phatnische oder Bukolische, jetzt von Damiette, 5)

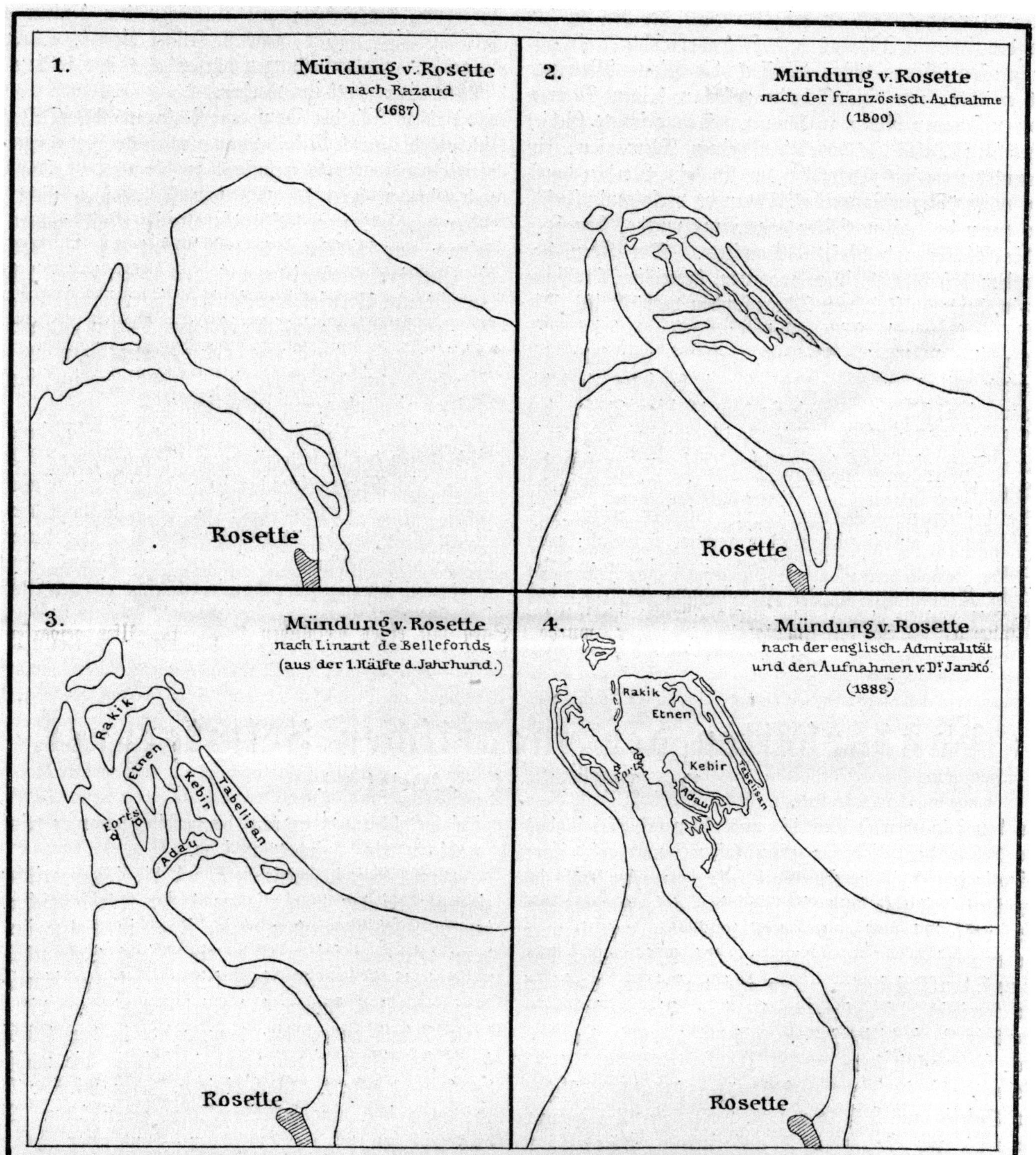

Abb. 2.3 Vier Kartenskizzen mit verschiedenen Mündungsgestalten des Rosette-Nilarms: 1) nach Razaud (1687), 2) nach der französischen Aufnahme (1800), 3) nach Linant de Bellefonds (aus der 1. Hälfte des 19. Jahrhunderts, 4) nach der englischen Admiralität und den Aufnahmen von Dr. Jankó (1888). In: Globus, 1891: 60, Seite 277

der Sebennitische, jetzt von Burlos, 6) der Bolbitinische, jetzt von Rosette, und 7) der Canopische, jetzt von Abukir. Sind diese Arme noch ganz oder zum Theil vorhanden? Und sind ihre Spuren wiederzufinden? – Das wollen wir wenigstens in Absicht der drey erstern, die in unserer Aufnahme begriffen sind, untersuchen.

Als Alexander [der Große 332 v. Chr.] nach Ägypten kam, war der Pelusische Nilarm schiffbar; seine Flotille, die von Gaza kam, lief in denselben ein; jetzt [= 1798] ist er aber verstopft. [...] **[493]** [...] Über die beyden folgenden, den Tanitischen und Mendesischen Arm, die sich in dem Bezirke des Sees Menzaleh [...] befanden, herrscht eine undurchdringliche Finsterniss. Als ich am 10. Vendem [iaire[17] = 3. Oktober 1798] durch die Mündung von Dybeh in den See Menzaleh kam, war ich über die Breite und Tiefe des Canals rechter Hand, wenn man durch die Mündung hindurch ist, erstaunt. Es drang sich mir die Vermuthung auf, dass das der alte Mendesische Nilarm seyn dürfte, und ich suchte durch häufiges Sondiren seine Richtung wiederzufinden. Die Umstände erlaubten mir aber nicht, diese Arbeit zu Ende zu bringen.

Besser glückte es mir mit dem Tanitischen Arme [...]. [...] Der Eingang der Mündung hat viel Wasser, und der Grund ist schwarzer Schlamm. Man geht rechts vor den Inseln Tennys und Thuna mit 16 bis 20 Decimet [ern = ca. 1,6–2 Metern] Wasser vor Anker. Die linke Seite ist nur für sehr kleine Boote schiffbar, und nicht weit davon lässt sich der See gar nicht mehr befahren. Die **[494]** Inselchen und Untiefen, die sich südlich an die Insel Thuna anschliessen, lassen auf einen ersoffenen Landstrich schliessen. Der Canal von Moez [...] ergiesst sich südwestlich von den Inseln Matarieh in den Menzaleh-See. Dieser Canal ist von Samnah bis zum See 50 bis 120 Metres breit, und drey bis vier Metres tief. Er hängt mit dem Nil zusammen, und wälzt während der Überschwemmung eine beträchtliche Wassermasse in den See, die sich lange mit dem Salzwasser nicht vermischt. [...] Alle diese Anzeigen schienen mir mehr als hinreichend, um die Vemuthung zu begründen, dass der Canal von Moez nichts als ein Theil des ehemaligen Tanitischen Nilarms ist, der sich bis zur Mündung Omm-Faredsche erstreckte, und an dessen Ufer rechts die Städte Samnah, Thuna und Tennys lagen. [...] **[493]** [...]

Der Menzaleh-See wird von zwey grossen Busen und einer langen schmalen und niedrigen Erdzunge, die ihn von der See trennt, eingeschlossen [◘ Abb. 2.4]. Wo sich die beyden Busen vereinigen [...] bilden sie die Halbinsel Menzaleh, an deren Spitze die Inseln Matarieh, die einzigen bewohnten Inseln des Sees, liegen. Der größte Durchmesser des Sees in der Richtung Westnordwest von Damiette nach Pelusium beträgt 83.850 Metres [...,] der kleinste auf dem vorigen perpendicular [= rechtwinklig] stehende Durchmesser aber, von Materieh nach der Mündung von Dibeh, 23.400 Metres [...]. Die Inseln Materieh sind äusserst volkreich, und mit Erdhütten, halb von Koth, halb von gebrannten Steinen gebaut, bedeckt. Auf der Insel Myt-el-Materieh liegen sie mitten unter den Gräbern umher, und sehen eher einem Haufen von Biberbauen als Menschenwohnungen ähnlich. Weiber und Kinder abgerechnet, enthalten diese Inseln 1.100 Menschen, die sich mit Fisch- und Vogelfang beschäftigen.

Sie stehen unter 40 Oberhäuptern, und diese alle unter dem Hassan Tubar, der gegen eine gewisse Abgabe an die Beys[18] den Fischfang auf dem Menzaleh-See besass. Ausserdem war er einer der reichsten Eigenthümer in Ägypten, und vielleicht der einzige, der es gewagt hatte, so ansehnliche hegende Gründe zusammen zubringen. [...] Hassan Tubars Ansehen war sehr gross, und gründete sich theils auf seinen Credit **[496]** und seine Reichthümer, theils auf seine zahlreiche Verwandschaft, die Menge von Personen, die er besoldete, und den Beystand der Beduinen, denen er Ländereyen zum Anbau gab, und deren Häupter er durch Geschenke gewann. Diese Stämme konnten durch den, aus dem Canal von Moez abgeleiteten Canal von Salehie in diesen, und dadurch in den See kommen, um sich mit den Einwohnern von Matharieh zu vereinigen. Mit Hülfe solcher Nachbaren, waren diese daher die einzigen Besitzer von 500 bis 600 Barken auf dem Menzaleh-See, und unumschränkte Herren des Sees und seiner Küsten. Ihr Handel besteht in frischen und gesalzenen Fischen und Caviar. Die Seebarben, deren Rogen den Caviar giebt, werden nicht weit von der Mündung von Dybeh gefangen. Vierzig bis fünfzig Fischer mit ihren Familien schlagen zu der Zeit des Fangs auf den Inseln in der Nähe der Mündung ihre Zelte aus Matten auf. [...] **[497]** [...]

Das Wasser des Sees schmeckt weniger unangenehm als das Meerwasser. Es ist während der Nilüberschwemmung [von Oktober bis Dezember] in einer weiten Entfernung von der Mündung der Canäle noch trinkbar. An den Küsten, wo das Wasser von den Reisfeldern abläuft, schmeckt es aber etwas schlammig und fade. [...] **[499]** [...] Die Mündungen von Dybeh und Omm-Faredsche sind die einzigen Verbindungen des Sees mit dem Meere. Zwischen ihnen würde es noch eine dritte geben, wenn sie nicht durch einen künstlichen Wall von doppelten Pfählen und Seegras verstopft wäre. [...] Die 86.000 Metres lange Erdzunge von Damiette bis Pelusium hat nur vier Unterbrechungen. Zwischen Damiette und Dybeh, und Omm-Faredsche und Pelusium ist sie noch ziemlich breit, zwischen Dybeh und Omm-Faredsche aber sehr schmal; sie ist niedrig, unangebaut, und, wie die Inseln des Sees, zum Theil mit Seegewächsen bedeckt. An Muscheln ist dieser Strich arm; man findet weder [durch Strömungstransport gerundete] Rollsteine noch andere, ausser einigen vom Meer angetriebenen [porösen vulkanischen] Bimssteinen [...] **[501]**

Die Halbinseln von Damiette und Menzaleh haben schöne Reisfelder, die mit Bewässerungs- und Abzugscanälen versehen sind. Die Art der Bewässerung ist hier folgende: Die mit dem Nil in Verbindung stehenden Wassercanäle haben keinen unmittelbaren Zusammenhang mit dem See, sondern endigen sich zwischen der aufgeworfenen Erde, in viele kleine von ihnen abgeleitete Wassercanäle. Der mit dem See in Verbindung stehende Abzugscanal ist tiefer als alle diese, und nähert sich ihnen soweit

17 Weinmonat im 1793–1805 gebräuchlichen französischen Revolutionskalender.

18 Bis zur Landung Napoleons der Titel des im Auftrage des osmanischen Sultans die Verwaltung der Provinz Ägypten leitenden Mameluckenherrschers.

◘ **Abb. 2.4** Charte vom See Manzaleh, aufgenommen vom General Andreosy. In: Allgemeine geographische Ephemeriden, 1800: V.6

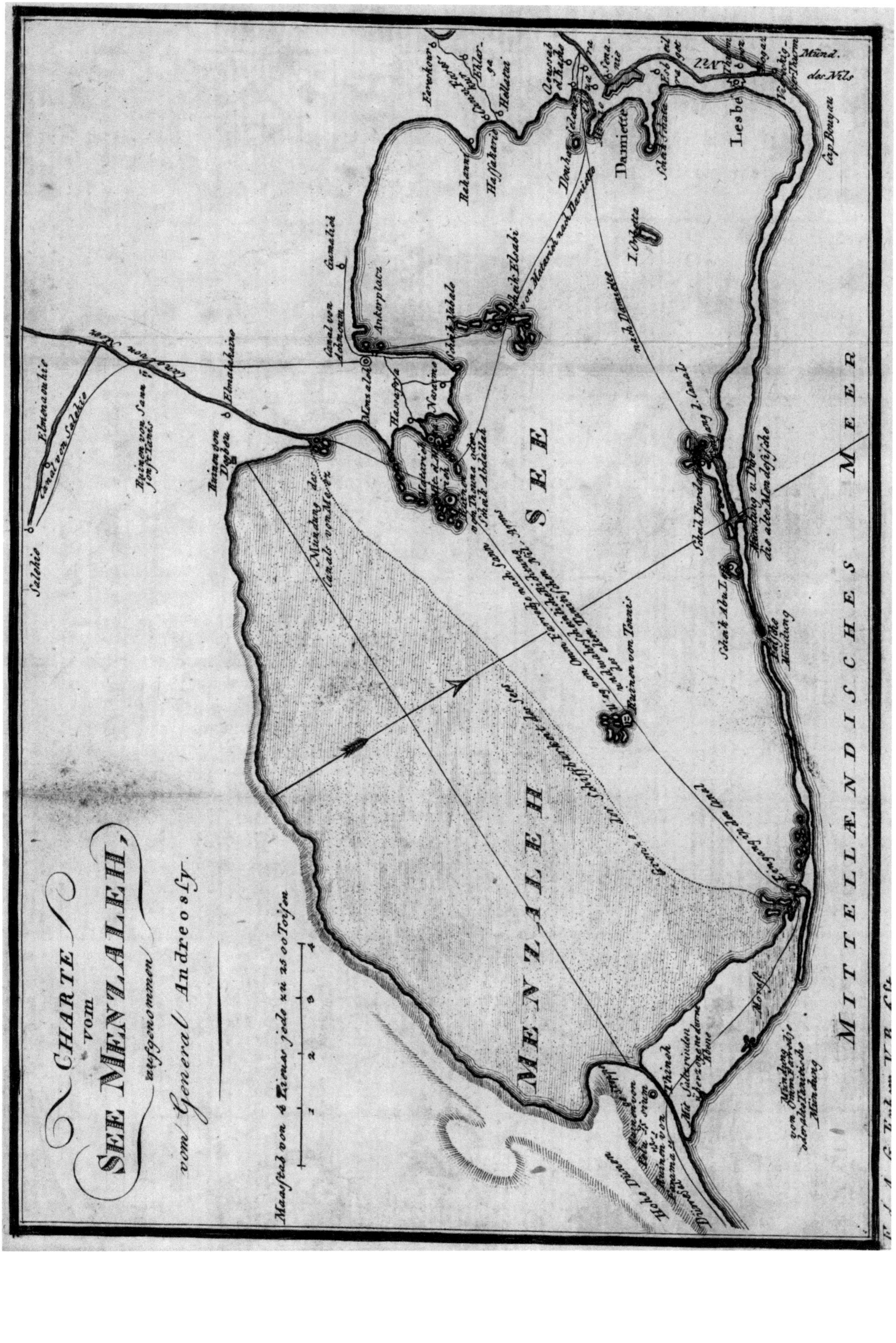
Charte vom See Menzaleh, aufgenommen vom General Andreossy
Menzaleh See
Mittellændisches Meer
Damiette
Lesbe

dass ein schmaler Damm zwischen ihnen bleibt, das Wasser der Reisfelder also nicht abläuft, sondern nur langsam durch die Erde in diesen Canal abseigt [= durchsickert]. [...] In den Gegenden aber, wo die Lage des Bodens zu diesen doppelten Canälen nicht geeignet ist, gebraucht man Schöpfräder zur Wässerung. Wenn man saen will, so wird der Boden einmal gerührt, dann überschwemmt, und nach vierundzwanzig Stunden, wenn die Erde gut durchzogen ist, gehen mehrere Menschen hinein, die sie mit den Händen durchknäten, ebnen, und die harten Schollen herauswerfen. Dann lässt man das Wasser ablaufen, kurz darauf wird gesäet, und nach einigen Tagen ist das Feld grün. Die ausgeworfene Erde am Rande der Canäle dient statt des Düngers, und wird, wie bey uns[19], in Haufen auf dem Felde vertheilt. **[502]**

Im Ergebnis seiner Untersuchungen stellte der französische Ingenieuroffizier fest:

Der Menzaleh-See ist daher, wie der Bies-Bosch in den Niederlanden[20], ein ersoffenes Land und ausser der Verstärkung des Arms von Damiette, mag auch wohl die schlechte Vertheilung des Wassers und Verwaltung der Canäle, nebst der natürlichen Beschaffenheit der Gegend das ihrige zum Verfall der alten Nilarme, und zur Entstehung des Sees beygetragen haben. **[505]**

Auch die Ruinenstätte der in spätpharaonischer Zeit bedeutenden Festungsstadt Pelusium, die dem im Altertum hier mündenden, aber schon ab dem 11. Jahrhundert v. Chr. allmählich versandenden östlichsten Nilarm den Namen gegeben hatte, wurde von Brigadegeneral Andréossy besucht:

Pelusium liegt am östlichen Ende des Sees auf einer völlig kahlen unfruchtbaren Ebene zwischen dem Meer und den Dünen. Das äusserste Ende des Pelusischen Meerarms, jetzt beynahe nichts als ein Canal von Schlamm, läuft durch die Ebene nach dem Meere zu. [...] **[508]** [...] Die Landspiegelung (mirage, an der Nordsee Währkatten [= Fata Morgana]) ist auf dieser Ebene so beträchtlich, dass eine halbe Stunde nach Sonnenaufgang die Gegenstände dadurch bis zur Unkenntlichkeit entstellt werden. Strabo[21] sagt: Pelusium hatte 20 Stadien [= ca. 3,7 Kilometer] im Umfange, und lag eben so weit vom Meere. Die Ueberbleibsel der Mauern von Pelusium haben wirklich diesen Umfang, allein das Meer ist jetzt viermal weiter entfernt. Aus Strabos Angabe lässt sich daher ersehen, wie viel die westlichen Ströme an Küste des Mittelmeers indess neues Land angeschwemmt haben. [...] **[509]** [...]

Im Herzen des heute wie im Altertum äußerst fruchtbaren und deshalb dicht besiedelten Nildeltas findet sich die gegenwärtig etwa eine halbe Million Einwohner zählende Gouvernementshauptstadt Tanta. Der in der pharaonischen Zeit unbedeutende Ort wurde im Mittelalter ein bedeutendes Pilgerzentrum, da hier Ahmad al-Badawi (ca. 1200–1276) begraben ist, der Begründer des größten Sufi-Ordens in Ägypten. Da Tanta bereits 1863 einen Eisenbahnanschluss erhielt, wurde die alljährliche Pilgerfahrt nicht nur für die einheimischen Gläubigen leichter, sondern auch rasch für abgehärtetere ausländische Besucher ein interessantes Reiseziel:

R. C. Pleimes: Ein Besuch auf der Messe von Tanta in Aegypten. In: Globus, 1865: 7, Seite 52–53.

Fast in der Mitte des fruchtbaren Nildeltas liegt der Ort Tanta, weit und breit unter den Jüngern Mohammeds berühmt als der Geburtsort eines ihrer Heiligen, des Scheich Sard el Bedawi [...], dessen wundertätige Gebeine hier beigesetzt sind. Zur Zeit der Frühlings-Tag- und Nachtgleiche und des Sommer-Solstitiums [= astronomischer Sommeranfang zwischen 19. und 22. Juni] treffen in Tanta insgemein gegen 150.000 Wallfahrer aus der Berberei[22] [= Mahgreb], Abessinien [= Äthiopien], Palästina und Aegypten ein, so daß die Stadt dann einem kleinen Mekka gleicht. Da sich aber an die Wallfahrten und kirchlichen Feierlichkeiten auch große Märkte knüpfen, so kann man Tanta auch als den Hauptmeßplatz, als das Leipzig Aegyptens[23] bezeichnen. Obgleich bereits seit sieben Jahren in Alexandrien ansässig, hatte ich doch diese berühmte Messe noch nicht besucht. Meine Reiseausrüstung war sehr einfach, ich schlang ein weißes Tuch wie eine Art Turban um den Hut, das als gutes Schutzmittel gegen die Sonne – es war im August und das Thermometer zeigte 26 bis 32° R [eaumur = ca. 40–43 °Celsius] im Schatten – gelten konnte.

Die Eisenbahnstation Alexandriens liegt etwa eine halbe Stunde von der Stadt entfernt, am Mahmudieh-Kanal[24]. Wir mußten dort auf den Zug von Kairo warten, da der unsrige nicht eher abgehen konnte. Ich hatte also vollkommen Muße, mir das Gewirr der Pilger zu betrachten, die alle dem Grabe des Heiligen [Ahmad al-Badawi] zustrebten und mit großer Freude unser europäisches Beförderungsmittel benutzten, das sie jetzt in eben so viel Stunden nach Tanta brachte, als sie früher Tage zu Fuß, Esel oder Kameel gebraucht hatten. Eine Decke, eine Tabakspfeife und ein ungefähr fünf Fuß [= ca. 1,5 Meter] langer Stab waren das ganze Reisegepäck dieser meist aus Fellachen (arabischen Landleuten) bestehenden Reisegesellschaft. Besonders viele Frauenzimmer fielen mir unter ihnen auf, welche die Wallfahrt entweder in Begleitung ihrer Männer oder auch allein machten. In dem Eisenbahnwagen war Alles bunt unter einander und eng zusammengedrückt. Mit uns drei Deutschen saßen noch zwei Franzosen, vier Griechen und zwei Italiener zusammen, und im

19 In der französischen Landwirtschaft um 1800.

20 Ein 1421 durch Sturmflut überschwemmtes Gebiet an der Rheinmündung bei Dordrecht.

21 Der griechische Geograph Strabon (63 v. Chr.–23 n. Chr.) hatte 25/24 v. Chr. Ägypten bereist und in seiner mehrbändigen Länderkunde *Geographika* des Mittelmeerraumes auch den Nil und Pelusium beschrieben.

22 Siehe ► Abschn. 11.1, Tripolitanien und die osmanische Herrschaft an der Großen Syrte, Fußnote 1.

23 Hinweis auf die im 12. Jahrhundert begründete und im 19. Jahrhundert bedeutendste deutsche Warenmesse im sächsischen Leipzig.

24 Siehe ► Abschn. 2.1, Fußnote 1.

Nebencoupe[25] schwatzten zwölf syrische Kaufleute ohne Aufhören. Ich glaubte mich nach Babylon versetzt – alle Sprachen der Welt schienen hier durcheinander zu schwirren.

Die Strecke, durch welche die Bahn geht, hat sehr wenig, was das Auge fesseln kann. Während der ersten Stunde lag zu unsrer Rechten fortwährend der große Mareotis See, auf welchem sich ungeheure Schaaren von wilden Enten, Gänsen, Flamingos und Pelikanen umhertummelten. Dann und wann erblickten wir am Horizont eine schöne Fata morgana in Gestalt von Landhäusern und Palmenhainen. Bei der Station Kasrleis fuhren wir auf einer sehr elegant gebauten Brücke über den hier sehr breiten Nil [mündungsarm von Rosette] und gelangten dann nach Kasr-geyat, wo eine halbe Stunde zur Einnahme von Erfrischungen gehalten wird. Für uns Europäer war in einem theuern Gasthofe gesorgt; die Eingeborenen behalfen sich einfacher mit den von Fellachenkindern feilgehaltenen gebratenen Tauben und Orangen. Dazu nahmen sie einen herzhaften Schluck Nilwasser, das ihnen in sogenannten Gullen dargereicht wurde. Es sind dies Krüge aus porösem graugelben Thone, die mit Mastix[26] ausgeräuchert werden, wodurch das Wasser einen angenehmen Geschmack erhält.

Gegen Abends halb zehn Uhr langten wir in Tanta an. Da noch Niemand von uns in diesem Orte gewesen war, so geriethen wir gegenüber dem unermeßlichen Zeltlager, das sich vor unseren Blicken ausbreitete, in einige Verlegenheit. Wohin sollten wir uns wenden? Wir lenkten unsere Schritte nach der offenen Thür eines erleuchteten Hauses, aus dem uns der Klang arabischer Trommeln (Darabukka) und näselnder Gesang entgegen tönten. Hier wollte ich mich nach der europäischen Post erkundigen. Wir waren in eine griechische Kneipe oder Hamara der schmutzigsten Art gerathen. Rauch erfüllte das ganze Gemach, da ein Schornstein nicht vorhanden war und als solcher die Thüre dienen mußte. In der Mitte der Hamara unterhielten einige Almehs (Tänzerinnen) die auf Holzbänken hin gelagerten Araber mit ihrer Kunst und unterstützten sie weidlich im Trinken von Araki (Mastix [= Pistazien]branntwein). Für ein „Bakschihseh kebir" (großes Trinkgeld) erhielt ich einen Führer nach dem Posthause, das wir nach langem Suchen fanden, nachdem wir oft genug über Zeltpflöcke und ausgespannte Stricke gefallen waren. […]

Von der Post ward ich nach dem fränkischen[27] Kaffeehause gewiesen und ich war nicht wenig erstaunt, hier eine höchst bequem eingerichtete Restauration mit zwei Billards zu finden, in der uns Wiener Bier köstlich mundete. Aber von Speisen war auch nicht das Geringste mehr aufzutreiben, und wenn wir nicht mit hungrigem Magen zu Bette gehen wollten, mußten wir unsern Fuß noch weiter setzen. Durch viele Zeltstraßen hindurch gelangten wir an eine griechische Delikatessenhandlung (Bakkal), in der wir alles Gewünschte fanden.

Mitternacht war schon vorüber und doch herrschte überall auf den Straßen Tanta's ein reges Leben. Mit Mühe mußten wir uns durch die dichten Haufen der Fellachen drängen, und fast aus jedem Hause schallten uns die Klänge der Darabukka entgegen. Wir konnten dem Drange nicht widerstehen, noch heute einer „Fantasia"[28] beizuwohnen, und kehrten in einem hellerleuchteten Hause ein.

In einem weiß getünchten Gemache von etwa 20 Fuß [= ca. 6 Meter] Länge und 10 bis 15 Fuß [= ca. 3–4,5 Meter] Breite, an dessen Wänden sich gemauerte, mit Matten überzogene Divans [= Liegesofas] hinzogen, saßen in einer Ecke drei arabische Musikanten. Einer spielte die lange arabische Geige (Kemengeh), der Andere eine Flöte, und der Dritte schlug das mit großen Blechstücken besetzte Tamburin. Zu diesen drei Musikanten gesellten sich vier Almehs [= Tänzerinnen]. Eine begleitete auf der Darabukka [= Trommel], während zwei Andere den Gästen fortwährend Wermuth und Araki [= Anisschnaps] eingossen und umherreichten.

Die Vierte unterhielt uns mit ihren Tanzkünsten. Ihr ganzer Körper bewegte sich zu dem Takte der Musik. Die wunderlichsten Bewegungen des Oberkörpers versetzten die vielen Goldmünzen, mit welchen dieser behängen war, in ein klapperndes und klingendes Gerassel, welches nur von dem Klappern der weit nach vornehm gehaltenen Castagnetten übertönt wurde. Die Tracht bestand aus einer niedlich gestickten Jelek [= Weste] oder Anten und Unterhosen (Schintijan) vom schönsten Stoffe. Ein dünnes Musselintuch bedeckte die runde Brust, die Taille war an den Hüften frei. Vor Allem bewunderte ich die Biegsamkeit des Oberkörpers, der aus dem Zittern, Ringen und Drehen nicht herauskam, während die Beine verhältnißmäßig ruhig blieben. Jeder Tanz begann mit einer Art Mienenspiel und dauerte etwa 10 Minuten, worauf die Schöne einen Teller nahm und einsammelte. Sie hielt eine reichliche Ernte, und die **[52]** langgedehnten Ausdrücke des Erstaunens aus dem Munde der Araber bewiesen, daß sie gefallen hatte. Viele dieser Almehs bringen es zu einigem Vermögen. Die verschiedenen Goldmünzen […] welche sie um den Hals tragen, repräsentiern ein kleines Kapital. Einzelne hatten bis zu 6.000 Francs an Werth um den Hals hängen. An den Armen haben sie schwere goldene Drahtarmbänder, deren Enden breit geschlagen sind.

So wie es in diesem Hause aussah, so in den meisten anderen von Tanta. Ueberall Fantasia, überall Darabukkaklang, Tschibuk[29] rauchende Araber und Almehs. Wir hatten viel zu sehen und kamen erst um 2 Uhr [nachts] in unsere Wohnung. Aber wegen der entsetzlichen Menge Ungeziefers war es mir unmöglich, ein Auge zu schließen; dazu gesellte sich der Lärm und das Geräusch, welches die ganze Nacht von der Straße herausklang. Streit und Zank nahmen kein Ende, und so war ich denn froh, als der Tag anbrach und ich vor einem großen mit Nilwasser gefüllten Troge meine Toilette vollenden konnte. Auf europäische Bequemlichkeit muß man freilich auf der Messe von Tanta verzichten.

Ich trat meinen Gang durch die Bazars an. Der Weg zur Stadt vom Kaffeehause war etwa 1.000 Schritt lang und zu beiden Sei-

25 Der Eisenbahnwagen bestand aus aneinandergereihten Abteilen ohne verbindenden Laufgang.

26 Harz der Pistazienbäume mit desinfizierender Wirkung.

27 Die Levantiner bezeichneten mit „fränkisch" zumeist alles, was (west-)europäisch war, seltener etwas Französisches im engeren Sinne.

28 Hier ist ein arabisches Wirtshausspektakel gemeint; häufiger aber gebraucht für einen vor allem im Mahgreb traditionellen Straßenfesthöhepunkt in Gestalt des wilden Scheinangriffs einer Reitergruppe in farbenprächtigen Gewändern und mit viel Pulverdampf aus altertümlichen Vorderladerwaffen.

29 Tabakspfeife, beim Landvolk aus Pflanzenrohr mit kleinem Tonkopf. Osmanischen Standespersonen wurde noch im 19. Jahrhundert eine kostbare Ausfertigung einer solchen Pfeife vom Tschibuktschi-Diener als Rangabzeichen auf der Straße hinterhergetragen.

ten mit kleinen Zelten besetzt, die aus schmutziger, zerfetzter Leinwand aufgebaut waren, und in denen ärmere Handelsleute allerlei Kleinigkeiten feil boten; deutsche Erzeugnisse fehlten darunter auch nicht, und der Nürnberger Tand, kleine Taschenspiegel, Messerchen und Glasperlen erinnerten mich an die Jahrmarktsbuden der Heimath. Dann folgten mehr orientalische Produkte. Da saß ein Mann, der mit getrockneten Pistazienkernen (Lübbe) handelte; dort umschwärmten tausende von Fliegen die in Körbe zusammengepreßten Datteln (Temr), die ein schmutziger Eingeborener uns anpries. Große Wolken Staub, die durch das hastige Auf- und Abwandern der ungeheueren Menschenmenge aufgejagt wurden, lagerten sich auf diesen Eßwaaren ab. Dazu die brennende Sonnenhitze, die schweißige Ausdünstung der schmutzigen Araber und der entsetzliche Geruch der getrockneten Nilfische, die in großen Körben aufgestapelt waren. Die Atmosphäre war dermaßen verpestet, daß wir nur flüchtige Beobachtungen anstellten und im schnellen Laufe durch die Zeltreihen und Butiken [= kleine Geschäfte] hindurchrannten.

Wir gelangten nun in den Bazar der reicheren Handelsleute, in welchem die verschiedenen Waaren je in einer Straße verkauft werden. Zuerst erblickten wir die lange Reihe der Schusterläden, in denen tausende und tausende der rothen und gelben arabischen Schuhe verkauft wurden; dann folgte die Straße der Pfeifenrohrhändler, in der man die Auswahl hatte, vom einfachen Rohr, welches 50 bis 60 Para gilt, bis zum prächtigen, seidenüberzogenen und mit Golddraht umwickelten Jasminrohr im Preise von 500 bis 600 Piaster und mehr. Die Kistenhändler hatten in einer großen Okella, einer Art Hof, der mit Verkaufsbuden umgeben ist, ihren Sitz aufgeschlagen. Es war eine Freude, alle die netten roth und grün lackirten mit gelben Verzierungen überladenen Kistchen anzusehen. Weiter zur Okella der Rie [h] mer und Sattelhändler, wo neben dem einfachen Eselsattel die schönsten sammetnen Pferdesättel mit goldenen Quasten und silbernen Ketten lagen. Oft wurde das Auge von all' der orientalischen Pracht förmlich geblendet, manchmal aber auch von den überreichen geschmacklosen Goldüberladungen abgestoßen.

Im Okellet Skandranyeh hielten die Kaufleute aus Alexandrien ihre Waare feil. Hier traf ich Bekannte und mit jedem mußte ich einen Tschibuk rauchen und einen „Fingan Gahwa", ein Porzellantäßchen Kaffee, trinken. Die Alexandriner handeln meist mit Manufakturen [= industrielle Webwaren], und in ihren Läden trifft man Tuche und die schönsten Lyoner Seidenwaaren. Namentlich finden die golddurchwirkten Seidenstoffe reichen Absatz unter den Fellachen, die, theilweise durch den plötzlichen Ausschlag der Baumwollenpreise reich geworden, nun ihr Geld in Seidenwaaren, Kupfergeräthschaften und Sklavinnen anlegen. Ein befreundeter Araber erzählte mir, daß einzelne Fellachen sich auf diese Weise bis zu 30 und 40 Sklavinnen (garia) gekauft hätten, und daß besonders die weißen türkischen (georgischen und tscherkessischen[30]) Mädchen zu hohen Preisen Abgang gefunden hätten. Leider kam ich nicht dazu, dem Sklavenverkaufe beizuwohnen. Trotz aller Verbote[31] wird dieser Handel noch immer ziemlich stark und offen betrieben, da gerade die höheren Beamten Sklaven halten und gern ein Auge bei der Sache zudrücken.

Wir erkauften uns das Anschauen all' dieser Dinge buchstäblich im Schweiße unsers Angesichts. Trotz unserer Sonnenschirme erschien uns die Hitze unerträglich, denn das Thermometer zeigte 36 bis 38° R [eaumur = ca. 43–46 °Celsius] im Schatten! Durch glühendheißen Sand, mächtige Staubwolken und Schwärme zudringlicher Fliegen mußten wir uns den Weg bahnen. Wir waren froh, als wir wieder den Bahnhof erreicht hatten. Einige tausend Fellachen lagen längs des Schienenweges in der glühenden Sonne, ohne Sonnenschirme, viele ohne jede Kopfbedeckung und warteten auf den Zug. Es waren schmierige Menschen, bei deren bloßem Anblick mich Ekel überkam. Auf dem Leibe trugen sie einen bis an die Knöchel reichenden vorne an der Brust bis zum Gürtel offenen Kittel aus braungefärbtem Kameelhaarstoff. Diese Kittel scheinen von Geschlecht zu Geschlecht vererbt worden zu sein – denn durch aufgesetzte Flicken, wozu der erste beste Lappen dient, erhalten sie ein mosaikartiges, höchst alterthümliches Ansehen. Von der ursprünglichen Farbe ist nur noch wenig zu erkennen. Auf dem Kopfe sitzt – wenn sie überhaupt Kopfbedeckung tragen – eine hohe braune oder einmal weiß gewesene Mütze (Libde) aus Kameelhaarfilz. Andere tragen nur einfache weiße Baumwollenmützchen (Takijeh).

Mir war die Hitze im Freien zu groß. Ich trat in das Eisenbahnbureau, wo ein Effendi [= Beamter mittleren Ranges] an einem rohen Holzpulte schrieb; ein anderer saß auf einem Divan [= Liegesofa] und rauchte. Mit einem höflichen „Salem aleikum" setzte ich mich mit untergeschlagenen Beinen neben ihn, drehte meine Papiercigarre und hielt eine Art von „Kef", orientalischer Siesta. Da trat ein Araber herein und meldete dem Effendi, daß draußen „wieder" Einer gestorben sei. Der Effendi nickte einfach mit dem Kopfe und befahl den Körper fortzuschaffen. Ich war erstaunt darüber, und auf meine zudringliche Frage, woran der Mann gestorben sei, gab mir der Beamte, dem so etwas sehr alltäglich zu sein schien, die kurze Antwort: „Min allah" – von Gott! Erst allmälig konnte ich mir erklären, daß die armen Menschen am Sonnenstich gestorben waren. [...] **[53]**

2.3 Wadi Natrun und der Fluss ohne Wasser

Ziemlich genau auf halber Strecke der modernen Fernstraße von Alexandria nach Kairo, die knapp außerhalb des Nildeltas trassiert wurde, kann man ein kurzes Stück Weges gen Westen abbiegen, um in das zum Delta über rund 30 Kilometer parallel verlaufende Wadi Natrun zu gelangen [■ Abb. 2.5], welches aufgrund seiner Lage bis 24 m unterhalb des Meeresspiegels eine besondere Beziehung zum nahen Nildelta aufweist. Der arabische Name verweist auf die dortigen Vorkommen von Natron (Natriumhydrogenkarbonat, $NaHCO_3$). Dabei handelt es sich um das Natriumsalz der Kohlensäure,

30 Beide Regionen im Westkaukasus lagen im 19. Jahrhundert im Spannungsfeld zwischen schrumpfendem Osmanischem Reich und vordringendem Russischem Reich. Die auch in der zeitgenössischen Kunst wiederholt dargestellten „tscherkessischen" Sklavinnen entstammten auch anderen unter osmanischer Herrschaft stehenden überwiegend nicht-muslimischen Kaukasusvölkern.

31 Handel und Besitz von Sklaven waren 1856 im gesamten Osmanischen Reich verboten worden.

■ **Abb. 2.5** Die Ruinenfelder u. d. Natron-Thal im nordöstl. Theil der Libyschen Wüste. Nach Dr. Junker's Tagebuch gez. v. B. Hassenstein. In: Dr. A. Petermanns Mittheilungen aus Justus Perthes' Geographischer Anstalt, 1880: 26, Tafel 9

umgangssprachlich auch als Backsoda oder Bullrich-Salz bekannt, was auf seine vielfältigen Einsatzformen vom Backtriebmittel über Zahnpasta und Medikamente bis hin zu Reinigungsmitteln hindeutet. Nur wenige Monate nach seiner Erkundung des Menzaleh-Sees wurde der Ingenieuroffizier Antoine-Francois Andréossy von Napoleon im Januar 1799 zu Untersuchungen in ein sich parallel zum westlichen Mündungsarm des Nil erstreckendes Tal der Libyschen Wüste entsandt, welches für einen Altarm dieses Stroms gehalten wurde:

Antoine-Francois Andréossy: Über das Thal der Natron-Seen und den Fluss ohne Wasser. In: Allgemeine geographische Ephemeriden, 1800: V.5, Seite 406–426.

Wenn es wahr ist, was Herodot[32] sagt, dass die alten Ägyptischen Könige durch ungeheuere **[406]** Anstrengungen den Nil in sein jetziges Bette gezwungen haben, so ist das eine der grössten Unternehmungen, deren Andenken die Geschichte aufbewahrt hat. Die Untersuchung des alten Strom-Laufs muss daher über die ursprüngliche physische Beschaffenheit Ägyptens, und über die Anstalten, durch die es fruchtbar gemacht wurde, viel Licht

32 Herodot von Harlikanassos (= Bodrum, lebte ca. 490–424 v. Chr.) gilt mit seinen teils auf eigenen Reisen, darunter auch Ägypten, beruhenden *Historien* als Vater der abendländischen Geschichtsschreibung.

verbreiten; […]. Das alte Nilbette kommt bey den Geographen unter dem Namen Bahhar-bela-me, d [as] i [st] der Fluss ohne Wasser, vor, und die Einwohner nennen es Bahhar-el-farighy, den trocknen Strom. Man wusste, dass es sich nicht weit von den Natron-Seen befand, die seit etwa 15 Jahren [= Mitte der 1780er-Jahre] wieder in Betrieb gekommen sind, und deren mannichfach nützliche Producte in Frankreich sehr gesucht werden. Auch wusste man, dass einige im vierten Jahrhundert gestiftete Koptische Klöster in der Nähe sind. Es war also aus mehrern Gründen interessant und nützlich, diesen Theil Ägyptens näher kennen zu lernen. […] **[407]** […]

Den 4. Pluviose[33], (24. Jan. 1799) um zwey Uhr Morgens reisten wir von Terraneh [auf dem Westufer des Rosette-Nilarms] ab, und nach einem Marsche von 14 Stunden erblickten wir das Thal der Natron-Seen. Das Nil-Thal und die Natron-Seen sind durch eine weite mit dem Meere parallellaufende, hohe, leicht gewellte Steppe getrennt, die überall ziemlich einerley Niveau und etwa 7½ geographische Meilen [= ca. 55 Kilometer] in die Breite hat. Der Boden ist hart und vest, mit gröberem und feineren Kies, kleinen Rollsteinen von allerley Farben, mitunter Achaten, bedeckt. Die heftigen Westwinde haben an der Rückseite der Hügel, die den Nil einfassen, und in dem Thale, beynahe allen Flugsand gehäuft. An manchen Stellen des Bodens liegt der nackte Kalkfels zu Tage. Zwey oder drey armselige, kleine und erstaunlich dünngesäete Pflanzenarten, wie die Nitraria Schoberi L. [= Seifenbusch] und Hyosciamus Datura Forsk. [= Nachtschattengewächse] machen die ganze Flora der Wüste aus. […] **[408]** […]

Das Natron-Thal [◘ Abb. 2.6] macht mit dem magnetischen Meridian [= Kompassweisung] einen Winkel von etwa 44 Graden gen **[409]** Westen; die Seen haben, was ihre Länge und gegenseitige Lage betrifft, die nämliche Richtung. Es sind ihrer nicht, wie Strabo[34] und Danville[35] angeben, zwey, sondern sechs […]. […] Die Seen nehmen der Länge nach einen Raum von etwa 6 Lieues [= ca. 24 Kilometer] ein, und die Breite vom einen Ufer des Beckens zum andern beträgt 600–800 Metres. Die Zwischenräume sind dürrer Sand. […] Die Sammalous-Araber[36] treiben mit dem Salze […] Schleichhandel [= Schmuggel], und bringen es nach Alexandrien.

Gräbt man längs der Seen an dem Abhange nach der Nil-Seite zu, so findet man überall mehr oder weniger trinkbares Wasser. Drey Monate des Jahrs fliesst das Wasser reichlich an der Oberfläche hinab. Bis zum Pluviose (Mitte Januars) steigt das Wasser in den Seen, dann nimmt es ab, und manche trocknen ganz aus. Die Beschaffenheit der Seen ist merkwürdig. Die östlichen Ufer bilden viele kleine Busen, wo das Wasser durchsickert, und wie **[410]** am Ursprunge von Thälern kleine Quellen bildet, die sich in kleine Bäche sammeln und in den See ablaufen. An dem See No. 3, den wir am genauesten untersucht haben, ist ein Theil des Abhangs über den Quellen etwa 250 Metres breit mit Salz-Krystallen bedeckt, und mit ziemlich häufigen breitblättrigen Binsen bewachsen, aus denen die gewöhnlichen Matten geflochten werden. […] – So verhält es sich auf der Nil-Seite. Am gegenüber liegenden Ufer stösst der Rand des Beckens unmittelbar an den dürren Sand, es wachsen wenige Binsen drum herum, und von dieser Seite scheint kein Zufluss von süssem Wasser zu seyn. Es fragt sich nun: ob das Wasser, welches die Seen unterhält, vom Nil her kommt, und langsam durch die 8 [geographische] Meilen [= ca. 59 Kilometer] weite Strecke, welche dazwischen liegt, durchseigert [= durchsickert], oder ob es vom Ursprunge des Thals, das […] in der Landschaft Fajum mit dem Nil-Thale zusammen hängen muss, herabkommt? […] **[411]** […]

Da sich Quellaustritte fast nur am östlichen Talhang fanden und die wenigen am Westhang nur unten im Talgrund austraten, neigte bereits der Ingenieuroffizier Andréossy entschieden zur Vermutung, dass es sich bei den Natronquellen um Durchsickerungen des benachbarten Nildeltas handeln müsse:

Zur Unterstützung der ersten Meinung kommt noch, dass der Wasserstand in den Seen regelmässig ab- und zunimmt, und ziemlich mit den Perioden der Überschwemmung des Nilthals übereinstimmt. **[412]**

Über den Abtransport des Natronsalzes berichtete der französische Brigadegeneral:

Die Carawanen versammeln sich zu Terraneh. Gewöhnlich besteht jede aus 150 Kameelen und 500 bis 600 Eseln. Sie geht mit ihrer [Schutz-]Bedeckung mit Untergang der Sonne von Terraneh ab, kommt des Morgens bey den Seen an, bricht und ladet das Salz, und kehrt wieder zurück. Auf halbem Wege rückwärts wird Halt gemacht, und von dem Kameel- und Esels-Mist, der von den vorigen Reisen da geblieben ist, ein Feuer angemacht. Weil in der ganzen Wüste durchaus kein anderer Brennstoff anzutreffen ist, so lagert man immer wieder auf der nämlichen Stelle. Die Carawane trinkt dann Kaffee, raucht Taback, und bäckt aus Mehl und Wasser auf dem Kohlenfeuer etwas Brod. Der Führer stellt seine Posten gegen die Araber aus, die übrige Carawane schläft einige Stunden, macht sich dann wieder auf den Weg, und ist bey Anbruch des dritten Tages wieder in Terraneh. **[413]** […] Terraneh ist die Niederlage des Salzes. Man schifft es hier [flussabwärts] nach Rosette ein, von da wird es [entlang der Küste] nach Alexandrien, und von dort nach Europa verfahren; oder man schafft es [flussaufwärts] nach Cahira [= Kairo], wo es zum Bleichen und Glasmachen verbraucht wird. Man rechnet ein Zehntheil an Verlust durchs Umpacken und Austrocknen. […]

Die Schwierigkeit, zu den Seen zu gelangen, machte, dass sie nicht gehörig untersucht wurden, **[414]** und dass die Gewinnung des Salzes ohne alle Regelmässigkeit geschah. Die Ufer der Seen sind […] mit krystallisirten Salzmassen bedeckt, die aber nicht angerührt werden, so beträchtlich sie auch sind. Das Salz wird jetzt [= 1799] nur aus dem See No. 4 gehohlt. Die Leute gehen nackt in das Wasser, und brechen das Salz mit einer sechzig Pfund

33 Regenmonat im 1793–1805 gebräuchlichen französischen Revolutionskalender.

34 Siehe ► Abschn. 2.2, Fußnote 21.

35 Gemeint ist Jean-Baptiste Bourguignon d'Anville (1697–1782), französischer Geograph und Erneuerer der Kartographie im Geiste der Aufklärung.

36 Ein Hirtenstamm mit damals etwa 1000 Angehörigen.

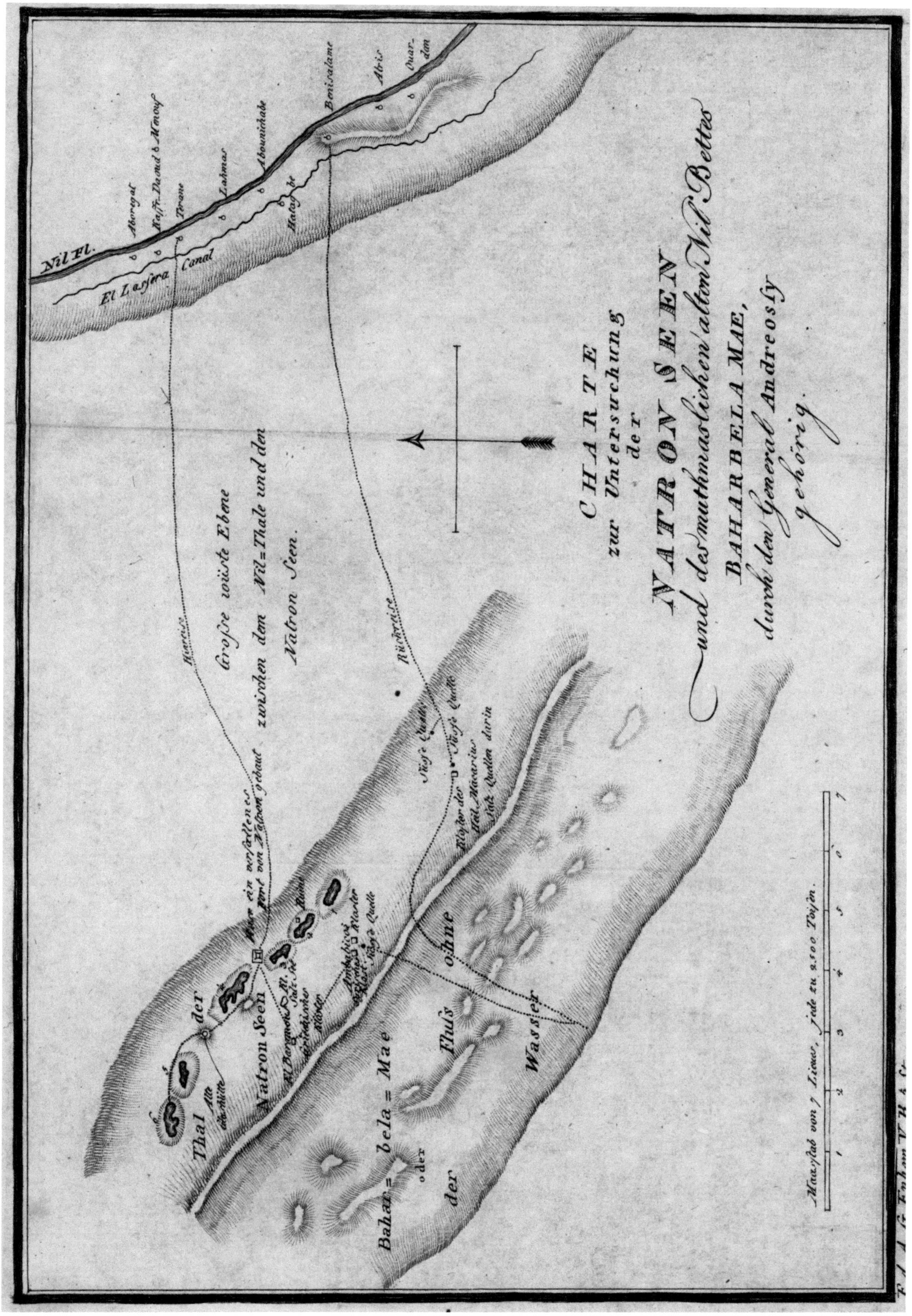

■ **Abb. 2.6** Charte zur Untersuchung der Natron Seen und des muthmaslichen alten Nil-Bettes Bahar Bela Mae, durch den General Andreossy gehörig. In: Allgemeine geographische Ephemeriden, 1800: V.5

schweren eisernen Zange, die auf einer Seite rund, auf der andern spitzig ist, los. Man gab sich sonst nicht die geringste Mühe, das Salz zum Handel vorzubereiten, und alle die mit dem Sodesalze vermischten andern Salze [...] blieben zum grossen Nachtheil des Transports und der Käufer darin. [...] **[415]** [...]

Die Beobachtungen des französischen Ingenieuroffiziers Andréossy wurden ein ganzes Jahrhundert lang als die maßgebliche Beschreibung und Erklärung des Wadi Natrun genutzt. Erst 1898 im Zuge des seinerzeitigen erneuerten Interesses an der großwirtschaftlichen Nutzung der Natronvorkommen, im Rahmen dessen die Konzessionsgesellschaft Salt and Soda Company ab 1897 eine 55 Kilometer lange Schmalspurbahn vom Nildelta her sowie eine Sodafabrik errichtete, legten der Botaniker Georg Schweinfurth[37] und der deutsche Pharmakologe Louis Lewin (1850–1929) die erste neuere Untersuchung des Wadi Natrun vor. Aufgrund jüngerer Bohrungen und geologischer Aufnahmen belegten diese nun zweifelsfrei die Durchsickerung von Nilwasser aus dem höher gelegenen Delta und die Ausschwemmung von Bodensalzen in das Depressionsgebiet des Wadi Natrun:

Georg Schweinfurth/Louis Lewin: Beiträge zur Topographie und Geochemie des ägyptischen Natron-Tals. In: Zeitschrift der Gesellschaft für Erdkunde zu Berlin, 1898: 33, Seite 1–25.

Wie nirgends in der Welt in deutlicherem Mass, bietet die Libysche Wüste einen Tummelplatz für die abtragende Gewalt der Winde, die äolische Ablation. Die auf Hunderte von Kilometern sich gleichmässig ausbreitenden, einförmig ebenen, braunen Kiesflächen, die der Beduine „sserrir" nennt, bestehen hauptsächlich aus den härtesten Bestandteilen [...], die als Widerstandsstücke aus dem grossen Verdauungsprozess der Natur unverändert hervorgegangen sind. Weite Strecken werden daselbst auch von verkieselten Hölzern bedeckt, die in zahllosen Trümmern oder als wohlerhaltene Stämme am Boden ausgebreitet sind; aber von den Sanden und Mergeln, die ihnen ursprünglich als Lagerstatt dienten, ist keine Spur übrig geblieben: das unablässig wirksame, alle Niveau-Unterschiede ausgleichende Windgebläse hat sie längst entfernt. [...] **[6]** [...]

Der tiefste Thalgrund [des Wadi Natrun] [...] enthält eine Kette von zehn getrennten Seen [◘ Abb. 2.7] [...], in denen sich die Natronsalze ausscheiden. Auf dieser Strecke nimmt die Thalsenkung die Gestaltung eines 10 Kilometer breiten, am östlichen Ende aber sich zur Breite von wenigen Kilometern verengenden Grabenbruches an, dessen Südrand beim Kloster Baramus [...] um 80 m, beim Kloster Makarius dagegen um nahezu 200 m über den mittleren Thalgrund, der ungefähr mit dem Meeresspiegel zusammenfallen mag, emporragt, indem er sich zu einer schmalen Schwelle, vielleicht dem Westufer des alten Nil-Ästuariums erhebt, die das Thal von den im Verhältnis zu ihm sehr hoch gelegenen Senkungen des Uadi [= Wadi] Farach (d. h. das leere Thal) scheidet. Dies ist das nämliche Thal, das viele Reisende mit dem in diesem Gebiet willkürlich auf verschiedene Senkungslinien angewandten Namen „Bahr-bela-ma" („Fluss ohne Wasser") zu bezeichnen beliebten, [...]. **[9]** [...]

Der Abstand des nächsten Natron-Sees vom Rosetter Nil-Arm [...] beträgt nur 40 Kilometer, und den Infiltrationen ebnet sich auf dieser Strecke der Weg durch einen ungestörten horizontalen Schichtenverlauf, der im rechten Winkel zu dieser ostwestlichen Richtung streicht. Das Gefälle vom Hochwasser des Nil [ca. 8–14,5 Meter über dem Meeresspiegel] [...] bis zum Grunde des nächsten Natron-Sees Abu Gibara (–23,612 m) beträgt im Maximum 38 m. Der [...] halbwegs dieser Strecke [...] vermittelst eines Stollens von 32,5 m Tiefe erschlossene Brunnen Victoria zeigte bei +8,15 Meereshöhe Wasser und erwies somit den direkten Zusammenhang der Infiltrationswasser mit den Natron-Seen, ein Zusammenhang, der längst schon durch das Phänomen der Periodizität des Wasserstandes des letzteren [...] wahrscheinlich erschien. [...] In den Natron-Seen hat das Wasser seinen höchsten Stand Ende December; in den Monaten Mai bis Juli, also innerhalb der hundert kritischen Tage des tiefsten Nil-Standes, trocknen die meisten Seen aus. Die Verdunstung, die alsdann 20 bis 25 mm für den Tag betragen mag, bewirkt ein Austrocknen aller Seen bis auf diejenigen von Ga'ar und Rusanieh. [...] **[10]** [...] Die mittlere Wassertiefe der Seen wurde nur zu 70 cm angegeben. Der Wasserspiegel desjenigen von Abu Gibära soll nur um 40 bis 50 cm zwischen Sommer und Winter schwanken. Abgesehen von den dem Nil entspringenden Infiltrationen ist die Wassermasse der Seen auch im hohen Grade abhängig von den jährlichen Regenmengen, die in diesen Strichen einen sehr schwankenden Betrag darthun. [...] **[11]** [...]

Die Umrissgestalten der einzelnen Natron-Seen, die auf dem Original [der Kartenvorlage[38]] mit grösserer Genauigkeit zum Ausdruck gebracht worden sind, als unsere Reduktion [= Verkleinerung] vermuten lässt, entsprechen den Strandlinien ihres höchsten Wasserstandes im December. Die Seen sind von Flächen umgeben, auf denen die in ihrem Wasser aufgelösten Salze durch Infiltration auskrystallisieren und solchergestalt Salzflächen darstellen, auf denen ein Teil des Natronprodukts eingesammelt wird. [...] Hinsichtlich der den einzelnen Natron-Seen zukommenden Namen scheint auch bei den daselbst beschäftigten Arbeitern bis zu einem gewissen Grade Unsicherheit obzuwalten; [...]. **[25]**

Die im markanten Gegensatz zum fruchtbaren Nildelta stehende Unwirtlichkeit des Wadi Natrun zog bereits im 4. Jahrhundert Einsiedler an, die durch die hier auftretenden Quellen aber überleben konnten und der Gegend den altgriechischen Beinamen Skete oder „Wüste der Askese" gaben. Im Wadi Natrun entwickelte sich um den 356 n. Chr. gestorbenen Eremiten Antonius eine Bewegung und schließlich das christliche Mönchswesen. Nach der Eroberung durch die muslimischen Araber im 7. Jahrhundert hatten noch ein

37 Siehe ► Abschn. 1.5, Osmanisches Ägypten, Fußnote 45.

38 Die Kartenzeichnung stellt die überarbeitete Fassung eine Kartenblatts der ägyptischen Salinenverwaltung dar, welches seinerseits auf der Grundlage genauer hypsometrischer Vermessungen und Profilen beruht, die in Vorbereitung der großwirtschaftlichen Ausbeutung gemacht worden waren.

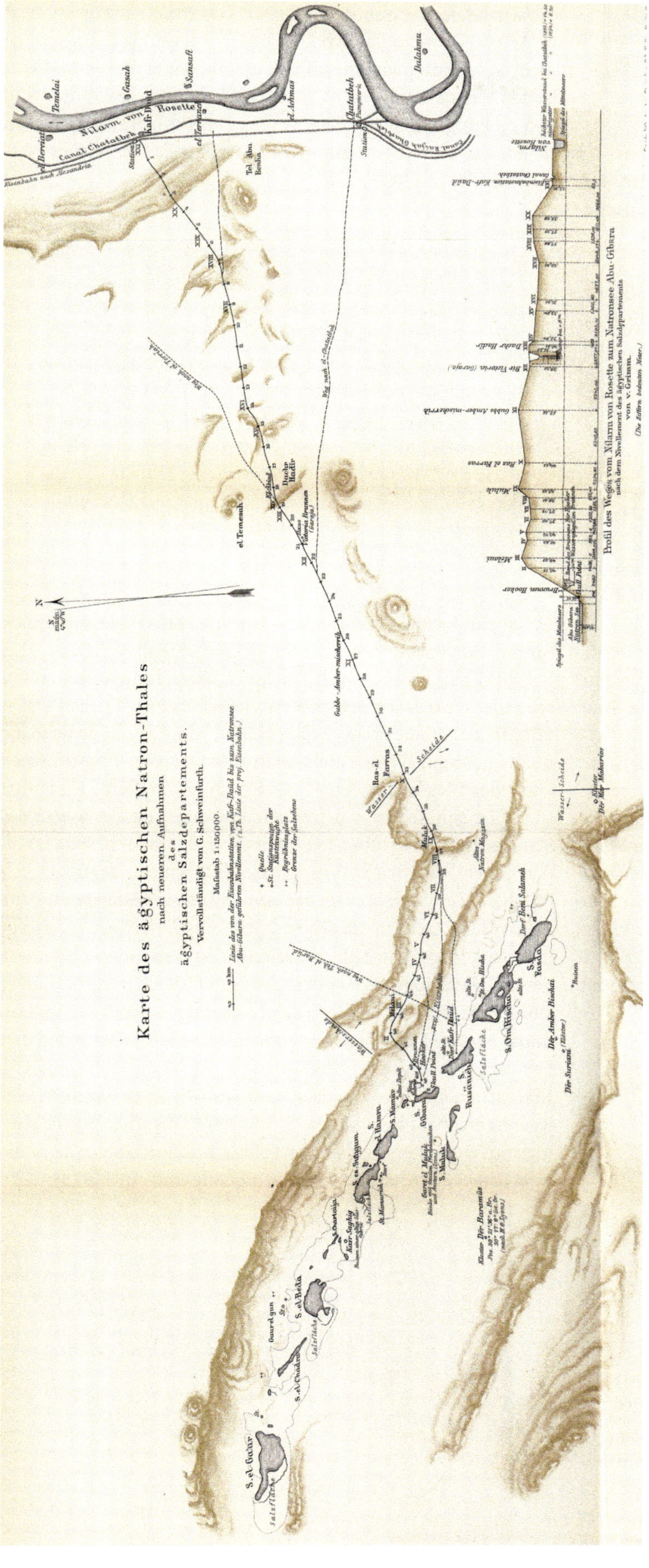

Abb. 2.7 Karte des ägyptischen Natron-Thales nach neueren Aufnahmen des ägyptischen Salzdepartements. Vervollständigt von G. Schweinfurth. In: Zeitschrift der Gesellschaft für Erkunde zu Berlin, 1898: 33, Tafel 1

syrisch-othodoxes und drei koptisch-orthodoxe Klöster mühsam bis zum napoleonischen Ägyptenfeldzug überlebt, wie der Brigadegeneral Andréossy feststellte:

Antoine-Francois Andréossy: Über das Thal der Natron-Seen und den Fluss ohne Wasser. In: Allgemeine geographische Ephemeriden, 1800: V.5, Seite 406–426.

Die Mönche sind mehrentheils einäugig oder blind, und haben ein finsteres trübseliges Ansehen. Sie haben einige veste Einkünfte, leben aber grösstenteils **[425]** von Almosen. Bohnen und Linsen, mit Öl zubereitet, sind ihre gewöhnliche Kost. Im Kloster El-Baramus sind 9; im Syrischen 13; im Kloster Ambabikoi 12; und im Makarius Kl [oster] 20 Mönche. Die erledigten Stellen besetzt der [koptische] Patriarch von Cahira [= Kairo]. Von den geistigen Genüssen der Kloster-Brüder und ihren Arbeiten haben wir nichts erfahren können. Ihre Bücher sind ascetische Handschriften auf Pergament oder Baumwollen-Papier, einige Arabisch, andere Koptisch, mit einer Arabischen Rand-Übersetzung. Wir haben einige von den letzteren mitgebracht, die [im Jahre 1799] 600 Jahr alt zu seyn scheinen.

Ihre Gastfreundschaft gegen die Araber ist Nothsache; sie müssen beständig gegen sie auf ihrer Hut seyn, und reisen nur Nachts von einem Hospitium zum andern. Die Araber lagern auf ihren Zügen bey den Klöstern, um zu essen und ihre Pferde ausruhen zu lassen. Die Mönche lassen ihnen Brod, Hülsenfrüchte und Gerste von der Mauer herab; ins Kloster wird keiner gelassen. „Wann werden denn die Muselmänner todt geschlagen?" Diese fromme Frage hörten wir sowohl in diesen heiligen Mauern als auch sonst in Ägypten in ganzem Ernst. Der Sectenhass muss aber doch zuweilen dem Vortheil weichen. Wenn ein Muselmann einen Taubenschlag anlegen will, so schickt er einen Expressen ins Kloster, und lässt sich für Geld und gute Worte einen geweihten Zettel ausbitten, den er in den Schlag legt, damit die Tauben bleiben. **[426]**

Neben den Natronvorkommen und den koptischen Klöstern schließt sich als weiteres Kuriosum an das Wadi Natrun der *Bahr-bela-ma* oder Fluss ohne Wasser. Die erste und über Jahrzehnte hinweg maßgebliche Erklärung stammt wiederum vom Ingenieuroffizier Andréossy, der im Januar 1799 vom Wadi Natrun aus auch dieses Phänomen besuchte und beschrieb:

Diess Thal liegt westlich von dem vorigen. Sie streichen neben einander hin, und sind nur durch einen schmalen Rücken von einander getrennt. [...] Es ist mit vielem Flugsande beschüttet, hat von einem Rande zum andern drey Lieues [= ca. 12 Kilometer] in die Breite, und man braucht 40 Minuten, um den ziemlich regelmäßigen Abhang bis in den Grund des Thals hinabzusteigen. Es ist unfruchtbar und ohne Quellen. Wir fanden viel versteinertes Holz, und ganze Baumstämme, von denen einige 13 Schritte lang waren. Sowohl die einzelnen **[417]** Stücke als die ganzen Stämme, die wir fanden, waren unbearbeitet. Das meiste davon ist ganz in Achat [= streifig gezeichneter Quarz] verwandelt; anderes ist nicht so vollkommen krystallisirt, und mit einer dicken und sehr harten Kruste umgeben [...]. Auch fanden wir ein Wirbelbein von einem grossen Fische, das gleichfalls mineralisirt zu seyn schien. Ein Beweis [...] dass diess Thal ehemals fischreiches Wasser enthielt. [...] **[418]** [...]

Für die europäischen Forscher schien es seit Andréossy daher für ein volles Jahrhundert naheliegend, in diesem Tale einen urzeitlichen und später trockengefallenen Lauf des Nil zu sehen. In der Tat handelt es sich aber sowohl beim Wadi Natrun wie auch dem Fluss ohne Wasser wohl um eine allerdings beträchtliche nacheiszeitliche Windausblasung von erosionsanfälligen Schichtgrenzen im hier ausstreichenden Tertiärgestein. Hinsichtlich der Flugsandbedeckung des *Bahr-bela-ma* sowie der Dünenbildung am Westrand des Nildeltas bot der napoleonische Ingenieuroffizier aber noch eine gewagte Prognose:

Es hat damit eben die Bewandtniss wie im Nil-Thale; die Winde führen ihn von den westlichen höhern Steppen herein. Das Natron-Thal, welches vom trocknen Strome nur durch einen schmalen Erdrücken getrennt ist, hat, ob es gleich gegen Osten unmittelbar an die breite Steppe gränzt, vom Flugsande beynahe nichts gelitten. Daraus sieht man offenbar einen bestimmten Gang des Flugsandes von Westen nach Osten. Seine Zunahme ist seit langen Zeiten so beträchtlich gewesen, dass er wegen des Schicksals des fruchtbarsten Theils von Ägypten, besonders an der linken Seite des Stroms, grosse Besorgniss erregt hat. [...] **[422]** [...] Der Sand kommt hier und in andern Gegenden wie die vulkanische Asche in der Gegend des Vesuvs angeflogen, verweht die Wege längs dem Nil, und zwingt den Reisenden über diese beweglichen Hügel zu wandern. Wenn sich auch manche andere Unordnungen, welche die Fruchtbarkeit des Landes verringern, durch bessere Einrichtungen vermeiden lassen, so ist gegen den Fortgang des Flugsandes doch keine menschliche Hülfe möglich. Inzwischen glauben wir, nach dem was wir zu beobachten Gelegenheit gehabt haben, dass es mit dem Libyschen Sande, wenigstens für Unter-Ägypten, so ziemlich zu Ende geht; denn die westliche Steppe hat nur noch wenig Flugsand. [...] **[425]** [...]

Der Nil und seine Oase

Imre Josef Demhardt

I. J. Demhardt, *Aus allen Weltteilen Ägypten mit Sudan und Libyen,* Geographische Anthologie des 19. Jahrhunderts,
DOI 10.1007/978-3-662-46274-4_3

3.1 Der Nil als Lebensader Ägyptens

Entlang seines Hauptarms, dem Weißen Nil[1], gemessen, entspringt der im ägyptischen Dialekt des Arabischen heute Nahr en-Nil oder „Fluss des Nil" genannte Strom[2] dem äquatorialen Victoria-See und erreicht nach 5960 Kilometern vielfach gewundenem, aber generell nordsüdlichem Verlauf als längster Fluss der Welt das Mittelmeer. Bereits die Antike hatte eine zwar schematische, doch im Grundsatz richtige Vorstellung davon, dass der Nil mehrere Quellflüsse hatte, die großen Gebirgsseen tief im Süden entsprangen[3] [■ Abb. 3.1]. Praktisch jede Landesbeschreibung nicht nur des 19. Jahrhunderts streicht in ähnlicher Eindringlichkeit die Lebensnotwendigkeit des Nil für das Vorhandensein der antiken wie modernen ägyptischen Kulturen heraus:

Albert Zimmermann: Das Staubecken des Nil bei Assuan. In: Globus, 1898: 73, Seite 323–325.

Kein Strom der Welt übertrifft in seiner segensreichen Einwirkung auf Land und Volk in inniger Verkettung zwischen ihm und den Uferbewohnern den alten heiligen Nil, dessen Namen wir nicht aussprechen können, ohne im Geiste alle die Wunder Ägyptens emporsteigen zu sehen, dessen Ernährer und Erhalter er war und ist. Durch ihn und mit ihm lebt Ägypten, er ist die Lebensader des Landes, deren lebhaftere oder schwächere Pulsschläge Segen bringen oder Not und Elend mit sich führen. So regelmässig geht dieses Stromes Steigen und Fallen vor sich, dass schon die alten Ägypter ihre Zeitrechnung darauf gründeten; ja noch mehr, er war selbst Lehrmeister und Erzieher der ersten Menschen, die seine Ufer bewohnten. Mit dem regelmässigen Steigen und Fallen des Flusses, wodurch bald grosse Landstriche unter Wasser gesetzt, bald trocken gelegt wurden, ward nicht nur der menschliche Beobachtungsgeist geweckt und geschärft, sondern es mussten die ersten Anwohner zur Bildung einer bürgerlichen Gesellschaft angeregt und genötigt werden: die jedes Jahr regelmässig wiederkehrende Ebbe und Flut rief die ersten Damm- und Kanalbauten hervor und begründete die Uranfänge eines bürgerlichen Gemeinwesens. [...] **[323]** [...]

Die wiederkehrende Nilschwelle als lebensbegründendes Phänomen eines ganzen Kulturlandes war von solcher Einzigartigkeit, dass diese die Entstehung der modernen wissenschaftlichen Geographie begleitete. Bereits im 1774 erschienenen ersten Band der wohl ersten deutschsprachigen (Fach-)Zeitschrift für Erdkunde findet sich eine Beschreibung der ägyptischen Wasserverhältnisse gegen Ende der seit Generationen allseits stagnativen Mameluckenherrschaft:

Anonym: Von den periodischen Ueberschwemmungen des Nilstroms in Egypten. In: Vermischte Beyträge zur physikalischen Erdbeschreibung, 1774: 1, Seite 64–83.

Ein jedes Dorf am Ufer des Flusses, deren es eine unzählige Menge giebt, hat seinen Kanal, den es zu gelegener Zeit öffnen und verschließen kann. Aus diesen gehen wiederum andere in die entlegenern Gegenden des Reichs. Die Dämme dürfen aber nur alsdenn erst durchbrochen werden, wenn **[70]** der Nil eine gewisse Höhe erreicht hat. Noch weniger ist es erlaubt, sie alle auf einmal zu öffnen, weil dadurch einige Ländereyen zu sehr überschwemmt, andere aber nicht genug befeuchtet werden würden. Man fängt damit in Oberegypten an und gehet sodann in einer gewissen Ordnung nach Niederegypten fort. [...] So bald das Wasser des Nilstroms zu steigen anfängt, nimmt es eine röthlichgrüne Farbe an, und diese behält es dreyßig bis vierzig Tage. Es ist alsdenn ungesund und besitzt eine laxirende [= Durchfall verursachende] Kraft. Man trinkt diese Zeit hindurch zu Kairo das vor den Häusern und Moscheen in Cisternen aufbehaltene Wasser. Der Nil bringt diese grünliche Farbe **[71]** aus seinen Quellen mit. In der Folge wird er ganz roth und immer trüber, und alsdenn fängt das Wasser an gesunder zu werden, und der gemeine Mann trinkt es nunmehro. Mittelst gestoßener bitterer Mandeln, womit man den inwendigen Theil der Wassergefäße reibt, bringt man es in eine Art von Gährung, und das Trübe setzt sich binnen vier bis fünf Stunden auf dem Boden nieder. Die rothe Farbe des Nilwassers dauert fort, bis sich die Gewalt des Stroms im December und Jenner mindert. Wenn er fällt und sich in sein Bette zurückzieht, so wird er gelblich und färbt das Seewasser [vor dem Delta] einige Meilen weit. [...] **[72]** [...]

Es sind zu Kairo und andern großen Städten des Königreichs gewisse öffentliche Ausrufer bestellt, welche täglich kund thun müssen, wie hoch der Nilstrom angewachsen. Wenn er die Höhe von sechszehn Piks[4] erreicht hat, und der Kanal von Kairo geöffnet ist, so ist der Großherr[5] erst berechtigt, von der Nation Abgaben zu fordern. **[73]** [...] Die Fruchtbarkeit, welche Egypten den Ueberschwemmungen des Nils zu danken hat, ist sehr groß. Der Ackersmann darf, nachdem sich das Wasser verlaufen, keine mühsame Furchen mit dem Pfluge ziehen, noch die Erdschollen zerstoßen. So bald der Dünger sich gesetzt hat, braucht er nur die Erde umzuwenden und mit ein wenig Sand zu vermischen, um ihre Fettigkeit zu vermindern. Alsdann säet er ohne Mühe und fast ohne alle Kosten. Zween Monate nach der Einsaat sind die Fluren mit allerley Arten von Getreyde und Früchten bedeckt. Gemeiniglich pflegt man die Aecker in den Wintermo-

1 Zum Weißen Nil siehe ► Abschn. 10.1, Traum und Alptraum einer Kolonialerwerbung, und ► Abschn. 10.4, Der tiefste Süden: Bahr el-Ghazal.

2 In pharaonischer Zeit wurde der Fluss Iteru und im Hellenismus Neilos genannt.

3 Siehe ► Abschn. 10.1, Traum und Alptraum einer Kolonialerwerbung, und ► Abschn. 10.4, Der tiefste Süden: Bahr el-Ghazal.

4 Bis weit ins 19. Jahrhundert hinein wurde der Wasserstand des Nil in Piks oder Ellen gemessen, in vielen vormodernen Gesellschaften als Abstand zwischen Ellenbogen und Spitze des Mittelfingers bestimmt. Eine genaue Längendefinition dieser ägyptischen Elle gab es im ausgehenden 18. Jahrhundert aber nicht.

5 Gemeint ist der osmanische Sultan im fernen Konstantinopel, in der Praxis jedoch dessen Stellvertreter am Nil.

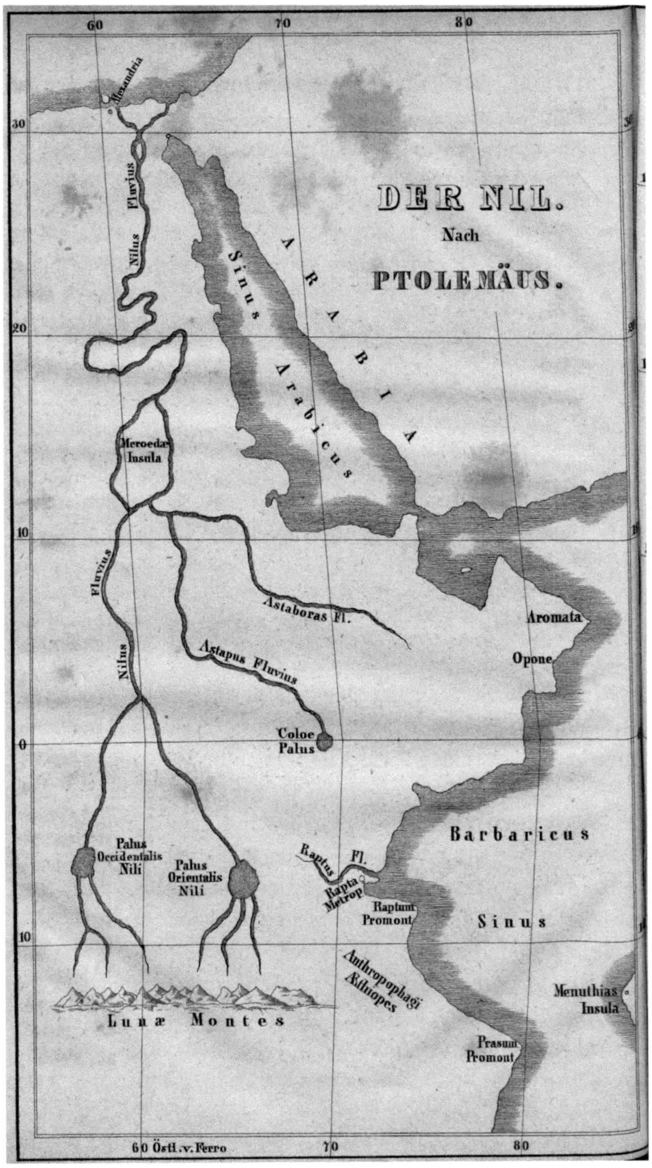

Abb. 3.1 Der Nil. Nach Ptolemais. In: Zeitschrift für Erdkunde als vergleichende Wissenschaft, 1849: 9, Tafel I

naten zu bestellen, und im May und April ärndtet man schon. Ein einziger Acker trägt in einem Jahre drey bis viermal ganz unterschiedene Früchte. Man besäet denselben zuerst mit Salat und Gurken, hiernächst mit Getreyde und nach der Aerndte mit allerley Gemüse. Die Weide ist vortreflich. Im Winter fängt man an das Vieh dahin zu treiben, und man fährt damit fort bis gegen das Ende Märzmonats. Die Heerden mästen in kurzer Zeit, und dies um so mehr, da die gelinde Luft ihnen verstattet, Tag und Nacht unter freyem Himmel zu bleiben. Während der Ueberschwemmung füttert man das Vieh mit Heu, Gerste und Bohnen.

Nach der einhelligen Versicherung der Reisenden soll nichts schöneres seyn, als der Anblick Egyptens **[81]**, sowohl im Sommer als im Winter. Wenn man sich im Juli und August auf einem Berge oder auf der Spitze einer Pyramide befindet, so sieht man ein weites Meer vor sich, aus welchem unzählig viel Städte und Dörfer, die man auf Anhöhen erbauet hat, sich emporheben. Die ganze Wasserfläche ist mit Büschen und Bäumen untermischt, wovon man nur die Gipfel erblickt. Diese reizende Aussicht wird in der Ferne durch Berge umschlossen, welche einen angenehmen Gesichtskreis bilden. Im Winter ist ganz Egypten einer schönen Wiese ähnlich, die in tausendfältigen Farben das Auge entzückt. Ueberall sieht man Arbeiter und Gärtner nebst unzählichen Heerden von Vieh. Die Luft ist, durch den Duft der Blumen, einbalsamirt und reiner als auf je einem Theile des Erdbodens, und die Natur, welche zu dieser Zeit für alle anderen Länder erstorben ist, scheint nur allein für Egypten zu leben [...] **[82]** [...]

Von lebensentscheidender Bedeutung für die Kultur Ägyptens von der (vor-)pharaonischen Zeit bis ins 19. Jahrhundert war die Nilcharakteristik, dass die mittlere jährliche Abflussmenge des Stroms von nur rund 83 Mrd. Kubikmetern[6] beim oberägyptischen Assuan zwar niederschlagsbedingt erheblich schwankt, die jahreszeitliche Verteilung hingegen eine erstaunliche Regelmäßigkeit aufweist. Dabei empfängt der Nil trotz eines bei teils sehr ariden Bedingungen eher nominellen Einzugsgebietes von rund 3,2 Mio. Quadratkilometern – was in etwa der Größe der gesamten Arabischen Halbinsel entspricht – ab dem Zusammenfluss von Blauem und Weißem Nil auf 380 Metern über dem Meeresspiegel bei Khartum praktisch keine relevanten Niederschläge oder Zuflüsse mehr. Deshalb durchzieht er ab dort auf rund 2990 Kilometern oder der Hälfte seiner Gesamtlänge den Sudan und ganz Ägypten bis zum Mündungsdelta ins Mittelmeer als sogenannter Fremdlingsfluss und ist ganz alleine für den linienförmigen Oasencharakter dieses alten Kulturlandes verantwortlich.

Hermann Moeser: Die Nilregulierung und der wirtschaftliche Aufschwung Ägyptens. In: Globus, 1901: 79, Seite 336–338.

Bekanntlich wird der Wasserreichtum und die alljährliche Ausuferung des Nils dadurch bewirkt, dass die heissen, wassergesättigten Seewinde vom Stillen Ocean her landwärts in das äquatoriale Afrika wehen, die dortigen Bergschwellen emporsteigen und dabei sich zu Wolken verdichten, welche auf dem Plateau der äquatorialen Seen und dem abessinischen Hochlande als ausgiebige Tropenregen bezw. Schnee niedergehen. Im Frühjahr und Sommer bedeckt eine wahre Sintflut diese Gegenden, und die enormen Wassermassen wälzen sich in dem 6.000 km langen, mit kurzen Unterbrechungen schiffbaren Strombette des Weissen bezw. vereinigten Nil nordwärts nach dem Mittelmeere in einer Längenausdehnung, die auf europäische Verhältnisse übertragen der erstaunlichen Entfernung von Lissabon nach dem Ural entspricht. Während der von den mittelafrikanischen Seebecken gespeiste Weisse oder besser „abgeklärte" Nil dem Strome seine gleichmässige Beständigkeit und Lebensfähigkeit giebt und verhindert, dass derselbe in seinem Unterlaufe versiegt und Ägypten

6 Der nur rund 1240 km lange Rhein kommt mit seinem nur 185.000 km^2 großen Einzugsgebiet einschließlich aller Nebenflüsse wegen seiner Lage in niederschlagsreicheren Gefilden in etwa auf die gleiche Jahresabflussmenge.

von April bis August vor der Verdunstung bewahrt, so ist der Blaue Nil ein reissender Bergstrom, der mit seinem befruchtenden Schlamme die ägyptische Fruchtbarkeit erzeugt und mit seinem an- und abschwellenden Wasserüberschuss zu der sich mehr gleichbleibenden **[337]** Masse des Weissen Nil die alljährliche Nilschwelle hervorruft. Es sei [...] noch bemerkt, dass die durch zahlreiche grosse Zuflüsse erhöhte Wasserführung des Weissen Nil dreimal so gross ist als die des Blauen Nil und den ersteren zur Hauptlebensader Ägyptens macht.

Die beiden Hauptwohltaten der alljährlichen Nilüberschwemmungen für die Streifenoase Ober- und Mittelägyptens sowie das Delta von Unterägypten waren zum einen die gründliche Bodendurchfeuchtung und zum anderen die düngende Auftragung von Nilschlamm auf die Felder der Fellachen:

Albert Zimmermann: Das Staubecken des Nil bei Assuan. In: Globus, 1898: 73, Seite 323–325.

Bei den Stromschnellen von Assuan [...] beginnt das erste Steigen des Nils in der letzten Woche des **[323]** Juni, wird aber in Kairo erst Anfang Juli bemerkbar [■ Abb. 3.2]. Es geht des geringen Gefälles wegen erst sehr langsam, dann aber schneller und am 15. August ist in Kairo die halbe Höhe erreicht, von wo an der Fluss bis zu seiner grössten Höhe zwischen dem 20. und 30. September noch 4 bis 6 Wochen bedarf. Auf seinem höchsten Stande verharrt der Nil etwa 14 Tage, worauf das Sinken beginnt, so dass er Mitte November wieder auf die halbe Höhe seines Steigens gesunken ist. Von dieser Zeit sinkt er sehr allmählich bis zum 20. Mai des folgenden Jahres und bleibt also nur kurze Zeit in seinem niedrigsten Wasserstande. Die Maße für Kairo sind: Tiefster Stand im Juni 13,3 m über dem Meere, höchster Stand Ende September 18,9 m. Die Gesamtzunahme (durchschnittlich) beträgt daher bei Kairo 5,6 m, bei Assuan dagegen über 8 m.

Nicht nur Träger der Feuchtigkeit, sondern auch der Düngung ist der Strom für das umgebende Land bei seinen Überschwemmungen; freilich nicht in dem Grade, wie es häufig geschildert wird, und nicht überall im gleichen Masse. Ist die Überschwemmung hinreichend, so sind alle kulturfähigen Ländereien bewässert; ist sie zu gering, so bleiben ganze Landstriche trocken oder erhalten nur einen kleinen Anteil von dem belebenden Elemente. Durch die im Laufe der Jahrhunderte stattgefundene Erhebung des Bodens sind viele Strecken der Überschwemmung entzogen worden, die früher ganz unter Wasser gesetzt wurden. Bis das Erdreich genügend gesättigt ist, muss es wenigstens 1 bis 2 Wochen unter Wasser bleiben. Am ersten und längsten werden mit Wasser bedeckt die dem Flusse am nächsten gelegenen Ländereien; hier setzt sich eine ergiebige Schicht von Nilschlamm ab; je weiter aber die Strecke ist, welche das Wasser vom Flusse in das Land hinein zurücklegen muss, desto geringer ist die Menge der befruchtenden Schlammschicht. [...] Es ist eine alte Erfahrung in Ägypten, dass eine zu reiche Überschwemmung ebenso schädlich für das Land ist, wie eine zu geringe. Unter 150 [gemessenen] Überschwemmungen [bis Ende des 19. Jahrhunderts] pflegen 64 gute, 31 schwache, 16 ganz dürftige und 39 zu starke vorzukommen. Eine schlechte Überschwemmung ist schon eine solche, die etwa um 1 m hinter der normalen zurückbleibt. Schon das hat in Oberägypten Dürre und Hungersnot zur Folge. Dagegen bringt eine zu hohe Schwelle das Land durch Zerstörung der Dämme in Gefahr. [...] **[324]** [...]

Am Ende des 19. Jahrhunderts war die Erforschung der Nilländer dann so weit fortgeschritten, dass Geographen wie Felix Lampe (1868–1946) eine verlässliche Einschätzung der gewässerkundlichen Verhältnisse der ägyptischen Niloase geben konnten:

Felix Lampe: Die Bewässerung Ägyptens. In: Zeitschrift der Gesellschaft für Erdkunde zu Berlin, 1902: 37, Seite 305–322, 390–410.

Aus anders gearteten Ländern im Süden[7] tritt bei Chartum der Nil in diese Wüste. Er durchmisst sie in rund 2.800 km langem Lauf, und sie geht in seinem Thal eine eigentümliche Verbindung ein mit den Landschaftsformen, die fliessendes Wasser durch Erosion und Aufschwemmung hervorbringt. Hier herrschen andere Bedingungen für das Leben von Pflanze und Tier, und wenn der Mensch in der umgebenden Wüste mit ihrer Dürftigkeit Nomade wird und die Völker, spärlich an Zahl, flächenhaft auseinanderstreben, hier sind sie, eng gedrängt an die Linie des Flusses, zu dauerhafter Siedelung gezwungen. Und doch weist das Nil-Thal alle Merkmale auf, die der Gesamtheit der Wüstentafel eigen sind, von der es nur ein Teil ist. Das Klima ist wüstenhaft trocken. Alexandrien hat, weil es zum Witterungsgebiet des Mittelländischen Meeres gehört, jährlich noch 22 cm Niederschläge, die sich auf die Wintermonate zusammendrängen. In Kairo fallen das Jahr hindurch kaum 3 cm Regen, und weiter südlich hört **[306]** regelmässiger Niederschlag auf. In Ober-Ägypten giebt es zwar ständig Tau und Nebel, wie überhaupt in der Wüste, zeitweise sogar Wolkenbrüche, aber für die Erhaltung des Pflanzenlebens in warmen Gegenden reicht das Alles nicht aus. [...]

Art und Anordnung der Gesteine, die den Boden der nordafrikanischen Tafel aufbauen, tritt für das Menschenauge besonders klar in der Thalrinne des Nil hervor, die mit wechselnder Breite von 350 m bis zu 20 km so in die Wüstenplatte eingesenkt ist, dass deren Ränder sie durchschnittlich um 300 m, streckenweise um 500 m überragen. [...] **[307]** [...] Die ausarbeitende und anhäufende Thätigkeit des Stromes ist vom Wechsel der Gesteine, durch die seine Bahn führt, stark beeinflusst worden. Er wird durch härtere Massen in Nubien zu weit ausholender Schleife veranlasst und hat in ihnen sein Bett noch nicht eingeebnet. Einen Wasserfall bildet er freilich nirgends mehr, aber an 24 Stellen finden sich Wirbel und Stromschnellen. An sechs unter ihnen haftet der Name Nil-Katarakt, ohne dass sie an sich merklich bedeutsamer wären als einige unter den anderen. Als das Flussthal noch minder ausgearbeitet war, hat es

7 Siehe ▶ Kap. 10, Der osmanisch-ägyptische Sudan.

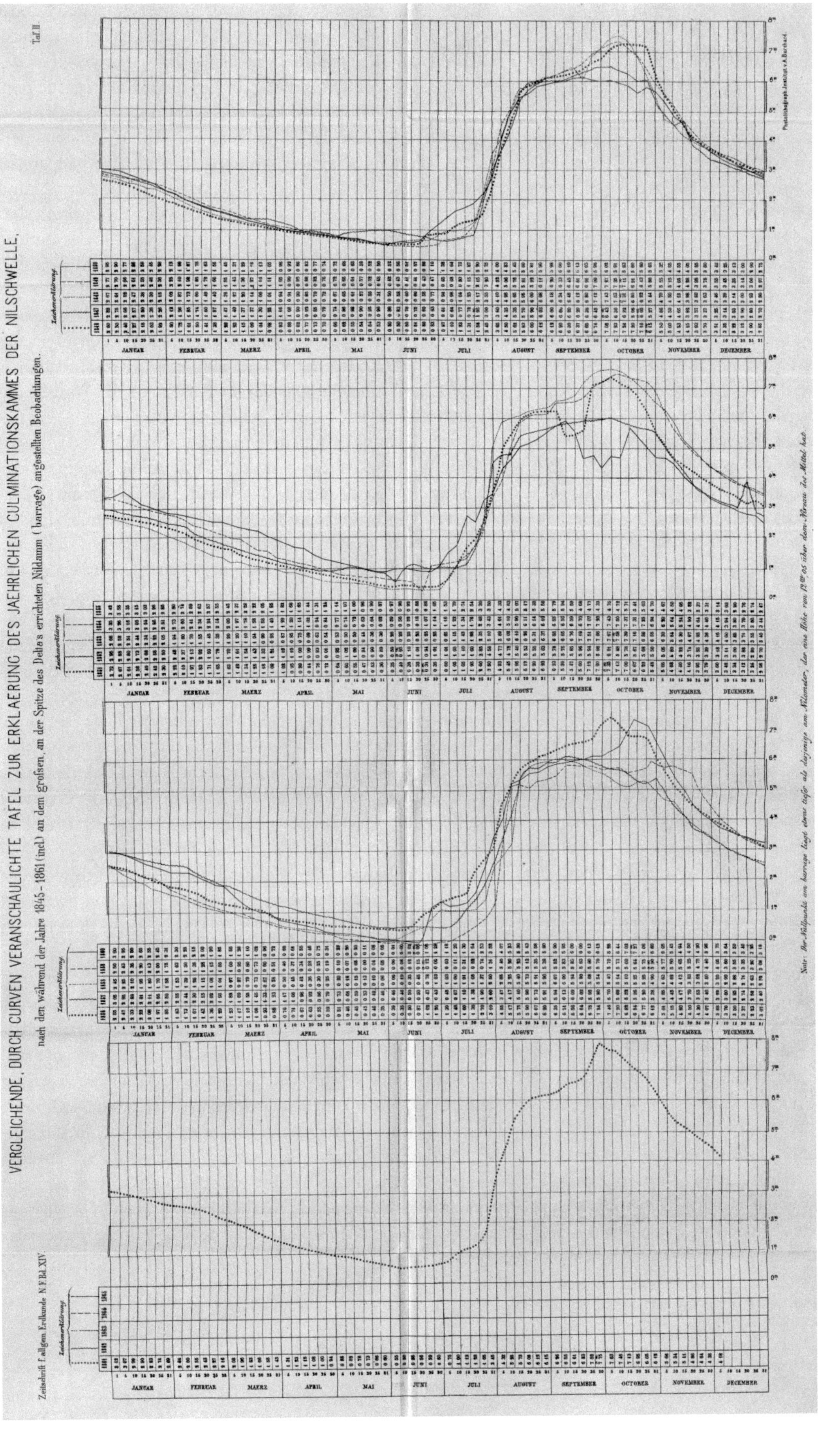

Abb. 3.2 Vergleichende, durch Curven veranschaulichte Tafel zur Erklaerung des jaehrlichen Culminationskammes der Nilschwelle nach den während der Jahre 1845–1861 (incl.) an dem großen an der Spitze des Delta's errichteten Nildamm (barrage) angestellten Beobachtungen. In: Zeitschrift für allgemeine Erdkunde, 1864: N. F. 14, Tafel II

mehr Katarakte gegeben, selbst unterhalb Assuan, jetzt sind sie auf den 1.800 km langen Lauf zwischen Chartum und Assuan beschränkt, bei dem der Nil sich um fast 300 m senkt, während er von Assuan bis Kairo in rund 1.000 km weitem Lauf nur um 80 m fällt, durchschnittlich 11 cm bei jedem km, von Kairo bis zum Meer sogar bloss 4 cm auf ein km. In diesen Teilen des Flussthales erreicht die Ablagerung von Schlick erhebliche Beträge, während die Erosion grössere Gesamtwirkungen nicht mehr zu leisten vermag. Von durchschnittlich 10 m Mächtigkeit in Mittel-Ägypten steigern sich die Aufschwemmungsmassen zu 13, ja 16 m im Delta. Auf die landwirtschaftliche Ausnutzung dieses Bodens gründet sich die Möglichkeit einer Siedelung in Ägypten. […] **[308]** […]

Gerade die Hochwässer des Nil bringen viel gelöste Stoffe, beispielsweise Humussäure [= teilzersetzte Pflanzenmasse], und Schlick mit sich. Soweit die Flut den Ländern des Gazellen-Flusses[8] entstammt, spielen die Pflanzenmassen eine Rolle oder vom Sommerregen ausgelaugte Pflanzenaschen, welche die Waldbrände der Trockenzeit angehäuft haben. Aus Abessinien kommen Zersetzungsstoffe vulkanischer Bodenarten. Der abgelagerte Nil-Schlamm enthält 63 % Wasser und Sand, 18 % kohlensauren Kalk, 4 % kohlensaure Magnesia [= Magnesiumoxid], 6 % Eisenoxyd, 9 % organischer Bestandteile. […] In den Zeiten des Tiefstandes, wenn es sich um das Abflusswasser der grössten Seen handelt, enthält jedes Liter Stromwasser recht wenig Schlamm, zur Zeit der Hochwässer dagegen viel[9]. Masse und Eigenart des mitgeführten Schlammes giebt sich äusserlich in der Verfärbung des Flusswassers kund. In der ersten oder zweiten Augustwoche beginnt der Strom rötlich braunes Wasser zu führen, im September wird es klarer, dann trifft die Gazellenfluss-Flut ein. […] **[311]** […] Eigenart des Nil aber ist es, den an sich besonders fruchtbaren Schlick mit plötzlicher Massenhaftigkeit in einer grossen Flutwelle auftreten zu lassen und mit ihrer Hilfe über alles ihr erreichbare Land zu verteilen. Die Felder, auf welche das rote Wasser der ersten, vornehmlich aus Abessinien stammenden Flut gelangt, gelten als unverwüstlich fruchtbar, auf den Ländereien, die nur mit weissem [= schlammarmem] Wasser durchfeuchtet werden, erschöpft sich der Boden. […]

Recht gegensätzlich zur Dürftigkeit der Wüstentafel ermöglicht der Nil, der einzige Strom, der sie ganz zu durchmessen vermag, in ihrer Mitte eine so reiche Kultur, dass Homer unter Aigyptos den Nil selbst versteht, und Herodot das Land ein Geschenk des Flusses nennt. Aber ohne die regelnde Überwachung durch den Menschen würde das Nil-Thal in der Überschwemmungszeit wohl einem Papyrussumpf gleichen, und in der Trockenzeit würden die unregelmässig fort und fort sich verlegenden Wasserrinnen Flecke rissigen Bodens einschliessen, die Hochflut würde, sich selbst überlassen, vielfach die Bodenkrume fortspülen, und der ungeregelte Abfluss der Überschwemmungswässer würde von der Bildung gesundheitsschädlicher Tümpel begleitet sein, die das Land durchsalzen. So weit unsere Kenntnisse in die Frühzeit beglaubigter Menschengeschichte zurückreichen, muss es im Nil-Thal eine planvolle Wasserwirtschaft gegeben haben, denn stets hat sein Boden unter Kultur gestanden. Wer unter den Völkern es zuerst erdacht und verstanden hat, die gewaltigen Kräfte der Natur hier auszubeuten, ist noch unerforscht. Schon in sehr alter [= frühpharaonischer] Vergangenheit war das ägyptische Ackerland durch Wälle parallel dem Nil und winklig von ihm sich abzweigend in Überschwemmungsbecken gegliedert, die dem **[312]** natürlichen Gefälle des Bodens entsprechend von Süd nach Nord hin stufenweise hinter- und untereinander lagen. […]

[Der Ägyptologe] Wilborn hat aus Inschriften bei Assuan festgestellt, dass schon unter der 12. Pharaonen-Dynastie [ca. 2000–1800 v. Chr.] die Wasserbaukunst fortgeschritten genug war, um einen fast 80 km langen Kanal zur Umgehung des ersten Kataraktes zur Durchführung zu bringen. Von besonderer Wichtigkeit für die Überschwemmung ist der Kanal Bhar Jussuf gewesen, der beim alten Lykonpolis, der Stadt der Wolfsverehrung, wo jetzt Siut [= Asyut] liegt, sich vom linken Nil-Ufer abzweigte und noch jetzt weit über 300 km bis ins Fayum läuft[10], zu dessen Bewässerung er benutzt wurde. Er ist wahrscheinlich ein alter Nil-Arm, aber künstlich erweitert, um den von der Nil-Flut minder gut erreichbaren Landstrecken Wasser zuzuführen. […] Schliesslich hatte man Nilmesser angelegt, um die Wasserführung des Flusses zu prüfen, danach die Massnahmen für die Öffnung der Deiche zu treffen und die Grösse der zu erwartenden Ernte zu **[313]** schätzen, auch die Höhe der für sie zu erhebenden Abgaben zu berechnen. Solche Höhenmarken sind noch sichtbar unterhalb des zweiten Kataraktes, und der gegenüber Assuan auf der Insel Elefantine in festes Mauerwerk eingelassene Pegel des Königs Amenemhat III.[11] ist auf Anordnung des Khedive [= Vizekönigs] Ismail im Jahr 1870 […] freigelegt. Wie in alter Zeit erfolgt jetzt [= 1902] noch von Assuan aus die Meldung vom Eintritt und von der Höhe der Flut, nach der überall in Ägypten die Vorkehrungen für die Freigabe des Ackerlandes an Wasser und Schlamm des Nil bemessen werden. […]

Bis in die erste Hälfte des 19. Jahrhunderts ist die Art und Weise der Ausnutzung der Nil-Überschwemmungen dieselbe geblieben wie unter den Pharaonen: dieselben Wasserbauten; Erddämme, welche Überschwemmungsbecken abgliedern, die sich im August zu füllen beginnen, wenn gerade die letzte Hirseernte beendet wird, derentwegen man freilich die erste Flutwelle noch unbenutzt den Nil hinabgehen lässt; dieselben Kanäle, die gleichen Bastkörbe, Ziehbrunnen, von Büffeln bewegte Schöpfräder zum Bewässern solcher Felder, welche die Flut nicht erreicht, oder zur Berieselung aus dem Nil und den Gräben in der trockenen Zeit, auch derselbe Pflug, welchen alt-ägyptische Denkmäler abbilden. […] **[314]** […]

8 Gemeint ist der südwestsudanesische Bahr el-Ghazal mit fast einem Fünftel des gesamten Nileinzugsgebietes; siehe ► Abschn. 10.4, Der tiefste Süden: Bahr el-Ghazal.

9 Vor dem Bau des ersten Assuan-Damms 1899–1902 führte der Nil in den Wochen vor dem Scheitelpunkt der alljährlichen Überschemmung bis über 1400 g Schlamm pro Kubikmeter Flusswasser nach Ägypten.

10 Siehe ► Abschn. 3.2, Niloase des Fayyum.

11 Dieser Pharao der 12. Dynastie zur Zeit des Mittleren Reichs regierte etwa 1842–1795 v. Chr.

3.2 Niloase des Fayyum

Das Fayyum ist ein etwa 1600 Quadratkilometer großes Becken südwestlich von Kairo, das zwischen dem breiten Niltal im Osten und dem umgebenden Hügelland der Libyschen Wüste eingebettet ist. Als unmittelbar an das Niltal angrenzender Teil der Depressionskette der Oasen der Libyschen Wüste[12] wurde es in geologisch junger Zeit von dessen Entwicklung beeinflusst. Als sich der Nil sein Bett im Laufe der Nacheiszeit immer höher aufsedimentierte, lag er irgendwann höher als der Beckengrund, weshalb seine Überschwemmungen überliefen und im abflusslosen Becken des Fayyum eine ausgedehnte Sumpflandschaft bildeten. Diese wurde in frühpharaonischer Zeit bis auf einen Restsee am tiefsten Punkt im Nordwesten für den Ackerbau trockengelegt, dafür aber andererseits durch den später so genannten Josefskanal in nun regulierter Weise für die künstliche Bewässerung des etwa 1000 Quadratkilometer umfassenden Ackerlandes an den Nil angeschlossen [■ Abb. 3.3].
Das ganze 19. Jahrhundert hindurch blieb das Fayyum wegen vermeintlicher Armut an pharaonischen Zeugnissen von Forschern und Touristen auf der Durchreise zwischen Kairo und Oberägypten weitgehend unbeachtet. Eine wohl erste eingehendere Kunde dieser Ergänzung der Niloase aufgrund eigener Anschauung in einer deutschen Zeitschrift stammt vom Frankfurter Bankierssohn Eduard Rüppell (1794–1884), dem späteren Mitbegründer der dortigen Senckenbergischen Naturforschenden Gesellschaft, von seiner zweiten Ägyptenreise in Gestalt eines vom 20. Juli 1822 aus Kairo datierenden Reisebriefs an den Astronomen und Herausgeber Franz Xaver von Zach, den dieser in seiner Zeitschrift veröffentlichte:

Eduard Rüppell: Briefe des Aegypten reisenden Herrn Eduard Rüppel an Herrn von Zach. In: Neue allgemeine geographische und statistische Ephemeriden, 1824: 13.2, Seite 166–194.

Die Meisten, welche Aegypten durchreisen, nehmen keine Rücksicht auf das Land Fajoum, weil es fast kein auffallendes Denkmal des Alterthums darbietet, wodurch die Neugierigen mehr nach Oberägypten gezogen werden, wo sie weit reichlichere Befriedigung finden. In Fajoum ist sehr selten eine Gelegenheit, Merkwürdigkeiten aus dem Alterthume zu kaufen, worauf die Reisenden hauptsächlich Jagd machen, desshalb darf man sich nicht wundern, dass die Geographie dieses Landes so wenig bekannt ist. **[166]** [...]

Medine, Hauptort des Regierungsbezirks von Fajoum, zählt ungefähr 3,500 Einw., unter denen sich eine grosse Menge Christen befinden, die auch in der Stadt 2 Kirchen besitzen. Die ganze Gewerbsthätigkeit dieser Einwohner beschränkt sich auf die Verfertigung wollener Stoffe, die sie vortrefflich und sehr dauerhaft mit Indigo zu färben verstehen. Man brennt hier auch aus Trauben und Datteln vielen Branntwein, ein Getränk, welches die Mahomedaner hier so gut als die Christen trinken. Ganz nahe bei der Stadt und östlich von derselben, theilt sich der Baker-Jousuf [= Josefskanal] in 5 kleine Canäle, die nach verschiedenen Richtungen hin das Land bewässern [...]. **[170]** [...]

Nachdem meine astronomischen Beobachtungen geendigt waren, hatte ich Lust, den See Moeris und seine Inseln zu besuchen. Ich verliess Medine den 28 Junius, um 4 Uhr 20 Minuten des Morgens. [...] Um 6 Uhr 20 Minuten kamen wir an ein grosses Dorf, Fedimin genannt; es ist mit vielen Gärten und mit grossen Dattelnpflanzungen umgeben und wird fast ausschliesslich von Christen bewohnt. Nicht weit davon führte unser Weg über das ausgetrocknete Bette eines sehr tiefen Canals, an dessen Ufern ich zu meinem grossen Erstaunen wagerechte Schichten bis zu 60 Fuss [= ca. 18 Meter] Höhe von Nilschlamm entdeckte! [...] Das Ufer des See's Moeris an dieser Seite war in dieser Jahreszeit um eine gute Stunde nach N [orden] zurückgetreten. [...] Die Araber geben dem See Moeris den Namen Birket-Karuun. Seine grösste Länge hat er von Westen nach Osten und verbreitet sich ein wenig **[171]** gegen Süden. Das Wasser desselben ist trinkbar, wiewohl etwas salzig. Sein Ufer nach Süden ist ganz flach und kalkig; nördlich wird er durch die Sanddünen der Wüste begränzt. Der See ist sehr fischreich und die Fischerei desselben für 9.000 Aegyptische Piaster (ungefähr 3.000 Francs) verpachtet. [...] **[172]**

Ein halbes Jahrhundert später unternahm Dr. Rudolf Zöppritz (1841–1873), ein wohlhabender Unternehmersohn, der sich in Alexandria als Privatgelehrter niedergelassen hatte, um 1870 mit drei Begleitern einen Ausflug in dieses nun bereits durch Eisenbahnanschluss leicht zugängliche, aber von Europäern noch immer wenig besuchte Becken, wobei er bei seinem Ritt zum See sogar – aber wohl unwissentlich – auf Rüppells Spuren wandelte:

Rudolf Zöppritz: Ein Ausflug in das Fayum. In: Aus allen Welttheilen, 1871: 2, Seite 94–95, 110–114.

Das Fayum ist bekanntlich die größte, dem Nilthal am nächsten liegende Oase Aegyptens. Bei Beni-Suef, 13 [deutsche] Meilen [= ca. 98 Kilometer] oberhalb Kairo, zweigt sich vom Nilthal nach Westen ein breiter Kanal ab (der jedoch sein Wasser viel weiter oberhalb schon aus dem Nil schöpft und nur bis dahin parallel mit dem Strome fließt), der Josephs-Kanal, arabisch Bahr-el-Yussuf. Er fließt durch eine Thalschlucht, welche an dieser Stelle die Hügelreihen der Libyschen Wüste durchschneidet, hindurch in das Fayum, dessen östliche Grenze nur 2–3 [deutsche] Meilen [= ca. 15–22 Kilometer] vom Nil entfernt ist. Es ist also eigentlich nur ein Hügelrücken, der die Oase vom Nilthal trennt. Da derselbe sich aber beträchtlich über das Maximal-Niveau des Nil erhebt, so ist er Wüste. Denn Wüste ist überall, wohin die Gewässer des Nil nicht dringen. Sie allein sind die Erzeuger aller Vegetation in Aegypten, das deshalb nur aus einer schmalen Thalsenkung besteht, die erst unterhalb Kairo's durch die Theilung des Nil in zwei Arme sich zum Delta erweitert. Das Fayum hat ungefähr

12 Siehe ► Kap. 9, Die Libysche Wüste und ihre Oasen.

Abb. 3.3 Originalkarte des Fayum nach der von Rosseau-Bey im Jahre 1871 veranstalteten trig. Aufnahme entworfen und gezeichnet von G. Schweinfurth. In: Zeitschrift der Gesellschaft für Erkunde zu Berlin, 1880: 15, Tafel 1

die Gestalt eines unregelmäßigen Kreises von ca. 6–7 [deutschen] Meilen [= ca. 45–53 Kilometern] Durchmesser. Am westlichen Ende der Oase, zugleich in ihrem tiefsten Theile, liegt ein See, der Birket (See)-el-Kerun, von 36 [Wege-]Stunden Umfang, lang, aber nicht sehr breit, der sich an seinem südwestlichen Ende in die Libysche Wüste, in die Rinne des Bahr-bela-ma, des Flusses ohne Wasser[13], verliert. […] **[94]** […]

Nicht weniger als 70 Pyramiden hat man vom Fayum an bis Abu-Roasch, nördlich von Gizeh gefunden, deren ein Theil allerdings nur noch in den Fundamenten sich fand, während etwa 30 noch leidlich erhalten, zum Theil nur wenig beschädigt sind. Als die letzte große im Nilthal, zieht schon aus weiter Ferne die Pyramide von Medum den Blick auf sich. Anders als alle ihre Schwestern, steht sie auf einem fast isolirt vortretenden Hügel der Wüste, welche hier näher an den Nil heranreicht als anderswo, und ist in Form ungeheurer, steilwandiger, auf einander gethürmter Würfel erbaut, deren glatte Wände und schroffe, fast senkrechte Kanten ihr das Ansehen eines ungeheuren Festungsthurmes geben. Zugleich hat sie die schönste Farbe, da der Kalkstein, aus dem sie erbaut ist, gelber und leuchtender erscheint, als derjenige der übrigen Pyramiden. Bald nachdem wir sie passirt haben, an der die Bahn ziemlich nahe vorüberführt, erreichten wir Wosste, den Punkt, von welchem die Zweigbahn in's Fayum abgeht. Diese nämlich führt nicht längs des Josephs-Kanals hin, sondern schneidet schief durch die Wüste […] nach Medinet-el-Fayum, dem Hauptorte des Fayum, der 12.000 Einwohner haben soll. […]

Längere Zeit fuhren wir zwischen durchbrochenen Kalkhügeln hindurch, bis endlich sich der Blick wieder aufthat nun aber ins Fayum, das, von der Wüste wie von einem Rahmen umfaßt, vor und unter uns ausgebreitet lag, während das Nilthal verschwunden war. Eine Fahrt von 2 Stunden brachte uns nach Medinet-el-Fayum, wo wir unser Standquartier aufschlagen wollten und nun erproben mußten, ob der Mudir [= Amtmann] das Empfehlungsschreiben der Regierung so auslegen würde, wie wir es wünschten. Es war uns bekannt, daß die Behörden sich diese Last möglichst vom Halse zu schieben suchen, und wir waren deshalb darauf gefaßt, daß der Versuch gemacht werden würde, uns zu einem der Europäer oder gar in ein arabisches Wirthshaus zu bringen. Wir waren aber entschlossen, uns nicht so leichten Kaufes abfinden zu lassen, sondern darauf zu bestehen, daß wir, wie es in solchen Fällen Sitte und Anstand erfordern, in dem Mudiriatsgebäude Unterkunft erhielten. […] **[95]**

Nachdem es Zöppritz und Gefährten tatsächlich gelungen war, im Verwaltungshaus einzuziehen, unternahmen sie von dort aus Ausflüge, darunter auch zum See im Beckengrund:

Romantisch war der Austritt aus der Stadt, wo zur Rechten (nördlich) die Schutthügel des alten Krokodilopolis (Arsinoe) liegen, während links ein tief eingeschnittenes Fluß-(Kanal) Bett einen Theil der Wasser des Joseph's-Kanal weiter leitet, der schon vor und in Medinet-el-Fayum sein Wasser in einer Menge kleinerer Kanäle abgibt, die von hier aus strahlenförmig durch die ganze Oase sich ausbreiten, um alle schließlich, so weit sie nicht unterwegs für Kulturzwecke erschöpft werden, in den See einzumünden. […] Nur von den berühmten Rosenfeldern des Fayum wollte uns nichts zu Gesicht kommen, ja die Leute wußten gar nicht, was Rosen seien. Es wurde uns späterhin auch bestätigt, was wir infolge dieser Wahrnehmung vermuthet hatten, daß der einträglichere Baumwoll- und Getreidebau die früher so allgemeine Rosenzucht des Fayum völlig verdrängt habe. […]

Die unendliche Zahl von Kanälen gibt dem Fayum einen noch vor dem übrigen Aegypten sich auszeichnenden spezifischen Charakter. Der Wasserreichthum und die Fallhöhe ist hier so groß, daß man häufig Wasserschöpfräder sieht, die vom Wasser des Kanals selbst getrieben werden, aus dem **[112]** die am Umfang des Rades befestigten Schöpfkübel einen Theil auf die Felder hinausheben – eine Einrichtung, die man weiter nirgends in Aegypten sieht, weil allenthalben sonst der nöthige Fall des Wassers fehlt. […] Nach zweistündigem Ritt erreichten wir Fidimin, den Hauptort auf unsrem Wege. Es ist ein ziemlich ansehnliches Dorf, das an den Ufern eines etwa 15–20 m tief eingeschnittenen breiten Kanalbettes liegt, malerisch an und über den größtentheils sehr steilen Uferwänden, zwischen denen sich unser Weg allmählich heruntersenkte […]. Nur die Bewohner waren hier, wie allenthalben, arm, roh und verkommen. Dunkelbraun gebrannt von der Sonne, in grobe Tücher nothdürftig gehüllt, machten sie gegen die Fellahen, die wir in Unterägypten, in der Umgebung der Städte gesehen hatten, einen auffallend rohen Eindruck. Es fehlte ihnen zwar auch die Zudringlichkeit und Unverschämtheit jener, aber ein scheues, gedrücktes Aussehen verrieth, daß nicht nur Bescheidenheit, sondern auch Furcht und Bedrückung sie so zurückhaltend machte. Das Fayum ist an Fruchtbarkeit die Perle Aegyptens, trotzdem konnte kein Zweifel sein, daß die Bewohner dieser Orte, deren wir eine ganze Menge in diesen Tagen durchritten, sehr arm sein mußten.

Ueber die Ursache hatten wir keinen Zweifel, da wir die ägyptischen Verhältnisse kannten. Die Regierung war es, die den armen Bauern durch unerschwingliche Abgaben wieder abnahm, was der fruchtbare Boden ihnen gab. Hier, in diesem entlegenen Winkel, wohin in Jahresfrist kaum einmal ein Europäer kommt, konnte sie um so rücksichtsloser wirthschaften und durfte nicht fürchten, daß so leicht ein fremdes Auge in dieses Elend hineinblickte. Um uns aber zuverlässig zu unterrichten, suchten wir uns mit Hilfe unsres der Sprache vollkommen mächtigen Gefährten mit den Leuten in Gespräche einzulassen. Da sie uns, die wir, wie ihnen natürlich von dem Führer gleich mitgetheilt worden war, im Mudiriatsgebäude wohnten und also hohe Herren sein mußten, natürlich für Freunde der Regierung hielten, so war es anfangs schwer, ihre Scheu zu besiegen. Doch gelang es allmählich, sie zu überzeugen, daß wir nur gelehrte Leute seien, die Alterthümer sehen wollten, und ihnen auf Umwegen den Mund zu öffnen.

Da war nun freilich nur Jammer und Elend zu vernehmen. Jedes Thier: Pferde, Esel, Maulthiere, Kamele, Büffel, Rinder, Ziegen, waren mit Abgaben belastet und verhältnißmäßig sehr hoch. Von jedem Dattelbaum mußten sie eine Steuer entrichten, der Kopfsteuern und aller möglichen andern Abgaben gar

13 Siehe ► Abschn. 2.3, Wadi Natrun und der Fluss ohne Wasser.

nicht zu erwähnen. Auch mußten sie vielfach auf den Feldern des Vizekönigs arbeiten, wofür sie zwar eine mäßige Vergütung erhielten, aber doch natürlich in der Bestellung ihrer eigenen Felder dadurch behindert wurden. [...] Gewiß ist, daß die Regierung nichts thut, um diesen Zustand zu bessern. Schulen gibt es kaum in Alexandria und Kairo, im Innern des Landes fast gar keine, und die fortwährende Aussaugung des Landes durch übermächtige Steuererhebungen kann natürlich sowohl materiell als moralisch nur verderblich und entartend auf die Leute wirken. Vielleicht mag der Umstand noch erschwerend hinzutreten, daß hier in den Dörfern des Fayum sich viele Kopten befinden, die von dem Islam zwar von jeher geduldet, aber dennoch häufig sehr bedrückt und zeitweilig selbst verfolgt worden waren, so daß ein scheues, ängstliches Wesen bei den armen, auch materiell abhängigen Leuten sehr erklärlich ist. [...] **[113]** [...]

Wenn auch Rüppell wie Zöppritz auf das landwirtschaftliche Potenzial dieser „Ausstülpung" der Niloase hingewiesen hatten, so musste doch Georg Schweinfurth[14], der Doyen der geographischen Ägyptenforschung und erste Direktor der freilich nur kurzlebigen Vizeköniglichen Geographischen Gesellschaft in Kairo, noch 1880 anlässlich der Begleitworte zu seiner Karte des Fayyum bemerken:

Georg Schweinfurth: Bemerkungen zu der neuen Karte des Fayum. In: Zeitschrift der Gesellschaft für Erdkunde zu Berlin, 1880: 15, Seite 152–160.

Am meisten vernachlässigt in kartographischer Hinsicht ist bis auf den heutigen Tag das Fayum geblieben; denn ein seltsames Missgeschick hat über den topographischen, Arbeiten gewaltet, die in dieser eigentümlichen, historisch wie geographisch hoch interessanten Landschaft in's Werk gesetzt wurden. Die französischen Topographen sahen sich im März des Jahres 1801 infolge der politischen Ereignisse gezwungen, ihre soeben begonnenen Arbeiten abzubrechen und Linant de Bellefonds-Pascha, der im Jahre 1840 auf Befehl Mehemed Ali's eine genaue Karte des Fayum im Maasstabe von 1:10.000 von einem europäischen Ingenieur und unter seiner persönlichen Leitung ausführen liess, erzählt in seinem inhaltsreichen Quellenwerke über die ägyptischen Bauten [...] die sonderbaren Zufälligkeiten, die ihren Verlust herbeiführten. Eine Réduction der betreffenden Karte in 1:20.000 befand sich zuletzt (1866) in den Händen des Chedivs [Vizekönigs] Ismail; aber auch dieser besass weder Archive noch Privatbibliothek, und die vielen Werke, die ihm von europäischen Autoren zugeeignet wurden, pflegten, nach einigen Wochen müssigen Paradeliegens auf den Tischen seiner Salons, den Weg der Vergessenheit zu wandeln. [...] **[153]** [...]

Einen grossen Fortschritt in der kartographischen Kunde von Ägypten bezeichnet die der hier veröffentlichten Karte zu Grunde liegende Aufnahme des Fayum, die Rousseau-Bey, damals Chefingenieur der chedivischen [= vizeköniglichen] Domänen und bei der Einrichtung grosser Zucker-Raffinerieen in jener Provinz beschäftigt, von den ihm unterstehenden Ingenieuren und Werkleuten ausführen liess. Über die bei der Vermessung befolgte Methode vermag ich keinen näheren Aufschluss zu erteilen, da die Betreffenden Ägypten verlassen haben; ich weiss aber aus dem Munde eines der Ingenieure, der mir die Karte vor einigen Jahren zeigte, dass die Lage aller in die Augen springenden Punkte, wie Minarets der Dörfer, Schech-Gräber etc. mit dem Messtisch genau bestimmt wurde und dass der Lauf der verschiedenen Gräben und Kanäle mit dem Kompasse in allen ihren Windungen abgeschritten wurde, indem ein jeder der bei der Arbeit Beteiligten eine bestimmte Anzahl davon übernahm.

Die erwähnte Karte ist im Maasstabe von 1:40.000 entworfen, mit arabischer Schrift versehen und umfasst das gesamte Kulturland der Provinz Fayum mit alleiniger Ausnahme eines unbedeutenden Streifens desselben, der sich am Südufer des südwestlichen Zipfels des Birket-el-Qurun hinzieht. Die Grenze des Wüstenterrains ist überall genau angegeben, desgleichen die Gestalt der Ortschaften im Grundriss, dagegen sind von den sehr veränderlichen Ufern des Sees, ausser der südlichen Umrisslinie, nur die Inseln und die spitze Halbinsel auf der Nordseite eingetragen. Die umliegenden Höhen sind gar nicht berücksichtigt worden. [...] **[154]** [...] Auf einer mehrwöchentlichen Rundreise durch das Fayum, die ich im vergangenen Frühjahre [1879] ausführte, habe ich an verschiedenen Stellen die Korrektheit der Karte zu prüfen unternommen, teils vermittelst Messungen von Entfernungen, teils durch vorgenommene Peilungen, und jedesmal war das Resultat ein befriedigendes. Das verwickelte System der vielverzweigten, unendlich gewundenen Gräben und Flussarme, in welche der Bahr Jussuf sich bei seinem Eintritte in das Fayum-Becken verzweigt, sind mit minutiöser Genauigkeit, wie es namentlich der grössere Maasstab des Originals gestattete, daselbst wiedergegeben worden. [...] **[155]** [...]

Einen auffälligen Mangel bekundet die Karte in der gewiss sehr ungenauen Umrisszeichnung des Birket-el-Qurun, der dem Bodensee wenig an Grösse nachsteht und daher den physiognomischen Charakter der Karte von Ägypten wesentlich beeinflusst. Zweierlei Ursachen werden es aber immerdar zu einem schwer ausführbaren Unternehmen machen, die exacte Gestalt dieses merkwürdigen Binnenwassers zu graphischem Ausdrucke zu bringen: 1) die Beschaffenheit seiner Ufer, die grösstenteils weder zu Boot noch zu Fuss zu erreichen sind, wegen der Flachheit des Wassers auf der einen und der Bildung trügerischer, schlammbedeckter Salzkrusten auf der anderen Seite; 2) die wechselnde Wasserhöhe, nach den Perioden des Nil-Standes, die man auf 3 m im Maximum veranschlagen kann. Der einzige Europäer, der den ganzen See umschritten hat, war [noch bis 1880] der [napoleonische] Ingenieur Martin. Auf seinem flüchtigen Streifzuge gelang es ihm nicht (7. Januar 1801) sich dem nördlichen Ufer der Nordostecke des Sees zu nähern. Es ist leicht möglich, dass der See an dieser Stelle bei hohem Wasserstande eine weit ausgedehntere Bucht nach Norden zu beschreibt, als es die vorliegende Karte darthut. [...] **[58]** [...]

14 Siehe ▶ Kap. 1, Osmanisches Ägypten, Fußnote 45.

Aufgrund der Auswertung ägyptischer Untersuchungen gelangte Schweinfurth zu der Erkenntnis, dass der Josefskanal bei Derut-el-Scherif auf 59,8 m über dem mittleren Spiegel des Mittelmeeres am linken Nilufer abgezweigt wurde, die 32,8 m hohe Felsensohle am Eingang zum Fayyum überschritt und nach Durchströmung der Oasenlandschaft am entgegengesetzten Ende in den See mündete, dessen trockenzeitlichen Spiegel er auf 29 m bestimmte.

3.3 Flusstourismus im 19. Jahrhundert

Dem Briten Thomas Cook wird gemeinhin die Erfindung der modernen Pauschalreise zugeschrieben, da er 1841 für eine Bahngruppenreise erstmals verschiedene Leistungen zu einem Gesamtpaket zusammengefügt hatte.[15] Sein daraus entstandenes Unternehmen veranstaltete 1869 die erste Gruppenpauschalreise nach Ägypten, die der Gründer höchstselbst durchführte. Jedoch schon zu Beginn der 1860er-Jahre konnten touristische Orientreisende[16] unter drei Dampferlinienverbindungen nach Alexandria wählen: Der britischen Peninsular and Oriental Compagnie als bestgebuchte Linie, deren meiste Passagiere aber nur schnellstmöglich nach Suez und von dort weiter nach Indien oder Fernost wollten, die französische Messageries Maritime ab Marseille und mit fünf bis sechs Tagen am schnellsten der bereits 1833 gegründete Österreichische Lloyd, die damals größte Passagierreederei im Mittelmeer, ab Triest. Im Winter 1860/61 unternahm der wohlhabende Fabrikantensohn Alexander Ziegler[17] (1822–1887) eine der zeittypischen touristischen Flussfahrten auf dem Nil:

[Alexander Ziegler]: Eine Fahrt auf dem Nil bis zu den nubischen Katarakten. In: Globus, 1863: 4, Seite 289–298, 321–330.

Ein Winteraufenthalt in Aegypten ist angenehm. Man vermißt in Kairo keine europäische Bequemlichkeit und lebt doch mitten im Orient. In aller Gemächlichkeit kann man die Pyramiden besuchen und einen Ausflug auf der Eisenbahn nach Suez machen. Sobald man aber einige Zeit in **[289]** dieser wichtigsten aller afrikanischen Städte verweilt hat, wird man von der unwiderstehlichen Sehnsucht ergriffen, eine Stromfahrt auf dem Nil zu unternehmen, […] um jene Wunderwerke des alten Aegypten zu sehen, von denen noch so viele prachtvolle Trümmer übrig sind. Man hat genug an dem Gewühl einer großen Stadt, die jetzt [= um 1860] nahe an 400.000 Seelen zählt, und entflieht gern dem Lärm, welchen die Horden von Eseltreibern von früh bis spät in einem halben Dutzend Sprachen gleichzeitig erheben. Auf dem Strom ist Ruhe, […].

Der heilige Strom, dessen Haupt erst in unseren Tagen, wenn bis jetzt auch nur theilweise, enthüllt worden ist[18], wird auf weiten Strecken von Dampfern befahren; […]. […] Ein beschaulicher Reisender wird aber wohl immer die Stromfahrt auf einer Nilbarke vorziehen; auf einer solchen ist er sein eigener Herr, kann sinnen und träumen wie es ihm beliebt, weiterfahren oder umkehren, je nachdem er will; auch findet er immer Fahrzeuge mit wohl eingeübter Mannschaft bereit. Gewöhnlich bilden die sogenannten zweiten Katarakten, die Stromschnellen bei Wadi Halfa[19] in Nubien, das Ziel der Reisenden; weiter hinauf gehen nur Kaufleute oder Männer der Wissenschaft.

Man hat unter verschiedenen Arten von Fahrzeugen die Auswahl. Der *Dscherms*, welche zwei Masten und große lateinische Segel haben, bedient man sich zur Stromfahrt ins Oberland nicht, sondern nur im Delta zur Zeit der Ueberschwemmung. Der *Madil* oder *Liyas* unterscheidet sich von einer Dscherm nur dadurch, daß er kleiner ist. Die Nilbarke, welche ein Reisender wählt, ist entweder ein *Maasch* oder *Nahleh*, eine *Kangheh* oder eine *Dahabieh*; alle drei gleichen einander, nur die Größe ist verschieden; die Kangheh ist am kleinsten; der Maasch am größten. Das Dahabieh ist ein Boot von mittlerm Gehalt und reicht für den Reisenden vollkommen aus.

Im Oktober und November ist die Bootsmiethe am theuersten, weil in diesen Monaten der Andrang von Europäern am stärksten ist; im Januar fällt er. Gewöhnlich nehmen drei bis sechs Leute zusammen eine Barke und führen einen gemeinschaftlichen Haushalt. Dann belaufen sich die Kosten, Alles zusammengerechnet, auf etwa 350 Thaler für die Fahrt von Kairo nach Wadi Halfa und zurück; […]. […] Vor allen Dingen muß man einen bündigen Vertrag in arabischer und nebenbei zugleich in irgend einer europäischen Hauptsprache abschließen, denselben von seinem Konsulat bestätigen und von der zuständigen ägyptischen Behörde garantiren lassen. Dann kann man ruhig sein. […]

Am besten und sichersten ist es wohl, mit einem Schiffseigenthümer ein Uebereinkommen zu treffen. Das selbe muß folgende Bestimmungen enthalten: Der Schiffseigenthümer N. N. vermiethet dem Herrn X. […] eine Barke, welche an dem und dem Tage bereit sein muß. Die Bemannung besteht aus Matrosen, Schiffsjungen, Steuermann und Reis [= arabisch für Schiffsführer]. Sie alle müssen einen Taskaret haben, eine von der Polizei ausgefertigte [Erlaubnis-]Karte. Diese Bemannung steht Herrn X. durchaus zu Befehl: er hat das Recht, Jeden, der sich verfehlt, vom Schiffe wegzuweisen und ihn durch einen Andern oder mehrere Andere zu ersetzen. Nur allein der Reis, als Bevollmächtigter des N. N., kann nicht entfernt werden; aber die ägyptischen Behörden und die Polizei haben für sein gutes Betragen einzustehen. Herr X. bestimmt über den Gang des Fahrzeugs und der Reis hat seine Anordnungen zu befolgen; sollte aber der letztere eine Gefahr voraussehen, und hat er auf dieselbe auf-

15 Siehe ► Abschn. 1.5, Reiche Touristen und arme Handwerksburschen.
16 Aber erst 1877 brachte der Baedeker-Verlag mit *Aegypten, erster Theil: Unter-Aegypten bis zum Fayum und die Sinai-Halbinsel* den ersten umfassenden deutschsprachigen Reiseführer des Nillandes auf den Markt, der Einzelreisenden die Vorbereitung und die Besichtigungen wesentlich erleichterte.
17 Seine damals verbreiteten Reisebeschreibungen nutzte auch Karl May für seine Orienterzählungen.
18 Siehe ► Abschn. 10.4, Der tiefste Süden: Bahr el-Ghazal.
19 Siehe ► Abschn. 3.4, Bewässerungsbauten von Mehmet Ali bis zum Assuan-Hochdamm.

merksam gemacht, dann hat Herr N. allen Schaden zu tragen. Die Barke fährt stroman bei Nacht, falls der Wind günstig ist, mit Segeln, das Treideln (Ziehen mit **[290]** Seilen) kann nur bei Tag in Anwendung kommen. Bei der Thalfahrt wird bei Mondschein zugleich gesegelt und gerudert. X. ist für keine Beschädigung verantwortlich, welche der Barke zustößt, hat auch gar keine Abgaben zu erlegen, und nur bei der Fahrt über die Katarakten die übliche Gebühr zu zahlen. [...]

Nun hat der Reisende auf ein paar Monate ein schwimmendes Haus, aber er selbst muß dasselbe mit dem nöthigen Nahrungsbedarf versehen, denn unterwegs kann er nicht allzuviel bekommen. Die Dörfer oder Städte am Nil liefern ihm Milch, Butter, die zumeist sehr schlecht ist, Melonen und Wassermelonen, Gurken, Zwiebeln, vortreffliche Linsen, Spinat, Eier und Geflügel; das ist aber auch Alles. Das Uebrige kauft man in Kairo, als da ist: Mehl, Reis, Makkaroni, Kartoffeln, Bohnen, Graupen, getrocknete Aprikosenschnitten, Trauben, Pflaumen und Mandeln, Orangen, Citronen, Chokolade, Kaffee, Thee, Salz, Zucker, Oel, Pfeffer und andere Gewürze, Seife, Brennöl, Essig, Senf, Wein, Bier, Cognac, Wachs- oder Stearinkerzen, Flaschen und Gläser, Tabak, Cigarren, Chesterkäse und holländischen Käse. Man nimmt Barometer und Thermometer mit, Waffen, Papier, Feder, Tinte und noch manche andere Siebensachen.

Drei wichtige Personen sind, außer dem Schiffsführer, der Koch, der Dolmetscher und der Kawaß [= osmanischer Polizist]. [...] Auf die Dragomane, Dolmetscher [und Fremdenführer in Personalunion], kommt sehr viel an, und man hat von Glück zu sagen, wenn man in der Wahl glücklich ist. [...] Sie bilden eine Art Innung, deren Vorsteher für die Mitglieder verantwortlich ist; man kann auch bei der Polizei Beschwerde führen, aber was hilft das? Allerdings hat man gegen den Gauner wenigstens einen Trost: man kann ihn tüchtig durchprügeln, und zu diesem Behufe nimmt man einen Kurbatsch aus Hippopotamushaut [= Nilpferdleder]; der macht gehörige Striemen. [...] **[291]** [...] Auf dem Vorderdecke leben und schlafen die Schiffsleute unter freien Himmel; wir haben das Hintertheil inne und befinden uns in den sechs verschiedenen Räumen sehr behaglich. Die Fenster des Salons gehen auf eine kleine Außengallerie hinaus, wo wir im Schatten sitzen und ungestört, in aller Ruhe, unsern Tschibuck [= Pfeife] rauchen [...] **[292]** [...]

Die Flussstrecke bis Mittelägypten bot den meisten europäischen Flussreisenden, neben der Eingewöhnung ins Leben auf der Barke, wenig mehr Sehenswertes als die Beobachtung des vorüberziehenden „Land und Leute", wobei man mit Letzteren bei jedem Anlegen in mehr oder minder gewünscht engen Kontakt kam. Zum Ende des 19. Jahrhunderts verdrängten (Schaufelrad-)Dampfboote nach und nach die gemächlichen Dahabieh-Segler als Touristenverkehrsmittel. Da die Reisenden auch immer weniger Zeit auf dem Weg nach Oberägypten „vergeuden" wollten, nahmen die eiligen Touristen nun lieber die unterdessen bis Mittelägypten vorgeschobene Eisenbahn, bevor sie auf das Flussboot umstiegen. Erst mit dem Erreichen von Asyut (Siut) begann für die meisten Touristen das pharaonische Kernland, mit zunehmend afrikanischem Beigeschmack, so wieder Alexander Ziegler über seine Flussreise von 1860/61:

Siut nimmt sich stattlich aus; es ist nächst Kairo und Alexandria die bedeutendste Stadt Aegyptens. Die vielen Minarete bei den Moscheen und die Gruppen weißer Häuser heben sich angenehm auf dem Hintergründe der libyschen Gebirgsketten ab [...]. **[295]** [...] Diese Hauptstadt des Said, d. h. Oberägyptens, ist Stapelplatz für einen beträchtlichen Binnenhandel, zählt etwa 25.000 Einwohner[20], hat eine nicht unbedeutende Gewerbsamkeit und liegt etwa eine Viertelstunde vom Strom entfernt, an welchem das Dorf Hamra den Hafen bildet. An jedem Sonntage wird ein großer Markt abgehalten, auf welchem man die berühmten irdenen Waaren feil bietet, die hier verfertigt werden, z. B. die Siuter Pfeifenköpfe. Die Lederarbeiten sind vortrefflich, namentlich das Pferdegeschirr, Geldgürtel, Reitstiefel, Sacke und dergleichen. Sie gehen weit nach Centralafrika hinein bis Dar Fur[21], von wo alljährlich Karawanen nach Siut [= Asyut] kommen, welche auch europäische Waaren einkaufen [...] **[296]** [...]

Nach dem Passieren der auch heute noch viel besuchten altägyptischen Ruinenstätten von Edfu, Kom Ombo, Theben und Luxor bildeten die Katarakte von Assuan mit der pharaonischen Grenzinsel Philae den Höhepunkt und für viele Touristen auch südlichsten Punkt ihrer Flusskreuzfahrt:

Am 4. Januar [1861], Morgens um zehn Uhr, fuhren wir in die enge Stromfahrt der Katarakten hinein. Wir fanden schon eine Anzahl von Schiffsleuten bereit, durch welche unsere Mannschaft vervollständigt wurde, und Alle stellten sich nun unter den Befehl eines Reis, der jede Klippe genau kannte und die Barke mit einer solchen Sicherheit führte, als bewege sie sich in ruhigem Wasser zwischen zwei Schleusen.

Diese hinzugekommenen Leute waren Nubier, halbwilde Männer, deren Haut so aussieht, als ob man schwarzen Krepp über einen braunrothen Untergrund gelegt habe. Sie bilden schon in Assuan, das noch auf ägyptischem Boden liegt, die Mehrzahl der Bevölkerung. Man findet sie in großer Menge als „Barabra" in den bedeutenden Städten Aegyptens, namentlich aber in Alexandria und Kairo. Ihre eigentliche Heimat liegt [...] in der engen, felsigen Strecke des Nilthals zwischen der ersten und zweiten Stromschnelle, von Assuan bis [...] Wadi Halfa [...]. Sie erfreuen sich als ehrliche Leute eines guten Rufes, werden zumeist als Diener, Wächter und Thorhüter verwandt, und haben große Anhänglichkeit an ihre Heimat, in welche sie mit ihrem ersparten Gelde zurückkehren. [...]

20 Gegenwärtig wird die Einwohnerzahl auf rund eine halbe Million geschätzt.

21 Siehe ► Abschn. 10.3, Kordofan und Darfur.

Abb. 3.4 Insel Philae. In: Globus, 1863: 4, Seite 324

Unsere Nubier schreien uns ein Willkommen zu und **[323]** gehen dann an ihre Arbeit. Wir fahren zwischen Massen von Granit; sie sind schwarz naß und leuchtend, gleichen einer Herde versteinerter Büffel in verschiedenen Stellungen. An diesen Felsen werden Seile befestigt, und vermittelst derselben zieht man die Dahabieh langsam stroman. Als wir eben den ersten Durchgang hinter uns hatten, brach der Abend herein und wir mußten zwischen zwei Stromschnellen festlegen […]. Wir aber kletterten auf die nächsten Felsen, betrachteten das Chaos, welches uns umgab, und staunten über die phantastischen Bilder; […]. Als der Morgen graute, waren unsere Nubier wieder an Ort und Stelle und arbeiteten wieder, bis wir um drei Uhr Nachmittags in einem ruhigen Wasser waren. Jetzt hatten wir noch drei Stromschnellen zu überwinden, und die letzte, El Kebir, bot die meisten Schwierigkeiten dar. Dort wurde unsere Barke von etwa zweihundert Leuten gezogen.

Die „Katarakten" sind keine Wasserfälle, sondern nur Stromschnellen, mit aufeinander folgenden Felsenbarren und heftigen Strömungen, oft ohne allen Schaum. Manche Stellen bieten allerdings einige Gefahren, aber diesen weiß **[325]** der vorsichtige Schiffsführer auszuweichen und Unfälle sind äußerst selten. Vor uns lagen die Zwillingsinseln Philae [▪ Abb. 3.4] und Bigeh. Die letztere ist von Felsen umrandet, welche mit Hieroglyphen bedeckt sind, und liegt auf der libyschen Stromseite, die andere wird mit Recht als das „Juwel des Nils" bezeichnet. Sie ist das Entzücken aller Reisenden, so grün, so einsam, friedlich, und hat herrliche, gesunde Luft. Auch [Richard] Lepsius[22] sagt, daß die acht Tage, welche er auf dieser „heiligen Insel" verweilte, eine seiner schönsten Reiseerinnerungen bilden […] **[326]** […]

Bereits zum Ende des 19. Jahrhunderts hatte sich der touristische Haupttrampelpfad in Oberägypten herausgebildet. Der Österreicher P. F. Kupka war um 1890 mit einem luxuriösen Schaufelraddampfer von Asyut bis Assuan den Nil heraufgefahren und unternahm im Pulk seiner Reisegruppe die Besichtigungen der Umgebung vom länger in Assuan vor Anker liegenden Dampfer aus, da die hiesige Hotelkapazität noch keinen schnelleren „Umschlag" der Reisenden und eine Rückfahrt des Dampfers mit neuer Kundschaft gestattete:

22 Der deutsche Ägyptologe Karl Richard Lepsius (1810–1884) war mit einer wissenschaftlich sehr ertragreichen königlich preußischen Expedition 1842–1845 den Nil hinauf und an Philae vorbei bis zum Pyramidenfeld von Meroe und noch hinter Khartum gezogen.

P. F. Kupka: Den Nil hinauf. In: Deutsche Rundschau für Geographie und Statistik, 1892: 14, Seite 145–159, 445–455, 503–511, 551–561.

Von Assuan führt [seit 1884] eine 12 Kilometer lange Eisenbahn, den Katarakt umgehend, nach Schellal. Hart neben unserem bescheidenen Bahnhofe pustet Dampf aus einer Bretterhütte, wo wir eintretend von einem Europäer freundlich begrüßt werden. Bald erfahren wir, er sei ein Oesterreicher und wie er gleich hinzusetzt, aus – [Buda]Pest! Der gute Mann, welcher offenbar während seines langjährigen Aufenthaltes am oberen Nil die Bedeutung der Leitha[23] zu erfassen nicht lernte, erzeugt hier billige moussirende Limonade und Eis und steht sich dabei vortrefflich, hat aber leider schon seine Frau, ebenfalls eine Oesterreicherin, und ein Kind in fremde Erde gebettet.

Bei dem langen Ritt nach Philae machte unsere Gesellschaft das erstemal umfangreichen Gebrauch von den Schnelldromedaren (Hegin). Das Kameel mit seinem ebenso häßlichen als vortrefflichen Bau macht mir stets den Eindruck eines vorsündfluthlichen Ueberbleibsels. […] **[558]** Nachdem das Aufsitzen mehrerer Damen und Herren unter Heiterkeit und ohne Unfall bewerkstelligt war, ritten wir ab und erreichten bald jenseits der Stadt die Wüste mit ihren ausgedehnten Todtenfeldern, den zahlreichen, stattlichen Grabmoscheen, Mausoleen und Heiligengräbern […]. Vor uns liegt jetzt Philae, die schönste aller Nilinseln, in ruhiger Heiterkeit, umfangen von den Armen des Nils, in dessen glattem Spiegel ihr Bild auf tiefblauem Grunde des Himmelsbogens widerscheint. Es ist der Glanzpunkt unserer Aegyptenfahrt. Bewimpelte Feluken[24] bringen uns an die nordöstliche Treppe der durch kräftige Ufermauern und natürliche Felsen geschützten, 384 Meter langen und 135 Meter breiten unbewohnten Insel. […] **[559]** […] Das Wahrzeichen Philaes ist jedoch der am hohen Ostufer gelegene, von Palmen überragte „Kiosk", ein durch Vermählung ägyptischer und griechischer Kunst entstandener luftiger Tempelpavillon, dessen länglicher Saal von 14, den halbhohen Wänden entspringenden Säulen gebildet wird. Die vorliegende Terrasse bietet einen schönen Blick hinüber auf das mit Baumgruppen besetzte arabische Ufer und die Wüste. […] Von dem hohen Ufer übersehen und hören wir den Katarakt, die Stromschnelle; die Wasser des hier beträchtlich eingeengten Nils bahnen sich brausend, wirbelnd, schäumend ihren Weg bis oberhalb Assuan, zwischen den etwa 20 Felseninseln, Klippen und Riffen; durch eine bei günstigem Wasserstande etwas freiere Straße werden die Dahabijen behufs Weiterfahrt von den Schiffern heraufgezogen. Die durch den Katarakt hier unterbrochene Dampfschiffahrt wird durch Heckraddampfer weiter oben wieder aufgenommen. […] **[560]** […]

Während ein Theil der Gesellschaft den Rückweg nach Assuan durch die Stromschnellen nahm, zog ich den immerhin einige Vorsicht erheischenden Ritt dem östlichen Nilufer entlang vor, durch die von Sykomoren, Dattel- und Dumpalmen beschatteten freundlichen Dörfer mit ihrer höchst anziehenden, aber weniger angezogenen Bevölkerung. Wir hatten nun in Philae das Endziel unserer Reise und gleichzeitig den südlichsten Punkt nahe dem Wendekreise des Krebses erreicht, d. h. rund 1.000 Kilometer von Kairo und 7 Breitegrade von Alexandrien, oder ins Oesterreichische übersetzt, eine Strecke von der äußersten Spitze Nordböhmens bis nach Zara in Dalmatien auf afrikanischem Boden zurückgelegt. **[561]**

Während Kupka wie die meisten Reisenden bei den ersten Katarakten (von Assuan) umkehrten, stieß Ziegler mit seiner Barke noch durch das heute vom Nasser-Staudamm[25] überflutete untere Nubien bis zu den zweiten Katarakten (von Wadi Halfa)[26] vor, der heutigen Grenze zwischen Ägypten und dem Sudan:

[Alexander Ziegler]: Eine Fahrt auf dem Nil bis zu den nubischen Katarakten. In: Globus, 1863: 4, Seite 289–298, 321–330.

Doch wir verlassen die heilige Insel und befahren nun den nubischen Nil, der auf vielen Strecken grüne, lachende Uferlandschaften zeigt. Wir sehen in der Ferne eine Kameel-Karawane ziehen; auf steilem Felsen erhebt sich ein koptisches Kloster, weiterhin liegt eine halbverfallene Moschee, und auch Ruinen aus den Tagen der Pharaonen sind in Menge vorhanden. Wir sind nun unter dem Wendekreise des Krebses, aber die Hitze finden wir keineswegs drückend, vielmehr hat die Luft etwas Balsamisches. Freilich sind wir im Winter, aber dieser gleicht unserm mitteleuropäischen Sommer. Um 6 Uhr früh ist seither der Thermometer nie unter 6° C [elsius] gefallen; Mittags zeigte er 29, um Mitternacht etwas weniger als 7° Celsius. […] Das Volk sprach nun nicht mehr arabisch, und unser Dolmetscher mußte sich selber eines Matrosen bedienen, der das „Barbarinische" verstand. Die Nubier sind im Ganzen friedliche Menschen, aber es ist doch nicht mit ihnen zu spaßen; an ihrem Arme hängt ein Dolch; sie tragen einen Bogen aus Eisenholz und einen Schild aus Krokodilshaut. Die Bekleidung ist spärlich; die Frauen färben die Lippen und flechten das Haar in eine unendliche Menge kleiner Stränge. […] Die Dörfer liegen ziemlich nahe bei einander und bestehen gewöhnlich aus einem paar Dutzend oder auch mehr Erdhütten, die mit Palmblättern gedeckt werden […] **[328]** […]

Dann gerathen wir bei […] Abu Simbel in neues Erstaunen, nicht über ein paar Krokodile, welche wir zuerst in dieser Gegend am 17. Januar sahen (weiter stromab kommen sie nicht mehr vor), sondern über die Höhlentempel. Wir erreichten das Dorf erst gegen Abend, als eben die untergehende Sonne ihre horizonten Strahlen auf die kolossalen Massen dieser Monolithgebäude schoß, diese in der Welt einzig dastehenden Höhlen, welche durch Menschenhände in den Granit eingegraben sind

23 Seit dem staatsrechtlichen Ausgleich von 1867 der beiden das Kaiserreich tragenden Hauptvölker der Grenzfluss zwischen Österreich und Ungarn.

24 In der Regel einmastige kleinere Flussboote mit dreieckigem Lateinersegel.

25 Siehe ► Abschn. 3.4, Bewässerungsbauten von Mehmed Ali bis zum Assuan-Hochdamm.

26 Bis Khartum am Zusammenfluss von Weißem und Blauem Nil folgen noch drei weitere tektonisch bedingte Katarakte.

Abb. 3.5 Die Nil-Katarakte von Wadi Halfa. In: Globus, 1863: 4, Seite 328

und die bleiben werden, so lange unsere Erde ihre gegenwärtige Gestalt behält.[27] [...]

Wir waren nun unserm Ziel immer näher gekommen; als wir von Abu Simbel abfuhren, wünschte uns der Ortsvorsteher glückliche Reise und fügte hinzu: „Allah bewahre euch vor dem Chamsin."[28] Aber er bewahrte uns nicht vor diesem Glutwinde, denn unser Thermometer stieg einige Stunden nachher plötzlich auf 42° C [elsius]. Es war uns als sollten wir in einem feurigen Ofen ersticken, und wir verspürten in unseren Lungen einen feinen, heißen Staub. Unsere Schiffsleute konnten nicht mehr arbeiten und die Anwohner des Ufers wollten nicht. [...] Am andern Tag endlich kam der Flecken Wadi Halfa in Sicht, und nach einer Nilfahrt von sechs Wochen waren wir hocherfreut, diesen Punkt erreicht zu haben. Wir waren am zweiten Katarakt, mithin am Ziel unserer Reise, und gingen mit dem Dragoman, dem Kawaß und mehreren Matrosen am sandigen Ufer hin. Im Hintergründe dehnt sich die bleiche, flache Wüste aus. Nachdem wir etwa zwei Stunden weit gewandert waren, gelangten wir auf einen Hügel, von welchem aus wir den Katarakt überblicken konnten [Abb. 3.5]. Er ist weit beträchtlicher als jener von Assuan; seine Stromschnellen sind viel ausgedehnter und der Fall ist stärker. Jener bildet, wenn der Ausdruck erlaubt ist, ein mehr harmonisches Chaos. Dieser Katarakt von Wadi Halfa nimmt eine Stromlänge von ungefähr drei deutschen Meilen [= ca. 22 Kilometer] ein, und auf dieser ganzen Strecke ist das Bett mit Felsen nach allen Richtungen hin gleichsam übersäet. Das Gefäll beträgt ungefähr 100 Fuß [= ca. 30 Meter], und in der Reihenfolge von Stromschnellen haben ein paar etwa 20 Fuß [= ca. 6 Meter] Gefäll. Früher konnten Barken nicht hinüberfahren, seitdem aber Mehemed Ali Sprengungen hat vornehmen lassen, ist es ihnen möglich, zur Zeit des Hochwasserstands hindurch zu kommen. Wir kehrten um, die Dahabieh schwamm ruhig dem Strom hinab. [...] **[330]** [...]

3.4 Bewässerungsbauten von Mehmed Ali bis zum Assuan-Hochdamm

Seit dem Altertum war jedem Ägypter und auswärtigen Besucher vollkommen klar, dass das Wohlergehen des Landes auf Gedeih und Verderb von den lebensspendenden Wassern des Nil abhing. Der Forstwissenschaftler Ottomar Leo[29] beschrieb die Elemente der Flussoase des Nil vor dem Hintergrund wüstenhaften Regenmangels für eine geographische Publikumszeitschrift:

27 Wie man sich doch irren kann: Mit dem Baubeginn des Nasser-Staudamms 1954 war klar, dass das Felsenheiligtum Ramses des Großen in den Fluten verschwinden würde. Eine aufwändige internationale Rettungsaktion 1963–1968 schnitt die Gesamtanlage in handliche Blöcke, welche auf einem nahen Felsen, der heute eine Insel bildet, die durch einen Damm mit dem Seeufer verbunden ist, 64 m höher in einer verkleideten Stahlbetonkonstruktion wieder zusammengefügt und 1979 zum UNESCO-Weltkulturerbe erklärt wurden.

28 Heißer Südwind in Nordafrika, der mitunter tagelang anhält und mit Staub und Sand beladen daherkommt.

29 Der auf seinen zahlreichen Studienreisen auch nach Ägypten gekommene Fachwissenschaftler nahm 1905 den zuvor als Pseudonym verwendeten Nachnamen Anderlind auch standesamtlich an.

[Leo Anderlind]: Der Ackerbau in Ägypten. In: Aus allen Welttheilen, 1888: 19, Seite 139–142.

Ägypten ist der Nil; verschwänden plötzlich im Herzen von Afrika seine Quellen, so würde auch Ägypten verschwinden. Er ist sein Erzeuger und sein Erhalter, und er hat diesen Garten geschaffen mitten in einer Wüste […]. […] Das von einer festsitzenden, Landwirtschaft treibenden Bevölkerung bewohnte und bebaute Land beschränkt sich fast nur auf das unterhalb Assuan gelegene Nilthal […], welches bei einer Länge von 890 km eine Breite bis zu 30 km erreicht, ungefähr 60 km oberhalb Kairos auf der linken Seite durch Entsendung eines Nilkanals zu einem fruchtbaren Landstriche, dem Fayum, sich aussackt[30] und von Kairo abwärts zum Delta sich erweitert. Dieses Ägypten […] zerfällt in wirtschaftlicher Beziehung in folgende vier Teile: Oberägypten (von Assuan bis Siut [= Asyut]), Mittelägypten (von Siut bis Kairo), Fayum und Unterägypten (Delta). […]

Ägypten gehört zu den trockensten Ländern der Erde. Besonders hat Oberägypten Regenmangel, und regnet es hier manchmal mehrere Jahre nacheinander nicht. [Georg] Schweinfurth[31] sagt in dieser Beziehung über Oberägypten: „Höchstens als äußerste Ausläufer und Vorboten der Region der tropischen Sommerregen, weil stets von Gewittern begleitet, können sich dort im April und Mai Platzregen ereignen, welche man alsdann wie Naturwunder anstarrt." Auch in Kairo fiel verbürgten Nachrichten zufolge bis in die Mitte unsers [= 19.] Jahrhunderts kein Regen, während es gegenwärtig daselbst jedes Jahr an einer stattlichen Reihe von Tagen regnet. Nach der Küste des Meeres hin nehmen die Winterregen mehr und mehr überhand, und doch fällt selbst an der Küste eine kaum für den Fruchtbau ausreichende Regenmenge, weshalb die Landwirte Ägyptens von der künstlichen Bewässerung Gebrauch zu machen gezwungen sind. […] **[139]** […]

Vor diesem Hintergrund verwundert es nicht, dass nach generationenlanger Vernachlässigung unter der späten Mameluckenherrschaft der energische Reformer Vizekönig Mehmed Ali[32] die wirtschaftliche Hebung seines Reichs vor allem durch Bewässerungsbauten zu fördern suchte:

Hermann Moeser: Die Nilregulierung und der wirtschaftliche Aufschwung Ägyptens. In: Globus 1901: 79, Seite 336–338.

Die ersten Versuche zu einer Verbesserung der Bewässerungsanlage […] wurden erst bei der Neuordnung Ägyptens von dem türkischen Eroberer und Begründer der khedivialen [= vizeköniglichen] Dynastie Mohammed Ali um das Jahr 1835 in der Deltaspitze bei Qualiub angeordnet. Durch die Anlage einer Stromsperre oberhalb der Zweiteilung des Nils sollte der Wasserstand im Delta und auch stromaufwärts bei Kairo das ganze Jahr auf gleicher Höhe gehalten werden und nicht allein die bestehenden Schöpfvorrichtungen zur Ackerbewässerung mit ihrem ungeheuren Bedarf an menschlichen Arbeitskräften sollten dadurch ersetzt, sondern auch die Unterbrechungen der Nilschiffahrt in den drei Monaten des niedrigen Wasserstandes beseitigt werden. **[336]**

Ausführlicher über die Ziele dieses ersten Nildamms der Moderne berichtete bereits der Augenzeuge Antoine Clot (1793–1868), der als Clot Bey seinerzeit als Leibarzt von Mehmed Ali hervorragenden Einblick in das Unternehmen hatte:

[Clot Bey]: Der Nildamm. In: Das Ausland, 1847: 20.2, Seite 751.

Der Nildamm liegt 5 Lieues [= ca. 20 Kilometer] nördlich von Cairo an dem Orte, den man den „Bauch der Kuh" nennt, wo der Nil sich in zwei Arme theilt [▪ Abb. 4.1]. Er hat zum Zweck die Wasser des Nils während acht Monaten bis zur Höhe des Bodens zu erheben, um Unterägypten wie bei der Überschwemmung bewässern zu können. Während der Überschwemmung selbst ist er unthätig, außer in den Jahren, wo der periodische Wachsthum nicht hinreichend seyn sollte, um die Ländereien zu bewässern. Bei dem jetzigen Stand [= 1847] der Dinge können von Unterägypten nur 250,000 Feddans[33] [= ca. 105.000 Hektar] vermittelst 50,000 Sakiehs (Ziehbrunnen) bewässert werden. Da man drei Ochsen zu jedem Sakieh bedarf, so macht dieß 150,000 Ochsen und wenigstens 100,000 Menschen, um sie zu führen und zu versorgen. Mit dem Nildamm werden diese Sakiehs überflüssig. Wenn der Nildamm vollendet seyn wird, so kann man durch Ableiten des Nilwassers 3,800,000 Feddans [= ca. 1,596 Millionen Hektar oder 15.960 Quadratkilometer] anbaufähiger Ländereien in Unterägypten bewässern. Aber mehrere Umstände, namentlich auch der Mangel an Arbeitern, machen es unmöglich über ein Drittel anzubauen. Nichtsdestoweniger wird man eine Million Feddans [= ca. 4200 Quadratkilometer] gewinnen, und wenn man den Ertrag eines Feddans nur zu 125 Fr [ancs] anschlägt, so wird Unterägypten 125 Mill. Fr [ancs] mehr einbringen, als jetzt. Durch den Nildamm wird die Deltaspitze [= Kairo] zum Hauptpunkt der Schiffahrt Ägyptens und zum allgemeinen Entrepot [= Umschlagplatz] des Handels. […] Der Nildamm wird zugleich die Wiederherstellung des Canals des Chalifen Omar erleichtern, welcher den Nil mit dem rothen Meer verband, und da der Spiegel des Nils stets höher ist, als der des arabischen Golfes, so wird dieser Canal stets mit süßem Wasser gespeist seyn; seine jetzt verödeten Ufer werden anbaufähig, bewohnt und eine Schiffahrt eingerichtet werden zwischen dem Nil und Suez[34], ein wegen des indischen Handels unschätzbarer Vortheil. **[751]**

Dieses erste Großprojekt der Nilregulierung des 19. Jahrhunderts war also, wie fast alle seine Nachfolger bis hin zum ab der Wende zum 20. Jahrhundert gebauten und gleich erhöhten ersten Assuan-Damm, von Problemen begleitet,

30 Siehe ► Abschn. 3.2, Niloase des Fayyum.
31 Siehe ► Kap. 1, Osmanisches Ägypten, Fußnote 45.
32 Siehe ► Abschn. 1.2, Mehmed Ali: vom Söldnerführer zum Dynastiegründer.
33 Der Feddan als altarabisches Flächenmaß von 0,42 ha entspricht in Bedeutung und Ausdehnung recht genau dem deutschen Ackerbaumaß Morgen und dem englischen Acre.
34 Siehe ► Kap. 5, Der Suez-Kanal.

die beständige Nachbesserungen erforderlich machten. Ein zwei Generationen später erschienener Bericht schildert den zur Mitte des Jahrhunderts undenkbaren Fortgangs des Wasserbaus am Nil:

Hermann Moeser: Die Nilregulierung und der wirtschaftliche Aufschwung Ägyptens. In: Globus 1901: 79, Seite 336–338.

Infolge ungünstiger Fundamentierungsverhältnisse in dem erdigen Untergründe der Deltaspitze, wo die Mächtigkeit der Alluvionen [= Anschwemmungen] 13 bis 16 m beträgt, wurde dieses Riesenstauwerk bei Kairo, welches heute jeder Niltourist als bautechnische Sehenswürdigkeit aufsucht und von dessen Funktionieren das Wohl und Wehe der Deltabauern abhängt, erst nach vielen Misserfolgen im Jahre 1890 mit einem ungeheuren Kostenaufwande […] fertiggestellt. Zu Zeiten des Wassermangels wird daselbst eine strenge Rotation, worunter man eine abwechselnde, der Reihe nach erfolgende Wasserverteilung an das vielverzweigte Netz der Deltakanäle versteht, deren erstaunliche Gesamtlänge 14.000 km beträgt, durchgeführt, und folgt dort unabhängig von der Jahreszeit Ernte auf Ernte.

Das Verdienst einer besseren Ausgestaltung der oberägyptischen Bewässerungsanlagen angeregt zu haben, gebührt dem französischen Ingenieur de la Mothe, der seine geistvollen Pläne hierzu im Jahre 1880 veröffentlichte. Zwei Jahre später nahmen die Engländer bald nach ihrer Invasion die Projekte der oberägyptischen Landesbewässerung, welche durch riesige Stauwerke im ersten Katarakt und bei der oberägyptischen Hauptstadt Siut [= Asyut] bewirkt werden sollte, wieder auf. Ihre Ausführung wurde indessen durch den Aufstand Arabi **[336]** Paschas[35] [1882] und die langjährigen Pazifisierungsversuche des [seit 1881 aufständischen] mahdistischen Sudans[36] vereitelt. Im Jahre 1893 beauftragte dann die khediviale [= vizekönigliche] Regierung eine aus englischen, französischen und italienischen Ingenieuren bestehende Kommission mit der Prüfung der verbesserten Pläne des ägyptischen Ministers für die Landesbewässerung Willcocks, deren Arbeiten abermals kein positives Ergebnis zeitigten. Erst als der streitbare Lord Kitchener im November 1899 die Macht der [sudanesischen] Derwische gebrochen und die Südgrenze Ägyptens gegen weitere Einfälle der mahdistischen Horden gesichert hatte, trat bald darauf ein grosses, vorwiegend englisches Finanzkonsortium für die Erbauung der Nilsperren bei Assuan und Siut zusammen.

Die erstere wird aus einem 1.350 m langen Riesendamm bestehen, welcher die Nilfälle 2 km unterhalb der Insel Philä zwischen den nahe an den Strom herantretenden Hügelketten der libyschen und arabischen Wüste durchqueren und den Nil bis zu einem Niveau von 106 m über dem Meeresspiegel aufstauen wird, d. h. 21 m über die jetzige Sommerhöhe des Nils [■ Abb. 3.6]. Bei dem ganz geringen Gefälle des Nils zwichen dem ersten und zweiten Katarakt werden künftig unermessliche Uferwüsteneien

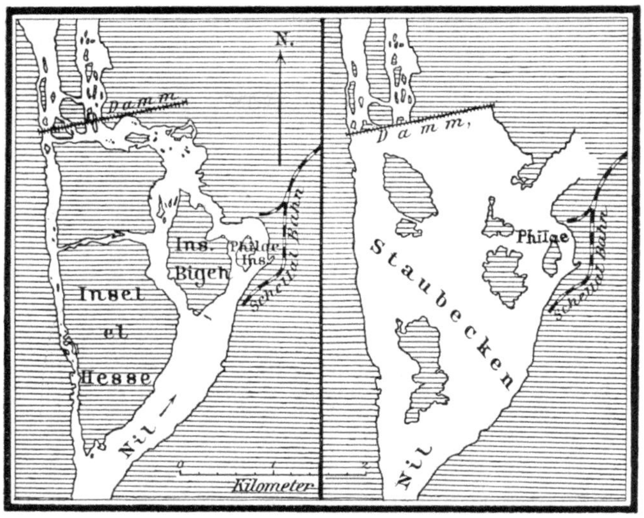

■ **Abb. 3.6** Karte des Assuan-Staudamms vor und nach der Aufstauung. In: Globus, 1898: 73, Seite 324

auf dieser Strecke leichter bewässert und in üppiges Fruchtland verwandelt werden. […] Neben diesem Sperrdamm wird auf dem linken Ufer der Nilfälle ein grosses Schleusenwerk errichtet, welches die bisher so umständliche und zeitraubende Schiffspassage durch die Nilfälle ganz mühelos gestalten wird. […]

Diese neue Schleusenanlage und der dazu gehörige Schiffahrtskanal, deren Herstellung die bekannte englische Wasserbaufirma J. Aird & Co. seit zwei Jahren [= 1899] mit einem grossen Stabe von Ingenieuren und einem 15.000 bis 20.000 Mann starken, zu 90 Proz [ent] aus Eingeborenen bestehenden Arbeiterheer betreibt, werden nach einer neuerlichen Aussage Sir John Airds schon Ende 1902 dem Betriebe übergehen werden können, d. h. ein volles Jahr vor dem ausbedungenen Zeitpunkt. Der riesige Sperrdamm wird auf die Stück für Stück künstlich trocken gelegte Granitsohle des Flussbettes aufgemauert, und die Fundamente werden, um dem Druck der gestauten, ungeheuren Wassermassen zu widerstehen, stellenweise bis 25 m tief in den Felsen eingelassen. Der Stromverkehr nach den mächtig emporblühenden Handelsgebieten des der Aufschliessung entgegengehenden Sudans wird durch diesen Kanal wesentlich erleichtert und gefördert werden […].

Überdies brachte die oben erwähnte Finanzgesellschaft vor zwei Jahren [= 1899] nahezu 150.000 ha der oberägyptischen Kronländereien in ihre Hand, welche bis dahin von der internationalen Administration der ägyptischen Staatsschulden verwaltet wurden. Zur Verbesserung dieses neu erworbenen Areals wird in der Nähe der oberägyptischen Hauptstadt Siut [= Asyut im heutigen Mittelägypten] ein breites Stromwehr mit Regulierpforten gebaut, das gleich dem Stauwerk von Assuan mit einer für die grossen Nildampfer berechneten Schleusenanlage verbunden und voraussichtlich schon in zehn Monaten [= 1902] von Mr. Aird dem Betrieb übergehen werden wird. Die am oberägyptischen Nilufer entlang von Menschenhand und Zugbüffeln betriebenen unzähligen Schadufs, d. h. Zieh- und Schöpfbrunnen, und Sakiyen, d. h. Wasserräder mit thönernen Schöpfgefässen nach dem System der Baggermaschinen, welche in mühseliger

35 Siehe ► Abschn. 1.2, Mehmed Ali: vom Söldnerführer zum Dynastiegründer.
36 Siehe ► Abschn. 10.1, Traum und Alptraum einer Kolonialerwerbung.

Arbeit das befruchtende Nass auf die oberägyptische, bis zu 10 m hoch über dem Sommernilniveau liegende Ackerkrume unter einem hier völlig wolken- und regenlosen Himmel emporschaffen, werden künftig von diesem Siuter Sperrdamm abgelöst, der den oberägyptischen Nil bei seinem minimalen Gefälle von 11 cm pro Kilometer in einem grossen Teile seines Laufes aufstauen und die Wasserabgabe an das neu zu errichtende Kanalnetz mühelos bewirken wird. Viele tausende von wasserschöpfenden Fellachen werden künftig für die Feldarbeit auf den bedeutend erweiterten und ertragfähigeren Fruchtländereien verfügbar. Die Hauptquelle der ägyptischen Staatseinnahmen ist die Grundsteuer, die gemäss dem Bodenerträgnis in Unterägypten 20 bis 125 Piaster (4 bis 25 Mark), in Oberägypten 20 bis 70 Piaster (5 bis 14 Mark) für den Feddan […] beträgt. Die von den Nilsperren bei Assuan und Siut [= Asyut] bewirkte Umwälzung und der bevorstehende Aufschwung auf wirtschaftlichem Gebiete in Ägypten wird nach einer Schätzung […] ein Jahresplus von Grundsteuer von 25 Millionen Franks ergeben. […] **[337]**

Die gleiche Zeitschrift vermeldete zwei Jahre später die Fertigstellung des (ersten) Assuan-Damms:

Anonym: Das Nilstauwerk von Assuan. In: Globus 1903: 83, Seite 76–80.

Am 10. Dezember 1902 ist eines der gewaltigsten Kulturwerke, das die moderne Technik geschaffen hat, seiner Bestimmung übergeben worden; denn an jenem Tage fügte die Herzogin von Connaught[37] in Gegenwart des Khedive, des diplomatischen Korps und einer grossen Zahl geladener und ungeladener Gäste den letzten Steinblock in den riesigen Damm, den die ägyptische Regierung oberhalb der Stadt Assuan und im Angesicht der Tempel von Philä quer durch den ersten Katarakt des alten Vater Nil hat führen lassen. […] **[76]** […] Vier Jahre hindurch [ab 1894] währten die Vorstudien und Erwägungen, ohne dass merkwürdigerweise Zeit und Geld für eine gründliche Untersuchung der Felsart des Flussbettes übrig gewesen wäre, und dieser Umstand führte nachher beim Bau zu sehr unangenehmen und kostspieligen Überraschungen; es stellte sich nämlich heraus, dass der Fels an mehreren Stellen bis zu beträchtlicher Tiefe „ungesund", d. h. brüchig ist, weshalb man genötigt war, die Fundamente hier und da bis zu 12 m tiefer zu legen, als man es ursprünglich für erforderlich gehalten hatte. Da die Dicke des Dammes an der Basis beinahe 30 m beträgt, so lässt sich leicht ermessen, welch riesige Quantitäten von Granitmauerwerk schließlich mehr gebraucht wurden. […] Im Februar 1898 schloss die ägyptische Regierung mit der Firma Sir John Aird u [nd] Co. den Baukontrakt und mit der Firma Ransomes und Rapier den Vertrag über die Eisenkonstruktionen; danach sollte der Staudamm von Assuan Ende 1903 fertig, d. h. benutzbar sein und zwei Millionen Pf [und] Sterl [ing] kosten mit Einschluss der Schiffsschleuse und der Arbeiten zur Sicherung der Denkmäler von Philä. In Wirklichkeit haben sich die Kosten auf 3.340.000 Pf [und] Sterl [ing] belaufen, der Damm selbst aber wurde ein volles Jahr früher fertig, als vertragsmäßig bedingt war.

Die Firma John Aird u [nd] Co. machte sich nach Unterzeichnung des Kontrakts sofort ans Werk und begann damit, in der Nähe der Baustelle Arbeiterhäuser, Bureaus, Läden, Lazarette, Eisenbahnen, Maschinenschuppen und Ähnliches herzurichten, und noch vor Schluß des Jahres 1898 waren Tausende von Eingeborenen und Hunderte von italienischen Granitmaurern in Thätigkeit; am 12. Februar 1899 legte der [britische Generalkonsul] Herzog von Connaught den sogen. Grundstein. Es kam bei der Arbeit zunächst darauf an, die Gewalt der Katarakte zu brechen, die zwischen den Strominseln brausten. Man legte zu diesem Zweck provisorische Wälle aus Bruchsteinen durch drei der Flußarme, indem man schwere Blöcke, oft solche bis zu 12 Tonnen Gewicht, versenkte; so war der erste Arm am 17. Mai 1899 durch einen solchen Steinwall geschlossen **[77]**. Die Tiefe betrug dort etwa 9 m und Stromgeschwindigkeit 24 km in der Stunde. In einem anderen Falle half man sich, indem man gleich ganze Eisenbahnwaggons mit Steinblöcken, die durch Stahltaue miteinander verbunden waren, in den Katarakt stürzte. […]

Es ging aber alles besser, als man befürchtet hatte, es konnte gemauert werden, und der Bau nahm einen schnellen Fortgang [▪ Abb. 3.7]. Im Innern wurden Bruchsteine gelegt, für die äusseren Teile dagegen geschnittene Steine verwendet. Man musste sich dabei zeitweise sehr beeilen, um vor dem [jahreszeitlichen] Steigen des Nils zurechtzukommen, und so wurden oft bis zu 3.600 Tonnen Mauerwerk an einem Tage fertiggestellt. Etwa 11.000 Arbeiter wurden im Maximum beschäftigt, darunter 1.000 europäische Maurer und andere Werkleute. Wie erwähnt, waren gleichzeitig verschiedene andere Arbeiten auszuführen, unter anderem der Schutz der Insel Philä zu bewirken. Wenn von Dezember bis Mai das von dem Damm gebildete Reservoir gefüllt ist, wird Philä stellenweise überflutet werden. Die dortigen, aus verschiedenen Epochen der ägyptischen Vorzeit stammenden Bauten aber, von denen einige sehr gut erhalten sind, und die das Ziel zahlloser Touristen bilden, stehen zum Teil auf losem, schlammigem und sandigem Untergrund, der, wenn er sich mit Wasser vollgesogen hat, sich senken und die Ruinen gefährden würde. Daher sind alle wichtigen Bauwerke, darunter das bekannte Lager Pharaos, entweder auf Stahlträger gebracht oder bis auf den Fels untermauert worden. Das war natürlich bei der Gebrechlichkeit der Bauwerke, der Brüchigkeit des Gesteins und der Unsicherheit des Sandbodens eine ausserordentlich schwere und gefahrvolle Aufgabe, und obwohl sie gelang, bleibt es trotzdem fraglich, ob die Arbeit viel geholfen haben wird. Übrigens war der Damm zunächst um ein paar Meter höher projektiert, und nur auf den Einspruch der gelehrten Welt verstand man sich dazu, ihn niedriger zu halten, damit die Insel nicht ganz überflutet und die Ruinen rettungslos zerstört würden. Man verzichtete damit auf 2½ Millionen Kubikmeter **[78]** Stauwasser; aber es sind doch noch immer über 1.000 Millionen Kubikmeter, die man wird aufspeichern können.

Der Damm ist in seiner heutigen Gestalt [= 1902] von Ufer zu Ufer 1.962 m lang, 30 m hoch (von den Fundamenten aus gerechnet etwa 40 m), oben 7, unten 27 m breit. Das Gesamtgewicht des Mauerwerks wird auf über 1 Million Tonnen geschätzt; zum Vergleich sei bemerkt, dass das Steingewicht der Cheopspyra-

37 Ehefrau des britischen „Generalkonsuls" und *de facto* Gouverneurs von Ägypten.

Abb. 3.7 Das Aufmauern des zweiten Staudamms von Assuan. In: Globus, 1903: 83, Abb. 2, Seite 77

Abb. 3.8 Die Schiffsschleuse des zweiten Staudamms von Assuan im Bau. In: Globus, 1903: 83, Abb. 4, Seite 78

mide 7 Mill. Tonnen beträgt – aber die alten Baumeister brauchten für sie auch viel mehr als fünf Jahre. Der Höhenunterschied des Wassers oberhalb und unterhalb des Dammes bemisst sich auf 20 m. Zur Regulierung des Abflusses dienen 140 untere und 40 obere Schleusenthore […]. Durch alle Schleusen zusammen können 475.000 cbm Wasser in der Sekunde laufen. Am Westufer des Nils ist der Damm durch eine Schiffsschleuse unterbrochen [Abb. 3.8], die auch von grösseren Dampfern benutzt werden kann und ihnen den Weg bis Wadi Halfa (zweiter Katarakt) eröffnet. […]

Wenn der Fluss im Steigen begriffen ist, werden alle Schleusen des Dammes offen gehalten, und das rote, dicke Wasser kann ungehindert hindurch, ohne dass der befruchtende Schlamm abgelagert wird. Nach dem Schwellen, sobald das Wasser klar geworden und die durchgehende Wassermenge bis auf 2.000 cbm in der Sekunde gefallen ist, werden die Schleusenthore fast alle geschlossen, so dass zwischen Dezember und März das Reservoir allmählich gefüllt wird. Zwischen Mai und Juli werden sie wieder geöffnet, je nach dem Stande des Nils und den Bedürfnissen des Getreidebaues. Der Bodenwert des Gebietes, dem die Anlage zu gute kommt, soll sich dadurch um 400 bis 500 Millionen Mark […] vergrössern. Jedenfalls unterliegt es keinem Zweifel, dass das Baukapital sich geradezu glänzend verzinsen wird.

Über die sonstigen Einrichtungen, zu denen der Damm von Assuan nötigte, sei folgendes bemerkt: der erwähnte alte Damm im Delta [knapp unterhalb von Kairo] ist durch besondere Hülfswehre verstärkt worden, damit dort der Wasserdruck etwas gemindert wird. Dieses Werk wurde in drei Jahren […] mit einem Kostenaufwand von 500.000 Pf [und] Sterl [ing] […] ausgeführt […]. Das wichtigste Werk jedoch, das eine grösstmögliche Ausnutzung des bei Assuan aufgespeicherten Wassers gewährleisten soll, ist der bei Assiut (Siut), 560 km unterhalb Assuan, quer durch den Nil gelegte Steindamm, der im Winter 1898 von John Aird u [nd] Co. begonnen und im Frühjahr 1902 vollendet wurde. Er zeigt kleinere Dimensionen als der Damm von Assuan, ist 838 m lang und 12,5 m hoch und enthält 111 gewölbte Schleusenthore […], die nach Bedarf geschlossen werden können. Speziell hat diese Anlage den Zweck, die Bewässerung Mittelägyptens und des Fayums zu verbessern und etwa 121.000 ha neues Land kulturfähig zu machen, indem sie dem etwas oberhalb abgehenden Ibrahimkanal[38] mehr Wasser zuführt. [...] **[79]** [...] Der Erosion des Flussbettes begegnet man durch 20 m lange stromauf geführte Steinpackungen mit Lehmschlag. Der Bau ging hier in der Weise vor sich, dass man das Stück des Flussbettes, das während der Saison bearbeitet werden sollte, durch Dämme aus Erde und Sandsäcken einzäunte und mit einer Batterie von 17 zwölfzölligen Zentrifugalmaschinen das Wasser auspumpte und fernhielt. Sie hätten ausgereicht, eine Stadt von zwei Millionen Einwohnern mit Wasser zu versorgen. Da der Sand stets nachzustürzen drohte und über 1.000 Quellen im Flussbette aufbrachen, musste man mit fieberhafter Eile und mit allen irgend verfügbaren Kräften arbeiten; durchschnittlich waren im Mai und Juni 1900 täglich 13.000 Arbeiter beschäftigt, und 1½ Millionen Sandsäcke wurden verbraucht. Auch hier ist an der Westseite eine Schiffsschleuse angelegt. Der Ibrahimkanal selbst erhielt einen neuen Regulator mit neun Bogen und Schleusen. [...] **[80]**

Gleichsam der Fluch des unmittelbar spürbaren landwirtschaftlichen Erfolgs des neuen Nildamms von Assuan aber war die fast sofort beschlossene Erhöhung der Staumauer. Bereits im Juni 1907 berichtete die *Geographische Zeitschrift* in ihrer Neuigkeitenrubrik das erste, aber nicht das letzte Mal über die Kapazitätserweiterung(en):

Anonym: Der Nationalreichtum Ägyptens. In: Geographische Zeitschrift, 1907: 13, Seite 271.

Die Wassermenge des Beckens, die der Damm von Assuan aufstaut, beträgt zwar 1.065 Millionen Kubikmeter, sie genügt aber kaum zur Befruchtung der großen Ländereien von Ober-Ägypten; deshalb soll durch eine Erhöhung des Dammes um 6 m das Fassungsvermögen des Staubeckens annähernd verdoppelt und dementsprechend die Zahl der Baumwollfelder vermehrt werden. Bei vollkommener Füllung des Beckens wird das Wasser am Damm zu 26 m Höhe aufgestaut werden; dadurch werden allerdings die Insel Philä mit den herrlichsten Baudenkmälern Ägyptens und viele andere nubische Baudenkmäler vollständig überschwemmt werden. Die ägyptische Regierung sowie auch verschiedene archäologische Gesellschaften sind zwar eifrig bemüht, diese herrlichen Baudenkmäler zu erhalten, jedoch ist man sich zur Zeit noch nicht über die Art und Weise der Erhaltung klar. Für die Ausführung der Erhöhung des Dammes sind sechs Jahre bei 30 Millionen Mark Kosten in Aussicht genommen. **[271]**

Genau sechs Jahre später berichtete die gleiche Zeitschrift, dass der Assuan-Damm um sogar 7 m erhöht und am 23. Dezember 1912 eingeweiht worden war:

Anonym: Die Erhöhung des Nilstaudammes von Assuan. In: Geographische Zeitschrift, 1913: 19, Seite 109–110.

Nach der Erhöhung des Dammes liegt jetzt der Wasserspiegel des Stausees 114 m über dem Meeresspiegel, und es wird nun in Zukunft möglich sein, nicht nur die Felder im Nildelta besser zu bewässern, sondern das Wasser auch auf die höhergelegenen Ländereien hinaufzuleiten und so immer weitere Gebiete der Kultur zu erschließen. Die berühmten Tempelreste der Insel Philae sind leider durch den Erweiterungsbau aufs ärgste in Mitleidenschaft gezogen worden; denn zur Zeit des höchsten Wasserstandes werden sie jetzt vollständig vom Wasser bedeckt und sind nicht mehr sichtbar, nur im Sommer, wenn das Wasser im Bassin in Folge der verstärkten Abgabe stärker abnimmt, tauchen die Säulen aus der Wasseroberfläche hervor. Einen gänzlichen Verfall dieses herrlichen Denkmals altägyptischer Baukunst hält man aber wegen der bei Erbauung des Dammes ausgeführten Verstärkung der Fundamente für ausgeschlossen. Das Staubecken faßte bisher **[109]** 980 Mill. Kubikmeter Wasser und jetzt nach Erhöhung des Dammes 2.300 Mill. Kubikmeter; man hofft mit dieser vermehrten Wassermasse eine Million Feddan ([...] 4.200 qkm) mehr bewässern zu können. Die Gesamtkosten für den Staudamm in seiner jetzigen Gestalt betragen rund 100 Mill. M [ark]. Dieser hohen Summe seien die ebenso großartigen Zahlen entgegengestellt, um die sich die Ertragfähigkeit des Landes seit Benutzung des Stauwassers gehoben hat: der Mehrertrag der Felder im Jahre 1912 beträgt gegenüber demjenigen des Jahres 1894 ebenfalls 100 Mill. M [ark]. **[110]**

Der nächste logische Schritt der Nilregulierung war dann die Erzeugung hydroelektrischen Stroms durch die nun signifikante Höhe des aufgestauten Nilwassers. Noch im Sommer 1913 berichtete die *Geographische Zeitschrift*:

Anonym: Nil-Staudamm bei Assuan. In: Geographische Zeitschrift, 1913: 19, Seite 407.

Die ägyptische Regierung läßt bei Assuan eine hydroelektrische Kraftstation erbauen, um die hier erzeugte Kraft unter Verwendung des atmosphärischen Stickstoffs zur Herstellung chemischer Dungstoffe zu verwenden. Während vor ungefähr 10 Jahren die Einfuhr von chemischen Dungstoffen in Ägypten fast gleich Null war, hat sie seitdem beständig in beträchtlicher Weise zugenommen, so daß sie im letzten Jahre [= 1912] bereits die Höhe von 70.000 Tonnen im Werte von 13½ Mill. M [ark] betrug. Durch die künstliche Herstellung der Düngemittel im Lande selbst werden den ägyptischen Landbebauern in Zukunft beträchtliche Ersparnisse entstehen. Um den Fellachen den Dungstoff zu möglichst billigem Preise liefern zu können, wird sich die Regierung [...] selbst mit der Herstellung des Düngers befassen. Das zu errichtende Werk wird in der ersten Zeit nur sechs Monate im Jahre arbeiten; später gedenkt man die gewonnene elektrische Energie auch an Private zu Beleuchtungs- und Kraftzwecken abzugeben, um dadurch neue Industrien in Ägypten zu schaffen. **[407]**

38 Der 350 km lange linksseitige Ibrahimkanal wurde 1873 vollendet und reicht bis hinab zum Josefskanal, der das Fayyum bewässert.

Aber Erster Weltkrieg, die große Depression und dann der Zweite Weltkrieg unterbanden für ein halbes Jahrhundert die Umsetzung weiterer Großplanungen in Assuan oder anderen Teilabschnitten des Nil. Die 1950er-Jahre sahen dann in rascher Folge die Unabhängigkeit Ägyptens von Großbritannien, eine sozialistische Revolution, die mit König Faruk den letzten Nachfahren von Mehmed Ali vertrieb, den Herrschaftsantritt von General Gamal Abdel Nasser und die Verstaatlichung der von britisch-französischem Kapital gehaltenen Suez-Kanalgesellschaft.[39] Gerade die letztgenannte Maßnahme verschaffte Revolutionsführer Nasser den finanziellen Rückhalt, um mit Unterstützung sowjetischer Techniker oberhalb des alten Staudamms 1960–1970 den von Grund auf neuen und mit 111 Metern rund vier Mal so hohen Assuan-Hochdamm zu errichten. Dieser Gigant mit rund 170 Kubikkilometern Fassungsvermögen überschwemmte nicht nur das Siedlungsgebiet von etwa 50.000 Nubiern zwischen dem ersten Katarakt (Assuan) und dem zweiten Katarakt (Wadi Halfa), sondern auch alle pharaonischen Kulturstätten[40] dieses Flussabschnitts.
Wie bereits in den vorstehenden Textauszügen dieses Kapitels immer wieder aufscheint, waren die pharaonisch-hellenistisch-römischen Kulturschätze der kleinen Nilinsel Philae ein gewichtiges Argument, beim ersten Staudammbau von 1898–1902 die Mauerkrone noch so niedrig zu halten, dass Philae nur teilweise und dann auch nicht ganzjährig überflutet wurde:

Albert Zimmermann: Das Staubecken des Nil bei Assuan. In: Globus 1898: 73, Seite 323–325.

Als der erste Plan zur Abstauung des Nil oberhalb Assuan entworfen wurde und sich herausstellte, dass alsdann eines der kostbarsten Überbleibsel der altägyptischen Kultur, die Insel Philä mit ihrem herrlichen Isistempel, von den Fluten begraben würde, da erscholl ein Schrei des Entsetzens durch alle civilisierten Länder und die Gelehrten aller Nationen erhoben sich zu einmütigem Proteste gegen solch vandalisches Beginnen. Wohl sagten die Ingenieure: „Was bedeutet Philä gegenüber den Wohlthaten, welche das Staubecken ganz Ägypten bringt?“ Aber solche Anschauung konnte nicht zum Siege gelangen und wohl oder übel mussten die Techniker sich bequemen, auf Mittel zu sinnen, um ihr Werk auszuführen, ohne Philä zu verletzen. **[525]**

Der gefundene „Kompromiss“ setzte dem Inselheiligtum aber bereits vor der 1912 erfolgten Erhöhung des ersten Damms konservatorisch erheblich zu:

Anonym: Untergang der Tempelruinen auf Philä. In: Deutsche Rundschau für Geographie und Statistik, 1903: 25, Seite 474–475.

Die Folge davon ist, daß die Insel Philä, die eine halbe englische Meile [= ca. 0,8 Kilometer] oberhalb des Dammes liegt, unter Wasser gesetzt ist, so daß, wenn der Nil hoch steht, sich nur noch der obere Teil der Tempel über dem Wasser befindet. Schon zu der Zeit, als der Damm gebaut wurde, wurden Befürchtungen laut, daß dieses Unglück eintreten würde; aber die Ingenieure erklärten damals, sie würden den Nil niedrig genug halten, um die Tempel zu retten. Die erste Hochflut des Nils seit der Vollendung des Dammes ist vorüber, und nun kann man deutlich sehen, daß die schöne Insel mit ihren Tempeln von Isis und Nektanebo dem Untergange geweiht ist. Das schlammige Wasser hat die Tempelfundamente durchdrungen und an den Säulen bis zu einer beträchtlichen Höhe seine Spuren hinterlassen. […] **[474]** […] Die schöne Färbung der Wände des Isis-Tempels, die 2000 Jahre überdauert hat, verschwindet nunmehr unter der Wirkung des Wassers und auch der kleine Nektanebo-Tempel am Südende der Insel, der bis jetzt durch die vorzügliche Erhaltung seiner Wandmalereien ausgezeichnet war, hat sehr gelitten. **[475]**

Selbst die halbherzigen Skrupel der antikenverliebten britischen Kolonialmacht waren dem Revolutionär Nasser fremd, als er einige Kilometer ab 1960 oberhalb von Philae den neuen Hochdamm errichten ließ. Statt mehrmonatiger, aber recht gleichmäßiger Überflutung im Jahr war Philae nunmehr den aggressiv erodierenden Kräften der unregelmäßigen Wasserdurchlässe des stromauf entstehenden Bewässerungs- und Stromerzeugungsgiganten ausgesetzt, welche die Tempelfundamente binnen Kurzem ausgewaschen und zum Einsturz gebracht hätten. Deshalb wurde 1977–1980 der Jahrzehnte zuvor noch als technisch unmöglich verworfene Plan realisiert und die meisten Tempelanlagen, zersägt in zusammen 37.363 Blöcke, auf der Nachbarinsel Agilkia, deren Form man derjenigen von Philae anpasste, umgesetzt. Mit dieser und der Umsetzung des Höhlentempels von Abu Simbel wurden zumindest zwei UNESCO-Weltkulturerbestätten am oberen Nil den immer gefräßigeren Staudammbauten bei Assuan entrissen.

---

39 Siehe ► Abschn. 5.4: Die Eröffnung des Suez-Kanals 1869.
40 Siehe ► Abschn. 3.3, Flusstourismus im 19. Jahrhundert.

Kairo und Umgebung

Imre Josef Demhardt

I. J. Demhardt, *Aus allen Weltteilen Ägypten mit Sudan und Libyen,* Geographische Anthologie des 19. Jahrhunderts,
DOI 10.1007/978-3-662-46274-4_4

4.1 „Die Siegreiche" – eine vielkernige Stadt

In pharaonischer Zeit wechselte die Funktion der Haupt- und Residenzstadt mehrfach zwischen Unter- und Oberägypten. Obwohl mit Memphis, der Hauptstadt des Alten Reichs am westlichen Nilufer und der wichtigen Tempelstadt Heliopolis im Nordwesten am Beginn des Nildeltas auf dem östlichen Ufer wichtige Zentren im Weichbild der gegenwärtig wohl um die 20 Mio. Einwohner zählenden Metropolregion lagen, war der heutige Stadtkern die ganze Antike über völlig unbedeutendes Bauernland. Dies änderte sich grundlegend, als die Araber in ihrem Eroberungssturmlauf zur marokkanischen Atlantikküste am 9. April 641 südlich des modernen Zentrums die byzantinische Festungssiedlung Babylon einnahmen. Die Frühgeschichte und Namensgebung von Kairo fasste der Grazer Geograph und Mittelalterhistoriker Robert Roesler (1836–1874) prägnant zusammen:

Robert Roesler: Kairo. Topographische Skizzen. In: Mittheilungen der k. k. Geographischen Gesellschaft zu Wien, 1872: 15, Seite 297–327.

Kairo ist eine Schöpfung der Araber, welche treu dem Grundsatz orientalischer Politik den Sitz ihrer Herrschaft in der einträglichen Provinz in keine der bisherigen Hauptstädte Alexandria und Memphis legen, sondern eine neue Hauptstadt gründen und in ihr einen festen Stützpunkt zu gewinnen bestrebt waren. Die Stelle oberhalb der Gabelung des Stromes erschien ihnen besonders geeignet, um das obere wie das untere Land im Zaum zu halten. Auf diesen Punct lief die nächste Straße aus, welche Arabien mit Aegypten verband, durch den pelusischen [= östlichsten] Nilarm war eine bequeme Verbindung mit Syrien geschaffen. Die erste Anlage Kairos war das [Militär-]Lager der Eroberer selbst, gleichwie aus den Winterlagern und Cannabae[1] der Römer Städte erwuchsen. Fostat [= arabisch: das] Zelt war darum die Benennung für sie. Bald aber wurde es Gebrauch die neue Hauptstadt mit dem alten Landesnamen Misr, in jüngerer Lautung Masr, zu bezeichnen.

Der Chalif El Muiz[2] ließ drei Jahrhunderte nach [dem Eroberer] Amru ([nach muslimischer Zählung im Jahr] 361 [=] 973 n. Chr.) im Norden der bisherigen Stadt eine neue Residenz anlegen, der er den Namen Masr el qahire d [as] i [st] Masr das siegreiche gab. Wieder war es die Politik welche die Neugründung veranlasste. Der Gründer der [schiitischen] Fatimidendynastie in Aegypten fühlte sich nicht wohl inmitten sunnitischer Umgebung in Fostat-Masr und gründete sich in der neuen Hauptstadt einen Schiitenhort nach seinem Sinne. Fortan hieß die alte verfallene Stadt Masr el atiqe, Masr das alte. Während aber die Eingebornen das rühmende Epitheton, die siegreiche, bestimmt an die großen Siege zu mahnen, welchen El Muiz die Eroberung von Aegypten und Syrien verdankte, nur im officiellen Stile anwendeten, und fortfuhren die neue Stadt gleich der alten Masr zu nennen, haben die fremden Völker den officiellen Beinamen ausschließlich in Umlauf gesetzt. Die Italiener bildeten daraus ihr Cairo, die Franzosen unter getreuer Anlehnung an die mit dem Artikel versehene arabische Form ihr Le Cairo, die **[297]** Deutschen quälen sich irrig Kairo zu sprechen.[3] [...] **[298]** [...]

Bis zur Machtübernahme der Briten 1882 blieb die einzig verlässliche Untersuchung des Stadtbildes die von General Bonaparte 1798 gleich nach der Einnahme befohlene statische Aufnahme, die deshalb noch dreißig Jahre später die hauptsächliche Datengrundlage einer 1829 erschienenen umfassenden Stadtbeschreibung durch Edmé Jomard (1777–1862) bildete, der als Ingenieurgeograph am napoleonischen Nilfeldzug teilgenommen hatte. Im Folgejahr brachte *Das Ausland* hieraus eine ganze Auszugsserie:

[Edmé Jomard]: Cairo. In: Das Ausland, 1830: 3.2, Seite 737–738, 742–743, 769–771, 818–819, 823, 825–826.

Die Hauptstadt Egyptens, Cairo, liegt an der Gränze von Ober- und Unteregypten, [...] 5½ fr [anzösische] M [eilen = ca. 21,5 Kilometer] vom jetzigen obersten Punkte des Delta's, 19 [Pariser] Fuß 7 Zoll [= ca. 6,3 Meter] über dem Nil bei hohem Wasserstande [▣ Abb. 4.1]. Sie ist nicht am Nil gelegen, sondern (wo sie ihm am Nächsten steht) 2100 Fuß [= ca. 640 Meter] davon. Das Städtchen Bulak im N [orden], Alt-Cairo im S [üden] sind die Hafenorte, und von da besorgen Packträger und Kamele die Waaren nach der Stadt. Diese liegt am Fuße und auf den letzten Anhöhen der Kette Dschebel Mokattam und erhebt sich immer mehr, bis zur großen Cittadelle im S [üd-]O [sten], die etwas unterhalb der Bergebene liegt. [...] Nächst Konstantinopel ist Cairo die bedeutendste Stadt des ottomanischen Reiches sowohl in Bezug auf die Ausdehnung, als durch die Wichtigkeit des Handels und die Denkmäler. Ohne die genannten zwei Häfen hat sie gegen 24.000 Metres im Umfang; die Oberfläche beträgt 793 Hect [ar], [...] weniger als der vierte Theil von Paris; mit Einschluß der Hafenorte wäre Cairo größer als irgend eine Hauptstadt Europa's, London und Paris ausgenommen. Der Umkreis der eigentlichen Stadt ist nur wegen der vielen Krümmungen der Ringmauer um einige Metres beträchtlicher als der von Paris (ohne die Vorstädte) [= 1829]. In Bezug auf die innere Anlage der Stadt ist Cairo von den europäischen Städten verschieden; Straßen und öffentliche Plätze sind äußerst unregelmäßig, die Stadt besteht meistens aus sehr kurzen Straßen und Zickzackgassen, wovon unzählige ohne Ausgang. Im letzteren Falle ist der Weg durch eine Thüre gesperrt, welche die Einwohner öffnen, wenn es ihnen gefällig ist; daher die Schwierigkeit, Cairo vollständig kennen zu lernen; [...]. Wegen der Hitze hat man die Straßen sehr schmal angelegt, sie sind 5 bis 15 Fuß [= ca. 1,5–4,5 Meter] breit [...]. Oft stoßen die Balkone von zwei gegenüber liegenden Häusern an einander.

1 Lateinisch für Buden, also wohl die zivilen Versorgungsniederlassungen bei den Militärlagern.

2 Der vierte Fatimiden-Kalif al-Muizz (regierte 953–975 n. Chr.) verlagerte den Herrschaftssitz vom tunesischen Kairouan an den Nil.

3 Am nächsten dem arabischen Original käme für eine deutsche Zunge wohl „Kaiire".

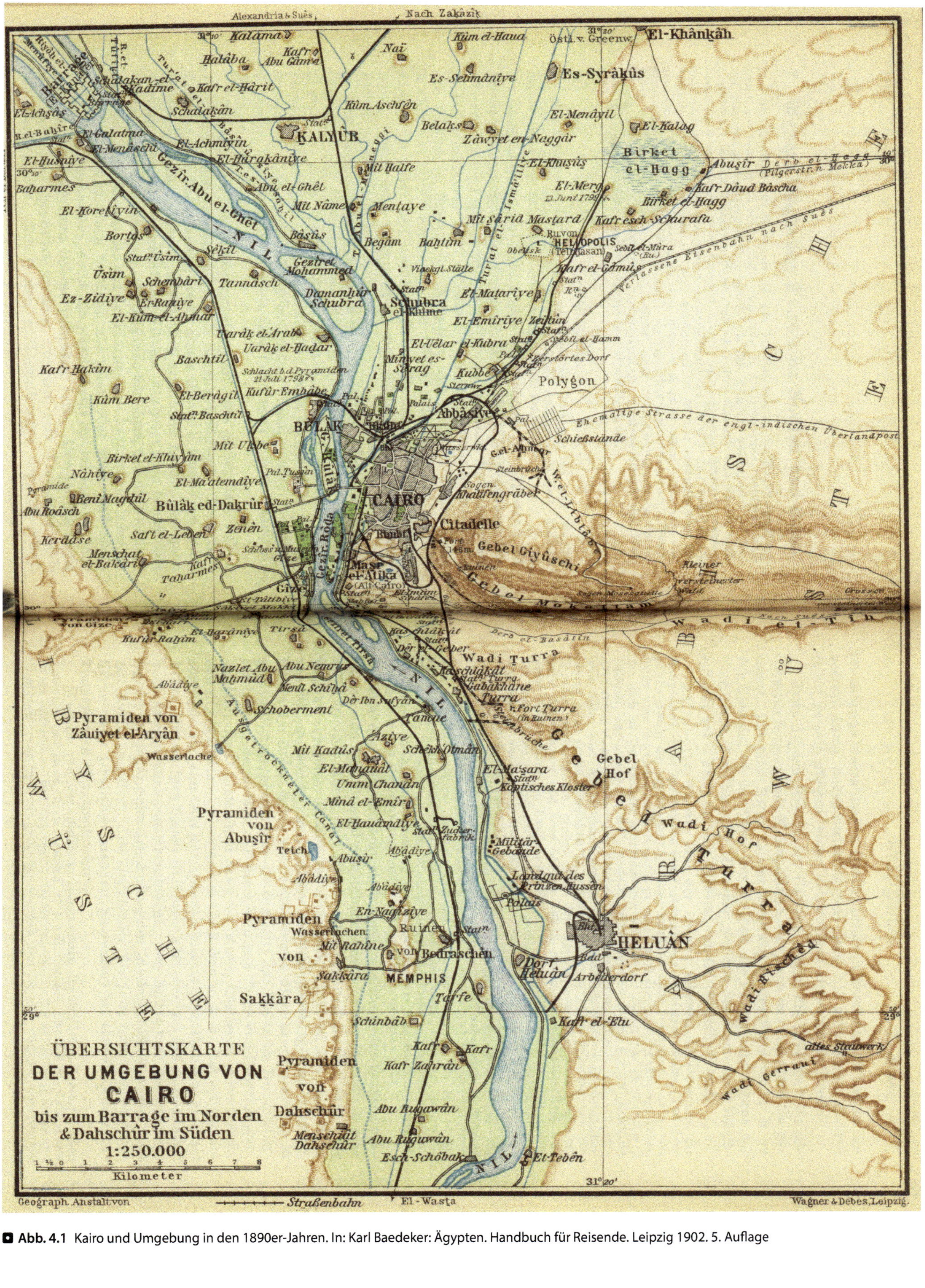

Abb. 4.1 Kairo und Umgebung in den 1890er-Jahren. In: Karl Baedeker: Ägypten. Handbuch für Reisende. Leipzig 1902. 5. Auflage

Mehrere Straßen sind oben bedeckt, damit die Sonnenstrahlen nicht hineindringen, und erhalten nur durch den Widerschein Licht: so besonders die Marktstraßen.

Gegenwärtig befindet sich die alte Ringmauer von Cairo zum Theil in der Stadt, welche nach N [orden] und W [esten] sehr zugenommen hat; nach O [sten] und S [üden] ist sie in den ursprünglichen Gränzen geblieben. Jene alte Ringmauer, die nicht vollständig erhalten ist, besteht aus mehr oder weniger hohen und festen Mauern mit runden und viereckigen Thürmen und mit Thoren, von denen einige gleichfalls mit Thürmen versehen sind. Die Quartiere sind 53 an Zahl, man nennt sie Harah, Harat – darunter 16 bedeutende. [...] Die Straßen führen meist verschiedene Namen in ihren einzelnen Abschnitten. Durch die [Nil-]Ueberschwemmung entstehen mitten in der Stadt Teiche. Die Großen und die Scheichs haben nahe der Stadt Gärten, die ihren Namen tragen; [...]. In diesen Gärten darf man nicht wie in den unsern, **[737]** Baumgänge, Spazierplätze und Rasen suchen, sie bestehen aus dichten Büschen, gedrängten Pomeranzen- und Citronenbäumen und Weinlauben; Acacia und der Sykomorenbaum (die größten Bäume Egyptens) stehn durcheinander zwischen schlanken Dattel-, Maulbeer-, Granat-, Napeca-[4], Myrten-, egyptischen Acacias-, und Bananenbäumen mit riesenhaften Blättern und zarter Frucht. [...] Cairo ist von einer erhabenen Hügelreihe von Schutt umgeben, aus der Asche und den Trümmern aller Art vom Innern der Wohnungen. Die Häuser, von an der Sonne gebrannten Ziegelsteinen, tragen durch ihre schnelle Zerstörung zur Erhöhung der künstlichen Bergkette bei; diese Hügel heißen Tell, Kum und Charab. [...] **[738]**

Unter die „hauptsächlichsten Denkmäler" Kairos im ersten Drittel des 19. Jahrhunderts rechnete Jomard neben 255 Moscheen, 27 christlichen Kirchen und einigen Synagogen auch 31 Hamams oder orientalische Badehäuser sowie die öffentliche Trinkwasserversorgung:

Die Cisternen sind meist dazu bestimmt, das Volk unentgeldlich mit Wasser zu versehn; sie sind sehr zahlreich. Das Wasser wird dahin vom Nil aus gebracht. Die Cisternengebäude sind mit Marmorsäulen und kunstvollen Bronze-Gittern geschmückt. Gewöhnlich ist im obern Stockwerk eine unentgeldliche Schule, wo man Lesen, Schreiben und Rechnen lernt. Man zählt 54 Haupt-Cisternen [...]. Nicht minder nützlich sind die Tränken, für die Pferde, Esel, Kamele u. a. Thiere; diese Gebäude ruhen ebenfalls auf Säulen und sind prachtvoll. Eine andre Art von Stiftung in Cairo sind die Tekyeh oder Gebäude, worin Reisende und Kranke unentgeltlich beherbergt werden; es giebt aber daselbst nur ein einziges eigentliches Spital, das Moristan[5]; es hat zwanzig Betten und nimmt auch Wahnsinnige auf. [...] **[742]** [...]

Bei diesen Wohn- und Sanitärverhältnissen mit nur einem einzigen Krankenhaus nimmt es nicht Wunder, dass bis zur Einführung ausgreifender Gesundheitsmaßnahmen seit dem Ende des 19. Jahrhunderts immer wieder Epidemien wie Thyphus, Cholera und Pest die Einwohnerschaft heimsuchten. Aber auch hierzu stammen verlässliche Zahlenangaben nur aus der kurzen französischen Besatzungszeit:

Richtet die Pest nicht jährlich Verheerungen an, so wüthet sie doch mehr oder weniger alle vier bis fünf Jahre; die Franken [= Europäer] allein entgehen ihr durch ihr völliges Abschließen von den Einwohnern. [...] Im Jahr 1801 verlor Cairo während zwei Monaten 3 bis 400 Menschen täglich; an einem einzigen Tage starben bis 90 französische Soldaten. Viele starben an der Ruhr, und eine Menge Kinder an den Pocken. [...] **[769]** [...]

Noch während seines Studiums besuchte Adolf Rambeau (1852–1918), ein späterer Universitätsphilologe für romanische Sprachen und Englisch, das Nilland 1874 und besserte seine Reisekasse wie viele gewandte Federn dieser Zeit mit landeskundlichen Reisebriefen an heimische Publikumszeitschriften auf. Darin führte er die Kairenser Geschichte von der türkischen Eroberung bis in seine Gegenwart:

Adolf Rambeau: Am Nil. In: Aus allen Welttheilen, 1875: 6, Seite 206–208, 347–348, 364–367.

Im Jahre 1517 drang Sultan Selim mit den Türken in Aegypten ein, machte hier der Monarchie ein Ende, so daß Kairo die Hauptstadt der türkischen Provinz Aegypten wurde, ließ aber gegen Tribut und Anerkennung der Oberhoheit des Sultanats der Aristokratie der Mameluken ihre Gewalt und ihren Einfluß im Lande. 1798 brachen die Franzosen ihre Macht durch die Schlacht bei den Pyramiden, besetzten die Stadt, mußten aber 1801 vor dem vereinigten Heer der Türken und Engländer weichen. Am 1. März 1811 ließ Mohammed (Mehmed) Ali aus Kavala in Rumelien[6], der 1806 von der Pforte[7] zum Vizekönig von Aegypten ernannt worden war, die aufrührerischen Mameluken in der Citadelle niedermetzeln und war von nun an in Wirklichkeit der absolute Herr von Aegypten. Unter seiner Regierung und mehr noch unter dem jetzigen [= 1874] Vizekönig Ismail Pascha, der seit 1863 herrscht und 1868 den Titel Khedive [= Vizekönig][8] erhielt, hat die Stadt viele Veränderungen und Verschönerungen erfahren. Neue Straßen, neue Stadttheile sind entstanden!

4 Glatter Judendorn, dessen olivenförmig gelbe Früchte im Orient zur Gewinnung eines sauren Gewürzes verwendet werden.

5 Dabei handelt es sich um eine Ende des 13. Jahrhunderts errichtete große Moschee mit Stiftermausoleum und angeschlossenem gleichfalls gestiftetem Verwahrtrakt hauptsächlich für Geisteskranke.

6 Siehe ► Abschn. 1.2, Mehmed Ali: vom Söldnerführer zum Dynastiegründer.

7 Nach dem Hohe Pforte genannten Zugang zum Sultanspalast in Konstantinopel das Synonym für den osmanischen Regierungssitz.

8 Gegen die Verdopplung der Tributzahlungen an den Sultan gestand dieser 1867 dem Vizekönig Ismail die erbliche Rangerhöhung zum Khediven zu, was die Nachfahren Mehmed Alis nahezu auf die gleiche Rangstufe des osmanischen Großwesirs oder Regierungsschefs emporhob.

Drei „Viertel" (d. h. Abtheilungen) der Stadt, das nordwestliche Esbekia, Ismailia im Westen und Abdin im Süden davon, bilden den „fashionablen" europäischen Theil Kairo's. Hier sind die Straßen abends mit Gas erleuchtet. Sie sind breit, macadamisirt[9] und an den Seiten mit gepflasterten Fußwegen versehn. Freilich, da die Luft in Aegypten fast immer mit einem feinen Staub erfüllt ist, der von der Wüste hergeweht wird, sind sie doch sehr staubig oder starren von Schmutz, wenn sie, was man täglich thut, mit Wasser besprengt sind. Der schönste freie Platz ist die Esbekia. Vor Mehmed Ali war er zur Zeit der Ueberschwemmung immer eine weite Wasserfläche. Er legte ringsum einen Kanal an, um das Wasser von der Mitte fern zu halten, und ließ Bäume an den Seiten des Kanals anpflanzen. Ismail Pascha ließ den ganzen Raum mit Erde bedecken, so daß er jetzt ebenso hoch liegt als die übrige Stadt. [...] Man begießt fortwährend die Rasenflecke mit Wasser aus den Kanälen [...] und erhält so das Gras ziemlich grün. Am Nachmittage finden hier oft Konzerte statt.

An dem Süd- und Nordende sind große, schöne Springbrunnen. Auf der Südseite sieht man das Opernhaus und das Theater. Im Opernhause spielt eine italiänische Operntruppe November bis zum März; da die Einnahmen nicht die Kosten decken, muß der Vizekönig das Nöthige aus seinem eignen Beutel beisteuern. Im Theater spielt eine französische Truppe vom Oktober bis April, einen Abend um den andern mit der Operngesellschaft abwechselnd. Auf der Ostseite sind die Paläste des Ministeriums des Aeußern und der Ministerien des Innern und der Finanzen. Auf dieser und der nördlichen Seite liegen viele prachtvolle Läden. Auf der Westseite befinden sich „Shepheard's Hotel" und das schöne „Neue Hotel", das der Khedive von der orientalischen Hotelcompagnie gekauft hat und für seine Rechnung durch einen Italiäner verwalten läßt.

Besonders gegen Abend, wenn die Sonne niedriger steht und es anfängt etwas kühler zu werden, herrscht ein reges Treiben und buntes Leben in diesen reichen und glänzenden Vierteln. Durch die Straßen wälzt sich dann lärmend eine dichte Volksmenge, aus Vertretern aller möglichen Völker bestehend. Vor den Kaffeehäusern, deren Schilder in den verschiedensten europäischen Sprachen einladen, sitzt der geräuschvolle Südländer und schlürft seinen Kaffee; der ernste, ruhige Deutsche trinkt auch hier sein gewohntes, heimatliches Bier, die meisten sind mit dem rothen, langquastigen Käppi bedeckt. Man hört in europäischen, asiatischen und afrikanischen Sprachen sprechen, singen und schreien; es ist ein wahres babylonisches Sprachgewirre.

Kairo zählt [um 1870] ja zusammen mit Bulak und Altkairo 260.000 eingeborene Muselmänner, 25.000 Kopten, 25.000 Nubier, Abessinier und Neger, 10.000 Türken, 30.000 Juden, Levantiner u [nd] d [ergleichen] und 20.000 Europäer[10]; dazu kommen noch viele, die sich nur vorübergehend hier aufhalten, sei es vom Wissenstrieb nach Aegypten geführt oder um Heilung von Krankeiten zu suchen.[11] [...]

In der Muski, dem alten Frankenviertel, wo zuerst die Franken – und zwar unter Saladin – die Erlaubniß erhielten zu wohnen, das sich im Südosten gleich an die Esbekia anschließt, sind die meisten und größten europäischen Läden, hier ist der Verkehr am regsten, das Gedränge am dichtesten. Die Straße ist freilich ziemlich dumpfig und eng; aber es war vor dem Regierungsantritt des jetzigen Vizekönigs die einzige erträglich breite Straße in ganz Kairo! Hier, wo Laden auf Laden in ununterbrochener Reihe folgt, wo eine dichte Volksmenge hin und her wogt und oft fast undurchdringlich scheint, drängen sich doch immerfort Wagen und Reiter zu Roß oder Esel in schnellem Trabe hindurch. In diesen 4 Vierteln, wo nur die flachen Dächer und hier und da einige arabische Häuser, der ächt ägyptische Schmutz und „Trümmer- und Wüstengeruch" an den Orient erinnern, sind – das sieht man bald – die Leute mit den rothen Wangen in der Ueberzahl und im Uebergewicht und der Glanz und Luxus, der hier entfaltet ist, ist mehr oder weniger abendländisch. Will man den wahren Orient sehen, muß man sich in Kairo's arabische Viertel begeben. Man braucht nicht lange zu gehen, man hat nur in eine dunkle, enge Nebengasse abzubiegen. Dann sieht man sich in das bunte, reiche Leben des Orients hineinversetzt, wie man es sich ausmalt, wenn man Tausendundeine Nacht gelesen hat. [...] **[207]** [...]

Bis zum Aufkommen der streng wissenschaftlichen unter den geographischen Zeitschriften widerstand kaum eine dem Verlangen ihrer Leser, eingehende Beschreibungen des bei der ausdauernden Märchenerzählerin Scheherazade so häufig vorkommenden Höhepunktes morgenländischen Wirtschaftslebens zu liefern, dem orientalischen Basar:

G. Kachel: Ein orientalischer Bazar. In: Globus, 1868: 13, Seite 181–184, 210–212.

Auch bei uns hört man das Wort „Bazar", und der **[181]** gebildete Sohn des Nordens denkt dabei wohl an hallenumsäumte Plätze, wo Kafés und Prachtläden mit blendenden Auslagen die Besucher anlocken, oder er sieht in Gedanken einen Palast erstehen [...] oder vielleicht auch eine glasüberdeckte Passage und dergleichen mehr – kurz und gut, eine Menge der mit dem schönsten Comfort ausgestatteten industriellen Einrichtungen steht ihm vor Augen. Mit dem Bazar des Orients ist es aber etwas Anderes, wenn auch der Grundgedanke: „Handelsstraße, Verkaufsplatz" für Ost und West derselbe bleibt. Am meisten erinnern noch unsere vorübergehenden Messen und Jahrmärkte an das orientalische Handelsleben. [...]

9 Ein zu Beginn des 19. Jahrhunderts vom schottischen Erfinder John MacAdam entwickeltes Verfahren, die Haltbarkeit und Wasserabführung einer Straße durch drei leicht gewölbte Lagen verwalzten Schotters unterschiedlicher Körnung zu verbessern. Unter Hinzufügung einer oben abdeckenden Teerschicht wurden später daraus die modernen Autostraßen.

10 In der Summe zählte Kairo um 1870 also bereits eine geschätzte Wohnbevölkerung von 345.000 Menschen. Damit war es nicht nur die größte Stadt in Ägypten, sondern mit deutlichem Abstand die zweitgrößte Stadt im damals noch sich weit über drei Kontinente ausdehnenden Osmanischen Reich hinter dessen Hauptstadt Konstantinopel.

11 Seit der Mitte des 19. Jahrhunderts war es bei „brustkranken" Angehörigen der europäischen Oberschichten in Mode gekommen, im trocken-milden Wüstenklima zu überwintern. Diesem zahlungskräftigen Publikum öffneten schon bald noch heute bestehende Luxushotels ihre Türen wie etwa das (Old) Palace Hotel in Kairo oder das (Old) Cataract Hotel in Assuan.

Die meisten Bewohner Kairos sind Kaufleute oder Gewerbtreibende, nur Beamte und Militär davon ausgeschlossen; aber selbst Koranleser und Lehrer treiben neben ihrem Beruf in der Moschee oftmals einen kleinen Handel. Vom Platze der „Esbekieh", dem Polizeipalaste, einer reizenden Anlage von Sykomoren und Tamariskengebüschen [...] beginnt unsere Wanderung. Von hier um einige Ecken und wir sind schon mitten im buntesten Gewühl des Hauptverkehrs. Wir stehen am Anfange der „Muski", d. h. der „neuen Straße". Diese Hauptstraße von Kairo, etwa 30 bis 40 Fuß [= ca. 9–12 Meter] breit, ungepflastert und buckelig wie alle Straßen der Stadt[12], ist beiderseitig von hohen Häusern umsäumt. Bretter und Palmstämme sind von den flachen Estrichdächern der Häuser aus über dieselbe gelegt, um geflochtenen Matten aus Palmblattstreifen, welche die drückende und stechende Hitze der Sonne abhalten sollen, als Unterlage zu dienen. Wir befinden uns also in einem fast durchweg schattigen Raume, in welchen nur mitunter durch Luken in der Decke einfallende Sonnenstrahlen ein magisches Licht werfen und grell das Gewirr der Straße beleuchten. Hier ziehen sich nebeneinander in oft nur engen Räumen die Läden der Europäer dahin; es ist die Frankenstraße. Hier wohnen in den oberen Geschossen die meisten europäischen Consuln; hier haben die größten Importgeschäfte ihre Lagerräume. Kümmerlich, aber deshalb nur um so theurer wird hier europäischer Comfort zur Schau getragen. Bis zu 2.000 Thalern werden für einen Verkaufsraum in der Muski bezahlt. Mit dem rothen Tarbusch [= Fez] bedeckt, sonst aber nach Frankenart gekleidet, sieht man die Kaufleute an den offenen Thüren ihrer Läden, großentheils Griechen und Italiener, aber auch Deutsche, Franzosen und Söhne Albions. [...]

Erst in dem obern Theile der Straße macht ein eigenthümlicher Charakter sich geltend. Da zeigen sich schon die Buden, wie man sie späterhin auf allen Bazarstraßen zu Hunderten dicht nebeneinander wiederfindet. Vom Ende der Muski tönt weithin das fleißige Hämmern der Kupferschmiede, welche hier ihren Markt und ihre Werkstätten haben. Vor den Häusern auf offener Straße sind die Ambose in die Erde gerammt, auf welchen das Metall getrieben wird. Dahinter sind auf Sockelhöhe über dem Boden der Straße die Waarenräume. [...] Hier ist ein Getös und Gelärm, daß man sein eigen Wort nicht mehr vernimmt, denn hier sind fast alle Kupferschmiede von Kairo vereinigt und herüber und hinüber tönen um die Wette die tactmäßigen Hammerschläge. Ueberhaupt finden wir im Orient durchgehends den Brauch, daß die verschiedenen Gilden jeweils zusammengesetzet sich aneinander reihen. So hier der Markt der Kupferschmiede, „Suk-ennadassin" genannt, so die Schneider und Schuster, die Sattler und Schreiner, Pfeifenbohrer und Blechner, kurz die Vertreter eines bestimmten Gewerbes haben immer auch ihren eigenen Markt und nur dort sind sie zu finden. Ausnahmen machen nur die Verkäufer von Lebensmitteln, die überall nöthigen Geldwechsler, welche gewöhnlich an den Straßenecken ihren mit einem Drahtnetz überspannten Wechseltisch etabliren, und die öffentlichen Schreiber, letztere gewöhnlich Scherifs, d [as] i [st] Nachkommen des Propheten, und deshalb mit dem grünen Turban geziert, oder Kopten von christlicher Religion [...].

Diese zunftmäßige Anordnung, welche ja auch das ganze Mittelalter hindurch in unseren alten Reichs- und Handelsstädten üblich war und woher noch bis in unsere Tage manche Straßennamen in alten Städten stammen, mit Schustergasse, Schmiedgasse und dergleichen, ist ein wesentlicher Charakterzug des orientalischen Bazars und überall kehrt sie wieder im kleinsten Städtchen, wie in den großen Handelsstädten in Kairo, in Damaskus, in Smyrna [= Izmir] und Stambul [= Istanbul]. Für den Käufer ist diese Anordnung nicht ohne Vortheile, denn mit Leichtigkeit erhält er einen Ueberblick über Alles, was ihm in einer gewissen Richtung in der Stadt geboten werden kann, denn Alles findet er auf einen Punkt concentrirt, und kann sich vergleichend wählen, was ihm zusagt. Aber auch für Kaufleute und Handwerker selbst hat die Sache ihre guten Seiten, denn sie werden durch dieses stetige Nebeneinander zur Concurrenz aufgefordert und suchen sich gegenseitig nach Kräften zu überbieten.

Der Markt der Kupferschmiede bildete vormals den Schluß der Muski, die hier in senkrechter Richtung von zwei Straßen durchschnitten wird, welche weiter auf die Bazars führen. Seit 1866 indeß erstreckt sie sich noch weiter in die Stadt, da man zu ihrer Verlängerung mehrere Quartiere mitten durchbrochen hat. Diese Verlängerung, jetzt [= ca. 1868] noch zum Theil Ruinenstraße, gewährt manchen Einblick in die rauchige Gemüthlichkeit ägyptischer Hauseinrichtungen. Wir wenden uns in den Arm zur Linken, welcher zum reichen Bazar führt, dem „Chan Khalil".[13] [...] Eigentlich werden wir hingeschoben, denn das Gedränge auf allen Bazarstraßen ist unbeschreiblich: arme und reiche Aegypter zu Fuß, zu Esel und zu Pferde, dazwischen ein hochbeladenes Kameel, hier Haremsdamen mit ihrem entenartigen Gange, in weitbauschige Seidengewänder gehüllt und von schwarzen Dienerinnen und Eunuchen begleitet, Alles das drängt sich friedlich seines Weges weiter, und es ist dabei ein Gesumse, wie in einem Bienenkorbe; [...]. Dazwischen schallen die gellenden Rufe der Wasserträger oder der [italienisch-arabische] Ruf: „guarda, ariklak, ja minak, ja malak!"– „aufgepaßt auf eure Füße, zur Rechten, zur Linken!" wenn eine Carosse [= Kutsche] oder ein Zug scharfriechender Kameele herannaht. Man thut wohl, so wenig wie möglich Werthgegenstände in die Taschen zu stecken, da es unter den Orientalen sehr gewandte Taschenspieler giebt und es schwer ist, im Bazar Jemanden zu verfolgen.

Nicht nur in den Buden, auch auf der Straße inmitten all' des kreischenden und lärmenden Trubels wird gehandelt; hier werden eingelegte kostbare Waffen feilgeboten, hier ist ein reisender Kaufmann, der Reliquien und Rosenkränze aus Mekka vom Grabe des Propheten anbietet, da ein Verkäufer von Süßigkeiten, dort wird auf offener Straße Hammelfleisch, nächst dem Reis eine Lieblingsspeise der Orientalen, am Spieße gebraten, welches auf weite Strecken seinen eigenthümlichen Geruch verbreitet. – Ueberhaupt, wer empfindliche Geruchsnerven hat, dem wäre zu wünschen, er könnte hier ohne Nase wandeln, denn außer der allgemeinen Atmosphäre, welche das Gedränge von Menschen

12 Hier wird die rasche Entwicklung deutlich, die Kairo seit dem Amtsantritt des Vizekönigs Ismail 1863 genommen hat, da Adolf Rambeau kaum ein Jahrzehnt später schon macadamisierte Hauptstraßen in der Stadt vorfand; siehe Fußnote 9.

13 Auch 150 Jahre später noch ist der seit dem 14. Jahrhundert bestehende Chan el-Chalili das von Ausländern gern besuchte Herz des Hauptbasarviertels.

und Thieren auf den Bazarstraßen hervorbringt, ist es unmöglich, den Düften der zahlreichen Garküchen zu entgehen, welche sich mit dem Gerüche von Fischen, von ranzigem Oel, von Taback, gährenden Früchten und dergleichen mischen. [...] **[183]** [...]

Unter dem bei Licht betrachtet doch recht dünnen Firnis der westlichen Zivilisation war Kairo auch Jahrzehnte nach der durch den französischen Ägyptenfeldzug angestoßenen rapiden Modernisierung abseits der wenigen modernen Regierungs- und Europäerviertel eine noch typisch morgenländische Großstadt. Zum Abschluss des Rundgangs durch das im 19. Jahrhundert funktional vielkernig sich entwickelnde Kairo sei hier noch einmal dem österreichischen Geographen und Historiker Roesler das Wort erteilt, um die Flussseite der Stadt vorzustellen:

Robert Roesler: Kairo. Topographische Skizzen. In: Mittheilungen der k. k. Geographischen Gesellschaft zu Wien, 1872: 15, Seite 297–327.

Der westlich von Kairo fließende Nil bildet angesichts der Stadt, deren Längenaxe in der Richtung von Süd nach Nord liegt, zwei große Inseln, die Geziret el Rudah (Roda) und die Geziret Bulaq (Bulak). Der ersteren, welche nur ein schmaler Wasserraum von Masr el atiqe, oder Altkairo trennt, hat ihre üppige Vegetation den Namen Garten (Roda) schlechthin verliehen. [...] **[312]** [...] Der Nilmesser aber liegt am oberen südlichen Ende der Insel, an dem vorüber die Ueberfahrt von Altkairo nach Gizeh stattfindet. Es ist inmitten eines Gartens ein quadratischer Raum; jede der Wände zeigt eine Nische, gekrönt von einem Spitzbogen, der von Halbsäulen getragen wird. Oberhalb der Bogen ziehen sich kurze kufische [= altarabische] Inschriften. Höher als diese umläuft in Art eines Frieses eine fünfte kufische Inschrift den gesammten Raum. In seiner Mitte erhebt sich der Pegel, eine Säule mit 15 Absätzen, von denen [bei Roeslers Besuch] eben acht aus dem Wasser hervorragten. Jeder Absatz beträgt eine Elle[14] und ist wieder in Palmen[15] eingetheilt. Eine 16. Elle wird durch den gemauerten Abacus der Säule repräsentiert, auf welchem als Stützpunkt ein Gebälke ruht, das die Decke halbiert. Das Wasser tritt in den brunnenartigen kühlen Raum durch eine gegen den Nil mündende Thüre ein. Den Grund fand ich sehr verschlammt, so dass ein in das Wasser gehaltener Stab nur 3 Ellen tief eindrang. Das ist die moderne, aber schon sehr alte Form des Nilmessers, auf dessen Bulletins zur Zeit der Nilschwelle eine Million Menschen mit gespanntester Aufmerksamkeit warten.

Der Nordspitze von Geziret Bulaq gegenüber liegt der große Flusshafenplatz Bulak mit Arsenal und Werften und regem Verkehr des Auf- und Abladens. Er steht durch eine Flügelbahn mit dem Bahnhofe zu Kairo in Verbindung, eine Allee läuft auf die Ezbekieh aus, und bildet eine belebte, die Schaulust des Fremden fort und fort reich lohnende Straße. Nicht dieses Treiben aber will ich schildern, sondern das stillste Plätzchen in Bulak aufsuchen, dasjenige wo die alte Zeit ihr wohlgepflegtes einsiedlerisches Daheim hat, das [Ägyptische] Museum. Es ist die Schöpfung Ismail-Paschas[16] und des ebenso geschmackvollen, als ununterbrochen thätigen August Mariette[17], welcher das Amt eines Directors an dem Museum bekleidet. [...] Auch das Bulaker Museum gilt nur für provisorisch, und es soll ihm ein reicherer würdigerer Bau am Ezbekiehplatze zu Theil werden. Es ist dies auch dringend nothwendig, da schon vor Jahren viele Funde in den Magazinen deponiert werden mussten, weil es an Raum zur Aufstellung fehlt. Die Funde sind aber eine bis jetzt unerschöpfliche Quelle zur Vermehrung dieses Museums, das wenn es nicht schon alle ähnlichen Sammlungen Europas übertrifft, sie endlich alle weit hinter sich zurücklassen **[313]** wird [...].

Im weiteren Text lobt Roesler das erste eigene Haus des Ägyptischen Museums (1859–1878) nicht nur wegen seiner langen Öffnungszeiten, sondern auch wegen des von Auguste Mariette verfassten „musterhaften, sorgfältig gearbeiteten Catalog" der Sammlungen – was moderne Besucher der gleichen Einrichtung unwillkürlich neidisch machen muss.
Im Gegensatz zu den meisten Haupt- und Residenzstädten großer Länder fand sich im Kairo des 19. Jahrhunderts aber keine bedeutende oder gar zentrale Palastanlage des Herrschers. Die angestammte Mamelukenresidenz der Zitadelle auf dem Mokattam hatte Vizekönig Mehmed Ali schon bald zugunsten verschiedener Wohn- und Arbeitspaläste aufgegeben. Ganz im romantischen Geist der Zeit stellte das Publikumsblatt *Das Ausland* das Hofleben von Mehmed Ali zu Beginn der 1830er-Jahre dar:

Anonym: Der Hof des Pascha von Aegypten. In: Das Ausland, 1832: 5.2, Seite 812.

Zwei oder drei Meilen [= ca. 3,5–5 Kilometer im Norden] von Kahira, am Ende einer Sykomoren-Allee, liegt Schubra[18], die Lieblingsresidenz des Pascha von Aegypten. Der [Sommer-]Palast, der an den Ufern der Nils liegt, ist keineswegs wegen seiner Bauart merkwürdig; allein die großen und schönen Gärten sind mit ei-

14 Da das Längenmaß der Elle in den deutschen Ländern stark schwankte, kommen hier ca. 53–68 Zentimeter in Betracht.

15 Gemeint sind wohl Handbreiten.

16 Der Enkel und tatkräftigste unter den Nachfolgern Mehmed Alis regierte 1863–1879. Er betrieb umfangreiche Modernisierungen und im Sudan Herrschaftsausdehnungen, welche aber die Staatskasse zerrütteten und so die 1882 erfolgende britische Machtübernahme vorbereiteten.

17 Der französische Ägyptologe Auguste Mariette (1821–1881) trieb zwar gelegentlich Ausgrabungen durch Sprengladungen voran, begründete aber anderseits, seit 1858 im vizeköniglichen Dienst als Leiter der Antikenverwaltung, 1859 auch das Ägyptische Museum in Kairo, um dem Land zumindest einige der pharaonischen Funde zu erhalten. Der hier genannte Bau wurde 1878 von einer besonders hohen Überschwemmung des Nil mit zahlreichen Exponaten ein Raub der Fluten. Nach provisorischer Unterbringung im Palast von Giza bezog das Ägyptische Museum erst 1902 seinen unweit des zerstörten alten Gebäudes errichteten vielfach vergrößerten, aber bald auch schon zu kleinen gegenwärtigen Standort nördlich des Tahrir-Platzes.

18 Als Shubra al-Chaima heute das Herz einer Millionenstadt im Norden der Agglomeration von Kairo.

nem Kiosk geschmückt, der eines der schönsten und originellsten Gebäude ist, die man sehen kann. Bei dem Austritt aus einem duftigen Orangenwäldchen steht man plötzlich vor einer prachtvollen Treppe, die zu einem großen Portale führt. Man steigt hinauf und findet sich beim Eintritte in einer viereckigen Säulenhalle von weißem Marmor, die ein kleiner Teich umfaßt, auf dem sich drei oder vier hübsche Barken, mit seidenen Schnüren am Uferrande befestigt, schaukeln. Die Säulenhalle wird von einer Balustrade geschlossen, auf der man in Relief Gruppen von Fischen jeder Art abgebildet erblickt. An jeder Ecke erhebt sich eine kleine Terrasse, vor der riesengroße Krokodile als Wächter gelagert sind. [...]

Es ist eine der Unterhaltungen des Pascha, selbst eine seiner Cirkassierinnen[19] in einer dieser Barken in dem See herumzurudern, aber in der Mitte desselben seine schöne Ladung Schiffbruch leiden zu lassen. Seine Hoheit, die gewöhnlich einen Kaftan von Kalikot[20] oder sonst von grobem Stoffe trägt, macht sich aus diesem Bade wenig; ergötzt sich aber ungemein an dem jammervollen Anblicke der schönen Cirkassierinnen, die ein Geschrei des Entsetzens ausstoßen, im Wasser auf- und untertauchen und zerzauset und verstört die Arme nach den schwarzen Verschnittenen[21] ausstrecken, die sich von der Balustrade oder der Marmortreppe hinabstürzen und zur Hülfe herbei schwimmen. – Man findet am Hofe des Pascha von Aegypten die ganze Feenpracht von Tausend und Einer Nacht. Man kann sich keine pittoreskere Truppenschaar auf der Welt denken, als die Leibwache der nubischen Verschnittenen[22], die von glänzend schwarzer Haut, in Scharlach und Gold gekleidet, auf schneeweißen Hengsten reiten und den damaszener Szimetar[23] schwingen; die zahlreiche Einwohnerschaft des Harems, die wimmelnde Schaar von Beamten und Offizieren der Land- und Seemacht mit ihren gestickten Uniformen, die Pagen, Tschibukträger[24] und andere Diener. Alle in reicher Tracht, die Militärmusiken, für die Mehemet Ali leidenschaftlich eingenommen ist, die arabischen Pferde, die kostbar geschmückten Dromedare u.s.w. Alles, was den Pascha von Aegypten umgibt, erinnert an das goldene Zeitalter von Bagdad und seine romantischen Kalifen. [...] **[812]**

Andere Berichterstatter ließen sich weniger von Tausendundeiner Nacht beeindrucken, sondern beklagten, dass noch fast zwei Generationen später in der zweiten Hälfte der 1870er-Jahre nicht nur in Teilen der Gesellschaft, sondern in höchsten ägyptischen Hofkreisen an der Sklaverei festgehalten wurde:

Anonym: Aus Aegypten. In: Globus, 1877: 32, Seite 80.

In [...] Kairo sind – alle Gegenreden haben das Factum nicht umgestoßen – unlängst 110 weiße und 152 schwarze Sklavinnen aus dem Harem des gestürzten und ermordeten Mussetisch (Finanzministers) zusammen für den Preis von 13.000 Pf[und] St[irling] verkauft worden. Das geschah im Palaste des frühern Eigenthümers, während der Rest der menschlichen Waare in eine in Kairo wohlbekannte Localität, wo Tag für Tag die Equipagen der Paschas vorfahren, geschafft und dort unter den Hammer gebracht wurde [...] **[80]**

Erst mit der faktischen Machtübernahme der Briten 1882 gelang binnen weniger Jahre die Unterdrückung der Sklaverei, in den traditionellen südsudanesischen Hauptfanggebieten[25] wie auch in den Palästen der Hauptstadt.

4.2 Pyramiden von Gizeh

Seit das französische Invasionsheer unter General Bonaparte am 21. August 1798 das Kairo verteidigende Mamelukenheer im Niltal bei Gizeh vernichtend geschlagen[26] und damit Ägypten – im Guten wie im Schlechten – für Europa geöffnet hatte, gehörte ein Besuch der Pyramiden zum Pflichtprogramm jedes Besuchers des Niltals. Dabei konzentrierte sich das Interesse allerdings fast ausschließlich auf die drei Pyramiden aus der 4. Dynastie (ca. 2620–2500 v. Chr.) bei Gizeh gegenüber Kairo [◘ Abb. 4.2], obwohl sich von Abu Roasch knapp nördlich von Gizeh bis zur Medum-Pyramide am Eingang zum Fayyum[27] nicht weniger als 74 Pyramiden finden, die sich aber im Gegensatz zum berühmten Dreigestirn alle in mehr oder minder fortgeschrittenem Verfall befinden. Darauf wies bereits 1868 der Ägyptologe und Romanschriftsteller Georg Ebers (1837–1898) hin:

Georg Ebers: Die ägyptischen Pyramiden. In: Globus, 1868: 13, Seite 84–87, 108–112.

Wenn wir von Pyramiden reden, so denken wir gewöhnlich an die drei Riesenbauten, welche sich am linken Nilufer beim heutigen Dorf Gizeh im Nordwesten der Trümmer des alten Memphis erheben; aber schon im vorigen [= 18.] Jahrhundert hat man die Spuren von vierzig, bis zum heutigen Tage [= 1868] die doppelte Zahl von Pyramidenresten gefunden, welche sich in einem ziemlich regelmäßigen Bogen am nordwestlichen Ufer des noch ungetheilten aber seiner Spaltung nahenden Nils, von Abu

19 Eine Haremssklavin aus dem westkaukasischen Volk der Tscherkessen.
20 Auch Kaliko, ein nach seinem damaligen bengalischen Handelsplatz Kalkutta (heute: Kolkatta) genannter dichter Baumwollstoff.
21 Schwarzafrikanische Eunuchensklaven.
22 Nordsudanesische Eunuchensklaven.
23 Im syrischen Damaskus oder nach dessen Art geschmiedeter Prunksäbel.
24 Pfeifenträger.
25 Siehe ► Kap. 10, Der osmanisch-ägyptische Sudan.
26 Die berühmte Ansprache an seine Soldaten zu Beginn der Schlacht soll in dem Satz gipfelt haben: „Denkt daran, dass von diesen Monumenten 40 Jahrhunderte auf euch herabblicken." Tatsächlich aber konnten die Franzosen die noch etwa einen Tagesmarsch entfernten Pyramiden gar nicht sehen, sodass dieses Wort erst eine glorifizierende Geschichtsschreibung dem Korsen nachträglich in den Mund legte.
27 Siehe ► Abschn. 3.2, Niloase des Fayyum.

■ **Abb. 4.2** Die Cheops-Pyramide bei Gizeh. In: Aus allen Welttheilen, 1877: 8, Seite 93

Roasch bis Lischt[28], hinziehen. Viele derselben bestehen nur aus Ziegeln, andere halb aus Lehm, halb aus behauenen Steinen; die großen Pyramiden aber, welche wir allein zu besprechen gedenken, sind vom Scheitel bis zur Sohle aus harten Quadern erbaut worden und haben deswegen allen Angriffen der Zeit erfolgreich zu trotzen vermocht. [...] **[85]**

Schon vor der Mitte des 19. Jahrhunderts hatte sich bei den drei Pyramiden von Gizeh mit dem Aufblühen des Ägyptentourismus allmählich eine Routine bei Besuchern wie Einheimischen herausgebildet:

Anonym: Die Cheops-Pyramide bei Gizeh. In: Aus allen Welttheilen, 1877: 8, Seite 91–93.

Der Ausflug ist von Kairo aus ganz gut in einem Tage zu bewerkstelligen und es fehlt bei dem starken Fremdenverkehr nie an Führern, Dolmetschern, Reitthieren und wessen man sonst etwa noch bedarf. Der Reisende verläßt, gewöhnlich auf einem Esel reitend, in der Kühle des Morgens Kairo und erreicht nach kurzem Ritte, das belebte Alt-Kairo passirend, die Ufer des Nilstromes. Mit Mühe erwehrt er sich der andrängenden Menge der Fährleute und gebraucht weislich die Vorsicht, seinem Eselein die Ehre des Vortritts in das Fahrzeug zu lassen, da er sonst riskirt, daß man das Thier in ein andres Fahrzeug zerrt, welches dann natürlich ebenfalls bezahlt werden muß. Ein Weilchen schaukeln die befruchtenden Nilwellen den Kahn und schon zeigt Gizeh sich am andern Ufer, das Dorf, nach welchem die bedeutendsten Pyramiden gewöhnlich benannt werden. Das „schmutzige, lumpige Nest" ist bald passirt, ebenso ein kleiner Palmenhain, der sich hinter demselben ausbreitet, und durch seine schlanken hochaufragenden Stämme, sowie durch den Mangel an dichten, schattenspendenden Kronen und an Unterholz dem nordischen Reisenden die Wälder seiner Heimat in doppelt schönem Lichte erscheinen läßt. Bald lichtet sich das Holz; fast greifbar und doch noch in ziemlich bedeutender Entfernung steigen die drei ungleichen Pyramiden vor uns auf, sich mit ihrer rothgelben Farbe scharf von dem Himmel abhebend, der den einzigen Hintergrund bildet und sich in weiter Ferne mit der endlosen gelben Wüstenfläche zu verbinden scheint.

Auf einem aus der Libyschen Wüste vorspringenden Kalkplateau, das sich um etwa 50 Meter über dem Spiegel des Nilstromes ausbreitet und die Gestalt eines unregelmäßigen Vierecks hat, erheben sich die drei größten uns erhaltenen Pyramiden [■ Abb. 4.3], als deren Erbauer die ägyptischen Könige Cheops, Chephren und Mykerinos [...] bezeichnet werden. Die erstere liegt auf der nordöstlichen Ecke des Plateau's und weist mit ihren Kanten genau nach den vier Himmelsgegenden; sie ist die höchste von allen; in der Mitte der Fläche, auf etwas höherer Basis, erhebt sich die zweite, im Südwesten die dritte. [...] Herdot[29], der Vater der „Orientreisenden" und der „ägyptischen Touristen" erzählt uns [im zweiten Historien-Band], was er im Lande über die Erbauungsgeschichte der Pyramiden hat erfahren können. Die Steine, aus welchen die Cheopspyramide erbaut ist, wurden in den Kalkgebirgen auf der andern Seite des Nil gebrochen und zehn Jahre waren nöthig, bis nur der Weg von dort zum Bauplatze hergestellt war. Weitere zwanzig Jahre beanspruchte der Bau selbst; 100,000 Menschen, die alle drei Monate durch andere abgelöst wurden, arbeiteten an demselben. [...]

Unter den drei großen übertrifft die des Mykerinos, welche etwa 65 Meter hoch ist, die anderen an Güte des Gesteins: sie ist kunstvoller und kostbarer aus festem Granit erbaut, während Nummulitenkalk[30] zu den beiden anderen verwendet worden ist. Die Chephrenpyramide trägt an ihrer Spitze noch Reste der polirten äußern Beschulung, welche einst alle drei Pyramiden von oben bis unten bedeckte und denselben das Ansehen von Riesenkrystallen oder Wundersteinen verlieh. Die kostbaren, schönfarbigen Granitplatten, welche man zur Beschulung verwendet hatte, reizten die Habgier gewissenloser mohammedanischer Herrscher und veranlaßten sie, anzugreifen und zu zerstören, was Jahrtausende lang den Elementen getrotzt hatte. Besonders vom zwölften bis zum siebzehnten Jahrhundert wurde das Zerstörungswerk eifrig betrieben; manche Moschee **[91]** und mancher Palast in Kairo ist ganz oder zum Theil aus den geraubten Schätzen erbaut. [...] Als endlich die Verwüstung zu Bauzwecken aufhörte, fiel der Strom der Reisenden über die Wunderwerke der alten Aegypterkönige her. Die Führer mußten gegen gutes Trinkgeld Blöcke aus der Spitze loslösen und dieselben in die Tiefe hinabstürzen. Erst durch strenge Gesetze konnte solchem Unwesen Einhalt gethan werden und der Reisende muß sich jetzt [= 1877] mit minder schädlichen Experimenten begnügen:

28 Diese pharaonische Nekropole liegt auf dem linken Nilufer etwa 60 km südwestlich von Kairo und noch 20 km nördlich der Medum-Pyramide am Zugang zum Oasenbecken des Fayyum.

29 Der griechische Historiker Herodot (ca. 490–424 v. Chr.) besuchte wohl verschiedene Regionen im Nahen Osten, worüber seine neunbändige Universalgeschichte *Historien* einige nur dort zu findende Nachrichten enthält, so auch zahlreich zum antiken Ägypten.

30 Alle drei Pyramiden bestehen zum Großteil aus graugelbem und rund 34–56 Mio. Jahre altem und sehr festem Kalkstein des Alttertiärs, der sich aus Versteinerungen der namensgebenden fossilen Einzeller aufbaut, die zumeist 1–2 cm groß wurden. Herodot hingegen hielt Nummuliten für versteinerte Überreste der Linsengerichte der Pyramidenerbauer.

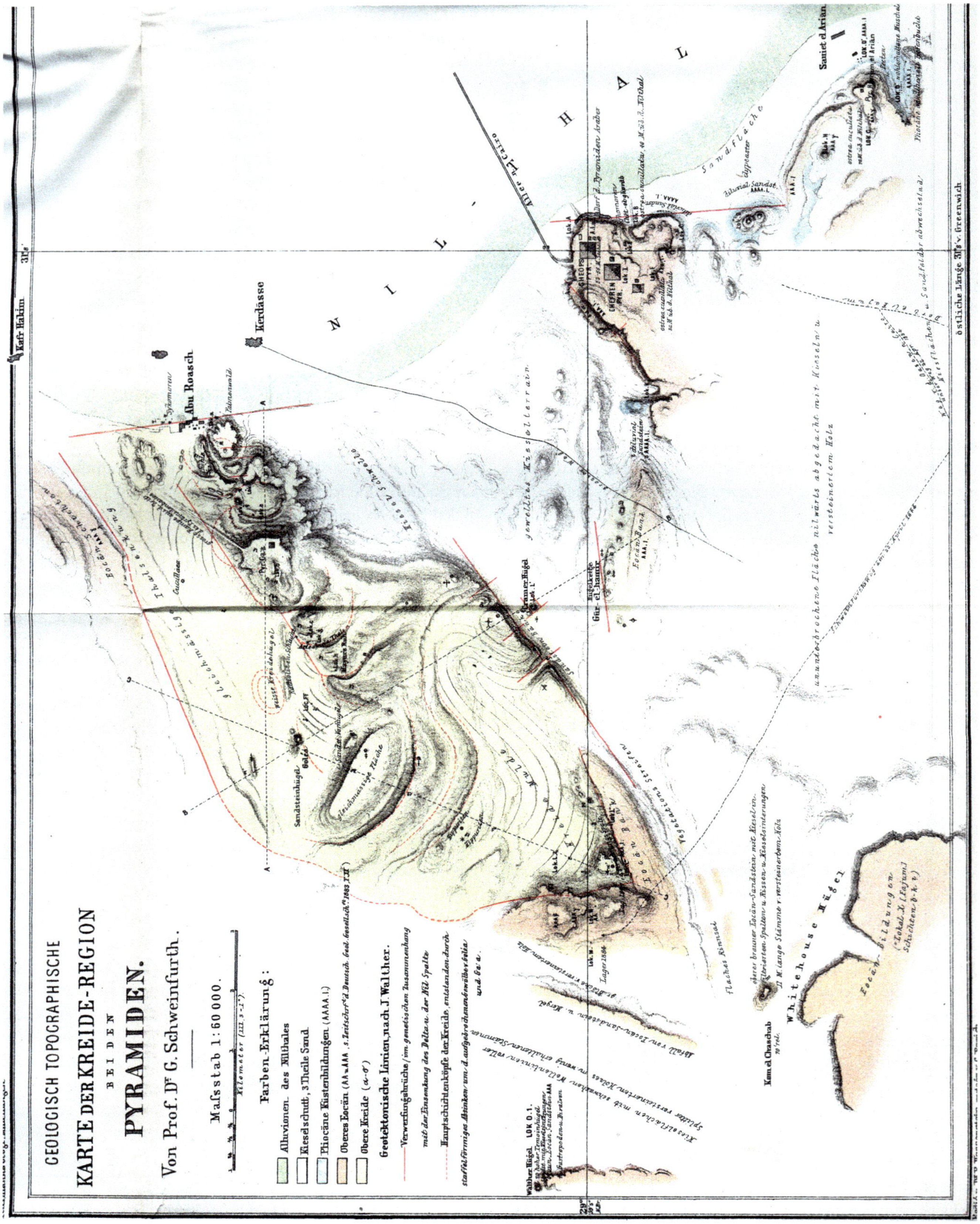

■ **Abb. 4.3** Geologisch-Topographische Karte der Kreide-Region bei den Pyramiden. In: Dr. A. Petermanns Mittheilungen aus Justus Perthes' Geographischer Anstalt, 1889: 35, Tafel 1

er versucht mit einem Steinwurfe von der Spitze der Pyramide aus den Fuß derselben zu erreichen und erkennt erst dann ganz die ungeheure Ausdehnung des Baues, wenn er sieht, wie sein Stein kaum die Hälfte der nöthigen Entfernung zurücklegt, wie sogar eine abgeschossene Pistolenkugel erlahmt und auf die Seitenfläche aufschlägt.

Die Cheopspyramide hat am meisten gelitten; ein beträchtlicher Theil ihrer Spitze ist abgetragen worden und während sie früher 160 Meter hoch war, mißt sie jetzt nur etwa 145. Die Grundkanten sind jede 1 2/3 mal so lang. Der Rauminhalt beträgt annähernd drei Millionen Kubikmeter! Die künstlerische Wirkung dieser ungeheuren Masse ist nach dem übereinstimmenden Urtheil der meisten Reisenden an und für sich keine sehr bedeutende. Die Einfachheit, die Massenhaftigkeit, die erhabene Kraft, die überwältigte Materie ist es, welche unsre Bewunderung erweckt, die Grundzüge der Kunst glaubt man in Stein für die Ewigkeit geformt vor sich zu sehen; „nirgendwo sonst hat der Mensch so siegreich als hier den Wettstreit mit der Vergänglichkeit begonnen und darin liegt vor allem die unbeschreibliche Macht des Eindrucks, den diese Felsgebäude noch auf jeden Beschauer gemacht haben." (Masius[31].)

Fast alle Reisenden, welche die Pyramiden besuchen, besteigen die Cheopspyramide; die beiden anderen sind zwar auch besteigbar, bieten aber bedeutendere Schwierigkeiten. Die Seiten der Cheopspyramide sehen aus einiger Entfernung wie ebene Flächen aus, doch bei der Annäherung und vollends beim Besteigen merkt man, daß dieselben eine förmliche Treppe bilden, deren Stufen allerdings eine Elle[32] und mehr hoch sind, so daß ein Hinaufklettern ohne fremde Hilfe gar kein Kinderspiel wäre. Auch ist dieses ganz ungewöhnlich; man nimmt sich einige Führer, die dort in Masse auf die Fremden einstürmen und denselben manchmal Freude und Genuß verderben. Mit katzenartiger Behendigkeit verstehen diese Beduinen die Stufen zu erklimmen; zwei von ihnen ziehen den Besucher an den Armen empor, ein dritter schiebt kräftig hinten nach. Von Zeit zu Zeit wird dem dieser Art des Besteigens ungewohnten Europäer eine kurze Rast zum Athemholen gegönnt und ermattet kommt er oben an. Den Schwachen ergreift sogar bisweilen eine Ohnmacht oben am Ziele seiner Wünsche. Die Unannehmlichkeit der Erkletterung wird noch durch die Zudringlichkeit der Führer vermehrt, die nicht ablassen fortwährend um Trinkgelder zu betteln und dazu jede Gelegenheit trefflich ausnützen. Es kommt sogar vor, daß sie den Schwindelnden plötzlich loslassen oder gar drohen ihn in die Tiefe hinabzustürzen, wenn er nicht mit Bakschisch herausrücke. Ist der Reisende fähig, den Geschwindschritt der Führer auszuhalten und mit den „lungenlosen" Arabern zu rivalisiren, so suchen diese ihn durch übermäßige Lobeserhebungen für das Geben günstig zu stimmen. Ruhe und Kaltblütigkeit allein kann gegen derartige Unverschämtheit aufkommen.

Ist die Spitze endlich erklommen, so werden Ungemach und Mühe reichlich belohnt. [...] In unermeßliche Fernen erstreckt sich westwärts die Wüste, der Tod; ostwärts und südwärts weidet sich das Auge an dem fruchtbaren Teppich des Nilthales, in welchem saftiges Grün mit schimmernder Wasserfläche abwechselt, und das sich, so weit das Auge reicht, in grellem Gegensatz unmittelbar neben dem Wüstenrande hinzieht; jenseits des Thales erheben sich Kalksteingebirge, deren Oberflächenbildung bei der außerordentlichen Klarheit der Luft deutlich erkennbar ist. In der Ferne erglänzen die Minarette und Kuppeln von Kairo. Bald drängen die Führer zum Aufbruch; sie sehen es lieber, daß der Fremde gegen gutes Trinkgeld seinen Namen in die Steinfläche eingraben läßt, als daß er in Nachdenken und Beschauen versunken dasteht. – Der Abstieg ist fast noch beschwerlicher als das Erklettern, besonders für den, der nicht ganz frei von Schwindel ist. Die in starker Neigung abfallende Fläche wirkt fast noch beängstigender, als ein senkrechter Absturz.

Ein Besuch des Innern der Pyramiden wird selten versäumt, wenngleich manche der Ansicht sind, daß der Lohn zu der aufzuwendenden Mühe in keinem angemessenen Verhältniß stehe. Durch enge, niedrige Gänge, in denen eine erstickende Temperatur herrscht, dringt man zu den Grabkammern in der Mitte der Masse und unter der Grundfläche derselben vor. Dieselben sind des größten Theiles ihres einstigen Inhaltes beraubt und auch der Sarg, der einst des Erbauers Mumie umschloß, steht leer da. [...] Ueber dem Eingange [der Cheops-Pyramide] erblicken wir jetzt eine Hieroglypheninschrift, welche der berühmte Aegyptologe Lepsius[33] im Jahre 1842 einhalten ließ.

Den erhabenen, tragischen Eindruck, den diese verödeten Grabkammern und die Ruhe im Innern der ungeheuern, von allen Seiten umgebenden Steinmasse auf den Besucher macht, stört leider wiederum oft die unverschämte Zudringlichkeit der Führer. Es kommt vor, daß sie drohen die Lichter auszulöschen und den Fremdling seinem Schicksale zu überlassen. Solche Mahnung an die rauhe Gegenwart und der in physischer Beziehung unangenehme Aufenthalt in der schlechten Luft der Grabkammer treiben uns hinaus und wir steigen vollends von der Pyramide hinab. Schnell wird noch der naheliegenden Sphinx ein Besuch abgestattet, dieser Räthselfigur der alten Aegypter. Hoch auf ragt die Majestät des ernsten Gesichtes aus dem umgebenden Wüstensand. Früher deckte derselbe sie ganz; Mariette-Bey[34] ließ die Statue ausgraben und hoffentlich wehren Menschenhände dem losen Wüstensande erneutes siegreiches Vordringen. Unmittelbar neben der Sphinx erheben sich die Ruinen eines alten Tempels, der vielleicht neben den Pyramiden eines der ältesten Denkmäler ägyptischer Baukunst ist. Jetzt muß die einst heilige Stätte es sich gefallen lassen, daß die Kinder unsers [19.] Jahrhunderts sie als Ruheplatz und die Steinblöcke wohl gar als Speisetische benutzen. [...] **[92]**

31 Hermann Masius (1818–1893), deutscher Gymnasiallehrer und Universitätsphilologe.

32 Siehe ▶ Abschn. 4.1, „Die Siegreiche" – eine vielkernige Stadt, Fußnote 14.

33 Karl Lepsius (1810–1884), der die vom Franzosen Jean-Francois Champollion am 1799 gefundenen und heute im British Museum in London aufbewahrten Dreisprachenstein von Rosette begonnene Entzifferung der Hieroglyphen vollendete, begründete die wissenschaftliche Ägyptologie in Deutschland. Mit der preußischen Expedition zur Beschaffung von Antiken für das Königliche Museum in Berlin bereiste er 1842–1845 das gesamte Nilland, wo er sich besonders der Erforschung der unterägyptischen Pyramiden widmete.

34 Siehe ▶ Abschn. 4.1, „Die Siegreiche" – eine vielkernige Stadt, Fußnote 17.

Aber noch 1890 wurden die pharaonischen Steinblöcke der Pyramiden nicht nur als unschuldige Unterlagen touristischer Picknicke genutzt:

Anonym: Die Pyramiden in Ägypten. In: Aus allen Welttheilen, 1890: 21, Seite 315.

Die Pyramiden in Ägypten sind in Gefahr der Habgier und Unwissenheit gewisser Beamtenkreise des ägyptischen Reiches zum Opfer zu fallen. Gegen ein gutes Bakschisch durften bereits seit Jahren die in der Umgegend der Pyramiden zerstreut umherliegenden gewaltigen Steinblöcke zerschlagen und auf Kamelen fortgeführt werden. Wenn dies schon bedauerlich war, da die so zerstörten Blöcke für immer der wissenschaftlichen Forschung entzogen werden, so hat der Unfug jetzt dadurch seinen Gipfel erreicht, daß Scharen von Arbeitern unter Führung zweier Scheichs dabei beschäftigt sind, von den beiden großen Pyramiden selbst Steinblöcke abzuheben und dieselben dann zu zerschlagen. Die Pyramiden sind ja freilich sehr groß und es würde Jahrhunderte dauern, ehe sie aufgebraucht sind, aber wir haben die Pflicht, unseren Nachkommen diese Denkmäler zu erhalten, die sich als lebende Zeugen entschwundener Kulturperioden so viele Jahrtausende hindurch siegreich behauptet haben. **[315]**

Der Suez-Kanal

Imre Josef Demhardt

I. J. Demhardt, *Aus allen Weltteilen Ägypten mit Sudan und Libyen,* Geographische Anthologie des 19. Jahrhunderts,
DOI 10.1007/978-3-662-46274-4_5

5.1 Geopolitische Lage und Kanalprojekte bis Napoleon

Bei einem Blick auf die Landkarte erscheint es nur zu offensichtlich, dass die Landenge zwischen Ägypten und der Sinai-Halbinsel zur Anlage der heutigen Weltverkehrsstraße Suez-Kanal vorherbestimmt war. Deshalb überrascht es, dass der Kanal in seiner heutigen Form erst vor etwa zwei Jahrhunderten konkret gedacht, aber erst noch viel später auch tatsächlich in Angriff genommen wurde. Eine Rückschau durch den mährischen Geographen und Historiker Robert Rösler (1836–1874) bis auf die pharaonischen Ägypter erklärt, warum es für die Kultur am Nil die längste Zeit kein Bedürfnis gab, eine direkte Verbindung zwischen dem Mittelmeer und dem Roten Meer zu graben:

Robert Rösler: Die Canalbauten auf dem Isthmus von Suez in alter und neuer Zeit. In: Das Ausland, 1872: 45, Seite 270–274.

Das Nilthal, welches in Nubien und Aegypten eine schmale Felsengasse bildet, öffnet sich [...] im äußersten Norden des Erdtheils, am mittelländischen Meere. Zwischen dem Nil und dem rothen Meere, einer zweiten ungleich kolossalen Felsenstraße lagert sich ein unfruchtbares welliges Plateau [= Arabische Wüste] und beschränkt den Austausch und Verkehr zwischen beiden auf wenige Karawanenwege.[1] [...] Für das rothe Meer bietet Aegypten darum kein Hinterland, für Aegypten ist das rothe Meer nicht die Küste, wohin es den Reichthum seiner Speicher sendet. Und doch liegen jenseits seiner steilen Ufer Arabien und Indien, von welchen seit alten Tagen das Nilland manche kostbare Erzeugnisse, die ihm selbst fehlen, anzunehmen geneigt war. [...] **[270]** [...]

Einst mochten die Karawanenstraßen durch das wüste arabische Gebirge den Ansprüchen des Verkehrs mit Arabien, woher man unter andern Türkise holte, vollkommen genügen. Aber die steigende Nachfrage nach Artikeln der arabischen und indischen Länder führte zur Erkenntniß, wie nützlich eine Wasserverbindung zwischen Aegypten und dem Rothen Meere werden müsse. Der schiffbare Canal, den man [im alten Ägypten] in das Werk zu setzen beschloß, war aber von dem was die jüngste Vergangenheit plante und ausführte[2], wesentlich verschieden. Denn was die Pharaonen im Auge hatten, war der Handel Aegyptens, er sollte gefördert werden durch erleichterte Communication mit den indischen Gewässern. Während in der Neuzeit bei der Durchführung des Canalbaues Aegypten von sehr nebensächlicher Bedeutung war, stand dieses und sein Interesse einstens nicht nur im Vordergrunde, sondern kam ganz ausschließlich in Frage. Im Alterthum sollte der projectirte Canal nur eine Schifffahrtslinie für Aegypten bilden, in der Neuzeit war er zu einer intermaritimen Straße ersten Ranges ersehen, im Alterthum waren es einzig die Mittel des Pharaonenreiches, die ihn zur Ausführung bringen sollten, in der Neuzeit sind die Kräfte eines ganzen Erdtheils – eines Erdtheils den die Aegypter damals noch nicht dem Namen nach kennen mochten [= Europa] – zur Mitwirkung herangezogen worden.

Eine Verbindung zwischen dem [...] Mittelmeer [...] und dem rothen Meere [...] fiel im 14. Jahrhundert v. Chr. völlig außerhalb der Absichten und Bedürfnisse des afrikanischen Großstaates. Dagegen schien die unmittelbare Wasserverbindung des fruchtbaren Delta und seiner am Halse desselben wie ein Juwel glänzenden Hauptstadt Memphis[3] mit dem Busen von Suez [...] wohl einer Anstrengung werth zu sein. Der erste von dem es [...] feststeht daß er einen Versuch gemacht, den Nil mit dem rothen Meere zu verbinden, ist Pharao Ramses II [auch der Große genannt, regierte 1279–1213 v. Chr.]. Weite Eroberungszüge hatten ihn in den Besitz von Syrien und Vorderasien gesetzt. Als Herr des waldreichen Libanon konnte er leicht den Gedanken hegen den Handel mit Indien auf eigenen Schiffen zu betreiben. [...] Der Canal des Ramses war ein Süßwassercanal. Er lief vom Nile aus, ungewiß von wo, durchschnitt die west-östliche Thalfurche und scheint bis zum Timsachsee gereicht zu haben, wo er in die meridiane [= nordsüdliche] Isthmussenkung [von Suez] eintrat. Weiter hat ihn Ramses [...] nicht geführt. Er glaubte gefunden zu haben daß das rothe Meer höher sei als die Tiefstellen des Isthmus, wie sie denn in der That an einigen Punkten bis 12 Meter unter dem Spiegel der See liegen und er fürchtete eine bis Aegypten sich verbreitende Ueberschwemmung. [...]

Nach langem Verfalle aller großen Pläne nahm [Pharao] Necho II. um 600 v. Chr. das alte Vorhaben wieder auf [...]. Wir wissen nicht wie er über die Bedenken Ramses II hinauskam und wie er der technischen Schwierigkeiten, die diesen geschreckt hatten, Herr werden wollte, genug, er verlängerte des Ramses Canal bis in die südlichen Bitterseen, auf einer Linie welche die westlichen Hügelreihen und Bodenschwellen des Timsahgebietes östlich ließ. Aber auch er vollendete das Unternehmen nicht; wahrscheinlich trat sein Tod dazwischen: 120,000 Menschen sollen dem Werke zum Opfer gefallen sein. Dieß erinnert an die übrigens sehr verschieden berechneten Tausende, welchen der Bau des Mahmudiecanals[4] unter Mohammed Ali das Leben kostete. [...] **[271]** [...]

Nach der persischen Eroberung Ägyptens 525 v. Chr. nahm der Großkönig Dareios I. die Kanalbaupläne wieder auf:

Er durchstach die letzte Strecke [...] und führte den Canal bis zum Nordende des damals weiter in das Land einschneidenden Meeres, den Busen von Heroonpolis (ungefähr 510 v. Chr.). Es war wieder ein Süßwassercanal, gespeist vom Nil, und vermittelte eine bequeme Binnenfahrt zwischen dem Delta und dem arabischen Meerbusen, freilich auch dadurch mittelländisches Meer und indischen Ocean. [...] Die von Aufständen erfüllte Periode der persischen Herrschaft hat den Handel Aegyptens nicht fördern

1 Siehe ► Abschn. 10.5, Verkehrswege durch die Nubische Wüste.
2 Gemeint ist der drei Jahre zuvor 1869 eröffnete Suez-Kanal.
3 Auf dem linken Nilufer etwa 18 km südlich des Zentrums des heutigen Kairo.
4 1819–1820 erbauter Kanal vom Rosette-Mündungsarm des Nil für die Schifffahrt und die Trinkwasserzufuhr nach Alexandria; siehe ► Abschn. 2.1, Hafenstadt Alexandria.

können. Auch der Canal verfiel wieder. Da hat ihn der größte der [griechisch stämmigen] Ptolemäer [-Dynastie], Ptolemäos II. Philadelphos [...] ausgebaggert und in Betrieb gesetzt (260 v. Chr.).

Aber etwas noch größeres kam hinzu: ein auch für Kriegsschiffe fahrbarer hundert Fuß [= ca. 30 Meter] breiter Seecanal vom Rothen Meere bis zu den Bitterseen, wo die Stadt Arsinoe als Binnenhafen angelegt wurde. Dieser Seecanal lief dem südlichsten Stücke des Süßwassercanals zur Seite. Er hieß der ptolemäische Fluß [...] und seine Uferdämme erheben sich noch jetzt merklich über die Flächen des Küstensandes. Absicht und Begränzung des Unternehmens sind völlig klar. Indem man einen für große tiefergehende Schiffe fahrbaren Canal herstellen wollte, konnte man an die Benützung des Nilwassers auch für diesen nicht denken, so wasserreich ist der durch die künstliche Bewässerung des Ackerbodens ohnehin stark in Anspruch genommene Strom in der Sommerzeit nicht, daß man ihm ohne Nachtheil für das Land eine so große Menge Wassers entziehen durfte. Auch hätte das stärkere Gefälle, dessen man für die Füllung des neuen Canals bedurfte, nur durch Ableitung desselben an einer höheren Stelle des Nil erlangt werden können. Damit wäre das Unternehmen zu übermäßigen Dimensionen angeschwollen, deren es für den Zweck, ein Geschwader Kriegsschiffe in Bereitschaft vor Anker zu haben, nicht bedurfte. Daß man daran gedacht hätte den Seecanal in der Richtung nach Pelusium [am Mittelmeer weiter] zu führen und die moderne Idee einer intermaritimen Verbindung in das Leben zu rufen, läßt sich nirgends finden. [...]

Zuletzt hat noch [der römische Kaiser] Trajanus [der 98–117 n. Chr. regierte,] einen neuen, den früheren ähnlichen Süsswassercanal erbauen lassen. Dieser „Trajanische Fluß" war eine verbesserte Auflage des alten Dareioscanals. [...] Was die „vier Monarchien"[5] der Alten Welt geschaffen hatten, bestand fort bis zur Eroberung des Landes durch die Söhne des Ostens [= Araber], denen das „Buch" [= Islam] plötzlich eine ungeahnte Bedeutung und Mission gab. [...] **[272]** [...] Noch hundertzwanzig Jahre hat man den Canal befahren, dann aber (762 oder 767) ihn verschüttet aus Furcht vor einer neuen Invasion Aegyptens. Es scheint daß er seither niemals wieder in Betrieb gekommen ist, aber der Gedanke gieng nicht verloren, und brach während des 16. Jahrhunderts noch dreimal hervor.[6] [...] Seither scheint bis Bonaparte der Gedanke der Canalisirung des Isthmus völlig geruht zu haben. Dieser ließ in die Instruktionen welche ihm das [Revolutions-] Direktorium zur Ausführung seines phantastischen Zuges nach Aegypten ertheilen mußte, auch die Aufgabe der Durchstechung des Isthmus setzen. Es war keine der geringsten Verkennungen der Verhältnisse, zu meinen daß er mitten im Geräusch eines ernsten Krieges mit den zwei Mächten [= Osmanisches Reich und Großbritannien] die ihm die Eroberung Aegyptens auf das heftigste bestreiten mußten, mit den Mitteln eines bankerotten Staates ein Werk von voraussichtlich ungeheurem Kostenaufwand durchführen könne [...] **[273]** [...]

Das revolutionäre Frankreich hatte General Napoleon zur Eroberung Ägyptens und der Levante entsandt, um die britische Vormachtstellung im Mittelmeer zu beenden und den Orienthandel an sich zu reißen. Die Landung des Korsen bei Abukir im Juli 1798 und die rasche Einnahme von Alexandria und Kairo[7] brachte die Suez-Frage bereits einen Monat nach dem Beginn des Ägyptenfeldzugs in die geographischen Zeitschriften:

Anonym: Über die Erdenge von Suez und die Vereinigung des Mittelländischen Meeres mit dem Rothen. In: Allgemeine geographische Ephemeriden, 1798: 2 (Stück 2 = August), Seite 97–109.

Kein Fleck der Erde steht den Wünschen und Entwürfen der Europäischen Seemächte und Handlungsgesellschaften so sehr entgegen, als die beyden Erdengen von Panama und von Suez. Indien, diese Quelle der vorzüglichsten Reichthümer, ist nun einmahl das Ziel ihrer Wünsche und der Mittelpunct geworden, um welchen sich alle Speculationen im Handel, so wie alle Unternehmungen im Grossen drehen. Jede der vornehmsten Europäischen Seemächte hat **[97]** in dieser Weltgegend mehr oder weniger ansehnliche Besitzungen.[8] Jeder derselben liegt daran, so viel möglich, in dem nächsten und unmittelbaren Verkehr mit dieser Halbinsel zu stehen. Der gerade Weg würde aus dieser Ursache der beste seyn. In der gegenwärtigen Lage der Dinge ist diess schlechterdings unmöglich, indem alle Schiffe, sie mögen nach Osten oder Westen segeln, in ihrer geraden Richtung immer auf eine dieser beyden Erdengen stossen und folglich zu Umwegen genöthigt werden, welche mit einem ungeheuern Zeitverlust verbunden, und noch überdiess nicht weniger kostbar als gefährlich sind. Was war daher wohl natürlicher, als der Wunsch, diese Erdengen zu durchstechen, und auf diese Art die beyden Meere zu vereinigen. [...]

Könnte auch auf diesem Wege nichts weiter bewirkt werden, als Depeschen und Nachrichten früher an die Behörde zu bringen, so würde der Vortheil für den Handel ansehnlich und von Bedeutung seyn. Nach [Benoit de] Maillet's[9] Angabe und Berechnung **[98]** [von 1735] segelt ein mit Güthern wohlbeladenes Schiff in 14 bis 20 Tagen von Marseille nach Alexandria. Von hier aus können sogar die Waaren in drey bis vier Tagen nach Cairo, und in fernern drey Tagen beynahe zu jeder Zeit nach Suez gebracht werden. In 30 bis 35 Tagen legt ein Schiff die ganze Reise von Suez nach Surate [in Indien] zurück, so dass auf diese Art ein Brief aus Frankreich, welcher auf dem bisherigen Wege [um das Kap der Guten Hoffnung] nicht unter fünf oder sechs Monaten nach Ost-Indien kommt, längstens in zwey Monaten dahin gebracht werden kann. [...] **[99]** [...]

5 Gemeint sind das pharaonische Ägypten, das Perserreich, die griechischen Ptolemäer-Pharaonen und das römische Kaiserreich.

6 Nach einer vergeblichen diplomatischen Sondierungsmission durch die Seemacht Venedig 1504 eroberten die Osmanen das Nilland 1517 und unternahmen 1529–1532 und ein halbes Jahrhundert später nochmals jeweils gescheiterte Versuche, die antiken Kanäle wieder instand zu setzen.

7 Siehe ► Abschn. 1.1, Lage und Eintritt in das 19. Jahrhundert.

8 Um 1800 waren dies neben Briten und Franzosen auch noch Portugiesen, Niederländer und Dänen.

9 Der Naturhistoriker und Diplomat Benoît de Maillet (1656–1737) war 1692–1708 als französischer Generalkonsul in Kairo stationiert, von wo er auch verschiedene wissenschaftliche Reisen unternahm.

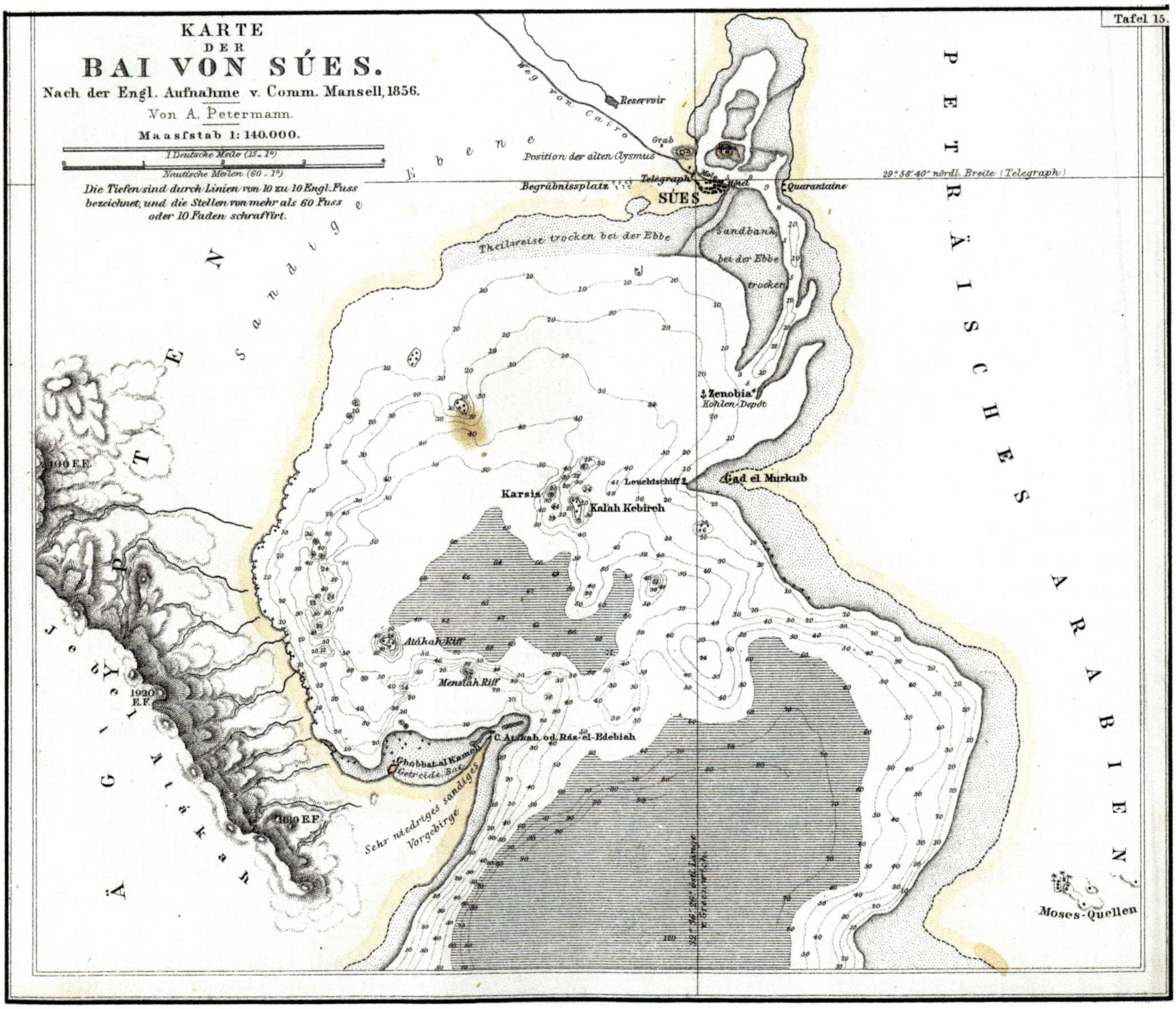

■ **Abb. 5.1** Karte der Bai von Sues, nach der Engl. Aufnahme v. Comm. Mansell 1856. In: Mittheilungen aus Justus Perthes' Geographischer Anstalt, 1861: 7, Tafel 15

Zum Unglück ist dieser Isthmus, durch welchen in den Zeiten der Vorwelt alle Karavanen und Kriegs-Heere aus Syrien nach Aegypten und von da nach Syrien **[100]** zurückgingen, in den letzten Jahren [= zweite Hälfte des 18. Jahrhunderts] sehr selten bereist worden. Es fehlt daher durchaus an einer zuverlässigen detaillirten Karte und Beschreibung dieser Gegend. [...] Aus der Gegend um Suez lässt sich so ziemlich auf die Beschaffenheit der entlegenen Gegenden schliessen. Fünfzig [Wege-]Stunden im Umkreise um Suez ist alles eine Wüste [■ Abb. 5.1]. Trinkbares Wasser und Brunnen sind so selten, dass selbst in Suez kein einziger Brunnen gefunden wird. Alles Wasser wird dahin aus einer Entfernung von sieben Meilen [= ca. 53 Kilometer, wenn deutsche Meilen gemeint sind] auf der andern Seite am Meere oder am Wege nach dem Berge Sinai gebracht[10], und muss, besonders von Fremden, sehr theuer bezahlt werden. Anderthalb Meilen [= ca. 11 Kilometer], **[101]** ehe man von Cairo nach Suez kommt, sieht man ein Gebäude, worunter ein Brunnen ist, der zwar salziges Wasser hat, aber doch von den Karavanen zum Tränken der Kameele benutzt wird. Sonst ist der Boden flach, und beynahe ohne alle Erhöhung. Er ist auch grösstentheils auf eine ansehnliche Tiefe mit leichtem Sande bedeckt, welchen die hier herrschenden Winde nicht selten in ganzen Wolken von einer Stelle zur andern führen. Gegen das Mittelländische Meer werden die Ufer überhaupt in ganz Ägypten so niedrig, dass die Schiffe nahe kommen müssen, um das feste Land entdecken zu können. [...] **[102]** [...]

Vor diesem Hintergrund scheiterten schon nach kaum einem Jahr die Großmachtträume der jungen französischen Republik am sich in Europa entwickelnden Zweiten Koalitionskrieg und in Ägypten, aus dem Napoleon ebenso hellsichtig wie eigenmächtig bereits im August 1799 nach Frankreich zurück-

10 Siehe ► Abschn. 6.1, Eine Pionierdurchquerung von Ulrich Seetzen.

gekehrt war, an Seuchen und den im März 1801 gelandeten britischen Truppen. Letztere nötigten die französischen Truppen schon im folgenden August zur Kapitulation und zum Abzug. Damit waren auch alle Kanalbaupläne auf Jahrzehnte hinaus hinfällig geworden.

5.2 Vorbereitung des modernen Kanalbaus bis zur Mitte des 19. Jahrhunderts

Ironischerweise war gerade Napoleons schon im Ansatz gescheitertes Kanalprojekt wesentlich dafür verantwortlich, dass sich der Kanalbau um Jahrzehnte verzögerte. Der den Korsen begleitende Ingenieuroffizier Jacques-Marie Le Pere (1763–1841) hatte bei kartographischen Aufnahmen der Landenge 1799 ermittelt, dass der Spiegel des Roten Meeres um stolze 9,9 m über demjenigen des Mittelmeeres liegt. Dies hätte jeglichen Kanalbau vor größte technische Schwierigkeiten gestellt – wenn nicht britische Ingenieuroffiziere 1841 durch barometrische Neuvermessungen nachgewiesen hätten, dass Le Pere sich schlicht verrechnet hatte und beide Meere praktisch den gleichen Spiegel aufwiesen. Neben dem Ausräumen dieses lange angenommenen Höhenunterschieds waren es aber vor allem zwei verkehrstechnische Umwälzungen, die Einführung der Eisenbahn und der Dampfschifffahrt, welche die endliche Inangriffnahme des Kanalbaus entscheidend begünstigten:

Anonym: Dampfschiffahrt zwischen Suez und Bombay. In: Das Ausland, 1830: 3.1, Seite 694.

Wie wir früher in diesen Blättern anzeigten, ging das erste Dampfboot der [bereits 1600 gegründeten British East India] Compagnie am 19. November vor [igen] J [ahres = 1829] von Bombay ab. Nach einem kürzlich von dem dortigen Gouverneur erlassenen Reglement hat jeder Reisende für die Überfahrt, sey es hin oder zurück 1.200 Rupien zu bezahlen. Dafür hat er Kost und bekommt einen Diener zu seiner Verfügung. Reisende, die ihren eigenen Diener mitzunehmen vorziehen, entrichten für denselben, wenn er ein Europäer, 150, und wenn er ein Indier ist, 75 Rupien. Die Dampfboote werden von Offizieren der Compagnie-Marine befehligt. Die Verbindung zwischen Alexandria und England soll durch drei Dampfschiffe, je zu 120 Pferdkraft, bewerkstelligt werden. Man berechnet, dass ein Dampfboot von Falmouth [an der englischen Südküste] nach Gibraltar neun, von Gibraltar nach Malta gleichfalls neun, von Malta nach Alexandria sieben, also im Ganzen fünf und zwanzig Tage brauche. Die Reise von Alexandria nach Suez durch die Wüste erfordert vier Tage, und die Überfahrt nach Bombay drei Wochen; so daß man also künftig zwischen England und Indien in fünfzig Tagen hin und zurück reist. **[694]**

Diese Berechnungen erwiesen sich aber als viel zu optimistisch, und die tatsächliche Reisedauer zwischen der südasiatischen Kolonie und dem Mutterland lag infolge der zahlreichen Unwägbarkeiten eher bei 100 Tagen oder noch darüber. Nur wenige Jahre später aber schien sich eine drastische Zeitverkürzung auf der ägyptischen Überlandstrecke anzukündigen:

[Heinrich Berghaus]: Eisenbahn zwischen Kairo und Suez. In: Annalen der Erd-, Völker- und Staatenkunde, 1833/34: 9, Seite 368.

H [err Thomas] Waghorn[11] hat jetzt von dem Vicekönig [Mehmed Ali] von Ägypten die Erlaubniß erhalten, eine Eisenbahn von Cairo nach Suez anzulegen. Somit zweifelt man nicht an der baldigen Einrichtung einer regelmäßigen Verbindung zwischen Bombay und Europa. [...] Die Auslage wird zu 24.000 Pf [und] St [irling] angeschlagen und mehr als die Hälfte ist bereits unterzeichnet. **[368]**

Wenn auch der Verkehr zwischen Europa und Indien und dem noch weiter östlich gelegenen Australasien beständig zunahm, scheiterte Waghorn zu Beginn der 1830er-Jahre aber am britischen und französischen Widerstand, welche damals sich rivalisierend gegenseitig blockierten, aber grundsätzlich den Bau eines leistungsfähigeren Kanals demjenigen einer Eisenbahn vorzogen. So errichtete dann der Eisenbahnpionier Robert Stephenson selbst erst ab 1848 von Alexandria aus die erste ägyptische Eisenbahnstrecke, die 1855 Kairo und erst 1857 von Zagazig im östlichen Nildelta aus über Ismailija in der Mitte der Kanalbaustrecke den Golf von Suez erreichte. Mit dem vorläufigen Zerschlagen des Bahnbauprojektes zwischen Mittelmeer und Rotem Meer wurde in den geographischen Zeitschriften seit Mitte der 1830er-Jahre immer detaillierter der Bau eines Schifffahrtskanals diskutiert:

Anonym: Die Kanäle von Panama und Suez. In: Das Ausland, 1833: 6.2, Seite 1056.

Zu diesem Ende scheint der Pascha [= Vizekönig Mehmed Ali] entschlossen zu seyn, einen Kanal durch die Meerenge von Suez graben zu lassen. Man gedachte zuerst, den alten Kanal

11 Der früher als Lotse im Dienst der British East India Company stehende Thomas Waghorn (1800–1850) entwickelte Ende der 1820er-Jahre die sogenannte *Overland Route* als bald führenden Verkehrsweg nach Indien für Personen und wertvollere Fracht. Diese verband England via Marseille mit Alexandria und von dort per Flussboot mit Kairo und dann auf einer Kamelroute mit Suez, von wo es wieder per Schiff weiter nach Bombay oder Kalkutta ging. Trotz bald ausgeklügelter Logistik und guter Geschäftsverbindungen mit den Beduinenstämmen der Arabischen Wüste dauerte die Reise von London nach Indien Mitte der 1830er-Jahre immer noch rund 90 Tage, wobei die mehrtägige Kamelstrecke von Kairo bis Suez das zeitraubendste Nadelöhr für die seinerzeit rund 2000 Reisenden pro Jahr darstellte.

Nechos wieder herzustellen, allein man hat sich überzeugt, daß er den heutigen Kauffahrern keine großen Dienste leisten könnte, weil er den Nil unterhalb Kairo erreichen würde, und der günstige Zeitpunkt der Winde im arabischen Meerbusen nicht der Zeit der Anschwellung des Nils entspricht. Man mußte also zur Durchstechung der Meerenge sich wenden.[12] Bei der Abmessung dieses Erdstriches überzeugten sich die Ingenieure im Dienste des Pascha [= Vizekönigs] von der Möglichkeit, die beiden Meere zu vereinigen. Der Bericht von J. Marbois, französischer Ingenieur in Aegypten, ist hierüber sehr ausführlich. Als Resultat wird dieser neue Kanal, sagt man, von dem Hafen von Suez ausgehen, durch ein der Nivellirung sehr günstiges Thal gegen den See von Menzaleh vorschreiten, und bei Tineh auf das mittelländische Meer stoßen, wo bereits der Plan für die zur Vertheidigung nöthigen Festungwerke entworfen ist. **[1056]**

Anonym: Die Landenge von Suez. In: Das Ausland, 1840: 13.1, Seite 77–79, 83.

Inzwischen sucht Mehemed Ali, wohl nicht ohne politische Rücksichten, die Fortschaffung von Reisenden und Waaren auf dem Nil und von diesem durch die [Arabische] Wüste [nach Suez] möglichst zu befördern, und auch die neuesten Nachrichten [= 1840] sind hierüber seines Lobes voll, wiewohl die feindselige Gesinnung der englischen Regierung ihm kein Geheimniß seyn kann. Mehemed Ali, bekanntlich früher selbst Kaufmann, und auch jetzt noch mit Handelsgeschäften so gut wie mit Staatsgeschäften vertraut, kann auch über die Gründe der ungünstigen Stimmung Englands gegen ihn nicht im Zweifel seyn. [...] **[77]** [...]

Mehmed Ali hatte seit 1818 weite Teile der arabischen Halbinsel militärisch besetzt und griff bis in den Persischen Golf aus. Hierdurch wurde der nominell osmanische „Vizekönig" von Ägypten zu einem ernsthaften Rivalen der britischen Interessen vom Roten Meer über Arabien bis vor die Tore Indiens, Londons wertvollster Kolonie.

Die Engländer sind es jetzt, welche, durch politische Gründe genöthigt, die Verbindung über Aegypten wieder herstellen wollen [...], allein hier stoßen sie auf Mehemed Ali, der sich mit Macht rüstet, das alte Reich der Fatimiden und Mamelukensultane wieder herzustellen, und ein zu scharfsichtiger Mann ist, um nicht einzusehen, daß nur eine Wiederbelebung des alten arabischen Handels seiner Macht eine sichere Grundlage geben könne; [...]. Seit er in Folge des Kampfs gegen die Wahabiten[13] in Arabien sich der wichtigsten Punkte, namentlich Dschiddah am Ostufer des rothen Meers bemächtigte, wodurch er den ganzen Handel der Mekkapilger, deren jährlich etwa 70.000 durch Dschiddah kommen, unter seinen Einfluß brachte, hat er einen Schritt um den andern gethan, um sich einen unermeßlichen Handel zu sichern. Die Besetzung des Hafens von Loheiah und Mokka[14] hat ihm ein Monopol für all den Kaffee und all die Produkte Afrika's und Arabiens gegeben, welche nach diesen Städten gebracht werden. Durch die Besetzung der kleinen, aber höchst wichtigen Insel Massauah [vor Eriträa] und der gegenüber liegenden Küste hat er den ganzen abyssinischen [= äthiopischen] Handel auf dieser Seite in seiner Gewalt.[15] [...] **[78]** [...] Diese Verhältnisse zwischen England und Mehemed Ali, oder wer immer nach ihm die Zügel der Herrschaft in Aegypten führen mag, müssen beendigt und auf einen dauernden Fuß gestellt seyn, ehe [...] an einen Canal von Suez ins mittelländische Meer [...] zu denken ist, denn die Frage: wer soll die Macht haben, den Canal zu schließen oder zu öffnen? zerstört zum voraus alle Hoffnung auf eine baldige Verwirklichung eines größeren Verkehrs. [...] **[83]**

Darüber verstrichen wieder Jahre und 1844 wurde aus Kairo berichtet:

Anonym: Canal von Suez. In: Das Ausland, 1844: 17.1, Seite 296.

Unter den zahlreichen Arbeiten, die man unaufhörlich dem alten Mehemed Ali vorschlägt, kommt auch wieder ein Canal durch die Landenge von Suez aufs Tapet. Der mögliche Ertrag, 6 Millionen Franken, ist bereits berechnet, alles übrige aber ist noch auf dem Papier. Ein junger in Frankreich erzogener Araber soll dem Vicekönig bewiesen haben, daß ein Canal weit vortheilhafter als eine Eisenbahn sey, [...]; es wird aber wohl noch manches Jahr verlaufen, ehe dieser [...] zu Stande kommt. **[296]**

Diese Einschätzung sollte zutreffen, zumal sich nach dem Tod von Mehmed Ali, dem 1849 weniger fähige Söhne als Staatslenker nachfolgten, die das Bauprojekt ungewisser als zuvor erscheinen ließen, auch Stimmen erhoben, welche – neben der allgemein befürchteten raschen Versandung – dessen technische und administrative Ausführbarkeit bezweifelten, wie diejenige des früheren preußischen Generalkonsuls in Beirut:

[Louis] von Wildenbruch: Ueber die Schwierigkeiten, welche sich der Ausführung einer Canalverbindung zwischen dem Mittelländischen und Rothen Meere entgegenstellen dürften. In: Monatsberichte [...] der Geographischen Gesellschaft zu Berlin, 1849: 10, Seite 29–43.

12 Ein deutlicher Hinweis, dass 1833 noch nicht mit einer raschen oder gar vollständigen Ablösung der Segel- durch die Dampfschifffahrt gerechnet wurde.

13 Im 18. Jahrhundert von Muhammad al-Wahhab in der zentralarabischen Landschaft Nadschd begründete puristisch-konservative Richtung des sunnitischen Islams, heute offizielles Leitbild in Saudi-Arabien; siehe ► Abschn. 1.2: Mehmed Ali: vom Söldnerführer zum Dynastiegründer.

14 Beides Häfen am Südausgang des Roten Meeres.

15 Siehe ► Abschn. 10.1, Traum und Alptraum einer Kolonialerwerbung.

Von allen Arbeiten, welche nun zur Herstellung einer Verbindung zwischen den beiden Meeren nothwendig sein dürften, scheinen immer die an der Mündung des Kanals in das Mittelländische Meer behufs eines Hafens und zur Gewinnung eines hinreichenden Fahrwassers bei weiten den schwierigsten und kostspieligsten Theil zu bilden. [...] **[33]** [...] Die ganze Küste Aegyptens ist nämlich niedrig, sandig, und das Meer weit hinaus flach und voller Triebsandes, und ich weiss aus eigner Erfahrung, die mit der aller Reisenden in dieser Gegend übereinstimmt, dass grössere Fahrzeuge weit von der Küste entfernt bereits zu sondiren anfangen müssen, und nur mit äusserster Vorsicht sich fortbewegen können. Die Schwierigkeit nun, das für grössere Schiffe nöthige Fahrwasser im Meere herzustellen und dauernd zu erhalten, dürfte nebst den dazu nöthigen Ausgaben meiner Ueberzeugung nach leicht diejenigen überwiegen, welche die Grabung des Canals selbst erfordern wird [...]. [...] **[34]** [...]

Finden wir nun schon in Mehemed Alis finanzieller Stellung, und in den administrativen Verhältnissen Aegyptens Gründe genug zu zweifeln, dass von der jetzigen Regierung des Landes hilfreiche Hand zur Ausführung des Canalbaues geboten werden dürfte, so müssen zur Begründung eines umfassenden Urtheils über die Möglichkeit der Unternehmung wir unsern Blick noch weiter hinauf und zwar nach Constantinopel wenden, da wir es uns nicht verhehlen können, dass dem Grossherrn, der von den Europäischen Mächten nun einmal als der eigentliche Souverän Aegyptens anerkannt ist und hinter dessen Autorität Mehemed Ali sich nöthigen Falls stets verschanzen wird, allerdings ein Wort hierbei zustehet. Zu bemerken ist nun hierbei, dass schon die bescheidene Art und Weise, wie das Unternehmen der Canalisirung des Isthmus betrieben wird, in Form eines Privatunternehmens nämlich, die eifersüchtige und argwöhnische Aufmerksamkeit der [Hohen] Pforte[16] in nicht geringem Grade auf sich gezogen hat. [...] **[38]** [...]

Ungeachtet dieses eher machtpolitisch denn technisch-finanziell bedingten jahrzehntelangen Stillstandes wurde die Notwendigkeit einer baldigen Inangriffnahme des Kanalprojektes immer deutlicher:

Anonym: Verkehr über Suez. In: Das Ausland, 1850: 23, Seite 1184.

Man hat gar kein Mittel, die Wichtigkeit des englischen Verkehrs über Suez genau zu bestimmen, man weiß nur, daß von Indien durchschnittlich des Monats 300 Collis [= Stückgüter, kleinste Einheiten selbstständiger Warensendungen] ankommen, und 600 dahin abgehen. Da die Transportkosten sehr hoch sind, so werden nur werthvolle Waaren auf diesem Wege geschickt. Man weiß außerdem, daß im J [ahre] 1848 2.412 Reisende den Weg machten, 1.063 nach Indien und 1.349 von Indien. Während der Wintermonate ist dieser Zug am stärksten. **[1184]**

16 Siehe ► Abschn. 1.2, Mehmed Ali: vom Söldnerführer zum Dynastiegründer, Fußnote 19.

Um zumindest den Personenverkehr zwischen Kairo und Suez zu verbessern, mussten 1850 sogar große Pferdebusse beschafft werden:

Anonym: Omnibus für die Wüste von Suez. In: Das Ausland, 1851: 24, Seite 176.

Einer der ersten Wagenfabrikanten von Paris hat von der ägyptischen Regierung einen Auftrag erhalten, 50 starke Diligence-Omnibusse [= Großraumkutschen] zu liefern für die Fahrt durch die Wüste. **[176]**

5.3 Ein schwieriges Bauprojekt

Nachdem sich bereits 1846 in Paris eine Société d'Études de l'Isthme de Suez gebildet hatte, war es der französische Diplomat Ferdinand de Lesseps (1805–1894) [▪ Abb. 5.2], der seine Heimat 1833–1837 als Konsul in Kairo vertreten und sich dabei mit dem jungen Said Pascha aus der Herrscherfamilie befreundet hatte, dem die Ausführung des Kanalbaus gelingen sollte. Als sein alter Freund Said 1854 auf den Thron des Vizekönigs gelangte, reiste der unterdessen privatisierende de Lesseps umgehend nach Kairo und erlangte nach nur zweiwöchigen Verhandlungen am 30. November 1854 die Konzession zum Bau und Betrieb des Kanals auf 99 Jahre. Für die Durchführung dieses Großprojektes gründete de Lesseps die Compagnie universelle du canal maritime de Suez, für die er in den nächsten Jahren aber noch keinen Spaten in die Hand nehmen konnte, sondern sein ganzes diplomatisches Geschick einsetzen musste, damit Großbritannien wie Frankreich sich nicht länger gegenseitig blockierten und das notwendige hohe Aktienkapital überall in Europa gezeichnet wurde. Auf die Dauer konnte sich aber niemand dem Argument der teils erheblichen Verringerung der Wegestrecken zwischen Bombay, dem Tor zu Indien, und damaligen Haupthäfen der Weltschifffahrt verschließen: Triest: 4320 (statt 9150) Kilometer, Liverpool: 5720 (statt 9040) Kilometer, Le Havre: 5310 (statt 9390) Kilometer, New York: 6970 (statt 11.490) Kilometer.

Anonym: Das Project des Hrn. v. Lesseps über die Durchstechung der Landenge von Suez. In: Das Ausland, 1855: 28, Seite 845–848.

H [err] v [on] Lesseps hat in einer Flugschrift [...] über sein berühmtes Actienunternehmen Aufschlüsse gegeben. Wir wollen hier nicht näher auf die technischen Schwierigkeiten der Canalbauten eingehen. [...] Der alte Irrthum daß der Spiegel des rothen Meeres höher liege als der des Mittelmeeres, ist jetzt gänzlich als beseitigt anzusehen. Nach den bisherigen Vermessungen ist man zu der Annahme berechtigt daß kein unbesiegbares Hinderniß für die Canalbauten sich findet, und daß es sich höchstens fragt

Abb. 5.2 Ferdinand de Lesseps. In: Globus 1866: 9, Seite 366

ob das Verkehrsmittel mit hohen oder geringen Kosten herzustellen sey. Der Kostenpunkt ist zwar nicht unbedeutend, allein er geht doch zunächst nur die Actionäre an, da ihre Rente von dem Geldaufwand abhängen wird.

Die Richtung in welcher der Canal zu liegen kommt, führt bekanntlich durch die Bitterseen, die wegen ihrer starken Depression unter den mittelländischen Spiegel als eine bereits fertige Canalstrecke betrachtet werden dürfen. Die beiden Endpunkte sind Suez [am Roten Meer] und Pelusium [am Mittelmeer]. Der Canal bekommt eine Länge von 30 Seemeilen [= ca. 55 Kilometer] [...]. Das Bett soll eine Breite von hundert und eine Tiefe von acht Meter erhalten. Man wird es durch Dämme angemessen bis in die See hinaus erweitern, so daß die Schiffe bequem aus- und einlaufen können. Sechs Jahre hält H [err] v [on] Lesseps hinreichend zur Beendigung der Bauten, deren Kostenaufwand er auf 162 Mill [ionen französischer] Franken berechnet hat, also die Hälfte dessen was die Paris-Lyoner oder die Great Northern-Bahn von London nach York gekostet hat. Für diese Schätzung des Geldaufwandes haben sehr berühmte Ingenieure ihre Autorität eingesetzt, und da weder wir noch die meisten Leser dieser Blätter an Ort und Stelle die Messungen und Kostenanschläge prüfen können, so wollen wir jene ermittelten Werthe vorläufig als die richtigen betrachten.

H [err] v [on] Lesseps nimmt an daß sich die durchlaufenden Schiffe einem Canalzoll von 10 Francs per Tonne [...] unterwerfen sollen, und er rechnet dann auf eine jährliche Roheinnahme von 40 Mill [ionen] Fr [ancs], **[845]** also auf einen Durchgang von 4 Mill [ionen] Tonnen Schiffsgut. Nehmen wir an daß der Gehalt der Schiffe welche den Canal benutzen werden, durchschnittlich 500 Tonnen betrage, so stellt sich H [err] v [on] Lesseps vor daß im Durchschnitt täglich etwas mehr als zwei Schiffe nach oder von Indien den Canal passiren werden. Von dieser Brutto-Einnahme zieht H [err] v [on] Lesseps 2½ Proc [ent] als Kosten der Unterhaltung des Canals ab, und 1 Procent als Amortisation [= Tilgung der Baukredite], also [...] bleibt als Reingewinn 38.600.000 Francs. Von diesem Reingewinn ist der ägyptischen Regierung eine Prämie von 15, und den Gründern der Gesellschaft eine Prämie von 10 Procent zugestanden worden. Wenn diese 25 Procent vom Reingewinn abgezogen werden, bleiben noch etwas mehr als 29 Mill [ionen]Francs jährlich zu vertheilen. Angenommen nun der Kostenaufwand stiege bis zu 200 Millionen, so würden die Actionäre immer noch eine Dividende von beinahe 15 Proc [ent] ziehen. In 90 Jahren geht der Canal in das Eigenthum der ägyptischen Regierung über. [...] **[846]** [...]

Nachdem nun die Pläne auf dem Tisch lagen, wurden alle nur denkbaren Aspekte des Projektes diskutiert. Die Kaiserlich-Königliche Geographische Gesellschaft in Wien setzte zur Untersuchung dieses absehbar welthistorischen Unternehmens sogar eigens eine Kommission ein, deren Bericht zunächst die Wiedergabe eines Papiers des geadelten österreichischen Verkehrsbauingenieurs und Ministerialrates Alois Negrelli Ritter von Moldelbe (geb. Luigi Negrelli, 1799–1858) war, welcher sich seit 1836 an den Vorbereitungsplanungen des Suez-Kanals beteiligt hatte:

Franz Foetterle: Bericht über die Durchstechung der Landenge von Suez an die k. k. geographische Gesellschaft von der hierzu gewählten Commission [...]. In: Mittheilungen der k. k. Geographischen Gesellschaft in Wien, 1857: 1, Seite 67–82.

Als im Jahre 1847, während Mehemed-Ali noch in Aegypten herrschte, die Frage rücksichtlich der Durchstechung der Landenge von Suez durch die Bemühungen der Société d'Etudes [...] schon ziemlich der Lösung sich nahte, suchten die Engländer dieselbe durch die Anlage einer Eisenbahn von Alexandrien über Cairo nach Suez zu paralysiren, oder wenigstens einzuschläfern. Allein das Mittel gelang ihnen nicht. Die Eisenbahn rief vielmehr das, wegen des inzwischen eingetretenen Ablebens Mehemed-Ali's, und wegen der politischen Störungen des Jahres 1848 aufgehobene Project wieder wach. Doch blieben weitere Schritte während der Regierungen von Ibrahim Pascha und Abbas Pascha, welche dem energischen und genialen Mehemed-AIi folgten, unbeachtet, weil die Engländer einen ihren Ansichten entsprechenden Einfluss auf die obigen zwei Nachfolger Mehemed-Ali's geltend zu machen wussten.

Endlich gelangte der jetzige Vicekönig Said Pascha zur Regierung [= Muhammad Said, regierte 1854–1863], dessen europäische Bildung, vereint mit seltener Kraft [...], die Wiederaufnahme der durch seine zwei Vorgänger vernachlässigten Angelegenheit des Suezer Canals veranlasste. Seine Ingenieure Linant-Bey und Mougel-Bey, zwei ausgezeichnete französische Ingenieure, die schon unter der Regierung Mehemed-Ali's nach Aegypten berufen wurden, und dort die wichtigsten Bauwerke ausführten, erhielten **[70]** den Auftrag, die von der früheren Société d'Etudes ausgeführten Pläne und Nivellirungen wieder zu übergehen, und nach den Ergebnissen dieser wiederholten Erhebungen das Project zur Verbindung der beiden Meere näher auszuführen. Als nun diese neuen Erhebungen die Richtigkeit der von der Société d'Etudes ausgeführten Messungen constatirten, beschloss der Vicekönig die Ausführung des Canals, welche er im Jahre 1854 dem Herrn Ferdinand v [on] Lesseps, der in früherer Zeit durch viele Jahre französischer Generalconsul in Aegypten war, und mit ihm in freundschaftlichen Verhältnissen stand, übertragen hat. [...] **[71]** [...]

Sodann zitiert der Bericht die vom Geographen Ferdinand von Richthofen, einem weiteren Kommissionsmitglied, gegebene Zusammenfassung der bis 1857 bekannt gewordenen bautechnischen Planungen der Kanalgesellschaft:

Der Isthmus hat [an der schmalsten Stelle] eine Breite von 113 Kilometres [...]. Die natürliche von Nord nach Süd gerichtete Depression, welche durch die Bitterseen und den Timsahsee angezeigt wird, zeigt keine Erhebungen über 12–15 Metres. Diese Configuration der Vorlage des Niles mit dem Isthmus ergibt die Möglichkeit verschiedener Wege für den Canal, die sich im Wesentlichen in die directen Verbindungslinien der beiden Meere und in solche theilen, welche nur das rothe Meer mit dem Nilthal in Communication setzen. Es sind nach beiden Richtungen Projecte aufgestellt worden, welche von der Commission einer genauen Kritik unterzogen wurden. [...] **[77]**

Da alle indirekten Kanalführungen ab einem Arm des Nil an der nicht hinreichenden Wasserführung in der Trockenzeit sowie der Gefahr des Salzwassereintrags in das fruchtbare Nildelta scheiterten, blieb nur die direkte Verbindung der beiden Meere:

Die von Herrn v [on] Negrelli seit 1847 verfolgte Verbindung von Suez durch die Bitterseen nach der Schwelle von Serapeum, und durch den Timsahsee um die Schwelle von El Guisr herum nach dem innersten Golf von Pelusium [am Mittelmeer] zwischen dem alten Schloss Tineh und Pelusium vereinigt **[77]** die Vortheile des kürzesten und am wenigsten kostspieligen Weges mit dem Mangel aller Nachtheile der indirecten Linien. [...] Auf Grund der Terrainkenntniss versucht nun die Commission die Entscheidung der allgemeinen technischen Fragen. [...] Eine zweite wichtige Frage betrifft die von vielen Seiten vorgeschlagene Anbringung von Schleussen an beiden Enden. Man würde durch das Höherlegen der Sohle um 1–1½ Meter 17 Mill [ionen] Cub [ik]-M [eter] Abraum ersparen; auch würde der Canal stets ruhig sein, und könnte von keiner Seite versanden oder verschlammen. Dagegen macht die Commission auf die grossen Nachtheile aufmerksam, welche durch das Eindämmen des Canals in den See und durch das Anbringen von 2–4 Schleussen an jedem Ende hinsichtlich der Verzögerung der Schifffahrt entstehen würden, abgesehen davon, dass die Kostenersparniss illusorisch ist, indem sie durch die Dämme in den See compensirt werden würde. Letztere werden für durchaus überflüssig erachtet, obgleich sie die Wellen brechen und das Schiffziehen erleichtern würden. [...]

Hafenplätze. Vor der Rhede von Suez können 500 Schiffe ankern. Der zähe Schlammboden in 5–13 Meter Tiefe ist ein vortrefflicher Ankergrund. Der meist herrschende N [ord]N [ord]W [est]-Wind ist nicht gefährlich, der S [üd]S [üd]O [st] hält nicht lange an. Ebbe und Flut sind schwach, Strömungen finden nicht statt. Da das rothe Meer keinen Zufluss erhält und die felsigen Ufer wenig vom Wasser **[78]** benagt werden, so darf man den Meeresgrund als unveränderlich ansehen. Die Commission beschliesst einen 500 M [eter] breiten Theil der Bucht 8–9 M [eter] tief zu graben und mit Dämmen von zwei Seiten einzufassen. Weiterhin ist ein 800 M [eter] langer Quai längs einem 200 M [eter] breiten Bassin projectirt. Das Baumaterial wird von dem nahen Attaka-Gebirge und dem Berg M'Salem herbeigeschafft werden.

Hafen von Said. Der Golf von Pelusium ist durch eine 100–150 M [eter] breite Sandbarre vom See Menzaleh[17] getrennt; der Grund des Meeres ist die Fortsetzung der Barre, welche [...] die Vermischung des Salzwassers mit dem ursprünglich süssen Wasser des Sees gestattet. Der westliche Theil der Bai versandet noch jetzt, der östliche seit 2.000 Jahren nicht; indem die Ruinen von Pelusium noch in derselben Entfernung vom Wasser liegen, als zu Strabo's Zeiten [= um Christi Geburt]. Der im Allgemeinen sehr flache Meeresboden ist am steilsten bei Said, wo in 3.000 M [eter] Entfernung vom Ufer das Wasser eine Tiefe von 10 M [etern] hat; erst in dieser Tiefe tritt Schlamm an die Stelle des Sandes. Alle diese Umstände, so wie die gänzliche Sicherheit vor weiterer Erhöhung des Meeresbodens, ferner die von Westwinden geschützte Lage, bestimmte die Commission zur Wahl dieses von Negrelli vorgeschlagenen Ortes als Hafenplatz, obwohl der Canal 7 Kilometer länger wird, als über Pelusium. Was den Bau des Hafens betrifft, so werden zwei Dämme in 400 M [eter] Abstand, ohne Schutzdämme, für hinreichend gehalten; der östliche soll 2.500, der westliche 3.500 M [eter] Länge haben, um bis zu Meerestiefe von 10 M [etern] hinauszugehen. Der eigentliche Hafen wäre 1.800 M [eter] lang und 400 M [eter] breit, würde also 72 Hectaren [...] umfassen. Hinter diesen als Einfahrt dienenden Häfen soll noch ein Arriere-Bassin [= rückwärtiges Wartebecken] von 800 M [eter] Breite und 800 M [eter] Länge, also von 64 Hectaren Oberfläche angelegt werden. Die Hafenfläche beträgt also 176 Hectaren [...]

Hafen von Timsah [= später Ismailija genannt]. Der Timsah-See eignet sich mit seiner 2.000 Hectaren grossen Oberfläche zu einem Stapelplatz zum Ausbessern der Schiffe. Es werden zu diesem Zweck 1.000 Meter Quaie angelegt werden. [...]

Vier Fähren sollen bei Suez, Menzaleh, und an den wichtigsten Karavanenstrassen angelegt werden. Ferner beschliesst die Commission die Ausführung einer Telegraphenverbindung

17 Siehe ▶ Abschn. 2.2, Das Nildelta.

zwischen beiden Häfen, endlich eines Flussverbindungs- und Bewässerungs-Canals. Er versorgt während des Baues und nachher die Arbeiter mit süssem Wasser , und soll ausserdem 40.000 Hectaren Landes bewässern und fruchtbar machen. Der [Süßwasser-]Canal [...] soll 25 M [eter] breit und in der trocknen Zeit 2 M [eter] tief sein. Am Timsahsee würde er sich in zwei schmälere Arme nach Said und Suez theilen.

Kosten-Anschlag. Es sind im Canal abzuräumen: trockener Boden 46 Mill [ionen] Kubikmeter, mit Baggermaschinen 50 Mill [ionen] Kubikmeter, dazu werden nur eingeborne Fellah's benutzt, deren Löhnung höher als in Aegypten, niedriger als in Europa sein wird. [Der französische Ingenieur in ägyptischen Diensten] Mougel-Bey macht demnach folgenden Ueberschlag **[79]** der Kosten:

1.	Canal mit Uferbau und Fähren	85½ Mill [ionen] F [rancs]
2.	Süsswasser-Canal	9 Mill [ionen] F [rancs]
3.	Hafen von Said	21 Mill [ionen] F [rancs]
4.	Hafen von Timsah [= Ismailija]	1½ Mill [ionen] F [rancs]
5.	Hafen von Suez	8½ Mill [ionen] F [rancs]
6.	Leuchttürme, Gebäude u.s.w.	2½ Mill [ionen] F [rancs]
7.	Andere Einrichtungen, als Telegraph u.s.w.	6 Mill [ionen] F [rancs]
8.	Verwaltungskosten (2½ %)	3½ Mill [ionen] F [rancs]
9.	Für unvorhergesehene Fälle	14½ Mill [ionen] F [rancs]
	Gesamtkosten der Arbeiten	162 Mill [ionen] F [rancs]

Das Capital der Gesellschaft beträgt 200 Millionen F [rancs]; der Ueberschuss wird zur Abzahlung der Interessen à 5 % und für Nebeneinrichtungen verwendet, welche die Cultivirung der Gegend bezwecken sollen.

Das Baumaterial für die Häfen kommt für Suez aus dem Gebel Attaka, von M'Salem und durch den Süsswasser-Canal aus Aegypten, für Said von Cypern, Rhodus, Scarpanto und andern [griechischen] Inseln, sowie von der Küste von Kleinasien.

[Jährliche] Unterhaltungskosten des Hauptcanals.

1.	Die beiden Einfahrten (Baggerung)	130,000 F [rancs]
2.	Eigentlicher Canal	1,047,828 F [rancs]
3.	Kunstarbeiten	86,735 F [rancs]
4.	Leuchtfeuer	8,800 F [rancs]
5.	Personal	84,335 F [rancs]
6.	Verschiedene Ausgaben	213,100 F [rancs]
		1,570,498 F [rancs]

Die letzteren Anschläge sind nach Analogie mit andern Canälen berechnet. **[80]**

Wenn auch heute kaum mehr im Blickfeld, so stellte doch der vergleichsweise unscheinbare Süßwasserkanal vom Nil bis nach Suez für Ägypten und seine Herrscher ein wichtiges und vielleicht das ausschlaggebende Lockmittel zur Gewährung der Konzession für den Bau des Suez-Kanals dar:

Anonym: Der Süßwasserkanal vom Nil ins rothe Meer. In: Das Ausland, 1859: 32, Seite 305–306.

Das Lesseps'sche Unternehmen besteht, wie bekannt, aus zwei Wasserbauten: dem meerverbindenden Schiffscanal nämlich und dem Süßwassercanale von Cairo's Nähe nach Suez. Für diesen letztern hat [Vizekönig] Seyd Mohammed Pascha sehr liberale Landconcessionen gemacht, die möglicherweise einen Werth bekommen könnten, wenn in dem zur Zeit noch händearmen Nilthale sich einst ein solcher Ueberfluß an Arbeits- und Productionskräften zeigen sollte, der es erlaubt an die Unternehmung der Streifen Wüstenlandes und Felsbodens diesem Canale entlang zu denken. [...] Die Summen die der Pascha auf das Lesseps'sche Unternehmen gezeichnet hat, sind ausschließlich zur Ausführung dieses Süßwassercanales bestimmt, der im Falle eines Scheiterns des zweiten und schwierigern Theiles des Unternehmens natürlich erstem anheimfiele; auch ein Contractbruch könnte zu diesem Resultate führen, wie etwa eine Verrechnung in der zur Eröffnung des Suez-Pelusium-Canales festgesetzten Zeit [...].

Es ist unzweifelbar daß ein Süßwassercanal vom Nil nach dem Terminus der Cairo-Suez-Eisenbahn am rothen Meere dort ein zweites Alexandrien ins Entstehen rufen wird [...]. Da nun auch die Privatinteressen des Pascha an diesem Süßwassercanale betheiligt sind, so läßt sich voraussehen daß zu dessen schleuniger Ausführung weder Mühe noch Kosten an Geld und Leuten gespart werden, und daß dazu die Hälfte der zur Eisenbahn erforderten Zeit hinreichen dürfte, d. h. circa zwei Jahre, wie der Unternehmer verspricht. Seyd Mohammed Pascha gilt als der größte Landeigenthümer in Aegypten, seine Besitzungen liegen noch dazu sämmtlich in Unter-Aegypten, das, wie bekannt, der werthvollste Theil des langgestreckten Nilthales ist, und sicher wird durch den projectirten Abzugscanal nach dem rothen Meere der Werth dieser Provinzen noch bedeutend vermehrt. [...] **[305]** [...]

Man sollte meinen, dass mit dem feierlichen Baubeginn am 25. April 1859 am Mittelmeer, wo später der nach dem die Konzession erteilenden Vizekönig benannte nördliche Terminus Port Said entstand, die hitzigen Debatten um den Kanal abflauten und einer sachlichen Berichterstattung Raum gaben. In Ermangelung zuverlässiger Berichte von Ort und Stelle interpretierten auch die geographischen Zeitschriften in Deutschland die tendenziösen Pressebilanzierungen durch Freund und Feind des Kanalprojektes ganz nach eigenem Gusto. Ein gutes Beispiel hierfür sind die Berichte des *Globus* über die Baufortschritte der ersten Jahre und deren Bewertung:

[Karl Andree]: Wie steht es mit dem Suez-Kanal. In: Globus, 1862: 1(1), Seite 52–55.

Durch Pariser Blätter wurde jüngst wieder die Nachricht verbreitet, daß am Suez-Kanal die Arbeiten einen rüstigen Fortgang nähmen. Man habe, heißt es, in der Nähe treffliche Steinbrüche eröffnet, beschäftige gegenwärtig etwa achttausend Arbeiter, werde noch im Laufe des Jahres 1861 die Süßwasserstrecke befahren und die Hälfte des maritimen Kanales bis December vollenden! Im Jahre 1862 könne die Verbindung beider Oceane bewerkstelligt werden. Der Unternehmer, Ferdinand von Lesseps, macht bekannt, daß die Ausgaben sehr beträchtlich unter dem Voranschläge zurückbleiben würden. Diese Angaben laufen, gut deutsch geredet, auf Schwindel hinaus, welcher in dieser Suezangelegenheit von Anfang an eine so große Rolle spielt. Der Unternehmer ist nicht im Stande, auch nur annähernd die Kosten zu berechnen, welche die Hafenbauten bei Pelusium-Saidopolis und bei Suez verursachen werden, oder zu sagen, ob er praktikable Häfen zu schaffen überhaupt im Stande sei. Darin liegt aber, was die Bauarbeiten anbelangt, der Schwerpunkt. [...] **[52]** [...]

Anonym: Die Arbeiten an dem Kanal auf der Landenge von Suez. In: Globus, 1863: 2(3), Seite 188–189.

Unsere Leser wissen, daß wir dem großen Werk einen gedeihlichen Fortgang und ein glückliches Ende wünschen, denn jeder neue Verbindungsweg, welcher im Interesse des Verkehrs eröffnet wird, ist ein Vortheil für die Welt. [...] Eben jetzt ruft man von Paris aus wieder einmal Triumph. Wir haben das Journal de l'Isthme de Suez [= Organ der Kanalbaugesellschaft] regelmäßig gelesen und folgten den Erörterungen dieses Blattes. Nun äußert dasselbe in seiner Nr. 153: „Kein verständiger Mensch kann jetzt noch die Ausführbarkeit des Kanals bezweifeln von dem Tag an, da er zwischen Port Said (am Mittelmeer) und Timsah hergestellt ist. [...]" Wir sehen in diesen Aeußerungen lediglich Redensarten, die auf keinen „verständigen Menschen" Eindruck machen werden. Inzwischen ist die vielbesprochene Schwelle Et Gisr durchbrochen worden, das Wasser des Mittelmeeres kommt bis Timsah. Der Durchbruch ist aber nur ein provisorischer Graben, 12 Metres [...] breit und 2,1 Meter tief. Der Kanal selbst soll aber 56 Metres Breite und 8 Metres Wassertiefe haben. Die ganze Länge des Suezkanals beträgt ungefähr 150 Kilometres; der provisorische Durchstich ist 68 K [ilometer] lang. Auf der übrigen Strecke führen 48 K [ilometer] durch die Bitterseen und andere Bodensenkungen, die unter dem Meeresniveau liegen [= Erfordernis von Dammbauten]. Ein weiterer Durchstich würde eine Länge von 34 K [ilometern] haben müssen, um einen Wasserstrom von geringer Tiefe aus dem Rothen Meer in das Mittelmeer, ohne Schleusen, zu leiten.

Nach dem hier Gesagten hat der provisorische Graben nur ein Achtzehntel des Wasserdurchschnittes, welchen der vollendete Kanal haben soll. Der See von Mensaleh ist nur 2 Metres tief; siebenzehn Achtzehntel des vollendeten Kanaldurchschnittes auf der ganzen Linie müssen noch ausgehoben werden. Bis jetzt ist etwa ein Siebenzigstel von der gesammten zu bewegenden Erdmasse gefördert worden. Der französische Schiffskapitän Roussin, welcher jüngst die Linie besichtigte, bemerkt, daß der Vicekönig Said Pascha etwa 25.000 Fellahs zu den Arbeiten zwinge; jeder Stamm, jedes Dorf muß ein Kontingent stellen, das etwa einen Monat lang am Kanal schaffen muß; der Arbeiter kann dabei monatlich 8 bis 10 Francs verdienen. Diese arabisch-ägyptischen Bauern sind nicht zu bewegen, sich europäischer Werkzeuge zu bedienen; sie arbeiten mit den Händen und kleinen Mulden [körben]. Den provisorischen Kanal hofft man bis zu Ende des Jahres 1863 zu vollenden; er wird dann von Port Said bis Suez reichen, kann aber für den Kanal selber nichts beweisen; denn daß man einen Wassergraben durch die Landenge ziehen könne, ist von keiner Seite bezweifelt worden, wohl aber, daß ein großer Schiffskanal mit guten Häfen an den Endpunkten herzustellen sei. [...] **[188]** [...]

Wie so oft im Leben lag auch beim Bau des Suez-Kanals die Wahrheit zwischen den überaus optimistischen Verlautbarungen der Bauherren und den Verdammnisurteilen der Zweifler und Gegner des Vorhabens. In der Tat machte der Kanalbau doch Fortschritte, aber natürlich langsamer als erhofft und zu weitaus höheren Kosten als veranschlagt. Ungeachtet seiner durchaus kritischen Stellung zum Kanalprojekt veröffentlichte der *Globus* 1864 einen Artikel von Georg Schweinfurth[18], der das gesamte Bauprojekt bereist hatte und in seinem bekannt farbigen Erzählstil ausführlich über den tatsächlichen Stand des Unternehmens fünf Jahre nach dem Spatenstich berichtete:

Georg Schweinfurth: Georg Schweinfurths Fahrt auf dem Suez-Kanal. In: Globus, 1864: 3(6), Seite 33–42.

Am 20. Januar [1864] verließ ich Kairo und begab mich nach Suez, wo vor wenigen Tagen die Einweihung des Süßwasserkanals in festlicher Weise begangen worden war [■ Abb. 5.3]. Der Nil in Suez, das war das Losungswort, mit welchem der für die Geschichte dieser Stadt vielleicht wichtigste Tag von Alt und Jung, von Einheimischen und Fremden mit gleichem Jubel begrüßt wurde. Noch stehen verworrene Klumpen elender Erdhütten, verfallene, halbeuropäische Bauten von Fachwerk und Thon, am Quai sieht man das einstöckige Viereck des englischen Hotels, davor die auf leichtem Eisengerüst ruhende Eisenbahnhalle, einige Speicher und schließlich die Konsulatsgebäude der Westmächte.

So armselig erscheint die Stadt, in welcher, trotzdem sich über ihren Mauern drei Welttheile die Hände reichen, eine Ruhe des Todes herrscht. Kein Baum, kein Quell, nicht einmal Salzpflanzen an dem weiten flachen Meeresgestade, kurz nicht die geringste Spur einer Vegetation kann man im weiten Umkreise des Orts wahrnehmen. Dem Auge des Wanderers bietet sich keine andere Erquickung dar, als das Blau des Himmels und des Meeres, auf welchem ein halbes Dutzend Dampfer und einige Segelfahrzeuge vor Anker liegen. Man wird sich daher leicht vorstellen, welch verändertes Bild den Reisenden hier bereits nach wenigen Jahren erwarten wird, indem das Süßwasser des Kanals bei der Beschaffenheit des Wüstensandes und der hiesigen Atmosphäre ausreicht, um die trostloseste Einöde in kurzer Zeit in grüne Fluren umzugestalten. [...] **[33]**

18 Siehe ► Abschn. 1.5, Reiche Touristen und arme Handwerksburschen, Fußnote 45.

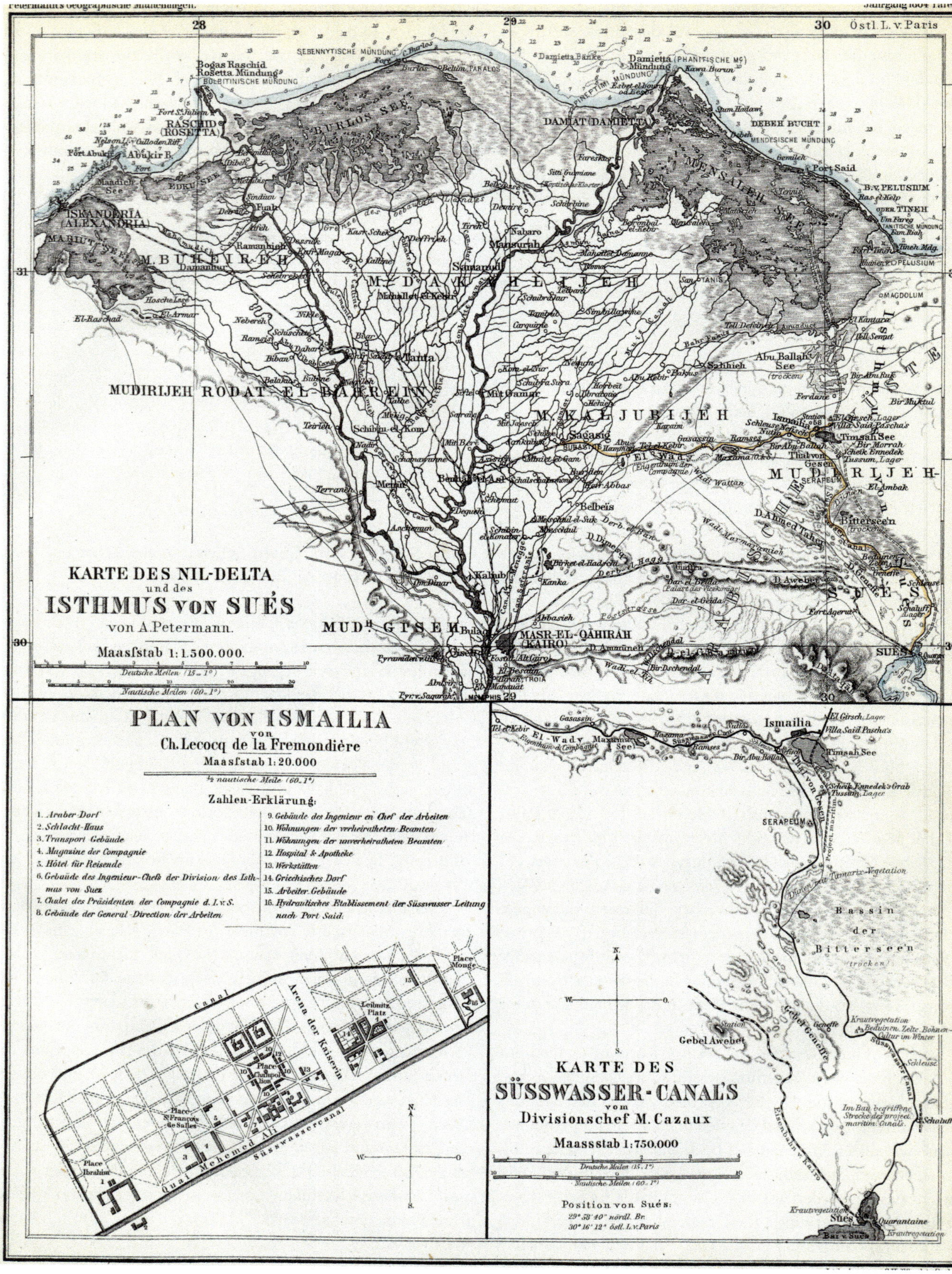

■ **Abb. 5.3** Der Suez-Kanal im Bauzustand 1864: a) Karte des Nil-Delta und des Isthmus von Sues, b) Plan von Ismailia von Ch. Lecocq de la Fremondiere, c) Karte des Süsswasser-Kanals vom Divisionschef M. Cazaux. In: Mittheilungen aus Justus Perthes' Geographischer Anstalt, 1864: 10, Tafel 8

Hierzu ergänzte die führende deutschsprachige geographische Zeitschrift, der Schweinfurth zur Anfertigung einer Übersichtskarte die Abzeichnung einer großen Baukarte der Suez-Gesellschaft zugesandt hatte:

Anonym: Der Süsswaser-Kanal vom Nil nach Sues. In: Mittheilungen aus Justus Perthes' Geographischer Anstalt, 1864: 10, Seite 220–222.

So verschieden auch die Urtheile über den Sues-Kanal in Betreff der Wahrscheinlichkeit seiner Vollendung und seiner künftigen Rentabilität lauten, über die Nützlichkeit des vom Nil nach dem Isthmus geleiteten, im Jahre 1861 begonnenen, im Februar 1862 bis zum Timsah-See und im Januar 1864 bis Sues vollendeten Süsswasser-Kanals herrscht nur Eine Stimme. Zunächst erleichtert er die Arbeiten am maritimen Kanal wesentlich dadurch, dass er eine bequeme Wasserstrasse für den Transport von Lebensmitteln und sonstigen Bedürfnissen, unter Anderem auch der am Djebel Geneffe gebrochenen Bausteine abgiebt und der grossen Menge von Arbeitern ein überreiches Quantum Trinkwassers zuführt, eine Sache von höchster Bedeutung in der Wüste; [...] **[220]** [...]

In der Tat entwickelte sich die heute meist Ismailija-Kanal genannte Abzweigung des Nilwassers zur Grundlage ausgedehnter Bewässerungsgebiete auf der Strecke zwischen dem Nildelta und dem Suez-Kanal. Der Süßwasserkanal wurde später bis auf 60 m Breite und bei Ismailija einer Tiefe von immerhin noch 2½ Metern erweitert und dient gegenwärtig vor allem entlang des Kanals mehr als 12 Mio. Menschen als Trinkwasserader. Nach der Würdigung des Wachstumspotenzials des bislang öden Hafenorts Suez durch den Trink- und Bewässerungskanal vom Nil her wandte sich Schweinfurth der Untersuchung des gewaltigen Bauprojektes des Suez-Kanals selbst zu:

Georg Schweinfurth: Georg Schweinfurths Fahrt auf dem Suez-Kanal. In: Globus, 1864: 3(6), Seite 33–42.

Am folgenden Tage [= 21. Januar 1864] harrte meiner ein der [Suez-]Kompagnie gehöriges zierliches Boot auf dem Süßwasserkanal, welches mich nach Ismailia, der Hauptstadt des zum Kanal gehörigen, im Centrum des Isthmus gelegenen Territoriums bringen sollte. Die zwei Kameele setzten sich in Trab, und schnell und leicht glitt das kleine Fahrzeug über den Spiegel des Kanals dahin, welcher zunächst eine rein nördliche Richtung verfolgt. Abgesehen von der Raumbeschränkung im Boot, kann man sich ein bequemeres Reisen nicht vorstellen. Der kleine, bis jetzt nur von Fahrzeugen der Kompagnie befahrene Süßwasserkanal hat eine Breite von 15 und **[33]** eine Tiefe von durchschnittlich 1½ Meter; [...]. So klein die angegebenen Dimensionen auch erscheinen mögen, so reichen sie dennoch vorläufig völlig aus, um eine bequeme Kommunikation zwischen den einzelnen „Campements" [= Lager] der Arbeiter in der Wüste zur Herbeischaffung der nöthigen Bedürfnisse herzustellen. Aber der größte, nicht hoch genug anzuschlagende Ruhm desselben bleibt unstreitig das Vorhandensein trinkbaren Wassers an jedem beliebigen Orte. [...] Noch vor Kurzem mußte das Trinkwasser mühsam auf dem Rücken schwerfälliger Kameele von weither herbeigeschafft werden, desgleichen die Lebensmittel, und bei zufälligen Störungen geriethen die Arbeiter nicht selten in die peinlichste Verlegenheit. Heute aber gibt es, zumal nach Vollendung des Pumpwerks in Ismailia und der Wasserleitung von da nach dem Mittelmeere, wohl keinen Punkt mehr zwischen Suez und Port Said, welcher nicht reichlich mit süßem Wasser versehen wäre. [...]

Abb. 5.4 Europäischer Vorarbeiter und einheimische Arbeiter am Suez-Kanal. In: Globus, 1864: 6, Seite 35

Nach zweistündiger, schneller Fahrt waren wir in Schaluff angelangt, einem „Campement", bei welchem gegen 5.000 Menschen mit der Ausgrabung des großen maritimen Kanals beschäftigt waren [Abb. 5.4]. Die Arbeit war an dieser Stelle erst vor wenigen Tagen begonnen worden. Die in Angriff genommene Strecke, die erste südlich vom Bassin der Bitterseen, mochte etwa zwei Kilometer betragen. Hier kommt noch das alte bekannte System des Grabens in Anwendung, welches vielmehr ein Auskratzen des Sandes mit den Fingern zu nennen ist. Nachdem die gefüllten Körbe zu den hochausgethürmten Sanddämmen zu beiden Seiten hinaufgetragen worden sind, welche etwa 300 Fuß [= ca. 90 Meter] von einander abstehen, da dieses Gelände sich nur wenig über den Spiegel des Mittelmeeres erhebt, kehrt der Arbeiter zu seiner Grube zurück und beginnt dieselbe Prozedur von Neuem. Dennoch sah ich die Arbeit vor meinen Augen sichtbar gefördert. Die Leute sind familienweise angestellt und höhlen, zunächst eine jede für sich, eine grabenartige, querlaufende Rinne von einem Meter Breite aus. Die dünnen Seitenwände bleiben stehen und werden in dem Maße, als die Tiefe zunimmt, von oben abgerissen. Dieses praktische System hat zum Zweck, daß man das Resultat der Arbeit besser überschaue und dieselbe auf Alle gleich vertheile.

Ein schwer zu schilderndes Bild liefert dieses bunte, laute Getreibe mit dem Wüstenelemente ringender Tausende. Ueberschaut man dasselbe von den höchsten Punkten des aufgeworfenen Dammes, so läßt sich der Anblick nur mit einem ausgebreiteten Ameisenhaufen vergleichen. [...] Das Los dieser Leute ist kein so schlimmes, als man glauben möchte, und das Unfreiwillige ihrer Arbeit wird am Ende mit den für ihre Bedürfnisse recht ansehnlichen Ersparnissen an baarem Gelde reichlich vergütet. [...] **[34]** [...]

Die Dunkelheit [des zweiten Tages auf dem Süßwasserkanal] war bereits hereingebrochen, als wir bei der Schleuse von Nefisch anlangten, wo der über zwei Meter betragende Wasserstand eine Fortsetzung der Fahrt nicht gestattete. Hier endigt der südliche nach Suez abbiegende Arm und fällt senkrecht auf den von Westen aus dem Nil in den Timsah-See abfließenden Theil des Süßwasserkanals. Noch eine Stunde Wegs blieb mir bis zur Stadt Ismailia übrig. Die Kameele, welche bisher die Barke gezogen hatten, wurden mit dem Gepäck beladen und der Weg in der Finsterniß durch den tiefen Sand angetreten. Zahlreiche Lichter gaben von Weitem die [erst kurz zuvor angelegte] Stadt zu erkennen, welche im Dunkel der Nacht und inmitten der Wüsteneinsamkeit mit ihren erleuchteten Werkstätten und Bureaux, den Schenken und zahlreichen Feuern vor den Zelten und Baracken, einen großartigen Eindruck auf den Ankömmling hervorrief. [...]

Mein Aufenthalt in Ismailia bietet mir die angenehmsten Rückerinnerungen dar. Es waren für mich Tage der Erquickung und des Genusses im Umgänge mit gesitteten und gebildeten Menschen, denn so kann man die französischen Beamten daselbst im Gegensatze zu der entarteten europäischen Kolonie in Cairo und Alexandria, wo Wechselfälschung, Kassendiebstahl und Erbschleicherei als die geringsten Vergehen betrachtet werden, wohl mit Recht nennen. [...] Die Stadt Ismailia, dem gegenwärtigen Vicekönig zu Ehren so benannt, ist am Nordufer des Timsah-Sees erbaut und zählt bereits 3.000 Einwohner, zum dritten Theil Europäer, in ungefähr 150 wohlgebauten Häusern. Die Straßen kreuzen sich nach den vier Richtungen der Windrose. Von den Sandhügeln am See aus betrachtet, nimmt sie sich am besten aus. Vor dem, die Verbindung mit dem großen maritimen Kanal bildenden Theil des Süßwasserkanals dehnt sich am sogenannten Quai Mehemed Ali eine Reihe stattlicher Gebäude aus, welche zum Theil von Stein, zum Theil von Holz, aber sämmtlich in hübschem, gefälligem Styl erbaut sind. Das Wohngebände des Herrn von Lesseps ist eines der kleineren und äußerst zierlich in Schweizer Art erbaut.

Das größte und geschmackvollste Gebäude ist das der General-Direktion der Arbeiten. Es besteht aus einem weiten, einstöckigen Viereck mit zwei Flügeln und ist umgeben von buntverzierten Colonnaden mit maurischen Bögen, die das flache, weitvorspringende Dach tragen. [...] Alle diese Gebäude haben bei der großen Schwierigkeit der Beschaffung von Material und Arbeitern ungeheuere Summen und etwa das Fünffache von den Kosten erfordert, welche zu ihrer Erbauung in Cairo erforderlich gewesen wären. [...] Westlich von der Stadt dehnen sich die Baracken, Schilfhütten und Zelte des Araber-Dorfes aus, und auf der entgegengesetzten Seite befindet sich das sogenannte griechische Dorf, welches auch die Läden, Schenken, Cafe's und Speisehäuser enthält.

Auf der großen Sandfläche, welche diese Häuser von der eigentlichen Stadt trennt, [...] befindet sich zur Zeit noch eine große Anzahl von Zelten, die eine Vorstellung von der ersten europäischen Niederlassung in dieser Wüste geben. Es war eine Zeit der Entbehrungen und Entsagung alles Comforts für die armen Beamten, welche bei der Schwierigkeit des Transports um jeden Trunk und jeden Bissen geizen mußten, während sie in ihren luftigen Behausungen des Tags über einer infernalischen Hitze und des Nachts den empfindlichsten Temperatur-Erniedrigungen ausgesetzt waren. Seit jener Zeit hat sich Alles geändert. Die ganze Wüste, sonst der Tummelplatz wilder Beduinenstämme, der Hyänen und Gazellen, wimmelt heute von den Fußstapfen tausender von Lastthieren und Menschen und ist mit den Wahrzeichen des modernen Wüstenlebens, mit Papierflicken, Cigarrenresten, Flaschenscherben und Konservenbüchsen wie übersäet.

Der Timsah-See enthält salziges Wasser von äußerst bitterm Geschmack; seine von hohen Binsenhorsten umstandenen Ufer sind theils steil abfallende Sanddünen, theils Sümpfe voller Pfützen und Gräben, welche mit schaumartigen, ekelhaft gallertartigen Algenmassen von verschiedener Farbe erfüllt sind. Der Boden ist allenthalben mit einer Salzkruste überzogen, und die Binsenstoppeln erscheinen davon wie bereift. Ungeheuere Schwärme von allerhand Entenarten, Bleßhühner, Bekassinen [= Schnepfenvogelart] und Möven tummeln sich auf der dunkeln, tiefen Fluth, eine unerschöpfliche Quelle des Genusses und der Unterhaltung für die Jagdliebhaber unter dem Beamtenpersonal von Ismailia. [...] **[38]** [...]

Zur Besichtigung der kolossalen Ausgrabung des großen Kanals bei Tussum, einem südlich vom Timsah-See und 1½ deutsche Meilen [= ca. 11,5 Kilometer] von Ismailia entfernten „Campement", unternahm ich dahin einen Ausflug. Ein riesiges Wagenpferd, von normannischem Geblüt, das ich ritt, brachte mich mit seinem dromedarartigen Trab in kaum einer Stunde an den Ort meiner Bestimmung. Das Sumpfgebiet auf der Ostseite des Sees mußte dabei in weitem Bogen umgangen werden und weiterhin mußte ich noch mehrere Kilometer durch den tiefen Wüstensand waten. [...] Unter allen bisher auf dem Isthmus beschafften Arbeiten bietet die große in allen Dimensionen des künftigen maritimen Kanals vollendete vier Kilometer lange Ausgrabung bei Tussum unstreitig das großartigste Schauspiel dar [◘ Abb. 5.5]. [...] Der Anblick dieser ungeheuren, 50 bis 70 Fuß [= ca. 15–21 Meter] hohen, an der Basis 200 [= ca. 60 Meter] und auf ihrem Rücken 300 Fuß [= ca. 90 Meter] von einander abstehenden Sanddämme versetzt den Beschauer unwillkürlich in die Zeiten des alten Aegyptens. Wer zählt die Handvoll Sand, welche 40.000 rastloser Menschenhände mühsam zu diesen ungeheuren Dämmen anhäuften? [...] Es ist ein Denkmal menschlichen Fleißes, welches sich den größten aller Zeiten würdig anreiht. Dasselbe soll aber von dem Durchstich bei el Girsch noch bei Weitem übertroffen werden, und die Kompagnie hat bereits zur Vollendung dieser ungeheueren Arbeit einen Kontrakt mit Herrn Couvreux abgeschlossen, welcher sich verpflichtet, für die Summe von 20 Millionen Francs die 15 Kilometer lange Strecke in ihrer definitiven Breite und Tiefe ausgraben zu lassen. Im August [1864] sollen die Arbeiten beginnen und man glaubt, mit Hülfe der Dampfkraft und mit Schienenwegen zur Fortschaffung der Sandmassen, diese Arbeit in drei Jahren vollenden zu können. [...]

Durch welche Mittel aber wird man die Bewegung der 70 bis 100 Fuß [= ca. 21–30 Meter] breiten Sandfläche an den Dämmen von Tussum und el Girsch zu hemmen im Stande sein? Die Ingenieure trösten sich mit der mit der Zeit zu erwartenden Erhär-

Abb. 5.5 Ein Geländedurchstich beim Bau des Suez-Kanal. In: Globus, 1864: 6, Seite 36

tung des Sandes. Der dem Sande beigemengte Gehalt von Thon, Kalk und Eisen, angefeuchtet durch den starken Thau der kalten Nächte, oder der etwaige Regen binden denselben nach erfolgter Austrocknung, wie man das an vielen Stellen der Wüste in der That wahrnehmen kann […]. Es ist aber nicht denkbar, daß dieser Prozeß, welcher nur eine sehr dünne Kruste zu bilden im Stande ist und überall fehlschlagen wird, wo die angegebenen Bedingungen nicht vorhanden sind, auf einer geneigten, bereits in Bewegung begriffenen lockern Sandfläche in Wirksamkeit **[39]** treten kann und am wenigsten steht das unten an den vom Wasser stets feuchten Stellen zu erwarten. Man müsste also das von der Natur angedeutete Verfahren, die Cementirung des Sandes, in größerem Maßstabe durch Besprengen mit Kalk oder andere Lösungen enthaltendem Wasser nachahmen, um eine dauerhafte und starke Kruste zu erzielen. Vor allen Dingen aber sollten am Abhange der Dämme in mehreren Reihen über einander todte Hecken aufgestellt werden, um das graduelle Rollen des Sandes aufzuhalten. An der Basis der Dämme könnten ferner Tamarix [= Tamarisken]-Pflanzungen angelegt werden, die aber oben wegen Wassermangel nicht Fuß fassen würden. Die langen Wurzelgeflechte dieser Pflanze, welche sich in Folge dessen längs dem Ufer hinziehen werden, können nebst einem Bollwerk von Faschinen sehr wohl die abspülende Kraft des Wassers, wie solche bereits bei der Passage des kleinen Boots, in welchem ich reiste, sich überall wirksam zeigte, hemmen. […]

Am 28. Januar [1864] verließ ich Ismailia, um meine Reise auf dem maritimen Kanal nach Port Said fortzusetzen. In drei Stunden hatten wir die Enge der das Plateau von el Girsch durchschneidenden Passage zurückgelegt […]. Bei einbrechender Dunkelheit hatten wir Kantara erreicht. Dieser arabische Ausdruck bedeutet Brücke. Eine solche ist in der Nähe des Campements seit alter Zeit über den Abfluß des Ballah-Sees [südlich des Menzaleh-Sees] erbaut und bildet eine Passage für die syrischen Karawanen. Diese Straße wird immer noch viel besucht, wie ich mich bei meinem zweimaligen Besuch in Kantara wohl davon überzeugen konnte, da ich Hunderte von Kameelen über den Kanal setzen sah. […] Am Kanalufer selbst **[40]** befindet sich das aus Schilfhütten, Zelten und Erdhaufen bestehende arabische Dorf mit seinen Kaffeehäusern und Tänzerinnen, dergleichen zur Belustigung der Arbeiter bei jedem größeren Campement anzutreffen sind. In dem wohleingerichteten Wirthshause fand ich bequeme Unterkunft und gute, den Verhältnissen der Wüste allgemessene Conserven-Kost.

Am folgenden Morgen wurde die Fahrt auf dem wegen geringer Breite und zahlreicher Untiefen schwer zu befahrenden Kanal fortgesetzt. Ueber eine schmale, aus einigen Sandhügeln bestehende Scheidewand gelangt man aus dem Ballah-See in das weite, unübersehbare Becken des Mensaleh-Sees[19], von welchem die südliche Hälfte während des größten Theils des Jahres eine glatte, trockene Thonfläche bildet, die nur bei andauernd heftigen Nordwinden, meistens im Oktober, einige Fuß unter Wasser gesetzt wird. […] In schnurgerader, fast genau nach Norden gerichteter Linie durchschneidet der Kanal das Becken des Mensaleh-Sees. Nicht weniger als 25 Baggermaschinen größter Gattung sind zur Erweiterung seiner Ufer und zur Vertiefung des Fahrwassers in Thätigkeit. Fünf Kilometer von Kantara sah ich die erste, mit deren Arbeit es [im Seeschlamm] aber sehr langsam vorwärts ging. Im Zeitraum von 20 Tagen hatte dieselbe eine Strecke von nur 300 Fuß [= ca. 90 Meter] in ihrer Breite und 1½ Meter tief ausgebaggert, ein Resultat, welches, wenn die Maschinen überall so wenig zu Wege schaffen, Hunderte derselben erfordern würde, um den Kanal durch den Mensaleh-See zu vollenden. […] **[41]** […]

Die Stadt Port Said [an der Mittelmeerküste] ist auf einer Insel erbaut, welche von den Enden der Kanaldämme durch eine noch nicht durchstochene Sandbank getrennt ist. […] In dem aus drei Häusern bestehenden Hotel des Herrn Pagnon fand ich sehr bequeme Unterkunft und ausgezeichnete Küche. Port Said macht auf den Besucher einen sehr verschiedenen Eindruck von jenem, welchen Ismailia hervorruft. Die meist kleinen Häuser sind von

19 Siehe ► Abschn. 2.2, Das Nildelta.

Holz und in weniger geschmackvollem Style erbaut, als in der Hauptstadt dieses künftigen Wüstenreichs. Wegen der durch den wechselnden Wasserstand des benachbarten Mensaleh-Sees hervorgerufenen Gefahr einer plötzlichen Ueberschwemmung sind dieselben auf Pfählen erbaut, wodurch die überall mit tiefem Sande bedeckten Straßen des Städtchens ein fremdartiges Aussehen erhalten. [...]

Die Einwohnerzahl ist etwa jene wie in Ismailia. Außer den großartigen Maschinenwerkstätten verdient blos das Haus des französischen Konsuls Berücksichtigung, welches nebst dem Postgebäude und einigen anderen, in zierlichem Schweizerstyle erbauten Häusern am westlichen Ende der Stadt sich befindet. Auf der entfernten offenen Rhede ankerten einige 20 große Seeschiffe, welche die Bedürfnisse der Kolonie aus französischen Häfen herbeischaffen. Port Said genießt die Rechte eines Freihafens und ist daher mit Kolonialwaaren und den Erzeugnissen französischer Industrie aufs Beste versorgt; um so mehr fehlen aber die gewöhnlichsten Lebensmittel, und frisches Fleisch, Milch und Butter zählen zu den seltensten Delikatessen. Man ist daher auch hier, wie in der Wüste, hauptsächlich auf Conserven-Kost angewiesen. Zahlreiche Schweine, welche in der Nachbarschaft menschlicher Wohnungen stets hinreichende Nahrung finden, bevölkern die wüsten Straßen von Port Said und machen fast den einzigen Viehstand dieses Hafenplatzes aus. Eine lange, in die See hinausgebaute Landungsbrücke erleichtert den Leichterschiffen das Löschen ihrer von den Seeschiffen übernommenen Ladung. Die Hafenbauten befinden sich noch in frühester Kindheit und werden ganz ungeheure Summen erfordern.

Das Leben der französischen Kolonie ist ein sehr gemüthliches. In den Cafe's, Bierhäusern und Billardstuben versammelt sich allabendlich die jüngere Beamtenwelt; Andere besuchen das mit wohleingerichtetem Lesekabinet, Spielzimmer und großen Tanzsälen versehene hübsche Clubgebäude. In dem benachbarten arabischen Dorfe feiern in den Schenken und griechischen Kaffeehäusern die gemeinen Arbeiter mit aller den Bewohnern der europäischen Seestädte eigenen Exentricität allabendlich wilde Orgien bis tief in die Nacht hinein. Bis zur Vollendung der Wasserleitung aus Ismailia wird alles Trinkwasser auf Barken von Materieh am Mensaleh-See herbeigeschafft. Für den Fall, daß widrige Winde oder sonstige Hindernisse den Verkehr mit diesem Orte längere Zeit über unterbrechen, hat man in Port Said eine drei Dampfkessel enthaltende Destillationsmaschine errichtet, welche täglich 18 bis 20.000 Liter Trinkwasser zu liefern im Stande ist [...] **[42]**

Dreieinhalb Jahre später war der Kanal immer noch eine Baustelle, aber Ferdinand de Lesseps konnte den Aktionären der Kanalgesellschaft im August 1867 – nachdem bereits mehr als 237 Mio. Francs ausgegeben waren – doch von erheblichen Fortschritten und einem absehbaren erfolgreichen Bauende berichten:

Anonym: Stand der Arbeiten am Suez-Kanal, 1. Juli 1867. In: Mittheilungen aus Justus Perthes' Geographischer Anstalt, 1867: 13, Seite 394–395.

Von den beiden Hafendämmen, welche bei Port Said in das Meer hinaus geführt werden, ist der westliche, welcher 2.500 Meter lang werden soll, bereits auf eine Strecke von 1.900 Meter fertig und noch weitere 300 Meter bis zur Oberfläche des Wassers gediehen; der östliche, welcher nur 1.800 Meter lang werden soll, ist auf eine Strecke von 950 Meter vollendet und beide werden sicher binnen 17 oder 18 Monaten, also bis Ende 1868, fertig sein. Man verwendet zu ihrer Construktion Blöcke von 10 Kubikmeter, die aus reinem Sand und hydraulischem Kalk [= Art des Baukalkes zur Verwendung im Zement] angefertigt werden, und zwar benöthigt man zur Herstellung der beiden Dämme 250.000 solcher Blöcke, wovon 115.000 bereits verbraucht sind. Täglich werden 30 bis 40 Blöcke ins Wasser gesenkt. Die aus ihnen aufgebauten Dämme widerstanden bis jetzt vollkommen den stärksten Angriffen von Wind und Wellen und schützen den zwischen ihnen befindlichen Kanal, der 6½ Meter tief ausgebaggert wurde, vor Versandung.

Port Said bietet bereits das Bild eines sehr belebten Hafens, vom 15. Juni 1866 bis 1. Juni 1867 kamen daselbst nicht weniger als 880 Schiffe an und allmonatlich berühren 20 Postdampfer regelmässig diesen neuen Hafen [...]. Die zahlreichen Schiffe, die ihre Waaren hier ausladen, das unaufhörliche Ab- und Zugehen der Dampfer, welche den im Kanal ausgebaggerten Sand ins Meer hinaus tragen, und der Remorqueurs [= Dampfschlepper] mit den Pontons, auf denen die riesigen Blöcke zum Bau der Dämme an Ort und Stelle geschafft werden, das häufige Abgehen der Barkenzüge, die Vorräthe aller Art nach den Etablissements auf dem Isthmus bringen und den Waarentransit von einem Meer zum anderen besorgen, der Lärm der Dampfmaschinen und Hämmer in den Werkstätten, die Belebung des Ortes durch eine aus Arbeitern und Kaufleuten bestehende Bevölkerung von 8000 Seelen, – alles diess giebt eine Ahnung von der Physiognomie, welche dieser neu erstandene **[394]** Hafenort nach Vollendung des Kanals annehmen wird.

Auf der 60 Kilometer langen Strecke von Port Said bis zum Timsah-See und von diesem bis zum Serapeum hat der Kanal an seiner Oberfläche grossentheils seine volle Breite von 100 Meter erlangt und überall arbeiten die grossen Dampfbagger an seiner Vertiefung, und zwar mit wachsender Geschwindigkeit [...]. Die Maschinen haben sich sowohl bei sandigem als thonigem Boden bewährt, auch die befürchtete Verschlammung der Kanalstrecke durch den seichten Mensaleh-See ist nicht eingetreten, vielmehr halten die Seiten-Böschungen von 45° ganz gut und der Boden hat nicht die vermuthete Flüssigkeit. Durch die Bodenschwelle von El-Ferdane und El-Gisr werden die Erdarbeiten bis zum Meeresniveau herab Ende 1867 vollendet sein, von den 4.137.000 auszuhebenden Kubikmetern sind dort bereits 3.472.000 beseitigt, dann beginnt die Ausbaggerung im Wasser, welche weitere 4.200.000 Kubikmeter fortschaffen muss.

Der Timsah-See ist mit Wasser des Mittelmeeres bis zu dessen Niveau angefüllt und Baggermaschinen haben ihre Thätigkeit auf ihm begonnen. [...] Von den Bittersee'n steigt das Terrain wieder sanft zur Bodenschwelle von Schalufan, deren Durchstich im vorigen Jahre in Angriff genommen wurde, und auf der 20 Kilometer langen Strecke zwischen Schaluf und dem Rothen Meer haben im Januar d [es] J [ahres = 1867] die Baggermaschinen ihre Arbeit begonnen. Auch bei Suez arbeiten seit mehreren Monaten vier Baggermaschinen. Das Arbeitsmaterial der Unternehmer befindet sich gegenwärtig vollzählig am Platz, das wichtigste, den Herren Borei und Lavalley gehörige, besteht aus 15 Wasserschiffen, 4 Dampfbooten, 12 Schleppdampfern, 14 kleinen und 60 grossen Baggermaschinen, 18 Élévateurs [= Schrägschaufelmaschinen], 37 Gabaren [= Boote] mit Klappen am Boden und 30 Gabaren mit Seitenklappen, 36 Fahrzeugen zum Wegschaffen des ausgegrabenen Bodens, 52 Lokomobilen [= Dampftraktoren], 6 stehenden Dampfmaschinen und 1 grossen Dampfschiff. Diese Arbeitsmaschinen repräsentiren 13.061 Pferdekräfte und consumiren monatlich 9.890 Tonnen Kohlen. Ausserdem repräsentirt das von den anderen Unternehmern oder der Compagnie selbst verwendete Material 4.707 Pferdekräfte und verbraucht 2.329 Tonnen Kohlen im Monat.

Die ganze 160 Kilometer lange Kanallinie bildet gegenwärtig eine grosse Werkstätte, die nur von dem Becken der Bittersee'n unterbrochen wird, und hat eine Bevölkerung von 25.000 Menschen, worunter 13.000 Arbeiter, nämlich 6.388 Eingeborne [= ägyptische Fellachen] oder Syrier und 6.990 Europäer. Von den 75 Millionen Kubikmeter Boden, die im Ganzen auszuheben waren, blieben am 15. Mai d [es] J [ahres = 1867] noch 48 Mill [ionen] auszuheben [...], [...] woraus hervorgeht, dass die Vollendung des Kanals vom Dezember 1867 an binnen 20 Monaten, also bis 1. Oktober 1869, zu erwarten steht. Endlich sei noch erwähnt, dass eine Eisenbahn von Sagasig [im östlichen Nildelta] bis Ismailia bis Ende des Jahres 1867 hergestellt sein wird, wodurch der Mittelpunkt des Kanals mit dem Ägyptischen Eisenbahnnetz in Verbindung tritt.

Man kann leicht berechnen, dass die 111½ Mill [ionen] Francs, welche [...] der Compagnie noch zu Gebote stehen, nicht ausreichen werden, die Direktion selbst schätzt die Gesammtkosten des Kanals auf 385 Mill [ionen], so dass noch 75 bis 85 Mill [ionen] beschafft werden müssen [...]. [...] **[395]**

5.4 Die Eröffnung des Suez-Kanals 1869

Mitte 1869 endlich, nach mehr als zehnjähriger Bauzeit und mehr als verdoppelten Kosten, näherten sich die Arbeiten am Suez-Kanal mit der Flutung des Kanalbettes ihrem Ende [▪ Abb. 5.6], worüber die *Geographischen Mitteilungen* aus dem Gothaer Verlag Justus Perthes seine Leser aufgrund brieflicher Mitteilung unterrichten konnte:

H. Bader: Die Bittersee'n des Suez-Kanals. In: Mittheilungen aus Justus Perthes' Geographischer Anstalt, 1869: 15, Seite 471–472.

Zwischen Serapeum und Chalouf befinden sich die Bittersee'n, welche bestimmt sind, einen integrirenden Bestandtheil des Sues-Kanals zu bilden; es ist diess ein grosses ausgetrocknetes Bassin, getrennt vom Rothen Meere durch das Plateau von Chalouf und vom Timsah-See (bei Ismaïlia) durch das Plateau von Serapeum. Seit circa 3 Monaten [= April 1869] werden dieselben mit dem Wasser des Mittelländischen Meeres angefüllt und im Monat August wird auch das Rothe Meer die Bittersee'n alimentiren, so dass sie im Monat November bis zum Niveau des Meeresspiegels angefüllt sein werden. Die dazu nöthige Wassermenge beträgt 2 Milliarden Kubikmeter. [...] **[471]** [...]

Für die feierliche Eröffnung des Kanals kamen allein aus dem Ausland rund 6000 Gäste nach Port Said, darunter etwa 50 ausländische Kriegsschiffe mit zahlreichen gekrönten Häuptern und dem österreichischen Kaiser Franz Josef an der Spitze, dessen Haupthandelshafen Triest einer der größten Profiteure des neuen Seeweges nach Indien und Fernost werden sollte. Nach einem großen Feuerwerk am Vorabend fuhr die französische Kaiserin Eugenie, die Gemahlin des kaum ein Jahr später im deutsch-französischen Krieg gestürzten Kaisers Napoleon III., mit Ferdinand de Lesseps am 17. November 1869 an der Spitze des langen Konvois in den Kanal ein, sie erreichten aber wegen diverser Feierlichkeiten[20] unterwegs Suez erst zwei Tage später.
Der bis weit in die Bauphase hinein teils heftig angefeindete Ferdinand des Lesseps wurde nun in Frankreich wie England mit höchsten Ehren bedacht. Statt sich aber nun auf das verdiente Altenteil zurückzuziehen, übernahm der Mittsiebziger 1879 die Leitung eines französischen Konsortiums, welches den Bau des Panama-Kanals in Angriff nahm, aber 1888 skandalös pleiteging. Erst nachdem die USA 1902 das Projekt übernommen hatten, konnte am 3. August 1914 das erste Schiff den durch gigantische Schleusenanlagen geregelten Panama-Kanal passieren. Entgegen allen Unkenrufen wurde der Suez-Kanal sofort vom Weltverkehr angenommen und dadurch auch für die gebeutelten Aktionäre der Betreibergesellschaft mit dem bei solchen Großprojekten unverzichtbaren langen Atem zu einer doch noch sehr rentierlichen Investition. Bereits im ersten vollen Betriebsjahr 1870 passierten mit steigender Tendenz bereits 486 Schiffe den Kanal und zahlten etwas über 6 Mio. Francs Passagegebühr:

20 Entgegen der Legende gab die Kairoer Oper anlässlich der Kanaleröffnung nicht die Oper Aida mit dem sicherlich passenden Einzugsmarsch. Es ist strittig, ob Guiseppe Verdi nun nicht rechtzeitig fertig wurde oder nicht als Gelegenheitskomponist dastehen wollte, jedenfalls wurde Aida erst 1871 in Kairo uraufgeführt und zur Kanaleröffnung stattdessen sein Werk Rigoletto gegeben.

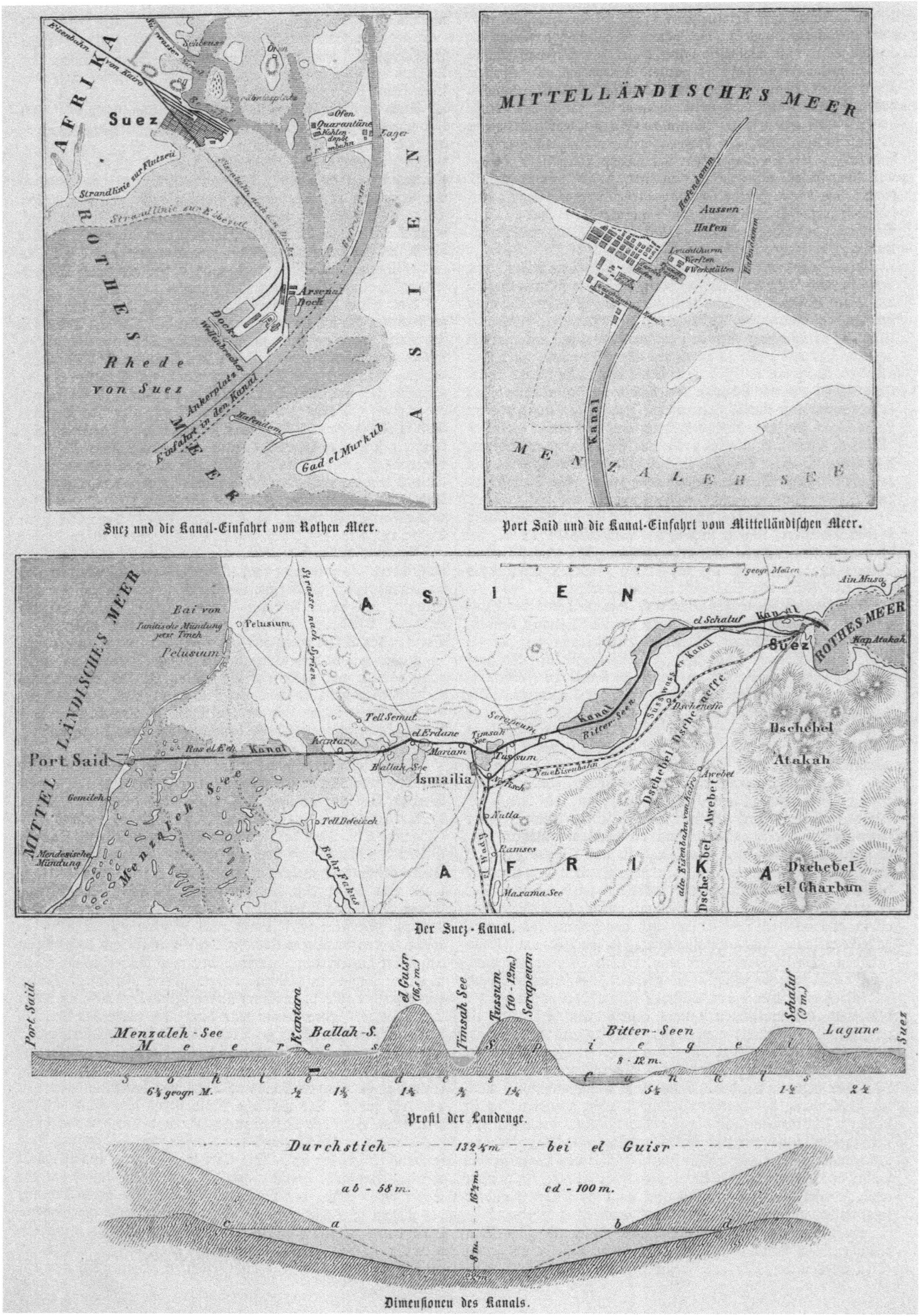

Suez und die Kanal-Einfahrt vom Rothen Meer.
Port Said und die Kanal-Einfahrt vom Mittelländischen Meer.
Der Suez-Kanal.
Profil der Landenge.
Dimensionen des Kanals.

Abb. 5.6 Der Suez-Kanal bei der Fertigstellung 1869: a) Suez und die Kanal-Einfahrt vom Rothen Meer, b) Port Said und die Kanal-Einfahrt vom Mittelländischen Meer, c) Der Suez-Kanal, d) Dimensionen des Kanals [2 Profile]. In: Aus allen Welttheilen, 1870: 1, Seite 53

Anonym: Der Verkehr auf dem Suez-Kanal. In: Mittheilungen aus Justus Perthes' Geographischer Anstalt, 1871: 17, Seite 276.

Seit Eröffnung des Sues-Kanals am 17. November 1869 hat sich der Verkehr auf demselben und der Ertrag in folgender Weise gestaltet:

Monat	Zahl der Schiffe	Einnahme in Francs
1869		
November	1	75.118,83
Dezember	9	241.795,46
1870		
Januar	16	258.080
Februar	29	340.726,96
März	53	647.588,29
April	35	377.207,32
Mai	40	486.982,37
Juni	50	565.153,40
Juli	39	476.253,90
August	42	501.884,03
September	32	443.140,99
Oktober	39	542.320,12
November	42	536.769,14
Dezember	69	830.680,20
1871		
Januar	74	862.517,02
Februar	70	776.067,04

[276]

Nach einem Vierteljahrhundert war das Passageaufkommen im Jahre 1893 bereits auf 3341 Schiffe sowie 4296 einheimische Segelbarken gestiegen, wobei die Wasserverdrängung aller Barken zusammen nur 21.393 Tonnen erreichte, was in etwa derjenigen von zwei größeren Passagierdampfern der damaligen Zeit entsprach:

Anonym: Suezcanal-Verkehr 1893. In: Zeitschrift für Schulgeograpgie, 1895: 16, Seite 25.

Der Personenverkehr betrug 1893: 180.432 [...]. Davon waren 68.598 Mann Landtruppen, 3.219 Mann Marinetruppen, 67.332 Civilpassagiere [...], 5.097 Mekkapilger und 6.205 andere (Auswanderer und Deportierte). Die Betriebseinnahmen betrugen 72.189.399,31 Francs [...]. Die durchschnittliche Gebühr für einen Dampfer war 1893: 21.1515 Francs gegen 20.575 Francs im Vorjahre. Der Specialverkehr von und nach Australien über den Suezcanal betrug 261 Schiffe von 798.182 Netto-Tonnen und 29.867 Passagiere [...]. Der Antheil der verschiedenen am Suezcanalverkehre betheiligten Flaggen im Jahre 1893 weist folgende Ziffern auf:

Flaggen	Schiffe	Bruttotonnen
England	2.405	8.000.000
Deutschland	272	800.000
Frankreich	190	700.000
Niederlande	178	440.000
Österreich-Ung.	71	250.000
Italien	67	180.000
Norwegen	50	120.000
Spanien	29	100.000
Russland	24	83.000
Türkei	34	55.000
Portugal	10	17.000
Egypten	5	7.500
Amerika [= USA]	3	6.500
Belgien	1	2.500
Japan	1	2.300
Brasilien	1	1.100

[25]

Doch nicht alle von Ägypten an den Kanal geknüpften Erwartungen erfüllten sich:

Anonym: Endpunkte des Suezkanals. In: Globus, 1889: 56, Seite 304.

An den beiden Endpunkten des Suezkanales ist eine interessante Erscheinung insofern zu beobachten, als die beiden Städte, welche daselbst gelegen sind, durchaus verschiedene Folgen des durch die künstliche Wasserstraße entstandenen Verkehres zu verspüren haben. Das junge Port Said, an dem europäischen Ausgange des Kanales, ist in entschiedenem Aufschwunge begriffen und zählt gegenwärtig bereits etwa 25.000 Einwohner. Jedes passirende Schiff hält daselbst an, um Kohlen und andere Bedürfnisse einzunehmen. Das alte Suez dagegen stagnirt in seiner Einwohnerzahl (12.500), vergrößert sich nicht, und seine Händler schicken sich zum Theil an, es zu verlassen. Die Schiffe aber fahren an ihm vorüber, ohne Station bei ihm zu machen, namentlich seit sie den Kanal vermittelst der elektrischen Beleuchtung auch nachts befahren können. [304]

Noch schlimmer als die bereits Ende der 1880er-Jahre eingeführte elektrische Nachtbeleuchtung, die dem alten Hafen Suez zusetzte, war die durch die Feuchtigkeit entlang des Kanals bald grassierende Malaria:

Anonym: Gegen die Malaria am Suezkanale. In: Deutsche Rundschau für Geographie und Statistik, 1904: 26, Seite 304.

In der Akademie der Wissenschaften zu Paris erstattete der Fürst von Arenberg Bericht über die Ergebnisse, die von der Suezkanal-Gesellschaft in ihrem Kampfe gegen die Verbreiter der Malaria, die Mücken erzielt worden sind. Er führte aus, daß seit fünfzehn Jahren das Sumpffieber immer größere Verheerungen in der Stadt Ismailia und in deren Umgebung anrichtete und zahlreiche Opfer kostete. Daraufhin entschloß sich sie

Suez-Gesellschaft, die von den berufenen Fachgelehrten angezeigten hygienischen Maßregeln aufs strengste durchzuführen, d. h. die Mücken in den Wohnungen und außerhalb derselben erbarmungslos zu verfolgen, die Wasserläufe unausgesetzt reinigen zu lassen, alle Anstauungen von Sumpfwasser durch Petroleumbegießung unschädlich zu machen usw. Man schuf eine besondere Beamtenklasse für die Desinfezierung der Aborte mit Petroleum, da diese den Mücken als Lieblingsaufenthalt dienen. Die Einwohner, von den ersten Ergebnissen befriedigt, halfen bald mit allen Kräften der Gesellschaft bei ihren Arbeiten. Die Resultate sind glänzende! 1897 wurde mit diesen Maßregeln begonnen und von diesem Jahre an ist die Zahl der Sumpffieberfälle [= Malaria] von 2.000 auf weniger als 200 im Jahre 1903 heruntergegangen. **[426]**

Im Ganzen aber war der Suez-Kanal eine Erfolgsgeschichte, wie die *Geographische Zeitschrift* am Vorabend des Ersten Weltkrieges die ersten 35 Betriebsjahre zusammenfassen konnte:

August Fitzau: Suezkanal. In: Geographische Zeitschrift, 1913: 19, Seite 579–580.

Seit der Eröffnung des Suezkanals hat sich der Verkehr durch denselben konstant weiter entwickelt, und dementsprechend hat die Verwaltung des Unternehmens ständig an dem Ausbau des Kanals gearbeitet, so daß jetzt [= 1913], wo ihm im Panamakanal bald ein gefährlicher Konkurrent entgegen treten wird, der Kanal eine Stufe der Leistungsfähigkeit erreicht hat, auf der er keinen Wettbewerb zu scheuen braucht. Die Tiefe im Kanal betrug i [m] J [ahre] 1896 8½ m, die Sohlenbreite auf einem ganz geringen Bruchteil der Länge 22, im allgemeinen 37 m. Gegenwärtig ist die Mindesttiefe im Kanal 10 m, und eine Sohlenbreite von 45 m ist mit ganz geringen Ausnahmen überall vorhanden. Auf einem Bruchteil der Gesamtlänge von 160 km beträgt die Sohlenbreite sogar 100 m. Der Kanal wird auf seiner ganzen Länge auf 12 m vertieft und auf seiner südlichsten Strecke um 15 m verbreitert werden, so daß in diesem Gebiete, in dem die Gezeitenströmungen herrschen, die Sohlenbreite 60 m betragen wird. Die Einfahrtrinne von Port Said hat heute eine Breite von 320 m und eine Mindesttiefe von 11,50 m gegen 80 bzw. 8,70 m im Jahre 1896. Der Hafen von Port Said bedeckt jetzt eine Fläche von 263 ha gegen 110 ha i [m] J [ahre] 1896.

In demselben Jahre fuhren 3.409 Schiffe durch den Kanal, während es im Jahre 1912 5.373 waren; der Tonnengehalt der Schiffe stieg von 8.560.284 Tonnen i [m] J [ahre] 1896 auf 20.275.122 Tonnen i [m] J [ahre] 1912. Die Zahl der Passagiere ist wunderbarerweise in der ganzen Zeit ziemlich konstant geblieben und bewegte sich um 250.000 (1912: 266.403). Trotz der starken **[579]** Vermehrung der Schiffe und der Steigerung der Schiffsabmessungen ist die Durchfahrtszeit durch den Kanal bei größerer Sicherheit kürzer geworden; sie beträgt gegenwärtig im Mittel 16 Stunden 19 Min [uten], während sie noch vor wenigen Jahren 18 Stunden 38 Min [uten] betrug. Die Strandungen im Kanal haben um 2/3 abgenommen, die Zahl der 1912 gestrandeten Schiffe erreichte nicht 1 % aller durchgefahrenen Schiffe. Die Kanalgebühren sind seit 1896 für die Tonne von 9 F [rancs] auf 6 F [rancs] 25 C [entiems], also um 30 % ermäßigt worden. Die Gebühr von 6 F [rancs] 25 C [entimes] entspricht der Gebühr von 1 Doll [ar] 20 C [ents], die bei der Durchfahrt durch den Panamakanal erhoben werden soll. Die Dividende der Aktionäre stieg von 90 Fr [ancs] i [m] J [ahre] 1896 auf 165 Fr [ancs] i [m] J [ahre] 1912.

Bisher überwog im Kanal die Tonnage, die von S [üden] nach N [orden] gerichtet ist; gegenwärtig scheint sich das Umgekehrte allmählich einzustellen. Das bedeutet, daß weite Gebiete, die bisher außerhalb des Weltverkehrs lagen, allmählich dem internationalen Handel ihre Tore öffnen. Die Entwicklung der Länder jenseits des Kanals verspricht für die Zukunft eine weitere Steigerung des Verkehrs. Nach der im Jahre 1915 zu erwartenden Eröffnung des Panamakanals[21] wird bei der Gleichheit der Kanalgebühren in beiden Kanälen der Verkehr im Suezkanal kaum eine Verminderung erfahren; man erwartet vielmehr, daß mit der Eröffnung des Panamakanals neue Gebiete, die bisher dem Weltverkehr noch verschlossen waren, nach und nach nutzbar gemacht und auch dem europäischen Handel erschlossen werden. **[580]**

Wenn der Suez-Kanal auf lange Sicht ein großer wirtschaftlicher Erfolg für dessen Aktionäre wurde, so waren die Baukosten doch derartig hoch und die ersten Betriebsjahre noch nicht kostendeckend, sodass ironischerweise der Großaktionär Ägypten, das sich für das Projekt hoch verschuldet hatte, rasch vor dem Bankrott stand. Nachdem Großbritannien 1875 bereits dessen Aktien abgekauft hatte, nahm es 1882 anti-britische Unruhen zum Anlass, das nominell zum Osmanischen Reich gehörige Ägypten zu besetzen und *de facto* bis 1922 als Protektorat zu beherrschen, obwohl die Dynastie Mehmed Alis formell weiter regierte.[22]

Obwohl eine Konvention von 1888 den Suez-Kanal neutralisierte und damit allen Schiffen auch in Kriegszeiten die Durchfahrt zusicherte, riefen die Briten im Oktober 1914 das Kriegsrecht aus und schlossen Schiffe der Mittelmächte Deutschland, Österreich-Ungarn und Osmanisches Reich von der Nutzung aus. Als Ägypten 1922 in die Unabhängigkeit entlassen wurde, behielt sich Großbritannien militärisch und wirtschaftlich durch die von ihm und Frankreich kontrollierte Kanalgesellschaft die Kontrolle der Wasserstraße vor, die 1940 und 1941 gegen Vorstöße der Achsenmächte aus dem damals italienisch beherrschten Libyen verteidigt wurde.

Das Blatt wendete sich erst, als im Juli 1952 ein Militärputsch die Monarchie hinwegfegte und General Gamal Abdel Nasser zum Staatschef der nunmehr sozialistisch geprägten Republik wurde. Im Juli 1956 verstaatlichte Ägypten den Suez-Kanal zwölf Jahre vor Ablauf der 99-jährigen Betriebskonzession und löste damit die Suezkrise aus, in deren Verlauf britisch-französisch-israelische Truppen das Kanalgebiet besetzten.

21 Tatsächlich erfolgte die Eröffnung des 82 Kilometer langen Panama-Kanals schon am 3. August 1914, jedoch wurde wegen des gleichzeitigen Ausbruchs des Ersten Weltkrieges auf jegliche Feierlichkeiten verzichtet.

22 Siehe ► Abschn. 1.2, Mehmed Ali: vom Söldnerführer zum Dynastiegründer.

Der vereinte Druck der USA und der Sowjetunion brachte Paris und London nicht nur zum raschen Rückzug, sondern stellte auch klar, dass beider Tage als Großmächte beendet waren.

Im arabisch-israelischen Sechstagekrieg im Juni 1967 überrannte das israelische Heer nicht nur den gesamten ägyptischen Sinai[23], sondern besetzte auch das Ostufer des Kanals, was zu einer achtjährigen Vollsperrung der Kanaldurchfahrt und damit gewaltigen Einnahmeverlusten Ägyptens führte. Erst durch den Jom-Kippur-Krieg im Oktober 1973 kam es zu einem etappenweisen Rückzug der Israelis vom Sinai und im Juni 1975 zur Wiedereröffnung des Suez-Kanals, in dessen Bitterseen bis dahin 14 Schiffe und Besatzungen festgelegen hatten, darunter die deutschen Frachtschiffe *Nordwind* und *Münsterland*.

Der seither beständig ausgebaute Kanal kann gegenwärtig Schiffe bis 50 m Breite und einem Tiefgang von bis zu 20 m aufnehmen. Um dies zu gewährleisten, erfolgt die Durchfahrt wechselweise einspurig mit dem Großen Bittersee als wichtigster Ausweichstelle für noch breitere und damit langsame Fahrzeuge wie etwa Bohrinseln[24]. Die 1956 an die Stelle der privaten Suez-Kanalgesellschaft getretene staatliche Suez Canal Authority erwirtschaftete 2012 durch die Gebühren der 17.725 passierenden Schiffe insgesamt 5,13 Mrd. US-Dollar oder durchschnittlich 298.000 US-Dollar pro Schiff. Damit ist der Suez-Kanal der weitaus größte Aktivposten im ägyptischen Staatshaushalt und erfüllt die bei der Konzessionserteilung in ihn gesetzten Erwartungen. Aber auch die einstige private Suez-Gesellschaft besteht noch immer und erfreut sich erfolgreicher Geschäfte: Durch die schließlich seitens der Nasser-Regierung geleisteten Entschädigungen für die Kanal-Verstaatlichung 1956 verwandelte sie sich zunächst in eine Industriebank, bevor daraus durch Übernahmen und Fusionen seit 1997 ein weitverzweigter Gas-, Wasser- und Stromkonzern wurde, der den Namen Suez auch anderthalb Jahrhunderte nach der Konzessionierung des Kanalbaus in den Börsennotierungen hält.

23 Siehe ► Kap. 6, Die Sinai-Halbinsel.

24 Zur Begradigung des für die modernen Seeschiffe sehr engen Kanalbogens am Timsah-See, und auch zur Ermöglichung der gleichzeitigen Befahrung in beide Richtungen, hatte Ägypten 2014 den Bau eines östlich parallel verlaufenden zweiten Kanalbettes angekündigt. Auch als Demonstration der nationalen Stärke nach den politischen Erschütterungen seit dem „Arabischen Frühling" von 2011 wurde diese 37 km lange Kanalergänzung nach kaum mehr als einjähriger Bauzeit im August 2015 feierlich dem Verkehr übergeben.

Die Sinai-Halbinsel

Imre Josef Demhardt

I. J. Demhardt, *Aus allen Weltteilen Ägypten mit Sudan und Libyen,* Geographische Anthologie des 19. Jahrhunderts,
DOI 10.1007/978-3-662-46274-4_6

6.1 Eine Pionierdurchquerung von Ulrich Seetzen

Die nach dem Berg der alttestamentarischen Gesetzesverkündung an Moses genannte Halbinsel umfasst mit rund 61.000 Quadratkilometern eine geringere Fläche als Bayern, stellte aber mit ihrer unwirtlichen Sandwüste el-Tih im Norden und der schroffen Bergwelt im Süden bis in die Moderne einen Flaschenhals im Austausch zwischen dem nordostafrikanischen Nildelta und dem westasiatischen Palästina dar. Erst seit dem Bau des Suez-Kanals wird dieser gemeinhin als die Scheideline der beiden Kontinente betrachtet.[1] Weder der heutige Hauptort al-Arisch an der Mittelmeerküste noch die Touristenorte am Westufer des Golfs von Aqaba von Sharm El-Sheikh an der Südspitze der Halbinsel bis hinauf zum israelischen Eilat spielten bis vor wenigen Jahrzehnten eine Rolle. Stattdessen dominierten noch im 19. Jahrhundert die Beduinenweidewirtschaft und die viel begangene Pilgerroute von Kairo nach Mekka, die den Sinai von Suez nach Aqaba querte.

Einer der ersten neuzeitlichen europäischen Orientforscher, dem eine Bereisung des Sinai abseits der altbekannten Hauptwege gelang, war der aus dem Jeverland stammende naturforschende Arzt Ulrich Carsten Seetzen (1767–1811), der, angeregt durch das Beispiel der Amerikareise seines Göttinger Studienkollegen Alexander von Humboldt, 1802 nach Konstantinopel aufgebrochen war, um sich der Erkundung des Orients zu widmen. Nach umfangreicher Sammeltätigkeit im Nahen Osten reiste Seetzen Anfang 1807 nach Kairo, von wo er sich zwei Jahre später über Mekka nach dem Jemen wandte, wo er unter ungeklärten Umständen im Oktober 1811 zu Tode kam, ohne je die Heimat wieder gesehen zu haben. Ende 1807 erhielt der Astronom und Publizist Franz Xaver von Zach einen aus Kairo vom 22. September 1807 datierten Brief Seetzens über eine Durchquerung des gebirgigen Südens der Sinaihalbinsel auf neuer Route, den der Herausgeber im Februar des folgenden Jahres in seiner Zeitschrift veröffentlichte. Der Forscher hatte den Sinai Ende März 1807 von Hebron kommend mit einem Schutzbrief des osmanischen Gouverneurs in Akko und im Einvernehmen mit dem Oberscheich der Sinai-Beduinen einige Kamelstunden südlich des Brunnens von Beer Sheba im heute israelischen Negev betreten:

Ulrich Seetzen: Auszug aus einem Schreiben des Russisch-Kaiserlichen Cammer-Assessors, Dr. U. J. Seetzen. In: Monatliche Correspondenz zur Beförderung der Erd- und Himmelskunde, 1808: 17, Seite 132–163.

Es war am 27. März, als wir endlich unsere Reise nach dem Sinai antraten. Ich und mein Bedienter bestiegen jeder ein Kameel, und fanden dies in der Folge weit bequemer, als die Gestelle. [Scheich] Sibben und ein anderer Araber gingen bewaffnet zu Fuss. Der Weg führte heute immer über die fruchtbare Ebene von Gasa, worauf viele Beduinen herumziehen, indem fast nirgends eine Spur von Landescultur [= Ackerbau] angetroffen wird. Wir [...] blieben die Nacht bey Beduinen vom Stamm Huetat, welche uns oder vielmehr Schech Sibben zu Ehren ein Lamm schlachten liessen, welches fast täglich in der Folge der Fall war, so oft wir in ein Dauar [= Beduinenlager] einkehrten. Denn auf dem ganzen Wege nach dem Sinai trifft man kein einziges Dorf, kein einziges bewohntes Haus. [...] Am folgenden Tage ritten wir südwärts und diess in der Folge immer. Die Ebene wurde sandiger und unfruchtbarer. [...] **[143]** [...] Am 30. März passirten wir höchst unfruchtbare, schwarze, steinige Hügel; nachher über eine fast ganz von Pflanzen entblösste Ebene; um 7 Uhr fanden wir zwey kleine Wasserpfützen; [...] Die Luft war mit einem Dunst, wie mit einem Heerrauch[2], angefüllt, und es wehete ein starker so heisser Südwind, dass man in der Nähe eines Backofens zu seyn glaubte. [...] Nach der Versicherung meiner Araber fängt von hier das Ti-Gebirge, Dschibbal el Ti an, das ödeste und unfruchtbarste Gebirge vielleicht in der Welt. Ich bin ganz davon überzeugt, dass dies Gebirge, welches sich von Sues bis Akkabah erstreckt, das Gebirge Seir ist, welches Moses mit Recht gross und grausam nannte (5. B [uch] Mo [se] 1, 19). [...] **[144]** [...]

Beyläufig erinnere ich, dass ich nie etwas davon gehört habe, dass die Araber sich des Compasses in der Wüste bedienen, dessen sie durchaus nicht bedürfen, da immer Gegenstände, die in ihrem Gesichtskreise liegen, vorhanden sind, wonach sie sich richten. Wir blieben die Nacht [vom 31. März] unter freyem Himmel in einem flachen Grunde und wurden des Nachts von einem Gewittergusse durchnässt, welcher mit zerschmetternden Donnerschlägen begleitet war; stärkere erinnere ich mich **[145]** nie gehört zu haben. [...] Am 4. April durchkreuzten wir die Strasse der Pilgerkarawane, die von Kahira [= Kairo] nach Mekka zieht. Diese Strasse zieht sich von Sues bis Akkabah immer auf der wüsten, traurigen Bergebene des Ti's hin. An der **[146]** Stelle, wo wir diese Strasse passirten, war kein Gebäude und keine Station; die nächste Station el Nachel liegt sechs Stunden westwärts von dieser Stelle. Die Pilgerstrasse wird als die Nordgrenze der Halbinsel, die man das Gebiet von Tor (Ard el Tur)[3] nennt, angegeben, und alles nordwärts davon liegende wird von den Arabern der Halbinsel zu [r osmanischen Provinz] Syrien, Schom, gerechnet. [...]

Nach anderthalb Stunden erreichten wir den 7. April den steilen Abhang des Ti-Gebirges; der geschlängelte Felsenweg, auf dem man in ein tiefes, wildes und gänzlich unfruchtbares Thal hinabsteigt, heisst Garba Turduha. Unten im Thale sind etliche **[147]** Brunnen, bey welchen unsere Kameele getränkt wurden, die seit sechs Tagen kein Wasser gesehen hatten. [...] Am 9. April verliessen wir schon um 5 Uhr unser Nachtlager und erblickten gleich darauf zwey beträchtliche Granitberge [...]. Um 6 Uhr endlich hatte ich das Vergnügen, mit einem Blick den ganzen Sinai nebst jenen beyden Bergen zu erblicken. – Dies seit Jahrtausenden

1 Siehe ► Kap. 5, Der Suez-Kanal.

2 Diese auch als Höhenrauch bezeichnete Erscheinung wird durch eine Lufttrübung infolge von Vulkanasche, Moorbrandrauch oder, wie in diesem Fall, durch Sandstaubpartikel verursacht.

3 Nach dem alten Umschlagplatz Tor an der Ostküste des Golfs von Suez etwa 80 km nördlich von Ras Mohammed, der Südspitze des Sinai.

berühmte Granitgebirge zeigt in einer Entfernung **[148]** von einer Tagereise auf der Nordseite ein so schönes Profil, wie ich noch nie an einem Gebirge sahe. Um 10 Uhr bemerkte ich zum erstenmal mehrere grosse Granitblöcke von grauer Farbe, je näher wir dem Sinai kamen, destomehr verlor sich die liebliche Ansicht; die hohen Gipfel zogen sich hinter die Vorberge zurück, und man sahe nun nichts, als einzelne zackige, durchaus nackte und pflanzenlose Felsenberge. [...] Wir verfolgten weiterhin immer eine enge Thalebene mit senkrechten Felsenwänden, welche aus Jaspis, Porphyr und Granit bestanden, und erreichten endlich um halb 5 Uhr das griechische St. Katharinenkloster, welches in einem sehr engen Thale zwischen ungeheuern Bergwänden von Granit erbauet ist, wovon die auf der Westseite befindliche der Horeb genannt wird.

Nach einigen von den Mönchen angestellten Erkundigungen, wurden wir und unsere Sachen in wenigen Augenblicken vermittelst einer Winde durch eine hohe Fensteröffnung ins Kloster hinauf gewunden, wo man mir während meines zehntägigen Aufenthaltes die grösste Aufmerksamkeit bewies. Begleitet von einem Mönch und einigen Klosterbeduinen, welche sich Arab el Dschibbaly nennen, und worunter auch ihr Schech war, der sich immer im Kloster aufhält, erstieg ich am 13. April den Horeb, welcher ein Vorberg des Dschibbal Musa oder des eigentlichen Sinai ist, und von dort die Spitze des Sinai selbst auf den steilsten beschwerlichsten Felsenpfaden, die ich je in einem Gebirge **[149]** angetroffen habe. Von hier stieg ich wieder auf den Horeb hinab und ging von dort mit meinen Begleitern in das tiefe, enge Thal hinab, welches den Moseberg von dem St. Katharinenberg trennt, und wo wir in einem Kloster übernachteten, welches von den Arabern el Ledscha genannt wird, wo sich jetzt aber [= 1807] kein Mönch aufhält. Am 14. April erstieg ich den Gipfel des St. Katharinenberges, welcher beträchtlich höher als der Moseberg oder Sinai ist. So wenig an diesem als am vorigen Tage hatte ich das Vergnügen einer weiten Aussicht zu geniessen, weil Dunst und Wolken mich daran verhinderten. [...]

Ich mag E [uer] Hochwohlgeb [oren] mit der Aufzählung aller der schönen Raritäten, die ich sahe, nicht beschwerlich fallen, z. B. mit der Figur der heiligen Katharina im Felsenboden auf der Spitze des von ihr benannten Berges, mit dem Eindruck ihres (gigantischen) Fusses in denselben Felsen; mit der Hufspur von Mahomeds Kameel; dem Stein, aus welchem Moses Wasser hervorbrachte; einem andern, in welchen er mit seinem Rücken eine Vertiefung drückte; einem dritten, worin Aaron den Kopf des goldnen Rindes goss u.s.w. Statt derselben erlauben Sie mir, Ihnen die Nachricht mitzutheilen, dass noch jetzt jährlich von den Arabern treffliches, sehr wohlschmeckendes Manna **[150]** gesammelt wird, dessen man sich zu einer Näscherey bedient. Man sammelt es von [...] dem Tamariskenstrauch, welchen die Araber el Tarphe nennen und welcher in mehreren Gegenden der Halbinsel in den Wady's häufig angetroffen wird. Noch jetzt heisst dieser süsse Saft el Man. [...] **[151]** [...]

Ich war Willens vom St. Katharinenkloster nach Tor [an der Ostküste des Sinai] und von dort immer längs der Küste bis Akkabah zu reisen, um über die dortigen im Alterthum vorhanden gewesenen Häfen [...] Erkundigungen einzuziehen. Allein mein Reisegeld war nicht hinreichend, und ich entschloss mich daher nach Sues zu reisen, um von Kahira [= Kairo] Geld zu beziehen. Ich miethete dazu zwey Kameele von zwey Arabern vom Stamme Szanalha, und in ihrer Begleitung trat ich am 20. April meine Reise dahin an. Das Kloster hatte mich mit allen Reisebedürfnissen versehen. [...] Am folgenden Tage kamen wir wieder durch ein beträchtliches Granitgebirge **[153]**, welches mir mit dem Firan- oder Faran-Berge zusammen zu hängen schien. Um ¼ nach 5 Uhr kamen wir auf eine weite, wellige Sandebene, wo wir bey einem Dauar [= Beduinenlager] der Szanalha zu Abend speiseten. Wir setzten aber unsere Reise bey Mondschein weiter fort, weil meine Leute ihren hiesigen Brüdern nicht traueten, sondern sie grosse Räuber nannten. [...]

Den 22. April kamen wir vor einzelnen Hügeln und Bergen von Sandstein vorbey, welche zum Theil sehr steile Felsenwände bildeten. [...] **[154]** [...] Ein Viertel vor 3 Uhr erblickte ich zum erstenmal jenseits des Meerbusens von Sues die Küstenberge von Ägypten, also den Rand eines neuen Welttheils, den ich im Begriff zu betreten war, [...]. Am 24. April verfolgten wir die Ebene und zogen nachher immer in geringer Entfernung vom Strande des Meerbusens nordwärts. [...] Am folgenden Morgen erreichten wir schon vor Sonnenaufgang nach drey Viertel Stunden Ain Musa [◘ Abb. 6.1], dessen Wasser schlecht ist; man füllte die Schläuche, um zu Sues die Kameele tränken zu können. – Etwa 3 Stunden nachher erreichten wir das Ufer des Meerbusens Sues schräge gegenüber. Hier stiegen wir ab, um die Ankunft der Wasserboote zu erwarten, welche hier das Trinkwasser einnehmen, welches ihnen die Beduinen von einem drey Stunden entfernten Brunnen, welcher el Garakkadeh genannt wird, in Schläuchen mit Kameelen zuführen und welches nachher in Sues theuer verkauft wird. Es währte nicht lange, so landeten die zwey Boote, und bald nachher sahen wir uns nach Sues übergesetzt, wo ich in einem Chan [= osmanischer Han, Herberge für (Handels-)Reisende] mein Logis nahm. [...] **[155]** [...]

Während Seetzen dem Ain Musa (Moses-Quelle) wegen des schlechten Wassers kaum Beachtung schenkte, wurde diese wegen des biblischen Bezugs und ihrer Nähe zu Suez, wo der 1869 eröffnete Kanal zahlreiche Passagiere auf Reede die Durchfahrt abwartender Schiffe brachte, häufig besucht. Heute ist diese Ansammlung von Quellen der erste touristische Haltepunkt an der Teerstraße von Suez in den Süden der Halbinsel. Noch während des Kanalbaus machte im Mai 1861 eine in den Sudan gehende deutsche Expedition einen Bootsausflug nach Ain Musa:

Hermann Steudner: Die Deutsche Expedition bei den Moses-Quellen im Peträischen Arabien. In: Mittheilungen aus Justus Perthes' Geographischer Anstalt, 1861: 7, Seite 427–429.

Auf der Arabischen Seite [des Golfs von Suez] traten jetzt deutlich die Dattelgärten der kleinen Oase Ain Musa aus dem wüsten sandigen Vorlande hervor. Ain Musa (Moses-Quelle) heisst der Ort, weil das früher bittere Wasser der hier vorhandenen Quellen von dem grossen Gesetzgeber durch Hineinwerfen eines Strauches in köstlich süsses Trinkwasser verwandelt worden sein soll, an dem die dürstenden Kinder Israels den brennenden Gaumen kühlten. Um 10 Uhr früh waren wir der Oase gegenüber. Etwa

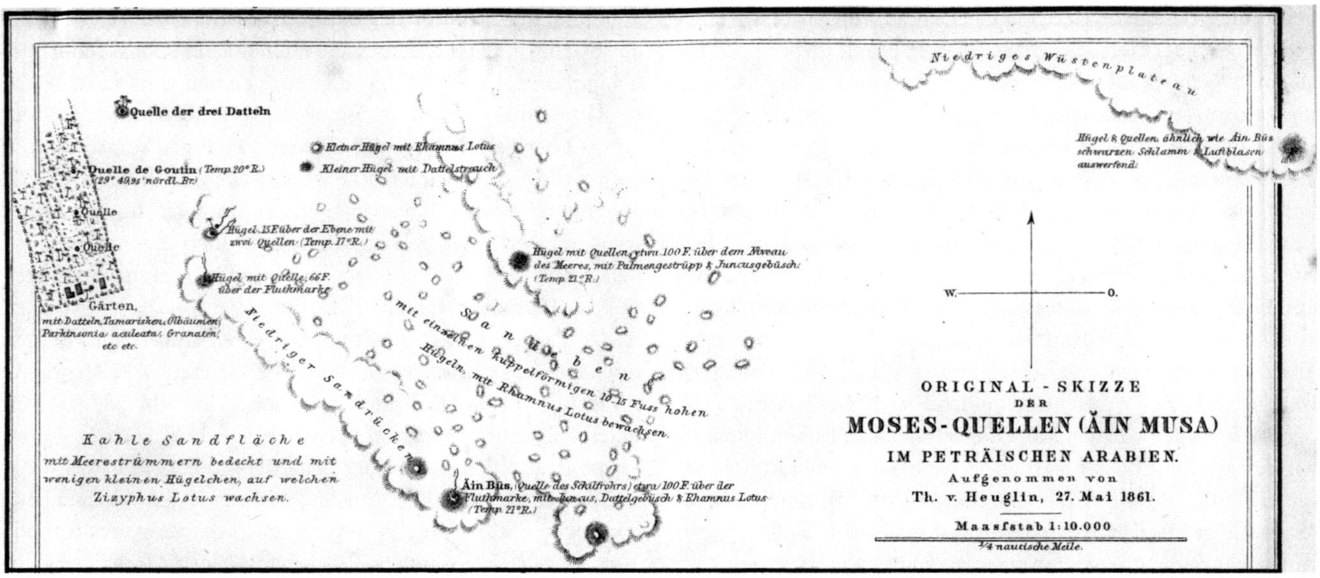

Abb. 6.1 Original-Skizze der Moses-Quellen (Ain Musa) im Peträischen Arabien. Aufgenommen von Th. v. Heuglin, 27. Mai 1861. In: Mittheilungen aus Justus Perthes' Geographischer Anstalt, 1861: 7, Tafel 14

800 Schritt von der Küste liefen wir mit unserer Barke auf eine Sandbank auf, so dass wir gezwungen waren, bis an die Hüften im Wasser zu Fuss an das Land zu waten. Unser Gepäck wurde durch ein Kameel vom Schiffe abgeholt. Ungefähr 20 Minuten marschirten wir von der Küste aus durch tiefen Sand [...] bis wir die Oase erreichten. Nachmittags besuchten wir noch einige der Quellen, von denen die Oase ihren Namen führt. Eine der grössten liegt im Garten unseres freundlichen Wirthes, sie hat 10 Fuss [= ca. 3 Meter] Breite und soll 2 Klafter [= ca. 3,6 Meter] (oder, wie die Araber sich ausdrücken, „zwei Mann") tief sein [...]. [...] Sie ist umschattet von hohen Tamarisken, Ölbäumen, Parkinsonia aculeata [= Jerusalemsdorn], während die Wege des Gartens mit Dattelpalmen, Rosen, Oleander, Granaten und Myrten umsäumt sind, die sämmtlich in schönster Blüthe standen. Die Beete sind bepflanzt mit Salat [...], Melonen, **[427]** Wasser-Melonen und jungen Datteln. So wie dieser Garten sind alle anderen in Ain Musa bebaut. Durch die ganze Länge der Oase und südöstlich von ihr zieht sich eine Reihe Quellen hin. [...] **[428]** [...]

6.2 Das Katharinenkloster

Der Legende nach wurde das nach der historisch nicht greifbaren Katharina von Alexandrien benannte Kloster von Helena, der Mutter des ebenso legendären ersten christlichen Kaisers Konstantin, bereits im frühen 4. Jahrhundert gegründet. Tatsächlich aber wurde es erst Mitte des 6. Jahrhunderts angelegt, ist aber dennoch das älteste ununterbrochen bewohnte Kloster der Christenheit. Nach Seetzen besuchten europäische Reisende in immer dichterer Folge das am Fuße des Berges Sinai oder Mosesberg gelegene Kloster, trotz oder gerade wegen der beschwerlichen Anreise in die Bergwelt des südlichen Sinai. Deren Reisebeschreibungen lockten ihrerseits weitere Besucher an, sodass das Kloster seit Mitte des 19. Jahrhunderts zu einem festen Zielpunkt der ambitionierteren Reisenden nach Ägypten oder ins Heilige Land wurden, eine direkte Ahnenlinie zum heutigen unstrapaziösen Massentourismus. Aus russischen Zeitschriftenartikeln von Aleksandr Umanets (1808–1877) über dessen Bereisung des Sinai, die 1850 auch als Buch erschienen, wurde dem damaligen Brauch geographischer Publikumszeitschriften folgend für das deutsche Publikum in einem redigierten Auszug dessen Besuch des Katharinenklosters zusammengefasst:

Umanez [= Aleksandr Umanets]: Das Betreten des Sinaiklosters. In: Das Ausland, 1851: 24, Seite 221–222.

Das griechische Kloster auf dem Sinai ist von einer Menge europäischer Reisenden, darunter sehr geschätzte Namen, besucht worden. Dessen ungeachtet ist seine Geschichte bis heute sehr dunkel und dürftig. Entweder haben die ungebildeten Mönche sie vergessen, oder das arme und immer unglückliche Kloster hat in der That nur sehr wenig Denkwürdiges erlebt. Drei in der Umgegend nomadisirende Beduinenstämme sind gegen eine gewisse Abgabe vom Kloster selbst und von Reisenden, die dahin kommen, seine Beschützer [...]. Das Kloster des Sinai erfreut sich übrigens verschiedener Freiheiten und Privilegien, welche ihm nachbarliche mohammedanische Fürsten aus Achtung vor der Heiligkeit des Ortes ertheilten, und verwahrt sogar einen Schutzbrief, den ihm der Gründer des Islam (Mohammed) selber gegeben haben soll! Es bedarf gar keiner Erinnerung, daß die Aechtheit dieses Schreibens mehr als zweifelhaft ist; doch mag der rohe Beduine zuweilen daran glauben.

Das Kloster ist längs der Schlucht auf einem steilen Abhang erbaut und kehrt seine Hauptfassade dem nordöstlich gelegenen Berge der heiligen Epistemia zu. Vorn ist ein tiefes, mit Steinen eingefaßtes Bassin, in das man bisweilen Wasser, zum Besten der Ankömmlinge, einläßt. Zu ihrem eigenen Gebrauche haben die Mönche Brunnen, welche auch dieses Bassin mit Wasser versorgen. Als die Kameele den Schatten der Klostermauern erreicht hatten, knieten sie ohne Nöthigung nieder, und gaben durch ihr klägliches Geschrei zu erkennen, daß die Zeit des Absteigens da sey. Thore waren an der Mauer nicht zu sehen, aber sechs Klafter [= ca. 10,8 Meter] über dem Boden befand sich ein geräumiges Fenster, aus welchem Gestalten in schwarzer Kleidung und Capuzen hinabschauten. Am Obertheil eines hölzernen Wetterdachs vor dem Fenster war eine Rolle befestigt, von welcher das Ende eines dicken Seiles herabhing. Mittelst dieses Seiles kommt man ins Kloster.

Wenn die Mönche ihre Gäste von fern erblicken, so stecken sie gewöhnlich, als Zeichen der Freude, eine Fahne auf. Der Zutritt ins Kloster ist übrigens nur gestattet, wenn die Gäste ein Empfehlungsschreiben des Priors zu Kahira [= Kairo] ausweisen können. Diese Regel wird seit alter Zeit beobachtet. Niebuhr[4] hatte (im Jahre 1762) kein solches Schreiben und wurde daher nicht eingelassen. [...] Man kam H [errn] U [manets] mit der Frage entgegen, ob er mit einer schriftlichen Empfehlung aus Djowania, d [as] i [st] aus dem sinaitischen Klosterhofe zu Kahira, versehen sey. Er verneinte dieß. „Alsdann können wir euch nicht einlassen", entgegnete der Mönch von oben. H [err] U [manets] schwieg eine Minute, und rief dann, daß er zwar ein Schreiben habe, daß es aber weit hervorzulangen sey; er würde es abgeben, wenn sie ihn hinaufgezogen hätten. „Ohne Empfehlungsschreiben dürfen wir euch nicht aufnehmen", war die Antwort. Da H [err] U [manets] solche Entschlossenheit sah, zeigte er endlich zwei Briefe, den einen vom Erzbischof aus Konstantinopel und den andern vom Prior aus Kahira. Sogleich ließen sie das Seil hinab, um zuvörderst die Certificate zu bekommen. Eine Minute später ließen sie es wieder hinab, um das Reisegeräth in Empfang zu nehmen. Endlich, als ein Theil des Geräthes oben war, kam ein anderes, neues und viermal dickeres Seil für den Gast herunter.

Durch enge und gewundene Gänge gelangen wir, anfangs eine sanfte Abdachung hinunter gehend und dann etwas aufwärts steigend, endlich in den vornehmsten Hof, wo die Behausungen des Igumen [= Abt in orthodoxen Klöstern], seines Schriftführers und einer großen Anzahl Mönche, das Gemach zu Sitzungen der Synode [= orthodoxe Mönchsgemeinschaft] und das für Gäste bestimmte Local sich befinden. Der Hof ist länglich, mit Steinplatten gepflastert, und an allen Seiten von Gebäuden verschiedener Größe und Bauart umgeben, hinter welchen die Zinnen der Klostermauern sich erheben. Ein im Hofe erbauter schöner Brunnen wird von alten Weinreben an einem hölzernen Geländer überschattet. Außerdem werfen die Mauern und der [Berg] Horeb selber, welcher das Kloster noch um 700 Fuß [= ca. 215 Meter] überragt, ihren Schatten beinahe über den ganzen Raum. Rings herum herrscht wahre Todtenstille; man hört nur das Geräusch von Schritten und das eintönige Rauschen des reinen hellen Brunnenwassers, welches mittelst unterirdischer Röhren aus den Bergquellen hier her geleitet wird. Der Igumen führte unseren Reisenden rechts eine Treppe hinan in die zweite Etage des für Gäste bestimmten Flügels, welcher an die dem Horeb nächste Mauer sich anlehnt.

Die Aufnahmezimmer sind dem Hofe und zwar gerade der Vorderseite des Brunnens zugewendet. Längs des Flügels läuft eine breite Galerie, auf die sich die Thüren jedes Gemaches öffnen. Die Gemächer haben sehr wenig Raum, sind aber anständig und sogar üppig im orientalischen Style ausgeschmückt. Der Boden ist mit Teppichen belegt, und um die Wände stehen niedrige Diwane mit Polstern, aber kein einziger Stuhl. Im vordern Winkel vor dem Heiligenbilde brennt eine Lampe, und oben an der Wand ist ein Sims mit allerlei Büchern religiösen Inhalts **[221]** in französischer und englischer Sprache für die Missionäre der Bibelgesellschaften angebracht. In der Galerie stehen mehrere hölzerne Stühle von verschiedenem Kaliber, darunter ein altmodischer Lehnstuhl mit Schnitzarbeit, der ohne Zweifel schon ein Paar Jahrhunderte existirt. Auf diesen läßt man den geehrtesten Gast niedersitzen. H [err] U [manets] hatte die Freude, mit zwei Mönchen aus Bulgarien und einem Eingebornen aus Odessa russisch sprechen zu können. **[222]**

Ein halbes Jahrhundert später besuchte 1896 ein wissenschaftliches Detachement des österreichisch-ungarischen Kriegsschiffes *Pola*, das 1890–1898 Untersuchungen im Roten Meer unternahm, das Kloster von Suez aus. Der vom Chemiker Konrad Natterer über die Halbinsel verfasste Bericht erschien der Wiener *Zeitschrift für Schulgeographie* für den Unterricht geeignet und ergänzt die älteren Klosterbeschreibungen:

[Konrad Natterer]: Ein Besuch des Sinai. In: Zeitschrift für Schulgeographie, 1898: 19, Seite 154–159.

Von den zumeist aus Griechenland oder griechischen Theilen der Türkei[5] stammenden Mönchen geführt, traten wir bald unseren ersten Rundgang durch das malerische Gewirr der seit Kaiser Justinian [im 6. Jahrhundert] in verschiedensten Stilen ausgeführten Gebäude an. Auch eine Moschee ist in der ersten Zeit der Mohammedaner errichtet worden, als Bedingung für das Bestehenlassen des Klosters überhaupt. Schon die erste Anlage des Klosters war festungsartig gewesen. Jetzt sind die Außenmauern doppelt und von vielen Gängen durchzogen. Gewehre und kleine Kanonen liegen bei den Schießscharten bereit. Ein Betreten des Klosters wird nur den im Dienste der Mönche stehenden Mo-

4 Der aus Cuxhaven stammende Carsten Niebuhr (1733–1815) ging 1761–1767 mit einer dänischen Expedition nach Ägypten, Arabien und Persien, die er als einziger Teilnehmer überlebte. Bereits 1762 hatte er dabei den Sinai besucht und gilt mit seinen Berichten als Vater der modernen Orientforschung.

5 In den 1890er-Jahren gehörten noch weite Teile des Balkans zum Osmanischen Reich, darunter Bosnien, Albanien, Kosovo, Mazedonien und der gesamte Norden des heutigen Griechenlands. Außerdem fanden sich bis zu den ethnischen Säuberungen im Gefolge des griechisch-türkischen Kriegs 1919–1922 zahlreiche griechische Ansiedlungen im westlichen Kleinasien.

hammedanern gestattet. Reich ist es an Weihgeschenken, welche zumeist aus Russland stammen und aus Bildern, sowie aus Edelstein- und Goldgegenständen bestehen. Eine Anzahl berühmter, zumeist auf die Religion Bezug habender alter Handschriften ist hier entdeckt worden.[6] Die Hauptbeschäftigung der jetzigen Mönche ist das Gebet. Große Sorgfalt verwenden sie auf den benachbarten, auch etwas vortrefflichen Wein liefernden Klostergarten und auf die Instandhaltung der zahlreichen in der Umgebung des Klosters befindlichen Kapellen und der zu ihnen führenden Wege. [...] **[157]** [...]

Nach dem unterdessen für Besucher obligat gewordenen nächtlichen Aufstieg für das Erlebnis des Sonnenaufgangs auf den 2285 m hohen Mosesberg, der das Katharinenkloster um genau 700 m überragt, kehrte die habsburgische Forschergruppe nochmals zum Kloster zurück:

Wir suchten die Mönche beim Gottesdienst, in ihren Zellen und im Refektorium auf. Mittags und abends ließen wir uns von ihnen bewirten und Gesellschaft leisten. In dem uns von ihnen als Wohnraum zugewiesenen Zimmer brachten wir ihnen im traulichen Gesprächen österreichische Cigarren, Weine etc [etera] als Gegengaben dar. [...] **[158]** [...]

6.3 Vom Berg Sinai zum Golf von Aqaba

Schon Seetzen 1810 und dann 1816 Johann Burckhardt (1784–1817), ein weiterer Begründer der deutschen Orientforschung, hatten vergeblich versucht, durch die Bergwelt des südlichen Sinai zum Golf von Aqaba vorzudringen. Erst 1837 gelang dies Gotthilf von Schubert (1780–1860), während Eduard Rüppell[7] bereits 1822 einen nördlicheren Weg von Aqaba über Nuweiba zum Berg Sinai gefunden und beschrieben hatte. Aber noch in den 1890er-Jahren war dies eine anstrengende Wüstenexpedition, die nur mit der Hilfe ortskundiger Beduinen gelang, wie aus einem Bericht über eine Exkursion der Jerusalemer Bibelschule hervorgeht:

J. Saul: Auf der Sinai-Halbinsel. Vom Dschebel Musa nach el-Akaba. In: Deutsche Rundschau für Geographie und Statistik, 1902: 25, Seite 1–9.

Von Suez bis zum Katharinenkloster am Dschebel Musa hatten uns die Towara-Beduinen geleitet. Zur Unterhandlung über die Weiterreise war der Großschech aller Sinai-Stämme eingetroffen und mit ihm eine Unzahl von Arabern, die sich um die Ehre und den Vorteil stritten, uns ihre Kamele liefern zu können. War doch für diese armen Bewohner der Sinai-Halbinsel eine Karawane von zwölf Personen eine ganz willkommene Beute, die reichen Gewinn versprach. Am Morgen unserer Abreise hatte der Bruder Pförtner aus Unvorsichtigkeit das Tor des großen Hofes offen gelassen, und so drangen die Wüstensöhne alsbald in das umfriedigte Klostergebiet ein. Mit aller Gewalt und unter betäubendem Geschrei rissen sie sich um Personen und Bagage in heilloser Verwirrung, die mehrere Stunden andauerte. [...] **[1]** [...]

Am 25. Februar 1893 verlassen wir um 10 Uhr das gastliche Sinai-Kloster, ziehen den Wadi ed-Der entlang und biegen dann, dem Ras-es-Sassas gegenüber in den breiten Wadi esch-Schech ein. [...] Nordwärts weiter kommen wir bei einer Erweiterung des Schech-Tales an dem muslimischen Heiligtum des Rebi Salih vorüber. Hier geht vom Wadi esch-Schech rechts die Route nach el-Akaba ab [...]. Am Dschebel Suwerije vorbei, der sich rechts vom Wege erhebt, kommen wir aus dem gleichnamigen Tale nach Überschreitung der Wasserscheide zwischen den Golfen von Suez und Akaba in den Wadi Saal. [...] Nach Norden ist in weiter Ferne der grauenhaft öde Höhenzug der Sandsteinwüste et-Tih [...] sichtbar. [...] 26. Februar. [...] Das Tal öffnet sich; man sieht im Norden den Schebel el-Tih, links ein Wahrzeichen am Bergeshange, das wahrscheinlich den Eingeborenen bei den hier schwer auffindbaren Wegen zur Orientierung dient. Es ist dieselbe von Triebsandhügeln bedeckte Gegend, wo seinerzeit Burckhardt sich verirrt hatte [...]. **[2]** [...]

Nach einiger Zeit kommt man in den eigentlichen Wadi Chebebe. Es folgen Wadi Metura und der weniger pittoreske Wadi Kennä. Das Landschaftsbild nimmt immer mehr das Aussehen einer öden Sandwüste an, besonders im Wadi Aurat, aus dem man auf eine sandige Hochebene (el-Ror) gelangt. [...] 27. Februar. Heute gilt es, die Quelle Ain el-Hobra aufzusuchen. Die Lastkamele werden der schwierigen Passage wegen einen Umweg von zwei Stunden zu machen haben; auch die Reittiere bleiben auf den holperigen Pfaden, die zur Oase führen, meistens unbenutzt. Nicht weit von unserem Lagerorte treffen wir im Wadi Ghaa auf den sogenannten Pilgerstein, einen isolierten, etwa 20 Meter langen Sandsteinfelsen von 6 bis 7 Meter Höhe und 4 bis 5 Meter Breite. Die Seiten dieses mächtigen Steines sind mit nabatäischen[8] und arabischen (kufischen) Inschriften, sowie mit kunstlosen Zeichnungen bedeckt, die Gazellen und Steinböcke [...] darstellen sollen. Dem weißen Pilgersteine gegenüber sind rechts vom Wege auf der Rundung eines großen Sandsteinblockes ebenfalls Tiergestalten abgebildet, ein Pferd mit Reiter, sowie koptische oder griechische Kreuze; oben auf dem Felsen ist eine Art Wappen angebracht. Derartige Zeichnungen und Inschriften an Felsenwänden sind überhaupt auf diesem Teile der Pilgerstraße häufig zu finden und erinnern sehr an den Wadi Mokkateb oder das „Tal der Inschriften" im Westen der Halbinsel. [...] **[3]** [...]

Nach einer weiteren Stunde stößt von linksher ein isolierter Sandsteinberg hart an den Weg, der gegen 100 Fuß [= ca. 30 Me-

6 Nicht wenige dieser Handschriften sind in jenen Jahren von Besuchern „ausgeliehen" worden und finden sich heute als mit die ältesten Bibelhandschriften im Streubesitz europäischer Großbibliotheken, so etwa die Pergamentseiten des *Codex Sinaiticus*, einem vollständigen Neuen Testament in griechischer Sprache aus der Mitte des 4. Jahrhunderts.

7 Siehe ► Abschn. 10.3, Kordofan und Darfur.

8 Nordwestarabische Volksgruppe der Antike mit dem Hauptort Petra im Süden des heutigen Jordanien.

ter] hoch ist und etwa 10 Minuten im Umfang hat. Dieser „Pilgerstein", von den Eingeborenen Hadeibat el-Haddschadsch genannt, hat die vorüberziehenden Wanderer am meisten zu allerlei Aufzeichnungen veranlaßt; arabische, nabatäische und griechische Inschriften sind auf der rötlichweißen Felswand eingegraben, sowie Kreuze und unbeholfene Abbildungen von Tieren, wie Steinböcken, Gazellen, Kamelen und Pferden mit Reitern. Hinter dem Inschriftenstein dehnt sich die Ebene Matale el-Hodra aus. Rechts zweigt sich der Wadi Ghazal ab, den unsere Lastkamele durchzogen haben. Bald geht der Weg ein sehr enges Tal hinauf. Zur Linken öffnet sich eine tiefe Schlucht, noch etwas höher erhebt sich rechts ein Steinhaufen als Wegzeichen – und man erblickt vor sich reizend im Tale gelegen Ain Hodra. […] Wir steigen den Engpaß Nakb el-Hodra hinab, eine äußerst schwierige Passage, die 20 Minuten in Anspruch nimmt. Die sandige Talebene des Wadi el-Hodra, worin die 18 [Wege-]Stunden vom Dschebel Musa entfernte Oase liegt, zieht sich in gerader Richtung von Süden nach Norden; sie ist gegen 30 Minuten lang und etwa halb so breit. Auf allen Seiten schließen vegetationslose Berge die geräumige Ebene ab; […]. Am Nordende des Wadi beginnt die schöne Oase, die uns nach der trostlosen, das Herz beklemmenden Öde von Gebirge und Wüste zur doppelt willkommenen Mittagsruhe einladet. Und fürwahr, ein köstlicher Ruheplatz im Palmenhain! In der Nähe klares Wasser, Fruchtbarkeit, frisches Grün, in der Ferne schön gefärbte Gebirgsformen. Muntere Schwalben durchsegeln die Lüfte, hie und da fliegen Feldhühner aus. Neben grünenden Saatfeldern stehen einige verfallene Beduinenhütten aus Palmzweigen. […]

Das aus mehreren Quellen hervorgehende Bächlein begleitet uns. Mitunter kleine Kaskaden bildend, noch durch das felsige Ausgangstor, bis es nach einiger Zeit im Sande verläuft. Wieder hohe rötliche Sandsteinwände auf beiden Seiten des Wadi el-Hodra […]. Zwei Stunden nach dem Verlassen der Oase steht auf der rechten Seite der merkwürdig geformte Stein Mekial (Lagerplatz), wo die Beduinen zu kampieren pflegen, ein alleinstehender Sandsteinblock, über den ein zottiges Fell gelegt zu sein scheint; wahrscheinlich haben Regengüsse im Laufe der Zeit die Oberseite ausgewaschen. […] **[4]** […]

26. Februar. Drei Stunden nach unserem Abzuge gelangen wir aus dem zuletzt von hohen und zerklüfteten Felsenwänden eingeengten Wadi el-Ghazal in den nicht minder pittoresken Wadi el-Ain. […] Beim Weiterziehen steigert sich die von den turmhohen Wänden des Schlundes zurückprallende Hitze auf etwa 50° C [elsius]. Zudem verliert sich der Wasserlauf bald auf dem Grunde des wildromantischen Tales. Auf sandigen Pfaden kommt man in die gewaltige Schlucht des Wadi Wetir, der allmählich immer schmäler wird. Die engste, in 2 Stunden zu erreichende Stelle ist ein malerischer Taleinschnitt und wird von den Arabern el-Buweb oder das „Pförtlein" genannt, für uns ein Ausgangstor aus der Hauptgebirgskette, wie hinter dem Wadi Firan ein Eingangstor war in das Heiligtum der sinaitischen Halbinsel. Vom Engpaß des Nakb el-Buweb liegt das St. Katharinenkloster genau südwestlich und ist davon ungefähr 80 Kilometer entfernt. Die Pilgerstraße verbindet beide Punkte in gerader Linie, soweit dies überhaupt in einem von Gebirgen und tiefen Tälern durchzogenen Lande möglich ist.

Nach 45 Minuten von Nakb el-Buweb aus sieht man die Berge von Arabien jenseits des Golfes von el-Akaba; bald darauf erstrahlt auch der Meeresspiegel im Sonnenglanze. Eine Stunde später treten die Talwände zurück. Wir verlassen den jetzt mit Kiesmengen bedeckten Wadi Wetir, der hier ausmündet. Vor uns liegt in schönem Blaugrün die See, an deren Strande wir nun in nördlicher Richtung entlang ziehen. […] Nach zweistündigem Ritt ist die kleine Oase Ain en-Nuwebia erreicht, eine von Palmbäumen […] umgebene Salzquelle am Gestade. Außer einigen Wohnungen liegt am Westrande des Platzes ein Kastell mit ägyptischer Besatzung. Der Kommandant erwidert alsbald unseren Besuch und verweilt bei Tee und Zigarette längere Zeit in unserem Zeltlager. […] **[5]** […] Der dürftigen Weide wegen leben auf der westlichen Küste des Meerbusens keine Araber. Dann und wann wird sie von Fischern besucht oder von Anderen, die Holz fällen, um es zu Kohlen zu verbrennen. Die arabischen Fischer, von denen wir einige am sandigen Ufer ihre Netze auswerfen sahen, sind sehr arm; sie salzen ihre Fische ein und führen ihre Ware zu Kamel nach Tor oder Suez. […]

3. März. Um 8 Uhr morgens ertönt, wie gewöhnlich, das Hornsignal zum Abmarsch. Nach dem Austritt aus dem Wadi Taba ist der Vorsprung des Ras el-Kureje, und nach 20 Minuten ein anderes letztes Kap zu umgehen am Rande des immer enger werdenden Golfes, Ras el-Masri genannt, von schwärzlich dunklem Gestein. Gleich darauf kommt die türkische Festung Kalat el-Akaba in Sicht. […] Die Berge treten dann weiter vom Meere zurück. Es öffnet sich dem Blick der lange **[7]** und breite Wadi el-Araba[9], der von Norden her aus dem alten Edomiterlande[10] kommt und vor uns in den Golf ausmündet. Neben dem Uferwege steht ein 45 Fuß [= ca. 14 Meter] hoher Felsblock, Hadscher el-Alawi oder Alawinstein, der mit Muscheln, Seesternen und Kieselsteinen belegt ist. Er bezeichnet die alte Grenze des Towaragebietes; jenseits ist das Stammesgebiet der Haiwat-Araber, von denen der Zweig der Alawin das Recht des Geleites hat. Nach 2 Stunden vom Wadi Taba aus ist man an der oberen Spitze des Golfes angelangt. Bald ist der große Derb el-Haddsch oder die [von Suez her die Halbinsel querende] Straße der Mekkapilger erreicht […]. Nachdem wir auf sandigem Pfad um das Nordende des Golfes herumzogen, wandern wir noch eine Strecke südwärts und ziehen endlich zur Mittagszeit in den am östlichen Ufer der Bai gelegenen Palmengärten von el-Akaba ein. **[9]**

Erst wenige Jahrzehnte zuvor war der Golf von Aqaba nach jahrhundertelanger Abkehr seit dem Zeitalter der Kreuzzüge wieder ins Blickfeld der Europäer geraten:

[Heinrich Berghaus]: Auszug aus dem geographischen Memoir zur Erklärung und Erläuterung der Karte von Arabia und dem Nillande (als Probe der Bearbeitung von Berghaus' Atlas von

9 Heute verläuft dort die israelisch-jordanische Grenze.

10 Hebräische Volksgruppe, die in der Antike beiderseits des Jordangrabens zwischen dem Toten Meer im Norden und dem Golf von Aqaba im Süden siedelte.

Asia). In: Annalen der Erd-, Völker- und Staatenkunde, 1831: 5, Seite 1–64.

Bis zur Mitte des achtzehnten Jahrhunderts zeichnete man den Meerbusen von Akaba in der Form, wie wir sie gegenwärtig [= 1831] durch die genauesten Berichte kennen; [der französische Kartograph Jean Baptiste] d'Anville aber veränderte diese Gestalt im Jahre 1751, indem er, auf eine türkische Karte gestützt, dem Golf ein gabelförmiges Ende gab, dessen zwei Spitzen er durch das alte Aila und das moderne Akaba bezeichnete. Obwohl [der deutsche Kartograph Carsten] Niebuhr[11] die ursprüngliche Konfiguration wieder hergestellt hatte, beharrte man dabei, die d'Anville'sche Zeichnung in alle Karten überzutragen; ja man findet sie sogar noch auf Karten, welche die Jahrzahl 1822 an der Stirn tragen, wo es doch längst schon durch europäische Beobachtung ausgemacht war, daß d'Anvilles Zeichnung unrichtig sei. […] [Der Schweizer Reisende Johann] Burckhardt aber, der unermüdliche Forscher des Orients, ist als der eigentliche Wiederhersteller der wahren Konfiguration anzusehen. Auf seinen Wanderungen durch die Halbinsel des Sinai im April und Mai 1816 untersuchte er die ganze Westküste des Busens, und wurde nur durch den räuberischen Tribus [= Stamm] der Heywat Araber verhindert, bis Akaba selbst vorzudringen; doch sah er von Wadi Taba aus das Ende des Golfs in einer Entfernung von fünf bis sechs Stunden. […] **[63]** […]

Nachdem die Briten auch zur strategischen Sicherung ihrer Interessen am Suez-Kanal 1882 das osmanische Vizekönigreich Ägypten besetzt hatten und *de facto* regierten[12], obwohl die Einrichtung eines Protektorats *de jure* erst 1914 erfolgte, wurde die Abgrenzung zum unter türkischer Herrschaft verbliebenen Palästina dringlich. Nach längerem diplomatischem Tauziehen wurde 1906 die vom Golf von Aqaba abgehende Scheidelinie vereinbart, die bis heute die Grenze zwischen Ägypten und Israel darstellt:

Anonym: Regulierung der Grenze zwischen Ägypten und Syrien. In: Globus, 1907: 91, Seite 115–116.

Der englisch-türkische Konflikt über den Verlauf der Grenze zwischen Ägypten und Syrien, der „Akabakonflikt", wurde im vorigen Jahre [= 1906] dadurch beigelegt, daß eine englisch-türkische Kommission eingesetzt und damit beauftragt wurde, den Grenzstreifen zwischen dem Golf von Akaba und dem Mittelmeer topographisch aufzunehmen und eine den „natürlichen **[115]** Verhältnissen" entsprechende Grenzlinie zu vermarken. Diese Aufgabe wurde bald beendet, und die beiden Mächte acceptierten die Grenze durch ein Abkommen vom 1. Oktober 1906 […]. Die Grenze war dort bisher unsicher, doch führten sie unsere Karten gewöhnlich in gerader Linie von der Nordecke des Golfs von Akaba nach El-Arisch am Mittelmeer: El-Arisch blieb auf der ägyptischen Seite. Während nun England diese Grenzlinie noch etwas nach Osten – Endpunkt am Mittelmeer Rafah – verschoben haben wollte, glaubte die [Hohe] Pforte[13] auf den ganzen Norden der Sinaihalbinsel Anspruch zu haben; sie zog die Grenze von Akaba westwärts nach Sues und von da in nordöstlicher Richtung nach Rafah. Das Recht scheint auf der Seite der Pforte gewesen zu sein, aber sie mußte natürlich England nachgeben, das die Edelsteinminen der Halbinsel allein ausnutzen wollte. Die endgültige, durch 13 Pfeiler bezeichnete Grenze beginnt bei Taba, westlich vom Fort Akaba, und geht im allgemeinen in gerader Richtung – nur in den Gebirgen weicht sie davon etwas ab – nach Rafah, das türkisch bleibt. Die südliche Hälfte des Grenzstreifens, von Taba bis Mayein, ist eine gebirgige, wasserarme, nur von wenigen Beduinen bewohnte Wüste. Dann wird das Gelände etwas wertvoller. Im Wadi el-Jaifi und bei El-Kosseina auf ägyptischer Seite wächst etwas Gerste, und es liegen dort einige sehr ergiebige Brunnen, die die Herden der Beduinen das ganze Jahr über mit Wasser versehen. Dasselbe gilt von der Landschaft El-Auja auf der türkischen Seite. Nordwärts von Auja auf Rafah zu geht die Steinwüste von Arabia Petraea in Sanddünen und Steppe über. **[116]**

11 Siehe ► Abschn. 6.2, Das Katharinenkloster, Fußnote 4.

12 Siehe ► Abschn. 1.2, Mehmed Ali: vom Söldnerführer zum Dynastiegründer.

13 Eingangstor zum Sultanspalast in Konstantinopel und daher das Synonym für den Regierungssitz des Osmanischen Reichs.

Das Rote Meer

Imre Josef Demhardt

I. J. Demhardt, *Aus allen Weltteilen Ägypten mit Sudan und Libyen,* Geographische Anthologie des 19. Jahrhunderts,
DOI 10.1007/978-3-662-46274-4_7

7.1 Name und Geschichte

Bei Ägypten als regionaler Großmacht denkt man gemeinhin nur an Phasen während der drei Jahrtausende des Pharaonenreichs, das 30 v. Chr. mit der Einverleibung ins Römische Reich durch Augustus unterging. Dabei wird aber vergessen, dass es vor kaum 200 Jahren noch einmal zu einer der Zeit Pharao Ramses dem Großen vergleichbaren Gebietsausdehnung gelangte. Schon bald nachdem Mehmed Ali 1811 die Mamelucken von der Herrschaft in Kairo verdrängt hatte, brachte er durch Eroberungszüge ab 1813 weite Teile Arabiens bis hinab zum Bab-el-Mandeb, der Tränentor genannten Meerenge zum Arabischen Meer, und ab 1820 den Sudan und Eriträa unter seine Herrschaft.[1] Während Arabien fast vollständig schon 1841 wieder verloren ging, konnte Ägypten doch bis zur kolonialen Aufteilung Afrikas durch die Europäer in den 1880er-Jahren seine afrikanischen Eroberungen großenteils bewahren. Damit war das Rote Meer im 19. Jahrhundert für einige Jahrzehnte beinahe so etwas wie ein ägyptisches Binnenmeer!

Das zwischen Suez und Bab-el-Mandeb rund 2200 Kilometer lange, aber insgesamt spindelförmig schmale Rote Meer [■ Abb. 7.1], das in der Nordhälfte nur rund 200 Kilometer Breite erreicht, ist die bis 2600 m tiefe salzwassergefüllte nördliche Fortsetzung des ostafrikanischen Grabenbruchs, durch den Afrika und Arabien seit etwa 38 Mio. Jahren auseinanderdriften. Da kein einziger ganzjährig Wasser führender Fluss in dieses Meer mündet, der Wasseraustausch mit dem Arabischen Meer durch das nur 29 Kilometer breite Bab-el-Mandeb nur gering und die Verdunstung im heiß-trockenen Wüstenklima groß ist, weist das Rote Meer mit etwa 4,2 % einen deutlich höheren Salzgehalt als der Durchschnitt der Weltmeere mit 3,5 % auf. Dies bringt einen geringeren Nährstoffgehalt und geringes Planktonwachstum mit sich, was wiederum Tauchern außergewöhnlich gute Sichtverhältnisse auf die ausgedehnten Korallenriffe verschafft, wie der Tauchpionier Hans Hass seit den 1950er-Jahren in Dokumentarfilmen popularisierte.

Die Antike und das christliche Abendland kannten das Rote Meer stets unter diesem Namen, welches auf mittelalterlichen Landkarten oft sogar eigens rot eingefärbt wurde. Da die Namensgebung offensichtlich *nicht* auf die Färbung des Wassers zurückzuführen war, wurde bereits im ersten Jahrgang der ersten modernen geographischen Zeitschrift dem eigentümlichen Namen des langgestreckten Meeres nachgegangen:

Anonym: Woher das rothe Meer seinen Namen habe? In: Vermischte Beyträge zur physikalischen Erdbeschreibung, 1774: 1, Seite 115–117.

Woher dieses Gewässer seinen Namen habe? darüber hat man sich noch nie recht vereinigen können. Schon in den alten Zeiten stellte man deswegen Untersuchungen an: denn dazumal kannte man dasselbe schon unter dem Namen des rothen Meeres. Plinius[2] äußert in seiner Naturgeschichte über diesen Punkt verschiedene Muthmaßungen, die in den neuern Zeiten ansehnlich vermehret worden sind. Wir wollen die vornehmsten derselben anführen. Es giebt Geschichtsschreiber, welche glauben, daß ein König, Namens Erythros, so vormals an den Küsten regiert haben soll, welche dieses Meer umgrenzen, dem letztern den Namen der erythreischen See gegeben habe. Da nun erythros in der griechischen Sprache roth bedeutet; so sey es auch in anderen Sprachen das rothe Meer genennt worden. Andere behaupten, daß dieses Meer der ihm eigenthümlichen rothen Farbe diese Benennung **[115]** zu danken habe. Diese geben entweder vor, daß das Wasser, welches dasselbe enthält, seiner Natur nach roth sey, oder sie suchen den Grund in der Farbe des Ufers und des Bodens der See, oder sie glauben gar, daß der Sand, welchen der Wind dem Meere von den Küsten sehr häufig zuführt, dasselbe mit rothen Streifen färbe.

Nach dem Zeugniß der aufmerksamsten Beobachter ist das Wasser dieses Meeres von dem Wasser der übrigen Seen im geringsten nicht unterschieden, und der von den Winden in dasselbe getriebene Sand kann um so weniger diese Wirkung haben, da die Ufer auf beyden Seiten der See nicht aus rother, sondern brauner, schwarzer und weißer Erde bestehen. Es kann inzwischen wohl seyn, daß, da die See an manchen Stellen wirklich roth zu seyn scheint, sie daher ihre Benennung erhalten habe: da man aber diese Districkte nur in dem arabischen Meere findet, und gleichwohl in den ältern Zeiten der ganze Ocean, von Arabien bis Indien, *erythraeum mare* genennt wurde, so verursacht die Ausforschung dieses Namens nicht wenig Schwierigkeiten. Die angeführten rothen Stellen in dem arabischen Meere erstrecken sich öfters viele Meilen weit. Sie rühren von den Sandbänken und Felsen dieser See her, welche mit rothen Korallengewächsen angefüllt, und um so eher sichtbar sind, da das Wasser **[116]** dieses Meeres heller und klarer ist, als je eins auf dem Erdboden. […] Die an den Küsten dieser See wohnenden Völker wissen nichts von dem Namen des rothen Heeres. Sie nennen dieses Gewässer die See von Mekka, […]. […] **[151]**

Das also nur für die mit der antiken Geschichtsschreibung vertrauten Europäer „rote" Meer hatte aber bis zur Eröffnung des Suez-Kanals 1869[3] nurmehr einen Abglanz seiner früheren Bedeutung. Dies geht aus den Erinnerungen einer in den 1820er-Jahren von einem Franzosen im Auftrag des Vizekönigs Mehmed Ali unternommenen Befahrung des Meeres hervor, in der auch schon dessen Bedeutungsgewinn nach

1 Siehe ► Abschn. 1.2, Mehmed Ali – vom Söldnerführer zum Dynastiegründer.

2 Plinius der Ältere (23–79 n. Chr.) war römischer Staatsbeamter und Gelehrter. Hauptwerk des beim Vesuvausbruch bei Pompeji umgekommenen Befehlshabers der nahebei stationierten Kriegsflotte ist die 37-bändige Zusammenstellung *Naturalis Historia* der antiken Naturkenntnis.

3 Siehe ► Abschn. 5.4, Die Eröffnung des Suez-Kanals 1869.

der damals noch in weiter Ferne liegenden Fertigstellung des Kanals vorhergesagt wurde:

M. Marbois: Das rothe Meer. In: Ausland, 1828: 1 (1/2), Seite 725–727, 738–739.

Seit Vasco de Gama [1497–1498], das Vorgebirg der Stürme [= deshalb heute: Kap der Guten Hoffnung] umsegelnd, dem Handel [nach Indien] eine neue Bahn eröffnete, verlor das rothe Meer seine Wichtigkeit, nachdem es während des ganzen Alterthums der Hauptverbindungskanal zwischen Morgen- und Abendland gewesen war. [...] Da aber Ebbe und Fluth im rothen Meer sehr bedeutend sind, und man befürchtete, der [schon damals angedachte Suez-]Kanal möchte sich zur Ebbezeit trocken legen, so beauftragte mich der Pascha [= Vizekönig Mehmed Ali] mit einer Untersuchung des arabischen Golfs. Ein leichtes Schiff, zum Schutz gegen einen Ueberfall der in diesen Gewässern zahlreichen Piraten, welche auf die Mekka-Pilgrime lauern, hinreichend mit Artillerie versehen, wurde zu meiner Verfügung gestellt. [...] **[725]**

Von Suez aus in See stechend galt das Interesse des Ingenieurs Marbois zunächst der Stelle, wo Moses mit dem Volk auf der Flucht vor den pharaonischen Verfolgern das Rote Meer durchquerte:

Wahrscheinlich geschah der Uebergang der Israeliten bei Rondelho, unweit Suez, von wo es nur drei Lieues[4] [= ca. 12 Kilometer] nach Tohr, gegenüber auf der idumäischen Küste [des Sinai], ist. Moses, von Pharao bedrängt, führte hier auf einer Strecke, wo das Meer zur Ebbezeit sich von einem Theil seines Betts zurück zieht, sein Volk hinüber, wobei er den Vortheil hatte, daß die eintretende Springfluth die Egyptier entweder an der Verfolgung hinderte, oder, wenn sie doch nicht nachließen, vielleicht gar ersäufte. Beinahe wäre selbst ein Mann, der ohne Zweifel ein besserer Naturkenner als Pharao und Moses war, Bonaparte, ein Opfer seiner Unvorsichtigkeit geworden, als er eines Tages, während der Ebbe, die sogenannten Mosesbrunnen[5] besuchte.

Etwa vierzig Lieues [= ca. 120 Kilometer] gegen Süden, an einer gefährlichen, mit Klippen bedeckten Küste hin, gelangt man nach Kosseyr [■ Abb. 7.2]. Die ganze westliche Seite des rothen Meeres stellt eine dürre Fläche dar, über welche einzelne Sandhügel sich erheben, die der Sirocco, der Tyrann der Wüste, nach Gefallen niederweht. Die Berge [...] erscheinen, wie zackige Einschnitte, da und dort am fernen Horizont, während von Koßeir aus eine ununterbrochene Gebirgskette zwischen dem Nil und dem Golf fortläuft. Hier in den reichen Marmorbrüchen (abwechselnd rother und grüner Serpentin-Marmor findet sich in allen Bergen) ließen die Pharaone jene ungeheuern Blöcke hauen, welche in Form von Säulen, Sphinxen, Kolossen, Obelisken, Vierecken, alle Städte Egyptens schmückten. [...]

Kosseyr ist eine Stadt mit Mauern. Bonaparte beabsichtigte daraus einen Waffenplatz zu machen, für den Fall, daß der Plan, die englischen Besitzungen in Indien vom rothen Meer aus anzugreifen, zur Ausführung käme. Dieser Plan unterblieb; dagegen mußte unter [seines Nachfolgers] Klebers Verwaltung Kosseyr gegen die Engländer befestigt werden, weil diese Egypten mit gleichzeitigen Landungen im Norden und im Osten bedrohten. In der Folge gab [seit 1813] Ibrahims [= Sohn des Mehmed Ali] Krieg mit den Wahabi dem Hafen einigen Flor, der übrigens mit dem Augenblick wieder verschwinden dürfte, wo die Araber das Joch Mehemmed Ali's abgeschüttelt haben werden.[6] Einstweilen dient Kosseyr als Verbindungsort zwischen dem eroberten Land und Kairo. Man sieht daselbst ein viereckiges Fort, aus behauenen Steinen erbaut, und mit Basteien vertheidigt; aber dieses Fort könnte sich, da es von mehreren Anhöhen beherrscht wird, nicht gegen sechs Kanonen halten, die von geschickten Artilleristen gerichtet wären. Ein Felsen, der ziemlich weit in das Meer sich erstreckt, bildet das Hafenbecken: er schützt die Schiffe gegen den Nord und Nordost; die Stadt schützt sie gegen den West. Wenige Tage vor unsrer Ankunft waren die afrikanischen Mekka-Karavanen, die von Kairo aus zusammen reisen, von Kosseyr unter Segel gegangen. [...] **[725]** [...]

Die Bergkette, welche den Golf, so zu sagen, bis Abyssinien begleitet, nimmt unterhalb Koßeyr den Namen des Smaragdgebirges an; diese Berge entfernen sich bald auf weite Entfernung von der See, bald nähern sie sich wieder und verlängern sogar oft ihre Felsenwurzeln bis unter die Fluthen, wo sie gefährliche Riffe bilden, in deren Bereich der Schiffer, nicht ohne große Vorsicht, zumal während des Winter-Monsuns, sich wagen darf.

Im Verfolg der Fahrt gegen Süden fand ich als den bedeutendsten Platz die eben so stark durch Natur, als durch Menschenkunst befestigte Stadt Suakin. Sie liegt auf einer kleinen, runden Insel, die keine halbe Lieue [= ca. 2 Kilometer] im Umfang hat; in der Nähe ist guter Grund, in einiger Entfernung aber ist das Meer treuloser als irgendwo. Seit den nubischen Siegen Ismaels [ab 1820], des Sohnes Mehemmed Ali's, liegt in Suakin egyptische Besatzung und der Statthalter von Maßua [= Massaua] und Dalek [= Dahlak-Inseln, beides in Eriträa] nimmt vorzugsweise daselbst seinen Aufenthalt: wir erhielten von ihm Erfrischungen, die unter diesen Breiten eine außerordentliche Seltenheit sind. Vier Lieues [= ca. 12 Kilometer] von der Stadt an der Küste hat er große Anlagen, die ihm seine Sklaven wäßern; und wenn die Strauße, deren es hier viele giebt, oder ein giftiger Wind, den die Araber Uri nennen, ihn nicht um die Ernte bringen, so kann er seine Tafel mit herrlichen Ananas, Melonen, Bisamcitronen, Limonien und andern Gartenfrüchten zieren. [...] **[726]** [...]

So unbekannt das rothe Meer gegenwärtig [= 1828] ist, so bekannt war es sonst: sein ganzes Litoral trägt die Spuren historischer Erinnerungen, die uns aber bei dem Mangel dauerhafter und gesetzmäßiger Völkerverbindungen der alten Welt und durch die gewaltigen Revolutionen, die den Handel seit der Entdeckung Amerikas betrafen, aus den Augen gerückt wurden.

4 Französische Meile zu 2000 Körperlängen oder rund 3,898 km.
5 Siehe ► Kap. 6, Die Sinai-Halbinsel.

6 In der Tat brach 1841 die ägyptische Herrschaft über die arabische Gegenküste zusammen, und das etwa auf halber Strecke zwischen den heutigen Touristenorten Hurghada und Marsa Alam gelegene Kosseir sank wieder zurück zum zwar einzigen, aber recht unbedeutenden ägyptischen Hafen am Roten Meer, einzig begünstigt durch das Nilknie, welches den Fluss unterhalb von Luxor bis auf nur noch etwa 160 Kilometer ans Meer heranbiegt.

■ **Abb. 7.1** Das Rothe Meer und die wichtigsten Häfen seiner Westhälfte […]. In: Mittheilungen aus Justus Perthes' Geographischer Anstalt, 1860: 6, Tafel 15

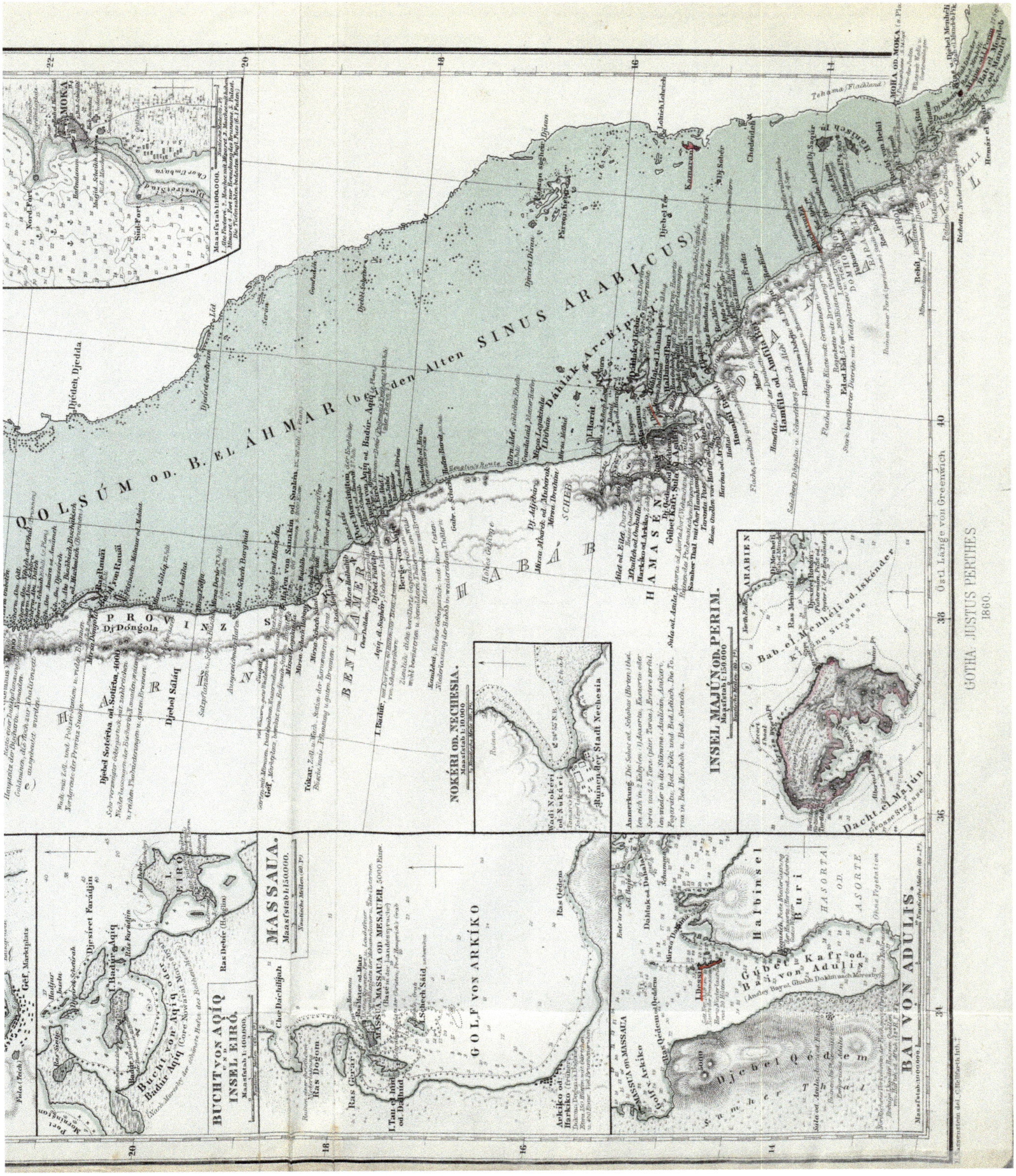

Abb. 7.1 (*Fortsetzung*)

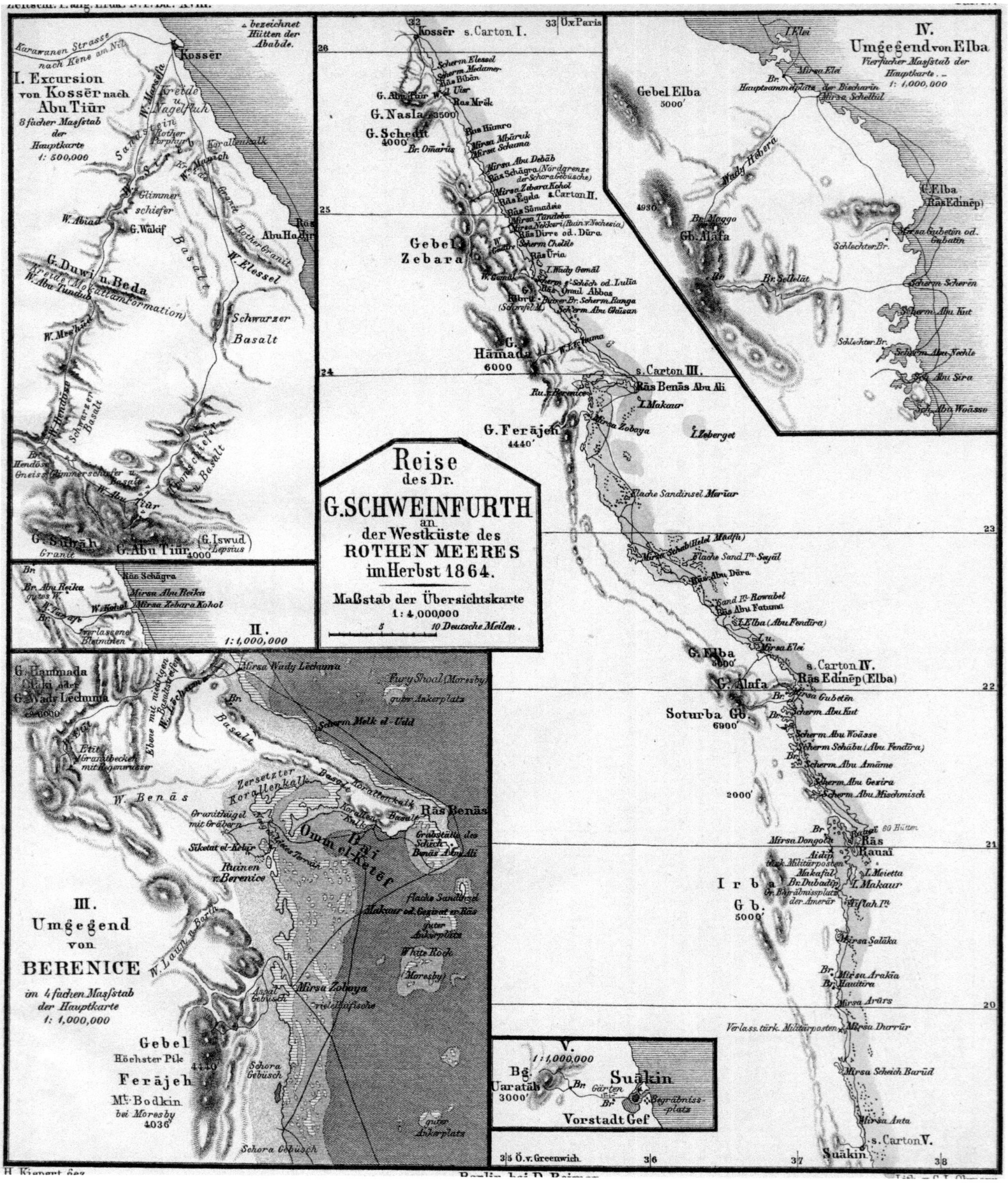

Abb. 7.2 Reise des Dr. G. Schweinfurth an der Westküste des Rothen Meeres im Herbst 1864. In: Zeitschrift für allgemeine Erdkunde, 1865: N. F. 18, Tafel IV

Ich bin jedoch jetzt, nach dem ich meine Runde vollendet habe, überzeugt, daß die Verbindung beider Meere [durch einen Kanal bei Suez] den Welthandel dahin zurückbringen, und diesen jetzt verödeten und wie verschollenen Ländern ihren alten Flor wieder geben müßte. [...] **[739]**

Auf diesen langen Dornröschenschlaf des Roten Meeres bis zur Eröffnung des Suez-Kanals ging Detmer Kürchhoff in einer großen handelsgeographischen Untersuchung der Anrainerländer dieses Meeres ein, wobei er an dem recht erfolgreichen Bestreben der seit 1500 den Indienhandel zunehmend monopolisierenden und die Araber verdrängenden Portugiesen anknüpfte:

Detmer Kürchhoff: Alte und neue Handelsstraßen und Handelsmittelpunkte an den afrikanischen Küsten des roten Meeres und des Golfes von Aden, sowie in deren Hinterländern. In: Geographische Zeitschrift, 1908: 14, Seite 251–267, 312–327.

Die Eroberung Ägyptens durch die Türken (1516–1517) änderte nichts an der Sachlage. Die türkische Armada, die auf Befehl Solimans [= Suleiman] des Großen die portugiesische Herrschaft in Indien vernichten sollte, mußte unverrichteter Dinge heimkehren (1539), und hiermit erlosch den Venetianern der letzte Hoffnungsschimmer [den Mittelmeerhandel wiederzubeleben]. Die Portugiesen sperrten nun selbst das rote Meer und damit die Straße nach Alexandrien vollständig ab, durchkreuzten dieses Meer sogar **[252]** als Sieger (1541), wobei sie Suakin, Kosseir und Tor zerstörten und selbst in Suez landeten. [...] **[253]** [...]

Werfen wir zunächst einen Blick auf das rote Meer in seiner Gesamtheit unter Berücksichtigung seines Wertes als Handelsstraße, so ist dieses Meer von der Natur in manchen Beziehungen sehr vernachlässigt, in anderen wieder begünstigt worden. Es empfängt keinen einzigen schiffbaren Fluß, der den Zugang in das innere Land eröffnen könnte, die Küsten sind wüst, wasserarm und von räuberischen Nationen bevölkert; an das Uferland schließen sich Hochebenen, die vom Meere aus sehr schwer zugänglich sind. Die Winde sind regellos und erlauben keine regelmäßige [Segel-]Schiffahrt. Außerdem ist das Meer voller Klippen, die oft kaum einen Durchgang gestatten, so daß eine Fahrt auf diesem Gewässer nicht zu den sicheren Unternehmungen gehört. Dazu kommt, daß selbst die vorzüglichsten Häfen gegen Stürme keinen hinlänglichen Schutz gewähren, und daß der [südliche] Eingang des Bab el Mandeb (Tor der Bedrängnis) schwer zu passieren und sechs Monate im Jahr durch den konträren Monsun für Segelschiffe fast ganz verschlossen ist.

Auf der anderen Seite kommt dem Handel auf dem roten Meere der Reichtum der Nachbarländer zu Statten: Abessinien [= Äthiopien] und die Galla-Länder [= Somalia] führen ihm ihre Schätze zu; das Innere Arabiens liefert ihm seinen Kaffee; es steht in direkter Verbindung mit dem fruchtbaren Ägypten und bildet für den indischen Transithandel den natürlichen Kanal. Die Küsten, so wüst sie liegen, erzeugen Gummi [arabicum][7], Myrrhen und Weihrauch und das Meer selbst verbirgt Schätze, die unerschöpflich scheinen: Perlen, Perlmutter- und Schildkrötenschalen [...]. [...] **[255]** [...]

Wie sich aus dem Gesagten ergibt, sind die Gebiete, welche das rote Meer umschließen, reich an Produkten der mannigfaltigsten Art und demnach sind, abgesehen von der vorteilhaften Lage an der großen Verbindungsstraße zwischen Ost und West, alle Vorbedingungen gegeben, welche diesen Gegenden bei erleichtertem Verkehr, bei gesicherten Verhältnissen und gehobener Kultur der Bewohner eine lebhafte Handelstätigkeit zusichern sollten. Dieses war bis in die zweite Hälfte des vorigen [= 19.] Jahrhunderts nur in sehr beschränktem Maße der Fall, und trug die Mangelhaftigkeit des Seeverkehrs hieran die meiste Schuld. Einer erheblichen Entwicklung der Seeschiffahrt standen, bevor die Dampfer auf dem Plan erschienen, drei Punkte entgegen: die ungünstigen Windverhältnisse im roten Meer, die schlechten Besatzungsverhältnisse der Fahrzeuge, denn der arabische Schiffer ist zwar ein tüchtiger Matrose, aber die nautischen Kenntnisse waren nur ganz außerordentlich gering und die Schiffsführer bedienten sich keiner nautischen Instrumente. Drittens endlich waren die arabischen Barken von sehr schlechter Bauart, die seit dem grauesten Altertum nicht vervollkommnet worden war. Es waren meist Barken von nicht mehr als 15 bis 20 Tonnen Gehalt mit kolossalen lateinischen Segeln und einfachem Steuerruder mit einer niedrigen Kajüte auf dem Hinterteil, aber ohne Verdeck, so daß die verladenen Waren darin außerordentlich unter dem Seewasser zu leiden hatten. Diese „Sambuks" dienten hauptsächlich für den Verkehr zwischen den Häfen der Ost- und Westküste. In kleiner Zahl waren auch noch größere bis zu 200 Tonnen haltende Barken, Bagglahs (Baggelows) genannt, vorhanden, die dem Verkehr mit Indien dienen sollten. Im allgemeinen aber fuhren die arabischen Schiffer nicht von der Küste weg, wo sie in der Nacht zwischen den Klippen ankern konnten, die Überfahrt über das Meer erschien ihnen als ein großes Wagnis.

Es sind ferner die besonderen Hafenverhältnisse zu berücksichtigen. Keine der an der afrikanischen Küste gelegenen Ortschaften hatte einen nennenswerten direkten Verkehr mit außerhalb des roten Meeres liegenden Gebieten. Dieser Handel lief fast ausnahmslos in dem an der arabischen Küste gelegenen Djiddah [in der Mitte der heute saudi-arabischen Küste] zusammen. Dieses war von alters her der wichtigste Hafen am roten Meer, was es seiner günstigen Lage zu [Mekka und] den anderen Küstenplätzen zu danken hat. In welch hohem Maße Djiddah noch in der ersten Hälfte des vorigen [= 19.] Jahrhunderts den Verkehr an der afrikanischen Küste beeinflußte, ergibt sich aus der Tatsache, daß alle Reisenden, die zu dieser Zeit von Suez oder Kosseir aus Häfen an der abessinischen oder Somali-Küste erreichen wollten, dieses **[256]** nur taten, indem sie von den beiden erstgenannten Orten zunächst nach Djiddah fuhren. Auch späterhin, als Ägypten sich verschiedene Häfen an der afrikanischen Küste des roten Meeres angeeignet hatte, trat kein Wandel ein: Djiddah blieb der wichtigste Hafen des roten Meeres, der direkt mit Indien handelte. Seine Reeder betrieben aber hauptsächlich die Küstenschiffahrt mit Ägypten und Äthiopien.

Diese Bedeutung behielt der Ort auch, als eine neue Zeit für das rote Meer hereinbrach. Die Anfänge einer solchen zeigten

7 Siehe ▶ Abschn. 10.3, Kordofan und Darfur, insbesondere Fußnote 65.

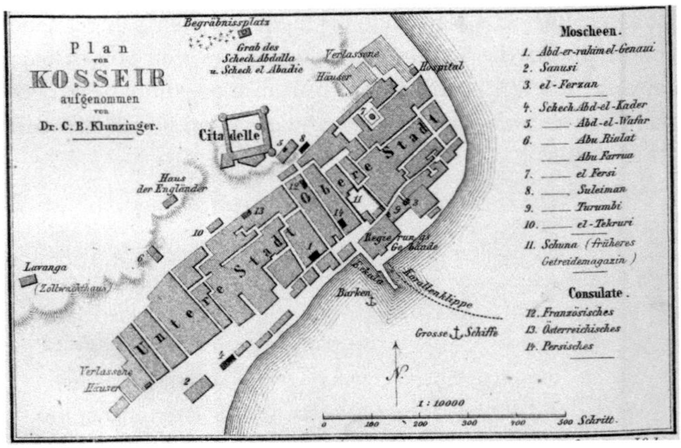

Abb. 7.3 Plan von Kosseir. In: Zeitschrift der Gesellschaft für Erkunde zu Berlin, 1866: 1, Tafel III

sich, als im Jahr 1829 die [britisch-]ostindische Kompagnie einen regelmäßigen monatlichen Verkehr zwischen Bombay und Suez einrichtete, eine nennenswerte Belebung des Verkehrs trat dann ein, als die englische Post ihren Weg wieder über Ägypten nahm und im Jahr 1843 die Peninsular and Oriental Company den Dienst der kleinen Schiffe der ostindischen Kompagnie mit größeren Fahrzeugen ergänzte bzw. seit 1853 vollständig ersetzte. Die auf diese Weise entstandene Handelsbewegung wurde bald erweitert dadurch, daß Suez der Anfangspunkt für neu eingerichtete Linien nach Sydney, Mauritius, Saigon usw. wurde, außerdem befuhren seit 1857 Dampfer einer von der Regierung unterstützten ägyptischen Gesellschaft dieses Meer, im Jahre 1869 endlich wurde durch die Vollendung des Suezkanals[8] das rote Meer endgültig erschlossen.

Die wenig entwickelten Häfen boten aber für die zumeist zu langer Fahrt bestimmten Fahrzeuge kein Interesse, unbekümmert um die verödeten Küsten durchzogen die Dampfer den langgestreckten Meerbusen, nur zuweilen in Djiddah, meist jedoch lediglich in Aden [am Arabischen Golf im Jemen], das für die Häfen der Somali-Küste außerhalb des roten Meeres die gleiche Rolle spielte, anlegend, um Kohlen einzunehmen oder die Ladung zu ergänzen. Um den Produkten der Ufergebiete und der teilweise sehr reichen Hinterländer einen Abfluß zu verschaffen, wurde nach wie vor von den verschiedenen Küstenpunkten, nach welchen die Karawanen aus dem Innern zogen, die Waren zunächst nur auf arabischen Sambuks nach den von europäischen Dampfern regelmäßig besuchten Häfen gebracht, von wo sie ihren weiteren Weg nach Europa und Indien nahmen. Als gegen Ende der [achtzehnhundert]sechziger Jahre sich der Handel wesentlich zu vermehren begann, ließen einzelne der europäischen Schiffahrtsgesellschaften, deren Beispiel allmählich andere folgten, auch ihre großen Dampfer die wichtigeren Häfen anlaufen.

Wenden wir uns nach diesem allgemeinen Überblick den wichtigeren Hafenorten an der afrikanischen Küste im einzelnen zu, so hat der wasserarme, wenig dicht bevölkerte Küstenstrich zwischen Suez und Suakin, der durch schwer zu überschreitende Gebirgszüge vom Nillande getrennt ist, nur an der einen Stelle, an der ein Quertal die Gebirgskette durchbricht und so eine natürliche Straße bildet, die Möglichkeit für die Anlage eines Hafens gegeben und hier entstand Kosseir, das als der einzige Hafen Ägyptens am roten Meer einige **[257]** Bedeutung erlangen mußte, trotzdem es nur eine offene Reede hat, ein Nachteil, dem ein später gebauter hölzerner Mole nur wenig abzuhelfen vermochte [■ Abb. 7.3].

Eine hohe Bedeutung erlangte der Ort im 16. Jahrhundert, als es gelang, die aus dem nördlichen und inneren Afrika kommenden nach Mekka gehenden Pilgerkarawanen von dem bisher innegehaltenen Landweg über Suez und die Halbinsel Sinai nach dem ägyptischen Hafen Djiddah zu Schiffe abzuziehen. Später verlor indessen Kosseir seine Bedeutung wieder in Folge der Rechtlosigkeit und Unsicherheit, die unter den türkischen Statthaltern und den von diesen nahezu unabhängigen Mamelukenbeys über das Land hereingebrochen war. Die Pilgerkarawanen wandten sich teils wieder nach Kairo-Suez, teils nach Suakin. Lediglich der Getreide-Export verblieb der Stadt, deren Einwohnerzahl Ende der [achtzehnhundert]vierziger Jahre bis auf 1.000 gesunken war, und es bedeutete einen wesentlichen Verlust, daß 1865 jede Kornausfuhr verboten wurde. Aller Verkehr mit Kenneh und Arabien hörte fast auf und die reichen Kaufleute, der Gouverneur und eine Menge anderer vom Handel lebender Personen verließen den völlig verödeten Ort, dessen Einwohnerzahl zu Beginn der [achtzehnhundert] sechziger Jahre wieder auf 3.000 gestiegen war. Daß der Handel immerhin nicht unbeträchtlich gewesen war, bewiesen die vor dem Verbote zahlreichen aus 20–50 Lastkamelen bestehenden Karawanen, denen [Georg] Schweinfurth (oft 5–10 an einem Tage) begegnete. Nach Aufhebung des Verbots zog sich ein großer Teil des Getreidehandels nach Suez. Zur Hebung der Stadt hatte wahrscheinlich auch wesentlich beigetragen, daß der Verkehr zwischen Indien und Europa sich allmählich wieder des Weges über Ägypten bediente. Ein Teil der Reisenden verließ in Kosseir das Schiff, um über Kenneh nilabwärts Alexandria zu erreichen.

Der Weg über Kosseir wurde von den aus Europa kommenden bzw. dorthin gehenden Reisenden wahrscheinlich sehr häufig benutzt […]. […] Einer der Reisenden erklärte, man könne sich nichts Schöneres vorstellen, als diese Route, die die Wüste durchziehe. Der Weg sei gut befestigt und schlängele sich wenigstens ¾ des Weges zwischen Felshügeln, die sich an einzelnen Stellen senkrecht wie durch Kunst hergestellt erhöben. Die Eröffnung der Eisenbahn Kairo-Suez mußte die Stadt deshalb empfindlich schädigen, und seit Eröffnung des Suez-Kanals [1869] wird an ein neues Wiederaufblühen nicht mehr gedacht werden können. […] **[258]** […]

Wie schon vorhin angedeutet, brach nach Eröffnung des Suez-Kanals für die Gestade des roten Meeres eine Zeit der Entwicklung, die sich zunächst langsam, dann immer schneller gestaltete, an. Beeinflußt wurde diese Entwicklung in erster Linie durch das Festsetzen der Europäer in jenen Gebieten.[9] Zunächst legte England seine Hand [1882] auf Ägypten und den Suez-Ka-

8 Siehe ► Abschn. 5.4, Die Eröffnung des Suez-Kanals 1869.

9 Siehe ► Abschn. 10.1, Traum und Alptraum einer Kolonialerwerbung.

nal, dann besetzte [1888] es die Aden gegenüberliegende Somaliküste mit Zeila und Berbera, um den Handel Ost-Afrikas seiner Suez-Indien-Linie anzuschließen, Italien nahm [1882] die [eriträisch e] Westküste des roten Meeres von Massaua bis über Assab hinaus in Besitz, und Frankreich erinnerte sich seiner [1862 erworbenen] Kolonie Obok [im heutigen Dschibuti]. England nahm Handelsstädte, in Besitz, Frankreich folgte nur dem gegebenen Beispiel, wenn es sich mehr **[318]** als bisher um die ihm gehörenden Gebiete kümmerte, weniger verständlich erscheint das Vorgehen Italiens, besonders wenn man berücksichtigt, daß es seine Flagge zunächst in dem unbedeutenden von einem wüsten Hinterland [= eriträische Danakil-Wüste] umgebenen Assab hißte. [...] **[319]** [...]

7.2 Schifffahrt und Fischerei

Aufgrund seiner zahlreichen küstennahen Riffe und widrigen Windverhältnisse hatte das Rote Meer im 19. Jahrhundert, das bis in die letzten Jahrzehnte fast ausschließlich durch Segelschifffahrt beherrscht war, bei europäischen Nautikern einen abschreckenden Ruf. Nach der Eröffnung des Suez-Kanals 1869 wurde das verrufene Gewässer jedoch zu einer gerade auch von Handelsschiffen der Mittelmeermacht Österreich-Ungarn viel befahrenen Strecke. Deshalb beauftragte die Marinesektion des kaiserlich-königlichen Kriegsministeriums schon 1870 den Korvettenkapitän Wilhelm Kropp damit, eine Segelanweisung für das Rote Meer auszuarbeiten:

Wilhelm Kropp: Die Beschiffung des rothen Meeres. In: Mittheilungen der k. k. Geographischen Gesellschaft in Wien, 1872: 15, Seite 348–363.

Die vortheilhafteste Zeit für Segelschiffe scheinen noch die Monate Juni, Juli und August, während des S [üd]W [est]-Monsuns im indischen Ocean, da in dieser Zeit die N [ord]N [ord]W [est]-Winde des rothen Meeres oft bis zur Straße von Bab-el-Mandeb und selbst weiter reichen. Für das Hinaufsegeln hingegen wären die Monate December, Jänner und Februar zu benützen, wo man im unteren Meere jedenfalls einen steifen S [üd]S [üd]O [st] antrifft, der mitunter auch bis auf die Höhe von Cosire [= Kosseir] und selbst bis Suez reicht. Gewöhnlich geht jedoch der S [üd]S [üd]O [st] bis Dschiddah und die Schiffe werden den übrigen Weg meistens gegen steife N [ord]N [ord]W [est]-Winde aufzukreuzen haben. Immerhin scheint diese Jahreszeit die günstigere; in den Sommermonaten wäre fast ausnahmslos die ganze Strecke, von Bab-el-Mandeb angefangen, gegen N [ord]N [ord]W [est]-Winde aufzuarbeiten, oder würde auch ein Schiff im unteren Golfe zuerst lange mit leichten und variablen Winden zu kämpfen haben. Zu den schwierigsten Passagen gehört die Strecke von Shadwan bis Suez, besonders die Straße von Jubal [= Eingang zum Golf von Suez bei Sharm el-Sheikh], welche das ganze Jahr hindurch heftige N [ord]W [est]-Winde zeigt, und das Aufkreuzen in diesem schmalen Golfe nicht nur gefährlich, sondern auch höchst langwierig macht. **[351]** [...]

Ganz anders verhält es sich jedoch mit Dampfern. Diese finden in der Mitte des Meeres eine durchwegs reine Fahrstraße. Die mitunter starken und heftigen Gegenwinde können zwar die Reise etwas verzögern, doch wird ein mit guter Maschine und hinreichenden Kohlen versehener Dampfer kaum je genöthigt sein von seinem Kurse abzufallen. Die verschiedenen Jahreszeiten kommen daher für diese nur insofern in Betracht, als sie sich auf die klimatischen Verhältnisse beziehen. Die Hitze in den Sommermonaten, welche schon auf Segelschiffen äußerst lästig ist, wird natürlich auf Dampfern oft unerträglich, und zwar so sehr, dass wie man mich versichert hat, die Dampfer der [britischen Indien-Linie] Peninsular **[352]** and Oriental Comp [any], welche die Reise von Suez aus gegen Süden machen, in dem unteren Theile des Meeres bei flauer Brise oder Windstille, einige Male gezwungen waren, während der heißesten Tagesstunden das Schiff zu wenden, und rückwärts arbeitend den Kurs, so gut als es gehen wollte, fortzusetzen, um den von der Hitze vollständig erschöpften Passagieren nur etwas Erleichterung zu verschaffen. [...] **[353]** [...]

Bis zur Eröffnung des Suez-Kanals wurde das Rote Meer aber fast ausschließlich von arabischen Kleinseglern befahren, welche den Frachttransport eher notdürftig, aber dafür sehr zeitaufwendig und kostspielig bewältigten, wie der Geographischen Gesellschaft in Wien 1869 aus Alexandria berichtet wurde:

Anonym: Das rothe Meer in seiner Bedeutung für den Handel. In: Mittheilungen der k. k. Geographischen Gesellschaft in Wien, 1869: 12, Seite 333–352.

Zu den ungünstigen Momenten der Segelschiffahrt im rothen Meere muß noch in Anschlag kommen, dass der arabische Schiffer zwar ein tüchtiger Matrose ist, aber hinsichtlich seiner nautischen Kenntnisse auf einer sehr primitiven Stufe der Entwickelung steht, und dass die arabischen Fahrzeuge unbehülflich und schlecht gebaut sind. Es sind meist Barken von nicht mehr als 15 bis 20 Tonnen Gehalt mit colossalen lateinischen [= Dreiecks-]Segeln und einfachem Steuerruder, mit einer niedrigen Cajüte auf dem Hintertheil, **[334]** aber ohne Verdeck, so dass die Waren darin durch das Seewasser außerordentlich leiden. Diese Barken (Sambule) dienen hauptsächlich für den Verkehr zwischen den Häfen der Ost- und Westküste des rothen Meeres, kommen aber selten, nach Suez. Sie brauchen von Suez bis Massaua [in Eriträa] circa 24 Tage und man bezahlt für einen größeren Sambuk bis dahin unter gewöhnlichen Verhältnissen 37 bis 48 Pfund Sterling, wenn aber Noth an Fahrzeugen ist, auch 100 Pfund Sterling. [...]

Außer diesen Barken gibt es noch große bis zu 200 Tonnen Gehalt, welche Bagglah (Baggelow) heißen und nur zu Indienfahrten benützt werden. Sie laufen in einen sehr spitzigen Schnabel aus, während der Hintertheil unverhältnismäßig groß und breit ist. Instrumente und Karten kennen die arabischen Schiffer nicht und wagen sich in der Regel auch nicht von den Küsten weg, wo sie über Nacht zwischen den Klippen anlegen;

die Überfahrt über das Meer erscheint ihnen als großes Wagnis. Unter diesen Umständen begreift man, dass die Segelschifffahrt sich hier nie sehr entwickeln konnte, und, wie es jetzt der Fall ist, der Dampffahrt in reißender Abnahme Platz gemacht hat. [...] Als Nachtheil für die Dampfer ist auch der große Salzgehalt dieses Meeres zu bezeichnen, welcher die Dampfkessel in unverhältnismäßig kürzerer Zeit abimiert [= verschleißt], als es in allen anderen Meeren der Fall ist. [...] **[335]** [...]

Über die zum Zeitpunkt der Eröffnung des Suez-Kanals 1869[10] beiden wichtigsten ägyptischen Häfen am Roten Meer wurde berichtet:

Von den bedeutenderen Plätzen an der Westküste des rothen Meeres ist zunächst Kosseir zu nennen, ein bekannter und wichtiger Ort, der sowohl die Pilgerstraße von Kenneh [im Niltal] nach Jambo [an der heute saudi-arabischen Ostküste] leitet, als namentlich früher für den Getreideexport nach den arabischen Häfen von großer Bedeutung war. Die Stadt Kosseir ist gut gebaut und zählt gegen 3.500 Einwohner. Sie ist der Sitz eines Gouverneurs, einer Douane [= Zollstelle] und einer Sanitäts-Deputatation. Mit Lebensmitteln ist Kosseir schlecht versehen, da alle aus der Ferne herbeigeführt werden müßen. Noch schlechter ist es dort mit Trinkwasser bestellt; dieses wird mittels Kameelen 18 Stunden weit hergebracht und man bezahlt für eine Kameelladung 40–50 P [iaster?]. Uebrigens ist dieses Wasser von äußerst schlechtem Geschmack und erst in letzter Zeit ist es dem dortigen Regierungsarzte Dr. Klunzinger gelungen, eine Behandlung aufzufinden, durch welche dasselbe einigermaßen trinkbar gemacht werden kann. Die Rhede ist gut, wird aber von Dampfern selten besucht und in der Regel nur von Barken angelaufen. [...]

Ungleich wichtiger noch und besuchter ist Suakin [■ Abb. 7.4], die Hafenstadt des Sudans, und gleichfalls Sitz eines Gouverneurs. Sie liegt auf einer kleinen Insel ganz nahe an der Küste und hat einen sicheren und guten Hafen, der die größten Schiffe ganz nahe an der Stadt unmittelbar vor dem Gouvernementsgebäude ankern lässt, aber klein ist und eine schlechte Einfahrt hat. Das Meer hat dort noch nahe am Land eine Tiefe von 20 Faden [= 36 Meter]. Die Stadt zählt über 20 gemauerte Häuser, die aus rothen Korallenfelsen erbaut und mit rothem indischen Holze oder Dumpalmenholz gedeckt sind; alle übrigen Häuser sind nur aus Matten errichtet. Gegenüber der [Insel-]Stadt Suakin liegt auf dem Festlande die Stadt Kef mit ungefähr 8–9.000 Einwohnern, während Suakin deren nur 2.000 zählt. Das Land ist sehr arm und öde, und erst drei Tagereisen weiter im Innern fängt die Vegetation an.[11] [...] Das Trinkwasser für Suakin findet man in der Entfernung einer Viertelstunde von der Stadt im Brunnen Schadeh, und kostet der [Tierfell-]Schlauch, der kleiner als jener in Cairo, aber größer als der in Suez gebräuchliche ist und etwa ½ Eimer Wasser enthält, 1 P [iaster?]; doch ist dieses **[342]** Wasser meist brackig und man geht daher jetzt [= 1869] damit um, eine 5 Stunden entfernte Gebirgsquelle in die Stadt zu leiten. Die Einwohner, unter denen sich nur 4 Europäer befinden, [...] sind arm und finden ihren Lebensunterhalt nur als Sensalen [Tagelöhner], sind aber als solche bei dem starken Warenverkehr sehr beschäftigt und verdienen dabei eben so sehr wie die Regierung an den Abgaben. Die Stadt hat eine große Zukunft nicht nur für den Verkehr mit dem Sudan, sondern ebenso sehr auch für Abyssinien. [...] **[343]** [...]

Bei dem vorstehend in Kosseir genannten Regierungsarzt handelte es sich um den aus der Nähe von Pforzheim stammenden Tropenarzt und Zoologen Carl Klunzinger (1834–1914), der 1884–1900 als Professor am Polytechnikum Stuttgart tätig war. Unmittelbar nach dem Studium jedoch lebte dieser 1863–1869 und 1872–1875 zumeist im ägyptischen Hafenort Kosseir, von wo aus er auch Erkundungen der weiter entfernten Küstenstriche des Roten Meeres unternahm. Nach dem ersten Ägyptenaufenthalt berichtete er aufgrund seiner sehr guten Kenntnisse der Verhältnisse für die Gesellschaft für Erdkunde zu Berlin ausführlich über die in den 1860er-Jahren zumeist bei Kosseir beobachtete Fischerei:

Carl Klunzinger: Ueber den Fang und die Anwendung der Fische und anderer Meersgeschöpfe im Rothen Meere. In: Zeitschrift der Gesellschaft für Erdkunde zu Berlin, 1871: 6, Seite 58–72.

Das Rothe Meer ist ja bekannt durch seinen Reichthum an Fischen. Indess giebt es doch oft, namentlich im Winter, wenn Stürme das Meer unsicher machen, Tage, selbst ganze Wochen, wo kein Fisch auf dem Fischmarkt zu finden ist und die Fischer daselbst nur ihre Netze flickend herumhocken. Auch behaupten die Fischer von Kosser [...], das Meer um die Stadt herum sei nicht mehr so ergiebig wie früher. Die Mehrzahl der Fische wird mit der Angel (sanära) gefangen, von der kleinen Haarangel (schärie) an bis zu dem grossen Angelhaken (gelab). [...] Das Angeln geschieht meist in einem Fischerboot, das im Hafen oder vor dem Korallabhang hinrudert oder segelt; im Winter werden auch grössere Excursionen auf 1–2 Tage gemacht, fast nie im Sommer, da die Fische in dieser Jahreszeit sehr schnell in Fäulniss übergehen. [...] **[58]** [...] Nie wagt man es bei solchen Touren südlich zu segeln, da es bei den in diesem Meere herrschenden Nordwinden schwer werden könnte, wieder zurückzukommen, so lange die Fische noch frisch sind. [...]

Neben dem nervigen Fischer und dem Knaben aus zartestem Alter sieht man da auch oft die gerundeten Formen eines behäbigen Spiessbürgers, der sonst nur kauft und verkauft. Er weiss aber wohl mit dem Angeln umzugehen, denn auch er war einmal Knabe und jeder Knabe in dem Hafenorte ist Fischer. Gewerbefreiheit war von jeher im Orient, einschliesslich für die Gewerbe des Doctors und Apothekers, und so ist auch jeder berechtigt zu fischen wer es versteht. Nur muss von dem Erlös der Beute die Hälfte, sage: die Hälfte (vor wenigen Jahren war es nur ein

10 Siehe ► Abschn. 5.4, Die Eröffnung des Suez-Kanals 1869.
11 Siehe ► Abschn. 10.5, Verkehrswege durch die Nubische Wüste.

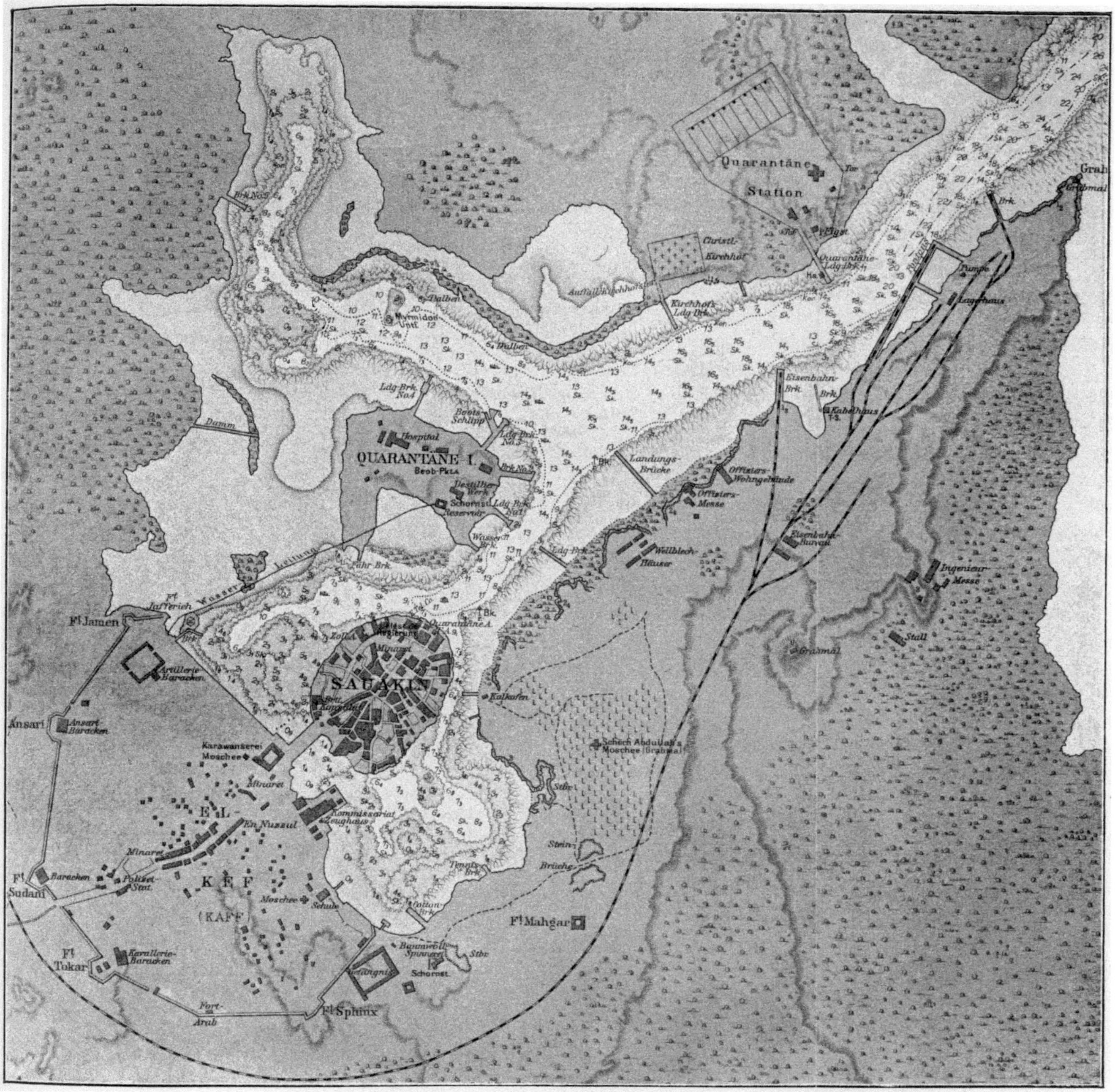

■ **Abb. 7.4** Suakin am Roten Meere. In: Zeitschrift der Gesellschaft für Erkunde zu Berlin, 1915: 50, Tafel I

Viertel) dem Amte abgeliefert werden, blos das für den eigenen Hausbedarf Nöthige ist frei. […] **[59]** […]

Eines der gesuchtesten Beuteobjekte der Kosseir-Fischer waren die großen und prächtig gefärbten Papageifisch-Arten (lateinisch: *Scarus*), welche mit ihren schnabelartigen Zähnen die Korallenriffe der tropischen Meere abweiden:

Mit diesem Geschäft des Scarusfanges geben sich besonders die Beduinen ab und zwar im Grossen. Das Fleisch dieser schönen Fische ist frisch nicht sehr geschätzt, da sie aber häufig, gross und also ausgiebig sind, so schneidet man sie auf, salzt sie ein, trocknet und verkauft sie so in's Nilthal. Die meisten getrockneten Fische, mit welchen die Barken oft ganz beladen sind, bestehen aus Scarusarten neben einigen anderen, die gleichzeitig gefangen werden […]. Die Beduinen halten sich zu diesem Zwecke oft wochenlang an irgend einem abgelegenen Punkt der Küste auf, wo die Scarus häufiger sind als an den belebten Hafenorten. […] **[62]** […]

Dann und wann lässt sich im rothen Meere auch ein Walfisch (Bitän) blicken. Einmal hielt sich ein solches Riesengeschöpf fast eine Woche lang dicht vor der Klippe von Kosseir auf; seine Bahn war stets durch eine Unzahl von Möven und Seeschwalben bezeichnet […]. Von Zeit zu Zeit erhob es sich mit dem Kopf und

Vordertheil über den Wasserspiegel, es „betete", wie die Araber scherzend meinten. [...] Ich forderte zwar die Leute auf, mir dasselbe zu fangen, aber sie fürchteten sich entsetzlich davor, und kein Boot wagte sich, so lange es in Sicht war, aus dem Hafen. Eine grossartige Fabel, freilich als solche, wurde mir erzählt, um einen Begriff zu geben, wie gross der Bitän sei: Eine Fischerbarke begegnete einst in früher Morgenstunde weit drinnen im Meere einem Manne, der ganz allein ruhig im Meere sitzend einhersteuerte. „Salam aleikum!" „U aleikum e salam!" „Woher des Wegs?" „Der hinter mir wird dir's sagen." Der Mann schwamm weiter. Um Mittag kommt ein zweiter Mann in derselben Stellung und Richtung. Dieselbe Frage, dieselbe Antwort. Am Abend kommt ein dritter Mann. Der ist redseliger und erzählt, er sitze auf dem Schwanze eines Wallfisches, der Mann No. 2 auf dem Rücken, der No. 1 auf dem Kopfe desselben Thieres, das also 12 Stunden lang sei. [...] **[66]** [...]

Die Haut der Haifische wird in Djedda von Indiern gekauft, und zu Chagrin [= Leder] und zum Poliren von Töpferwaaren gebraucht. Die Leber vieler Fische, besonders der Haie und Rochen, wurde gewöhnlich von den Fischern, die mir diese Thiere brachten, extra ausbedungen, um daraus Thran für ihre Lampen zu bereiten. Als Arzneimittel wird meines Wissens kein Fisch oder Fischprodukt von den Eingeborenen benutzt so sehr die arabischen Heilkünstler sonst thierische Stoffe aller Art hochschätzen. [...]

Die Anwohner des rothen Meeres sind sehr wählerisch im Essen von Fischfleisch, da sie so reiche Auswahl haben. Essbar sind indess fast alle Fische dieses Meeres. Nur die Eierstöcke des Kugelfisches [...] werden für absolut giftig gehalten. [...] Die Zubereitung besteht meistens in einfachem Backen in Oel, gewöhnlich ohne Mehlzusatz, oder in Rösten des ganzen Fisches am offenen Feuer, in Dämpfen und Kochen mit Zwiebel und Wasser mit und ohne Reiss, sogenannte Sejadie, d. h. Fischerspeise, nie in blossem Sieden in gewöhnlichem Wasser. Auch wird gehacktes Fischfleisch zu Knödeln (Kufta) geformt, oder in Därme gefüllt mit Zwiebel und Knoblauch als Fischwurst (mahhschi semak) angesetzt. Kleinere Fische, wie Sardellen [...] werden schichtweise mit Salz eingemacht, bis sich ein starker haut goût [= Geruch] entwickelt; diese sogenannte molucha ist ein von manchen Leuten sehr geschätzter Leckerbissen! Etwas besser sind die hauptsächlich im Nilthal gebräuchlichen häringsartig eingesalzenen Fische, die Fesich. Die oben genannten eingesalzenen und getrockneten Scarus werden steinhart, wie sie sind, gegessen oder aufgekocht. Will man Fische frisch ins Nilthal verschicken, so schneidet man sie der ganzen Länge nach sammt dem Kopf auf, und salzt sie ein. [...] **[67]** [...] Unterwegs (der Weg dauert 4 bis 5 Tage) müssen sie öfters gelüftet werden. Im Sommer ist das Verschicken auf diese Weise kaum möglich. [...] **[68]** [...]

Für blosse Raritäten Geld auszugeben, kommt den Eingeborenen lächerlich vor; nur die [Mekka -]Pilger kaufen sich als Andenken zuweilen Porzellanschnecken [...], Tritonshörner [...] und andere, welche zur Pilgerzeit von einigen Naturalienhandlungen des Städtchens in Körben zur Schau ausgelegt sind [...]. [...] Ein wichtiger Erwerbszweig ist für die Beduinen der Küste [...] das Sammeln der Perlmuschel. Der Betrieb ist von der Regierung aus frei, nur muss der übliche Eingangszoll von 8 p [ro] C [en]t des Werthes beim Ausschiffen bezahlt werden. Gewöhnlich begeben sich die Beduinen **[70]** [...] mit ihren Barken in den Sommermonaten, wo beständige Nordwinde wehen und das Meer warm ist, längs der Küste nach Süden und kehren im Spätherbst, zur Zeit der Arbainie, d. h. der ungefähr 40tägigen Periode, wo Süd- und Südostwinde häufig sind, mit voller Perlmutterladung zurück. Das Aufbringen der Perlmuscheln geschieht hauptsächlich durch Tauchen, worin diese Beduinen und besonders ihre schwarzen Sklaven wahrhaft bewunderungswürdig sind. [...]

Den Werth der Perlen kennen die Beduinen nur zu gut, ja sie überschätzen ihn und man kann daher Perlen oft billiger in Europa kaufen als dort. Am billigsten erhält man sie zuweilen unter der Hand durch die Sklaven, die sie beim Finden verbergen und hinter dem Rücken ihrer Herren verkaufen. Zoll nimmt die Regierung nicht viel daraus ein, da sie die Perlen nicht leicht zu Gesichte bekommt. Eine schöne Perle ist immerhin eine grosse Rarität [...]. Der Hauptplatz für ihren Handel am Rothen Meere ist Djedda [an der heute saudi-arabischen Küste]. Die ganz kleinen werden von den Eingeborenen gern zerstossen als Augenpulver gebraucht. [...] Endlich ist noch die Korallenfischerei anzuführen. [...] **[71]** [...] Grosse Korallenblöcke werden oft auch von den Einwohnern mit dem Stemmeisen von dem Abhänge losgelöst [...] auf ein Boot geladen und in den Hafen gebracht. Sie dienen als Baumaterial und besonders zum Kalkbrennen. [...] Die eigentliche Korallenfischerei bezieht sich aber auf die schwarze Koralle (*Antipathes*). Die bekannte rothe Edelkoralle (*Isis nobilis* oder *Corallium rubrum*) kommt nicht im Rothen, sondern im Mittelmeer vor [...]. [...] **[72]**

Die Arabische Wüste

Imre Josef Demhardt

I. J. Demhardt, *Aus allen Weltteilen Ägypten mit Sudan und Libyen,* Geographische Anthologie des 19. Jahrhunderts,
DOI 10.1007/978-3-662-46274-4_8

8

8.1 Ein Besuch im Antonius-Kloster

Die Arabische Wüste ist ein wild zerklüftetes Gebirgsland zwischen dem Niltal und dem Roten Meer. Es entstand zusammen mit den Gebirgen der arabischen Gegenküste als alte Randaufwölbung, in welche sich später das Rote Meer als Staffelbruch einsenkte. Die den vulkanischen Urgesteinen aufliegenden alten Sedimentschichten wurden durch die Hebung zerbrochen und der Erosion preisgegeben. Vor allem die sich hier niederschlagsreich auswirkenden globalen Eiszeiten haben das Bergland dann stark zertalt und dabei teils breite Senken entstehen lassen, so vor allem das Wadi Araba. Die von den Ägyptern selbst so genannte „östliche Wüste" steigt im ägyptischen Nordteil im Hinterland des Badeortes Hurghada an ihrem steilen Abbruch zum Roten Meer bis 2187 m auf und bildet zusammen mit der Libyschen Wüste auf dem westlichen Nilufer den nordöstlichen Ausläufer der Sahara mit nur vereinzelten Quelloasen. Im März und April 1876 unternahmen die beiden deutschen Naturforscher Georg Schweinfurth[1] und Paul Güßfeldt[2] eine Kamelreise zum koptischen Antonius-Kloster, dem wohl ältesten und größten dieser christlichen Konfession, im zum Golf von Suez führenden Wadi Araba:

Paul Güßfeldt: Reise durch die Arabische Wüste. In: Mittheilungen aus Justus Perthes' Geographischer Anstalt […], 1877: 23, Seite 252–258, 339–346.

Der Ausgangspunkt unserer Reise war Beni Suef [am Mittellauf des Nil], wo wir am 9. März 1876 eintrafen. Hier wurde der Vertrag mit dem Beduinen-Schech abgeschlossen, der die Kameele stellte, und hier wurden auch Reihen astronomischer und magnetischer Bestimmungen vorgenommen, auf deren Genauigkeit es ganz besonders ankam, weil sie nach Beendigung der Reise [zur Bestimmung der Beobachtungsgenauigkeit unterwegs] an demselben Orte wiederholt werden sollten. […] **[252]** […] Statt auf der Höhe des Plateau's zu bleiben, auf welchem die Wasserscheide zwischen dem Nil und dem Rothen Meere verläuft, verliessen wir dasselbe für eine kurze Zeit, um in's Wadi Sanur hinabzusteigen und daselbst unser Lager aufzuschlagen – der grüne Schimmer, der schon von der Höhe aus bemerkbar war, deutete auf eine reiche Vegetation, die in der That allen typischen Wüsten-Vorstellungen widersprach. Breite, weithin sich erstreckende Vegetationsstreifen verliefen in der mehrere hundert Schritt breiten Sohle des Wadi. […] **[253]** […]

In groben Zügen lässt sich das Bild von der Form des Gebirgsmassivs erhalten, wenn man sich vorstellt, dass dasselbe nach N [ord]N [ord]W [esten] und nach Ost in steilen Wänden abfällt, und nach Südwest zu langsam in das weit ausgebreitete Wüsten-Plateau übergeht, welches gegen den Nil abfällt. Die in das Wadi Araba [▪ Abb. 8.1] auslaufenden Thäler […] sind alle wild zerrissen, grossartig, und bringen ganz die Eindrücke des Hochgebirges der Kalk-Alpen hervor. Die meisten derselben haben Wasserplätze. Auf den kiesigen Stellen der Thalsohlen kann man erkennen, wie heftig hier die Wasser strömen müssen, wenn Regenschauer auf das Gebirge niedergefallen sind. Den Beduinen ist die Gefahr des plötzlichen Entstehens solcher periodischen Giessbäche sehr wohl bekannt[3], und beim Abladen ihrer Kameele geben sie Acht, dass das schwere Gepäck nicht auf dem Grunde des Rinnsals zu stehen kommt. […] **[254]** […]

Wir wandten uns nun wieder zurück, um das Koptische Kloster von St. Antonius (Der Mar Antonius) zu erreichen. Dasselbe liegt zwei Stunden von der Mündung des Wadi As'har entfernt und lehnt sich an die Felsen der südlichen Gallala [= Gebirgsplateau im Süden des Wadi Araba], die hier ohne Vorberge aus dem Wadi Araba aufsteigen. Unser Aufenthalt daselbst währte vier Tage, und ich habe die darauf bezüglichen Mittheilungen [weiter unten] besonders zusammengestellt. Hier sei nur erwähnt, dass eine ausgiebige Quelle innerhalb der Klostermauer aus dem Felsen tritt und einem üppig gedeihenden Garten von Palmen, Weinstöcken, Oliven-, Granaten- und Pfirsich-Bäumen Entstehung giebt. Die Bestimmung der geographischen Lage dieses Klosters wie des zweiten, Der Mar Bolos [= Paulus-Kloster] genannten, war einer der Punkte, die wir durch unsere Reise zu erledigen wünschten. **[255]** Zur Festlegung der äusseren Contouren der Gallala folgten wir dem Wadi Araba bis nahe an seine Mündung. Das Rothe Meer liegt eine Tagereise vom Kloster St. Antonius entfernt. Wir hielten uns so hart an der rechten Thalwand des Wadi Araba, dass wir häufig über Schutthalden hinwegkletterten, die mit den grossen ausmündenden Seitenthälern zusammenhingen. Die ganze Sohle des Wadi Araba zeigte sich mit Geschiebewällen bedeckt, die sich wie grosse Sarkophage, parallel dem Thallauf, erhoben. […] **[256]** […]

Die Klöster St. Antonius und St. Paulus bieten sowohl durch ihr Alter wie durch ihre abgeschiedene Lage inmitten der Wüste besonderes Interesse. Das erstgenannte Kloster liegt an dem Absturz der Gallala in's Wadi Araba, das andere in den zum Rothen Meere laufenden Vorbergen desselben Gebirges. Die Ähnlichkeit der baulichen Anlagen und der inneren Einrichtung beider lässt es genügend erscheinen, wenn wir nur bei der Beschreibung des grösseren und stattlicheren, des Klosters St. Antonius, verweilen. **[339]**

Dass die Klöster St. Antonius und St. Paulus die ältesten der Welt sind, scheint auch geschichtlich kaum angezweifelt zu wer-

1 Zu Georg Schweinfurth siehe ▶ Abschn. 1.5, Reiche Touristen und arme Handwerksburschen, Fußnote 45.

2 Der aus Berlin stammende Paul Güßfeldt (1840–1920) hatte Naturwissenschaften studiert und sich 1868 in Bonn in Mathematik habilitiert. Nach der Teilnahme am deutsch-französischen Krieg (1870–1871) unternahm er dank Förderung durch die Deutsche Gesellschaft zur Erforschung Äquatorialafrikas 1873–1875 seine erste afrikanische Expedition zur Loango-Küste nördlich der Kongo-Mündung. Nach dem Aufenthalt in Ägypten 1876, währenddessen er mit Georg Schweinfurth in die Arabische Wüste zog, besuchte er 1882–1883 Südamerika, wo er zahlreiche Andengipfel auf teils schwierigen Routen bestieg. Trotz zahlreicher Veröffentlichungen wurde Güßfeldt den Zeitgenossen am bekanntesten, weil er 1889–1914 Kaiser Wilhelm II. in jedem Sommer auf dessen Nordlandfahrten begleitete.

3 Entgegen der landläufigen Meinung kommen in bergigen Gegenden der Sahara und anderen Wüsten durch Sturzregenereignisse noch in mitunter weit entfernten Wadis oder Trockenbachläufen mehr Menschen durch Ertrinken als durch Verdursten zu Tode.

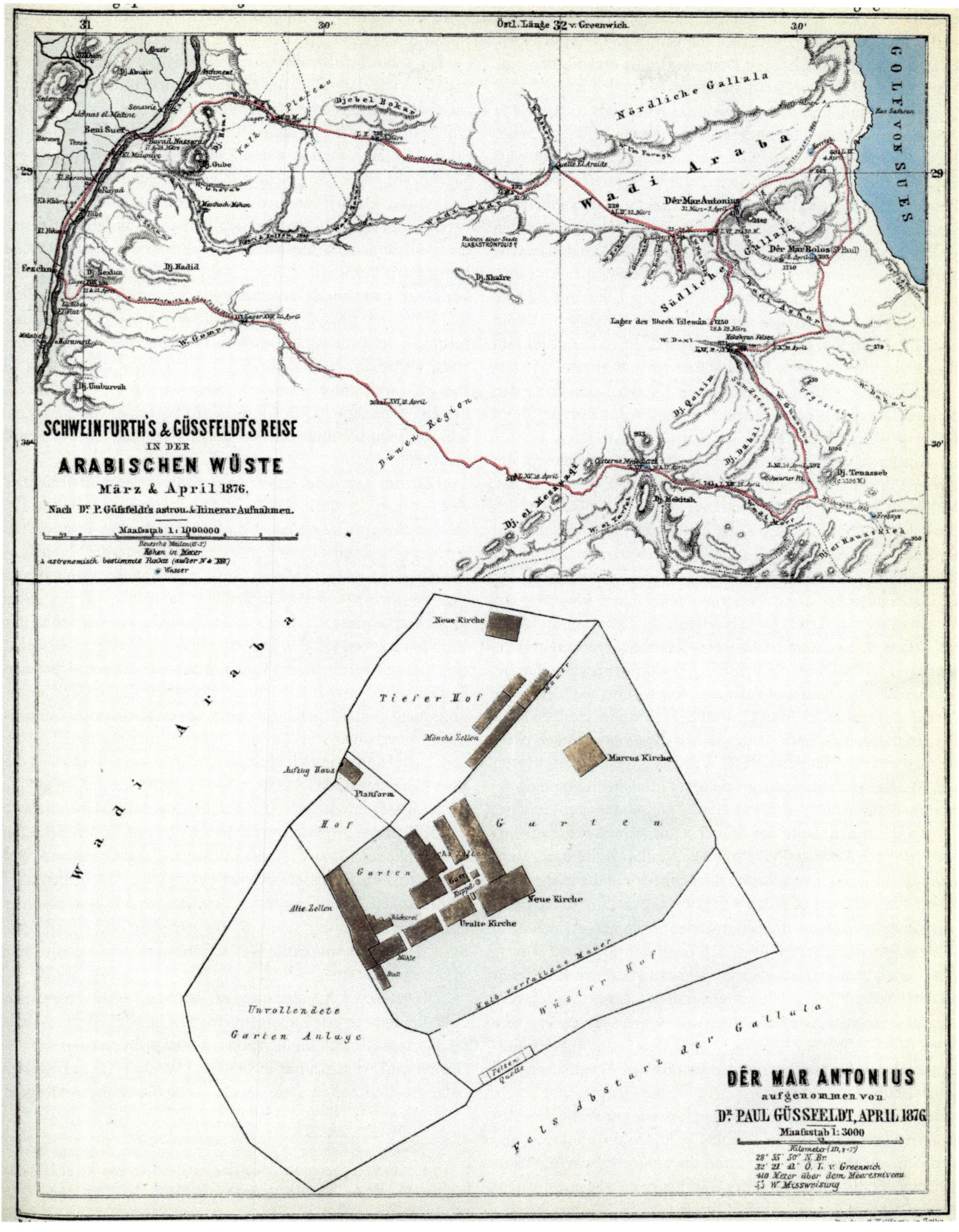

■ **Abb. 8.1** Das Wadi Araba in der Arabischen Wüste: a) Schweinfurths und Güssfeldts Reise in der Arabischen Wüste, März & April 1876, b) Der Mar Antonius, aufgenommen von Dr. Paul Güssfeldt, April 1876. In: Mittheilungen aus Justus Perthes' Geographischer Anstalt, 1877: 23, Tafel 14

den; die Legende setzt das Faktum über allen Zweifel erhaben und lässt die Gründung beider Klöster wohl gleichzeitig erfolgen. Es wird von einem Christen Namens Paulus erzählt, der um's Jahr 250 zur Zeit der Christenverfolgung unter Kaiser Decius in die Wüste floh und dort in strengster Askese als Anachoret [= Wüsteneremit] lebte. Eine andere Stelle eben dieser Wüste, in der Nähe des später nach ihm benannten Klosters, suchte Antonius auf, der 270 n. Chr. zum Christenthum übergetreten war, seine Reichthümer verschenkt hatte und nun, fern vom Treiben der Welt, das strengste Leben der Entsagung und Gottesfurcht führen wollte. Als am Anfang des 4. Jahrhunderts die Diokletianische Verfolgung gegen die Christen wüthete, begab sich Antonius nach Alexandrien, um seinen bedrängten Glaubensbrüdern Trost und Hülfe zu bringen. Der Ruf seiner Heiligkeit und wohl auch die Schrecken der Verfolgung bewirkten, dass eine Anzahl Jünger ihm folgte, als er in die Wüste zurückkehrte. [...] Dort entstanden die Anfänge jener Klöster, die wir heute unter den Namen Der Mar Antonius und Der Mar Bolos kennen (denn Bolos ist nichts weiter als das Arabisirte Paulus). [...]

Am Fusse der Klostermauer von Antonius wurden wir von einem Mönche empfangen und in Orientalischer Weise begrüsst. Nachdem wir uns durch eine lange Reihe von Bewillkommnungsformen hindurchgearbeitet hatten, schickten wir uns zum Besuche des Klosters selbst an. Wie zu erwarten stand, gab es keine zugänglichen Thore. Das einzig vorhandene ist vermauert, wird aber beim Besuche des Metropoliten eröffnet. Man lässt sich an einem sehr starken Palmfaserseile an der 40 Fuss [= ca. 12 Meter] hohen Mauer hinaufziehen. Das Seil hängt von einem thurmartigen Aufbau – an die Pylonen der alt-Ägyptischen Tempel erinnernd – frei herab, in einer Art von Nische, die hier in die Mauer eingelassen ist. Man klemmt das mit einem riesigen Knoten abschliessende Ende fest zwischen die Oberschenkel, packt das Seil mit den Händen und fährt so sicher genug zum Kloster auf, wo man von einer Zahl geschäftiger Mönche in Empfang genommen und seitlich auf festen Grund und Boden gezogen wird.

An die innere Seite der Mauer lehnt sich eine hohe Plattform, die den Aufzugs-Pylon mit der Windemaschine trägt und über die hinfort der Weg zu den Baulichkeiten und allen anderen Theilen des Klosters geht. Ich war ganz überrascht von der Grossartigkeit der Anlagen, die sich trotz der hohen Mauer doch nicht in dem Maasse erwarten liess. Am Ende der 60 Schritt langen, mit breiten Steinen ganz eben ausgelegten Plattform kamen wir an einen freien Platz, auf den zwei parallele Strassen ausmünden. Auf diese Strassen gehen die Zellen der Mönche aus, die in jenem Theil des Klosters untergebracht sind. Man empfing den Eindruck, als wandle man in einer ausgestorbenen Ägyptischen Provinzialstadt. Am Ende der 8 Schritt breiten Hauptstrasse erhebt sich die Burg „el Gasr", ein hoher Pylon, wie wir sie an den Eingängen zu alt-Ägyptischen Tempeln zu finden gewohnt sind, und von dem aus man das Kloster und die umgebende Wüste überschaut; auf der anderen Seite des Gasr liegen die alte und die neue Kirche. Hier ist der eigentliche Mittelpunkt des Klosters, hierher wurden wir auch zuerst geführt, um unter einer Art gewölbten Vorhofs auf den mit Teppichen ausgelegten Steinbänken die Ankunft des Priors zu erwarten. Der fast erblindete Mann erschien nach einigen Minuten. Es umgab ihn jene Würde, welche nur eine lebenslängliche Ausübung Orientalischer Sitten erzeugen kann, und die noch erhöht wurde durch jene sanfte Resignation, welche uns in den Zügen der Blinden oft so sympathisch berührt.

Dr. Schweinfurth übergab unsere Empfehlungsschreiben, von denen der Schreiber des Klosters sogleich Kenntniss nahm. Man bot uns Kaffee und Limonade an, zeigte uns den Garten, die Quelle und die verschiedenen Kirchen – vier an der Zahl – und führte uns dann zurück in den Empfangsdivan [= Gastraum mit Sitzbänken], wo wir von Neuem mit dem Oberen zusammentrafen, und wo Dr. Schweinfurth's Berichte über den damals brennenden Abessinisch-Ägyptischen Krieg[4] besonderes Interesse erregten, denn das Schicksal der christlichen Abessinier war den Koptischen Mönchen offenbar nicht gleichgültig. Von unseren Beduinen hatte auch der Schech Zutritt zum Kloster erhalten und wurde mit grosser Zuvorkommenheit behandelt. Von Äusserungen des Fanatismus liess sich auf keiner der beiden Seiten etwas wahrnehmen. Die übrigen Beduinen und die beiden [...] Diener waren unten geblieben, denn wir hatten beschlossen, das Lager ausserhalb des Klosters, am Fusse der Mauer aufzuschlagen, um nicht zu viel von unserer Freiheit aus der Hand zu geben.

Fast vier Tage blieben wir in Antonius; einen Theil meiner Zeit benutzte ich dazu, das Kloster aufzunehmen, während Dr. Schweinfurth mehrere Skizzen davon herstellte. Der Plan, wie ich ihn hier gebe, beansprucht weiter nichts, **[340]** als die Vorstellungen einigermaassen zu fixiren. Er ist mittelst Schrittzählens und eines Prismen-Kompasses[5] aufgenommen worden; ich ging dabei so zu Werke, dass ich durch einen Umgang auf der Höhe der Umfassungsmauer die äussere Begrenzung festlegte und dabei gleichzeitig von möglichst vielen Punkten aus die vorzüglichsten Baulichkeiten anvisirte, auch die einzelnen Ecken der Umfassungsmauer unter einander anpeilte, um möglichst viele Controlzahlen zu erhalten. Zur Berücksichtigung aller Details fehlte die Zeit; auch kann man sich vorstellen, wie sinnverwirrend sich die alten Gemäuer und Gebäude zuweilen aufbauen und an einander schliessen, an deren Verfall und Erneuerung 15 Jahrhunderte gearbeitet haben, wie vielen verfallenen Gängen, breschebesäeten [= lückenhaften] Mauern, undefinirbaren Trümmerplätzen man begegnet, ohne zu wissen, welcher Bestimmung sie dienten oder dienen sollen. Aber die grossen Verhältnisse auf die es uns hier allein ankommen darf, sind richtig getroffen, und ein späterer Besucher könnte mit Hülfe dieses Planes auch die Details ohne Mühe einzeichnen.

Die äussere Umfassungsmauer hat 960 Meter Länge, also circa 1 Kilometer; sie umspannt eine Fläche von nahezu 7 Hektaren, in welche sich Baulichkeiten der verschiedensten Art mit Gärten und wüsten Plätzen theilen. Offenbar hat das Kloster nicht zu allen Zeiten diese Ausdehnung besessen, sondern ist

4 In Fortsetzung der seit 1820 unternommenen Eroberungszüge des osmanischen „Vizekönigreichs" Ägypten unter Mehmed Ali und seinen Nachfolgern den Nil aufwärts und die Westküste des Roten Meeres nach Süden hinab kam es 1875–1876 zu einem Krieg mit dem christlichen Abessinier-König Johannes. Diesem gelang nicht nur die Abwehr der Ägypter, sondern auch die Herrschaftsausdehnung über weite Teile des heutigen Äthiopien und damit eine Bestätigung des angenommenen Titels Negus Negesti oder König der Könige.

5 Kompass mit aufklappbarem Visier zum gleichzeitigen Anpeilen eines Zielobjektes und der Beobachtung der Gradeinteilung des Instrumentes.

ganz successive gewachsen, wie diess durch die verfallenen Mauern im Innern des Klostergebietes angedeutet wird, und ohne Weiteres aus dem Plan zu ersehen ist. Noch in neuester Zeit [= Mitte des 19. Jahrhunderts] hat man in dem tief gelegenen nordwestlichen Hofe neue Zellenreihen und eine Kirche errichtet. Da das Kloster nicht in der ebenen Thalsohle, sondern an den untersten Ausläufern der Gallala liegt, so ist der Boden nicht nur geneigt, sondern auch ganz uneben; und die Zufälligkeiten des Terrains, die zum Theil mit in die Baulichkeiten hineingezogen sind, tragen nicht wenig zur Verwirrung des Beschauers bei. Im Schwerpunkt des Ganzen liegt der Gasr, die Burg, um diesen gruppiren sich die Wohnungen der Mönche, die in vier parallelen Gebäude-Complexen wohnen; rechtwinklig davon nach innen zu liegen zwei der Kirchen und der Glockenthurm. Ein grosser Garten umschliesst die Baulichkeiten auf zwei Seiten, ein kleinerer Garten wird von ihnen umschlossen. Die Gärten sind gut gehalten und erfreuen den Blick aufs Höchste, ja man kann sagen: wirken märchenhaft, wenn sie nach längerer Wüstenreise betreten werden. Dattelpalmen, Pfirsiche, Ölbäume, Aprikosen und Granaten [= Granatapfel] geben ihnen das Hauptgepräge; aber auch die prachtvollen grossblättrigen Feigenbäume und die Weinlauben bleiben nicht unbemerkt.

Ein vollständiges Bewässerungssystem, wie man es im Nil-Thale zu sehen gewohnt ist, sichert der Vegetation volles Gedeihen, denn an Wasser fehlt es nicht. Unter einem Fels, über den die südöstliche Mauer fortgeht, tritt klares, helles Wasser von sehr wenig brackischem Geschmack zu Tage, das durch keine böswillige, feindliche Hand von Aussen her abgesperrt werden kann. Das Trinkwasser wird aus einem tiefen Felsenloch geschöpft, aus dem es dann in das für den Garten bestimmte Reservoir abfliesst. Mitten im Garten erhebt sich die Kirche mit dem Grabe des heiligen Marcus, wie die Legende behauptet. Auffallend ist, wie stark bei allen vier Kirchen die Symmetrie-Axe von der Westost-Richtung abweicht. Interessant durch ihr Alter ist nur die kleine, nicht mehr dem täglichen Kultus geweihte Kirche neben dem Castell. Sie mag 800 Jahre alt sein [= im Jahre 1876], […]. Mehrfach sind Fresken der rohesten Art überein gemalt; eine Kuppel, die jeder Einreihung in bekannte geometrische Gestalten spottet, wölbt sich über ihr, und jede ihrer unregelmässigen Öffnungen ist nach unten zu durch einen breiten Streifen fortgesetzt, über den die Regen vieler Jahrhunderte herabgeflossen sind. Die Baulichkeiten im Übrigen bieten nichts Anziehendes; stets empfängt man den Eindruck, dass einem gegebenen Bedürfniss in der einfachsten Form genügt worden und die Kunst fern gehalten ist. Aus den Steinen der Wüste und den Stämmen der Dattelpalmen sind jene Bauten styllos aufgerichtet, in denen das Klosterleben sich abspielt. In diesen Mauern ächzt weder ein unbefriedigter Wissensdrang nach Erlösung, noch reisst eine überspannte Phantasie und die ausschliessliche Beschäftigung mit himmlischen Dingen zu Verzückungen und Visionen hin.

Ein friedlicher Haufen Koptischer Bauern lebt hier im Mönchsgewande in Abgeschlossenheit ein Leben, das sich täglich nach denselben Gesetzen wiederholt. Die Mönche versammeln sich zu bestimmten Stunden zu gemeinsamem Gebet; das erste findet ganz in der Frühe vor der Dämmerung statt. Andere Arbeiten als die auf ihren Lebensbedarf und die Instandhaltung der Baulichkeiten gerichteten nehmen sie nicht vor. Eine Bibliothek konnten wir nicht entdecken; nur in einigen Zellen fanden wir einige wenige Bücher, von denen es noch fraglich ist, ob sie gelesen werden. Die guten Mönche mahlen ihr Korn selbst und backen daraus vortreffliches Brod. Sie haben Hühner, die sie angeblich nur der Eier wegen halten, denn es heisst, dass sie keine Fleischnahrung zu sich nehmen, Öl ziehen sie aus ihren Oliven; sonst dienen ihnen Linsen und Bohnen, die von den Filial-Klöstern des Nil-Thals zugeführt werden, auch wohl getrocknete Fische des Rothen Meeres zum Unterhalt; den für die Abendmahlsfeier benöthigten Wein bereiten sie selbst aus getrockneten Weinbeeren. Sie rauchen und trinken **[341]** Kaffee wie der verstockteste Bekenner des Islam und machen im Grossen und Ganzen einen stillvergnügten, aber nicht übermässig reinlichen Eindruck. Sie tragen ein dunkelblaues oder schwarzes Gewand, das an der Brust offen ist und bis auf die Füsse herabfällt; ein schwarzer Turban umhüllt das Haupt; sie gehen nicht barfuss, sondern tragen Pantoffeln. Es mögen 40 Mönche im Kloster beisammen wohnen, dazu kommen dann noch einige dienende Brüder. Unter einander scheinen sie grosse Friedfertigkeit zu üben; nie hörte ich – auch wo ich sicher war, unbemerkt zu sein – einen Wortwechsel, und so mögen sie noch Jahrhunderte weiter bestehen können, ohne etwas zu lernen, noch zu vergessen. Die Tradition und Legende vererbt sich, unberührt von dem Treiben der fern gerückten Aussenwelt, fort, und würde in ihrer Starrheit eher in Stücke gehen können als Wandlungen ertragen. […]

Während sonst der Gebirgsabsturz zum Wadi Araba durch Vorberge maskirt und dadurch weniger imposant ist, steigen vom Kloster Antonius aus die Felshänge unmittelbar zum Plateau […] auf und geben dem Kloster einen grossartigen Hintergrund. So sieht man denn von der hohen Umfassungsmauer aus auf einer Seite über die mit langen Schutthügeln bedeckte Sohle des Wadi Araba fort auch den jenseitigen Abfall der nördlichen Gallala, während auf der anderen Seite sich das mit der Hand zu greifende Felsengebirge aufthürmt. Hoch oben, in halber Höhe der Wand, 276 Meter über dem Kloster, kennen die Mönche eine Höhle, die als die Wohnstätte des heiligen Antonius bezeichnet wird. Die Höhle wird durch einen spaltenförmigen Zugang erreicht und leistet in der That Alles, was für die Durchführung der strengsten Askese wünschenswerth erscheinen kann. Wir fanden hier, ausser kleinen Kreuzen von Wachs, welche an die geschwärzten Wände angebacken waren, auch den Namen eines abendländischen Paters, der die Höhle gerade 250 Jahre vor uns [= um 1625] besucht hatte.

Von dem Kloster Antonius führt ein Pfad über das Gebirge zu dem ostsüdlich gelegenen Kloster Bolos [= Paulus], in geradliniger Entfernung liegen beide Klöster nur 19 Kilometer auseinander, und diese kann mit Rücksicht auf die Erhebung in 7 Stunden zurückgelegt werden. Indessen ist der Weg für beladene Kameele nicht praktikabel, und wir waren deshalb genöthigt, ganz um das Gebirge herumzugehen. Unsere Aufnahme im Kloster des heiligen Paulus war nicht minder freundlich als die eben erfahrene. Doch hatte die Haltung der Mönche zuweilen etwas Zudringliches und einen Anflug von Jovialität, die nicht recht zu der ernsten Umgebung passte. […] **[342]** […]

8.2 Nomadenleben

Nachdem sich Großbritannien 1882 die ägyptische Verwaltung unterstellt hatte, entsandte diese bis zur Jahrhundertwende Erkundungsexpeditionen in verschiedene noch wenig bekannte Landesteile, darunter auch die Arabische Wüste. Verschiedene Besuche des Berglandes zwischen dem Niltal und dem Roten Meer und dessen ausgesprochener Wüstencharakter veranlassten 1892 den damals als Direktor des Telegraphenamtes in ägyptischen Diensten stehenden Briten Ernest Floyer (1852–1903) zu Mutmaßungen über eine hier zu besichtigende von Menschen gemachte ökologische Degradierung der ursprünglichen Landschaft:

Ernest Floyer: Die Ursachen der Wüstennatur des Landes zwischen Nil und dem roten Meer. In: Globus, 1893: 63, Seite 83.

Die arabischen Namen der Wadis in jener Gegend sind sehr häufig von Bäumen hergenommen, die einst dort wuchsen und jetzt völlig verschwunden sind. Floyer, der an der Spitze einer 1891 vom Chediv [= Vizekönig] ausgesendeten Expedition stand, sucht nachzuweisen, daß früher das Land bewaldet und kultivirt war, daß aber arabische Wirtschaft im Verlaufe von 1.200 Jahren es zur Wüstenei machte. Die Kamele lebten von den Blättern und Schößlingen der Bäume und das Holz derselben verbrannten die Araber. In Südarabien seien ähnliche Verwüstungen vorgekommen und dadurch erkläre sich das Verschwinden des dort einst häufigen Weihrauchs und der Gewürze; ebenso in Palästina, das einst eine größere Bevölkerung ernährte. Das Kamel ist also der eigentliche Schadenstifter; wo es sich aus der Wüste zurückzieht und im Nilthale als Haustier gezüchtet wird, nimmt es andere Formen an; es bildet sich dort im Laufe der Zeit die massige Spielart des Kairokamels heraus. Übrigens schreitet die Verwüstung noch fort und das Land wird schließlich nur noch die Wüstenpflanze Calotropis procera [= Fettblattbaum oder Sodomsapfel] tragen, von der einige Schafe und Esel sich nähren, deren Hirten aber vom Korne des Nilthals leben. **[83]**

Der geschilderte Überweidungsdruck hat sicherlich zur heutigen Verwüstung beigetragen. Allerdings war dieser nicht die Ursache, sondern nur eine Begleiterscheinung menschlichen Verharrens in einer Landschaft, die seit dem Mittelalter eine ausgeprägte Trockenphase des nordostafrikanischen Großklimas erfuhr. Die Anpassungsfähigkeit der nomadisierenden Wüstenbeduinen hieran bewunderte der Botaniker Georg Schweinfurth nur wenige Jahre zuvor in einem Brief an Gerhard Rohlfs[6] im Mai 1887, als er über einen längeren Besuch im Gebiet des breiten Wadi Araba berichtete, in dem auch das Antonius-Kloster liegt:

6 Siehe ► Abschn. 9.1, Die deutsche Gelehrten-Expedition 1873–1874, insbesondere Fußnote 9.

Georg Schweinfurth: Forschungen im arabischen Wüstenplateau von Mittelägypten. In: Dr. A. Petermanns Mittheilungen aus Justus Perthes' Geographischer Anstalt, 1887: 33, Seite 193–196.

Ich fand auf der nördlichen Galala [= Gebirgsplateau im Norden des Wadi Araba] mehrere Familien der Maase-Araber mit ihren Kamelen und Ziegenherden vor. Schafe werden nur in geringer Menge gezüchtet. Auf meinen frühen Reisen bin ich mit den wenigen ständigen Bewohnern dieser Wüstengebirge nur selten in Verkehr getreten. Auf meiner 100tägigen Tour im Winter 1884–85 hatte ich im ganzen 6 Individuen in der Wüste angetroffen. Diesmal hatten die günstigen Regenverhältnisse des letzten Winters eine grössere Anzahl von Hirten in die innere Wüste gelockt. Mein Verkehr mit diesen echten Arabern war stets sehr freundschaftlicher Natur. Das Gefühl der Sicherheit, welches den Reisenden in den Wüsten zwischen dem Nil und dem Roten Meere […] nirgends verlässt, macht einen der grossen Vorzüge aus, die dieses Gebiet für Forschungszwecke so einladend gestaltet. Es fällt mir nie ein, mich mit Waffen zu belasten, auch wenn ich ganz allein und entfernt vom Lager umherstreife.

Das Leben der Beduinen ist eigentümlich genug, um dem Ethnographen manches Problem zu bieten. An Bedürfnislosigkeit werden diese Leute kaum von irgend einem andern Gliede des Menschengeschlechts übertroffen. In bezug auf die äussern Lebensverhältnisse sind sie eigentlich wilder und unkultivierter als die wildesten Völkerschaften des innern Afrika. Die wilden Negervölker sind dort mit einem Apparat von Geräten und andern Dingen, die für den menschlichen Lebensunterhalt unentbehrlich erscheinen, ausgestattet, von denen die Beduinen der östlichen Wüste Ägyptens keine Ahnung haben. Vom ökologischen Standpunkte aus betrachtet würden sie unter die allerrohesten Völker der Erde zu zählen sein; und dennoch diese Intelligenz und Gesittung des innern Menschen! Mit einem solchen Beduinen kann man ganz vernünftig über die verschiedensten Dinge sprechen, sie begreifen alles und kennen vieles, was uns in unsrer Kultur umgibt, aber nie kommt ein Wort des Bedauerns über ihre Lippen, dass die Natur sie zu ewigem Anachoretenleben [= Leben eines Wüstenneremiten] verdammte.

Die Freiheit geht ihnen doch über alles. „Würden wir Häuser bauen (es wäre ihnen ein Leichtes), so hätten wir bald bei uns Soldaten und Steuertaxe", meinen sie. So behelfen sie sich gern in kalten Winternächten, selbst bei vorübergehendem Schneefall auf den Höhen, mit ihren Felshöhlen, wo sie, Menschen und Vieh dicht zusammengekauert, unter einigen Fellen den Anbruch des stets sonnigen Tages erwarten. Eine Eigentümlichkeit des Beduinen ist auch seine geringe Scheu vor Berührung mit Fremden. Da keine grossen Raubtiere das Gebiet bewohnen, und auch Kämpfe mit andern Stämmen zu den grössten Seltenheiten gehören, so sollte man meinen, dass ihre Friedfertigkeit in furchtsame Scheu ausartete. Man überzeugt sich aber bei Annäherung an einen ihrer Rastplätze leicht vom Gegenteil. Die Frauen, verhüllt, unterbrechen bei Ankunft des Fremdlings keineswegs ihre Arbeit, die Kinder laufen nicht weg, sehen dem Fremden vielmehr bei völlig ruhiger Fassung ins Gesicht, die Männer grüssen freundschaftlich und verraten in nichts, dass sie Geheimnisse irgend welcher Art zu verbergen hätten.

Es ist wahrlich als ein grosser Triumph über die Kärglichkeit der Wüstennatur zu betrachten, dass Menschen fast ausschliesslich von dem wenigen, was diese Wüste zum Unterhalte darzubieten vermag, zu existieren wissen. Außer **[194]** dem Korn, dass sie gegen Schafe und Ziegen, oder gegen Butter, gebrannte Kohlen [= Holzkohle], Kochsalz, gewisse Kräuter u [nd] d [er]gl [eichen] im Nilthale eintauschen, sind sie ganz auf das angewiesen, was in der Wüste wächst und gedeiht. Sie pflegen und vermehren ihre Kamele, jagen Steinböcke, Gazellen und Hasen, trinken die Milch ihrer Ziegen; damit sind die hauptsächlichsten Bedürfnisse gedeckt. Die Kinder und Frauen vervollständigen ihre kärgliche Kost durch Wurzelgraben.

Es gibt mehrere Arten Pflanzen, die zur Not einen Menschen ganz gut zu ernähren im Stande sind. Eine *Scorzonera* (Schwarzwurz) wächst auf den Galala in solchen Mengen, dass man sie fast allerorten antrifft. Die milchende Wurzel ist zart und saftig wie eine gelbe Rübe, süss von Geschmack und wird roh gegessen. Die Kinder kommen nicht selten so vollgefressen von diesen Wurzeln ins Lager, dass sie kein Brot mehr essen wollen und die Milch zurückweisen. Es gibt auch noch eine Art […], welche die Beduinen schlechtweg „geser", Carote, nennen, weil sie ebenso schmackhafte Wurzeln liefert wie unsre gelbe Rübe und überall in Menge zu finden ist. Ein *Erodium*, das auch im Mittelmeergebiet vorkommt (*E. hirtum*), hat an den Wurzeln zahlreiche nussgrosse Knollen, die gekocht und wie Kartoffeln verspeist werden. Es gibt auch viele Kräuter auf den Galala, deren Blätter sehr wohl wie Salat genossen werden können, weil sie zart, saftig und ohne jeden unangenehmen Beigeschmack sind. Zu diesen gehört ein Sauerampfer […], eine Art Kresse, dann auch die rotblütige grossköpfige und einen feinen Jasminduft verratende Centaurea eryngioides [= Flockenblumenart aus der Asternfamilie], von den Beduinen „dign el bedden" d. h. Bart des Steinbocks genannt. Sie ist die auffälligste und typischste Pflanzenform dieser Hochländer und ihre schönste Zierde. Wenn es also im Altertum wirklich „weidende Mönche" gegeben hat[7], […] so liegt für die östliche Wüste kein Hindernis vor, dass sie auch hier ihr Dasein zu fristen im Stande waren. […] **[195]** […]

Ganz im Gegensatz zum Telegraphenbeamten Floyer war für den Naturkundler Schweinfurth die mehrwöchige Wanderung durch die Arabische Wüste eine auch körperlich angenehme Erfahrung:

Die Maase-Kamele [= Kamele dieses Araberstamms] sind aber ebenso verständig wie ihre Herren, stets willig und nie mürrisch grollend, wie andre ihres Gelichters. Sie wissen, dass für sie gesorgt ist, und benehmen sich danach. So langten alle nach 50tägiger Wanderung glücklich und wohlbehalten an den Ufern des Nils an, dessen kostbares Nass sie ebenso bedächtig schlürften, wie die Araber ihren Kaffee. Kein wunder Rücken war das Ergebnis der Reise, die Kamele hätten sofort auf den Markt geschickt werden können, um mit den besten zu konkurrieren. Meinen Dachshunden [= Dackel], 9 und 10 Jahre alt, hat diese Reise so wohl gethan wie mir selber. Die Wüstenluft hat sie verjüngt, und als wir wieder in Cairo einzogen, war die erste Frage meiner Nachbarn: „Von wo haben Sie die neuen Hunde?" **[196]**

Betrachtet man eine moderne Karte der Arabischen Wüste, so fällt auf, dass etwa in ihrer Mitte der Verlauf der Grenze zwischen Ägypten und dem Sudan strittig ist. Zusammen mit dem bis dahin nominell zum Osmanischen Reich gehörigen Ägypten „erwarben" die Briten 1882 auch den von Ägypten kolonial beherrschten Sudan und legten als Verwaltungsgrenze 1899 zwischen beiden Gebieten den 22. nördlichen Breitengrad fest. Aber rasch stellte sich heraus, dass das Gebiet des Hala'ib-Dreiecks besser vom Sudan aus zu verwalten war, und so schlugen sie es 1902 pragmatisch diesem zu, ohne allerdings die Grenze auch formal anzupassen. Solange beide Länder unter einer Herrschaft waren, stellte dies kein Problem dar. Als der Sudan sich aber 1956 von Ägypten für unabhängig erklärte, beanspruchte die Regierung in Khartum die Verwaltungslinie von 1902 und damit das etwa 20.580 Quadratkilometer große Hala'ib-Dreieck, welches auf einer Fläche wie Hessen gegenwärtig nur etwa 2000 Bewohner zählt. Bis zum Jahr 2000 hielten sudanesische Truppen das strittige Gebiet besetzt, in welches danach ägyptische Truppen einzogen. Während weiterhin beide Staaten das Hala'ib-Dreieck beanspruchen, gelten bis zu einer eventuellen Regelung die Währungen beider Staaten und ein gemeinsamer Betrieb der Zollposten an der Nordgrenze zu unstrittig ägyptischem Territorium.

---

7 Im altgriechischen Original noch deftiger „grassfressende" Mönchseinsiedler des 4. Jahrhunderts im syrischen Bergland, die sich ausschließlich von gesammelten Wildpflanzen ernährt haben sollen.

Die Libysche Wüste und ihre Oasen

Imre Josef Demhardt

I. J. Demhardt, *Aus allen Weltteilen Ägypten mit Sudan und Libyen,* Geographische Anthologie des 19. Jahrhunderts,
DOI 10.1007/978-3-662-46274-4_9

9.1 Die deutsche Gelehrten-Expedition 1873–1874

Schon in der Antike wurde der weite Wüstenraum im Westen des Nil nach dessen für das Pharaonenreich wichtigsten küstennahen Bewohnern als die Libysche Wüste bezeichnet. Abgesehen vom Mittelmeersaum im Norden und der Flussoase des Nil im Osten kann die Libysche Wüste nur schwer eingegrenzt werden. Im Kern umfasst sie aber den nordöstlichsten Teil und heute mit jahrzehntelangen Dürreperioden trockensten Teil der Sahara, der im Westen nach rund 800 km an das Hinterland der Cyrenaica[1] und die historische Wüstenlandschaft Fessan um die Oasen von Kufra[2] stößt. Aus der Vogelschau betrachtet würde sofort der erst nach und nach von europäischen Entdeckern verstandene Umstand ins Auge fallen, dass das Herz dieses Wüstengebiets von einer bogenförmig dem Lauf des Nil grob folgenden und von Süden nach Norden in einer Abfolge von Becken und Schwellen stetig abfallenden Depression oder Eindellung gebildet wird. Hier finden sich einige wenige, aber dafür große Oaseninseln[3], die oberflächennahe fossile eiszeitliche Grundwasserhorizonte anzapfen. Von etwa 1000 m über dem Meeresspiegel im Bereich der heutigen Grenze von Ägypten und Sudan[4] fällt die Depressionsmulde in der Kattara-Senke unmittelbar hinter der schmalen Hügelschwelle zum Mittelmeer, wo die Briten im Zweiten Weltkrieg in zwei Schlachten im Juli und November 1942 bei der Engstelle El-Alamein den Vorstoß deutsch-italienischer Truppen ins ägyptische Kernland aufhielten, bis zu einer 300 km² großen Salztonsumpfsenke ab, deren verkehrsabweisende Oberfläche 133 m unter dem Meeresspiegel liegt. Die heute bis auf den Oasenbogen der Depression aus weiten und lebensfeindlichen Sand- und Felsfluren bestehende Libysche Wüste war aber noch in der Jungsteinzeit vor etwa 8000 Jahren eine grüne Savannenlandschaft mit nomadisierenden Menschengruppen, die erst durch die zunehmende Austrocknung unter Zurücklassung zahlreicher Felszeichnungen an den Nil abwanderten und dort die pharaonische Kultur bildeten. Noch das ganze 19. Jahrhundert hindurch wurde die abweisende Libysche Wüste wie seit der Antike nur von den Karawanenwegen zu den Oasen und von dort einigen wenigen Fernhandelswegen wie der von Asyut am mittleren Nil nach Süden in den Sudan gehenden Sklavenhandelsroute des Darb el-Arbain oder der Straße der 40 Reisetage durchzogen. Als erster Forscher der Neuzeit drang, als Napoleon Bonapartes französische Militärexpedition gerade Kairo erobert hatte, der schon zuvor ins Land gekommene Hildesheimer Friedrich Hornemann (1772–1801) in die Libysche Wüste vor:

Anonym: Deutsche Forschungsreise durch Nordafrika von hundert Jahren. In: Deutsche Rundschau für Geographie und Statistik, 1899: 21, Seite 233.

Im Alter von 26 Jahren verließ er, als mohammedanischer Kaufmann verkleidet, Anfang September 1798 mit einem deutschen Diener Kairo und zog mit einer Handelskarawane in die Wüste, welche er in seinem Journal ausführlich beschreibt. Die Reise verlief zunächst westlich nach Audjila[5] und dann südwestlich nach Mursuk[6], welches er am 17. November erreichte. Hier verblieb er mehrere Monate und starb, nachdem er noch Tripolis besucht hatte, […]. **[233]**

Dem unglücklichen Hornemann folgten zumindest zu den Nil-nahen Oasen später sporadisch einige Europäer, unter denen Frédéric Cailliauds (1787–1869) Bericht über seinen 1819–1820 unternommenen Besuch auf Jahrzehnte die wichtigste Nachrichtenquelle blieb. Auch dieser hatte auf die bemerkenswerte Tieflage der Oasen hingewiesen, was der vermögende Berliner Privatgelehrte und Orientreisende Gustav Parthey (1798–1872) in einem Vortrag vor der Berliner Gesellschaft für Erdkunde im Oktober 1838 aufgriff:

Gustav Parthey: Die Einsenkungen unter dem Niveau des Mittelmeeres. In: Annalen der Erd-, Völker- und Staatenkunde, 1838–1839: 7, Seite 327–334.

Es war immer auffallend, daß alle Reisenden ganz bestimmt von einem Hinabsteigen in die grünen Sand-Inseln sprechen, ohne daß eines merklichen Aufsteigens gedacht wird. Man konnte daher überall eine sehr tiefe Lage der Oasen im Verhältniß zum Nilthal und zum Mittelmeere voraussetzen. Die einzige uns bekannte Barometerbeobachtung[7] von Cailliaud in der Oase von Siwah bestätigt dies auf eine entschiedene Weise, und giebt zugleich einen schönen Beweis für die oft angefochtene Glaubwürdigkeit dieses Reisenden. Er giebt in seinem Bericht […] die Barometermessungen in Siwah […] im Mittel: 766,21 Mill [imeter] bei einem mittleren Thermometerstande von 21°,77 Centigr [ad]. Dies gäbe die Tiefe von Siwah unter dem Mittelmeer auf 16 Toisen oder 96 P [ariser] F [uß = ca. 31,2 Meter] und man hat keine Ursache, in dieses Resultat Mißtrauen zu setzen, da es sich auf eine größere Reihe von Beobachtungen gründet. **[329]**

1 Siehe ▶ Abschn. 11.4, Benghazi und die Cyrenaica.
2 Siehe ▶ Abschn. 11.5, Das Sultanat Fessan und die Kufra-Oasen.
3 Die größten Oasen(gruppen) im ägyptischen Teil der Libyschen Wüste sind dabei von Norden nach Süden Siwa (29° 11′Nord), Bahariya (28° 10′Nord), Farafrah (27° 3′Nord), Dachla (25° 31′Nord) und Charga (25° 20′ Nord).
4 Die höchste Erhebung in der Libyschen Wüste ist der 1934 m hohe Jebel Uwainat beim ägyptisch-libysch-sudanesischen Grenzdreieck, wo sich noch Spuren des pharaonischen Kultureinflusses finden.
5 Oasengruppe in der Cyrenaica; siehe ▶ Abschn. 11.5, Das Sultanat Fessan und die Kufra-Oasen.
6 Oase im südlichen Wüstengebiet des libyschen Tripolitanien.
7 Das gesamte 19. Jahrhundert hindurch gewannen Reisende am einfachsten durch die Beobachtung des Luftdrucks mittels eines Barometers, das zuvor auf einen im Höhenwert über dem Meeresspiegel bekannten Ort bei örtlich mittlerer Temperatur geeicht wurde, die Grundlage für eine zumindest annähernde Berechnung der Höhe.

Danach wird es außer Zweifel gestellt, daß der von Ehrenberg[8] zuerst beobachtete und gezeichnete Südabfall der Libyschen Hochebene nicht bloß eine allgemeine Erniedrigung, sondern eine wahre treppenartige Einsenkung unter den Spiegel des Mittelmeeres sei. Die Höhe des Plateau's schätzt Ehrenberg auf 3–500 P [ariser] F [uß = ca. 100–160 Meter] über dem Meer, es würde also der Stufenabfall gegen Siwah 4–600 F [uß = ca. 130–200 Meter] betragen. So wie in Palästina die Bergzüge [...] das Thal des Jordan gegen die höher stehende Meerfluth schützen, so hindert in der Libyschen Wüste ein flacher, aber fast doppelt so breiter Querriegel das Eindringen des Mittelmeeres in die Oasen. [...] **[330]** [...]

Aber erst knapp vier Jahrzehnte später wurde die Kette der Oasen der Libyschen Wüste, die unwirtlichen Zwischenräume zwischen ihnen und dem Niltal sowie deren Depressionscharakter durch eine der ersten interdisziplinären Forschungsexpeditionen unter Leitung des erfahrenen Saharareisenden Gerhard Rohlfs[9] im Winter 1873/74 umfassend erkundet [◘ Abb. 9.1] und aufgedeckt. Am 11. Januar 1874 schrieb Rohlfs an Karl Andree, dem Herausgeber der geographischen Publikumszeitschrift *Globus* aus dem Hauptort der Oase Dachla:

Gerhard Rohlfs: Die deutsche Expedition in der libyschen Wüste. In: Globus, 1874: 25, Seite 169–170.

So gut wie Ihr „Globus" mich hier in der libyschen Wüste zu finden weiß, so gut, hoffe ich, wird zu Ihnen dieser Brief kommen, nicht nur der Brief, sondern auch ein Bild von der am wenigsten besuchten Oase der ganzen Sahara. Die Europäer, welche in [...] Fesan[10] waren, zählen nach Dutzenden; die westlichen Oasen waren vor mir zwar auch zum Theil nur von einigen wenigen Europäern besucht, aber wer ist je nach Farafrah gekommen? Meines Wissens außer Caillaud und seinem Begleiter Niemand. [...] **[169]** [...] Die Mitglieder der sorgfältig ausgerüsteten Expedition waren zu Ende des Novembers [1873] in Kairo versammelt: Gerhard Rohlfs als Leiter; der Botaniker Dr. Ascherson[11] aus Berlin; der Geodät Dr. Jordan[12], der Geolog Dr. Zittel[13], beide aus Karlsruhe, und der Photograph Remele[14]. Schon in der zweiten Woche des Decembers [1873] konnten sie sich in Bewegung setzen; sie hatten der eifrigen Fürsorge des trefflichen deutschen Generalconsuls, Herrn von Jasmund, sich zu erfreuen und wurden vom Chedive [= Vizekönig], welcher die Kosten im Interesse der Wissenschaft bestreitet, sehr freundlich empfangen. Derselbe hatte in Siut [= Asyut], dem Ausgangspunkte der Expedition, alle Vorkehrungen für Verpflegung und Beförderung getroffen. [...] **[170]** [...]

Wohl in Ermangelung eines weiteren Reisebriefes griff der Herausgeber Karl Andree zur Schilderung des Expeditionsbeginns auf den Nachdruck eines von Karl von Zittel in der *Augsburger Allgemeinen Zeitung* erschienenen Reisebriefes zurück:

[Karl von Zittel]: Die deutsche Expedition in der libyschen Wüste. In: Globus, 1874: 25, Seite 318–320.

Unmittelbar westlich an den Nil-Oasen beginnt auf den geographischen Karten ein großer weißer bis nach Fessan reichender Fleck. Er umfaßt ein Gebiet größer als Deutschland, und wird im Osten und Norden von den zwei ältesten Culturländern Afrikas, von Aegypten und der Cyrenaika, begrenzt. Dennoch hat sicherlich nie ein Mensch dieses Land in der Richtung von Ost nach West durchzogen, es ist herrenlos seit den ältesten Zeiten und wird auch herrenlos bleiben so lange die heutigen geologischen und meteorologischen Verhältnisse allen lebenden Wesen den Aufenthalt daselbst zur Unmöglichkeit machen. Wir fanden es in hohem Grade befremdlich, daß weder in [den Oasen] Farafreh noch in Dachel die geringste Auskunft über die große Libysche Wüste zu erlangen war. Niemand hatte sich auch nur auf einige Tagereisen vorgewagt, kein Weg konnte uns angedeutet werden, und nur einzelne Fabeln von entlaufenen Kameelen, welche vor Jahrzehnten aus dem Westen gekommen seien, von aufsteigendem Rauch oder fernen Palmenwäldern, welche kühne Wanderer vor Zeiten gesehen haben wollten, wurden uns auf unsere eindringlichen Erkundigungen aufgetischt. Als einziger fester Punkt

8 Der sächsische Biologe Christian Ehrenberg (1795–1876) hatte 1820–1825 zusammen mit Friedrich Hemprich eine ausgedehnte Sammelreise durch Ägypten und Arabien unternommen, bevor er 1827 an die Berliner Universität berufen und dort zu einem der Mitbegründer der Mikrobiologie wurde.

9 Den abgebrochenen Medizinstudent Gerhard Rohlfs (1831–1896) aus dem bremischen Vegesack zog es trotz schwächlicher Konstitution als Feldscher in die französische Fremdenlegion in Algerien. Nach dem Erlernen der nordafrikanischen Sprachen und Kulturgebräuche durchstreifte er ab 1860 mehr als Abenteurer denn als Forscher die nördliche Sahara zwischen Marokko und Libyen, bevor ihn August Petermann, der Herausgeber der *Mittheilungen aus Justus Perthes' Geographischer Anstalt*, 1865 als begabte und bald viel gelesene reiseschriftstellerische Feder für länderkundliche Berichte aus dem nordafrikanischen Gesamtraum zwischen Atlantischem Ozean und Rotem Meer entdeckte. 1865–1867 gelang ihm als Erstem nach Überwindung zahlreicher Hindernisse die Nord-Süd-Durchquerung der Sahara von Tripolis bis Lagos an der oberguineischen Bucht von Biafra und damit der Durchbruch zu europaweitem Ruhm.

10 Siehe ► Abschn. 11.5, Das Sultanat Fessan und die Kufra-Oasen.

11 Der Berliner Botaniker Paul Ascherson (1834–1913) war durch die Rohlfs'sche Expedition erstmals nach Afrika gekommen, das er ab 1876 wiederholt bereiste. Neben seinem Forschungsgebiet trat der wegen seines guten Gedächtnisses als lebendes Lexikon bezeichnete Gelehrte auch als Historiker und Völkerkundler hervor.

12 Der Vermessungswissenschaftler Wilhelm Jordan (1842–1899) lehrte damals an der Technischen Hochschule Karlsruhe und unternahm auf der Expedition zusammen mit dem Fotografen Remelé die wohl ersten fotogrammetrischen Aufnahmen auf afrikanischem Boden.

13 Der später geadelte Geologe Karl von Zittel (1839–1904) hatte den damals einzigen Lehrstuhl für Paläontologie im deutschsprachigen Mitteleuropa inne.

14 Philipp Remelé (1844–1883) war im Gegensatz zu seinen allermeisten Berufskollegen nicht als Porträt-, sondern als Landschaftsfotograf hervorgetreten. Auf der Wüstenexpedition fertigte er rund 200 Glasplattenaufnahmen an, für die er auf der Weltausstellung in Wien 1875 eine Silbermedaille erhielt.

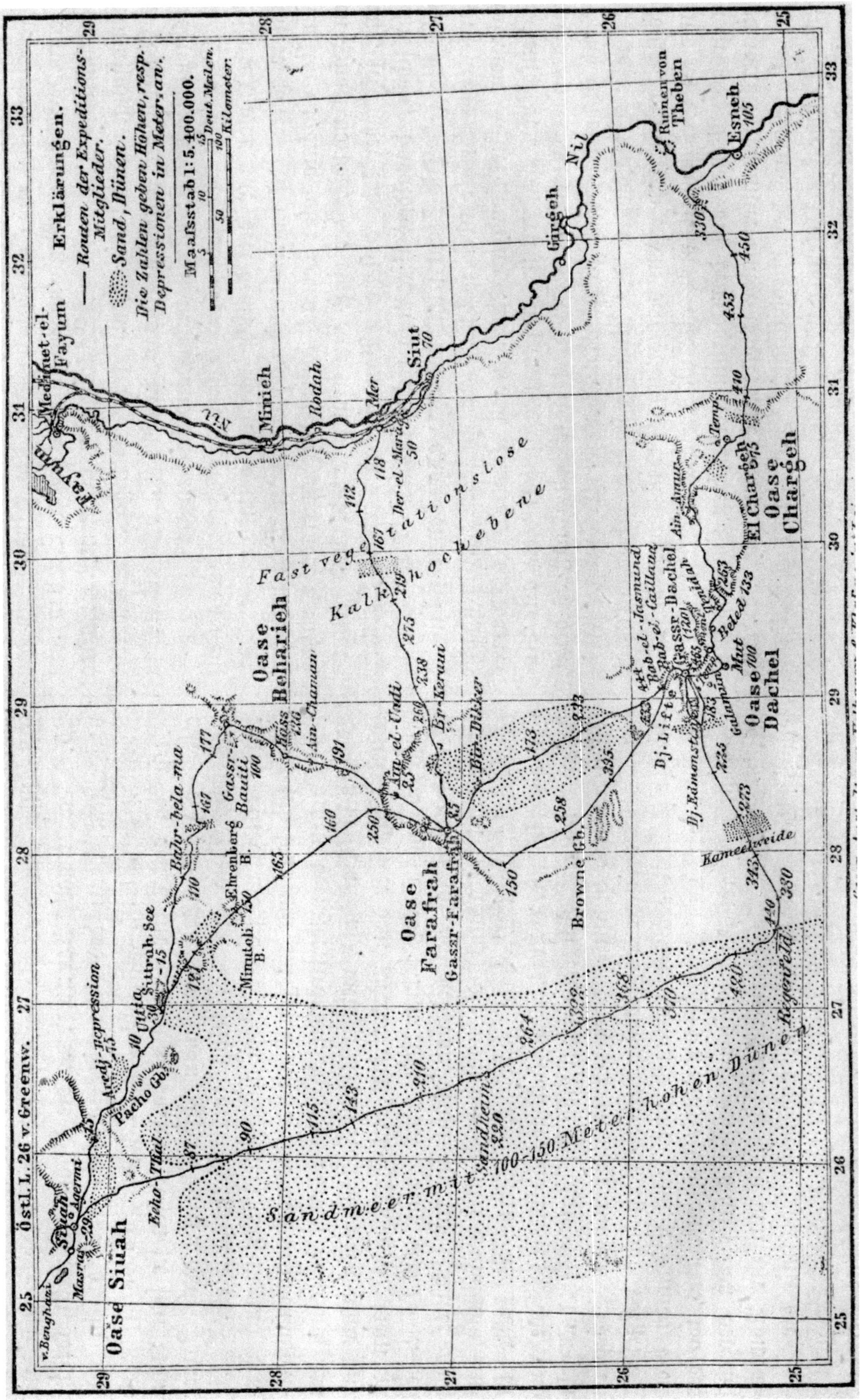

Abb. 9.1 Skizze zur Uebersicht der Rohlfs'schen Expedition in die Libysche Wüste. In: Globus, 1876: 29, Seite 152

in diesem Gewirr von widersprechenden Erzählungen tauchte immer wieder der Name Kufarah[15] auf – eine große Oase, die weit, weit im Westen gelegen sei. […]

Unsere Expedition hatte sich die Erforschung der an Aegypten angrenzenden unbekannten Wüstenstriche als Hauptaufgabe gestellt. Bis zu den Nil-Oasen war Alles trefflich von statten gegangen, allein von hier an schienen fast unüberwindliche Hindernisse jedem weitern Vorgehen im Wege zu stehen. Keiner der Nil-Araber wollte sein kostbares Leben oder seine Kameele selbst gegen hohe Bezahlung aufs Spiel setzen, auch in Dachel ließen sich keine brauchbaren Leute auftreiben, und so waren wir schließlich auf unsere wenigen europäischen und nubischen Diener und unsere eigenen Karneole[16] angewiesen. […] **[318]** […]

Einen prägnanten Überblick des Verlaufs der Winterexpedition 1873–1874 in die Libysche Wüste gab der Expeditionsteilnehmer und Botaniker Paul Ascherson[17]:

Paul Ascherson: Die Libysche Wüste und ihre Oasen. In: Das Ausland, 1875: 48, Seite 1005–1009, 1028–1032.

Will man vom Nilthal aus in die Libysche Wüste eindringen, wie unsere Expedition auf der Reise von Siut [= Asyut] nach Farafrah, so hat man zunächst einen mehr oder weniger beschwerlichen Anstieg in einer der von den seltenen, aber doch nicht völlig fehlenden Regengüssen allmählig ausgewaschenen Schluchten zu überwinden. Das großartige Felsenthal, in welches sich die Königsgräber bei Theben öffnen, ist einer der bedeutendsten dieser Einschnitte im Libyschen Thalrande. Hat man die Höhe dieses Aufstieges erreicht, so gewahrt man zurückschauend noch einen kleinen Ausschnitt der grünen Thalfläche; noch einige Schritte weiter und auch dieser ist verschwunden und wir sind in der Einöde, für Wochen und Monate von Civilisation und Weltverkehr abgeschieden.

Was wir dort erblicken ist indeß zunächst nicht das, was wir erwarteten. Unter einer Wüste haben wir uns eine ziemlich ebene und vor allem eine sandige Fläche vorgestellt; von Sand ist mir aber zunächst nichts vorgekommen als unbedeutende, hervorragende Gegenstände, Steine, Knochen oder die spärlichen Pflanzenbüschel angetriebene oder seichte Vertiefungen anfüllende Massen, welche die Richtung des letzten Windes andeuten und lebhaft an die Schneeanhäufungen nach dem ersten spärlichen Schneetreiben in unserem Vorwinter erinnern. Der Boden ist vielmehr meist von grobem Kiese (arabisch Sserir) gebildet, hier und da auch noch mit scharfkantigen Steinen bedeckt (Hammadah). Anstehende Felsplatten, die man nicht selten überschreitet, sind häufig glänzend polirt, fast wie geschliffene Gletscherwände, eine Wirkung des seit Jahrtausenden darüber forttreibenden Sandes. […]

Ich berichtete vorhin, daß die Wüste zunächst nicht eben erscheint. Der Boden ist mehr oder weniger wellig, und eine ansehnliche Bergmauer scheint den westlichen Horizont zu begrenzen und verschiedene isolirte Berge derselben vorzuliegen. Unsere Kameele schreiten rüstig vorwärts, allein es dauert lange, bis diese Berge uns näher kommen und bis wir endlich an ihnen vorüberziehen. Wieder eine Enttäuschung. Was uns von weitem wie ein ansehnlicher Berg erschien, schrumpft zusammen, je mehr wir uns nähern und ergibt sich schließlich als ein niedriger, vielleicht kaum zehn Meter erreichender Hügel, und die Bergwand, welche uns die Fernsicht sperrte, erweist sich als eine ebenso unerhebliche Terrassenstufe. Oben angelangt, haben wir ein Landschaftsbild vor uns, das sich kaum von den hinter uns liegenden unterscheidet, und diese Täuschung und Enttäuschung wiederholt sich noch öfter, bis wir endlich erkennen, wie sehr wir hier, wo keine Gegenstände von bekannter Größe, wie Häuser oder Bäume, unser Urtheil leiten, alle Entfernungen unter- und alle Höhen überschätzen. Die isolirten Kalkhügel, welche oben stets flach abgestutzt und von gleicher Höhe mit der nächst folgenden Terrassenstufe zu sein pflegen, sind für die Wüstenlandschaft besonders charakteristisch und ein beredtes Zeugniß für die Zerstörung früherer zusammenhängender Gesteinschichten durch die Fluthen des Meeres, das einst die ganze Wüste bedeckte; […]. An ihrer Grundfläche sind sie öfter durch den treibenden Flugsand ausgenagt und zeigen mitunter tischähnliche oder noch sonderbarere Gestaltungen; ihre blendende Weiße läßt sie zuweilen wie ein Gypsfigurenkabinet von Riesengröße erscheinen.[18]

So ziehen wir tagelang ununterbrochen in westlicher Richtung. Daß wir auf dem rechten Wege sind, daran können wir keinen Augenblick zweifeln. Eine Karawanenstraße auf Sserir oder in Hammadah gleicht jenen sandigen Landstraßen, wie wir sie in der norddeutschen Ebene nur zu häufig finden, wo zahlreiche Geleise neben einander laufen. Die aneinander gebundenen Kameele, welche ihre rechten und linken Beine stets nahe aneinander setzen, treten allmählig eine verhältnißmäßig schmale Furche aus, und da sie gern in einer schon vorhandenen Furche schreiten, so vertiefen sich dieselben so, daß sie Wagengeleisen gleichen. Auf ebenem Boden, wo keine Hindernisse zu umgehen sind, laufen diese Geleise schnurgerade, wo aber der Weg sich krümmt oder wo die Spuren in felsigem Boden sich nicht eingraben oder im Sande bald verwischt werden, sucht man stets den Weg möglichst deutlich durch aufgesteckte Zeichen (arabisch Allarmat sing [ular:] Allem) zu martiren [= Aufstellung von Wegmarken]. Dieselben bestehen gewöhnlich in Steinhaufen, doch **[1008]** benutzt man auch die nur zu häufig am Wege liegenden gebleichten Gerippe gefallener Kameele, welche an manchen Stellen allein schon den Weg, Unheil kündend, bezeichnen. […]

Ebenso unbegründet als die gewöhnliche Vorstellung von der Wüste als unabsehbarer Sandfläche ist übrigens die, daß sie des Pflanzen- und Thierlebens völlig entbehre. Allerdings kann man oft Stunden lang reisen, ohne einen Krautbüschel oder eine Fährte anzutreffen; indeß sind doch auch in der Libyschen Wüste

15 Siehe ► Abschn. 11.5, Das Sultanat Fessan und die Kufra-Oasen.

16 Eigentlich Halbedelsteine, hier aber im Sinne von „Perlen" oder Bediensteten gemeint.

17 Siehe ► Abschn. 9.1, Die deutsche Gelehrten-Expedition 1873–1874, Fußnote 11.

18 Es handelt sich hierbei um kreidezeitliche Planktonkalkreste im Nordosten der Oase Farafrah, die heute ein Nationalpark und Hauptanziehungspunkt des ägyptischen Wüstentourismus sind.

Tagereisen ohne alles Leben eine Seltenheit: von den 25 Tagemärschen, die ich in derselben zurücklegte, fand ich nur auf zweien keine Spur von Pflanzen. Die vorkommenden Arten sind wenig zahlreich und meist unansehnlich; doch findet man mitunter Vertiefungen, in denen fruchtbare Erde zusammengespült ist, mit reichlicherer Vegetation. Wenn auch nicht jährlich, so finden doch feuchte Niederschläge wohl überall statt. Die Gebiete der südlichsten verirrten [mediterranen] Winterregen, wie wir einen solchen Anfang Februar 1874 in Dachel und Chargeh erlebten, und der nördlichsten Tropenregen greifen über einander. Ohne diese Regen wäre organisches Leben nicht möglich. Die Wüstenpflanzen sind aber so organisirt, daß sie diese seltenen Gelegenheiten zu voller Vegetation benutzen und in der Zwischenzeit ihr anscheinend erstorbenes Leben bewahren können. Eine andere merkwürdige Anpassung zeigen sie darin, daß sie sich aus dem Sande, der sie fortwährend zu verschütten droht, stets wieder Hervorarbeiten, so daß sie sich zuletzt auf ziemlich beträchtlichen Sandhügeln erheben, welche gewissermaßen die Grabhügel ihrer früheren Lebensstadien sind.[19] Am auffallendsten ist das bei den Tamarisken, mit der Talch Akazie, dem einzigen baumartigen Gewächs der eigentlichen Wüste.

Auch das Thierleben in der Wüste, obwohl noch ungleich dürftiger als das vegetabilische, entbehrt nicht einer gewissen Mannichfaltigkeit. Zwar muß man auch hier der durch die schwunghaften Verse unserer Dichter eingewurzelten Vorstellung entgegentreten, daß die Wüste der Aufenthalt größerer Raubthiere sei. [...] Nur Wildkatzen, Wolfshunde, Schakals und die zierlichen, langohrigen Wüstenfüchse (Fenneks) finden in den Nagethieren, besonders Springmäusen, erstere auch in den leichtfüßigen Gazellen ihre Nahrung; vorzugsweise findet man sie freilich an den Rändern der Oasen und des Nilthals, wo die Hühnerställe und Dattelgärten der Ortschaften, sowie gefallene Hausthiere sie reichlich nähren. Fast alle Wüstenthiere zeigen das fahle, gelbgraue Wüstencolorit; das Gesetz der „schützenden Aehnlichkeit" bestätigt sich hier in schlagendster Weise. Am auffälligsten ist das bei den sonderbaren Sandheuschrecken, die man nicht selten mitten in der Wüste antrifft und die stets genau die Farbe des Bodens zeigen, auf dem man sie findet. Sie dienen mehreren Eidechsenarten und diese wieder Schlangen von ansehnlicher Größe, welche von unserer Expedition beobachtet worden, zur Nahrung. Es kann auch kaum bezweifelt werden, daß der Strauß gerade in den unzugänglichsten Sandeinöden der Libyschen Wüste brütet, gesehen haben wir zwar diesen Riesenvogel nie, doch zahllose Trümmer von Eierschalen, auch an Orten, die vor uns gewiß keines Menschen Fuß betreten, verrathen seine Anwesenheit. [...] **[1009]**

Nach sechstägiger Wanderung über das geschilderte Kalkplateau standen wir [am 30. Dezember 1873] plötzlich am Steilabfall, der die Einsenkung der Oase Farafrah im Osten begrenzt. Das Dorf und seine culturfähige Umgebung liegen nahe am Fuße des jenseitigen, noch zwei Tagereisen entfernten Felsenufers, und von unserem Standpunkte konnten wir nur vereinzelte Palmengruppen bemerken, welche die Stätte des einzigen auf unserer Straße befindlichen Brunnens, Bir Keraui, anzeigen. Unter einem Wüstenbrunnen darf man sich keineswegs eine krystallklar sprudelnde Quelle vorstellen; ein mühsam in den Felsboden, der hier schon der Kreideformation angehört, geschlagenes Loch mit trüber Flüssigkeit ausgeschöpft, nur langsam nachsickert, umringt von einigen Tamarisken- und verkrüppelten Palmengebüschen mit ungenießbarer Frucht, das ist das Ziel, dem die Karawane seit vielen Tagen sehnsüchtig zusteuert. Und doch sind so beschaffene Wasserplätze für das Wohl und Wehe zahlreicher Menschen von entscheidender Bedeutung; ohne sie würde es unmöglich sein, die lebensfeindliche Sahara zu durchkreuzen. Die Wasserschläuche der Eingeborenen lassen durch Verdunstung in wenigen Tagen das kostbare Naß verloren gehen, und wasserlose Strecken von zehn Tagen sind die größte Entfernung, welche mit einheimischen Transportmitteln überwunden werden kann. Die von den Franzosen in Algerien gemachte, auf unserer Expedition so trefflich bewährte Erfindung der eisernen Wasserkisten ist daher für die künftigen Wüstenreisenden von epochemachender Bedeutung; Prof. Jordan, der Astronom unserer Expedition, verweilte von seiner Abreise aus Dachel bis zur Ankunft in Siuah [= Oase Siwa] 36 Tage in der Wüste, ohne irgendwo Wasser anzutreffen. Während dieser Zeit konnten die Kameele, nachdem sie 17 Tage kein Wasser erhalten, einmal abgetränkt werden. [...]

Zwischen Bir Keraui und Farafrah hatten wir eine ansehnliche Dünenreihe zu übersteigen, dieselbe, welche weiter südlich, in zwei parallele Züge getheilt, ein drei Tagereisen langes Thal einschließt, durch welches die Straße von der genannten Oase nach Dachel in trostloser Einförmigkeit entlang führt. Aus den Fluthen des vorweltlichen Meeres abgesetzt, haben diese ungeheuren Sandmassen durch die herrschenden Winde ihre gegenwärtige Gestalt erhalten. Niemals bilden dieselben Flächen von erheblicher Ausdehnung, vielmehr langgedehnte Dünenreihen von 50–100 Meter Höhe, welche senkrecht auf die Richtung der den größten Theil des Jahres herrschenden Passatwinde Nord-Nord-West- bis Süd-Süd-Ost-Richtung verlaufen. Die [milchkaffeehelle] Isabellfarbe des Sandes contrastirt eigenthümlich mit dem tiefblauen Himmel; der messerscharfe Rücken der Dünen erscheint aber selten deutlich gezeichnet, denn der leiseste Luftzug wirbelt sofort den losen Flugsand auf. Trotzdem ist Ort und Form dieser Dünen verhältnißmäßig beständig, denn nicht selten dienen sie auf den Wüstenstraßen als Landmarken. Stets sind sie, in der Libyschen Wüste wenigstens, völlig von allem Pflanzenwuchse entblößt. Doch auch dieser einige Stunden breite Sandgürtel wurde glücklich überwunden, obwohl der lockere Boden Menschen und Thieren das Fortkommen in dem Grade **[1028]** erschwerte, daß der Leiter unserer Expedition [= Gerhard Rohlfs] es unausführbar fand, in das Sandmeer westlich der Oasen quer auf die Richtung der Dünen einzudringen[20]; in wenigen Tagen würden die Kameele durch ein solches Beginnen dienstunfähig

19 Der Botaniker Ascherson beschreibt hier das in allen (Sand-)Wüsten der Erde anzutreffende und heute mit dem arabischen Wort *Nebka* bezeichnete Phänomen einer sich um eine Ankerpflanze ansammelnde Flugsandmasse. Mit dem Höherwachsen der Gräser, Büsche oder Bäume können solche *Nebkas* mehrere Meter Höhe erreichen.

20 Neben der Kartierung und wissenschaftlichen Untersuchung der bekannten Nil-nahen Oasengruppen war das zweite Hauptziel der Rohlfs'schen Expedition der auch am Sandmeer gescheiterte Vorstoß zu den noch von keinem Europäer der Neuzeit besuchten Kufra-Oasen; siehe ► Abschn. 11.5, Das Sultanat Fessan und die Kufra-Oasen.

geworden und so die Expedition der Möglichkeit der Rückkehr beraubt, sicherem Verderben erlegen sein.

Nähert man sich endlich der Oase, so gibt sich ihre Existenz zunächst schon aus der Entfernung mehrerer Stunden durch einige dunkle Flecken zu erkennen. Es sind die Palmengärten, deren an sich schon gesättigtes Grün durch die dunkelblauen Lufttöne fast schwarz erscheint. Keine der ägyptischen Oasen, selbst nicht das kleine Farafrah, bildet eine zusammenhängende Culturfläche; alle bestehen aus einzelnen, durch wüste Strecken getrennten Parcellen von geringer Ausdehnung. Die Oasen sind nicht, nach dem beliebten Vergleiche, Inseln im Sand- und Steinmeere der Wüste, sondern Inselgruppen. Eine große Oase, wie Dachel und Chargeh, ist ein Archipelagus, deren einzelne Inselgruppen die Gemeindebezirke darstellen und oft durch stundenweite Wüstenstrecken getrennt sind. Sie nehmen nur einen verschwindenden Theil vom Areal der großen Einsenkung ein, als welche die Oasen Chargeh und Dachel auf den Karten erscheinen, welche übrigens nur auf der Nord- und Ostseite durch schroffe Felsenufer begrenzt sind, während sie sich nach Süden und Westen in das allmählig ansteigende Wüstenterrain verlieren.

Erst in unmittelbarer Nähe von Farafrah erkennt man die aus an der Sonne getrockneten Lehmziegeln – wie im Nilthal – errichteten Wohngebäude, welche sich gleichsam auch durch schützende Aehnlichkeit der Farbe des Bodens anpassen. Die Ankunft einer Karawane ist in jeder Oase ein Ereigniß, welches die ganze Einwohnerschaft in Aufregung versetzt und mit dem bei dem lärmenden Charakter südlicher Bevölkerungen unerläßlichen Abfeuern zahlreicher Schüsse angekündigt wird. In unserem Falle, wo die Mannschaft unserer aus mehr als hundert Kameelen bestehenden Karawane an Zahl der wehrhaften Bevölkerung von Farafrah nahe kam und an Bewaffnung ihr weit überlegen war, gerieth die Bevölkerung bei der unvermutheten Ankunft einer so starken Macht in panischen Schrecken; auch als sich unsere Absicht als friedlich und für die selten von bemittelten Fremden besuchte Oase sehr Vortheilhaft herausgestellt hatte, wurden die fremden Christen doch, bei dem allmächtigen Einflüsse der Senussi-Brüder, mit unverkennbarem Mißtrauen und unverhohlener Abneigung behandelt.[21] Anders war, wenn auch nicht wohl die Stimmung, doch das Betragen der Einwohner, als ich mehrere Wochen später mit einem kleineren Detacheinent, von nur drei deutschen und vier eingeborenen Dienern begleitet, nach Farafrah zurückkehrte, um Rohlfs' Ankunft daselbst zu erwarten. Die ägyptische Regierung hatte inzwischen einen strengen Befehl erlassen, der die Gemeinde für die Sicherheit unserer Expedition verantwortlich machte. Einer der fünf Scheichs [= Klanoberhäupter], welche dieß kleine Gemeinwesen patriarchalisch regieren, stellte sich zu meiner Verfügung, und durch seine Vermittelung erhielt ich mir gestohlene Gegenstände, sogar ein großes Messer, welches bei unserem ersten Aufenthalt entwendet worden war, zurück. Wenn auch die Mehrzahl der Einwohner sich sehr zurückhaltend benahm, wagten sie doch nicht mehr, ihre feindliche Gesinnung offen zu zeigen; [...]. [...]

Viel freundlicher stellten sich die Bewohner der Oase Dachel [◘ Abb. 9.2] zu uns, in welcher ein ungleich größerer Wohlstand und durch die Gegenwart einer Regierungsbehörde viel geordnetere Zustände herrschen. Die Senussi, welche allerdings auch hier sich eingenistet haben, konnten bisher einen so überwiegenden Einfluß wie in Farafrah noch nicht gewinnen. Die Gemeindebehörden der einzelnen Ortschaften wetteiferten in Höflichkeit und überhäuften uns mit sehr willkommenen Gastgeschenken, welche meist in Truthühnern, welcher amerikanische Vogel in den entlegenen Oasen vielfach gezüchtet wird, und Schafen bestanden. Bei unseren Ausflügen wurde besonders ich, da meine Beschäftigung mich meist in die [botanischen] Culturen führte, mit sympathischer Neugier verfolgt, und häufig betheiligte sich namentlich die Jugend freiwillig an meinen Nachsuchungen. [...]

Der Hauptreichthum dieser Oasenbewohner besteht [...] in ihren Dattelpflanzungen; [...]. **[1029]** Während die Oasen der Tibbu [= Tuareg] und Bidijat [in der zentralen Sahara] nur durch die nicht sehr reichlichen Regenfälle, welche diese Länder selbst treffen, getränkt werden, erhalten die ägyptischen Oasen, denen sich auch Siuah [= Oase Siwa] anreiht, eine unerschöpfliche unterirdische Wasserzufuhr aus unbekannter Ferne, sei es aus dem oberen Nillauf in Nubien, sei es aus dem Sudan, aus dem zahlreiche Gewässer nach dem Norden abfließend, anscheinend in der Wüste versiegen, aber vielleicht unterirdisch ihren Weg fortsetzen. Keinenfalls aber können die Oasen ihren Wasserreichthum, wie man bisher annahm, aus dem ägyptischen Nil erhalten[22]; selbst für diejenigen, welche tiefer als dessen Bett liegen, kann wegen des nach dem Nilthale einfallenden Schichtenbaues ein solcher Zufluß unmöglich stattfinden. Wo man auch in den Oasen einen Brunnenschacht absenkt, erhält man, wenn man eine bestimmte, in einer Tiefe von 30–100 Meter liegende [wasserundurchlässige] Gesteinschicht durchbohrt hat, einen mit großer Gewalt aufsteigenden Wasserstrom, dessen hohe Temperatur (bis 36° C [elsius]) einen langen Verlauf in beträchtlicher Tiefe bekundet. Bereits im Alterthum waren die Oasenbewohner als geschickte Brunnengräber berühmt; wie in so vieler Hinsicht sind sie im Mittelalter und in der Neuzeit von dem Standpunkte ihrer Vorfahren tief herabgesunken, und erst in den letzten Jahrzehnten hat ein europäisch geschulter Nilthal-Aegypter Namens Hassan Effendi diese so lange ausgestorbene Kunst wieder ins Leben gerufen. Seiner Thätigkeit verdankt die Oase Dachel ein erneutes Aufblühen; in 30 Jahren [seit den 1840er-Jahren] hat er bereits 60 neue Brunnen angelegt und dadurch der Wüste ein ansehnliches Culturterrain abgewonnen. Denn in diesem fast regenlosen Klima ist Bewässern die unerläßliche, aber auch allein ausreichende Bedingung üppigen Pflanzenwuchses; wo der Boden nur nicht stark salzig ist, was allerdings vielfach der Fall, trägt er überall die üppigsten Saaten, die lachendsten Gärten.

Der hohe Druck, unter dem sowohl die natürlichen als die künstlich erbohrten Quellen zu Tage treten, gestattet es, die

21 Siehe ► Abschn. 11.5, Das Sultanat Fessan und die Kufra-Oasen.

22 Damals war noch nicht bekannt, dass die nordostafrikanischen Oasen in regenreicher Vorzeit angesammelte Grundwasserreservoirs anzapfen. Dabei wurde schon im 19. Jahrhundert mehr fossiles und deshalb warmes Tiefenwasser, welches durch die Depressionslage der Oasengruppen in Beckenlandschaften artesisch zutage tritt, entnommen, als durch die nacheiszeitlich minimalen Niederschläge nachgebildet werden kann.

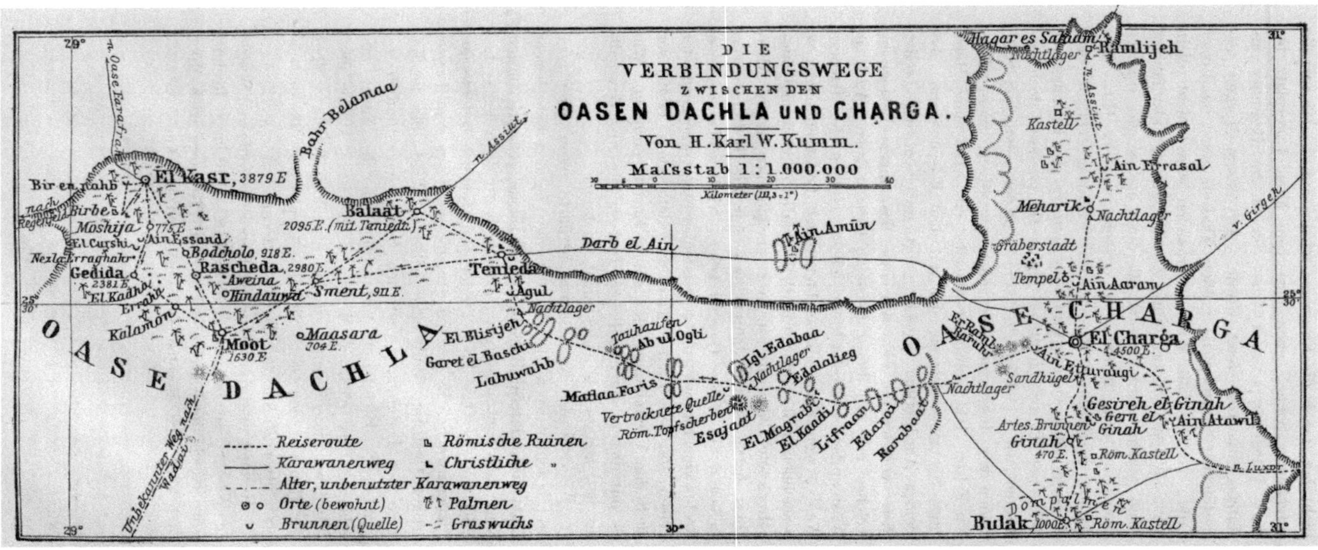

Abb. 9.2 Die Verbindungswege zwischen den Oasen Dachla und Charga. In: Dr. A. Petermanns Mittheilungen aus Justus Perthes' Geographischer Anstalt, 1902: 48, Seite 111

ersteren durch Dämme aufzustauen, die letzteren aber an den höchsten Stellen hervorsprudeln zu lassen; das terrassenförmig abgestufte Culturland wird alsdann durch das natürliche Gefäll bewässert, ohne daß die glücklichen Oasenbewohner zu der schweren Arbeit an den Schöpfmaschinen (Noria und Schaduf) verdammt wären, wie ihre Brüder im Nilthal, wo die Klagetöne der Schöpfräder ja als stetiges Concert den Reisenden vom Delta bis an die Grenzen der Negerländer begleiten. Allein der reiche Segen führt auch einen Fluch mit sich; so groß ist der natürliche Wasservorrath, daß er in den meisten Oasen den Anbau von Reis gestattet, zu dessen Cultur bekanntlich die Aecker, wie man schon in Oberitalien sieht, in künstliche Sümpfe verwandelt werden müssen; diese einträgliche Cultur veranlaßt leider unvermeidlich das Auftreten bösartiger Fieber, deren Vorkommen noch mehr durch die sträfliche Nachlässigkeit begünstigt wird, mit der die Bewohner von Dachel und Chargeh einen Theil der unschätzbaren Naturgabe nutzlos verrinnen lassen, wodurch bei dem überall vorhandenen Salzgehalt des Bodens Salzlachen gebildet werden, die im Sommer austrocknend, die Luft vergiften. In dem sonst so gesunden Aegypten sind daher die Oasen wegen ihrer Fieber-Miasmen [= vor allem Malaria] von jeher mit Recht verrufen und sind die dort epidemischen Krankheiten der wichtigste Grund, weßhalb die Bevölkerung dort bei für die Bodencultur so günstigen Bedingungen eine so geringe ist.

Der größte Theil der angebauten Fläche in den Oasen wird von sorgfältig ummauerten oder durch Hecken aus Dorngebüsch abgeschlossenen Gärten eingenommen [Abb. 9.3]. Die Früchte der Palmen und der sonst angebauten Bäume, namentlich Oliven, Orangen, Citronen und Aprikosen, sind zu werthvoll, als daß der Besitzer sich auf die Ehrlichkeit seiner Nachbarn verlassen dürfte. Die Datteln bilden den Hauptausfuhrartikel, sie gehören zu den köstlichsten, welche irgendwo gewonnen werden, und übertreffen an Süßigkeit und Aroma bei weitem die im Nilthal gewonnenen. Namentlich Siuah [= Oase Siwa] treibt einen nicht unbeträchtlichen Handel mit dieser Frucht; allein auch aus Dachel wird der Ueberschuß seiner Produktion von zahlreichen Karawanen nach dem Nilthal gebracht.

Die Viehzucht in den ägyptischen Oasen ist unerheblich: Fleisch ist daher ein Nahrungsmittel, welches sich nur die Reichen verschaffen können, und es ist stets, wie überall in den von Karawanen besuchten Ortschaften, ein Fest für die Einwohnerschaft, wenn ein dienstunfähig gewordenes Kameel geschlachtet werden muß. Das zähe, mit dem eigenthümlich widerwärtigen Geruche dieses Thieres behaftete Fleisch ist den nur an vegetabilische Nahrung gewöhnten Oasenbewohnern ein Leckerbissen.

Auffällig ist die verhältnißmäßige Größe der städtischen Wohnplätze in den Oasen. Die Stadt Gassr Dachel, der Sitz des chedivischen [= vizeköniglichen] Gouverneurs, zählt 6.000 Einwohner, welche auf engem Raume in mehrstöckigen Häusern zusammengedrängt sind. Allen Oasenstädten, auch denen der mittleren Sahara, eigenthümlich ist die sonderbare Bauart, daß die Straßen nicht nur zwischen, sondern auch häufig unter den Häusern hindurchführen; in den Städten Siuah [= Siwa] und Chargeh sind die Hauptstraßen bei **[1030]** hellem Tage so dunkel, daß ein Fremder ohne Führer sicher sich nicht zurechtfinden würde und Gefahr liefe, an hervorragende Pfosten e [t] c [etera] anzurennen. Eine solche Oasenstadt erinnert lebhaft an einen Dachsbau, und hat wohl das Bestreben, sich vor eingedrungenen Feinden zu verbergen, ebenso viel Antheil an dieser eigenthümlichen Construktion, als der Wunsch, sich vor den glühenden Strahlen der Tropensonne zu schützen, welcher letztere sich deutlich genug in den dunkeln Bazaren der ägyptischen Städte ausspricht, wie ja auch die Hauptstraße von Kairo, die Muski, eine Ueberdachung besitzt. […]

Abb. 9.3 Originalkarte von Paul Ascherson's Reise nach d. Kleinen Oase [= Bahariya] März-Mai 1876. In: Zeitschrift der Gesellschaft für Erkunde zu Berlin, 1885: 20, Tafel II

Der nördliche Theil der Kleinen Oase.
Maafsstab c. 1:145,000.
Umgegend von Bauiti in dreifachem Maafsstabe des grösseren Cartons.
UAH-EL-BEHARÎE (KLEINE OASE)
ORIGINALKARTE
von PAUL ASCHERSON'S Reise
nach der Kleinen Oase.
März-Mai 1876.
Nach seinen Tagebüchern construirt
von RICHARD KIEPERT.
Maafsstab 1:500,000
Kilometer (111,3 = 1°).
Heiligengräber
Gewöhnliche Gräber
Dünen
Reichliche Wüstenvegetation
Culturterrain
Reisfelder (nur in den Cartons unterschieden)
29° Ö. L. v. Greenwich.
30'

Die Schriftsteller des Alterthums erwähnen die Oasen erst bei Gelegenheit der Eroberung Aegyptens durch den Perserkönig Kambyses [525 v. Chr.]; dieser wahnsinnige Despot sandte von Theben aus ein Heer von 50.000 Mann in die Wüste, um das Orakel des Ammon [in der Oase Siwa] zu zerstören. Dieß Heer erreichte die Oase Chargeh, welche Herodot bezeichnend die Inseln der Glücklichen nennt, ging aber, weit vor seinem Ziel, vielleicht in den Dünengegenden zwischen Dachel und Farafrah zu Grunde. Indeß scheint die persische Herrschaft für die Oasen eine besonders günstige Zeit mit **[1031]** sich gebracht zu haben, denn unter Darius [...] erbaute man in Chargeh [...] einen prachtvollen Tempel, der sich größtentheils bis heute erhalten hat. Auch unter den römischen Kaisern fühlte man sich noch veranlaßt, diese entlegenen Stätten mit Tempelbauten zu schmücken; der ebenfalls noch recht Wohl erhaltene Tempel in Dachel [...] trägt die Namen von Nero, Vespasian und Titus. Auch die christliche Periode der ägyptischen Geschichte hat in den Oasen monumentale Spuren hinterlassen, unter denen namentlich die elegante Nekropolis von Chargeh zu erwähnen ist. In dieser Zeit, wie auch schon in der früheren Kaiserzeit, dienten die Oasen als Verbannungsort für politisch oder kirchlich mißliebige Persönlichkeiten; der Dichter Juvenal, der heilige Athanasius welcher wiederholt verbannt und wieder zurückberufen wurde, Nestorius, der Gründer einer noch heut bestehenden Secte[23], haben sie aus eigener Anschauung kennen gelernt. [...] **[1032]**

9.2 Die Oase Siwa

Nachdem der Rohlfs'schen Expedition wiederholt der Durchbruch zu den weit im Westen gelegenen Kufra-Oasen[24] misslungen war, nahm sie sich den nur wenig einfacheren Vorstoß zur altberühmten Oase Siwa im nördlichsten und tiefsten Becken der Depressionskette vor. Die am 6. Februar 1874 angetretene Wüstendurchquerung von Dachla nach Nordwesten beschreibt der Expeditionsgeologe Karl von Zittel eindringlich:

[Karl von Zittel]: Die deutsche Expedition in der libyschen Wüste. In: Globus, 1874: 25, Seite 318–320.

Unsere Wüstenreise besaß die größte Aehnlichkeit mit einer Fahrt auf offener See; wie dort der Capitän hauptsächlich nach Log und Peilung fährt, so wurde unsere Karawane mittelst Compasses geführt und die zurückgelegte Strecke theils nach Kameelstunden, theils nach den astronomischen Ortsbestimmungen Jordan's controlirt. Am vierzehnten Tage hatten wir uns der Breite von Siuah [= Oase Siwa] genähert, unsere Vorräthe neigten sich zu Ende und unsere drei Araber, die sich Rohlfs blindlings anvertraut hatten, nachdem sie in Dachel die zwischen den Depots hin- und hergehenden Karawanen gesehen hatten, begannen ängstlich zu werden. Auch wir spähten sorgsam nach allen Seiten, denn bei der Unsicherheit aller astronomischen Längenbestimmungen konnten wir wohl eine Tagereise zu weit westlich oder östlich gerathen sein, und in diesem Falle hätte uns möglicherweise erst eine lange Irrfahrt nach Siuah geführt. Ein jubelnder Ruf von Rohlfs verkündigte uns den Fund eines Wegzeichens, dem bald weitere folgten; wir fanden Kameelspuren und kamen nach kurzer Frist auf eine große Karawanenstraße, die uns, wie aus ihrer Richtung zu schließen war, nach Siuah bringen mußte. Noch lag ein breites Stück verworrener Dünen vor uns, einzelne felsige Hügelköpfe ragten verheißungsvoll aus dem Sande hervor. Der äußerste dieser Hügel wurde **[319]** bestiegen und zu unserer unsäglichen Freude lag die Oase nur auf wenige Stunden vor uns [■ Abb. 9.4]. Da schauten wir nun hinab auf die tiefblauen Seen unmittelbar zu unseren Füßen, dann schweifte der Blick über den langgestreckten Felsrand, um darauf an einem fast unübersehbaren Palmenhain zu rasten, aus welchem die beiden hochgelegenen Städtchen Achermi und Siuah wie stolze Burgen hervorragten. Am 20. Februar zogen wir ein in die berühmte Oase des Jupiter Ammon; [...]. [...] Die Stätte gesehen zu haben, welche der größte Held des classischen Alterthums [Alexander der Große] durch seinen Besuch mit unvertilgbarem Ruhm umgeben hat, war reicher Lohn selbst für einen sechsunddreißigtägigen Aufenthalt in dem trostlosen libyschen Sandmeer. **[320]**

Selbst vom ungleich näher gelegenen Mittelmeer her kommend war der Besuch der Oase Siwa noch ein Vierteljahrhundert später ein Abenteuer mit ungewissem Verlauf, wie der unternehmende Curt von Grünau (1871–1939), ein aus zweiter Ehe des nordbadischen Fürsten Wilhelm zu Löwenstein-Wertheim-Freudenberg mit einer Bürgerlichen stammender Leutnant, der zuvor bereits Korea durchritten hatte, in einem Reisebericht schildern konnte:

Curt von Grünau: Bericht über meine Reise nach Siwah. In: Zeitschrift der Gesellschaft für Erdkunde zu Berlin, 1899: 34, Seite 271–280.

Am 15. December 1898 reiste ich mit einer von mir ausgerüsteten Karawane nach der Oase Siwah ab. Es befanden sich ausser mir noch 13 Leute dabei, meistens Beduinen aus der hiesigen Umgegend; nur einen hatte ich aus Maryut bei Alexandrien kommen lassen, um mir den Weg zu zeigen. Die Ausrüstung der Karawane erforderte ziemlich viel Zeit und Mühe, besonders da ich alle Instrumente für die meteorologischen Beobachtungen und Vermessungen der Tempelruinen erst aus Europa habe kommen lassen müssen.

Am zweiten Tag nach meinem Aufbruch erreichte ich Abu Magar, ein altes koptisches Kloster unweit der landschaftlich schönen Natron-Seen[25] **[271]** gelegen. [...]

Der gewöhnliche Weg nach Siwah führt von Abu Magar etwa 50 km nördlich von den Natron-Seen vorbei und erfordert

23 Gemeint sind die 431 n. Chr. entstandenen Nestorianer oder Assyrer, eine noch heute im Nahen Osten, vor allem in Syrien und Irak sowie zunehmend in der Diaspora verbreitete orthodoxe Glaubensrichtung.

24 Siehe ► Abschn. 11.5, Das Sultanat Fessan und die Kufra-Oasen.

25 Siehe ► Abschn. 2.3, Wadi Natrun und der Fluss ohne Wasser.

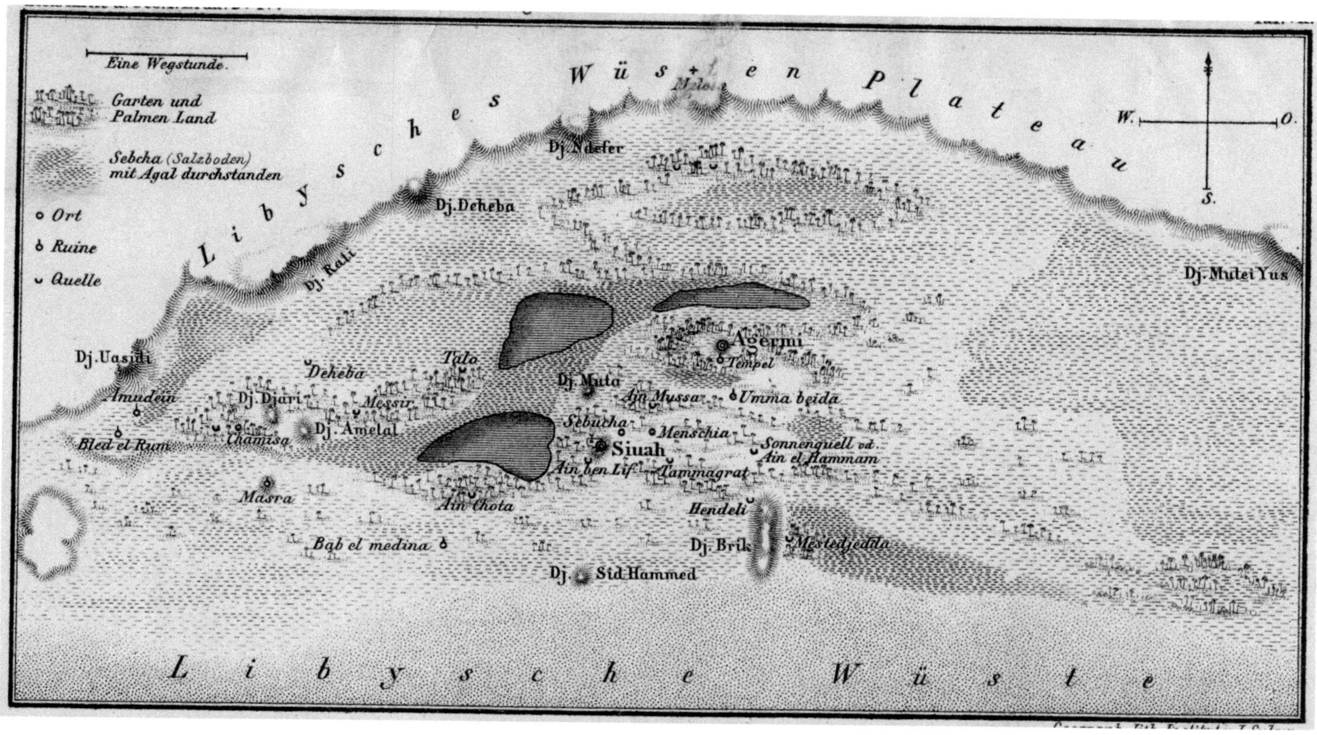

Abb. 9.4 Die Ammons-Oase oder Siuah aufgenommen 1869 von Gerhard Rohlfs. In: Zeitschrift der Gesellschaft für Erkunde zu Berlin, 1869: 4, Tafel VII

bis Moghara 6 Tage [Abb. 9.5]. Da aber zwischen Abu Magar und Moghara sich keinerlei Terrainschwierigkeiten befinden, so beschloss ich, direkt westlich auf Moghara zu marschieren, da der Weg um eine Tagereise kürzer ist. Nachdem die Wassersäcke frisch gefüllt waren, brach ich auf; die Mönche gaben mir noch eine kurze Strecke Weges das Geleit und verabschiedeten sich dann unter den besten Wünschen für das Gelingen der Reise. Über felsiges, mit Salz durchtränktes Gelände führte der Weg bald bergauf, bald bergab; doch die Unebenheiten sind von so geringer Höhe, dass ein Einzeichnen derselben in die Karte unwesentlich erscheint. Bei einem täglichen Marsch von 10 bis 11 Stunden kamen wir rasch vorwärts. […] Zwei Tage vor Moghara weigerten sich des Morgens zwei meiner Leute, die Reise mit mir fortzusetzen, und gaben als Grund an, Siwah sei zu weit und die Bewohner zu bösartig. Nachdem jede gütliche Auseinandersetzung mit ihnen zu keinem Ergebnis führte und auch noch einige andre Miene machten, umzukehren, so blieb mir nichts anderes übrig, als mit dem Revolver in der Hand den Gehorsam zu erzwingen, indem ich die Drohung aussprach, denjenigen sofort niederzuschiessen, der nicht an seine Arbeit ginge, oder der versuche, das Lager zu verlassen. Das half; missmutig gingen die Leute an ihre Arbeit, und mit einer Verzögerung von einigen Stunden brachen wir auf. Die folgenden Tage waren keineswegs angenehm, da ich mich vielleicht auf eine Wiederholung dieses Auftrittes gefasst machen musste. Doch die Übelthäter kamen am dritten Tage, baten um Verzeihung und versuchten durch doppelten Eifer ihr damaliges Verhalten wieder gut zu machen.

Am Abend des siebenten Tages erreichte ich Moghara. In einer kleinen Niederung wächst etwas verkümmertes Gras; etwa 1 km östlich erstreckt sich ein Salzsee […]. An der tiefsten Stelle der Niederung fingen wir an, nach Wasser zu graben, und fanden nach zwei Stunden in einem etwa 3 m tiefen Loch ein braunes, etwas schweflig riechendes **[272]** Wasser. Am folgenden Morgen wurden die Kameele getränkt und acht Wassersäcke gefüllt, welche für 8½ Tage reichen mussten, da zwischen Moghara und der Oase Om es Seghir, oder auch Garah genannt, kein Wasser gefunden wird. Der Marsch längs der Hügelkette der Libyschen Wüste ist recht hübsch und vor allem reich an prächtigen Farbeneffekten. Es ist wunderbar, wie instinktiv die Beduinen der Richtung folgen, da von einem Erkennen des Weges auf dem Boden keine Rede sein kann. Ich habe sehr oft bei der Itinerar-Aufnahme beobachtet, dass sie für Stunden und Stunden derselben Richtung folgen, ohne auch nur einen Grad von der zu marschirenden Kompass-Richtung abzuweichen. Am 15. Tage erreichte ich die Oase Om es Seghir. Auf einem isolirt stehenden Felsen erhebt sich das kleine Dorf. Die Häuser der 100 Einwohner sind klein und schmutzig, roh aus Lehm gebaut, die Thüren niedrig, aus Palmenstämmen gezimmert, die Bewohner scheu und durch die seit Jahrhunderten hier betriebene Inzucht dumm und mit mikrocephalen [= verkleinerten] Köpfen. […] Neben dem Dorf ist eine warme Quelle (21° C [elsius]), von der aus die wenigen Palmen bewässert werden. Die Oase scheint in den früheren Jahrhunderten bedeutend ausgedehnter gewesen zu sein und demnach eine höhere Bevölkerungsziffer gehabt zu haben. Aber seit dem Rückgang der Quellen, über welchen auch die jetzigen Bewohner Klage führten, hat sowohl der Reichtum an Palmen als auch die Bevölkerung bedeutend abgenommen. Von hier aus brauchte ich vier Tage bis Siwah. […] Nach im ganzen 19½ Tagen erreichte ich Siwah, das Ziel meiner Reise.

Von weitem sieht man schon den Ort Siwah liegen, der ähnlich Om es Seghir auf einen Felsen gebaut ist. Bald nahmen

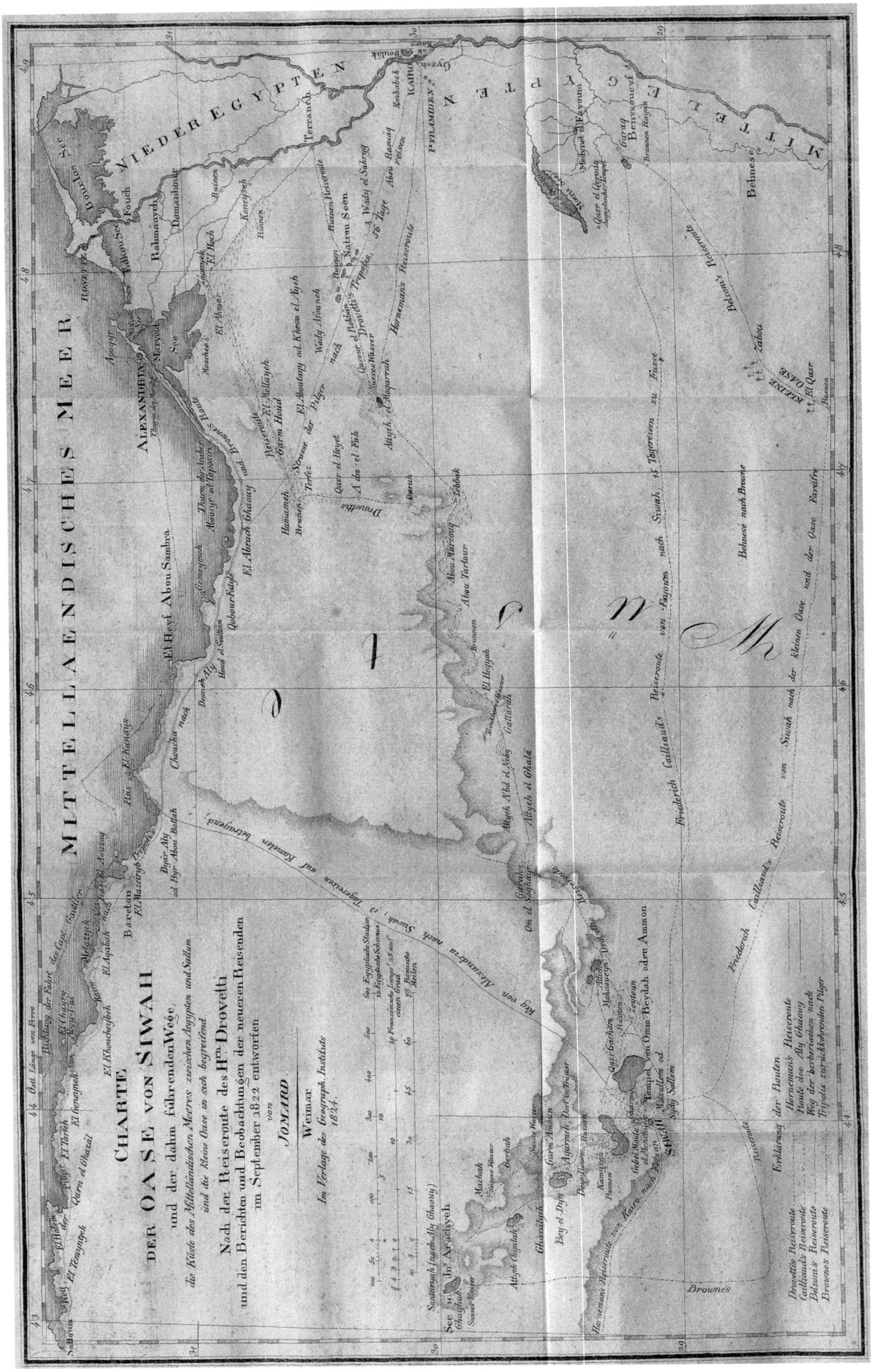

Abb. 9.5 Carte der Oase von Siwah und der dahin führenden Wege, die Küste des Mittelländischen Meeres zwischen Ägypten und Salum und die kleine Oase in sich begreifend. In: Neue allgemeine geographische und statistische Ephemeriden, 1824: XIV.2

dichte Palmenwälder uns auf, überall rieselten kleine Quellen mit brakigem Wasser, hochbeladene Kameele zogen mit ihren schweren Dattellasten in Karawanen zu 40 bis 50 Tieren nach Maryut [an der Mittelmeerküste], oder muntere kleine Eselchen brachten Futter in den Ort. Die uns begegnenden Karawanenführer frugen vorwurfsvoll meine Leute: „Warum bringt ihr diesen Europäer hierher? Der hat hier nichts zu suchen". Ich kann von Glück sagen, dass ich unterwegs keiner Karawane begegnet bin, denn ein mehrere Tage hinter mir reisender Engländer, der von Alexandrien gekommen war, wurde von einer ihm bei Om es Seghir begegnenden Karawane zur Rückkehr gezwungen.

Kurz vor Siwah, dicht neben der Hauptquelle, steht ein viereckiges **[273]** Gebäude, ähnlich unseren [deutschen Kolonial-] Stationen in Ost-Afrika, für den ägyptischen Beamten erbaut, der seit etwa 1½ Jahren [= ca. 1897] von der Regierung hier gehalten wird. An diesen Mamur [= Verwaltungsagent] war ich von Mustapha Pascha Fehmy, dem Minister des Innern, empfohlen. Im Hof des Gebäudes schlug ich mein Zeltlager auf. Am folgenden Tag kamen, nachdem ich gerade von einem kurzen Orientirungsgang zu allen Sehenswürdigkeiten zurückgekehrt war, 18 Schechs [= Klanoberhäupter] aus Siwah und den beiden umliegenden Orten Manschie und Aghurmi, um mich zu besuchen, und ihnen legte der Mamur besonders ans Herz, für meine Sicherheit zu sorgen. Auch der Vertreter des Mahadi der Senussi[26], Schech Etman el Habun, war gekommen, und seine erste Frage war, ob ich die Absicht habe, meine Reise nach Djarabub, der Hauptstadt der Senussi, fortzusetzen, was ich aber verneinte. [...] **[274]** [...]

Das Dorf Siwah ist zum grössten Teil auf einen Felsen gebaut. Eine kleine Strasse scheidet Siwah in die zwei Dörfer, Rarbein oder die obere Stadt, und Schargein, letzteres auch das Junggesellendorf genannt, obgleich in ihm ebensoviel verheiratete Männer als Junggesellen wohnen. [...] Die Häuser der Siwuehs sind hoch, aus Lehm gebaut und im Innern sehr sauber. Die kleinen Fenster gestatten kaum, den Kopf herauszustrecken, und dienten während der Unruhen als Schiessscharten. Ein Haus wird oft von mehreren Familien bewohnt und hat oft 3 bis 4 Stockwerke. Die Hausgeräte sind sehr ärmlich: man findet einige Matten aus Palmenbast, Gefässe aus gebranntem Thon und einige roh gezimmerte Kästen zum Aufbewahren der aus Kameelhaaren gefertigten Kleider. Über dem Hauseingang hängen stets einige Knochen verendeter Kameele, die gegen den bösen Blick schützen sollen. Vor dem Dorf Siwah erstreckt sich ein grosser freier Platz, auf dem in hohen Haufen, je nach der Güte gesondert, die Datteln der diesjährigen Ernte lagerten. Dieselben werden in Körbe aus Palmenbast mit den Füßen gepresst und dann nach Alexandrien zum Verkauf gebracht. Nur die besten und die minderwertigen Sorten bleiben in Siwah; erstere werden von den Siwuehs selbst gegessen, während letztere als Kameelfutter dienen.

Die Bevölkerung Siwahs und der Ortschaften Aghurmi und Manschie setzen sich aus den Vertretern aller Rassen von Nord- und Central-Afrika zusammen, und man findet demnach alle Hautfarben vom hellen Gelb des Ägypters bis zum Ebenholzschwarz des Sudanesen. Da Siwah früher den Hauptdurchgangspunkt des Sklavenhandels nach Algier bildete, so wird wohl das Vorkommen der Central-Afrikaner auf diesen zurückzuführen sein. Der Siwueh ist im allgemeinen bösartig, kriegerisch und durch das Vorkommen der verschiedenen sich befehdenden Religionssekten sehr fanatisch, was sich besonders durch grossen Europäerhass und die Furcht vor allem Fremden sofort dokumentirt. In Sitten, Sprache, Kleidung und Gebräuchen sind die Siwuehs völlig vom Ägypter verschieden, und man hat das Gefühl, in ein ganz anderes Land versetzt zu sein. [...] Die arabische Sprache wird von den meisten nicht verstanden. **[275]**

Die Oase Siwah liegt 25 m unter dem Meeresspiegel, enthält mehrere Seen und wird von 233 Quellen mit teils brakigem Wasser bewässert. Etwa 30 Quellen liefern warmes Wasser, dessen Temperatur zwischen 27° und 31° C [elsius] schwankt. Die Ausdehnung von 30 km Länge und 2 km Breite würde 60 qkm bebaubares Land geben, doch ist wohl kaum ein Drittel angepflanzt. In früheren Zeiten mag die Oase eine grössere Bebauung und Bevölkerungszahl gehabt haben, doch sollen nach dem Rückgang der Quellen beide bedeutend nachgelassen haben. Ausser den Palmenwäldern, die nach einer neuen Zählung 162.888 tragende Dattelpalmen enthalten, gedeihen in Siwah Ölbäume, Trauben, Tomaten, Feigen, und zwischen den Palmen liegen vereinzelte kleine Gärten, in denen etwas Gemüse, Gras, Klee und Durrah[27] [= Hirse] wächst; doch reicht letzteres nicht aus, um den Bedarf zu decken, und die Einfuhr ägyptischen Getreides von Alexandrien aus ist ein unbedingtes Erfordernis.

Von Tieren kommen vor allem Kameele in erster Linie, dann einige Kühe, Ziegen, Hühner und Tauben. Die Seen sind mit einer Menge kleiner Fische reich bevölkert, welche von den nach Siwah kommenden Arabern gebraten und genossen werden, während die Siwuehs sie verschmähen. [...] Klimatisch ist Siwah, weil der Boden ganz versumpft ist, sehr ungesund, und die Eingeborenen leiden sowohl Winters wie Sommers sehr unter Fieber, gegen welches sie die sonderbarsten Heilmittel anwenden. Auch einige meiner Leute litten am Fieber, und nur die stärksten Chinindosen konnten dasselbe etwas herabdrücken.

Etwa eine halbe Stunde von Siwah entfernt liegt das Dorf Aghurmi und dicht daneben die Reste des Jupiter-Ammon-Tempels. Diesen nennen die Siwuehs Umabeda. Ausser einer stehengebliebenen Mauer von 6,12 m Höhe und 26 Felsblöcken, die bis zu 7 m lang sind, ist vom Tempel nichts mehr zu sehen. An der Mauer und den Blöcken sind noch Spuren von Hieroglyphen erkennbar, doch das verwandte Baumaterial, grober Muschelkalk, ist zu weich, um dem Laufe der Jahrhunderte Widerstand leisten zu können. Trotz wiederholter Bemühung gelangen die Abklatsche[28] nicht. Meiner Vermutung, dass alles Material zum Bau der Dörfer dem Tempel entnommen sei, gab Schech Achmed Gheri von Aghurmi triumphirend die Bestätigung. Selbst von der Felsplatte, auf dem der Tempel ehedem gebaut gewesen war, **[276]** ist fast alles abgehauen, und nur unter den grossen Blöcken, die von den Leuten nicht fortbewegt werden konnten, ist der ursprüngliche Fels noch erhalten. [...] Nicht nur die Oasenbewohner allein, sondern auch die Erde selbst hat das Zerstörungswerk sehr gefördert. Dicht neben dem Tempel, kaum

26 Siehe ► Abschn. 11.5, Das Sultanat Fessan und die Kufra-Oasen.

27 Siehe ► Abschn. 10.3, Kordofan und Darfur, insbesondere Fußnote 63.

28 Mechanische Papierdurchreibung zur Gewinnung einer Faksimile-genauen Kopie einer Inschriftenvorlage.

wenige Meter entfernt, entspringen einige Salzquellen, und jeder Stein, der auch nur relativ kurze Zeit in diesem Wasser gelegen hat, zerfällt wie eine Erdscholle.

Kaum 500 m vom Tempel entfernt ist die berühmte Sonnenquelle, von der die alten Schriftsteller berichten, sie sei bei Tage kalt und des Nachts warm. Herodot IV, 181 sagt: „Diese haben auch anderes Quellwasser, welches in der Frühe lau, um die Zeit aber, in welcher der Markt sich füllt, kühler ist; um Mittag wird es dagegen kalt, und dann bewässern sie damit ihre Gärten. Wenn der Tag sich zum Abend neigt, lässt das Wasser in seiner Kälte nach, bis die Sonne untergeht, wo es wieder lau wird; und nun nimmt es weiter zu in der Wärme, bis es sich der Zeit um Mitternacht nähert, wo es dann kocht und sprudelt; ist Mitternacht vorbei, so kühlt es sich wieder ab bis gegen Sonnenaufgang". [...] Ich habe nun wiederholt und zu den verschiedensten Zeiten mit einem besonders mitgeführten Quellenthermometer die Temperatur gemessen und stets 31° C [elsius] gefunden. Thatsächlich aber erscheint dem Gefühl nach die Quelle des Mittags kühler und des Abends wärmer, was aber ein ganz einfacher Vorgang ist und seinen Grund in der äusseren Lufttemperatur hat, ebenso wie ein Keller des Winters warm und des Sommers kühl erscheint. Die Sonnenquelle liegt reizend inmitten hoher Palmen; ein tiefes gemauertes Bassin nimmt dieselbe auf, Wasserpflanzen mit grossen Blättern schwimmen auf der Oberfläche und verleihen dem Ganzen einen malerischen Anblick. [...] **[277]** [...]

Die Autoritätsverhältnisse in Siwah sind noch sehr merkwürdiger Art. Bis vor etwa zwei Jahren [= 1897] sandte die ägyptische Regierung jährlich einen Beamten dorthin, um die Steuern zu erheben, doch kehrte dieser sehr oft unverrichteter Sache zurück. Als aber vor zwei Jahren zwischen den beiden Dörfern Rarbein und Schargein, die sich schon seit Jahrhunderten befehden, ein erneuter heftiger Kampf ausbrach, der mit der Niederlage von Schargein nebst etwa 150 Toten endigte, sandte die Regierung einen Mamur [= Verwaltungsagent] nebst einigen Soldaten. Der Mamur verstand es in kurzer Zeit, Frieden zu stiften und die Schechs [= Klanoberhäupter] zu gewinnen. Seit dieser Zeit unterhält die Regierung einen ständigen Beamten, und es hängt ganz von der Persönlichkeit des Mamur ab, wie die Erfahrung lehrte, ob in Siwah Ruhe herrscht oder nicht. Die Stellung des Mamur ist nur vermittelnd, von einer Autorität ist kaum die Rede; hält sich der Beamte zu den Senussi, so zahlen die Mohammedaner nicht und umgekehrt. Der jetzige [= 1899] Mamur Mustapha Asmi hat es vorzüglich verstanden, sich mit den Leuten zu stellen, und nur ihm allein habe ich es zu verdanken, dass ich so freundlich aufgenommen wurde.

Der von der ägyptischen Regierung den Siwuehs auferlegte Steuersatz ist ausserordentlich hoch, und immer wieder kommen Klagen und Bitten, denselben zu ermässigen. Zieht man in Betracht, dass Siwah kein eigentliches Absatzgebiet für sein einziges Produkt, die Datteln, hat, so ist thatsächlich die Steuer von 20,1 Piaster auf den Kopf – etwa 4,50 Mark – zu hoch. Die jährlich von Siwah an Ägypten zu zahlende Steuer beträgt 1.750 [Pfund]. Von jedem tragenden Dattelbaum wird ein Piaster erhoben. Es giebt Saidi-Dattelpalmen 64.888, Frimi 80.000. Für die Dattelart Widi Rasali, von denen 90.000 Bäume stehen, wird keine Steuer erhoben, da diese Datteln nur als Kameelfutter dienen und nicht zum Verkauf kommen. Von jedem Olivenbaum werden zwei Piaster erhoben, was bei 16.000 Bäumen 32.000 Piaster macht. Die noch verbleibenden 30.112 Piaster werden durch Kopf- und andere **[279]** kleine Abgaben erhoben. Von den 1.750 [Pfund] zahlt die drei Tage entfernte Oase Om es Seghir 20 [Pfund]. Die Oase Siwah wird [1899] von 7.140 Seelen bewohnt, davon entfallen 2.300 auf das männliche und 4.800 auf das weibliche Geschlecht.[29] Om es Seghir zählt 39 männliche und 61 weibliche Einwohner. [...]

Den Weg von Siwah nach Kairo legte ich in 18 Tagen zurück. Ausser einem sehr heftigen Sandsturm, dem Marschunfähigwerden von fünf Kameelen infolge der Anstrengungen und Wassermangel für meine Leute verlief die Reise ohne weitere Zwischenfälle. Ich muss jedoch gestehen, dass von den neun von mir bis jetzt unternommenen Karawanenreisen die Reise nach Siwah die schwierigste war und die grössten Anforderungen an Umsicht und Energie an den Karawanenführer stellte, bedeutend mehr, als dies z. B. auf meinen beiden Reisen in Korea oder bei der Durchquerung Sibiriens vom Grossen Ocean nach Moskau der Fall gewesen war. [...] **[280]**.

29 Seither hat sich die Einwohnerzahl der Oase Siwa auf rund 24.000 mehr als verdreifacht. Die erste nach der britischen Herrschaftsübernahme 1882 durchgeführte Volkszählung ergab 1885 für die großen Oasen in der Libyschen Wüste von Nord nach Süd folgende Zahlen: Siwa: 3346, Bahariya: 5436, Farafrah: 446, Dachla: 15.293, Charga: 6166; also insgesamt rund 30.700 Oasenbewohner.

Der osmanisch-ägyptische Sudan

Imre Josef Demhardt

I. J. Demhardt, *Aus allen Weltteilen Ägypten mit Sudan und Libyen,* Geographische Anthologie des 19. Jahrhunderts,
DOI 10.1007/978-3-662-46274-4_10

10.1 Traum und Alptraum einer Kolonialerwerbung

Der Sudan[1] gehört zu jenen unglücklichen Weltecken, die – wenn überhaupt – mit schlechten Nachrichten ins Blickfeld der Weltöffentlichkeit geraten. In den vergangenen Jahren waren dies wiederholte Dürrekatastrophen, ein langer Bürgerkrieg und im Juli 2011 schließlich die Landesteilung in die vorwiegend arabisch-islamische Republik Sudan und die vorwiegend schwarzafrikanisch-christliche Republik Südsudan. Damit hatte der von Großbritanniens Gnade vereinigte Sudan nur etwas über ein Jahrhundert Bestand gehabt. Der Kulturgeograph Eugen Oberhummer (1859–1944) mit dem Spezialgebiet der historischen Geographie war einer der wenigen deutschen Hochschulgeographen, die sowohl das ägyptische Kolonialgebiet Sudan am oberen Nil als auch nach dem Intermezzo des radikalislamischen Mahdi-Reichs 1881–1898 den neu geschaffenen Anglo-Ägyptischen Sudan aus eigener Anschauung kannten. Aufgrund je einer Bereisung 1887 und im Winter 1913/14 war Oberhummer besonders geeignet, den alten und den neuen Sudan miteinander zu vergleichen:

Eugen Oberhummer: Der Ägyptische Sudan. In: Zeitschrift der Gesellschaft für Erdkunde zu Berlin, 1915: 50, Seite 265–314.

Die Vorstellung, daß man auch Nubien zum Sudan zu rechnen habe ist uns bis zum mahdistischen Aufstand ganz fremd geblieben. [...] Erst durch die Neugestaltung der politischen Verhältnisse im Jahre 1899 ist der Begriff Sudan im technischen Sinne bis an die Grenze Ägyptens und an die Küste des Roten Meeres ausgedehnt worden [...]. **[270]** Die Abgrenzung des neu konstituierten Gebietes entspricht im allgemeinen den Verwaltungsgrenzen der vormahdistischen Zeit. Zwar hat seit alters der erste Katarakt als die natürliche Südgrenze Südägyptens gegolten. [...] Kasr Ibrim[2], das römische Primis, 22° 40' nördl [icher] Br [eite], von Petronius 24 v. Ch. mit einer römischen Besatzung belegt, 956 und 1172 von Ägypten aus erobert, blieb auch in türkischer Zeit der letzte feste Stützpunk im Süden. Sultan Selim I., der Eroberer Ägyptens, legte um 1520 eine Besatzung bosnischer Söldner in die Festung. Deren Nachkommen hielten sie bis 1811, wo sie von den vor Mohammed Ali fliehenden Mameluken erobert wurde, um 1812 wieder in die Hände Ibrahim Paschas zu fallen. [...] **[271]** [...]

Das politisch [ab 1899] als Sudan bezeichnete Gebiet umfaßt sehr verschiedene natürliche Landschaften; überwiegend ist jedoch der Typus der Wüste, Steppe und Savanne [■ Abb. 10.1]. Die Erhebung des Landes ist im allgemeinen gering. In der Hauptsache fällt ja das Land zusammen mit dem Stromgebiet des Nil und dessen Umrandung. Vom Austritt des Nil aus dem [ostafrikanischen] Albertsee[3] 680 m, bis Lado[4] 5° N [ord] fällt der Hauptstrom [= Weißer Nil] auf 450 m und weiter bis zu seinem Austritt aus dem Sudan bei Wadi Halfa auf 118 m. Die Hauptstadt Chartum liegt 387 m hoch, der Wasserspiegel daselbst bei Niedrigwasser 375 m. Der Blaue Nil tritt bei Famaka in 500 m Höhe **[276]** aus Abessinien [= Äthiopien] heraus, was im allgemeinen dem Abfall des abessinischen Hochlandes längs der Grenze entsprechen dürfte. Gegen Eritrea steigt die Wasserscheide zum Roten Meer erheblich an (800–1000 m) und im [...] Gebirge des östlichen Nubien erreichen die Gipfelhöhen im Dsch [ebel] Erba, Mekka gegenüber, 2.280 m. Die Bahn von Suakin[5] überschreitet das Gebirge hier in 919 m; in der Nähe befinden sich die Sommerfrischen der englischen Sudanbeamten Sinkat [in] 900 m und Erkowit 1.100 m [Höhe]. [...] Höhere Erhebungen, bis über 1.800 m, finden wir außerdem noch in der Schwelle von Dar Fur, der Wasserscheide zwischen Nil und Tsade [= Tschad]becken. [...]

Der landschaftliche Charakter wird neben dem Relief und der Gesteinsbeschaffenheit hauptsächlich durch das Klima bestimmt. Hierbei ist das augenfälligste Merkmal, daß der Sudan teils dem völlig ariden Wüstengürtel, teils der tropischen Regenzone angehört, die durch eine regenarme, den periodischen Sommerregen unterworfene Steppenzone allmählich ineinander übergehen. Daraus ergibt sich nach Vegetation und Wirtschaftsformen eine Zweiteilung [...]. Eine Ausnahmestellung nimmt wirtschaftlich und siedelungsgeographisch natürlich das nubische Niltal ein, gleich dem ägyptischen ein schmales Kulturband in der Wüste, nur von geringerer Breite und Geschlossenheit. Der zusammenhängende Kulturstreifen hört eigentlich schon in Oberägypten auf, wo der Nubische Sandstein unter die eozänen [= 34–56 Millionen Jahre alte] Kalke taucht und die Erosion eine wesentlich geringere Reife zeigt. [...] Bei der Stromfahrt von Assuan bis Wadi Halfa fällt die Spärlichkeit und häufige Unterbrechung **[277]** des Kulturlandes sowie das Fehlen einer geschlossenen Vegetationsdecke auf. Oberhalb des 2. Kataraktes [bei Wadi Halfa] erweitert sich das Niltal wieder etwas und in Dar [= Landschaft] Dongola reihen sich die Siedelungen in dichter Folge. Es ist das Kernland von Nubien. Chartum bezeichnet ungefähr die Grenze der häufigeren Niederschläge wie auch der tropischen Sommerregen, die sich allerdings in ihren letzten schwachen Ausläufern bis 18° N [ord] erstrecken. Damit ist auch die Scheide der beiden natürlichen Landschaften im Sinne des früheren Sprachgebrauchs gegeben, der das Land südlich Chartum als Sudan von dem ganz in der Wüstenzone gelegenen Nubien schied. [...] **[278]** [...]

Das Pflanzenkleid des Sudan stuft sich naturgemäß nach den klimatischen Regionen, und zwar hauptsächlich nach den Niederschlagsverhältnissen ab. Im Südwesten reicht das tropische Waldgebiet herein, in der anschließenden Savannenregion, welche wei-

1 Neben den erst um die Mitte des 19. Jahrhunderts mit diesem Namen belegten ägyptischen Kolonialgebiet der oberen Nilländer bezeichnet der dem Arabischen entlehnte Begriff Sudan oder „Land der Schwarzen“ in geographischer Sicht immer noch auch die transkontinentale Großlandschaft des Regenfeldbaus zwischen der wüstenhaften Sahara im Norden und den äquatorialen Regenwäldern im Süden.

2 Etwa auf halber Strecke zwischen dem ersten Nil-Katarakt bei Assuan und dem zweiten bei Wadi Halfa, etwa 60 km nördlich der gegenwärtigen ägyptisch-sudanesischen Grenze und als eine der wenigen antiken Ruinenorte zumindest teilweise als Insel aus dem Nasser-Stausee herausragend.

3 Der Albert-See liegt auf der heutigen Grenze von Uganda und Kongo, und jüngere Vermessungen legen den Nilausfluss auf nur noch rund 620 m über dem Meeresspiegel.

4 Etwa 380 Stromkilometer unterhalb des Ausflusses aus dem Albert-See.

5 Siehe ► Abschn. 10.5, Verkehrswege durch die Nubische Wüste.

■ **Abb. 10.1** Karte der Länder am oberen Nil. Von Dr. H. Kiepert. In: Zeitschrift für allgemeine Erdkunde, 1856: N. F. 1, Tafel V ter nördlich in eine dürre Steppe und zuletzt in die nackte Wüste übergeht, liegt inselartig im Becken des Weißen Nil die Region der Sumpfvegetation[6] [= Bahr el-Ghazal]. Letztere wurde zum erstenmal von den zwei unter Nero an den oberen Nil entsandten römischen Hauptleuten erreicht [...]. In neuerer Zeit ist die von Mohammed Ali 1839 entsandte Expedition unter dem ägyptischen Major Selim zuerst **[279]** wieder dahin vorgedrungen. [...] **[280]** [...]

Das Vordringen der ägyptischen Macht im 19. Jahrhundert erneuert die durch geographische Verhältnisse vorgezeichnete Politik der Pharaonen wie der Ptolemäer und der Mamelukensultane. Die erste Periode des Vordringens setzte 1819 ein und war 1822 mit der Eroberung von Sennaar und Kordofan[7] im wesentlichen abgeschlossen. Der zehnjährige Kampf Ägyptens mit der [Hohen] Pforte[8] und der Tod des zuletzt geistesumnachteten Mohammed Ali 1849 traten einer weiteren Ausdehnung nach Innerafrika hindernd entgegen. Erst unter [Vizekönig] Ismail Pascha 1863–79 wurde die Eroberungspolitik wieder aufgenommen. Der bekannte Erforscher des oberen Nil, Samuel Baker[9], gab hierzu den Anstoß, indem er 1868 dem Vizekönig einen Plan zur Eroberung des Gebietes bis zu den [ostafrikanischen] Nilseen und zur Unterdrückung des Sklavenhandels vorlegte. An der Spitze eines kleinen Heeres drang er 1869–73 erobernd vor und unterwarf das Land bis Unyoro 2° N [ord] der ägyptischen Herrschaft. Der ehemalige Sklavenhändler Siber [...] erweiterte den ägyptischen Besitz um das wichtige Sultanat Darfur 1874, während [Charles] Gordon[10], als Nachfolger Bakers dessen Unternehmungen am oberen Nil 1874–77 zu Ende brachte. Bahr el Ghazal und die Äquitorialprovinz waren als südlicher Besitz dem ägyptischen Reiche zugewachsen.

Ismail Paschas Pläne gingen noch weiter. Ein großes ägyptisches Reich sollte nicht nur das Nilquellgebiet, sondern auch das ganze Osthorn Afrikas bis Cap Guardafui[11] umfassen. Suakin[12] und [das eriträische] Massaua, türkischer Besitz, waren 1865 durch Firman[13] unter ägyptische Verwaltung gestellt worden; Zeila[14] wurde 1875 vom Sultan an Ismail verpachtet. Bis hierher, also noch außerhalb der Straße Bab el Mandeb, erstreckte sich die türkische Hoheit, gestützt auf die [1818 erfolgte] Eroberung Jemens durch Mohammed Ali. Die Türkei erhob zwar auch Anspruch auf die ganze Südküste des Golfes von Aden. Tatsächlich wurde aber erst 1875 [der Hafenort] Berbera und [der Hinterlandort] Harar[15] von Ägypten **[302]** in Besitz genommen und 1877 mit England ein Abkommen getroffen, wonach das Land östlich bis Cap Guardafui unter türkischer Oberhoheit an Ägypten fallen solle. Abessinien [= Äthiopien] wäre so ganz von ägyptischem Gebiet umschlossen worden. Der Traum dieses großen ostafrikanischen Reiches hatte nicht lange Bestand. Die Verwaltung so weit entlegener Besitzungen ging über die Kraft einer dem finanziellen Ruin zueilenden Staatsverwaltung. In den Stürmen des Mahdismus [ab 1881] brach der ostafrikanische Besitz Ägyptens wie ein Kartenhaus zusammen. [...] **[303]** [...]

Durch die Wiedereroberung des Sudan [1898/99] war eine politisch verwickelte Lage geschaffen worden. Vor dem mahdistischen Aufstand war das Land ein Außenbesitz Ägyptens unter der Oberhoheit der [Hohen] Pforte[16] gewesen. In den völkerrechtlichen Beziehungen Ägyptens hatte sich inzwischen formell nichts geändert, tatsächlich war dieses ein integrierten **[304]** Bestandteil des osmanischen Reiches bildende Land [1882] unter englische Abhängigkeit und militärische Besetzung[17] gekommen. Letztere galt zwar als Ausnahmezustand, blieb aber dauernd. Die politische Abhängigkeit vermittelte der in Kairo residierende englische Generalkonsul, formell ein diplomatischer Vertreter, tatsächlich der oberste Herr Ägyptens. Die Wiedereroberung des Sudan war zum größten Teil durch ägyptische Truppen und auf Kosten des ägyptischen Schatzes erfolgt, aber unter militärischer und finanzieller Beihilfe Englands. Da man [= Großbritannien] nun den Sudan nicht der ägyptischen Verwaltung einfach überlassen wollte, anderseits doch auch nicht ohne weiteres eine englische Kolonie daraus machen konnte, wurde das System der zwiespältigen englisch-ägyptischen Verwaltung auch auf den Sudan übertragen, allerdings mit einer wichtigen Einschränkung. Die über Ägypten zu Recht bestehende türkische Oberhoheit wurde [für dessen zurückerobertes Anhängsel Sudan] einfach annulliert und die Landeshoheit zwischen dem Khediv [= Vizekönig] und dem König von England aufgeteilt. Äußerlich fand dies Ausdruck durch Hissen der ägyptischen und englischen Flagge nach der Einnahme von Chartum und Omdurman[18], völkerrechtlich wurde das Verhältnis besiegelt durch Unterzeichnung eines Abkommens mit der ägyptischen Regierung vom 19. Januar 1899. Die wichtigsten Punkte dieses Abkommens sind die Feststellung des 22. Parallels [= Breitengrad nördlicher Breite] als Grenze zwischen Ägypten und Sudan, der gleichzeitige Gebrauch beider Flaggen, die Ernennung eines Generalgouverneurs durch den Khediv auf „Empfehlung" der britischen Regierung [...]. Der Generalgouverneur vereinigt die höchste Militär- und Zivilgewalt in seiner Person, erläßt Verordnungen mit Gesetzeskraft, ist natürlich ein Engländer [...] und zugleich Sirdar, d. h. Höchstkommandierender der ganzen ägyptischen, bis vor dem jetzigen [= Ersten] Weltkrieg größtenteils im Sudan stationierten ägyptischen Armee. [...]

Die Stellung des Khediv [= Vizekönigs] war durch das Abkommen eine staatsrechtliche Merkwürdigkeit geworden. In seinem eigenen Lande Vasall der [Hohen] Pforte, war er nun im Sudan

6 Siehe ► Abschn. 10.4, Der tiefste Süden: Bahr el-Ghazal.
7 Siehe ► Abschn. 10.3: Kordofan und Darfur.
8 Gemeint sind die letztlich vergeblichen Ausgriffe Mehmed Alis auf die Provinzen Palästina und Syrien der osmanischen Zentralregierung (= Hohe Pforte) ab 1831; siehe ► Abschn. 1.2, Mehmed Ali: vom Söldnerführer zum Dynastiegründer.
9 Siehe ► Abschn. 10.4, Der tiefste Süden: Bahr el-Ghazal.
10 Siehe ► Abschn. 10.2, Khartum.
11 Die auf 52° 28′ östlicher Länge gelegene heute somalische Landspitze zwischen dem Golf von Aden und dem offenen Indischen Ozean.
12 Siehe ► Kap. 7, Das Rote Meer, und ► Abschn. 10.5, Verkehrswege durch die Nubische Wüste.
13 Erlass des osmanischen Sultans.
14 Heute somalischer Hafenort am Golf von Aden, dicht an der Grenze zu Dschibuti.
15 Harar lag auf der Karawanenroute von Berbera in das äthiopische Hochland und ist heute eine ostäthiopische Stadt etwa 380 km landeinwärts von Berbera.
16 Synonym für die osmanische Zentralregierung in Konstantinopel; siehe ► Abschn. 1.1, Lage und Eintritt in das 19. Jahrhundert, Fußnote 19.
17 Siehe ► Abschn. 1.2, Mehmed Ali: vom Söldnerführer zum Dynastiegründer.
18 Siehe ► Abschn. 10.2, Khartum.

ein Souverän, freilich von Englands Gnaden. Im jetzigen Kriege hat bekanntlich England [1914] durch einen Gewaltstreich das Verhältnis Ägyptens zur Pforte gelöst und statt des Khediv einen „Sultan" eingesetzt [...] **[305]** Ob diese neue Ordnung von Dauer ist, wird der Ausgang des Krieges zeigen. [...] **[306]** [...]

Da der Erste Weltkrieg mit dem endgültigen Zusammenbruch des Osmanischen Reichs endete, aus dessen Trümmern unter der Führung von Kemal Pascha[19] oder Atatürk der moderne Nationalstaat Türkei enstand, blieben die politischen Verhältnisse im Anglo-Ägyptischen Sudan bis zu dessen Unabhängigkeit 1956 bestehen. Weil das Interesse des vorliegenden Buches dem osmanischen Afrika gilt, erscheint vor dem Gang durch die einzelnen Regionen des Sudan ein genauerer Blick auf dessen Entstehungsgeschichte und gemeinsame Probleme hilfreich zu sein:

Anonym: Nubien und seine Eroberung durch Aegypten. In: Das Ausland, 1862: 35, Seite 569–574.

Mehemed-Ali, der sich zwar in Aegypten befestigt hatte, aber nicht stark genug war um sich der asiatischen Provinzen seines Lehensherrn, des Sultans, zu bemächtigen, warf endlich [= 1820], angezogen durch die Erzählungen welche ihm die Kaufleute des Sudans von den Goldminen der tropischen Zone machten, ungefähr zehntausend Mann nach Nubien[20]; dieselben waren von zwei hervorragenden Führern befehligt, von seinem Sohn Ismail, einem ächten Türken des fünfzehnten Jahrhunderts, ebenso ritterlich als kühn, und von dem berühmten Defterdar[21] Mohammed-Bey, dem Schwiegersohn des Vicekönigs, welchen man allerdings nicht ohne Uebertreibung als den wildesten Menschen bezeichnete welcher seit Nero die Welt in Schrecken gesetzt.[22] [...]

Wenn es in der Geschichte der mit bewaffneter Hand gemachten Entdeckungen eine Unternehmung gibt welche ob ihrer Kühnheit und der Schnelligkeit ihres Erfolges jenen eines Cortes und Pizarro an die Seite gestellt werden kann, so ist es gewiß dieser merkwürdige Feldzug von 1820 [...]. Vierhundert [Reit-]Stunden Landes wurden durchschritten und beinahe ohne Schwertstreich erobert. Das Reich Sennaar[23] fiel [1821] ohne auch nur ein einziges Gefecht gewagt zu haben, und Badeh [= Badi] II, der letzte Sultan des blauen Flusses, tröstete sich über die verlorene Gewalt, nachdem man ihm die Königsmütze gelassen und eine ziemlich große Pension zugewiesen. Die Schaghies [= schwere Kavallerie] allein zeigten Muth und lieferten den regulären ägyptischen Truppen bei Korti ein Treffen. Ein junges Mädchen auf einem prachtvoll geschirrten Kamel führte sie ins Feuer. [...] Nach einem zweiten Sieg gab er [= Ismail] dem König seine gefangene Tochter, ein sehr schönes Kind, zurück, welches er zur großen Verwunderung sowohl der Seinigen als seiner Feinde geschont hatte. Dieser Zug brach den letzten Widerstand, und die Schaghies unterwarfen sich; der Sieger, welcher wohl einsah daß ein solches Volk geschont werde müsse, nöthigte sie nur zur Leistung von Kriegsdiensten; ihre herrliche Kavallerie wurde von jetzt an nur dazu verwendet zum Vortheile des Herrschers jene Völkerschaften niederzuhalten welche geneigt seyn möchten ihre Freiheit tapfer zu vertheidiget. [...]

Die neue Gewalt war so fest gegründet, daß sie selbst durch die furchtbare Katastrophe in welcher Ismail das Leben verlor[24] nicht erschüttert ward. [...] **[570]** [...] Der Sudan wäre wahrscheinlich für die Aegyptier verloren gewesen, wenn die kleine Armee des Defterdar, Mohammed Bey, nicht rechtzeitig von Kordofan herüber gekommen wäre, um alles wieder ins Gleichgewicht zu bringen. Der Defterdar, welcher von Dongola[25] abgezogen, hatte den Haraza, ein Gebirge welches die Gränze von Kordofan im Norden bildet, überschritten, und in der Ebene von Bara den Magdum (Vicekönig) von Darfur, Msellem, getroffen, welcher ihn hier mit seinen nur mit Lanze und Säbel bewaffneten Reitern aus dem Negerstamme der Kondschara erwartete. [...] Bei dem ersten Zusammenstoß wurde die ägyptische Reiterei zersprengt, und der Magdum hieb persönlich auf die türkischen Artilleristen ein, welche in ihren Batterien niedergemacht wurden; allein wie bei Korti decimirten die regelmäßigen Dechargen [= Gewehrsalven] der Infanterie die tapferen Reiter des Sudan [= Darfur], die Kanonen wurden zurück erobert, Msellem auf einem der Geschütze von einem arabischen Reiter getödtet, und die erschreckten Kondschara unterwarfen sich. [...]

Fünfzehn Monate hatten hingereicht um die Herrschaft Aegyptens über einen Landstrich von einer Ausdehnung von vierzehn [Breiten-]Graden [= ca. 1555 Kilometer][26], von dem ersten Katarakt [bei Assuan] bis zur Gränze der Gallas [= Oromos in Südäthiopien], auszubreiten. In der Ungeduld seine Eroberung auch zu genießen, schickte Mehemed-Ali Ingenieure und Bergleute in das Land, um die Mineralschätze zu bestimmen und insbesondere die Goldgegenden zu erforschen. Man fand jedoch keine eigentlichen Goldminen, sondern nur einige Wäschereien in Tira, in Cheibun und am Tumat. Der Stamm der Nuba [im Süden von Kordofan] beutete die beiden ersteren aus, deren Wichtigkeit durch die Erzählungen der Kaufleute sehr übertrieben worden war. [...] Die Wäschereien der Nuba und jene der Berta des Tumat [= Zufluss des Blauen Nil] wurden militärisch besetzt, die Eingebornen angegriffen, niedergemacht und mehr verjagt als unterworfen; in den

19 Siehe ► Abschn. 11.3, Italiens Griff nach einem Zipfel des Orients.

20 Bis zum Mahdi-Aufstand und dem Zusammenbruch der ägyptischen Herrschaft Anfang der 1880er-Jahre wurde vor allem der arabisierte Teil des Sudan nilaufwärts bis hinter Khartum von den Zeitgenossen häufig nach der Ägypten nächstgelegenen Landschaft zusammenfassend als Nubien bezeichnet; vgl. in diesem Abschnitt die Eingangsbemerkung von Eugen Oberhummer..

21 Im Osmanischen Reich eigentlich der Titel des obersten Finanzbeamten des Sultans. Aufgrund der eigenständigen Stellung der „Provinz" Ägypten hatte deren Vizekönig Mehmed Ali einen eigenen Schatzmeister.

22 Siehe ► Abschn. 10.3, Kordofan und Darfur.

23 Das Königreich Sennar nahm das Zwischenstromgebiet zwischen dem Weißen und dem Blauen Nil ein bis hinauf zum Rand des riesigen Sumpfgebietes Bahr el-Ghazal.

24 Schon auf der Rückreise stromab gerieten Ismail und der Scheich des bei Meroe gelegenen Schendi aneinander, wobei sich der örtliche Herrscher am 5. November 1821 mit dem Anzünden von Ismails Übernachtungshütte rächte.

25 Siehe ► Abschn. 10.3, Kordofan und Darfur, Fußnote 77.

26 Zur Berechnungsweise siehe ► Abschn. 10.3, Kordofan und Darfur, Fußnote 62.

Händen der Aegyptier aber reichten diese Wäschereien, welche für die von einer Handvoll Mais lebenden Neger ziemlich einträglich gewesen, nicht einmal hin um nur die Kosten der Occupation bestreiten zu können. Der Vicekönig, welcher im Jahre 1838 in der Nähe der Wäschereien des Tumat eine Stadt gegründet hatte, die er Hallet-Mehemed-Ali nannte und in Europa unter dem pomphaften und classischen Namen Mohammed-Alipolis feiern ließ, kehrte entmuthigt zurück. Die Niederlassung, welche in eine Strafcolonie verwandelt wurde, ist gegenwärtig [= 1862] vollkommen verlassen. Wüthend über diese Täuschung, suchte der Reformator sich in einem Zweige sichererer Einkünfte zu entschädigen, und hat diesen leider auch gefunden. Er ordnete in dem ganzen Sudan die Sklavenjagd an. […] **[551]** […]

Die letzte Expansion der ägyptischen Herrschaft in den oberen Nilländern erfolgte ab 1869 im tiefen Süden durch die Angliederung des Bahr el-Ghazal[27] und 1874 im Westen durch die Eroberung des Sultanats Darfur[28]:

Richard Buchta: Der Aufstand im Sudan. In: Das Ausland, 1884: 57, Seite 181–186, 212–216, 226–230, 249–254, 301–308.

1869 erweiterte Sir Samuel Baker[29], welcher unter der Aufgabe, den Sklavenhandel zu unterdrücken, die Ländersucht des Khedive [= Vizekönig] Ismael verbergen mußte, die Südgrenzen des Sudan bis zu einem Grade nördlich vom Aequator, nachdem schon vorher Besitz von Denab, der alten Schilluk-Hauptstadt[30], 9° 52' n [ördlicher] Br [eite], genommen wurde und daselbst das befestigte Faschoda[31] errichtet ward. 1874 wurde Darfur durch [den Sklavengroßhändler] Ziber Rahama [für die Ägypter] erobert, nachdem der letzte Sultan Brahim im Oktober 1874 in der Schlacht bei Menowatschi den Heldentod gefunden. […] Unter Gordon[32], dem Nachfolger Bakers in der Ausführung der philantropischen Aufgabe der Niederdrückung des Sklavenhandels, erfuhren die Grenzen Erweiterungen durch das friedliche Vorgehen Emin Bei's[33] in den Aequatorprovinzen und durch […] Niederwerfung Solimatts, des Sohnes Ziber, welcher von seinem Hauptorte in Dar-Fertit[34] ägyptische [Handels-]Niederlassungen überfiel und plünderte, in der Richtung des Bahr-Ghazal-Gebietes. […] **[184]** […]

Mit den Sklaven hatte das ägyptische Kolonialgebiet der oberen Nilländer den neben Elfenbein seit den 1820er-Jahren wichtigsten Exportartikel gefunden, wie auch der preußische Vizekonsul in Khartum, trotz des 1856 erlassenen Verbots des Sklavenhandels im gesamten Osmanischen Reich, noch in seinem Bericht vom 3. März 1867 betonte:

Anonym: Der Handel am oberen Nil. In: Mittheilungen aus Justus Perthes' Geographischer Anstalt […], 1867: 13, Seite 455.

Der Export Sudan's ist bedeutender und wichtiger als der Import (weisse Baumwollenstoffe, Spirituosen, Glasperlen, Blei, Schrot, Zündhütchen, Gewehre) und könnte durch eine geordnete Transportverbindung sicher noch sehr gehoben werden.

In erster Linie ist Elfenbein zu erwähnen, sein jährlicher Ertrag am Weissen [Nil-]Fluss mag sich durchschnittlich auf 3.000 bis 3.500 Cantar (1 Cantar = 89 Zollpfund) belaufen, im Werth von ungefähr 400.000 Thaler. Nach wie vor betreiben Chartumer Kaufleute unter dem Namen des Elfenbeinhandels Sklavenjagd am Weissen Nil, obwohl sie jetzt nicht mehr so gewinnbringend ist als früher, weil alle Sklaven, die die Barken auf dem Nil herabbringen, von der Regierung abgenommen und die Jäger selbst beträchtlich gestraft werden. Diess bezieht sich aber nur auf die Stationen, welche im Machtbereiche der Regierung liegen, für die ausserhalb des Ägyptischen Rayons liegenden Etablissements giebt es weder von Seiten der Regierung noch von Seiten der Besitzer ein Mittel, die vorkommenden unmenschlichen und oft kaum glaublichen Greuel zu verhindern. Die Besitzer der [Handels-]Stationen sind genöthigt, jedes Jahr eine wachsende Anzahl bewaffneter Berberiner [= Söldner vom Volk der Berber] dahin abzuschicken, um nur ihre Leute und Waaren vor den aufs Äusserste erbitterten Negerstämmen zu schützen. Tägliche Kämpfe verwildern die ohnehin aller Moral und Menschlichkeit baren Leute auf den Stationen immer mehr und so werden die Zustände am Weissen [Nil-]Fluss von Jahr zu Jahr trauriger. Die meisten [Handels-]Stationen besitzt jetzt [= 1867] Scheich Ahmed Aga, welcher nach und nach verschiedene käuflich an sich gebracht hat und, wie es scheint, die Absicht hegt, mit der Zeit den ganzen Weissen [Nil-]Fluss und dessen Elfenbein zu monopolisiren. […]

Der nächst wichtige Artikel ist Gummi [arabicum][35], von dem jährlich 80.000 Centner im Werth von 70.000 [Pfund Sterling] Chartum passiren. Die beste Sorte, Haschabi, wird nur in der Provinz Kordofan gewonnen; die zweite Sorte, Haschabi el-Djesire, kommt aus den in Sennar am Blauen [Nil-]Fluss liegenden Wäldchen; die dritte, Talk, wird in den Flussgebieten des Blauen Nil, am Rahad, Dender, Atbara, gefunden. Strauss- und Marabut-Federn, deren Ausfuhr wegen geringer Nachfrage gegenwärtig [= 1867] fast ganz aufgehört hat, kommen hauptsäch-

27 Siehe ► Abschn. 10.4, Der tiefste Süden: Bahr el-Ghazal.
28 Siehe ► Abschn. 10.3, Kordofan und Darfur.
29 Der seit 1861 die Nilländer bereisende britische Kaufmann Samuel Baker (1821–1893), der 1859 in der osmanischen Grenzprovinz Dobrodscha auf dem Balkan seine spätere Frau als Sklavin gekauft hatte, war am 15. Februar 1863 bei Gondokoro am Oberlauf des Weißen Nil im äußersten Süden des Bahr el-Ghazal mit den vom Victoria-See her kommenden Forschern John Speke und James Grant zusammengetroffen. Dadurch war für Europa das seit der Antike bestehende Rätsel des Nillaufs endgültig geklärt. Nach weiteren Expeditionen in den Bahr el-Ghazal wurde Baker 1869 vom Vizekönig Ismail zum Pascha und zum Gouverneur der neu einzurichtenden ägyptischen Provinz Äquatoria ernannt, die der vom Forscher zum osmanischen Beamten gewandelte Brite 1870–1873 unterwarf und verwaltete.
30 Ein von den Ägyptern bereits 1820 unterworfenes Volk im Grenzgebiet von Kordofan und Bahr el-Ghazal, das aber lange Zeit hinhaltenden Widerstand geleistet hatte.
31 Siehe ► Abschn. 10.1, Traum und Apltraum einer Kolonialerwerbung, Fußnote 39.
32 Siehe ► Abschn. 10.2, Khartum.
33 Siehe ► Abschn. 10.4, Der tiefste Süden: Bahr el-Ghazal.
34 Landschaft im Süden von Darfur.
35 Siehe ► Abschn. 10.3, Kordofan und Darfur, insbesondere Fußnote 65.

lich aus Dongola [am Nil unterhalb von Khartum]. Sennesblätter[36] kommen gleichfalls vorzugsweise in Dongola zu Markte.

Kaffee und Wachs kamen früher in ziemlichen Quantitäten von Abessinien [= Äthiopien] […], jetzt liegt aber der Handel mit diesem Lande wegen der gänzlichen Unsicherheit der dortigen Zustande ganz darnieder. König Theodor hat 1866 in der Provinz Dembea, wo früher hauptsächlich Kaffee producirt wurde, alle Kaffeebäume umhauen lassen […]. Durch geeignete Unterstützung und namentlich durch eine geordnete billige Transportverbindung mit den betreffenden Seehäfen liesse sich die Baumwollkultur im Sudan ungemein heben. […] So lange aber aller Transport nur auf Kameele angewiesen ist, kann an Realisirung dieser Idee so wie an die merkantile Hebung des Sudan nicht gedacht werden. **[455]**

Zur Sklaverei, dem Wirtschaftsmotor wie Grundübel des ägyptischen Sudan, bemerkte der österreichische Zoologe Ernst Marno (1844–1883), der 1869 als Tierhändler zum ersten Mal in die oberen Nilländer kam, bevor er 1879 ägyptischer Provinzialbeamter wurde und nach kurzer Dienstzeit im vom Mahdi-Aufstand eingeschlossenen Khartum starb:

Ernst Marno: Ueber Sclaverei und die jüngsten Vorgänge im egyptischen Sudan. Die Nilfrage. In: Mittheilungen der k. k. Geographischen Gesellschaft zu Wien, 1874: 17, Seite 243–255.

Die egyptische Regierung selbst kann bei den Bewohnern der Länder außer dem eigentlichen Egypten keine Soldaten ausheben; dies wäre eine unerhörte, die ganze Bevölkerung in Aufruhr versetzende Maßregel. Nur die Scheikiih[37] treten als Söldner in Kriegsdienste der Regierung, die übrigen jedoch nimmer, obwol sie sich selbst unter dem Namen Soldaten und zu ähnlicher Verwendung bei Privaten verdingen, welche Niederlassungen in den Negerländern besitzen und die Repräsentanten des Sclaven- und Elfenbeinhandels sind. Um eine Armee in Stand zu erhalten, muss also wieder der Negersclave her, und dem hiezu verwendeten wird gewiss unter allen das beste Los zu Theil, da seine Farbe seinem Emporkommen nicht im Wege steht, er es zu hohen Stellen bringen, und auch frei werden kann.

Berücksichtigt man die Nothwendigkeit der Negersclaven in diesen Puncten, so wird man sich eine Vorstellung von den Meinungen und Ansichten machen können, welche die gesammte Bevölkerung über die versuchten Eingriffe in die ihr so nahe gehende Angelegenheit hegt, und es wäre gar nicht zu verwundern, wenn dieselben einen sehr misliebigen Ausdruck erhielten. Das größte Mistrauen und der größte Hass gegen die Europäer sowol im Innern Africa's als an der Ostküste sind die constatierten Resultate dieses Vorgehens und zwar nicht nur bei dem islamitischen Theil der Bevölkerung, sondern auch bei den so bedauerten Negervölkern selbst, welche ja gleichfalls Sclaven machen und Sclavenhandel betreiben, diese Einmischung der Weißen in ihre Angelegenheiten gar nicht begreifen, aber dadurch zu einem maßlosen Dünkel in Bezug auf ihre Wichtigkeit verleitet worden.

Ein diese Angelegenheit noch mehr verwickelnder Umstand tritt in den Negerländern des oberen Nil hinzu, indem Private diese Länder besetzen und behaupten, denen der Sclavenhandel Erwerb und von solcher Wichtigkeit für das Land, speciell für den Handel Chartums ist, dass dieser, wenn der Hauptfactor wegfällt, auf ein Unbedeutendes herabsinken muss. […] **[248]** […] Abgesehen von den problematischen Erfolgen des ersten Versuches und den Schwierigkeiten bei der weiteren Verfolgung dieses Planes, welchen Nutzen sollen jene entfernten Länder der ägyptischen Regierung in der nächsten Zukunft bringen, wenn dort der beinahe ausschließliche Erwerb wegfällt? […] **[249]** […]

Marno war nicht der einzige weiße Zeitgenosse, der zumindest Verständnis für die Sklavenwirtschaft des ägyptischen Sudan in Abhängigkeit von den Bedürfnissen des Kernlandes am unteren Nil durchblicken ließ. Trotzdem waren sich doch nahezu alle Beobachter schon in den 1860er-Jahren einig, dass die Zustände in den oberen Nilländern unhaltbar waren und insbesondere die unfähig-korrupte Verwaltung einer grundlegenden Reform bedurfte:

Anonym: Die Reform der Zustände im ägyptischen Sudan. In: Das Ausland, 1872: 45, Seite 926–929.

Die politisch-administrativen Zustände im ägyptischen Sudan sind im letzten Decennium [= Jahrzehnt] in ein Stadium getreten welches nach den Erfahrungen der Zeitläufte gewöhnlich eine Krisis, oder wohl gar einen Umsturz zur Folge hat. Die Verwaltung, die Rechtspflege, die öffentliche Sicherheit, die Polizei-Ordnung, das Sanitätswesen und wie alle die Dinge heißen welche die bürgerliche Ordnung des Staates bedingen, sie wurden in einer Weise ausgeübt, wie wir sie in geregelten Staaten nirgends in der Welt finden. […] In der ägyptischen Provinz des Sudan aber ist das Staatsruder nach allen Richtungen aus den Fugen gegangen. Darüber muß man hohen Orts zur Einsicht gelangt sein, denn die politische Verwaltung hat kürzlich in allen Zweigen, in allen Mudirien[38]: Massaua, Suakim, Caka, Berber, Dongola, Kordofan, Faschoda[39], Sennaar und Chartum,

36 Die Blätter der am oberen Nil vorkommenden Alexandrinischen Senna aus der Familie der Johannisbrotgewächse waren im 19. Jahrhundert ein vielgehandeltes Abführ- und Haarfärbemittel.

37 Gemeint sind die auch Schaghies genannten Krieger aus dem Gebiet des 1821 eroberten Sultanats Sennar, die seither in ägyptische Dienste traten.

38 Im osmanischen Ägypten wurde als Muderie sowohl die Provinz als auch das Gebäude der Provinzverwaltung bezeichnet. Der oberste Provinzbeamte und Namensgeber dieser Ableitungen war der Mudir.

39 Unmittelbar unterhalb des Austritts des Weißen Nil aus dem Sumpfgebiet des Bahr el-Ghazal rund 650 km oberhalb von Khartum auf dem Westufer am Rande der Provinz Kordofan gelegenes Fort, das die Ägypter seit dessen Anlage 1820 bis zur Räumung 1883 während des Mahdi-Aufstands unterhielten. Der heute Kodok genannte Ort machte Weltgeschichte, als Frankreich im Zuge der Niederwerfung des Mahdi-Reichs im Juli 1898 seinen Anspruch auf einen Anteil am Sudan durch die Besetzung von Faschoda durch Kolonialtruppen zu erzwingen suchte. Durch den Sudanvertrag vom März 1899 gelang London und Paris aber die einvernehmliche Abgrenzung der gegenseitigen Interessensphären, die bis zum Ende der Kolonialzeit Bestand haben sollte.

eine radicale Umwandlung erlitten, der ganze Staatsorganismus wurde reformirt. In Massaua [in Eriträa] wurde der bekannte Schweizer Linguist und Ethnograph [...] Werner Munzinger, zum Gouverneur ernannt [...]. Auch die Bezirkseintheilung wurde dahin abgeändert daß die genannten Mudirien, welche früher alle dem General-Gouverneur von Chartum zugetheilt waren, von einander getrennt, direct den Ministerien in Kairo untergeordnet sind; nur die drei Bezirke Chartum, Sennaar und Faschoda sind vereint geblieben. Der Vizekönig soll geäußert haben: er habe schon lange sein Augenmerk auf Sudan gerichtet, aber noch keinen Mann gefunden der seine Wünsche zur Hebung der dortigen Zustände erfüllt hätte.

Der größte Theil des Zeitraums von dem wir sprechen entfällt auf die Regierungs-Periode des Hokmdars (General-Gouverneur), Djafer Pascha, welcher nunmehr [= 1872] abberufen ist. Er hat während seiner sechsjährigen Regentschaft nichts für die Administration, nichts für die Jurisdiktion, nichts für die Communication, nichts für die öffentliche Sicherheit, nichts für die Agrikultur, überhaupt nichts ersprießliches gewirkt. Er hat kein verdienstliches Andenken hinterlassen, als daß er der größte Maurermeister von Chartum war. Seine einzige Sorge war den Steinbrechern, den Ziegel- und Kalkbrennern zugewendet, um vor seinem Palais auf dem Ufer des Blauen Flusses [...], gegenüber am östlichen Ufer für sich eine Villa, und seinen Creaturen [...] eine neue Moschee zu bauen; aber auf ein Obdach für die Soldaten, welche elender als die Wanderstämme logirten, auf eine Kaserne, wurde nicht gedacht. Er war Fanatiker und haßte den Christen. Die Unterbeamten **[926]** waren Herren ihrer Willkür, weil sie eine Disciplinarstrafe nicht zu befürchten hatten. Acten wurden monatelang, größtentheils gar nicht erledigt.

Ein Bittsteller, welcher viele Tage weit nach Chartum gekommen war um sein Recht zu suchen, wendete sich an den Secretär des Pascha, damit dieser ihm das Gesuch abfasse, wofür er ihm von vornherein 300 Thaler erlegte. Weil aber das Bittgesuch „der vielen Geschäfte" halber lange Zeit nicht fertig wurde, mußte der Mann seine Schrift auswärts abfassen lassen, und als er das Actenstück endlich dem Pascha persönlich überreichte, wurde ihm dasselbe zerrissen unter die Füße geworfen, er selbst aber unter Schmähworten aus dem Audienzsaale hinausgejagt, wahrscheinlich weil er eine Klage gegen den Mudir von Dongola unterbreitete. Die 300 Thaler aber sah er nicht wieder. – Ein Geschäftsmann hat an das Aerar [= Fiskus] um 8.000 Thaler Getreide verkauft. Die Frucht wurde abgemessen, und vom Magazineur das Recu [= Empfangsbestätigung] ausgestellt, kraft dessen der Lieferant bei der Casse den Betrag beheben sollte. Weil aber die Verbuchung viele Schreibereien erfordert, so vergiengen zwei Monate, ohne daß die Zahlungsanweisung an den Cassier ausgefolgt wurde. Da hinterbrachte der Lieferant dem Basch-Kateb (General-Secretär) 300 Thaler. Wieder vergiengen drei Monate ohne Erfolg. Abermals 300 Thaler! Noch zu wenig! – Zehn Monate waren herum, und der Lieferant war noch nicht bezahlt. Ungeachtet bei dergleichen Zahlungen, welche aus der Staatskasse ausgefolgt werden, ein Procent als Steuer in Abzug kommt, wollen auch die manipulirenden Beamten ihren guten Antheil haben. Selbst Eingaben der Consulate blieben unberücksichtigt, und wurden erst nach drei- und viermaliger Intervention, oft auch gar nicht, beantwortet. [...]

Unter der Aegide einer solchen Verwaltung ist es kein Wunder wenn die öffentlichen Zustände in letzter Zeit nahezu in Anarchie ausgeartet sind. Diebstahl bei Tag und Nacht, Untersuchung keine, Strafe keine, Wache keine, Patrouille keine. Den armen Fellahs, welche auf Eseln Getreide, Gummi, Holz et [cetera] transportirten, wurden von den Soldaten auf offenem Wege die Thiere vor ihren Augen weggeführt: den Weibern, welche vom Flusse Wasser holten, die Krüge vom Kopfe genommen, weil die Regierung deren benöthigte; Schiffe wurden sammt Bemannung in Beschlag genommen; Menschen wurden in den Straßen der Stadt aufgefangen, um sie zum Dienste der Obrigkeit oder irgend eines großen Bey's zu verwenden, oder die Bemannung der ärarischen [= Fiskus-]Schiffe zu completiren, ohne daß jemand reclamiren durfte. Es war zuweilen eine wahre Menschenjagd. Die Dieberei gieng so weit, daß sogar die Staatscasse auf Befehl des Gouverneur-Stellvertreters, Namens Ali Bey Aweda, durch die Wache selbst beraubt wurde, welche von dem bedeutenden Diebstahl ein Drittel bekam, der Bey aber behielt zwei Drittel für sich. [...] **[927]** [...]

Das neue System unter dem jetzigen [= 1872] Gouverneur beruht auf dem zweifachen Principe, erstens jedem armen Fellah sein Recht zu gewähren, was bisher nie geschah, daher das Gubernium [= Provinzverwaltung] täglich von Petenten [= Bittstellern] belagert ist, wobei zugleich im Staats-Interesse die neue Einrichtung getroffen wurde daß für jede Bittschrift welche ohnehin vorschriftmäßig auf Stempelbogen geschrieben sein muß, extra 10 Piaster an die Casse von der Eingabe zu erlegen sind, und zweitens die öden Ländereien hauptsächlich durch Baumwoll-Plantagen produktiv und rentabel zu machen. Muntas Pascha ist ganz Baumwollmann. Er erläßt nach allen Zonen Ordres, um die Eingebornen zur Baumwollcultur anzueifern, und hat expresse [= umgehend] Agenten angestellt welche bezirksweise die Pflanzungen zu überwachen haben. Die Steuer soll in Zukunft, statt in Baarem, in Baumwolle entrichtet werden. Doch weigern sich im südlichen Bereiche des Blauen Flusses die Bewohner Baumwolle anzupflanzen, weil sie von der durch die Erfahrung erprobten Furcht eingenommen sind daß ihnen die Regierung die Baumwolle nur um den halben, vielleicht sogar um den Viertelpreis des Platzwerthes anrechnen und sie solchergestalt unter dem Titel einer Erleichterung thatsächlich um das Doppelte oder Vierfache besteuern könnte, wobei noch überdies; gewohnheitsgemäß die persönliche Mühe der Executoren [= Steuereinnehmer] in Anschlag kommt. Die Eingebornen sind aus gerechten Gründen von Vorurtheil befangen. [...] **[928]** [...]

Das sogenannte neue System fiel schon bald wieder in die alte Misswirtschaft zurück und steigerte in allen Volksgruppen des buntscheckigen Konglomerats der ägyptischen Kolonialgebiete am oberen Nil im Laufe der 1870er-Jahre die Unzufriedenheit zur Rebellionsbereitschaft. Schließlich bedurfte es nur noch des sprichwörtlichen Funkens, um die Lunte in Brand zu setzen, die eine alle Verhältnisse umstürzende Explosion herbeiführte. Ein berufener Chronist der gemeinhin unter Mahdi-Aufstand firmierenden Ereignisse ist der Österreicher Richard Buchta (1845–1894), der den ägyptischen Sudan 1878–1880 im dortigen Verwaltungsauftrag zu Forschungszwecken bereist hatte:

Richard Buchta: Der Aufstand im Sudan. In: Das Ausland, 1884: 57, Seite 181–186, 212–216, 226–230, 249–254, 301–308.

Aus unbeachteten, in Khartum selbst gering geschätzten Anfängen entwickelte sich der durch eine unerhörte Mißwirtschaft, eine im weitesten Sinne ausgeübte Willkürherrschaft ägyptischer Satrapen seit Jahren vorbereitete Aufstand mit dem Auftreten des Fakir[40] Mohamed Achmed als Mahdi, als der nach einer weitverbreiteten Tradition für den Anfang des 14. Jahrhunderts [islamischer Zeitrechnung] nach der Flucht[41] erwartete neue Prophet, welcher den Islam zu neuem Glanze erwecken und seine Weltherrschaft vollenden soll. Obwohl religiöse Schwärmerei der Ausgangspunkt der Bewegung war, würde dieselbe nie die nicht nur für Aegypten, sondern auch für das dasselbe [seit 1882] leitende England so bedrohende Bedeutung gewonnen haben, wenn nicht politische und soziale Triebfedern dem Aufstand zu Grunde lägen.

Haß der seit Mehemet Ali's Eroberung den Sudan ausraubenden Türken, wozu alle von Kairo kommenden Beamten und Truppen gezählt wurden und in den letzten [= 1870er-]Jahren die Einschränkung des Sklavenhandels sind die wahren Motive, welche die mohamedanischen Bewohner des nördlichen Sudan geneigt machten, dem Mahdi [...] zu folgen, als derselbe durch die wahrhaft unglaublichen Fehler der ägyptischen Behörden [seit 1881] von Erfolg zu Erfolg geführt wurde. Denn im Beginn wurde Mohamed Achmed nur durch die Paschawats, Beis und Effendis[42] von Khartum groß gezogen. Ein Fakir, wie es der Fukarah (wörtlich Arme), Koranleser und -Ausleger, eine Art Priester, ohne jedoch priesterliche Funktionen zu haben, zu Hunderten, ja tausenden im Sudan gab, hatte Mohamed Achmed zur Zeit als ich ihn im April 1880 bei meiner Rückkunft aus den Bahr-Ghazalgebieten nach Khartum in seinem Dorfe bei der im Weißen Nil gelegenen Insel Aba besuchte, nur eine für die nächste Nachbarschaft geltende Bedeutung, welche ihm der Ruf eines heiligen Mannes, den er sich durch ein asketisches Leben verdiente, verschaffte.

Damals ungekannt und unbeachtet, steht er jetzt [= Anfang 1884] als der von dem Delegierten Englands, General Gordon[43], anerkannte Emir [= Herrscher] von Kordofan[44] [seit 1881] an der Spitze einer Bewegung, welche Aegyptens Heeresmacht völlig vernichtet hat und Englands Regierung bewog, die Räumung der ausgedehnten Gebiete, welche die Khedives [= Vizekönige] seit Mehemet Ali im Süden des eigentlichen Aegypten erworben, selbst in die Hände zu nehmen. [...] **[181]** [...]

Neben und wohl noch vor den religiösen Motiven gewann die Mahdi-Bewegung ihre Dynamik durch die Aussaugung des Sudan durch Ägypten und hierbei vor allem die immer erdrückender gewordene Steuerlast:

Eine der wichtigsten Steuern ist die Kopfsteuer, Gaddah, welche die Nomadenstämme leisten müssen. Dieselbe ist nie geringer als 30 Piaster für den Kopf, wird aber auch verdoppelt und auch noch höher bemessen. Diese Steuer wird, da die Beduinen nie freiwillig zahlen, durch irreguläre Soldaten, Baschibozuks, eingetrieben. Ein jedes Lager hat eine bestimmte Summe zusammenzubringen und erhält eine entsprechende Anzahl von Soldaten, welche so lange verpflegt werden müssen, bis der verlangte Teil der Steuer bezahlt ist. Die Nilpferdpeitsche spielt die Hauptrolle; die Sudanesen lassen sich gleich den ägyptischen Fellahin erst ordentlich durchprügeln, ehe sie sich von ihrem Gelde trennen. [...] Der Steuerverweigerer wird an den Daumen aufgehängt oder an Händen und Füßen gebunden, nackt in der Mittagsstunde in den von der Sonne durchglühten Sand eines trockenen Flußbettes gelegt. Es ist begreiflich, daß die Sudanbewohner die Baschibozuks bis in den Tod hassen, und jede Gelegenheit, die sich ihnen ungestraft bietet, benutzen, dieselben niederzumachen. Der ganze Druck der Steuer liegt auf der ärmeren Masse des Volkes, da die Häuptlinge sich und ihre Familien selbst steuerfrei machen, und die Summe des zu zahlenden Tributs auf die Untergebenen verteilen. [...]

Wie schon gesagt, wird im Sudan alles und jedes besteuert und nicht blos einfach, sondern durch die Kombinierung von Grundsteuer, Verzehrungssteuer, Einfuhrsteuer, Handelssteuer werden die meisten Produkte 4fach, auch 5fach taxiert. [...] **[250]** [...] Es ist daher nicht zu verwundern, wenn die Bewohner statt, den ganz unvergleichlich produktiven Boden zu kultivieren, ihre Felder brach liegen lassen, auswandern, als Handelsleute nach dem Weißen Nil, nach Kordofan, Darfur ziehen und durch die Not getrieben, zu Straßenräubern werden, oder im günstigeren Falle den einträglichen Sklavenhandel treiben. Tausende von Gellaba, Kleinhändler, zogen alljährlich nach den Negerländern, um für Baumwollstoffe, die in Khartum oder den Märkten Kordofans und Darfurs eingekauft wurden, in den Niederlassungen, Zeriben, der Elfenbeinhändler die während des Jahres durch Raub zusammengebrachten Sklaven einzutauschen. Zu der Monopolisierung fast aller Handelsartikel, welche aus den Negerländern ausgeführt werden konnten, kam die seit Gordons Verwaltung ernstliche, in den Augen der Dongolaner[45], welche das überwiegende Kontingent der Sklavenhändler stellen, vollkommen unberechtigte Gefährdung des bis dahin freien Traficks [= Handels] der Sklaven, denen die Schwierigkeiten, welche z. B. der Ueberfahrt von Suakin [über das Rote Meer] nach Arabien durch englische Kreuzer bereitet wurden, nur einen höheren Marktpreis verliehen und deshalb den Gellaba eigentlich hochwillkommen waren. Aber nun mischten sich von Kairo gekommene Ungläubige, Christen in den Handel; ja nicht genug damit, der den Arabern und Nubiern als legitim geltende, wie sie behaupteten, durch die Koranaussprüche selbst zu rechtfertigende Verkauf der Negersklaven wurde als ein todeswürdiges Verbrechen von den Eindringlingen erklärt [...]! Der tiefe, unversöhnliche Haß gegen die Aegypter, welcher seit der Eroberung des Sudan durch Mehemet Ali nie versöhnt wurde, bekam neue Nahrung, und als nun Mohamed Achmed als der erwartete Mahdi auftrat, Befreiung des Sudan von den gehaßten Türken, d. h. von allen,

40 Ein islamischer Fakir ist ein zumeist besitz- und bedürfnislos lebender Asket, der sich auf die Gottsuche konzentriert.

41 Gemeint ist die Hidschra oder der Auszug des Propheten Mohammed aus Mekka nach Medina 622 n. Chr.

42 Drei hochrangige osmanische Beamtentitel in absteigender Reihenfolge.

43 Siehe ▶ Abschn. 10.2, Khartum.

44 Siehe ▶ Abschn. 10.3, Kordofan und Darfur.

45 Siehe ▶ Abschn. 10.3, Kordofan und Darfur, insbesondere Fußnote 77.

Abb. 10.2 Zusammenfluss des Blauen und des Weißen Nil um 1860. In: Globus, 1862: 2, Seite 355

welche von Kairo kamen, und vor allem anderen Abgabenfreiheit auf seine Fahne schrieb, was war natürlicher, als daß Tausende seiner Fahne folgten!

So war es nicht verwunderlich, dass die ägyptischen Beamten und Truppen ab Mitte 1881 – und ohne gravierenden Einfluss der 1882 die faktische Herrschaft über Ägypten übernehmenden, aber am Sudan desinteressierten Briten – in rascher Folge eine nach der anderen Provinz am oberen Nil an die Mahdi-Bewegung verloren, bis diese im März 1884 den ägyptischen Hauptort Khartum von allen Seiten belagerten. Und als sich die Briten nach dem Fall von Khartum[46] im Januar 1885 doch zur Rückeroberung des aufständischen Sudan entschlossen, hatten die neuen Herren über Ägypten bereits ein kartographisches Problem ganz eigener Art geschaffen:

Anonym: Vandalismus. In: Globus, 1887: 51, Seite 160.

Während der [Achtzehnhundert-]Sechziger und Siebziger Jahre hatten ägyptische Officiere [...] in den oberen Nilgebieten und im Sudan, besonders in Sennar, Darfur und Kordofan, fleißige Landesaufnahmen ausgeführt, die zum größten Theil noch gar nicht veröffentlicht worden sind. Die Elaborate wurden auf der Citadelle von Kairo in den Bureaus des egyptischen Generalstabes aufbewahrt, von wo man sie später in einen Saal der sogenannten Abtheilung für sudanesische Angelegenheiten im Kriegsministerium überführte. Als nun im Juni 1886 diese Lokalität für Zwecke der britischen Okkupationsarmee benöthigt wurde, beauftragte General Hallam Parr den Aufbewahrer der Karten, Major Mantell, die Lokalität zu räumen und bei diesem Anlasse vieler daselbst aufbewahrter unnützer Schriftstücke sich zu entledigen. Major Mantell ließ nun durch seinen Diener den größten Theil der seiner Obhut anvertrauten Papiere und darunter auch die werthvollen Karten verbrennen. Einige Tage später wollte General Hallam Parr eine Sudankarte benutzen und entdeckte den großen Verlust. [...] **[160]**

10.2 Khartum

Nachgerade verwunderlich ist, dass sich am Zusammenfluss der beiden Hauptarme des Nil, des ostafrikanischen Weißen Nil und des äthiopischen Blauen Nil, bis zum Beginn des 19. Jahrhunderts noch nicht einmal ein bescheidener Handelsposten gebildet hatte [Abb. 10.2]. Erst die 1820–1821 die oberen Nilländer im Sturmlauf unterwerfenden Ägypter erkannten das strategische Potenzial dieser Lage.
Die vor allem ab den 1850er-Jahren immer zahlreicheren europäischen Erkundungsexpeditionen in die oberen Nilländer und deren Randlandschaften nahmen häufig Khartum, den lange Zeit am weitesten nach Süden vorgeschobenen Verwaltungsposten der ägyptischen Herrschaft, als Ausgangs- oder Endpunkt. Entsprechend starkes Interesse hegte das heimische Lesepublikum für eingehendere Berichte über jenen viel genannten Ort. Der Geograph und Publizist Karl Andree (1808–1875), der Herausgeber des *Globus*, einer populärgeographischen illustrierten Zeitschrift für Länder- und Völker-

46 Siehe ► Abschn. 10.2, Khartum.

kunde, selbst fasste für eine größere Übersicht des aktuellen Standes im oberen Nilgebiet die bis dahin erschienenen Beschreibungen der Stadt zusammen:

[Karl Andree]: Chartum, die Hauptstadt des ägyptischen Sudan. Die Anwohner des weißen Nils und des Gazellenflusses. In: Globus, 1862: 2, Seite 353–359.

Chartum liegt am Vereinigungspunkte der beiden großen Stromarme [▪ Abb. 10.3], welche den Nil bilden, und man muß diese als die kommerziellen Herzadern des innern Ost-Sudan betrachten. Die Stadt selbst ist der wichtigste Stapelplatz für eine weite Region [...]. Bis zum Jahre 1820 stand an jener Stelle nur ein Fischerdorf; im vorigen [= 18.] Jahrhundert, soll in der Nähe eine größere Ortschaft gelegen haben, aber um etwa 1770 von den Scheluks zerstört worden sein. Mehemed Ali, Vicekönig von Aegypten und Eroberer des Sudan, erkannte die Wichtigkeit dieses Punktes und ließ an demselben eine Stadt bauen. Sie erhielt, nach dem Namen einer Landspitze, die Benennung Ras el Chartum, das heißt Ende des Rüssels. Jetzt heißt diese Spitze Mandschera, das Arsenal: dieses Zeughaus liegt etwa tausend Schritte von ihr entfernt. [...] **[353]**

Die ersten Hütten, in welchen ägyptische Soldaten ein Unterkommen fanden, wurden 1823 dicht am Weißen Strome gebaut; aus dem Kaffr, dem kleinen Fischerdorf, erwuchs ein Bander, d. h. ein Flecken, der sich bald zu einer Medine, Stadt, erhob. Von dieser aus wurden Kriegszüge und Sklavenjagden unternommen. [...] **[354]**

Bis Mitte der 1850er-Jahre verlief die Entwicklung von Khartum durchaus dynamisch:

Als durch die Aegypter Bewegung in den Sudan kam, wuchs Chartum rasch empor und zählte 1837 schon fünfzehntausend Einwohner. Mehemed Ali besuchte in eigener Person die Stadt und traf allerlei zweckmäßige Anordnungen. Sie gedieh immer mehr, bis dann von 1856 an ein Stillstand, theilweise ein Rückschritt, eingetreten ist. Der Pascha [= Generalgouverneur], welcher über den [gesamten] Sudan gesetzt war, hätte möglicherweise einmal nach Unabhängigkeit streben können, und dem wollte **[353]** der Vicekönig vorbeugen. Deshalb wurde der Sudan in mehrere Verwaltungsbezirke getheilt, welche unmittelbar von Kairo abhängig sind, nämlich: Takka [= Grenzgebiet zu Abessinien], Dongola mit Berber[47] [= Gebiet zwischen Ägypten und Khartum], Kordofan[48], Chartum mit Sennaar [= Zwischenstromgebiet des Weißen und Blauen Nil] und Fasogl[49] [= Oberlauf des Weißen Nil]. Der Reisende [Guillaume] Lejean fand im September 1860 etwa 65.000 Einwohner in Chartum, und die sogenannte europäische Kolonie bestand damals nur aus sechs und dreißig Seelen. [...] **[354]** [...]

Den ersten ausführlichen Zeitschriftenbericht über die Anlage und Einwohnerschaft von Khartum zu Beginn der 1850er-Jahre, den auch Andree als Hauptquelle seiner Stadtbeschreibung herangezogen hatte, lieferte der damals noch am Anfang seiner Karriere stehende Zoologe Alfred Brehm[50]:

Alfred Brehm: Charthum und seine Bewohner. In: Zeitschrift für allgemeine Erdkunde, 1856: 6, Seite 27–48, 208–227.

Die Stadt El Charthum [...] liegt nach Russegger[51] 1.431 pariser Fuß [= ca. 465 Meter][52] über dem Spiegel des mittelländischen Meeres. Sie ist dicht an das linke Ufer des blauen [Nil-]Flusses gebaut und nur durch Gärten – aber nicht überall – von diesem getrennt. Von ihrem Mittelpunkt braucht man, um bis zu dem rechten Ufer des weißen [Nil-]Flusses zu gelangen, eine halbe Stunde. Bei hohem Wasserstande bespülen jedoch auch die Fluthen des weißen Flusses den um die letzten Häuser der Stadt gezogenen Erdwall.

Wenn man sich der Stadt vom weißen Fluss aus nähert, bietet sie nicht gerade einen erfreulichen Anblick. Man hat vor sich eine sterile Sandebene, ohne Gebirge oder Höhenzüge, spärlich bebauet, ohne Bäume und Gestrüpp; inmitten Charthum, eine einförmige, schmutzig graue, nur von einem Minaret ein wenig überragte Häusermasse, ohne alle und jede Abwechselung. Links im blauen [Nil-]Flusse liegt die Insel Buri mit wenigen Bäumen und dem hinter den Dünen fast versteckten Tokhuldorfe gleichen Namens; weiter östlich sieht man die öde Chala, wie der Araber seine Steppe oder Savanne nennt, hier nur mit wenigem Baumschlage; südöstlich zwei freundliche, unter duftigen Mimosen versteckte Dörfer; südlich Nichts als Sand und einzelne Büsche; westlich den breiten Spiegel des weißen [Nil-]Flusses und seine tropischen Wälder. Nach Norden zu schließen die Gebirge von Kerreri den Prospekt. Dieser Gebirgszug bildet die Grenze (der Geographen) **[33]** mit Nubien. [...]

Da die Straßen der Stadt [Anfang der 1850er-Jahre] noch keine bestimmten Namen führen, kann ich nur sagen, daß man zu der von Westen dem Markt zuführenden Gasse die Stadt betritt. Während der Regenzeit ist auch sie, trotz des hier stattfindenden

47 Siehe ▶ Abschn. 10.5, Verkehrswege durch die Nubische Wüste.

48 Siehe ▶ Abschn. 10.3, Kordofan und Darfur.

49 Siehe ▶ Abschn. 10.4, Der tiefste Süden: Bahr el-Ghazal.

50 Der Thüringer Pfarrerssohn Alfred Brehm (1829–1884), der wegen seiner gewandten Feder wohl immer noch berühmteste zoologische Schriftsteller deutscher Sprache, erlernte zunächst das Maurerhandwerk und studierte dann zwei Semester Architektur. Seine wahre Berufung fand Brehm jedoch, als er ab 1847 den Vogelkundler Johann von Müller als Sekretär auf einer fünfjährigen Sammelexpedition durch die Nilländer bis hinauf in den Sudan begleitete und dabei zum praktischen Zoologen wurde. Nach der Rückkehr holte er in nur zwei Jahren ab 1856 die Theorie im Naturkundestudium in Jena nach und promovierte 1855; siehe ▶ Abschn. 1.5, Reiche Touristen und arme Handwerksburschen.

51 Der österreichische Geologe Joseph Russegger (1802–1866) hatte 1836–1838, gemeinsam mit seinem Landsmann und Botaniker Theodor Kotschy (1813–1866), im Auftrag des osmanischen Vizekönigs Mehmed Ali dessen Herrschaftsgebiete bis hin zum oberen Nil auf Erzlagerstätten untersucht.

52 Nach moderner Vermessung jedoch nur 382 m.

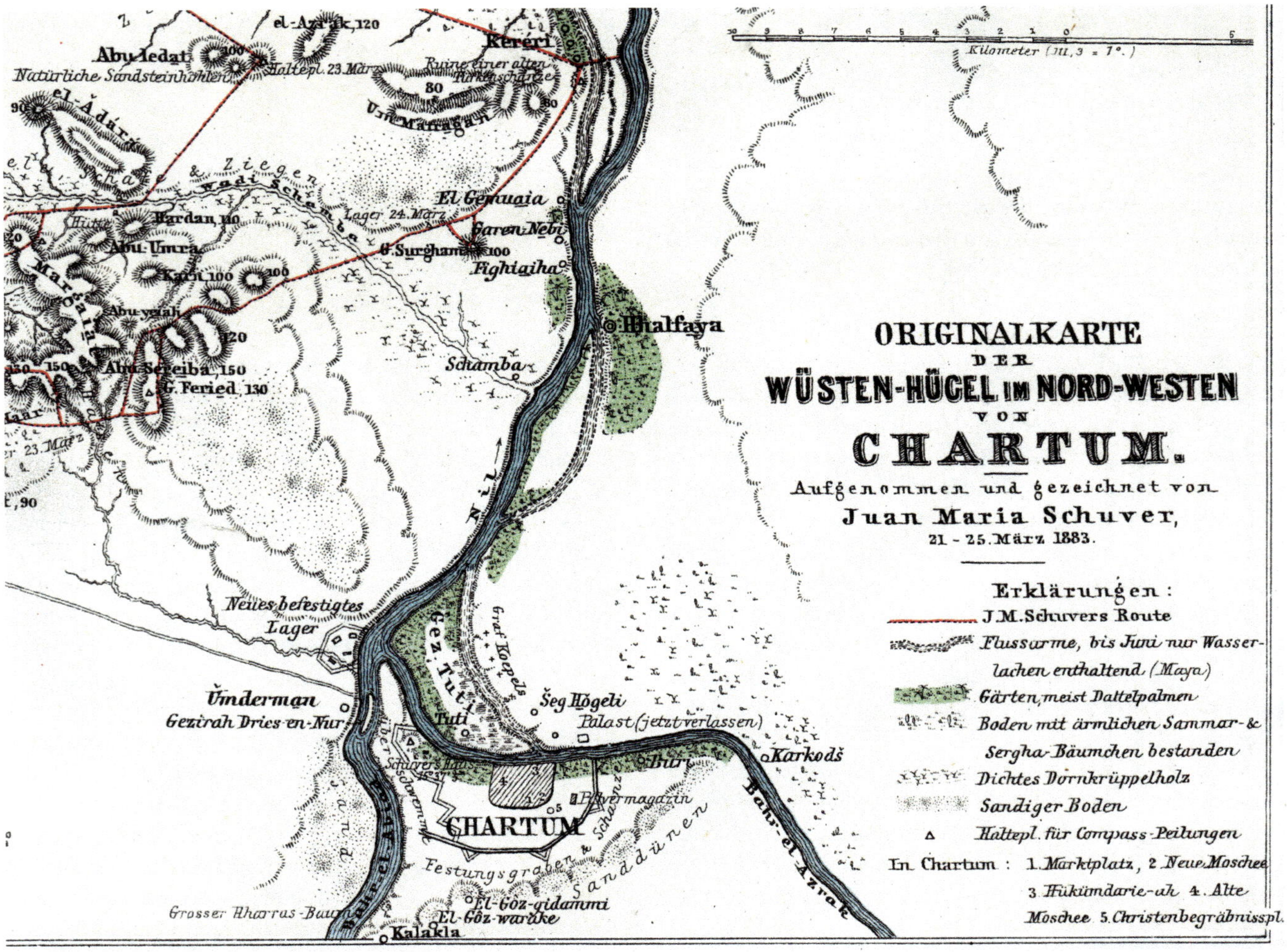

Abb. 10.3 Originalkarte der Wüstenhügel im Nordwesten von Chartum. Aufgenommen und gezeichnet von Juan Maria Schuver, 21.–25. März 1883. In: Dr. A. Petermanns Mittheilungen aus Justus Perthes' Geographischer Anstalt, 1884: 30, Tafel 3

sehr lebhaften Verkehrs, eine ununterbrochene Reihe von Pfützen und Kothhaufen. Die Hitze und der Gestank zwischen den engen Lehmmauern sind zu jeder Jahreszeit über alle Begriffe civilisirter Menschen erhaben. Von den Häusern sieht man von hier aus nur die Thüren. Alles Uebrige ist hinter den Mauern versteckt. Hiervon machen nur wenige Häuser in sofern eine Ausnahme, daß einige Schibabihk oder Fensteröffnungen nach der Straße herausgehen, selbstverständlich nur die des Hausherrn.

Man gelangt durch diese Straße, wie durch fast alle übrigen, nach dem Markte. Er enthält die aus Ziegelsteinen erbaute Moschee, die Basars und den Galgen. Mehrere Kaffeehäuser, Garküchen und eine Branntweinboutique befinden sich ebenfalls hier. […]

Charthum zeigt in seiner heutigen Anlage [um 1850] recht deutlich den Gang seiner Entstehung. Anfangs stand es Jedem, der sich anbauen wollte, vollkommen frei, sich einen Bauplatz auszusuchen, so groß er ihn haben wollte, um ihn ganz nach seinem Gutdünken zu benutzen. Man findet deshalb in Charthum mitten in der Stadt noch große Gärten, in denen sogar noch in großer Ausdehnung Feldfrüchte, z. B. Weizen, gebauet werden. Diese Gärten geben mit ihren Palmengruppen und Citronenhainen der Stadt etwas wohlthuend Frisches. Um so unangenehmer ist eine andere Eigenthümlichkeit der Hauptstadt, nämlich die der großen Teiche, welche sich während der Regenzeit in mehreren Vertiefungen bilden. Sie sind nach dem ersten Regen wie durch Zauberschlag mit Tausenden kleiner, aber sehr lautstimmiger Frösche bevölkert, **[34]** deren Gequake die ganze Nacht hindurch ununterbrochen fortdauert. Die Ausdünstungen dieser Teiche sind eine Quelle der gefährlichsten Krankheiten, […].

Eigentlich kennt man in Charthum nur eine Hauptstraße. Es ist die, welche von der Hokmoderie oder der Amtswohnung des Generalgouverneurs nach dem Markte und von da dem weißen [Nil-]Flusse zuführt. Die übrigen Gassen sind mit wenigen Ausnahmen schmal, laufen krumm und wirr durcheinander, verbinden sich durch kleine Quergäßchen und führen entweder nach den Märkten oder gegen einen der beiden Flüsse hin. Jede größere Wohnung, und zwar vorzugsweise die von einem Türken, Kopten oder reichen Araber angelegte, bildet ein abgeschlossenes Ganzes. Sie enthält gewöhnlich zwei von einander getrennte Theile: die Wohnungen des männlichen und die des weiblichen Personals eines Hauses oder wie man in Egypten sagt, den Diwahn und den Harahm. […] Weit einfacher sind die Wohnungen der Eingeborenen. Sie gleichen denen der egyptischen Soldatenfrauen, sind aber höher und besser, als diese.

Abb. 10.4 Der Platz vor dem Gouverneurspalast um 1860. In: Globus, 1862: 2, Seite 356

Die ganze Wohnung ist ein viereckiger, von Mauern umschlossener, überdachter Raum mit einer einzigen Oeffnung der Thür. Das Material zu diesen Häusern (von den Suhdanesen Tankha, plur[al] Tanakha [...] genannt), ist dasselbe, wie bei denen der Reichen und Vornehmen, ein zu viereckigen Stücken geformter, an der Sonne getrockneter Lehm, sogenannte Luftsteine, durch flüssigen Lehmbrei verbunden und überschmiert. Zur Abwehr gegen den Regen wird das ganze Haus von Außen noch mit einer dickbreiigen Mischung von Lehm, Spreu und Rindermist überzogen. [...] **[35]** [...]

Charthum ist arm an öffentichen Gebäuden. Eigentlich kann man nur die Amtswohnung des Generalgouverneurs der [Ägypten untertänigen] vereinigten Königreiche [Abb. 10.4], die des Modirs oder Gouverneurs der Provinz Charthum, ein Lazareth und eine Kaserne, ein Pulvermagazin, die Moschee und den Basar öffentliche Gebäude nennen. Sie wurden von der Regierung nach und nach erbaut und erfüllen zum Theil ihren Zweck vollkommen. Will man auch noch einige Privatanstalten unter die öffentlichen Gebäude rechnen, so muß ich noch der koptischen und katholischen Kapelle und einer christlichen Schule Erwähnung thun. Die erste Kapelle ist Besitzthum der Kopten, die letzte ist, wie auch die Schule, von der uns bekannten [österreichischen katholischen] Mission errichtet worden.

Die Wohnung des Generalgouverneurs (Hokmodahr) von Sudahn **[38]** nennt man die Hokmoderie. Sie liegt im östlichen Theile der Stadt dicht am blauen [Nil-]Flusse und hat einen großen freien Platz vor sich [...]. Unter der Regierung Latief-Pascha's (1850–1852) wurde das Gebäude sehr verschönert und vergrößert. Früher war es, wie die übrigen Häuser Charthums aus Lehm gebauet; jetzt sind die Erdwände durch solide Ziegelmauern ersetzt worden. Die Hokmoderie enthält den Empfangssaal oder Diwahn des Pascha, die Arbeitszimmer seiner Beamten und Wohnzimmer seiner Bedienten, das Archiv, mehrere Staatsgefängnisse, eine starke Wache und den besonders abgeschlossenen, sehr zweckmäßig und dauerhaft erbauten, für den Sudahn kostbar ausgestatteten Harahm. Neben an liegt ein fruchtbarer, gut gehaltener Garten. Die Amtswohnung des Statthalters der Provinz Charthum oder die Moderie liegt im Mittelpunkte der Stadt nahe am Markte, ist höchst baufällig und mangelhaft und enthält den Diwahn des Modirs, die Bureaux der Verwaltung, die Schatzkammer des Sudahn (el Hesne), viele Gefängnisse für Verbrecher und ebenfalls eine starke Militärwache. Der Harahm des Bei's befindet fich in dessen Privathause.

Durch die Bemühungen rechtlicher europäischer Aerzte ist das Lazareth jetzt so eingerichtet worden, daß der Kranke nicht mehr zu klagen nöthig hat. Die Krankensäle sind reinlich, hoch und luftig, die Pflege ist erträglich und die ärztliche Behandlung ziemlich gut, wenigstens werden jetzt keine Quacksalber und Pfuscher mehr geduldet. Leider kann man die Kaserne dem Lazareth nicht zur Seite stellen; sie ist jedenfalls unter allen öffentlichen Gebäuden das erbärmlichste und besteht aus mehreren, von einer hohen Mauer umschlossenen, aber von einander getrennten Höfen, an deren Wänden sich kleine Höhlen befinden. Diese ähneln unseren Schweinställen in ihrem Aeußern und Innern und sind für die armen Soldaten und deren Familien bestimmt. Auch in Egypten sind die Kasernen schlecht, aber immer noch Paläste gegen die in Sudahn.

Wie in allen mahommedanischen Städten ist auch in Charthum der Markt der Centralpunkt des geselligen Lebens und deshalb mit Sorgfalt angelegt. Er enthält hier die Moschee und mehrere Basare. [...] **[39]** [...] Eine ganz besondere Annehmlichkeit Charthums sind die Gärten am Ufer des blauen [Nil-]Flusses. Ihr lebhaftes Grün erfreut das durch die öde Umgebung der Stadt niedergedrückte Gemüth, und ihre Früchte sind bei der Fruchtlosigkeit der innerafrikanischen Holzarten oft ein erwünschtes Labsal. In diesen Gärten gedeihen noch Weintrauben, Limonen oder Citronen von der Größe der Wallüsse, Granatapfel, Feigen, Kaktus oder Stachelfeigen [= Frucht des Feigenkaktus], Bananen und die ananasartigen Früchte eines Baumes, Khischta genannt, von köstlich aromatischem Geschmack. Außerdem zieht man hier Gemüse [...]. [...] **[41]** [...]

Die Bevölkerung der Stadt Charthum ist aus sehr verschiedenen Elementen zusammengesetzt, wenn gleich nicht so bunt gemischt, als in Kairo. Man kann die Gesammtzahl der Bewohner auf 20.000 bis 25.000 Seelen anschlagen, wovon vielleicht 3.000 auf das Negermilitair kommen. Wir finden in Charthum Türken, Europäer, Griechen[53], Juden, Egypter, Nubier, Sudahnesen, Abessinier, Gallas, und vier oder fünf verschiedene Negervölker, als z. B. Dahr-Fuhr-Neger, Schilluk, Dinkha, Neger aus Takhele und vom obern Laufe des blauen [Nil-]Flusses u.s.w. **[42]** Die Türken des Ost-Sudahn sind von ihren Landsleuten wegen ihrer schlechten Sitten verachtet, stehen aber in moralischer Hinsicht noch hoch erhaben über den Europäern Charthums, denn diese sind mit wenigen Ausnahmen der Abschaum ihrer Nationen. Griechen und Juden erscheinen im Sudahn nicht besser oder schlechter, als wo anders; die Egypter sind ihren heimischen Sitten und Gebräuchen treu geblieben. [...]

Unter den Sudahnesen haben wir alle, jetzt in den Ländern des weißen und blauen [Nil-]Flusses einheimischen braunen Völkerschaften [= Niloten] des innern Afrikas zu verstehen. Schon seit mehreren Jahrhunderten haben sich die Ureinwohner des Sudahn, die Fungi, mit den umwohnenden Völkern vermischt, weshalb man von einer reinen Rasse nicht mehr sprechen kann. Gegenwärtig [= um 1850] zählt man auch die im Sudahn wohnenden Abessinier und eingewanderten Nubier zu den Sudahnesen, kann aber das Volk in zwei Hauptklassen eintheilen: Städte- oder Dörferbewohner und Nomaden. [...] Alle Sudahnesen sind freigeborene Leute, welche nicht als Sklaven verkauft werden können. [...] **[43]** [...]

Bis März 1884 war es den Mahdisten gelungen, Khartum einzukesseln, das von dem erst kurz zuvor von den neuen britischen Herren Ägyptens entsandten Generalgouverneur Charles Gordon (1833–1885) gehalten wurde. Obwohl die Briten eigentlich den Sudan räumen wollten, konnten sie die rasch in Europa populären Verteidiger von Khartum schlecht ihrem Schicksal überlassen. Da Gordon die Stadt nicht räumen wollte, wurde im Herbst 1884 doch noch eine britische Entsatztruppe in Marsch gesetzt. Als deren Nildampfer bereits kurz unterhalb Khartum waren, stürmten die Mahdisten am 26. Januar 1885 mit rund 50.000 Mann die ausgehungerte Stadt und schlugen Gordon in dessen Gouverneurspalast den Kopf ab. Nur zwei Tage später erreichten die britischen Schiffe das Ufer gegenüber dem Gouverneurspalast, zogen sich aber, nachdem sie erkannten, dass Gordon und die Verteidiger getötet worden waren, wieder flussab zur Verteidigung von Ägypten zurück. Der Mahdi gründete am Westufer des Weißen Nil bei Omdurman Heerlager und Sitz seines Gottesstaates, wohin die verbliebenen Stadtbewohner umsiedeln mussten, während Khartum völlig aufgegeben wurde. Während zahlreiche der im Sudan verbliebenen und dann in der Stadt eingeschlossenen Europäer bei oder bald nach deren Erstürmung zu Tode kamen, gerieten andere in die Gefangenschaft des Mahdi, worüber herausgeschmuggelte Kassiber drei Jahre später Aufschluss gaben:

Anonym: Schicksal von Lupton, Slatin und der übrigen Gefangenen des Mahdi. In: Dr. A. Petermanns Mittheilungen aus Justus Perthes' Geographischer Anstalt, 1888: 34, Seite 219–221.

Aus Chartum sind endlich im Mai d [es] J [ahres] sichere Nachrichten über die Lage der dort in Gefangenschaft zurückgehaltenen Europäer nach Kairo gelangt [...]. Bald nacheinander trafen zwei Boten aus Chartum in Kairo ein, welche kleine Zettel von Slatin-Bei, dem österreichischen Missionar Urwalder und von der Witwe eines früheren ägyptischen Beamten überbrachten [...]. Sowohl aus dem Briefe Urwalders als auch aus den mündlichen Berichten der Boten geht hervor, dass das Schicksal der Europäer in Chartum ein höchst trauriges, ja eigentlich ein entsetzliches ist.

Die Missionare und Schwestern befinden sich in verhältnismässig erträglicher Lage, denn sie sind frei und können durch Arbeiten ihr Leben fristen; meistens kochen sie Bohnen mit Öl [...], welche sie dann auf offner Strasse in der Nähe des Hauses des Mahdi feilbieten. Man kümmert sich nicht viel um sie, weil sie schwach und vor allem sehr furchtsam sind. Lupton-Bei [= 1881–1884 Gouverneur des Bahr el-Ghazal] muss im Arsenal wie ein gemeiner Araber arbeiten und gerade die niedrigsten und schwersten Arbeiten verrichten, d. h. Lasten tragen oder wälzen, schaufeln, ziehen, kehren etc [etera]. Dabei ist er ohne Kleider und Schuhe, nackt, nur mit arabischer Unterhose (elbas) und Filzkappe bekleidet. [...] **[219]** [...] Slatin [= 1881–1883 Gouverneur des Darfur] muss den Sais, d. h. Vorläufer, des Mahdi Scheich Chalifa machen. Barfuss und halbnackt, nur mit kurzen Unterhosen und einem Stück grünen Zeuges um die Schultern bekleidet, Lanze und eine kleine Fahne tragend, muss er dem Pferde des Mahdi vorlaufen und diesem beim Auf- und Absteigen den Steigbügel halten. Bei jeder Gelegenheit hat er Beschimpfungen durch den Mahdi zu erdulden, welcher seiner Umgebung dadurch zu imponieren sucht, dass ein Christ, ein früherer Gouverneur und Pascha, ihm, dem Mahdi und Propheten, jetzt den Steigbügel halten und den Sais machen muss. [...] Die in Chartum zurückgebliebenen Griechen, Syrer, Kopten und Ägypter sind in traurigen und zerlumpten Verhältnissen und müssen die niedrigsten Arbeiten verrichten.

Elend, Mangel an Geld, Kleidung und Nahrung herrschen in Chartum, dazu ist Streit und Zwietracht zwischen der Partei des Mahdi und dem Anhänge andrer Grossen ausgebrochen. Einmal hat bereits ein Häuptling offen revoltiert, sich aber wieder

53 Nach Brehm standen die Griechen in den Nilländern in so schlechtem Ruf, dass sich jeder in Ägypten ansässige Europäer beleidigt fühlen würde, wenn man Letztere mit Ersteren gleichstellte.

unterworfen, als er, nachdem die beiderseitigen Truppen sich gegenüberstanden, erkannte, dass die Macht des Mahdi bedeutender und besser bewaffnet war als sein Gefolge. Nach kurzer Unterhandlung wurde Friede geschlossen, aber wenige Tage darauf wurde der betreffende Häuptling nachts überfallen und aufgehängt. Überhaupt ist das Hängen und Morden in Chartum an der Tagesordnung. Wer Tabak raucht oder verkauft, wer Handel treibt, wer sein bares Geld nicht ausliefert, wer Getreide aufhäuft oder verbirgt – wird gehängt. [...] **[220]** [...]

Die 13-jährige Herrschaft der Mahdisten über den Sudan und Khartum endete am 2. September 1898 mit der bei Omdurman auf dem westlich der Stadt gegenüberliegenden Ufer des Weißen Nil geführten Entscheidungsschlacht zwischen einer vereinigten Streitmacht von 8200 Ägyptern und 7600 Briten gegen etwa 35.000 Mahdi-Truppen. Diese Schlacht brachte nicht nur die völlige Vernichtung des Mahdi-Reichs mit sich, sondern ging in die Militärgeschichte als letzter kriegsentscheidender Einsatz der Kavallerie sowie als erster massenhafter Einsatz von Maschinengewehren ein. Aufgrund ihrer Überlegenheit zählten die ägyptisch-britischen Sieger am Abend noch keine 50 Toten, aber 7900 tote Sudanesen und über 5000 Gefangene. Da die (Rück-)Eroberer die Pläne für den Wiederaufbau des über ein Jahrzehnt brach gelegenen Khartum als Hauptstadt des neu eingerichteten Anglo-Ägyptischen Sudan schon im Marschgepäck hatten, gingen diese Arbeiten rasend schnell voran:

Anonym: Neu-Chartum. In: Deutsche Rundschau für Geographie und Statistik, 1899: 21, Seite 284.

Während man die Scheichs der umliegenden Stämme einladet, sich in Chartum anzubauen, und ihnen in freigebigster Weise dazu Terrain anbietet, werden ähnliche vortheilhafte Bedingungen Capitalisten und Unternehmern gestellt, die geneigt wären, in Chartum zu bauen. Gleichzeitig sind die von der Atbara bis Omdurman zu beiden Seiten des Nils wohnenden Stämme aufgefordert worden, von ihren früher verlassenen fruchtbaren Ländereien an den Ufern des Nils wieder Besitz zu ergreifen und die zur Befruchtung derselben dienenden Wasserräder wieder zu errichten, von denen vor der Schreckensherrschaft des Mahdi allein zwischen Berber[54] und Chartum über 3.000 existirten; heute [= 1899] sind deren kaum noch 100 in Thätigkeit. **[284]**

Nur wenige Monate später konnte für das Jahr 1900 berichtet werden:

Anonym: Das neue Khartum. In: Deutsche Rundschau für Geographie und Statistik, 1900: 22, Seite 426–427.

Nach Berichten der katholischen Missionäre in Omdurman erhebt sich die Stadt Khartum aus der Verwüstung durch den Mahdi rasch zu neuer Blüthe. Khartum ersteht als neue Stadt auf den Ruinen der alten auf der Landzunge zwischen dem Weißen und Blauen Nil. Ein großartiger Bauplan ist der neuen Stadt zugrunde gelegt. Durch die Erhöhung der ganzen, in den Bauplan einbezogenen Fläche, durch ein Netz von Abzugcanälen und Versorgung der Stadt mit Wasser wird Khartum, das einst das Grab der Europäer war, gesünder als früher werden. [...] Auf dem Gegenufer von Khartum [= Ostufer des Blauen Nil] steht bereits die Eisenbahn, die den Sudan an den Weltverkehr unmittelbar anschließt. Kairo-Khartum legte man **[426]** einst in drei Monaten, heute [= 1900] in 70 bis 80 Stunden zurück. Wie nahe ist Khartum, der Schlüssel Innerafrikas, an das Mittelmeer herangerückt! Diese Bahn[55] wird der Hauptstadt des Sudans in ihrem Aufschwünge viel nützen. Das Erstehen und Emporkommen Khartums bedeutet den Niedergang und die Entvölkerung von Omdurman. Die Wohlhabenden und Kaufleute siedeln allmählich nach Khartum über und in Omdurman verbleibt nur eine arme, spärliche Bevölkerung. **[427]**

Schon zwei Jahre später war Khartum als Hauptstadt des Anglo-Ägyptischen Sudan bereits voll funktionsfähig:

Anonym: Chartum. In: Geographische Zeitschrift, 1902: 8, Seite 290.

Chartum [...] ist wieder besiedelt worden; es zählt heute [= 1902] bereits 30.000 Einwohner, während Omdurman, die auf dem gegenüberliegenden Nilufer liegende, von den Mahdisten gegründete neue Hauptstadt, deren allerdings noch 60.000 hat. Es fehlt an Häusern in Chartum, und obwohl man solche baut, ist ihm gegenüber, am Nordufer des Blauen Nils, noch eine neue Niederlassung, das heute 8.000 Einwohner zählende Halfaya entstanden, wo zur Zeit die Eisenbahn endet. Die Regierung hat vor kurzem ihren Sitz von Omdurman nach Chartum verlegt und wünscht, dass sich hier auch die Kaufleute niederlassen, so dass der alten Hauptstadt des ägyptischen Sudan wohl eine neue Blüte und eine glänzende Zukunft vorausgesagt werden kann. Das Leben ist dort um die Hälfte teurer als in Alexandria. Die Reise von Alexandria nach Chartum dauert 6 Tage und kostet je nach der Wagenklasse 100–400 M [ar]k. Die Fracht für die Tonne Waren beläuft sich auf 250 bis 320 Mark. **[290]**

54 Am Haupt der östlichen Nilschlinge unterhalb Khartums gelegener Endpunkt der kürzesten Karawanenroute von Suakin am Roten Meer zum Niltal.

55 Ab 1897 bauten die Briten ab Wadi Halfa, dem Endpunkt der Nilschifffahrt am zweiten Katarakt und bei der heutigen Staatsgrenze zwischen Ägypten und dem Sudan, für ihre Nachschublogistik im Feldzug gegen das Mahdi-Reich eine meterspurige Schmalspurbahn. Diese Bahnlinie schnitt die weite westliche Nilschlinge oberhalb von Wadi Halfa ab, ging quer durch die Nubische Wüste und traf erst bei Abu Hamed wieder auf den Nil, der ab dort in ziemlich gerader Richtung vom Zusammenfluss des Weißen und des Blauen Nil herabkam. Die 919 km lange und nach dem südafrikanischen Hauptverbreitungsgebiet sogenannte Kapspurbahn (1067 mm Schienenabstand) war ab dem 4. Januar 1900 durchgängig zwischen Wadi Halfa und dem Khartum gegenüberliegenden Ostufer des Blauen Nil befahrbar.

Aber der stadtplanerische Wunsch einer einheitlichen Neuanlage vom Reißbrett auf den Trümmern des alten Khartum sollte trotz oder gerade wegen der dynamischen Entwicklung nicht in Erfüllung gehen, wie schon 1905 absehbar wurde:

Anonym: Besiedlungsverhältnisse von Chartum. In: Geographische Zeitschrift, 1905: 11, Seite 56.

Die Besiedelungsverhältnisse von Chartum, der neuaufgebauten Hauptstadt des ägyptischen Sudan, haben sich nicht so gestaltet, wie man bei dem Wiederaufbau der Stadt erwartet hatte. Die nach einem einheitlichen Plane mit großen Plätzen und sich rechtwinklig schneidenden Straßen angelegte Hauptstadt wird hauptsächlich von den Beamten und dem Militär bewohnt; die Eingeborenen, die nach der Zerstörung Chartums vom Mahdi auf dem linken Ufer des Nil in Omdurman angesiedelt worden waren, sind wider Erwarten nicht wieder nach Chartum zurückgezogen, sondern sind in Omdurman sitzen geblieben, wo ihre Zahl in stetem Wachsen begriffen ist und schon an die 50.000 reicht. An dem Endpunkt der Eisenbahn auf dem rechten Ufer des blauen Nil entwickelt sich kräftig die Handelsstadt Halfaya, so daß das neue Chartum aus drei eigentlichen Städten besteht: der Beamten- und Militärstadt Chartum auf der südlichen Halbinsel zwischen weißem und blauem Nil, der Handelsstadt Halfaya auf der nördlichen Halbinsel und der Eingeborenenstadt Omdurman auf dem linken Nilufer. Der Aufschwung Chartums, das jetzt am bequemsten durch eine 2.080 km lange Eisenbahnfahrt und 320 km lange Bootfahrt auf dem Nil von Alexandrien aus erreicht werden kann, wird einst kräftig gefördert werden durch die im Bau begriffene Eisenbahn Suakin – Berber, durch die Chartum in eine nur 750 km lange direkte Eisenbahnverbindung mit dem Roten Meere gebracht werden wird.[56] **[56]**

Die Dreiteilung der Ansiedlung am Zusammenfluss von Weißem und Blauem Nil setzte sich im gesamten 20. Jahrhundert durch die bereits bei der Gründung angelegte funktionale Verteilung fort: Das 1884 als Militärlager des Mahdi gegründete und unregelmäßig gewachsene Omdurman blieb die bevorzugte Wohnstadt mit bei der Unabhängigkeit des Sudan 1956 rund 114.000 Einwohnern, die im Kern 1898 planmäßig angelegte Verwaltungsstadt Khartum mit 1956 rund 93.000 Einwohnern und das durch den Eisenbahnendpunkt 1900 entstandene Halfaya, heute Khartum Nord genannt, welches trotz des 1910 erfolgten Eisenbahnbrückenschlags nach Khartum das Industriegebiet blieb und 1956 schon 40.000 Einwohner zählte. Wie alle Hauptstädte der Entwicklungsländer erlebte der Sudan seit der Unabhängigkeit eine starke Landflucht, wodurch sich die Einwohnerzahl des Verstädterungsgebietes Khartum im letzten halben Jahrhundert bei gleichbleibender proportionaler Verteilung der drei Kerne von einer Viertelmillion auf rund 8 Mio. mehr als verdreißigfacht hat.

56 Siehe ► Abschn. 10.5, Verkehrswege durch die Nubische Wüste.

10.3 Kordofan und Darfur

Die Naturräume zwischen dem Zusammenfluss von Weißem und Blauem Nil bei Khartum und Bahr el-Ghazal, dem Sumpfgebiet des oberen Weißen Nil[57], gehören zu den Regenfeldbau mit ergänzender Viehhaltung tragenden Savannen der kontinentalen Übergangslandschaft zwischen der wüstenhaften Sahara und dem wechselfeuchten äquatorialen Regenwald, im Arabischen Bilad es-Sudan oder „Land der Schwarzen" genannt[58]. Das weithin um 500 m hoch gelegene und flache Land im Winkel westlich des Weißen Nil und nördlich des Bahr el-Ghazal bildet dabei die Landschaft Kordofan mit arabischen Nomadenstämmen in den trockeneren Landesteilen im Norden und Westen, aber einer Vielzahl schwarzer Niloten-Völker in den bis zu 1325 m hohen und deshalb regenreichen Nuba-Bergen am Knie von Weißem Nil und Bahr el-Ghazal.

Seit dem Ende des 17. Jahrhunderts stand Kordofan unter der Herrschaft des Sultanats Darfur, erlebte aber nach 1779 Einfälle des zwischen dem Weißen und Blauen Nil gelegenen arabisierten Königreichs Sennar mit beträchtlicher Zuwanderung aus diesem Zwischenstromland. Als prosperierendes Feldbaugebiet am Nil und in den Nuba-Bergen mit bedeutender Viehzucht in dessen nordwestlichen Savannen und Steppen sowie wichtigen Karawanenrouten und nicht zuletzt als Sklavenfanggebiet erregte Kordofan die Begehrlichkeit des ägyptischen Vizekönigs Mehmed Ali. Dessen Schwiegersohn Mohammed-Bey entriss 1821 Kordofan mit 4500 Soldaten und acht Geschützen dem Sultan von Darfur und machte es zum damals weit südlich vorgeschobenen Brückenkopf des Reichs seines Schwiegervaters.[59] Ein Augenzeuge der ägyptischen Unterwerfung des Kordofan war Eduard Rüppell (1794–1884), der als Frankfurter Bankierssohn recht unabhängig ab 1817 insgesamt vier Mal die oberen Nilländer und Abbessinien bereiste. Der hauptsächlich biologisch interessierte Afrikaforscher war 1822–1827 auf seiner zweiten und längsten Bereisung der Nilländer und berichtete brieflich am 3. Mai 1824 aus Ambukol am Nilknie unterhalb von Khartum über seine Erlebnisse im Zusammenhang mit dem ägyptischen Vorstoß in die oberen Nilländer und seine noch sehr oberflächlichen Erkundigungen über Kordofan:

57 Siehe ► Abschn. 10.4: Der tiefste Süden: Bahr el-Ghazal.

58 Siehe ► Abschn. 10.1, Traum und Alptraum einer Kolonialerwerbung, Fußnote 1, und ► Abschn. 11.2, Der transsaharische Karawanenhandel, insbesondere Fußnote 26.

59 Siehe ► Abschn. 1.2, Mehmed Ali: vom Söldnerführer zum Dynastiegründer.

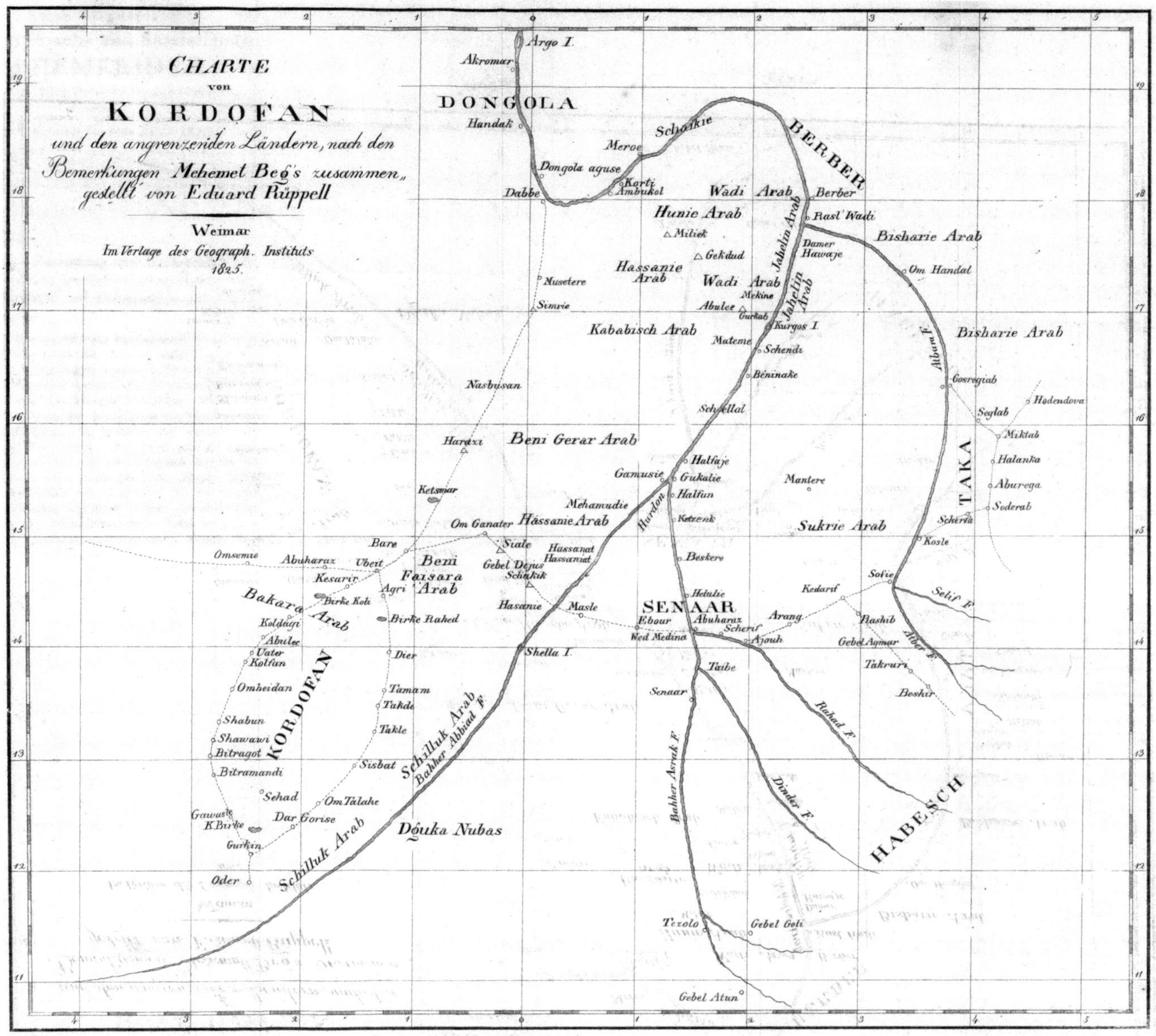

Abb. 10.5 Charte von Kordofan und den angrenzenden Ländern, nach den Bemerkungen Mehmet Beg's zusammengestellt von Eduard Rüppell. In: Neue allgemeine geographische und statistische Ephemeriden, 1825: XV.4

Eduard Rüppell: Nachricht über Rüppel's Reise in Afrika. In: Neue allgemeine geographische und statistische Ephemeriden, 1825: 15.4, Seite 121–126.

Noch muß ich Ihnen[60] von einer seltenen Charte von Kordofan [Abb. 10.5] und dem Lande am Nil [...] erzählen. Sie ist ganz nach den Materialien entworfen, die der Schwiegersohn des Mehemet Ali Pascha, Mehemet Beg, gesammelt und mir mitgetheilt hat. Sie enthält nur die Orte, die dieser merkwürdige Mann, auf seinen Feldzügen, in den letzten vier Jahren [= 1821–1824], selbst besucht hat. Mehemet Beg ist einer von den wenigen Türken, von denen die Wissenschaften geschätzt und geehrt werden; er ist ein leidenschaftlicher Liebhaber der Geographie und weiss den Werth neuer Entdeckungen zu würdigen. Er führt stets einen grossen Atlas bei sich, der zu Constantinopel erschienen ist, und mehrere neue Türkische Werke über Geographie, Astronomie und Physik. Er hat einige Kenntnisse in den genannten Wissenschaften, und er legt sie gern, mit einer Art von Stolz oder Eitelkeit, vor denen zur Schau die gleichen Geschmack mit ihm haben. [...] Dies ist die lobenswerthe Seite dieses seltsamen Mannes, der, auf der anderen Seite, über alle Beschreibung grausam ist, und dessen Blutdurst alles übertrifft, was man nur in der Geschichte von der Wildheit der ärgsten Tyrannen des Allterthums erzählt findet. [...] **[122]** [...]

Mehemet Beg erhielt im Jahre 1820 den Oberbefehl über ein Heer seines Schwiegervaters, um Kordofan zu erobern und Neger fortzuschleppen, aus denen man nachher in Aegypten Soldaten

60 Gemeint ist Franz von Zach, der Gründungsherausgeber der Zeitschrift.

machte. Er vollführte seinen Auftrag: gewann mehrere Schlachten, und durchzog dann die Gebirge, wo die Nuba's wohnen, um die bestimmte Anzahl Neger zu erhalten. So lernte er Kordofan kennen. [...] Ein zweiter Feldzug führte ihn [...] zu den Gränzen von, Abyssinien; von dort verfolgte er den Lauf des Atbara[61] [...] bis zu seinem Zusammenfluss mit dem Nil [...]. Auf allen diesen Hin- und Herzügen sammelte Mehemet Beg genaue Nachrichten über die Entfernungen der Oerter, über die Richtung der Wege u [nd] d [er]gl [eichen], um eine Charte darnach zu entwerfen, und wie er in's Lager zurückgekommen war, benutzte er die müssigen Augenblicke, alle Punkte nach ihren Entfernungen und Richtungen gegeneinander auf einer zehn Fuss langen Leinewand zu bestimmen. Er zeigte mir diesen Entwurf, gab mir genaue Auskunft über die von ihm gebrauchten Materialien und bat mich, die nöthigen Verbesserungen vorzunehmen **[123]**. Ich gieng gleich daran, und da ich zwei Punkte auf dieser Charte, Gurkab und Ambukol, genau bestimmt hatte, und da ich aus mehreren Versuchen wußte, daß 35 Tagereisen auf Cameelen einen Breitengrad ausmachen[62], und Mehemet Beg alle Distanzen darnach angegeben hatte, so konnte ich die Charte verbessern, und ich glaube, daß sie eine genaue Kunde des Landes südlich vom Nil, vom 19. bis zum 11. Grad der Breite, gewährt. [...] **[124]** [...]

Natürlich habe ich so viele Nachrichten als möglich über die Gegenden eingezogen, die ich zu durchreisen gedenke: bis ich selbst die Wahrheit der Angaben bestätigen kann, theile ich ihnen mit, was ich von gescheidten, zuverlässigen Leuten erfragen konnte. Die Neger, welche den gebirgigen Theil, von Kordofan bewohnen, nennen sich selbst Nuba's. Sie sind in verschiedene Stämme, oder Völkerschaften getheilt, von denen jede den Gipfel eines hohen Berges inne hat. Die meisten dieser Stämme reden eine ihnen eigenthümliche Mundart [...]. In jeder dieser Sprachen heißt der Ort, wo sie sich angesiedelt haben, Danka oder Donga. Die meisten Nuba's sind Heiden oder Götzendiener, sie beten, wie man sagt, den Mond an, wenigstens richten **[125]** sie an ihn ihre Gebete. Einige Stämme am Bahr el Abbiad [= Weißen Nil] sind Muhamedaner.

Alle Nuba's von Kordofan bestellen den Acker, besonders bauen sie in den Ebenen Durrha[63]; die meisten weben Baumwollenzeuge [= Baumwollstoffe]. In mehreren Stämmen versteht man Mineralien auszuschmelzen und das Eisen zu schmieden. Im Allgemeinen sind diese Völkerschaften sanft, freundlich und arbeitsam [...]. Man behauptet, daß südöstlich von Kordofan Menschenfresser wohnen. [...] Die Beschneidung der Mädchen ist unter ihnen so gewöhnlich, als die der Knaben bei den Berbern. Alle Eingebornen in Kordofan die nicht von reinem Arabischen Blute stammen (die Araber haben sich nämlich in diesem Lande angesiedelt), haben krauses Haar. Obgleich die breite Nase und die dicken Lippen die Negerrace verrathen, so sieht man bei ihnen doch nicht die hervorragenden Backenknochen, welche die Neger aus dem westlichen Afrika von allen anderen Racen unterscheiden. Ich besitze den Schädel eines Nuba von Dguke oder Dgdukeb [...] vom östlichen Ufer des Bahr el Abbiad [= Weißer Nil]. Herr Hey[64], der diesen Bahr über sechszig Lieues [= ca. 270 Kilometer] hinauf bereist hat, schildert ihn mir als eine sumpfige Wassermasse, bei welcher im Winter kein Abfluss stattfindet; das Wasser, obgleich es weder trübe, noch schmutzig ist, hat jedoch eine weissliche Farbe [...]. **[126]**

Die Nachrichten über Kordofan blieben spärlich, da europäische Reisende diese Provinz zumeist auf dem randlichen Weißen Nil umgingen. So stützten sich landeskundliche Angaben meist auf die das Besondere herausstellende Verwertung ägyptischer Quellen und Erkundigungen aus der Ferne, wie der folgende Auszug von Heinrich Berghaus aus Berichten der beiden Franzosen Edmond de Cadalvene und Jule de Breuvery aus der Mitte der 1830er-Jahre:

[Heinrich Berghaus]: Skizzen aus Nubien. Nach Cadalvene und Breuvery. In: Annalen der Erd-, Völker- und Staatenkunde, 1836/37: 3, Seite 133–167.

Übrigens hat Kordofan mit allen Ländern, die Mehemed Ali sich unterworfen, gleiches Schicksal gehabt. Nicht zufrieden, daß er die Inwohner mit den willkürlichsten Abgaben bedrückt, hat der Vicekönig sich auch das ausschließliche Recht zum Handel mit den freien Negern vorbehalten, und das Elend ist hier so groß, wie in Ägypten. Um sich gegen die Aufstände der Ingebornen zu schützen, sind hier und da kleine Truppenabtheilungen zerstreut, und bei [... dem Hauptort El-]Ebeied [...], ein befestigtes Lager errichtet. Das Hauptprodukt von Kordofan ist das Gummiarabicum[65], welches von mehreren Arten der Akazie gewonnen wird, die man zuerst in den Ebenen von Dongola [in Nubien] antrifft. [...] In Kordofan, wo es häufiger regnet, ist das Gummi ausgezeichnet, und man ärntet jährlich gegen 5.000 Centner. Übrigens übt auch bei diesem Handel der Vicekönig das Monopol aus, hat jedoch auf einige Jahre einen Theil des Privilegiums einem Franzosen, Namens Vaissieres, zur Belohnung für ausgezeichnete, im Kriege gegen die Wahabiten [in Arabien] geleistete Dienste überlassen.

Außerdem wird in Kordofan auch Weihrauch gesammelt, von den Arabern aber wegen des schlechten Lohns, den sie dafür erhalten, dieser Erwerbszweig sehr vernachlässigt. Ferner liefert

61 Der nördlich des äthiopischen Tana-Sees, der Quelle des Blauen Nil, entspringende etwa 800 km lange Atbara mündet 320 km stromab von Khartum als letzter rechter Nilzufluss.

62 Während der Abstand zwischen zwei Längengraden von 111,3 km am Äquator bis zu den Polen beständig bis auf null abnimmt, beträgt der Abstand zwischen zwei Breitengraden stets recht genau 111 km, mit infolge der Erdabplattung nur einigen Hundert Metern mehr in Pol- und einigen Hundert Metern weniger in Äquatornähe. Gemeint sind daher wohl nicht 35 sondern 3 ½ Tagereisen auf dem Kamel.

63 Negerhirse oder Sorghum, Hauptgetreideart der Vorkolonialzeit in den sudanesischen Regenfeldbaugebieten.

64 Der Chirurg und Präparator Michael Hey begleitete Rüppell auf dessen zweiter Reise in die oberen Nilländer und nach Abessinien, wobei er 1824 als erster Europäer den Weißen Nil hinauf bis in das Sumpfgebiet des Bahr el-Ghazal befuhr; siehe ► Abschn. 10.4, Der tiefste Süden: Bahr el-Ghazal.

65 Das Baumharz wurde von den pharaonischen Ägyptern zur Einbalsamierung verwendet, aber im 19. Jahrhundert für eine Vielzahl von Zwecken, als lokales Schmerzmittel, zur Gummierung von Papier wie etwa bei Briefmarken, zur Grundierung von Lithographiesteinen und als Bindemittel für Farben in der Malerei.

Kordofan [pro Jahr] 4 bis 500 Fuder[66] Tamarinden[67], 30 Centner Elephantenzähne, eine Menge Straußfedern und gegen 3.000 Sklaven. Die Ingebornen verkaufen ihre eigenen Kinder, oder geben sie statt der Steuern an die Regierung. Wenn Hungersnoth eintritt, was im Gebirge nicht selten Statt findet, verkaufen sie sich selbst. **[167]**

Bald nach Beginn des Mahdi-Aufstands eroberten die Truppen „des von Gott Geleiteten" im Oktober 1881 die Nuba-Berge als wirtschaftlich wertvollsten Teil Kordofans und wiesen noch im Dezember und im Juni 1882 zwei Gegenangriffe der Gouverneure des Ägyptischen Sudan ab. In der Folge wurde Kordofan zu einem wichtigen Versorgungs- und Rekrutierungsgebiet der Mahdisten, was zu großen Bevölkerungsverlusten und wirtschaftlichem Niedergang führte. Bei der britischen Niederwerfung des Mahdi-Reichs 1898[68] zogen sich die letzten Reste der Mahdi-Truppen nach Kordofan zurück, wo sie bis Ende 1899 hinhaltenden Widerstand leisteten. Danach machten die Sieger Kordofan zu einer Provinz des Anglo-Ägyptischen Sudan.
Im Westen schließt sich an Kordofan die Landschaft Darfur oder „Land der Fur" an, die in drei Teile zerfällt: den dünn besiedelten steppenhaften Rand der Sahara im Norden mit vorwiegend arabischen Nomadenstämmen, der vulkanischen Gebirgsmasse mit dem bis 3042 m hohen und deshalb regenreichen Dschebel Marra in der Mitte. Mit zahlreichen arabischen und schwarzen Völkerschaften um die Tunjur – wohl arabisierte Zuwanderer aus dem Osten und mittelalterliche Leitkultur – ist das Bergland stets das wirtschaftliche und poltische Herz des Darfur gewesen und El Fascher am Ostrand des Gebirges seit dem Ende des 18. Jahrhunderts die Hauptstadt der Regionalmacht des Sultanats Darfur. Von den Südabhängen des zentralen Gebirgsmassivs bis zum Nordrand des Bahr el-Ghazal breitet sich eine Regenfeldbau ermöglichende sommerfeuchte Savanne aus, wo das namensgebende Nilotenvolk der Fur zusammen mit weiteren Ackerbau treibenden schwarzen Völkern siedelt. Die erste sichere Kunde über dieses bedeutende nordostafrikanische Reich gelangte aber erst durch den britischen Entdeckungsreisenden William Browne (1768–1813) nach Europa, der auf der Suche nach den Nilquellen 1793–1796 als Internierter in Darfur gelebt hatte, was die damals führende deutsche geographische Zeitschrift verwunderte:

Anonym: Durch wen wurde das Reich Fur oder Darfur im Innern von Afrika den Europäern zuerst bekannt? In: Allgemeine geographische Ephemeriden, 1812: 28.5, Seite 3–11.

Als vor 13 Jahren [= 1799] der Engländer Browne seine wichtigen Reisebemerkungen über Darfur [...] herausgab, und dadurch eine **[3]** grosse Lücke in der Geographie des inneren Afrika ausfüllte, war man mit Recht darüber erstaunt, dass man diese Lücke erst seit den neueren wenigen Nachrichten von Bruce[69] und Ledyard[70] zu bemerken angefangen hätte, obgleich Aegypten's Hauptstadt, Kahira, mit jenem Reiche in einer beständigen Karawanen-Verbindung seit Menschendenken gestanden hatte, und die Karawanenstrasse nach Sudan oder dem Negernlande über Darfur gieng. [...] **[4]** [...]

Ein Jahrzehnt nach Brownes erstem Bericht konnte der deutsche Orientreisende Ulrich Seetzen[71], der sich seit 1807 längere Zeit in Kairo aufgehalten hatte, im Oktober 1808 brieflich über die Ergebnisse der Befragung des aus Darfur stammenden Schwarzen Mohammed Mitteilung machen. Sein Gewährsmann war mit einer der Handelskarawanen aus Darfur nach Kairo gelangt und dort nun ein Student an der al Azhar-Universität:

Ulrich Seetzen: Nachrichten von dem Negerlande Fur (Dar Fur). In: Monatliche Correspondenz zur Beförderung der Erd- und Himmelskunde, 1809: 19, Seite 429–446.

Die Dgelaby[72] reisen von hier nach Assiut in Oberegypten, und von dort durch eine ungeheure Wüste, worin sie nur etliche wenige kultivirbare Gegenden antreffen, welche [...] gleichsam Inseln in einem Meere von Sand darstellen. Von Assiut erreichen sie in fünf Tagen den grössten El-Uach [= Oase], welcher Charjeh[73] heisst. Von dort nach Beris sind zwey, von dort nach Schöpp sechs, nach Selim drey, nach Leggije fünf, nach Bir el Attrun sechs, und von da nach Dar Fur[74] zehn Tagereisen, im Ganzen also sieben und dreyssig Tage. Indessen sollen sie manchmal einige Tage länger auf dieser Reise zubringen, welche, wie man sich leicht vorstellen kann, höchst beschwerlich ist. [...] **[430]** [...]

Ausser Eisen findet man dort auch Kupfererze, welche ein vortreffliches Kupfer von rother Farbe liefern. Wenn ich recht verstand, so wollte H [er]r Brown Proben davon mitnehmen; aber der Regent wollte dieses nicht zugeben. Mohammed versicherte, dass jährlich in Dar Fur Schnee falle, welcher sich aber sogleich in Wasser auflöse, wenn er noch kaum die Erde erreiche. – Einer der grössten

66 Volumenmaß mit je nach Region zwischen etwa 800 und 1800 l schwankendem Inhalt. Je nachdem, welches Ortsmaß Berghaus zugrunde legte, sind 320–900 m^3 anzunehmen.

67 Die schotenartige Frucht der Tamarinde kann als Würzmittel und Ersatz für Zitronen, insbesondere zur Herstellung von Limonade genutzt werden.

68 Siehe ► Abschn. 10.1, Traum und Alptraum einer Kolonialerwerbung.

69 Der schottische Adelige James Bruce of Kinnaird (1730–1794) hatte 1768 die moderne europäische Suche nach den Nilquellen mit einer fünfjährigen Expedition angestoßen, die ihn bis zum äthiopischen Tana-See führte, der Quelle des Blauen Nil.

70 Der erfahrene forschungsreisende Amerikaner John Ledyard (1751–1789), der 1776–1780 an James Cooks dritter Südseereise teilgenommen hatte, starb wenige Monate nach seiner Ankunft in Ägypten, im Begriff eine Expedition den Nil hinauf zu unternehmen, noch in Kairo, als er ein Magenleiden mit einer Überdosis Vitriol, einem Salz der Schwefelsäure, zu bekämpfen suchte.

71 Siehe ► Abschn. 6.1, Eine Pionierdurchquerung von Ulrich Seetzen.

72 Schwarze Kaufleute, die aus den Sudanländern mit Karawanen bis nach Kairo kommen.

73 Gemeint ist die Oasengruppe Kharga; siehe ► Abschn. 9.1, Die deutsche Gelehrten-Expedition 1873–1874.

74 Die Aufzählung von Orten zwischen Kharga und Darfur verweist auf Brunnen bzw. kleine Oasen.

Berge in diesem Lande heisst Marra. Reis wächst dort in so großer Menge von selbst wild, dass er wenig geachtet wird, ungeachtet er von vorzüglicher Güte seyn soll. Durra[75] und Hirse werden in grosser Menge kultivirt, Weizen aber desto weniger. Datteln gibt es häufig, und aus ihnen, ingleichen aus Weizen bereitet man einen Branntwein, welcher so häufig bey ihnen getrunken wird, dass es dort einen besondern Namen für Trunkenheit gibt. **[431]**

Man findet Elephanten und Rhinocerosse in Dar Fur, ingleichen viele Sirafe (Giraffe), welche in der dortigen Sprache Urr genannt werden. Das Rhinoceros heisst Mungo-Mungo, und Mohammed versicherte, dass davon das Horn komme, welches die Dgelaby unter dem Namen von Chartit hieherbringen und theuer verkaufen. Man hält es für ein wichtiges Gegengift. In Jerusalem sägt man es in Scheiben und gräbt Heiligen-Bilder darauf, welches Fabrikat von den Pilgern sehr gesucht wird. Man bereitet dort Peitschen aus den Häuten der Elephanten, Rhinocerosse und Nilpferde, welche man in grosser Menge nach Kahira [= Kairo] bringt. Die Häute der letztem sollen die dicksten und längsten liefern, die gewöhnlich dunkler von Farbe sind, als die übrigen. Bienen und Honig führen in Dar Fur gleichen Namen; Wachs kennt man nicht. [...]

Alle Einwohner dieses Landes bekennen sich zur mohammedanischen Religion, haben den Koran, und viele lassen ihre Knaben im Lesen desselben, so wie im Schreiben des Arabischen üben. Zu den wenigen Briefen, welche man schreibt, bedient man sich nie der eignen, sondern der arabischen Sprache. [...] **[432]** [...] Die Fury haben keine andere Münze als spanische und Kaiserthaler[76], deren man sich aber wenig im Handel zu bedienen scheint, welcher gewöhnlich durch Tausch betrieben wird. Auch **[433]** die herrschaftlichen Abgaben werden in Naturalien abgetragen. [...] **[434]** [...]

Ein anderer Student aus Darfur ergänzte:

Das Land Kurdophan macht eine Provinz von Dar Fur aus, und der Sultan setzt in der Hauptstadt dieses Landes, Lebbeid [= El-Obeid], einen Statthalter. [...] **[438]** [...]

Nachdem der ägyptische Vizekönig Mehmed Ali 1821 die dem Sultanat Darfur untertänige Landschaft Kordofan entrissen hatte, stießen dessen Truppen noch im gleichen Jahr gegen die Sultansresidenz El Fascher vor, wurden aber ebenso wie bei einem zweiten Eroberungsversuch 1833 zurückgeworfen. Daraufhin schirmte sich das Sultanat Darfur strikt gegen das in den oberen Nilländern immer weiter ausgreifende Ägypten ab. Mitte des 19. Jahrhunderts unterhielt das Königreich Sardinien-Piemont einen Konsul in Khartum, der für eine italienische geographische Zeitschrift über das wegen seiner Abschließung noch weitgehend unbekannte Darfur berichtete:

Baudey: Über die Straßen nach Darfur. In: Das Ausland, 1852: 25, Seite 719.

Aus Furcht vor der Eroberungssucht Mehemed Ali's hat der Sultan von Darfur seit 1820 den Eintritt in seine Staaten jedem Weißen untersagt; kommt dennoch einer, so wird er zwar gut aufgenommen, darf aber nicht mehr zurück. Sodann hat er den Eintritt in seine Staaten auf dem Weg über Dongolah[77] bei Todesstrafe verboten. Von da nach Kobbeh, wo jetzt noch die Karawanen anhalten, ist es nur 12 Tagereisen; man findet dreimal Wasser, und die Wüstenvegetation würde den zu einer Kriegsexpedition nöthigen Kamelen hinreichend Nahrung liefern. Seit der Eroberung des Sudans durch Ägypten darf man nach Darfur nur noch [auf dem fast dreifach längeren Weg] durch die Wüste von Selimeh ziehen, in die man von Siut [= Asyut] aus [in südsüdwestlicher Richtung] eintritt. Die Karawanen brauchen zu diesem Wege zwei Monate, und ein Drittheil der Kamele kommt um. Dieß vermindert natürlich den Handel sehr: es werden nur Sklaven, Elfenbein und Gold ausgeführt, und die Masse der eingeführten europäischen Waaren ist wegen des hohen Preises sehr gering. Die Provinz Dongolah ist durch das Abbrechen des Handels mit Darfur sehr heruntergekommen, und ganze Dörfer sind verschwunden, weil die Karawanen nicht mehr ihre Datteln und Zeuge [= Stoffe] kauften. **[719]**

Als Ägypten unter europäischem Druck in den 1860er-Jahren zunehmend den (offenen) Sklavenhandel unterdrückte, dem bis dahin profitabelsten Exportartikel des Sultanats Darfur gen Norden, wurde aus der jahrzehntelangen angespannten Nachbarschaft offene Feindschaft. Sultan Barhim begann den offenen Kampf 1873 mit einem Angriff auf grenznah stationierte ägyptische Truppen, was 1874 zum Gegenangriff einer überlegenen ägyptischen Streitmacht führte:

Anonym: Darfur. In: Das Ausland, 1875: 48, Seite 96–98.

Eine vom [ägyptischen] Gouverneur von Sudan nach Kairo gelangte Depesche meldete vor einigen Wochen [= Oktober 1874] den Einmarsch der ägyptischen Truppen in das Gebiet von Darfur [◘ Abb. 10.6]. Kaum hatte der Emir[78] [= Sultan] von Darfur dieß erfahren, so entsandte er zwei seiner vornehmsten Häuptlinge mit dem Scheik der Araber [...] und einer Truppenmacht von 5–6000 Mann den Aegyptiern entgegen. Eine kleine Abtheilung ägyptischer Truppen, welche in einige [...] Dörfer gegangen war, um Lebensmittel zu requiriren, gerieth mit den Darfurem in ein Gefecht, [...] in welchem die letztem ungeachtet ihrer großen Uebermacht den Kürzern zogen. [...]

75 Siehe ▶ Abschn. 10.3, Kordofan und Darfur, Fußnote 63.

76 Letztere sind die Maria-Theresia-Taler; siehe ▶ Abschn. 11.2, Der transsaharische Karawanenhandel, Fußnote 29.

77 Dongola war der nächstgelegene Hafenort an der großen westlichen Nilschleife unterhalb von Khartum.

78 Das arabische Wort Emir kann die verschiedensten militärischen und politischen Führungsfunktionen beschreiben. Unser Wort Admiral leitet sich von der arabischen Bezeichnung für Befehlshaber zur See ab. Im Kontext des vorliegenden ägyptischen Militärberichtes wird mit der Wortwahl deutlich gemacht, dass der Herrscher über Darfur unterhalb des einzig wahren Sultans in Konstantinopel steht.

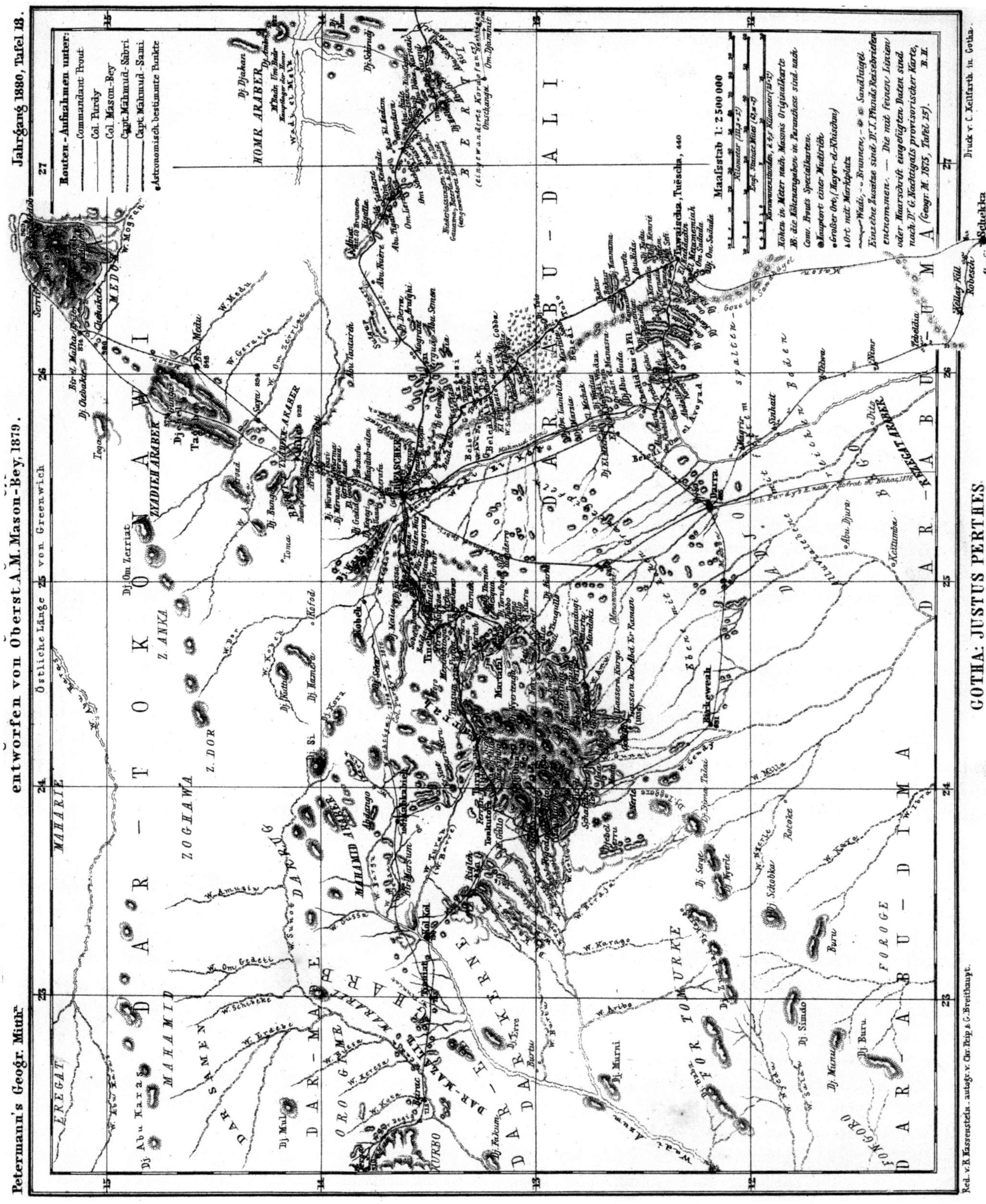

■ **Abb. 10.6** Originalkarte von Dar-Fur. In: Dr. A. Petermanns Mittheilungen aus Justus Perthes' Geographischer Anstalt, 1880: 26, Tafel 18

Kaum hatte der ägyptische Befehlshaber, Oberst Gordon[79], die Nachricht von dieser Affaire erhalten, so setzte er sich noch während derselben Nacht mit seiner Hauptmacht in Bewegung, griff die Darfurer an und schlug sie in die Flucht. Die Aegyptier verfolgten die Fliehenden bis nach Omm-Changa, der bedeutendsten Ortschaft von Darfur und Hauptpunkt seines Handels. Sie liegt etwa sechs Tagmärsche von Fachir [= El Fascher], der Hauptstadt von Darfur, entfernt. Alle Araber und Bewohner der Ortschaften, durch welche die ägyptischen Truppen kamen, wie auch die Einwohner und Kaufleute von Omm-Changa unterwarfen sich der ägyptischen Autorität. Der Emir, oder wie er sich selbst nennt, der Sultan von Darfur, sammelte seine letzten Streitkräfte und stellte sich persönlich an die Spitze derselben, um dem Obersten Gordon eine letzte Schlacht anzubieten. Einer telegraphischen Depesche zufolge wurde auch dieses Heer geschlagen und der Emir selbst soll im Kampfe gefallen sein. Die Einverleibung Darfurs in das ägyptische Reich unterliegt keinem Zweifel mehr. Es wird das Schicksal Sennaars[80] und Kordofans erleiden.

Darfur liegt an der westlichen Grenze von Kordofan und am südlichen Saume der Wüste. Seit vielen Jahrzehnten schon kam jährlich eine Karawane mit Elfenbein, Gummi, Straußfedern und Sklaven nach Aegypten, die sie dort sehr gut verwerthete und kehrte mit Manufakturen, Waffen, Schießpulver, Augengläsern, Perlen und ähnlichen Artikeln beladen wieder in ihre Heimath zurück. Der Hauptausfuhr-Artikel Darfurs waren aber die Sklaven. Da nun in der jüngsten Zeit der Sklavenhandel in Aegypten verboten wurde, so fand sich der [ägyptische] Gouverneur von Sudan veranlaßt, die Sklaven, welche mit der diesjährigen [= 1873] Karawane über die Grenze kamen, in Beschlag zu nehmen und zurück zu behalten. Die Mehrzahl derselben war aber das Eigenthum des Emir, der überhaupt der vornehmste Handelsmann seines Landes war. Dieser gerieth darob in großen Zorn und ließ seine Truppen über **[96]** die ägyptische Grenze marschiren. Der Ausgang dieses Krieges ist bereits oben gemeldet worden.

Darfur, obgleich es an Gegenden grenzt, die öfter erforscht worden sind, ist noch immer ein sehr wenig bekanntes Land, weil dessen Beherrscher seit der Zeit, wo Mehemed Ali seine Feldzüge und Unternehmungen im Sudan begann [= 1821], die Uebergriffe Aegyptens befürchtend, ihr Land allen europäischen Reisenden, die sie für ägyptische Spione ansahen, versperrten. [...]

Von der Annexirung Darfurs an Aegypten verspricht man sich folgende Vortheile. Fürs Erste das Aufhören des Sklavenhandels, denn Darfur war der Haupt-Entrepot [= Zwischenhändler] dieses lebendigen Handelsartikels. Der zweite Vortheil wird die Eröffnung einer schnellen und sichern Handelsstraße sein, denn der Khedive [= Vizekönig von Ägypten] hat bereits das Projekt genehmigt, eine große Eisenbahn zu bauen, welche Kairo mit Chartum verbinden soll. Die jetzige Bahn geht schon bis Mineh [in Mittelägypten]. [...] **[97]** [...] Entschließt sich die ägyptische Regierung noch zu der Auslage, die nothwendig ist, um die natürlichen Hindernisse zu beseitigen, welche das Bett des Nil zwischen Chartum und Gondokoro unzugänglich machen, so wird der Handel über eine direkte Kommunikation zwischen Kairo und dem See „Albert Nyanza" [= Albert-See][81], dem volkreichsten Mittelpunkte der afrikanischen Stämme, verfügen. [...] **[98]**

Auf die Eroberung des Sultanats im Oktober 1874 erfolgte eine rasche Landeserkundung des Darfur durch die von einem vorwiegend europäischen Offizierskorps befehligten ägyptischen Besatzungstruppen. Einer dieser Söldner, Alexander Mason, nun Oberst Mason Bey, hatte in seiner nordamerikanischen Heimat nicht nur im Bürgerkrieg mitgekämpft, sondern auch als Landvermesser gearbeitet. Als solcher ließ er 1880 *Petermanns Mittheilungen*, der damals führenden länderkundlich-kartographischen Zeitschrift, die erste Übersichtskarte des Darfur mit Begleitworten zukommen:

Mason-Bey [= Alexander Mason]: Dar-For. In: Dr. A. Petermanns Mittheilungen aus Justus Perthes' Geographischer Anstalt, 1880: 26, Seite 377–381.

Das eigentliche Dar-For, d. h. Land der For, beschränkt sich, wie wenigstens die Bewohner behaupten, auf den centralen Gebirgszug, den Djebel Marrah und seine Ausläufer nach Westen; im weiteren Sinne erstreckt es sich zwischen 10° und 14° N [ördlicher] Br [eite] und zwischen 22° und 28° ö [stlicher] L [änge] v [on] Gr [eenwich].

Bewohner. – In dem sandigen Gebiete gegen Osten besteht die Bevölkerung hauptsächlich aus Tukruri und Berti, im Norden von diesem befinden sich die Wohnsitze der Homr-Araber, welche sich in hohem Maasse mit Kameelzucht beschäftigen, im Süden ist die Bevölkerung aus **[377]** Tukruri und Arabern gemischt, an welche sich die Baggara-Araber anschliessen. Nördlich von [El] Fascher finden wir Tukruri und Zyadieh-Araber, im Süden Fellatah und dann Baggara. Im Marrah-Gebirge hausen ausschliesslich For. Im Westen desselben ist die Scheidung der verschiedenen Stämme fast dieselbe wie im Osten; im Norden wohnen Araber, diesen schliessen sich Tukruri an, dann folgt der Negerstamm der Masalit und endlich wieder Baggara. Die arabische Bevölkerung hat sich durchschnittlich rein und unvermischt erhalten und ist von den For, Tukruri und Fellatah leicht zu unterscheiden, sowohl in Farbe wie auch durch die Physiognomie. Die Araber haben sehr helle Hautfarbe und regelmässige Züge, während die genannten anderen Stämme durchaus den Negervölkern angehören. Die Zyadieh behaupten, aus Koreisch [in Arabien] zu stammen, und die Homr wollen von Westen her aus Marocco eingewandert sein; diese beiden Stämme sind als die Stammväter der übrigen zu betrachten. [...]

Die Grösse der Bevölkerung ist sehr verschiedenartig taxirt, meistens aber wohl überschätzt worden, wenigstens möchte ich die Resultate aller dieser Schätzungen anzweifeln. So weit meine

79 Siehe ► Abschn. 10.1, Traum und Alptraum einer Kolonialerwerbung.

80 Sennar ist die Landschaft im Dreieck zwischen dem bei Khartum zusammenfließenden Blauen und Weißen Nil, die wie das unmittelbar westlich anschließende Kordofan bereits 1821 von Truppen Mehmed Alis erobert worden war.

81 Der Albert-See liegt auf der Grenze des heutigen Uganda und Kongo und galt im letzten Drittel des 19. Jahrhunderts als mögliche Drehscheibe des Handelsverkehrs mit dem Seengebiet Ostafrikas wie dem inneren Kongobecken; siehe ► Abschn. 10.4, Der tiefste Süden: Bahr el-Ghazal.

Beobachtungen reichen, kann ich nicht einmal eine Bevölkerung von 2.000.000 Seelen herausbekommen, sondern nehme nur höchstens 1.500.000 Bewohner an. Von dieser Summe entfällt die Hälfte auf die For, die Bewohner des gebirgigen centralen Theiles, 500.000 auf Araber und der Rest auf die Tukruri und Fellatah. [...] **[378]** [...]

Hydrographie. – Im östlichen Theile des Landes haben die Brunnen gewöhnlich eine sehr bedeutende Tiefe und befinden sich in grossen Entfernungen von einander, so dass die Dörfer häufig 6 Wegestunden von einander liegen. Der tiefste Brunnen befindet sich bei Karnak-Foras, welcher erst in 70 m Tiefe Wasser giebt; in Brusch, Medu und auf dem Wege nach Tawaischa sind die Brunnen durchschnittlich 30 bis 40 m tief. In [El] Fascher selbst haben die Brunnen keine bedeutende Tiefe mehr, sogar vor dem Eintreten der Regenzeit stösst man in 10 m Tiefe bereits auf Wasser. Bei [El] Fascher erreicht man das System von Thälern oder Wadis, in denen sich die von N [orden] und N [ord]W [esten] zusammenfliessenden Wassermassen ansammeln, um sich dann in der weiten Ebene im S [üden] zu verlaufen.

Je mehr man sich dem centralen Gebigsstocke nähert, in desto reichlicherem Maasse kommt das Wasser bereits in geringen Tiefen vor. In 900 m über dem Meeresspiegel findet man Wasser im Sande, bei 1.200 m Höhe giebt es überall fliessendes Wasser. Im Westen ist Wasser im Überfluss und auch in unbedeutenden Tiefen vorhanden. [...] Die Gewässer zerstreuen sich nach allen vier Himmelsrichtungen; die im N [orden] und N [ord] O [sten] von den Gebirgen herabkommenden Gewässer vereinigen sich zum Wadi-el-Melk, welches bei Debbeh in den Nil mündet. Im Osten nimmt das W [adi]-el-Koh alles Wasser auf und verliert sich später in der weiten Ebene im S [üden]. [...] Am Südabhange des Dj [ebel] Marrah hat ein grosses Thal, W [adi] Gendy, seinen Ursprung, welches seine Gewässer dem Bahr-el-Arab[82] zuführen soll. Südlich von Darra giebt es keine deutlich markirten Einschnitte mehr, die Brunnen befinden sich gewöhnlich in kleinen Bodenvertiefungen, in denen das Regenwasser zurückbleibt; je weiter man in die trockene Jahreszeit hineinkommt, um so tiefer müssen die Brunnen ausgegraben werden. In der Regenzeit ist der südliche Theil des Landes gänzlich unpassirbar, indem er einen grossen See bildet.

Ackerbau. – Hinsichtlich der Vegetation können wir Dar-For in drei Zonen theilen, den östlichen Theil oder Gize, d. h. sandiges Land, das Gebirge und den Westen. In der östlichen Zone wird hauptsächlich Getreidebau getrieben, es wird Duchu[83], ein wenig Dhurra[84], sowie etwas Sesam gepflanzt. Baumwollenpflanzungen finden sich in den Depressionen, wo thonige Bestandtheile einen festeren Boden gebildet haben, welcher die Niederschläge länger bewahrt. In den Getreidefeldern pflanzt man auch Gurken, Kürbisse und Wassermelonen. Der nördliche Theil des Landes ist nur wenig angebaut. Im Westen ist der Ackerbau so ziemlich derselbe, nur dass in Folge des reichlicheren Regens im Allgemeinen mehr Gemüse angepflanzt wird.

Der mittlere gebirgige Theil ist der reichste und deshalb auch der bewohnteste. An allen Abhängen des Gebirges sieht man kleine Terrassen, auf denen Beete angelegt sind. Hier wird Weizen, Duchu, Dhurra, Sesam, Bamien[85], Kürbisse, Melonen gezogen. In der Tiefe der Thäler an kleinen Wasserläufen pflanzt man während der trockenen Jahreszeit Zwiebeln; desgleichen sammelt man eine **[379]** ziemliche Masse Honig von guter Qualität, aber die For wissen mit dem Wachse Nichts anzufangen. Baumwolle kommt recht gut vor, man bereitet daraus alle nothwendigen Stoffe, etwas grob, aber sehr stark. Wolle wissen die For nicht zu verwenden, während die Araber ihre dicken Zeltbedachungen (Tschumla) daraus verfertigen.

Im Allgemeinen muss man erstaunen über die grosse Sorgfalt, welche die For auf die Bearbeitung ihrer Felder verwenden. Sie scheinen glücklich zu sein und leben jedenfalls in guten Verhältnissen. Der gebirgige Theil des Landes versorgt die anderen mit Gemüse und Salz; ja, wenn man seine Bewohner hört, sollte man glauben, dass alles Gute, was die Erde hervorbringt, bei ihnen zu finden ist.

Viehzucht. – Überall sieht man in Dar-For ungeheuere Heerden; im Norden und Osten bei den Arabern bestehen dieselben aus Kameelen, im Süden bei der einheimischen Bevölkerung aus Rindern und Schafen. Nördlich von 14° N [ördlicher] Br [eite] besitzen die Araber ausschliesslich Kameele, und zwar in ungeheueren Massen. Als ich bei M'Badr das grosse Lager der Homr-Araber besuchte, schätzte ich die Zahl der mir sichtbaren Thiere auf 30.000 Stück, bei Millet besassen die Zyadieh mindestens 10.000 Stück und bei Saya ungefähr dieselbe Zahl. Weiter nach W [esten] sind die den Mahamid gehörigen Kameele sogar fast nicht zu zählen. Diejenigen Araber, welche sich mit Kameelzucht beschäftigen, betreiben niemals Ackerbau, selbst das Getreide, dessen sie in ihrer Haushaltung bedürfen, müssen sie kaufen. Hin und wieder findet man bei ihnen auch einige Rinder und Hammel, da aber Kameelmilch ihren Ansprüchen völlig genügt, so sind andere Heerden für sie nur ein Luxusgegenstand. [...] Gäbe es irgend welche Communicationen, schnell nach Dar-For zu gelangen, so würde sich ein sehr lebhafter Handel mit Rindvieh und Schafen entwickeln können. Für einen Ochsen bezahlte ich 2 bis 6 Maria-Theresia-Thaler[86] (10–25 F [rancs]), für einen Hammel einen halben Thaler (2½ F [rancs]).

Sitten. – Die Araber sind im Allgemeinen sehr grosse Jagdliebhaber; in kleinen Schaaren mit ca 10 Kameelen ziehen sie nach N [orden], um Strausse zu jagen und bringen dann regelmässig 5 bis 6 Tage in der Wüste zu. Die Jäger selbst sitzen zu Pferde und sind mit einer langen Lanze bewaffnet, mit welcher sie Gazellen, Antilopen, Strausse niederstossen. Ebenso sind die Araber sammt und sonders kriegerisch gesinnt; stets giebt es irgend eine Streitigkeit zwischen einzelnen Stämmen oder mit den ansässigen Völkerschaften auszufechten, wobei es sich gewöhnlich um Viehdiebstahl oder irgend welche andere Lappalie handelt. [...]

82 Der rund 800 km lange west-östlich verlaufende und jahreszeitlich trockenfallende nördlichste Zufluss des Sumpfgebietes Bahr el-Ghazal; siehe ► Abschn. 10.4, Der tiefste Süden: Bahr el-Ghazal.

83 Perl- oder Kolbenhirse, die im tropischen Afrika bereits seit dem 1. Jahrtausend v. Chr. angebaut wird.

84 Siehe ► Abschn. 10.3, Kordofan und Darfur, Fußnote 63.

85 Auch Okra genannte strauchartige und schotenbildende uralte Gemüsepflanze in den Nilländern.

86 Siehe ► Abschn. 11.2, Der transsaharische Karawanenhandel, Fußnote 29.

Die For sind sehr reinlich und fleissig. Wenn man sich ihren Dörfern nähert, so findet man die Leute unter den Bäumen versammelt mit Spinnen oder Weben von Baumwolle oder auch mit Flechten von Matten beschäftigt. Die Kinder pflegen die Baumwolle auszukernen, während sie die Heerden hüten. Den Frauen liegt die meiste Arbeit ob, so müssen sie Getreide mahlen, Wasser und Holz holen etc [etera]. [...] Die For sind sehr fromm, sogar fanatisch. In jedem Dorfe befinden sich mehrere Faki[87], welche für die übrige Bevölkerung das Lesen und Schreiben besorgen und den Kindern Unterricht ertheilen. Man muss staunen über den hier vorhandenen Grad von Bildung, welche weit höher ist als die in Nubien herrschende. Ihre Behausungen sind Tokuls oder konisch geformte Hütten, je 5 oder 6 derselben in einem Kreise vereinigt bilden eine Wohnung. [...] **[380]** [...]

Worüber man sich am meisten wundern muss, ist der Umstand, dass man nur so wenig fremde Waaren bei ihnen findet, z. B. weisse und blaue Baumwollenzeuge [= Stoffe]; einheimische Fabrikate kommen dagegen viel vor, wie kleine Zierrathe aus Kupfer und Eisendraht, Glaswaaren etc [etera], auch Messer, Beile, Lanzen etc [etera] werden von ihnen angefertigt. So wussten sie alle ihre Bedürfnisse zu befriedigen ohne Handel, nur der Sultan und die Grosswürdenträger erhielten ihre Stoffe durch die Vermittlung von Karawanen. Was endlich ihre Kleidung anbetrifft, so tragen die Männer ein sehr langes und weites Obergewand, desgleichen Beinkleider, während Kopf und Füsse unbedeckt bleiben. Die Frauen benutzen als Kleidung ein Stück Baumwollenzeug, welches über die Schulter geschlagen und um die Hüften befestigt wird.

Frühere Verwaltung. – Unter der Herrschaft der einheimischen Sultane war Dar-For in 4 Provinzen getheilt, welche den 4 Himmelsrichtungen entsprachen [...]. Jede Provinz wurde von einem Magdomm [= Gelehrten] verwaltet, welcher von 3 bis 4 Chotias unterstützt wurde, jedes Dorf besass wieder einen eigenen Milik oder Häuptling. Diese Dörfer wurden zu kleineren Gruppen vereinigt, welche mit dem Namen ihres Chotia bezeichnet wurden. Eine regelrechte Steuererhebung fand niemals Statt, sondern jeder Magdomm erfüllte die Anforderungen des Sultans und des Hofes so gut er konnte. In jeder Provinz befand sich eine Art Obersteuerdirector, bezeichnet als Abu-el-Gabaan, d. h. Chef der Einsammler, welcher seine Untergebenen in die einzelnen Dörfer sandte, worauf diese seine Befehle nach Steuerbeträgen so schnell als möglich zur Ausführung brachten. In Fällen, wo ihnen Schwierigkeiten bereitet wurden, fanden sie Unterstützung bei den Abid-es-Sultan, d. h. Sclaven des Sultans, welche im Lande zerstreut lebten. In Wirklichkeit waren diese Abid-es-Sultan Soldaten, doch waren sie, um die Kosten für ein stehendes Heer zu vermeiden, in die verschiedenen Dörfer vertheilt worden.

Entfernungen. – Um schliesslich noch eine Idee von der Entfernung Dar-Fors von der civilisirten Welt zu geben, führe ich an, dass wir am 5. December 1874 Cairo verliessen und erst am 2. Mai 1875 in [El] Fascher eintrafen, indem wir die Reise zu Lande längs des Nil und von Dongola[88] aus durch die Wüste via M'Badr zurücklegten. Wir hatten also 147 Tage gebraucht, doch ist dabei zu berücksichtigen, dass wir eine grosse Karawane bei uns hatten [...]. Die Rückreise von [El] Fascher nach Cairo legte ich via Chartum in 96 Tagen zurück. **[381]**

Die ägyptische Verwaltung des Darfur war aber nur von kurzer Dauer. Nach dem Ausbruch des Mahdi-Aufstands gegen die Kairoer Zwangsherrschaft über die oberen Nilländer hatten die Truppen des Mahdi bereits 1881 Kordofan erobert, was den westlich davon gelegenen Darfur vom immer weiter nach Norden zurückgedrängten ägyptischen Herrschaftsgebiet abschnitt. Der Österreicher Rudolf Slatin (1857–1932), ab April 1881 als Slatin Bey der ägyptische Militärgouverneur des Darfur, musste sich im Dezember 1883 den Mahdi-Truppen ergeben. Er wurde nur deshalb nicht wie die anderen Europäer ermordet und überlebte die nächsten zwölf Jahre bis zu seiner Flucht als Gefangener, weil er überzeugend seinen Übertritt vom Christentum zum Islam vortäuschen konnte. Er nahm ab 1896 an der britischen Rückeroberung der oberen Nilländer teil, die 1898 mit der vollständigen Niederlage der Mahdisten in der Schlacht bei Omdurman[89] endete. In der Folge wurde der Darfur im Rahmen des Anglo-Ägyptischen Sudan unter der wieder eingesetzten alten Sultansfamilie weitgehend autonom, büßte diese Stellung aber 1916 mitten im Ersten Weltkrieg endgültig ein, als er einen Aufstand gegen die Briten verlor und unter direkte Kolonialherrschaft kam.

10.4 Der tiefste Süden: Bahr el-Ghazal

Obwohl Ägypten und der untere Nil schon seit vorgeschichtlichen Zeiten bekannt waren, scheint doch kein antiker Reisender bis zu dessen Quellgebiet vorgedrungen zu sein. Jedenfalls hielt sich auf den Landkarten die auf Claudius Ptolemäus' *Geographia* aus der Mitte des 2. Jahrhunderts n. Chr. zurückgehende vage Darstellung von drei Quellseen zu Füßen eines Gebirges noch bis zum Beginn des 18. Jahrhunderts. Erst um 1860 wurde das ewige Rätsel der Nilquellen gelöst, was den nachmals bedeutenden Naturgeographen Emannuel de Martonne (1873–1955) 1897 zu seiner ersten größeren Arbeit anregte, einer Gewässerkunde des oberen Nil [■ Abb. 10.7]:

87 Gemeint sind Fakire; siehe ► Abschn. 10.1, Traum und Alptraum einer Kolonialerwerbung, Fußnote 40.

88 Siehe ► Abschn. 10.3, Kordofan und Darfur, Fußnote 77.

89 Siehe ► Abschn. 10.2, Khartum.

►

■ **Abb. 10.7** Oro-hydrographische Karte der oberen Nil-Gebiete mit Benutzung aller bis zum Juli 1897 vorhandenen Quellen. In: Zeitschrift der Gesellschaft für Erkunde zu Berlin, 1897: 32, Tafel 8

Zeitschr. d. Ges. f. Erdkunde z. Berlin, Bd. XXXI, 1896.
30° östlich von Greenwich
Oro-hydr
Alle Höhenangaben in Metern.
Zeichen-Erklärung.
sicher
hypothetisch
Grenze des oberen Nil-Beckens
Wasserfall
Stromschnellen
Stetig wasserführende Flüsse
Flüsse, welche während mehrerer Monate versiegen
Flußbetten, welche fast niemals Wasser enthalten
Sumpfige Flüsse und Seen-Ufer
Sumpfiger Fluß mit Majeh
Höchst hypothetische Flußläufe
DARFUR
KORDOFAN
BAGGARA
HASSANIEH
KREDJ
BANDA
DINKA
BONGO
NIAM-NIAM oder SANDEH
Kir-Gebiet
SCHILLUK
Bahr el Arab
Bahr el Abiad
Fashoda
El Obeid
Djebel Kordofan
Djebel Marrah
Djebel Tagabo
El Fascher
Chartum
Albert Nyansa
Albert Edward Nyansa
Victoria Nyansa
UGANDA
UNYORO
USOGA
UNYAMWESI
USSUKUMA
Tanganyika
Kongo
Aruwimi
Uelle Makua
Bomokandi
Kibali
Lado
Dufile
Wadelai
Magungo
Murchison Fälle
Ripon Fälle
Ukerewe
Kagera
Tabora
Völlig unbekannte Gebiete
Djebel Nuba
0 50 100 200 300 km

Emannuel de Martonne: Die Hydrographie des oberen Nil-Beckens. In: Zeitschrift der Gesellschaft für Erdkunde zu Berlin, 1897: 32, Seite 303–342.

James Bruce, der in den Jahren 1768–1773 den Bahr el Azrak [= Blauer Nil] und den [äthiopischen] Tana-See erkundete, hielt jenen für den Quellfluss. Der südliche Ursprung des Nil galt als eine Fabel, bis [Frédéric] Caillaud mit der ägyptischen [Eroberungs-] Expedition [1820] den Zusammenfluss des Bahr el Azrak mit dem Bahr el Abiad [= Weißer Nil oberhalb von Khartum] erreichte und über die grössere Wassermenge des letzteren sichere Nachrichten geben konnte. Von jetzt an strebten alle Forscher danach, diesen Fluss so weit wie möglich nach Süden hinaufzufahren. Linant de Bellefonds ging im Jahr 1827 bis 13° 6' [nördlicher Breite]. Im Jahr 1835 erkannte [Joseph] Russegger den Sobat [= Nilzufluss]. In den Jahren 1840–1841 **[304]** gelang die [ägyptische] Mehemet Ali-Expedition bis zum Zusammenfluss des Bahr el Gazal [= Nilzufluss], dessen Sümpfe als der Noo-See der Araber [...] erklärt wurden, und verfolgte den Bahr el Djebel [= Name des Weißen Nil im obersten Teil] bis zu 4° 42' [nördlicher Breite] hinauf. Umsonst aber ging man immer weiter nach Süden. [...] [Theodor von] Heuglin mit Frau [Alexandrine] Tinne verirrten sich [mit dem ersten Dampfboot 1863] in den Sümpfen des Kir[90].

Der alte Wasserweg von Norden nach Süden galt für eine Sackgasse. Man fing an, zu verstehen, dass der Weg nach der Nil-Quelle ein ganz anderer, ein Landweg sein musste. Im Jahr 1857 landeten [die Briten Richard] Burton und [John] Speke in Sansibar mit der Absicht, die Quellseen des Ptolemäus im Innern zu suchen. Der Tanganyika [-See] wurde entdeckt, und von jetzt an galt er noch ziemlich lange als der Quellsee. Auf der Rückreise hörte aber Speke von einem nördlicheren See sprechen, er marschierte nach Norden und entdeckte [im August 1858] das Becken des grossen Victoria-Nyansa [= See]. Er behauptete, die Quelle entdeckt zu haben. Um dies besser zu beweisen, unternahm er [1860] mit [James] Grant eine neue Expedition [von Sansibar aus], fand den Victoria-Nyansa wieder, ging das westliche Ufer entlang und erkannte, dass der See einen wichtigen Abfluss nach Norden hatte (1861–1862). [Der Brite Samuel] Baker[91], indessen den alten Weg verfolgend, entdeckte den Albert-Nyansa [= See] und verfolgte seinen Zufluss, den Kivira, so weit, dass er ihn mit dem Abfluss des Victoria-Nyansa identifizieren konnte. Die beiden Seen des Ptolemäus [mit dem Tana-See als drittem] waren wieder gefunden. **[305]** [...]

Im Februar 1863 waren der von Norden kommende Baker und die von Süden kommenden Speke und Grant bei der Missionsstation Gondokoro aufeinandergestoßen. Nach der gemeinsamen Flussfahrt hinab nach Khartum gaben sie dort das berühmte Telegramm an die Royal Geographical Society auf: *„The Nile is settled"*[92].

Sobald die ägygtische Expedition im Jahr 1841 den Reichtum der neuen sogenannten Äquatorial-Provinzen erkannt hatte, stürmten die Kaufleute in das Bahr el Gazal-Becken. [...] **[309]** [...]

In der Folge wurde der Bahr el-Ghazal, eigentlich der Name des wichtigsten linken Zuflusses des oberen Weißen Nil und dessen Verästelungen, zum Synonym für die gesamte versumpfte Beckenlandschaft des Weißen Nil zwischen dem Abstieg vom ostafrikanischen Hochland und der Vereinigung aller Wasseradern im Süden der Landschaft Kordofan.

Der Bahr el Djebel [= Bergfluss, das ist der oberste Weiße Nil], der Abfluss des Albert-Sees, ist das Verbindungsglied zwischen den Systemen des [ostafrikanischen] Seen-Plateaus und des grossen mittleren Nil-Beckens [des Bahr el-Ghazal]. Vom Albert-See bis Lado fällt der Fluss 235 m auf 370 km. Das mittlere Gefälle beträgt fast 60 cm auf den Kilometer, in der That aber zerfällt der Fluss in zwei Becken und zwei schnellenreiche Strecken. Bis 14 km oberhalb von Wadelai ist das Thal von hohen Wänden umrandet. Die Stromgeschwindigkeit ist sehr gross; plötzlich aber nimmt das Gefälle ab, das Thal erweitert sich, und der Fluss wird von mehreren Inseln in zahlreiche sumpfige Arme zerteilt. Dann beginnt er hinter Dufile, eine neue Thalstufe zu erreichen. Von hohen felsigen Wänden eng umrandet, fliesst er mit einer bedeutenden Geschwindigkeit. Zwischen Dufile und Lado beträgt der Horizontal-Abstand 200 km, der Vertikal-Abstand 180 m, das mittlere Gefälle 1,20 m auf den Kilometer. Sieben Stromschnellen sind bekannt: Fola, Yerbora, Makkedo, Gondji, Teremo, Garbo und Bedden. In Lado wird der Fluss wieder ruhiger. Von da bis Chartum fällt er nur um 87 m. [...] **[329]** [...]

Wir kommen jetzt zu dem riesigen mittleren Nil-Becken, dessen Areal 1.198.000 qkm beträgt, von denen 776.000 qkm westlich vom Hauptfluss und nur 422.000 qkm östlich liegen. [...] Über das Wesen dieses merkwürdigen hydrographischen Organismus, **[330]** welcher den Mittelpunkt des ganzen mittleren Nil-Systems darstellt, besitzen wir sehr genaue Angaben [...]. Als Ursache dieser hydrographischen Anomalie erkennt [Ernst] Marno[93] vor allem den Mangel an Gefälle, welche den Abfluss der Gewässer verhindert und eine Tendenz zur Verwilderung in allen Flüssen verursacht. Seitenarme, deren relative Wichtigkeit sehr veränderlich ist, besitzen alle Ströme, sodass dieses Gebiet als ein inneres Delta bezeichnet werden könnte. [...] **[331]** [...]

Als Schlusswort [...] dürfte ein Urteil über dessen Schiffbarkeit am Platz sein. Während der ägyptischen Okkupation ist dieser Frage [...] viel Aufmerksamkeit geschenkt worden. Man konnte sich überzeugen, dass nicht die Stromschnellen und Fälle des Bahr el Djebel [= Bergfluss], sondern die Sümpfe und die Grasbarren des Kir-Gebiets[94] die grössten Hindernisse für die Schiffahrt darbieten. Gegen diese Barren wurde zweimal unter Ismail Ejub Pascha (1874) und unter Gordon Pascha (1880)

90 Eine der im 19. Jahrhundert wechselnden Bezeichnungen des heute zumeist Sudd genannten, vom oberen Weißen Nil und seinen Zuflüssen gebildeten riesigen sumpfigen Binnendeltas.

91 Siehe ► Abschn. 10.1, Traum und Alptraum einer Kolonialerwerbung, insbesondere Fußnote 29.

92 „Der Nil ist geklärt".

93 Zu Ernst Marno siehe auch ► Abschn. 10.1, Traum und Alptraum einer Kolonialerwerbung, sowie zu dessen Ausführungen über die Nilbarren siehe sechs Seiten weiter unten in diesem Abschnitt.

94 Siehe Fußnote 90.

eine ganze Campagne ausgeführt. Mit ausserordentlich grosser Mühe konnte man den Bahr el Gazal und den Bahr el Djebel frei machen. Ein paar Jahre später hatten sich alle Grasbarren völlig wiedergebildet. [...] **[338]** [...]

Wiewohl schon seit alter Zeit locker in den Handelsverkehr mit Nubien und dem weiter flussab gelegenen Ägypten eingebunden, wurden die oberen Nilländer erst seit der ägyptischen Eroberung des arabisierten Nordsudan 1820 und vor allem der ägyptischen Expedition in den Bahr el-Ghazal 1841 ein zunehmend besuchtes oder besser gesagt heimgesuchtes Wirtschaftsgebiet. Der britische Reisende James Baker berichtete im September 1862 an die Londoner Tageszeitung *The Times*, wie auch europäische Händler in Khartum an der osmanischen Raubwirtschaft am oberen Weißen Nil teilnahmen:

Samuel Baker: Die Sklavenjagden der Europäer am Weißen Nil. In: Globus, 1863: 3, Seite 214–215.

Der Weiße Nil liefert an Erzeugnissen vorzugsweise nur Sklaven und Elfenbein. In früheren Jahren [= vor 1862] tauschte man Elfenbein vorzugsweise gegen Glasperlen, kupferne Ringe und Lanzenspitzen ein, aber durch Konkurrenz sind die schwarzen Stämme mit diesen Artikeln dermaßen überschwemmt worden, daß diese sehr wohlfeil geworden sind, das Elfenbein hingegen im Preise stieg. So bildet jetzt fast allein nur Rindvieh das Tauschmittel in diesem Handel. Nun kann man von Chartum aus das Vieh nicht soweit stromauf bringen, die Kaufleute sind Flußpiraten geworden und treiben ihr Geschäft in folgender Art.

Der Kaufmann sendet von Chartum aus eine Partie von 80 bis etwa 200 bewaffneten Leuten in Segelschiffen aus. Diese sind reichlich versorgt mit Schießbedarf, mit kupfernen Ringen, Glasperlen und dergleichen; damit werden diejenigen Eingeborenen bezahlt, welche das Elfenbein von den Stationen (die oft weit landein liegen) nach den Schiffen bringen. Sobald diese Kauffahrer oder, richtiger gesagt, Strom-Piraten, in eine Gegend kommen, wo der eingeborene Stamm viel Rindvieh besitzt, gehen sie an's Land, umzingeln ein Dorf, schießen auf die Einwohner, stecken die Hütten in Brand, tödten die Männer und treiben Vieh, Weiber und Kinder fort. Nun haben sie Vieh als Zahlmittel; die menschliche Beute wird mit Stricken zusammengebunden und nach den Schiffen getrieben. Inzwischen sind ein paar tausend Häupter Rindvieh geraubt, und mit diesen zieht eine starke Abtheilung Bewaffneter nach dem Innern zu solchen Stämmen, welche viel Elfenbein liegen haben. Ist solch ein Stamm schwach, dann macht man nicht viel Umstände mit ihm und nimmt ihm seine Habe fort; ist er stark, dann beginnt man den Tauschhandel und schafft das dadurch erworbene Elfenbein nach den Schiffen. Aber durch diesen Tauschhandel ist nun der Vorrath an Rindvieh erschöpft. Was sollen die Piraten dann anfangen? Sie wissen Rath zu schaffen, denn sie schließen einen Bund mit irgend einem andern Stamme, welcher mit jenem, der eben sein Elfenbein gegen Vieh vertauscht hatte, in Feindschaft steht. Mit jenem zweiten ziehen die Strompiraten gegen den ersten und nehmen ihm alles Vieh wieder ab. Die eine Hälfte bekommt der neue Verbündete für seinen Beistand; die zweite Hälfte erhält er auch, muß aber dafür Elfenbein geben.

So hat der Strompirat schon zwei Ladungen Elfenbein umsonst, aber nun mangelt es ihm abermals an dem unentbehrlichen Zahl- und Tauschmittel. Er muß wieder Rindvieh haben, schließt also eine neue Allianz mit irgend einem andern Stamm und beraubt seinen letzten Verbündeten. Solchergestalt bekommt er nicht selten durch wiederholten Raub das gestohlene Vieh drei bis vier Mal in seine Hände und bezahlt damit ebenso oftmals Elfenbein, das neben den geraubten Sklaven in den Schiffen geborgen wird. Nachdem diese Razzias[95] einen guten Ertrag gegeben haben, fahren die Schiffe nach den befestigten Faktoreien, deren diese Piraten-Kaufleute manche in verschiedenen Gegenden besitzen. Sobald Sklaven und Elfenbein dort geborgen sind, segeln die Schiffe wieder fort, um einen neuen Raubzug zu machen, und wenn sie solchergestalt volle Ladung haben, fahren sie nach Chartum zurück. Die Mannschaft erhält den Betrag ihres Soldes in Sklaven ausgezahlt, und zwar in der Weise, daß ihr nur etwa der dritte Theil des Marktwerthes, welchen ein Sklave hat, angerechnet wird; dadurch stachelt man ihre Lust an. Die Sklaven werden losgeschlagen, sobald sich eine passende Gelegenheit darbietet; man legt ihnen Handschellen an, giebt ihnen um den Hals eine Stange, und sie müssen in langer Reihe, zusammengefesselt, gehen.

Die Scheußlichkeiten, welche diese von den Chartumer Kaufleuten ausgeschickten Banditen verüben, spotten aller Beschreibung. Jetzt will ich aber nur die Thatsache selber feststellen und hier nicht auf Einzelnheiten eingehen. Diese Chartumer Halunken sind auf das Menschenjagen so versessen, daß ich mir keine Leute zur Fahrt nach Süden verschaffen kann. Ein Engländer, den sie als einen Gegner dieses Sklavenraubes und Sklavenhandels kennen, bekommt keine Leute. Ich muß bemerken, daß in einigen Fällen auch die britische Flagge auf dem Weißen Nil Sklavenladungen deckt. [...] **[214]** [...]

Die einzigen Inseln des Schutzes und der Zivilisation – und zugleich Anlaufstellen aller nilaufwärts gehender europäischer Reisender – waren die Stationen der österreichisch-katholischen Mission. Der 1831 gegründete „Marienverein zur Beförderung der katholischen Mission in Central-Afrika in Wien" hatte 1848 in Khartum ein Mutterhaus angelegt, von dem aus ab 1851 Filialstationen am Weißen Nil errichtet wurden, deren südlichste 1852–1859 Gondokoro war, rund 1200 Stromkilometer oberhalb von Khartum und am Ende der Schiffbarkeit des Weißen Nil auf 4° 54' nördlicher Breite. Als John Speke, der Entdecker des Victoria-Sees als Quellsee des Weißen Nil, im Februar 1863 in Gondokoro ankam[96], war er gerade noch rechtzeitig vor Ort, um das Ende der österreichischen Missionen am Weißen Nil mitzuerleben:

95 Das heute auch im Deutschen gebrauchte Wort Razzia entstammt dem Arabischen und bedeutete im 19. Jahrhundert bezeichnenderweise sowohl die Steuereintreibung als auch den Sklavenfang.

96 Siehe Martonnes geschichtlichen Abriß auf der gegenüber liegenden Seite.

Anonym: Die österreichische Mission zu Gondokoro am oberen Weißen Nil. In: Globus, 1864: 5, Seite 287.

Als Kapitän Speke auf seiner Reise vom Nyanza [= Victoria]-See her dort angelangt war, traf er drei österreichische Missionäre, welche von ihrer Station, die sie bei Kisch hatten, noch einmal Gondokoro besuchen wollten, bevor sie nach Chartum stromab gingen. Die österreichische Regierung hat nämlich die Mission am Nil aufgehoben. Sie war in der That von Anfang an ein unglückseliges Unternehmen, das nothwendig mißlingen mußte. Das sagten die Geographen mit Sicherheit voraus, aber man entgegnete, daß „der heilige Geist" dasselbe unter seine Obhut nehmen werde. Was aber geschehen ist, erfahren wir durch Speke: „Es ist kein Wunder, daß man diese Männer zurückrief, denn von 22 Missionären, welche während der letztverflossenen 13 Jahre den obern Weißen Nil hinauffuhren, um das Evangelium zu verkünden, sind 13 am Fieber und 2 an Dyssenterie[97] gestorben, während 2 andere mit durchaus zerrütteter Gesundheit heimkehrten. Sie hatten auch nicht einen einzigen Menschen bekehrt." **[287]**

Die Berichte der Missionare, der britischen Entdeckungsreisenden zu den Nilquellen und eine Flut von ähnlichen Berichten über die Zustände am Oberlauf des Weißen Nil bauten einen schließlich übermächtigen europäischen Druck auf die vizekönigliche Regierung in Kairo auf, den herrrschaftslosen Verhältnissen und vor allem der Sklavenjagd im Bahr el-Ghazal ein Ende zu setzen. So ernannte 1869 der Vizekönig Ismail den das Vertrauen der Briten habenden Reisenden Samuel Baker[98] zum Generalbevollmächtigten einer ägyptischen Militärexpedition an den Oberlauf des Weißen Nil, der als neue Provinz Äquatoria organisiert werden sollte. Mit dem Diensttitel Pascha und der Bestallung als Generalgouverneur der zu erwerbenden Länder auf vier Jahre versehen, aber mit nur einer Handvoll europäischer Begleiter und rund 1100 Soldaten, trat Baker seine Mission im Februar 1870 in Khartum an:

[Samuel Baker]: Samuel Baker's Expedition nach dem oberen Weißen Nil. In: Mittheilungen aus Justus Perthes' Geographischer Anstalt [...], 1873: 19, Seite 361–366.

Einige kurze Briefe von ihm aus der ersten Zeit der Expedition **[361]** und dann ab und zu eine Zeitungsnachricht aus Chartum hatten erkennen lassen, wie viele und grosse Schwierigkeiten sich ihm entgegenstellten. Der Set [= Sudd] oder die Pflanzenbarre[99], die unterhalb des No-See's den Weissen Nil seit einer Reihe von Jahren versperrt, nöthigte die Baker'sche Flotte, sich einen Weg durch den Giraffen-Fluss [= Bahr el-Zeraf] zu suchen [...]. Man fand aber den Giraffen-Fluss zu seicht, musste umkehren und für die Regenzeit ein Lager an der Mündung desselben beziehen. Als am 11. Dezember 1870 dieses Lager abgebrochen und der Weg auf dem Giraffen-Fluss ein zweites Mal versucht wurde, gelang es durch angestrengte Arbeit, Ausgraben von Kanälen, mühsames Fortziehen der Schiffe, die 59 Fahrzeuge der Flotte in den Bahr Djebel [= Oberlauf des Weißen Nil] zu bringen, und am 15. April 1871 kam die Expedition in Gondokoro, dem bekannten, viel besuchten Orte im Lande der Bari, an [■ Abb. 10.8]. Hier begann der Kampf mit den Eingeborenen und mit den Sklavenjägern, die über eine beträchtliche bewaffnete Mannschaft geboten und ihre Herrschaft bis zum 2° Nördl. Breite [...] ausgebreitet hatten. Die Eingeborenen standen bald diesen, bald den Baker'schen Truppen bei, die durch Krankheit und Verrath in bedenklichster Weise zusammenschmolzen [...]. [...] Schon sprach man von Hülfsexpeditionen, die der Vicekönig abschicken würde, als [1873] unerwartet das Telegramm von der glücklichen Rückkehr Baker's nach Chartum eintraf, mit dem überraschenden Zusatz, die oberen Nil-Länder bis zum Äquator hin seien für den Vicekönig erobert. [...] **[362]**

Zufolge zweier Briefe, die Baker Pascha in die Heimat gesandt hatte, war die Öffentlichkeit da schon in groben Zügen über die Geschehnisse in der neuen ägyptischen Provinz Äquatoria unterrichtet:

In dem ersten Briefe heisst es nach einer einleitenden Klage über die Unterbrechung der Communikation mit dem unteren Nil durch die Pflanzen-Barre: Die Expedition des Vicekönigs hatte zum Zweck, den Sklavenhandel am Weissen Nil zu unterdrücken und die Nil-Länder an Ägypten zu annektiren. Ich verlangte hierzu 1645 Mann Soldaten. Jeder Unterthan des Vicekönigs im Sudan ist für den Sklavenhandel eingenommen, es wurden daher alle Intriguen gespielt, um den Fortgang der Expedition unmöglich zu machen. Die zahlreichen Sklaven-Stationen, die früher verschiedenen Besitzern gehörten, wurden von einem einzigen Manne gekauft, der so der Eigenthümer des Handels auf einem Gebiete von etwa 90.000 Engl [ischen] Q [uadrat]Meilen [= ca. 233.100 Quadratkilometer] wurde. Diese grosse Landfläche umfasst viele Volksstämme, die alle von den Sklavenjägern gegen die Regierung aufgewiegelt wurden. Die Intriguen des Haupt-Sklavenjägers, Abu Saud, zogen den Bari-Krieg in die Länge, er bewaffnete mehrere hundert Bari[100] mit Flinten, um im Verein mit seinen Leuten gegen die Regierung zu kämpfen. Unbelästigt von Gepäck marschirte er ins Innere und ging bis Unjoro[101], um den neuen König [...] gegen mich aufzuhetzen. Er forderte ihn auf, mir gewaltsam Widerstand zu leisten, wenn ich sein Land betreten sollte."

„Auf meiner früheren Expedition erforschte ich das Land, auf meiner jetzigen soll ich es in Besitz nehmen und eine Regierung herstellen. Meine grössten Feinde sind des Vicekönigs eigene Unterthanen, die als Räuber und Sklavenhändler

97 Siehe ► Abschn. 11.4, Benghazi und die Cyrenaica, Fußnote 53.

98 Siehe ► Abschn. 10.1, Traum und Alptraum einer Kolonialerwerbung, insbesondere Fußnote 29.

99 Siehe auch vier Seiten weiter unten in diesem Abschnitt.

100 Ein nilotisches Volk am obersten Lauf des Weißen Nil.

101 Eine schon südlich der späteren sudanesisch-ugandischen Grenze gelegene Landschaft.

Abb. 10.8 Originalkarte der Gebiete des obern Nil. Übersicht sämmtlicher Reisen bis 1875. In: Mittheilungen aus Justus Perthes' Geographischer Anstalt, 1875: 21, Tafel 22

eine Regierung verabscheuen. Meine Offiziere, ebenfalls dem Sklavenhandel zugethan, conspirirten, die Expedition zu verlassen. Durch den Verrath eines Offiziers, der in Ismailia [= Gondokoro] während meiner Abwesenheit das Commando führte, wurden 600 Mann als Invaliden nach Chartum zurückgeschickt; da ich von vorn herein statt 1645 nur 1100 Mann erhalten hatte, verringerte sich diese Mannschaft hierdurch auf 602 einschliesslich der Offiziere. Dieser Streich sollte die Expedition matt setzen, man wollte mich dadurch zwingen, im Hauptquartier zu bleiben, damit die Sklavenhändler ihre Geschäfte im Inneren des Landes ad libitum[102] fortsetzen könnten. Ich beschloss jedoch die sofortige Aktion. Mit Zurücklassung von 300 Mann im Hauptquartier [Gondokoro] warf ich mit den übrigen 200 die Bari entscheidend nieder, eilte mit 114 Mann nach Labore (87 Engl [ische] Meilen [= ca. 140 Kilometer] südlich von Ismailia [= Gondokoro])[103] und miethete 400 Träger, die ich zurückschickte, um meine Bagage mit den zu ihrer Bewachung zurückgelassenen 100 Mann zu holen, während ich in Labore blieb. Alles kam glücklich an und ich marschirte eilig weiter nach Fatiko[104] (168 Engl [ische] Meilen [= ca. 270 Kilometer] von Ismailia), wo ich die Hauptstation der Sklavenjäger mit dem Schurken Abu Saud in Person vorfand. Ich gab ihm und seinen Leuten den schriftlichen Befehl, zugleich mit ihren Genossen in Fabbo und Faloro, die je 18 Engl [ische] Meilen [= ca. 29 Kilometer] entfernt eine Kette von drei grossen Stationen bilden, **[362]** das Land zu verlassen, errichtete selbst eine Station in Fatiko, dicht neben dem Lager der Sklavenjäger, und liess dort den Major Abdullah mit 100 Mann."

„Mit 114 Mann eilte ich weiter nach dem 79 Engl [ische] Meilen [= ca. 127 Kilometer im Süden] entfernten Unjoro, überschritt den Victoria-Nil und kam zu der letzten Station der Sklavenjäger, in der Nähe der Karuma-Fälle. Hier befehligte Suleiman, ein Räuber, den ich auf meiner früheren Reise kennen gelernt hatte. Dieser Bursche ermordete schleunigst mit eigener Hand einen Eingeborenen, den ich unter meinen Schutz gestellt hatte. Ich nahm ihn mit 25 seiner Leute gefangen; die übrigen, etwa 60, entflohen [...]. [...]" **[363]** [...]

Über den jedoch zwiespältigen Erfolg der ägyptischen Erwerbungsexpedition unter Baker Pascha bemerkte der ortskundige Ernst Marno[105] 1874 nach dem Ende der vierjährigen Dienstzeit des britischen Anführers:

Ernst Marno: Ueber Sclaverei und die jüngsten Vorgänge im egyptischen Sudan. Die Nilfrage. In: Mittheilungen der k. k. Geographischen Gesellschaft zu Wien, 1874: 17, Seite 243–255.

Die Abschaffung des Sclavenhandels war der eine, die Occupation der äquatorialen Negergebiete der andere Zweck dieser Expedition. Das erste suchte man zu erreichen, indem man die Einfuhr von Sclaven nach dem egyptischen Sudan unterdrückte. Die Stimmung, welche diese Absicht bei der Bevölkerung hervorrief, ist erklärlich. Das Capital der größeren Handelshäuser in Chartum liegt größtentheils im Handel am weißen Nil, dessen beste Ware allerdings die Sclaven sind. Von **[52]** diesem Handel hängt der Betrieb der wenigen heimischen Industriezweige so wie die Erhaltung einer großen Zahl von Menschen ab, die bei den Handelszügen am weißen Nil als Matrosen, Soldaten und Jäger verwendet werden. Obwol man nun durchaus nicht behaupten kann, dass während der Expedition die Einfuhr von Sclaven gänzlich unterbrochen war, so war doch das eigentliche Großgeschäft wesentlich gehindert, indem jedes Sclaven führende Schiff mit Beschlag belegt und die Mannschaft als Verbrecher behandelt wurde. Die Besitzer der Seriben [= Handelsstationen] sahen sich dadurch bedeutend geschädigt und gerieten in Schulden, größtentheils an die Regierung selbst, so dass diese sie und dadurch wieder einen Theil des Handels am weißen Nil in die Hände bekam [...].

Der zweite Zweck, die Occupation der äquatorialen Negergebiete muss, da sich dieselbe auf die Besetzung der Stationen Fateco und Brinqa außer Gondokoro (Ismailah) beschränkte, als überflüssig bezeichnet werden, da dieses Gebiet schon durch die Ablösung [aus Händlerherrschaft] in den Besitz der Regierung kam und nur noch das Gebiet Kabrokas tatsächlich zu gewinnen gewesen wäre. Aus diesem musste man sich aber zurückziehen und die an den erwähnten Puncten gelassene Besatzung ließ die Behauptung derselben sehr illusorisch erscheinen. Jedenfalls hätte eine Occupation in ausgedehnterer Weise schneller, leichter und billiger stattfinden können, wenn der erste Zweck dabei vorläufig wäre außer Betracht gelassen worden.

Die Bevölkerung schenkte anfänglich dem Gerücht wenig Glauben, dass die Expedition zur Unterdrückung des Sclavenhandels von der egyptischen Regierung selbst und auf deren Kosten ins Leben gerufen sei, da im Lande über die Wichtigkeit, ja über die Rechtlichkeit des Sclavenhandels gar kein Zweifel besteht. Und als die Thatsachen dafür sprachen, da war es den Leuten wieder unbegreiflich, zu welchem Zwecke man jene Gebiete occupieren und besetzen will, deren einziger Gewinn ja doch nur in der Ausfuhr von Negersclaven besteht. Die ganze Expedition erschien als ein Räthsel und die unsinnigsten Ansichten waren hierüber verbreitet. [...] **[253]** [...]

102 Lateinische Redewendung: ganz nach Belieben.

103 Ein Ort am Weißen Nil, knapp unterhalb der späteren sudanesisch-ugandischen Grenze.

104 Heute im Norden von Uganda. Hier errichtete Baker Pascha im Dezember 1872 ein Fort zur Beherrschung des südlichsten Zipfels der neuen ägyptischen Provinz Äquatoria.

105 Siehe ► Abschn. 10.1, Traum und Alptraum einer Kolonialerwerbung.

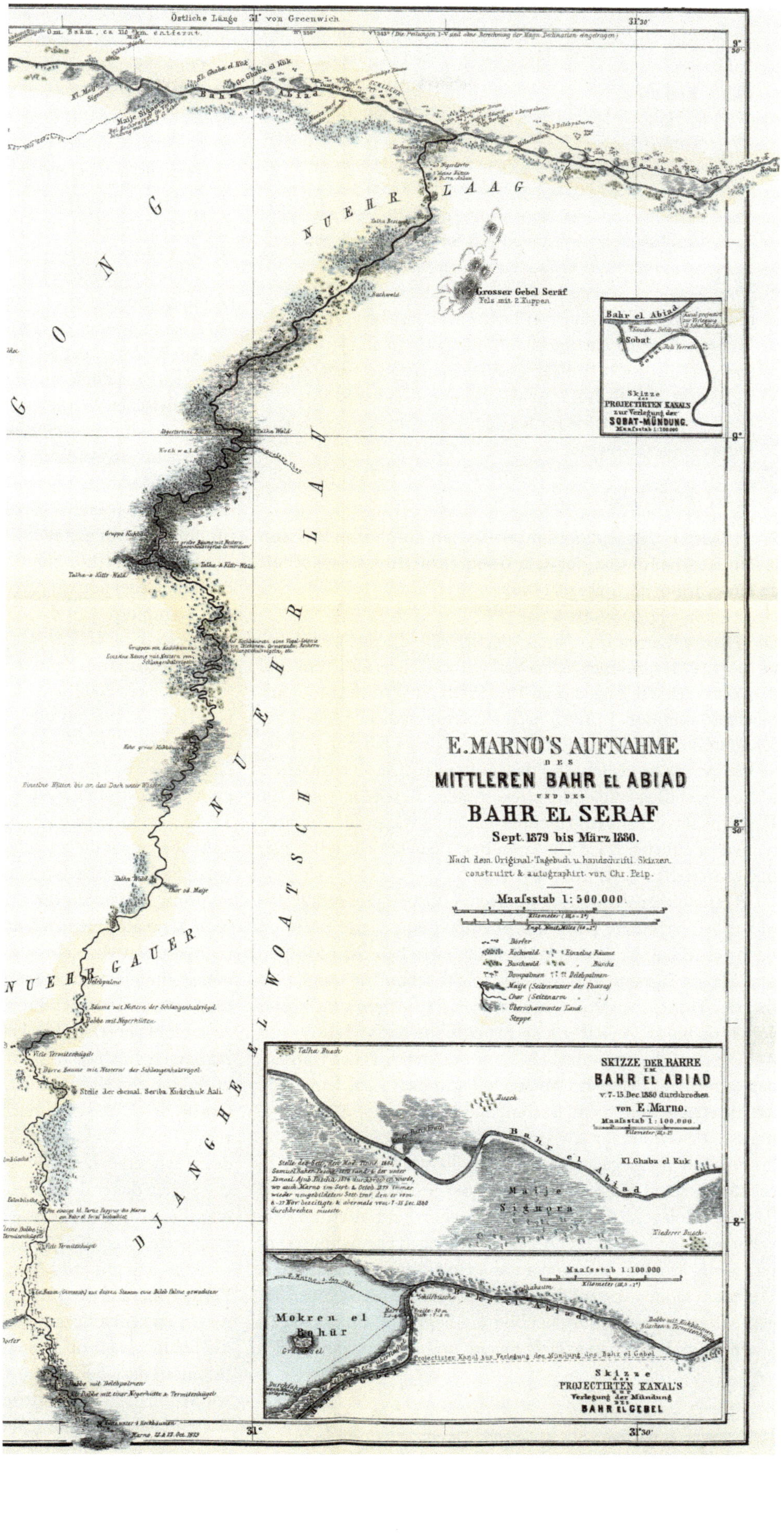

■ **Abb. 10.9** E Marno's Aufnahme des mittleren Bahr el Abiad und des Bahr el Seraf. Sept. 1879 bis März 1880. In: Dr. A. Petermanns Mittheilungen aus Justus Perthes' Geographischer Anstalt, 1881: 27, Tafel 20

Neben der verzwickten politischen Ökonomie war es aber auch die dauerhafte schlechte Zugänglichkeit des Bahr el-Ghazal, die ein Emporblühen der neuen ägyptischen Provinz Äquatoria verhinderte. Haupthindernis war dabei der sogenannte Sudd oder Staudamm, ein rund 30.000 Quadratkilometer großes längliches Sumpfgebiet mit einem Flussgefälle von nur 70 Zentimetern auf den Kilometer, welches häufig und über Jahre hinweg durch die verfilzte und durch Treibholz verfestigte Pflanzenmassen aus Schilf, Papyrus und vor allem Wasserhyazinthen den Weißen Nil als Pfropfen für die Schifffahrt regelrecht verstopfte. Obwohl seit der Okkupation des obersten Weißen Nil durch Baker Pascha jeder Gouverneur die Flussbarren in Angriff genommen hatte, war der Flusslauf 1879 gleich an mehreren Stellen unpassierbar [■ Abb. 10.9]. Der zur Freiräumung in jenem Jahr abgestellte Ernst Marno zeichnet ein recht eindrückliches Bild dieser Sisyphusarbeit:

Ernst Marno: Ueber die Pflanzen-Barren im oberen Weissen Nil. In: Mittheilungen der k. k. Geographischen Gesellschaft zu Wien, 1880: 23, Seite 401–409.

Die Pflanzenbarren im oberen Weissen Nil, die fast zwei Jahre [= 1877–1879] hindurch jeden Verkehr zwischen Chartum und den Stationen der Aequatorial-Provinzen zu Wasser unmöglich machten, sind nun [= 1880] nach siebenmonatlicher Arbeit beseitigt und der Fluss somit für Dampfer wieder fahrbar [...]. Im September 1879, als ich [...] den Auftrag erhielt, nachzusehen, wie es eigentlich mit den Barren stände, dieselben, wenn die Möglichkeit vorhanden, zu entfernen, [...] waren die Aussichten wenig günstig. Nach Dr. Emin Bey[106] sollten eigentlich vier Barren bestehen [...]. [...] **[401]** [...]

Ausser diesen drei Barren im Bachr el Gebel [= oberer Weißer Nil] selbst vermutete Dr. Emin Bey noch eine vierte Barre im Bachr el Abiad [= unterer Weißer Nil], zwischen dem Moqren und Maijeh Signora, dort, wo eine solche schon 1863 und 1864 (bei der Tinne'schen und Heuglin'schen Expedition) und später von 1868 bis 1874 (Baker'sche Expedition) bestand [...]. [...] Als ich nun im September 1879 auf der ersten Fahrt vom Sobat [= rechter Zufluss des Weißen Nil] stromaufwärts kam, fand ich die ersten Spuren von Barrenbildung schon vor Maijeh Signora, so dass wir erst nach deren Beseitigung an die dritte Barre im Bachr el Gebel gelangen konnten, die wir bei 25 Meilen [= ca. 40 Kilometer] stromaufwärts von der Mündung trafen, und da unser Holzvorrath grössten Theils schon bei Entfernung der ersterwähnten im Bachr el Abiad aufgegangen war, konnten wir nur wenig arbeiten, mussten auf die Holzstation zurückfahren. Trotzdem fanden wir auf dieser Stromfahrt die vor wenigen Tagen entfernten Barren in Neubildung begriffen, zerstörten sie abermals, nahmen neuen Holzvorrath und wollten wieder nach der dritten Barre fahren, auf welcher Fahrt wir die Barren abermals neugebildet fanden.

Die beiden ersten kleineren, vor dem Maijeh Signora, durchbrachen wir, die dritte war aber binnen wenigen Tage zu bedeutender Ausdehnung angewachsen, so dass wir uns hiedurch veranlasst sahen, hier von jeder Arbeit abzustehen, solange der Wasserstand nicht etwas gesunken war. Dieser war Ursache, dass hier die schwimmende Grasvegetation immer wieder – so oft sie auch entfernt war – neuerdings durch Winde aus den Hinterwässern in den eigentlichen Strom getrieben wurde, wodurch wir gar nicht direct zur dritten grossen Barre im Bachr el Gebel gelangen konnten und den am Dampfer vorhandenen Holzvorrath hier **[402]** schon immer aufbrauchen mussten. [...] **[403]** [...]

Am 8. November 1879 begannen also die drei Dampfer, mit Holz [...] reichlich versehen, an der Beseitigung der vierten Barre, zwischen Mooren und Maijeh Signora und mussten dort, wo dieselbe indessen eine besondere Mächtigkeit und Dichte erreicht hatte, 40 Soldaten Graben ziehen, wonach die Dampfer, kleine Stücke abgegrabener Felder von der Barre losreissend, dieselbe bis 17. November gänzlich durchbrachen. Während nun der für [die Regierungsstation] Meschra el Req bestimmte Dampfer seinen Weg dorthin nahm, konnten wir an die dritte Barre im Bachr el Gebel fahren. Am 4. December 1879 begannen wir mit drei Dampfern [...] die Arbeit an der dritten Barre, die ohne Unterbrechung bis 2 G. März 1880 währte. [...] **[404]** [...]

Diese dritte oder grosse Barre, an welcher wir mit drei Dampfern und circa 200 Mann den erwähnten Zeitraum hindurch arbeiteten, bestand aus vier einzelnen Partien, zwischen welchen immer eine kleine Strecke offenen Flusses war. Ihr Nord-Ende fanden wir circa 25 Meilen [= ca. 40 Kilometer] von der Mündung im Mooren stromaufwärts, [...] eine Gesammtausdehnung von 33–35 Meilen [= ca. 53–56 Kilometer] gehabt haben, von welcher Zahl aber noch die zwischen den beiden Partien gelegenen offenen Stellen, circa 3–5 Meilen [= ca. 5–8 Kilometer], abzurechnen sind, so dass für die wirkliche Gesammtlänge 30 Meilen [= ca. 48 Kilometer] bleiben dürften. Die erste Partie der dritten Barre [...] hatte eine Ausdehnung von ungefähr 3 Meilen [= ca. 5 Kilometer], ihr Süd-Ende machte die grössten Schwierigkeiten, da sie die älteste und von der Strömung am meisten und die längste Zeit zusammengepresst war, so dass die faulenden Gras- und Wurzelmassen eine Mächtigkeit von 3, 4 und mehr Meter besassen und sie an einzelnen Stellen, wo Morast eingelagert, selbst bis am Grund des Flussbettes reichte und eine förmliche neue festsitzende Insel gebildet hätte. An dieser Stelle rissen die Schiffstaue der arbeitenden Dampfer wie Bindfaden und mussten **[405]** solche Stellen daher durchgraben, von Soldaten entfernt werden, so dass diese Partie die grösste Mühe und den grössten Zeitaufwand erforderte. [...] **[406]** [...]

Was ich nun während der Arbeiten bei Beseitigung der Barren und auf der Fahrt bis nach Lado von den Flussverhältnissen zu sehen bekam, berechtigt zu gegründeten Sorgen für die Schiffbarkeit und ganze Zukunft dieses Stromes. Es ist zu fürchten, dass bei jedem ungewöhnlich hohen Wasserstande, wie schon seit undenklichen Zeiten, sich auch in der Zukunft Barren bilden werden, [...] dass das ganze erwähnte Gebiet [...] ein ungeheurer Sumpfsee werden wird, dessen Befahrung durch immense Grasinseln, Untiefen, Canäle etc. etc. sehr schwierig,

106 Gemeint ist der seit 1878 amtierende Provinzgouverneur Dr. Eduard Schnitzer, der erst 1885 im Rang von Emin Bei zu Emin Pascha aufstieg; siehe auch die gegenüber liegende Seite.

wenn nicht gänzlich unmöglich gemacht wird, da an ein diese Katastrophe verzögerndes oder aufhaltendes Einschreiten durch Menschenhand nicht gedacht werden kann[107]. **[409]**

Die Grasbarren im Weißen Nil sollten aber schon ein Jahr nach Marnos letzter großer Freiräumung für zwei Jahrzehnte ein nur vernachlässigenswertes Problem sein. Bald nach dem Ausbruch des Mahdi-Aufstands 1881 war die ägyptische Provinz Äquatoria abgeschnitten, wurde aber von den Islamisten nicht angegriffen. Deshalb konnte sich der Schlesier Dr. Eduard Schnitzer, der als Emin Pascha ab 1878 diesen Südzipfel des osmanischen Afrika verwaltete, ungefährdet halten. Als der Livingstone-Finder Henry Stanley mit einer unglückseligen Rettungsexpedition 1888 Äquatoria erreichte, war der Retter so krank, dass Emin Pascha widerstrebend seine immer noch für Ägypten gehaltene Provinz aufgab, um den berühmten britischen Afrikareisenden im Dezember 1889 an der ostafrikanischen Küste abzuliefern.
Nach der Rückeroberung des Sudan 1898–1899 sowie einer bis 1903 durchgeführten systematischen Säuberung der sogenannten Grasbarren des Weißen Nil im Gebiet des Sudd kam die Handelsschifffahrt auf den beiden Nilarmen und ihren Zuflüssen außerordentlich rasch wieder in Gang. Schon im Februar 1902 konnte vermeldet werden:

Anonym: Schiffsverkehr auf dem Nil und seinen Nebenflüssen. In: Geographische Zeitschrift, 1902: 8, Seite 104.

Die Hauptlinie für die Verbindung Khartums mit dem Süden ist die 1.400 km lange Strecke Khartum-Gondokoro mit monatlich einmaligem Postdampferverkehr und in Gondokoro Anschluss an die [ostafrikanische] Ugandabahn über Redschaf. Für den [linken Nebenfluss] Bahr-el-Ghasal besteht von Faschoda an eine Zweiglinie, ferner ein monatlich einmaliger Postdienst bis Meschra-er-Reck am Einfluss des Dschur [= Jur, Zufluss des Bahr el-Ghazal]. Der Güterverkehr dieser Linien besteht gegenwärtig noch hauptsächlich in der Einfuhr von Norden her, und zwar besonders von Gewebstoffen, Tabak, Zucker und Manchesterwaren [= britische Industrieprodukte]. Die Ausfuhr der Gegenden südlich von Khartum ist einstweilen unbedeutend, sie liefern höchstens etwas Elfenbein. Dagegen kommen von Duem [= El Diem am oberen Blauen Nil] beträchtliche Mengen Gummi [arabicum][108] u.s.w.

An Reisenden verkehren bis jetzt auf diesen Strecken nur ägyptische Beamte sowie Angestellte des [inneren] Kongostaates und der Uganda-Regierung, da für diese der Nil noch immer die schnellste Verbindung nach Europa bildet. Auf dem blauen Nil, der für Dampfer vom Juli bis Dezember schiffbar ist, besteht ein vierzehntägiger Postverkehr bis nach Rosaires mit weiterm Anschluss zu Lande nach Abessinien. Während des niedrigen Nilstandes wird die Verbindung einmal monatlich für Reisende und Postpackete durch ein Segelboot erhalten, Briefe gehen alsdann zu Kamel. Das Hauptfrachtgut für den Blauen Nil ist Getreide, das von den Eingeborenen in Barken stromab gebracht wird; die Regierungsdampfer befördern, um die einheimische Schiffahrt nicht zu vernichten, ausschliesslich das als Naturalsteuer eingelieferte Getreide zu Thal, wo es für die Truppen verwandt wird.

Von Khartum nordwärts bis zum sechsten Katarakt[109] giebt es so gut wie gar keinen Schiffsverkehr, doch sind stets Kanonenboote bereit, um im Falle einer Unterbrechung des Bahnbetriebes die Verbindung aufrecht zu erhalten. Auch von Dongola[110] stromab ist der Frachtverkehr ausser in Datteln und Getreide gering. Mehr Bewegung herrscht auf der Strecke [Wadi] Halfa [= zweiter Nilkatarakt] – Schellal [= erster Nilkatarakt], wo wöchentlich in beiden Richtungen eine zweimalige Post Verbindung besteht. **[104]**

10.5 Verkehrswege durch die Nubische Wüste

Im Sudan erstreckt sich zwischen dem Niltal und dem Roten Meer das im Mittel nur wenige Hundert Meter hohe vulkanische Plateau der Nubischen Wüste, dem östlichsten Ausläufer der Sahara. Vom Niltal zum Roten Meer langsam ansteigend, finden sich in den küstenparallelen Gebirgsketten bis 2259 m aufragende Bergspitzen wie der Dschebel Oda. Die abseits des Niltals äußerst regenarme Nubische Wüste empfängt weithin weniger als 5 Millimeter Jahresniederschlag und wird infolge fast gänzlich fehlender Oasen und Brunnen nur von wenigen Nomaden und ihren Kamelherden durchstreift. Einziger Siedlungspunkt auf der Kontaktlinie von Land und Meer war Suakin[111], bis ins 19. Jahrhundert der wichtigste Handelshafen an der afrikanischen Küste des Roten Meeres zwischen Suez etwa 1200 Kilometer im Norden und Massaua etwa 400 Kilometer im Süden. Von dort führte ein viel begangener ostwestlicher Karawanenweg quer durch das unwirtliche Bergland der Nubischen Wüste nach Berber am Nil auf der kürzesten Distanz zwischen den so viele Hundert Kilometer parallel liegenden Gewässern. Eine weitere nordsüdliche Karawanenroute verband vor allem Dschidda an der arabischen Gegenküste wirtschaftlich mit dem nordwestlichen Hochland von Äthiopien.

107 Hier irrte sich Ernst Marno, da die ägyptische Wasserbehörde schon 1907 einen ersten Plan für einen Kanal durch den Bahr el-Ghazal vorlegte, der weniger auf eine Verbesserung der Schifffahrt abzielte als auf eine Verringerung der Verdunstung des dem Assuan-Damm dadurch fehlenden Zuflusses. Nach erneuten Ansätzen in den 1930er- und 1950er-Jahren begannen tatsächliche Arbeiten erst 1978, kamen aber nach 240 Kilometern durch den Ausbruch des innersudanesischen Bürgerkriegs, der 2011 zur Abspaltung des Südsudan führte, zum Erliegen. Die Wiederaufnahme des Kanalbaus mit der ökologischen Konsequenz der Trockenlegung eines riesigen Gebietes mag zwar von Ägypten und (Nord-)Sudan begrüßt werden, ginge aber ohne wesentlichen Gewinn zu Lasten der Republik Südsudan.

108 Siehe ► Abschn. 10.3, Kordofan und Darfur, Fußnote 65.

109 Der oberste Nilkatarakt bei der Ruinenstätte Meroe, der Hauptstadt des antiken Reichs Kusch, etwa 75 Stromkilometer unterhalb von Khartum.

110 Siehe ► Abschn. 10.3, Kordofan und Darfur.

111 Siehe ► Kap. 7, Das Rote Meer.

Obwohl die Strecke Berber – Suakin schon seit der Pharaonenzeit und noch früher ein häufig begangener Karawanenweg war, wurde diese Route doch erst in den 1860er-Jahren zum Gegenstand geographischer Beschreibungen. Die charakteristischen Herausforderungen einer Kamelkarawane selbst in als gut erschlossen geltenden Gegenden des osmanischen Afrika finden sich in dem Bericht des schwäbischen Afrikaforschers Theodor von Heuglin[112], der zugleich die Fortgangsberichte der Deutschen Innerafrika-Expedition (1860–1864) abschloss. Dieser Bericht enthält zudem eine der damals üblichen flüchtigen Routenaufnahmen und Peilungen von Landmarken, die Forscher von Reisenden unterschied, auf denen oft bis weit in das 20. Jahrhundert hinein die Kartenkonstruktion der abseitigeren Gegenden Afrikas beruhte:

Theodor von Heuglin: Reise durch die Wüste von Berber nach Sauakin, September 1864. In: Mittheilungen aus Justus Perthes' Geographischer Anstalt […], 1865: 11, Seite 165–171.

Durch Vermittelung des Gouverneurs der Provinz Berber […] wurde nach langem unnützen Aufenthalt in Mocheref [= Berber am östlichen Nilufer] ein Vertrag mit dem Schech der Postverbindung für die betreffende Wüstenstrecke […] abgeschlossen, der sich verpflichtete, einige 40 Last- und Reitkameele nebst Bedienungs-Mannschaft, so wie einen der Strasse und Verhältnisse kundigen Führer (Arabisch: Habir) zu bestellen, als welchen der Schech seinen Sohn Hadji-Ali vorschlug. Obgleich die in den Gebirgen zwischen Berber und Sauakin gezüchteten Kameel-Racen im ganzen Orient ihrer vorzüglichen Eigenschaften wegen berühmt und gesucht sind, eignen sie sich weniger […] zu schweren Transporten, sie sind meist kleiner, leichter und flüchtiger und namentlich die Bischarin[113]-Kameele geben ausdauernde und schnelle Hedjin (trainirte Reitkameele) ab. Der grösste Theil der Thiere, die uns Hadji-Ali lieferte, war jung und schwächlich und kaum ordentlich zugeritten, die Bedienungs-Mannschaft […] kaum civilisirter als ihre Thiere und höchst ungeschickt beim Anordnen, Aufbinden und Verladen unserer voluminösen Bagage […].

Am Mittag des 1. September 1864 wurde endlich aufgebrochen [■ Abb. 10.10], nachdem sich die Araber vom frühen Morgen an mit viel Lärm um die leichtesten Gepäckstücke gerauft, die etwas gewichtigen wo möglich verkleinert und die von störrischen Thieren abgeworfenen Lasten wieder aufgepackt hatten. Der Weg führt von Mocheref Anfangs fast direkt ostwärts, anfänglich über fast vegetationslose, steinige Wüste schwach ansteigend nach dem an 5 Meilen [= ca. 8 Kilometer] von der Stadt entfernten Brunnen A'bu-Takar oder Bir (d [as] i [st] Brunnen) Moha-Bek. […] Auf 36 bis 40 Fuss [= ca. 11–12 Meter] sind hier einige Brunnengruben in Thonschichten und Geröllmassen abgeteuft, die viel Trinkwasser liefern, das jedoch trotz seiner ausnehmenden Klarheit unangenehm und bitterlich schmeckt und wie die meisten Wasser von Wüstenbrunnen in den Schläuchen weit schneller verdirbt als das des Flusses, weshalb wir unsere Vorräthe auch aus dem Nil mitgebracht hatten. […]

Erst am dritten Tage unseres unfreiwilligen Aufenthaltes am Bir Moha-Bek erschien auf unsere energische Reklamation in Berber der Habir und als man endlich wirklich aufbrechen wollte, waren die Kameeltreiber und ihre Thiere verschwunden und es zeigte sich, dass diese das Weite gesucht hatten, obgleich der Führer die Hälfte des Lohnes voraus empfangen. Man war genöthigt, sich nochmals an den Divan [= Verwaltung in Berber] zu wenden, und mit Hülfe einiger Soldaten waren schneller, als wir erwarten konnten, wieder andere Leute und Lastthiere zur Hand. Man sandte wieder die leeren Trinkwasserschläuche zum Fluss und am 6. September konnte wieder zum Aufbruch geblasen werden, aber erst gegen Abend setzte sich die Karawane nach und nach in Bewegung. Vor uns lag eine sanft nach Osten ansteigende Ebene, steinige, aller Vegetation bare Wüste, zuweilen unterbrochen von weitläufigen dürren Halfa [gras]-Partien und krüppelhaftem Mimosengebüsch. […] **[165]** […]

7. September […] Den Tag über hatten wir die drückendste Sonnenhitze und kaum einen Hauch von kühlendem Wind, aber gegen Sonnenuntergang zogen sich schwere Gewitterwolken am ganzen Horizont zusammen. Kaum war wieder gesattelt und ein Theil des Gepäckes über die oben erwähnte Terrasse ostwärts weiter gezogen, als von rasenden Windstössen begleitet ein Gewitter über uns losbrach, das in wenigen Minuten unseren Lagerplatz in einen See verwandelte, der von einem reissenden Regenstrom aus Süden und Osten gespeist wurde. Ehe das Toben der Elemente sich gelegt hatte, war es Nacht geworden und fast Mitternacht, bis sich die zerstreute Karawane auf einer Insel in diesem improvisirten Ocean wieder zusammengefunden.

Am 8. September kam es natürlich erst spät zur Abreise. Man hatte das durchnässte Gepäck erst einigermaassen trocknen müssen, ganze Ladungen waren abgeworfen worden und mussten erst wieder aus allen Richtungen zusammengesucht werden. Nach 9 Meilen Marsch wird in einem Wadi am westlichen Theil des kleinen isolirten Djebel Eremid etwas gerastet. […] Von Djebel Eremid steigt man 3 Meilen weit in das seichte, wenig eingerissene Wadi Eremid herab, das in N [ord]W [est] von niedrigen Hügelgruppen eingesäumt ist und etwas reicheren Baumschlag zeigt. Nach Aussage des Habir Hadji-Ali sind von Seiten des Gouverneurs von Berber mehrmals fruchtlose Versuche gemacht worden, hier Brunnen zu graben. Man fand immer etwas Wasser, aber bitter und schlammig. Hier lagern wir die Nacht über.

9. September. Nach vierstündigem Marsch über hügeliges, sandiges Terrain mit spärlicher Vegetation durchwandert

112 Nach metallurgischer Ausbildung hatte Theodor von Heuglin (1824–1876) seinen Beruf aufgegeben und war 1850 nach Ägypten gegangen, wo er ab 1852 in Diensten des österreichischen Konsulats in Khartum ausgedehnte Expeditionen in die oberen Nilländer unternahm und sich dabei vor allem der Vogelkunde verschrieb. Aufgrund seiner Kenntnisse insbesondere der dem Inneren Afrikas zugewandten Gebiete des Sudan wurde von Heuglin 1860 von August Petermann zum Leiter der von seinen *Mittheilungen aus Justus Perthes' Geographischer Anstalt* organisierten Deutschen Innerafrika-Expedition ernannt.

113 Nach dem größten Nomadenstamm der Gegend benannt.

■ **Abb. 10.10** Originalkarte der Strasse zwischen Berber & Suakin in Nubien. In: Mittheilungen aus Justus Perthes' Geographischer Anstalt, 1866: 12, Tafel 9

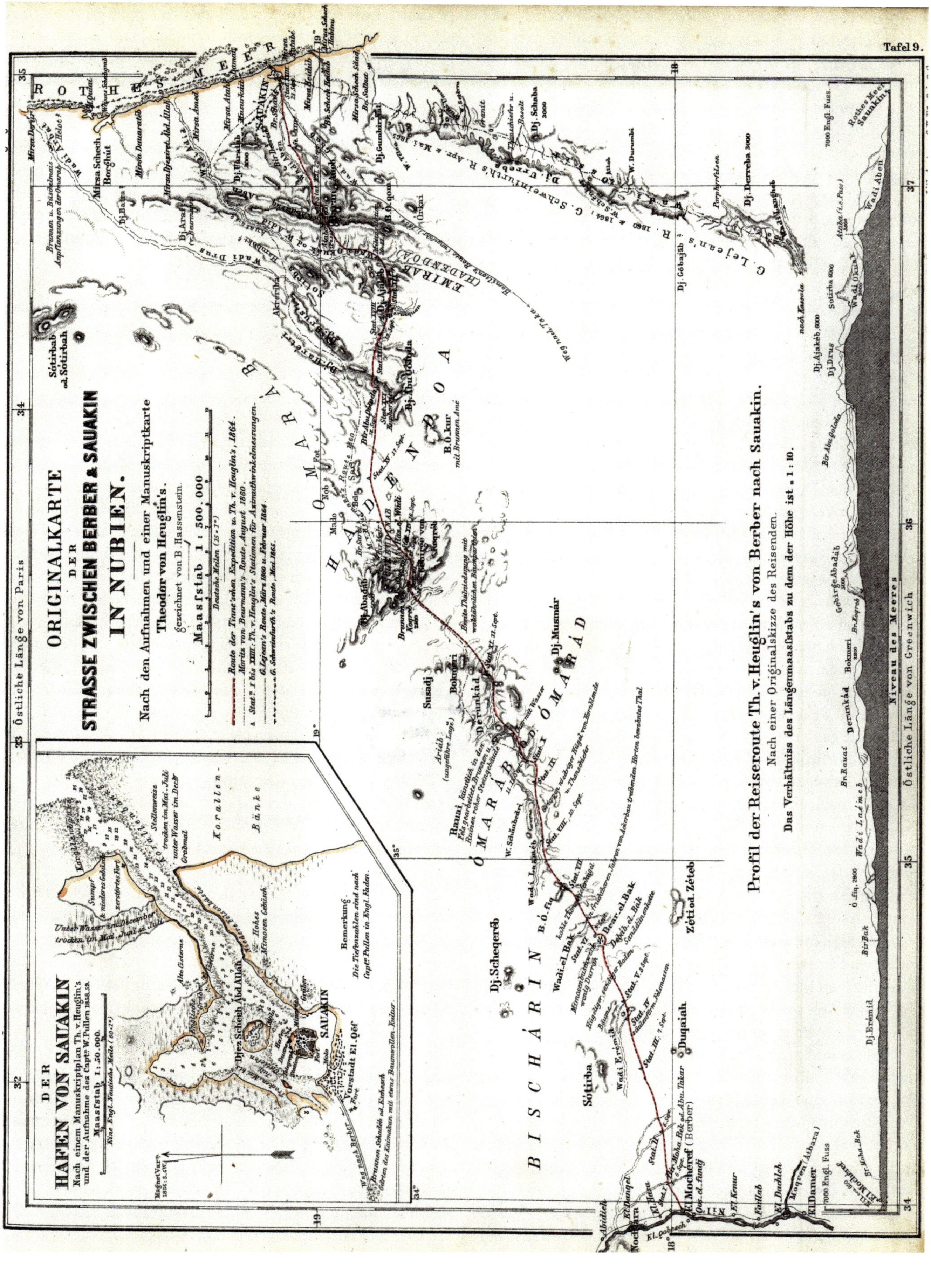
Tafel 9.
ORIGINALKARTE
DER
STRASSE ZWISCHEN BERBER & SAUAKIN
IN NUBIEN.
Nach den Aufnahmen und einer Manuskriptkarte
Theodor von Heuglin's.
gezeichnet von B. Hassenstein.
Maasstab 1 : 500.000
DER
HAFEN VON SAUAKIN
Nach einem Manuskriptplan Th. v. Heuglin's
und der Aufnahme des Captn W. Pullen 1858.59.
Maasstab 1 : 50.000.
Profil der Reiseroute Th. v. Heuglin's von Berber nach Sauakin.
Nach einer Originalskizze des Reisenden.
Das Verhältniss des Längenmaasstabs zu dem der Höhe ist = 1 : 10.
Östliche Länge von Paris
Östliche Länge von Greenwich
Niveau des Meeres
ROTHES MEER
SAUAKIN
BISCHÁRIN
HADENDOA

man ein mageres Wadi, längs dessen Ostseite sich eine Sanddünenkette, Debab el-Bak, von beträchtlicher Längenausdehnung hinzieht. Wir brauchten zwei Stunden, um dieselbe an einem geeigneten Platz in weitem Bogen nach Süden zu passiren. Dann betrat man eine mit Flugsand erfüllte Niederung mit zahlreichen Mimosen und Tundub-Buschwerk, in der auf einem Grund von Schotter und Mergel eine grosse Menge von Brunnen liegen, welche damals aber theils ganz vertrocknet waren, theils nur schlechtes, brackisches Wasser auf etwa 20 bis 30 Fuss [= ca. 6–9 Meter] Tiefe enthielten. [...] Jetzt wohnten nur einige Familien im ganzen Thal und es war kaum möglich, von den Eingebornen einige Schafe für uns zu erwerben. An den Brunnen lagerte eine kleine Sauakin-Karawane mit etwa zehn jungen Galla-Sklavinnen.

10. September. Die leeren Wasserschläuche werden in aller Frühe gefüllt, dann gepackt und gesattelt und nach N [ord] O [sten] ungefähr in der Richtung des Berges O-fiq [...] weiter gezogen. [...] 11. September. Unsere Richtung von gestern Abend beibehaltend wandern wir immer thalaufwärts. Längs der Seiten des 2 bis 4 Meilen [= ca. 3,2–4,8 Kilometer] breiten Wadi Laemeb, in das von Norden her das Wadi Schaabedri mündet, ziehen sich Gruppen niedriger Hügel von Hornblende und Thonschiefer hin, mit riesigen Quarzgängen durchsetzt. [...] **[166]** [...] Nach 10 Meilen [= ca. 16 Kilometer] verlassen wir Wadi Laemeb, nach rechts über einen niedrigen Sattel abbeugend, und treten bald in ein ziemlich enges, von schwarzen kahlen Bergen eingeschlossenes Thal, wo nach sieben Stunden Marsch (14 Meilen [= ca. 23 Kilometer]) an einem herrlichen Chor (Regenwasserbett) mit viel Wasser auf blühendem Wiesengrund Halt gemacht wird. [...]

Wir blieben am 12. September in unserem reizenden Thal, wo übrigens unangenehme Auftritte mit dem Stellvertreter des abwesenden Schech der O'marab und den Eingebornen Statt fanden, die auf Unrechtskosten sich bei uns zu Gast laden und einen willkürlichen Durchgangszoll für jedes Kameel erheben wollten. Es kam zu sehr ernstlichen Demonstrationen, so dass wir, eines massenhaften Angriffes gewärtig, die ganze folgende Nacht unter den Waffen bleiben und Wachposten ausstellen mussten. 13. September. Es geht heute thalaufwärts durch niedrige Felsgebirgsketten, die meist aus blättrig und holzartig verwittertem Thonschiefer bestehen. Nicht selten begegnen wir alten Begräbnissplätzen, theils von ovaler Form, theils oblong [= rechteckig], mit einer Art Vorbau nach Osten, entweder nur von rohen Feldsteinen umfriedigt oder als hohe massive Hügel aus demselben Material. Auch auf hervorragenden Bergpartien unterschied ich solche deutlich. Nach 5 Meilen [= ca. 8 Kilometer] treten wir in ein engeres, nicht ganz vegetationsloses Felsthal ein und nach einer weiteren Meile [= ca. 1,6 Kilometer] Marsch geht es über einen ziemlich steilen niedrigen Sattel weg, von dem aus man nach 2 Meilen [= ca. 3,3 Kilometer] in N [ord] O [st]-Richtung in ein breites schönes Thal hinabkommt, dessen Nordseite namentlich von höheren Gebirgen eingesäumt ist. Es wird wie die ganze Gegend Derunkad genannt [...]. Wir folgen diesem Thal nach Osten über eine niedrige Wasserscheide, lassen nach 11 Meilen [= ca. 18 Kilometer] (Marsch vom Lagerplatz) einen kleinen pyramidalen Felshügel hart links am Weg, nach 16 Meilen [= ca. 26 Kilometer] einen isolirten höheren Berg mit zwei auffallenden Spitzen rechts und gelangen nach einer weiteren Meile [= ca. 1,6 Kilometer] über einen kleinen Gebirgspass, in N [ord]O [st] einbiegend, in ein liebliches Hochthal, wo nach 17½ Meilen [= ca. 28 Kilometer] Weges gelagert wird. Von hier ist in Süden ein hoher, zackiger, ganz isolirter Bergstock, der Djebel Musmär [...], sichtbar, in Osten der Berg O'-Kur [...].

14. September. Wir steigen zeitig auf passablen Wegen über einige Vorberge in das mehr als 10 Meilen [= ca. 16 Kilometer] breite oben erwähnte Thal hinab, das unter Anderem sehr freundliche und liebliche, waldähnliche Baumpartien enthält. Nach 19 Meilen [= ca. 31 Kilometer] Marsch erreicht man die Vorberge zwischen Abadab und Koqreb, passirt die jetzt durch heftige Regengüsse versandeten Brunnen von Koqreb in einer aus O [st]S [üd]O [st] kommenden ziemlich engen Schlucht, deren Sohle wir noch 1 Meile [= ca. 1,6 Kilometer] weit folgen. [...] **[167]** [...]

Am 15. September konnte nur ein kleiner Marsch thalaufwärts, immer im Wadi Koqreb, gemacht werden, da sich einige Kameele verlaufen hatten (4½ Meilen [= ca. 7,2 Kilometer]), eben so am 16. September, an welchem Tag wir nur bis zu den Brunnen des sogenannten Bas el-Wadi, eine gute Meile [= ca. 1,6 Kilometer] weit, vorankamen. Die Gegend scheint sehr bewohnt, viele Hadendoa [-Beduinen], selbst Weiber, Mädchen und Kinder, fanden sich im Lager ein, um Milch gegen Tabak und Geld zu vertauschen, und viele Schaf-, Ziegen- und Kameelheerden weideten an den frisch-grünen Thalgehängen. [...] Das einzige Ackerbauwerkzeug, das ich hier zu Lande sah, besteht in einem 2 bis 2½ Fuss [= ca. 60–76 Zentimeter] langen, sehr massiven Stock, an dessen einem Ende ein breites meisselartiges Stück Eisen angebracht ist, das so wie eine kleine Axt zum Ausroden des Gebüsches u.s.w. dient. Die Bewohner dieser Gebirge züchten auch nicht selten eine kräftige Eselrace, die aber selten zum Reiten, meist nur zum Wassertragen benutzt wird [...]. Endlich verfertigt man hier hübsche, starke und sehr grosse, braun und weisslich gestreifte Teppiche aus Ziegenhaaren, die im Inneren der niedrigen Mattenzelte um das Ruhebett ähnlich einem Fliegennetz angebracht werden. Sonst werden [...] noch einige Lederarbeiten gefertigt, namentlich Schläuche und Lederstricke. [...]

Am 17. September wird wieder spät aufgebrochen. Man folgt noch eine kurze Strecke dem Chor von Koqreb, der hier mehr aus N [ord]O [sten] kommt, überschreitet nach 2 Meilen [= ca. 3,2 Kilometer] einen kleinen Gebirgssattel und gelangt dann über ein felsiges Plateau, einen mamelon [= kugel]artigen Hügel hart rechts lassend, in ein schönes, weites, nur in N [ord]W [est] offenes Hochthal, das an einigen Stellen sumpfigen Grund hat [...]. [...]

18. September [...] Unsere heutige Wegrichtung ist östlich, nach 7 Meilen [= ca. 11 Kilometer] kommt man aus dem Thal von gestern in ein anderes, in N [ord]O [st] mit diesem zusammenhängendes, weites Wadi, über eine kleine Felshügelkette weg und nach 16 Meilen [= ca. 26 Kilometer] Marsch lagern wir an dem Brunnen von Abu Qoloda am Fusse **[168]** der Ausläufer des gleichnamigen Gebirges, das dem Abadab an Höhe wenigstens gleich kommt. [...]

19. September. In [...] nur circa 6 Meilen [= ca. 9,7 Kilometer] Entfernung haben wir einen hohen Gebirgsgrat, der den Abu Qoloda mit dem Djebel Drus verbindet. Diesem zu geht es heute in

vielen Windungen und über niedrige Sättel weg in einem engen reizenden Thale immer steiler bergauf. Fliessendes Wasser kam hier nicht selten zu Tage, um aber nach wenigen Schritten wieder zu versinken. In Schluchten und an den Seiten des Wadi ist oft schöner Baumschlag [...]. Nach über dreistündigem Steigen über viele, den steifen Beinen der Kameele höchst unbequeme Hindernisse weg erreichen wir den höchsten Pass des Gebirges südwestlich von dem erwähnten Gebirgsgrat, gelangen dann über eine steinige Hochebene, durch die sich kleine grüne Thälchen winden, zu einem im Süden abgehenden breiten Querthal [...], der Station XVII meiner trigonometrischen Messungen[114], und lagern nach kaum 9 bis 10 Meilen [= ca. 14,5–16 Kilometer] direkten Weges unsern vom letztgenannten Berg, der mit dem Djebel Drus, den wir im Norden haben, die Wasserscheide zum Rothen Meer bildet.

20. September. [...] Man folgt dem Thal von gestern Abend bis zur Südseite des relativ kaum 800 Fuss [= ca. 240 Meter] hohen Ajakeb und gelangt dann in einem wunderlieblichen, engen, felsigen und mit wirklich malerischem Baumschlag [...] geschmückten Hochthälchen in Osten in ein weiteres, aus Norden zu Süden führendes Wadi (diese zwei Thäler wurden mir Om-berasi und Deraiquan benannt), dann in Osten zu Süden bald (nach 7½ Meilen [= ca. 12 Kilometer]) an einen sehr fatalen Gebirgspass (Station XIX), von dem aus man nach Osten bereits in das berühmte Wadi O'-Kuak oder Sinkit (Sinket) hinabsieht, das wir nach über siebenstundigem Marsch erreichten. Dieses Wadi O'-Kuak, oder auch O'-Kak in den amtlichen Registern geschrieben, weit bekannt seines vortrefflichen Wassers und der gesunden Luft wegen, bildet den Sommeraufenthalt der meisten Bewohner von Sauakin, die hier circa 1.000 Mattenzelte aufgeschlagen haben. Ich schätze seine Höhe auf 3.000 Fuss [= ca. 915 Meter] über dem Meere, von dem es noch durch eine hohe Gebirgskette, die von Süden nach Norden streicht, getrennt ist. Dieses Thal, das gleiche Richtung hat und weiter nördlich Wadi Adid heisst, hat bei stärkeren Herbstregen im Gebirge viel Zufluss aus Westen, Süden und Osten und seine Fluthen sollen sich nicht selten in Mirsa Djesiret Abdallah ins Rothe Meer ergiessen, wie das Wadi Drus, das in seinem unteren Lauf Wadi Arbat heisst, in Mirsa Deriir mündet. [...]

Wohl auf eine Wegstunde lang und ½ Stunde breit ist das weite und ganz ebene Thal **[169]** mit luftigen Mattenhütten der Sauakiner bedeckt, die mit ihren Familien das Meer im Juli verlassen und im Oktober und November wieder dahin zurückkehren. Milch und Fleisch ist dann immer in Überfluss zu haben, eben so etwas Tabak, Wohlgerüche, Kaffee, Baumwollzeuge und Glasperlen. Auch Schmiede und Goldarbeiter etabliren sich für kurze Zeit in O'-Kuak, welch' letztere Silberfiligranschmuck für die Damen Sauakin's und der Wildniss fertigen. Wir fanden hier den Gouverneur von Sauakin, Soliman Bek, den ich schon vor Jahren kennen lernte und der uns auf das Liebenswürdigste empfing und mit Allem versorgte, was O'-Kuak zu bieten vermag. [...]

Vier Strassen führen aus diesem Thal nach Sauakin, die nördlichste, „Darb Sani", soll die beste, aber auch die weiteste sein, dann folgt nach Süden zu Darb Aben, Darb-Ghob oder Qob mit einem schönen Wasserplatz, umgeben von Hochbäumen, die südlichste heißt Taminib; die beiden letztgenannten sind für Lastkameele kaum praktikabel. Wir wählten Darb Aben, hielten aber am 21. September in O'-Kuak Rasttag. [...] **[170]** Sonntag, 23. September. Immer auf Geröllmassen des Wadi Aben weiter, im Allgemeinen in N [ord]O [st] zu 0 [st]. Nach einer Meile wird ein Ausläufer der Gebirgskette links überschritten, um einen Bogen des Thales nach Süden abzuschneiden, in weiter Ferne zeigt sich bereits als nebelblauer Streif am Horizont das Rothe Meer, nach fast fünfstündigem Marsch bleibt eine eigenthümliche hellgraue bröcklige Granitmasse links vom Weg, nach 5½ Stunden haben wir die zwei Spitzen des Baran-Aueb in W [est]S [üd]W [est], das Aben-Thal wird bis 2 Meilen [= ca. 3,2 Kilometer] breit, die Gebirge niedriger und kahl [...] und nur im Thal ist eine etwas spärliche Mimosen-Vegetation. Nach sechsstündigem Marsch lassen wir den Brunnen Debred zur Linken, halten uns fast direkt östlich und treten ganz in die massig zum Meer abfallende Ebene ein, deren Pflanzenwuchs mehr und mehr abnimmt, und nach elfstündigem Marsch erreichen wir in sinkender Nacht die Sykomoren am Brunnen Schade bei Sauakin, nur ½ Meile von der Hafenstadt selbst, wo wir den anderen Morgen einzogen. [...] **[171]**

Damit hatte Theodor von Heuglins Kamelkarawane für die rund 430 Kilometer lange Strecke, die heute auf einer weithin ähnlich verlaufenden Autopiste in einem Tag befahren werden kann, insgesamt 22 Tage benötigt. Nur wenige Monate später kam der Biologe Gustav Schweinfurth[115] im März 1865 nach Suakin, um von dort nach Kassala zu gehen. Diese 1820 von einem islamischen Sufi-Mystiker in einer fruchtbaren Ebene in der Nähe des Oberlaufs des rechtsseitigen Nilzuflusses Atbara angelegte Siedlung, heute dicht an der Grenze zu Eriträa, erfuhr einen Wachstumsimpuls, als 1840 eine ägyptische Garnison hierher gelegt wurde und die Beduinen der Umgebung anzog. In der zweiten Hälfte des 19. Jahrhunderts war Kassala ein wichtiger Umschlagsort des Handels vom äthiopischen Hochland entweder den Atbara hinab zum Nil oder über die von Schweinfurth nun begangene 106 Kamelstunden oder rund 430 Kilometer lange Karawanenroute durch die Nubische Wüste zum Hafen Suakin am Roten Meer. Im Gegensatz zu Theodor von Heuglin wollte Schweinfurth aber dieses Mal keine Routenaufnahme machen, sondern neben dem Botanisieren eine bislang noch unerkundete christliche Ruinenstätte am Wegesrand untersuchen:

114 Wissenschaftlich ambitionierte Afrikareisende ergänzten ihr möglichst genau geführtes Routenbuch mit Eintragungen über Richtung und Länge (Schrittanzahl oder am Verkehrsmittel geeichte Zeitdauer) der begangenen Richtungen an geeigneter Stelle mit barometrischen Höhenbeobachtungen, Peilungen umliegender markanter Landmarken und gegebenenfalls astronomischen Ortsbestimmungen. Dies alles sollte der späteren möglichst sicheren Konstruktion der begangenen Route und dem Einfügen der im Reisetagebuch notierten topographischen Angaben dienen.

115 Siehe ► Abschn. 1.5, Reiche Touristen und arme Handwerksburschen, Fußnote 45.

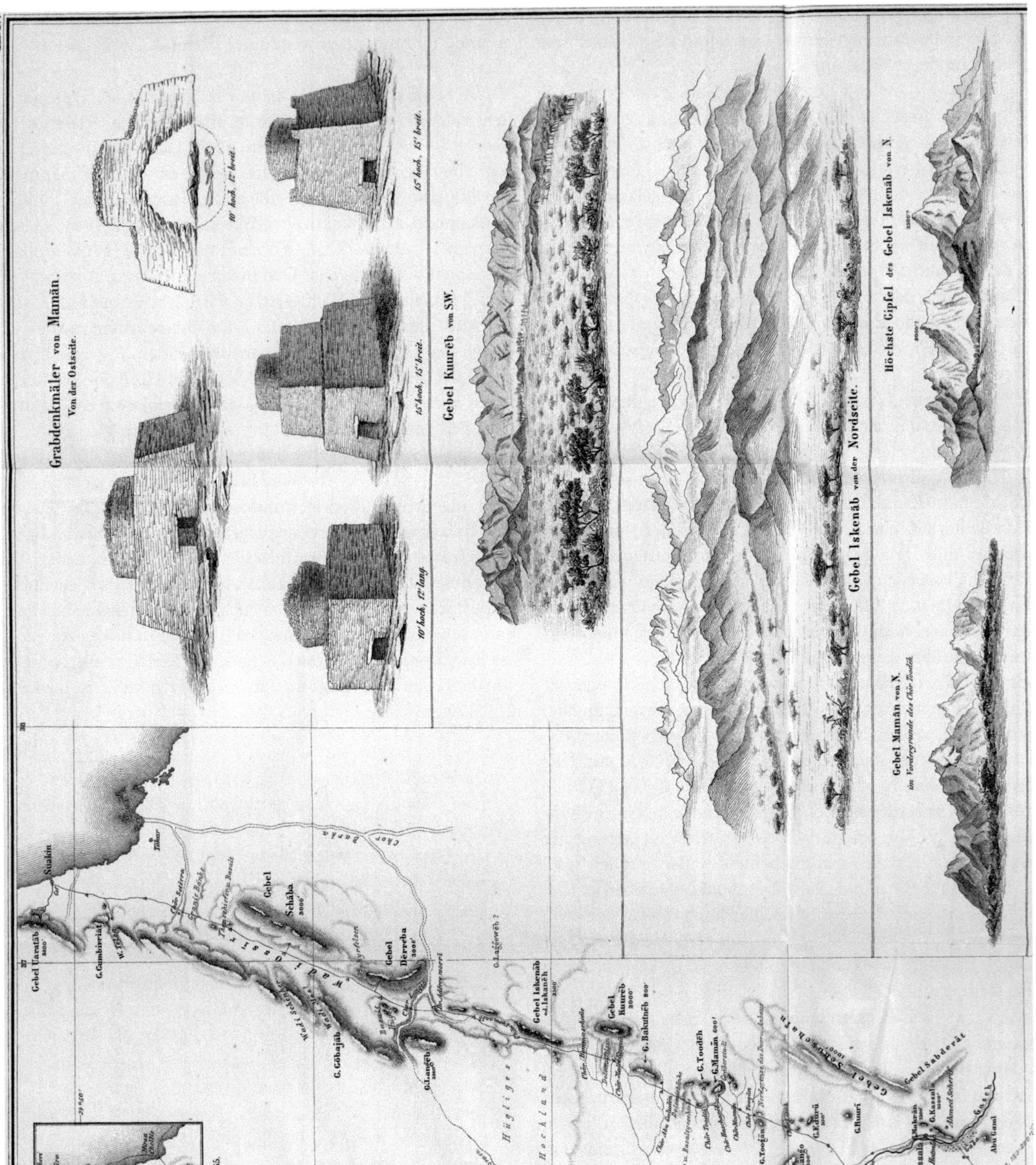
Grabdenkmäler von Mamān.
Von der Ostseite.
10' hoch, 12' breit.
10' hoch, 12' lang.
15' hoch, 15' breit.
15' hoch, 15' breit.
Gebel Kuurēb von SW.
Gebel Iskenāb von der Nordseite.
Höchste Gipfel des Gebel Iskenāb von N.
Gebel Mamān von N.
Routen und Profile
im
NORDÖSTLICHEN AFRICA
im April und Mai 1865.
Gezeichnet
von
Dr. G. SCHWEINFURTH
Maßstab der Karte.
1:2,000,000
Erklärung.
Route in Wadi Gadireh 24.25 Febr. 1865.
Ö.L. v. Greenwich
Suakin
Tokar
Gebel Schāba
Gebel Dērreba
Kassala

Gustav Schweinfurth: Reise von Suakin nach Kassala. April 1865. In: Zeitschrift für allgemeine Erdkunde, 1865: Neue Folge 19, Seite 385–406.

Verschiedenartige Hindernisse verzögerten meine Abreise von Suakin, woselbst ich ziemlich zwecklos 16 Tage verlebt haben würde, hätte diese Zeit mir nicht Gelegenheit zu schriftlichen Arbeiten dargeboten. Eine Abtheilung von 300 Mann ägyptischer Truppen zog damals Tribut erhebend durch die benachbarten Gegenden und bewirkte durch ein gewaltsames Aufgreifen der Kameele behufs des Provianttransports, dass die Eingeborenen ihre Thiere weit in die Berge hineintrieben und es ängstlich vermieden, [...] sich blicken zu lassen; nur einige Wenige wagten es, die Strasse zu betreten, zogen es aber vor, in Suakin Salz zu kaufen, was ihnen einen grösseren Gewinn versprach, als die 4 bis 6 Thaler, welche pro Kameel für die Reise von Suakin nach Kassala gezahlt werden. Ausser mir befanden sich noch drei Kaufleute in gleicher Lage, doch unsere vereinten Anstrengungen vermochten uns nicht vom Platze zu schaffen. Nach einiger Zeit erfuhr ich, dass abermals Kameele für die Truppen aufgegriffen seien, und nun gelang es meinen Vorstellungen, dem mitgebrachten Firman [= Erlass des Vizekönigs] Kraft zu verleihen und mir die nöthigen Lastthiere abtreten zu lassen.

So konnte ich endlich am 5. April Nachmittags aufbrechen [■ Abb. 10.11]. Wir zogen 3 Stunden lang in südlicher Richtung durch eine mit vielartigem Buschwerk dichtbestandene Gegend. Kaum hatten wir die Meeresküste verlassen und die sanftansteigende Ebene betreten, welche sich von den südlich verlaufenden Gebirgszügen (meerwärts) absenkt, als sich bereits ein sehr fühlbarer Wechsel der Temperaturverhältnisse bemerkbar machte. Die bedeutende Luftfeuchtigkeit Suakins nahm schnell ab **[385]** und die Nacht war kühler als die vorigen. [...] **[386]** [...]

Nach sieben Tagen in beständig gehaltener südsüdwestlicher Richtung erreichte Schweinfurth am 12. April eine Bergkette.

Dann durchzogen wir weiter [...] Sandflächen, auf welchen Granitbänke und Geschiebe abwechselnd folgten, während das Terrain merklich anstieg und eine weite Fernsicht nach N [ord] W [esten] über ein endloses Hügelland gestattete. Nach dreistündigem Marsche hielten wir uns auf einen [...] Granithügel zu, den wir zur Rechten liegen liessen. Hier hatten wir die höchste Steigung der Route erreicht, da wir von nun an wieder abwärts stiegen. Ich nehme an, dass die Wasserscheide zwischen dem Nil und dem Rothen Meere sich hier befinde [...]. Wenn die Meereshöhe Kassala's wirklich 1.800 P [ariser] Fuss [= ca. 585 Meter][116] beträgt, so muss man für diese Wasserscheide mindestens 2.000 Fuss [= ca. 650 Meter] rechnen, was die Höhe der benachbarten relativ 3.000–3.500 Fuss [= ca. 975–1140 Meter] hohen Berge beträchtlich vermehren würde. [...] Nach fünfstündigem Marsche rasteten wir, nachdem eine Sklavenkaravane, die einige 20 Kinder mit sich schleppte, die zweite auf der Reise, uns begegnet war. Die Kaufleute, welche sich mit diesem Handelsartikel befassen, sind fast ausnahmslos Djiddaner[117], welche ihre kostbare Waare (ein halbwüchsiger Knabe kostet gegenwärtig mindestens 150 Marien-Theresien-Thaler[118] in Suakin) gewöhnlich selbst an den Ort ihrer Bestimmung geleiten. [...] **[393]** [...]

Am 19. April rastete Schweinfurths Karawane im Trockenflusstal Chor Toodeh.

Von hier aus zeichnete ich die Skizze des nahen Gebel Maman, den man von seiner schmalen Seite wahrnimmt. Nachmittags brachen wir auf und marschirten eine Stunde in S [üd]S [üd]W [est] auf den Toogan zu; da ich aber die Ruinen von Maman besuchen wollte, veranlasste ich mit Mühe die Leute, nach dem Berge einzulenken und beim Brunnen Haschaneb zu übernachten, welcher in vier Stunden O [st]z [u]S [üd] erreicht wurde. [...] Morgens brach ich auf, um die Ruinen, von denen ich viel erzählen gehört hatte, zu besuchen. Diese noch von keinem europäischen Reisenden berührte Localität ist auf [...] neuester Karte an einer von der Wirklichkeit sehr abweichenden Stelle verzeichnet [...].

Auf den Südabhang des Berges [...] zugehend, indem wir hart an seinem Westabhange hinschritten, erreichten wir nach einer Stunde die ersten Objekte meiner Neugierde. Der [Trockenflusstal] Chor Haschaneb schneidet in den Maman tief ein und theilt ihn gewissermassen in zwei Hälften. Am ganzen Südabhange, welcher durch ein breites Thal von einem niederen Hügelzuge geschieden ist, das in seiner Mitte den Chor **[397]** Maman enthält, dehnen sich die sogenannten Ruinen hin. Diese Bezeichnung indess verdient die wohlerhaltene „Gräberstadt Maman" nicht. Ich glaubte verfallene Fundamente anzutreffen und stand nun vor den Zeugen christlichen Lebens, welche Einsamkeit und abergläubische Furcht der Bewohner Jahrhunderte hindurch unversehrt erhalten haben. Viereckige Häuschen aus schieferförmigen Granitstücken errichtet ziehen sich gleich einer wohlgeordneten Stadt eine halbe Stunde am Abhange des Berges hin. Ich begann das Zählen, musste aber bald ihrer Menge wegen davon abstehen. Die Anzahl dieser cyclopischen Mauerwerke kann ich mindestens auf 1.000 schätzen, von denen die Hälfte noch so dasteht, wie die Erbauer sie errichteten; die andere ist durch Verwitterung der übergreifenden Steinränder, welche die Gewölbe des Innern darstellen, zum Theil eingestürzt und eine grosse Anzahl

116 Jüngere Vermessungen bestimmen die Höhenlage von Kassala auf 509 m.

117 Dschidda in der Mitte der arabischen Küste des Roten Meeres und damit Suakin fast gegenüber war schon lange der wichtigste Umschlagshafen der arabischen Halbinsel.

118 Siehe ► Abschn. 11.2, Der transsaharische Karawanenhandel, Fußnote 29.

■ **Abb. 10.11** Routen und Profile [von Suakin nach Kassala] im nordöstlichen Afrika im April und Mai 1865. In: Zeitschrift für allgemeine Erdkunde, 1865: N. F. 19, Tafel IV von Gräbern besteht aus blossen Steinhaufen, von denen gewiss der grösste Theil im Laufe der Zeit unkenntlich geworden ist. Ich gebe nun als Erläuterung zu beifolgenden Abbildungen die Beschreibung dieser Gräberstadt. […]

Diese Grabdenkmäler sind meist 10–15 Fuss [= ca. 3,6–5,5 Meter] hoch und 12–15 Fuss [= ca. 4,4–5,5 Meter] breit, im Geviert errichtet und zwanglos, aber gewöhnlich in der Richtung der Windrose gestellt. Alle bestehen sie aus geneigten Wänden, welche ein halbkugelförmiges Gewölbe einschliessen. Sie tragen ausser dem vierkantigen Erdgeschoss ein niederes thurmartiges Rondel, welches durch seine Last dem Gewölbe grösseren Halt verleihen sollte und ausserdem mit einem Haufen kleiner Kieselsteine überdeckt ist. Ausser einer kleinen vierkantigen Oeffnung, welche das Hineinkriechen eines Menschen zur Noth gestattet, und die stets auf der Ostseite angebracht ist, sind die Wände gänzlich geschlossen. Dreierlei Formen unterschied ich an diesen Gräbern. Meist bestehen sie aus einem Erdgeschoss mit daraufruhendem Rondel, die Zahl derselben mag wenigstens 500 betragen, die verfallenen nicht mitgerechnet **[398]**. Eine seltnere, wahrscheinlich nur die Grabstätten der Vornehmen bezeichnende Art der Mauerwerke besteht ausser dem Erdgeschosse noch aus einem zweiten Stockwerke, welches mit einem kleinen Absätze auf das erste gesetzt ist und oben das gewöhnliche Rondel trägt. Das Gewölbe ist bei allen das gleiche. Die übrigen Gräber tragen nur Steinhaufen, aus grösseren Blöcken gebildet. […] **[399]** […]

Am 24. April erreichte ich Vormittags Kassala, nachdem noch 3 Stunden zurückgelegt worden waren. In dem Hause eines türkischen Grosshändlers fand ich in Folge mitgebrachter Empfehlungsschreiben gastliche Aufnahme und eine den Verhältnissen entsprechende Bequemlichkeit, um die mich alle anwesenden Europäer beneideten. […] So endete meine langwierige 19tägige Wanderung, die einem bequemen Spaziergange glich, auf welchem man weniger Strapazen zu überstehen hat als auf einer russischen Poststrasse. Zahlreiche Europäer, vorzüglich Deutsche und Franzosen, begrüssten mich alsbald und boten mir durch interessante Unterhaltungen reichen Ersatz für lange Entbehrungen. Ich konnte wieder einmal meine Muttersprache reden. […] **[402]**

Sowohl aus den Eingangsworten von Gustav Schweinfurth als auch aus der Beschreibung Suakins[119] wird deutlich, dass Suakin für den osmanischen Sudan zwar ein wichtiger Hafenort, aber doch aufgrund der problematischen Karawanenanbindungen zum Nil und zum äthiopischen Hochland doch vor allem ein Nadelöhr darstellte. Die faktisch den Sudan seit dessen Rückeroberung 1898/99 als Kolonialmacht beherrschenden Briten hatten unter dem 1883–1907 als Generalgouverneur sowohl Ägypten als auch den Sudan verwaltenden Evelyn Baring, Earl Cromer, schon bald erkannt, dass die Lage der oberen Nilländer zum Weltverkehr einer dringenden Verbesserung bedurften:

119 Siehe ► Kap. 7, Das Rote Meer.

Anonym: Eisenbahn von Suakin nach Berber. In: Geographische Zeitschrift, 1903: 9, Seite 410.

Nach der Ansicht Lord Cromers, des Chefs dieser Verwaltung, ist wegen der großen Entfernungen das Niltal bis zum Verschiffungshafen Alexandrien nicht der natürliche Ausweg für den Sudan, höchstens für Waren, die eine hohe Fracht vertragen, wie Elfenbein und Gummi arabicum[120], während die Gewinnung von Stapelwaren[121] wie Baumwolle nur dann lohnen kann, wenn der kürzere Zugang zur See offen ist. Auf der anderen Seite müssen dem Sudan manche Waren auf einem billigeren Wege als dem bisherigen zugeführt werden, so z. B. Steinkohle, die in Khartum noch 80 M [ark] die Tonne kostet. Für Ägypten würde allerdings die neue Eisenbahn von Nachteil sein, da es nach ihrer Vollendung den Durchgangshandel nach dem Sudan verlieren würde; jedoch würden sich die schon jetzt bedeutenden Handelsverbindungen zwischen [Britisch-]Indien und dem Sudan noch inniger gestalten und zu einem indischen Monopol des Sudanhandels führen. **[410]**

Nur zwei Jahre später war das neue Tor zum Anglo-Ägyptischen Sudan gefunden:

Anonym: Neuer Handelshafen an der afrikanischen Küste des roten Meeres. In: Geographische Zeitschrift, 1905: 11, Seite 709–710.

Einen neuen Handelshafen an der afrikanischen Küste des Roten Meeres hat England im Laufe des letzten Jahres [= 1905] ziemlich unbemerkt geschaffen. Die Einfahrt in den Hafen von Suakin, dem jetzigen englischen Stützpunkt im Roten Meere, führt durch einen meilenlangen Kanal, dessen Grund mit gefährlichen Felsstücken übersäet ist; da in Folge dessen öfters Schiffsunfälle vorkamen und überdies in Suakin und seiner Umgebung Mangel an gutem Trinkwasser herrschte, entschloß sich England zur Anlage eines neuen Hafens, der sowohl als Handelshafen wie als Flottenstützpunkt und Kohlenniederlage dienen soll. Nach einer genauen Erkundung der in Betracht kommenden Küste durch ein englisches Kriegsschiff zu Anfang dieses Jahres entschied man sich für die 70 km nordnordwestlich von Suakin, fast genau halbwegs Suez-Aden gelegene, tief ins Land einschneidende **[709]**, nach Südosten offene Einbuchtung bei Mersa Scheik Barud, so genannt nach dem dort befindlichen Grabe des Scheik Barud. Hier ist dann in angestrengter neunmonatiger Arbeit der neue Hafen, Port Sudan mit Regierungsgebäuden, Magazinen, Kohlenstapelplätzen, Hafeneinrichtungen usw. entstanden. […] Für den unter der englischen Herrschaft im mittleren Ägypten mächtig aufblühenden Baumwollbau wird der neue Hafen jedenfalls in erster Linie als Ausfuhrhafen in Betracht kommen. **[710]**

120 Siehe ► Abschn. 10.3, Kordofan und Darfur, Fußnote 65.

121 Im 19. Jahrhundert gar nicht oder kaum verarbeitete Waren, also klassischerweise Rohstoffe.

Wiederum nur drei Jahre später war die Hafenentwicklung schon bedeutend vorangeschritten:

Anonym: Die neue Stadt Port Sudan. In: Globus, 1908: 94, Seite 211–212.

Die Breite der Hafenzufahrt von Port Sudan beträgt etwa 100 m, und die 60 bis 65 m betragende Tiefe des Hafenbeckens ermöglicht auch den größten Schiffen den Zugang. Etwa 4 m über dem Meere dehnt sich die Stadt auf völlig ebenem Boden aus. Ihren Mittelpunkt bildet ein öffentlicher Garten von 450 m Länge und 200 m Breite. Die breiten, rechtwinkelig sich schneidenden Straßen schließen die quadratischen Grundstücke mit den Privathäusern ein. Ein Teil der öffentlichen Gebäude ist fertig, so die Regierungsschulen, der Regierungspalast, das Postamt, das Quarantäne-Spital und einige Zollamtsmagazine. Die eiserne Brücke über den Meereseinschnitt ist ebenfalls vollendet, und am Bahnhof und Hafendamm wird eifrig gearbeitet. In Kürze wird auch ein großes Elektrizitätswerk fertiggestellt sein, das die Beleuchtung der Stadt versieht und eine Straßenbahn treibt. Die größte Schwierigkeit bildet die Beschaffung von Trinkwasser; selbst in einer Tiefe von 340 m wurde durch artesische Brunnen nur salzhaltiges Wasser erbohrt. Trotzdem hat man mit der Anpflanzung von Sträuchern und Bäumen zur Verbesserung der Luft und zu Verschönerungszwecken begonnen. Die ursprünglichen Holzbauten machen nun Steinbauten Platz. Hinter der europäischen Stadt, gegen den Fuß der die Halbinsel einnehmenden Berge hin, entwickelt sich eine Eingeborenenstadt, deren Bewohner heute fast nur Bischarin[122] und zahlreiche Abessinier [= Äthiopier] bilden. [...] Das Klima wird als gesund bezeichnet, und die Temperatur soll für gewöhnlich nicht sehr hoch (?) steigen. Als höchste Temperatur wurden im Juni 1906 47° C [esius] beobachtet. Die Nachttemperatur beträgt im Durchschnitt 27° C [elsius]. **[212]**

Und nach seinem Besuch im Winter 1913/14 bestätigte der Geograph Eugen Oberhummer[123], dass der neue Hafenstandort binnen weniger Jahre den uralten Hafen Suakin wirtschaftlich abgehängt hatte:

Eugen Oberhummer: Der Ägyptische Sudan. In: Zeitschrift der Gesellschaft für Erdkunde zu Berlin, 1915: 50, Seite 265–314.

Die Hoffnungen, welche Suakin als künftiger Hafen des [1898/99] neu gewonnenen Sudan um so mehr hegen konnte, als das früher von Ägypten begünstigte **[312]** günstigte [eriträische] Massaua inzwischen [= 1885] in den Besitz Italiens übergegangen war, wurden schwer enttäuscht durch die Feststellung, daß sein Hafen den Ansprüchen der Großschiffahrt nicht mehr entsprach. In dem großzügig angelegten Verkehrsnetz, das die Erschließung und wirtschaftliche Entwicklung des Sudan anbahnen sollte, wurde Suakin nur eine bescheidene Nebenrolle zugewiesen. Gleich mit dem Vordringen der englisch-ägyptischen Armee gegen die Derwische wurde 1896 die Hauptschlagader des Ägypten mit dem Sudan verbindenden Verkehrs, die Bahn Wadi Halfa–Chartum in Angriff genommen. Sie war Ende 1899 in der Hauptsache vollendet, Chartum selbst allerdings erst durch die 1908–10 erbaute Brücke über den Blauen Nil angeschlossen.[124] Nun galt es noch den Sudan direkt an den Weltverkehr anzuschließen. Zu diesem Zweck wurde 1904–05 die Linie von der Mündung des Atbara nach dem Roten Meer gebaut und 1906 dem Verkehr übergeben. Knotenpunkt und Sitz der von der Regierung betriebenen Bahnverwaltung [...] wurde der neu gegründete Ort Atbara, 620 km von Wadi Haifa, 306 km von Chartum, 478 km vom Roten Meer. Als Endpunkt daselbst wurde ein neuer, allen Bedürfnissen der heutigen Schiffahrt genügender Hafenplatz gewählt und entsprechend seiner Bedeutung als Eingangstor des Weltverkehrs Port Sudan getauft. [...] **[313]** [...]

Port Sudan liegt an einer im eigentlichen Hafen 13–16 Faden [= ca. 24–29 Meter] tiefen Bucht, die einen schmalen, von Korallenriffen besetzten Arm weit ins Land hinein entsendet. Sie erinnert in ihrer Gestalt einigermaßen an den Hafen von Brindisi. [...] Die Bucht liegt in gerader Linie 60 km nördlich von Suakin, wohin bei Sallom Junction (30 km von Port Sudan, 45 km von Suakin) eine Zweigbahn führt. Port Sudan zeigt natürlich ganz das Gepräge einer eben erst im Entstehen begriffenen Stadt, zählte aber 1907 schon 4.650 (?) E [inwohner]. Der Ort ist ungemein weitläufig mit breiten Straßenzügen angelegt, enthält ein stattliches Regierungsgebäude und ein kleines Hotel, sowie ganz moderne Hafenanlagen. [...] **[313]** [...]

122 Siehe ► Abschn. 10.5, Verkehrswege durch die Nubische Wüste, Fußnote 113.

123 Siehe ► Abschn. 10.1, Traum und Alptraum einer Kolonialerwerbung.

124 Siehe ► Abschn. 10.2, Khartum.

Wilayat Tripolitanien – der Vorläufer von Libyen

Imre Josef Demhardt

I. J. Demhardt, *Aus allen Weltteilen Ägypten mit Sudan und Libyen,* Geographische Anthologie des 19. Jahrhunderts,
DOI 10.1007/978-3-662-46274-4_11

11.1 Tripolitanien und die osmanische Herrschaft an der Großen Syrte

Obwohl schon Herodot, der Vater der Geographie, die Mitte der nordafrikanischen Küste und deren Hinterland Libyen nannte, ist das heutige völkerrechtliche Staatsgebilde gleichen Namens doch ein noch junges Konstrukt der italienischen Kolonialausbreitung seit 1911. Zuvor waren die Zugehörigkeit wie auch die Grenzen bis zum Beginn des 20. Jahrhunderts je nach Machtlage fließend oder gar strittig. Seit der arabischen Eroberung 643 bis zur Ankunft der Italiener – und seit 2011 wieder hervortretend im Staatszerfall nach dem erfolgreichen Aufstand gegen den Diktator Muammar el-Ghadafi – war das Gebiet zwischen den Atlasländern im Westen und Ägypten im Osten über Jahrhunderte in drei zumeist nur locker verknüpften Gebieten organisiert: Tripolitanien mit den Küstenlandschaften im Westen der Großen Syrte, Cyrenaica in deren Osten und Fessan mit den wüstenhaften Hinterländern bis weit hinein ins Herz der Sahara. Im Mittelalter waren diese Gebiete, von deren Küsten islamische Piraten den christlichen Handel im gesamten Mittelmeerraum angriffen, ein lockeres Anhängsel zum Mameluken-Sultanat in Ägypten. Bei dessen Eroberung durch die Osmanen 1517 wurden Tripolitanien und Cyrenaica als eigenständige Eyalets oder Lehnsprovinzen unter der Herrschaft erblicher Beys von Ägypten abgetrennt. Schon bald geriet die Cyrenaica mit dem Hauptort Benghazi unter die Dominanz der weitgehend selbstständig herrschenden Beys von Tripolis, die neben den Landeinkünften auch von der Piraterie lebten. Dabei verstieg sich der Bey von Tripolis 1801 sogar dazu, von den USA Tributzahlungen für deren ungehinderte Handelsschifffahrt zu verlangen. Daraufhin entsandte Präsident Thomas Jefferson 1802 Kriegsschiffe, die bis zum Waffenstillstand von 1805 erfolgreiche See- und Landoperationen in der Großen Syrte durchführten und damit der Mittelmeerpiraterie ein weitgehendes Ende bereiteten. Infolge der Absetzung der Beys von Tripolis nahm Konstantinopel 1835 die beiden Lehnsgebiete an der Küste unter seine direkte, aber wenig aktive Verwaltung durch entsandte Verwaltungsbeamte. Im Zuge osmanischer Reformbestrebungen wurde 1865 das aus verschiedenen Sandschaks oder Verwaltungsdistrikten bestehende Wilayat oder die Provinz Tripolitanien gebildet [■ Abb. 11.1].

Obwohl formal in die alten Eyalets und das neue Wilayat eingebunden, verlief die Entwicklung des Fessan aber doch recht abgekoppelt, da die Herrschaft der Beys und später der osmanischen Verwaltung das gesamte 19. Jahrhundert hindurch sich nur auf einige Karawanenkreuzungspunkte wie Ghadames, Ghat und den 1842 eingerichteten Verwaltungssitz Murzuk beschränkte. Die unwirtlichen Wüstenräume sowie der Karawanenhandel hingegen wurden von den Konstantinopel nur nominell unterstehenden Nomadenstämmen beherrscht, die ab den 1840er-Jahren zunehmend unter den Einfluss der radikalislamischen Bruderschaft der Senussi gerieten. Diese blieben sowohl den Osmanen wie ab 1911 den Italienern ebenbürtige Rivalen um die Herrschaft im Fessan. Erst am 19. Januar 1931 gelang es einer italienischen Großoffensive, dieses neben dem Kaiserreich Abessinien letzte freie Gebiet auf dem afrikanischen Kontinent seiner Kolonialherrschaft zu unterwerfen.

Eine erste moderne landeskundliche Nachricht über die Hafenstadt Tripolis und ihren bedeutenden Karawanenhandel erreichte die deutschen Leser 1803 in der Form auszugsweise übersetzter Mitteilungen eines Tripolitaners, der 1788 als Sekretär einer Gesandtschaft nach Paris gekommen war:

Anonym: Nachrichten von Fezzan, und insbesondere von der Handelsverbindung zwischen diesem Lande und Tripoli. In: Allgemeine geographische Ephemeriden, 1803: 12, Seite 190–202.

Die Stadt Tripoli in der Barbarey[1] unterhält beständige Handelsverbindungen mit dem innerafrikanischen **[190]** Königreiche Fezzan[2], die sehr vortheilhaft für sie sind. Die Tripolitaner beziehen alljährlich von daher Senesblätter[3], Natron (mineralisches Laugensalz), etwas Alaun[4], Straussenfedern und 7 bis 800 männliche und weibliche Negersklaven. Die Senesblätter, den Alaun, und die Straussfedern verkaufen die Tripolitaner an Juden, welche diese Waaren nach Livorno [beim italienischen Genua] verhandeln, und ihnen dagegen kurze Eisen-, Stahl- und Messingwaaren, geringe Zeuche [= billige Tuche] und Papier liefern, welche Waaren in Fezzan mit einem Gewinne von 2 bis 300 Pro Cent abgeletzt werden. Die schwarzen Sklaven werden in den türkischen Seehäfen verhandelt. Eine Negerin gilt daselbst, je nachdem sie hübsch ist, tausend bis fünfzehnhundert französische Livres (250–350 Th [aler]). Die männlichen Sklaven sind um vieles wohlfeiler.[5] Die Tripolitaner handeln dagegen die zum Unterhalt ihrer Vaterstadt erforderlichen Getreide- und Hülsenfrüchte ein; denn sobald, welches beinahe alljährlich geschieht, die Frühlingsregen in Tripoli ausbleiben, misräth die Aerndte daselbst mehr oder weniger, so dass sie nicht zum Bedarf der Einwohner hinreicht. – Was das Natron betrifft, das die Tripolitaner aus Fezzan beziehen, so wird es zu Tripoli theils zur Bereitung **[191]** des Saffianleders[6], theils zur Färberey, um den Farben

1 Bis ins 19. Jahrhundert hinein wurde die nordwestafrikanische Küste mit dem Atlasgebirge nach dem dort lebenden nicht-arabischen Volk der Berber als Barbarei oder Berberei bezeichnet. Wegen der Ähnlichkeiten in der politischen Autonomie und dem Geschäftsmodell der Piraterie wurden die libyschen Machtgebilde häufig als östlicher Ausläufer dazugezählt.

2 Der Tripolitaner Gewährsmann und sein französischer Niederschreiber meinen hier den Herrscher des Karwanenknotenpunktes Murzuk, das mitunter auch Fessan genannt wurde.

3 Siehe ► Abschn. 10.1, Traum und Alptraum einer Kolonialerwerbung, Fußnote 36.

4 Kaliumaluminiumsulfat, ein schwefelsaures Doppelsalz als Zusatzstoff der Tuch- und Papierherstellung.

5 Der Sklavenhandel wurde im Osmanischen Reich erst 1856 verboten, aber vor allem in dessen nordafrikanischen Gebieten mehr oder minder offen bis in die 1890er-Jahre weiterbetrieben; siehe auch ► Kap. 1, Osmanisches Ägypten, und ► Abschn. 10.1, Traum und Alptraum einer Kolonialerwerbung.

6 Sehr fein gegerbtes Ziegenleder nach Art der marokkanischen Stadt Safi.

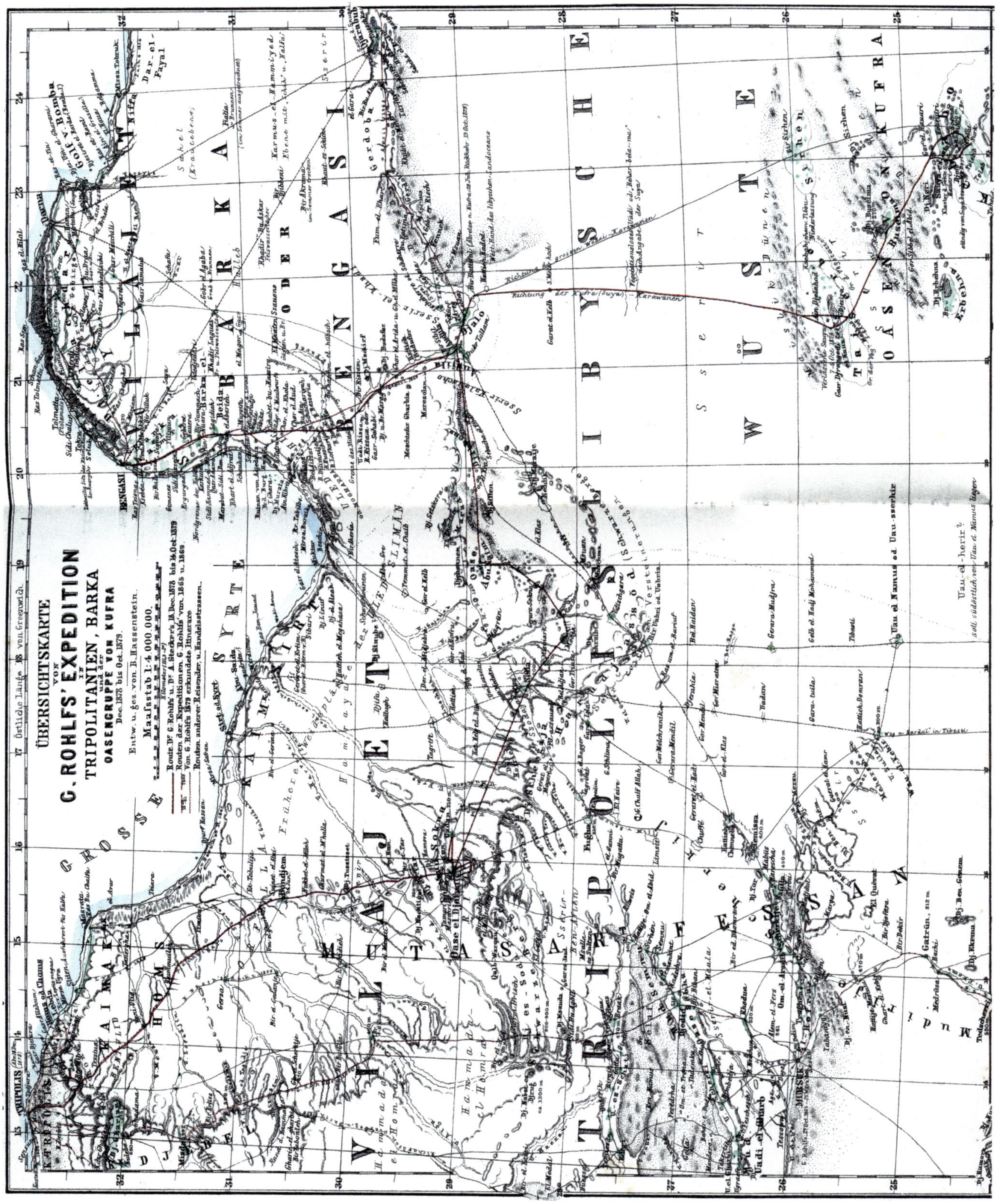

Abb. 11.1 Übersichtskarte von G. Rohlfs' Expedition in Tripolitanien, Barka und der Oasengruppe von Kufra, 1879. In: Dr. A. Petermanns Mittheilungen aus Justus Perthes' Geographischer Anstalt, 1880: 26, Tafel 21

mehr Beize zu geben, theils zum Silberschmelzen, theils unter den rapirten [= zerkleinerten] Schnupftabak gebraucht, den man dadurch pikanter zu machen sucht. [...] **[192]**

Erst ein Vierteljahrhundert später gab Jacob Graberg Graf von Hemsö (1776–1847), der 1823–1828 schwedischer Konsul in der Handelsstadt gewesen war, ausführlicheren Bericht über die tripolitanischen Verhältnisse:

[Jacob Graberg von Hemsö]: Gegenwärtiger Zustand von Tripoli. In: Das Ausland, 1828: 1.2, Seite 1337–1338, 1351–1352.

Die Regentschaft von Tripoli ist schon seit einem Jahrhundert [= seit 1711] unter der erblichen Dynastie der Caramanli; von dem gegenwärtigen Bey, Sidi Jussuf, spricht H [er]r Graberg mit großer Achtung. „Als ein afrikanischer Fürst betrachtet, ist er vor allen andern ausgezeichnet durch seine Mäßigung, die gute Wahl seiner Minister und die Grundsätze einer selten verletzten Gerechtigkeit. [...]" Von der durch Lord Exmouths [britischen Kriegsschiff-]Expedition [1816] bewirkten Abschaffung der Christensclaverei – eine Stipulation, die durch den englischen Generalkonsul Warrington streng aufrecht erhalten wurde – muß der Fortschritt in der Civilisation von Tripoli datirt werden. Warrington übte einen großen Einfluß auf das Benehmen des Volkes aus. Früher durfte sich ein Christ kaum sicher aus seiner Umgebung hinauswagen, und nun kann ein Europäer, ohne Schutzwache, allein fast jede Gegend des Staates durchstreifen. Die Einwohner beginnen den Werth des Friedens und die Vortheile von Handel und Gewerb zu schätzen. Stufenweise legen sie ihre frühere wilde herumschweifende Lebensweise ab und entziehen sich der Abhängigkeit von einer gesetzlosen Soldateska. [...]

Die Vortheile, welche die Natur des Landes darbietet, sind sehr groß, aber noch immer arg vernachlässigt durch die Indolenz der Eingebornen. Der gänzliche Mangel staatswirthschaftlicher Einsicht bei der Regierung; die den Juden und andern Spekulanten in gewissen Artikeln verliehenen Monopole; der ausschließliche Verkauf, den sich in andern der Bey vorbehält; die unverständigen Beschränkungen des Handels; die auf der Ausfuhr und den Pflanzungen lastenden Taxen, sind eben so viele Hemmungen der Industrie. Die gelegentlichen Räubereien der Beduinen im Innern, und der Mangel an Capitalien, der in den Ländern gefühlt werden muß, in denen man gewohnt ist, den Reichthum als einen Grund zu Verfolgungen zu betrachten, und wo man es also vorzieht, das Gold zu verbergen, statt es zu zeigen und in Umlauf zu bringen, stellen sich ausgedehnteren Verbesserungen des Ackerbaues entgegen. [...]

Die einzigen Manufakturen, die das Land besitzt, beschäftigen sich mit Verfertigung der groben Teppiche [...] und des rothen und gelben marokkanischen Leders [...]. [...] Die Potaschemanufactur[7] ist ein Monopol des **[1337]** Beys, so wie die Ausfuhr des Salzes, das hier in solcher Menge sich findet, daß, wie Graberg glaubt, nötigenfalls ganz Europa damit versorgt werden könnte. [...] Die übrigen Ausfuhrartikel sind Wolle, Häute, Oel, gesalzene Butter, Gerste, Datteln, Safran, [Bienen-]Wachs und Krapp[8]. Auch Rindvieh und Pferde werden ausgeführt, ersteres hauptsächlich nach Malta. All diese Handelszweige wären einer großen Verbesserung und Zunahme fähig, wenn die Eingebornen sich Mühe gäben, ihren Boden zu cultiviren und der Natur etwas zu Hülfe zu kommen; ihre Nachlässigkeit ist aber so groß, daß viele Artikel sich allmälig verschlechtern, und trotz der äußerst niedrigen Preise die Nachfrage darnach abnimmt: ihre Wolle ist schmutzig und mit Sand vermischt; ihr Oel zwar gut, aber in kleiner Quantität, ungeachtet die Olivenpflanzungen ins Unendliche vermehrt werden könnten; der Safran gehört zu dem besten, den man hat, wird aber häufig durch Beimischungen verdorben. Maulbeerbäume wachsen im Ueberfluß, und doch sind keine Seidenwürmer eingeführt. **[1338]**

Nach Graberg betrug Mitte der 1820er-Jahre der Gesamtwert der Ausfuhren von Tripolitanien und der Cyrenaica rund 450.000 US-Dollar, wobei die Abrechnungswährung ein Licht auf die schon damals starken mittelmeerischen Handelsinteressen der USA werfen, die hier schon seit über einer Generation in Konkurrenz zu den europäischen Staaten standen.

Dieser Handel wird hauptsächlich in italienischen und französischen Schiffen betrieben. Die Eingebornen haben bloß Boote von dreißig oder weniger Tonnen, in welchen sie einen Küstenhandel mit den Nachbarländern, namentlich Tunis und Egypten, unterhalten, welcher aber seit der griechischen Revolution [im Jahre 1821] fast ganz aufgehört hat. [...] Der Bey besitzt nur vier oder fünf Briggs und Schooner[9]. Der Gewinn bei dem Verkauf von europäischen Waaren, besonders solchen Manufakturarbeiten, die für warme Klimate geeignet sind, beträgt selten weniger als sechzig Procent; nur muß man oft Monate ja Jahre lang auf Bezahlung warten. Wenige Käufer bezahlen baar; die Regierung nie. Indessen ist letztere in manchen Gegenständen der Hauptkäufer, und giebt dafür Anweisungen, Tezkheret genannt, auf lange Termine an die Gouverneure und Steuereinnehmer in den Provinzen längs der Küste, die den Werth in Producten ihrer Distrikte, als Oel, Salz, Gerste, Vieh et [cetera] bezahlen.

Der Tauschhandel mit dem Innern bildet einen andern Zweig des Handels von Tripoli, welches einer der Hauptlagerplatze europäischer Waaren für das innere Afrika ist. Die Karawanen ziehen von Tripoli nach Murzuk, der Hauptstadt des tributären Königreichs Fezzan, wo in den Monaten December und Januar eine große Messe gehalten wird. Die Waaren werden hier ausgetauscht gegen die, welche von den Karawanen aus Bornu,

7 Kaliumkarbonat oder umgangssprachlich auch Kalisalz, mit vielfältigen Verwendungszwecken, aber damals vor allem in der Glasproduktion und als Düngemittel.

8 Seit der Antike verwendete krautige Färbepflanze zur Gewinnung eines roten Farbstoffs.

9 Kleinere zweimastige Segelschiffe.

Sakkatu, Haussa, Kaschna[10] und Timbuktu gebracht werden. Der Zug der Karawanen nach Murzuk geht durch Gadames[11], ein gleichfalls zinspflichtiges Gebiet von Tripoli [...]. [...] Die Handelsleute von Fezzan und Gadames kommen im Februar oder März nach Tripoli und nehmen die nach dem innern Afrika bestimmten Waaren[12] auf Credit ein. Nach zwölf oder mehreren Monaten kehren sie zurück und zahlen pünktlich in Goldstaub[13] und andern Artikeln. Der Gewinn dieses Tauschhandels ist ungeheuer. Die Rückwaren bestehen in Goldstaub, Straußfedern, Elfenbein, Senespflanzen, rothem Alaun, feiner Baumwolle und Datteln von Fezzan, Salpeter[14] und endlich schwarzen Sclaven. Gegen Zweitausend dieser armen Geschöpfe, welche die Mahommedaner des Innern auf ihren Razzies oder Räuberzügen einfangen, werden jährlich nach Tripoli gebracht und von hier aus größtenteils nach Egypten und der Türkei geführt[15]; nur wenige bleiben in **[1351]** Tripoli im Dienst der Einwohner zurück, und werden in der Regel mit Menschlichkeit behandelt. Die christlichen [Konsular-]Residenten in Tripoli dürfen keine Sclaven kaufen oder dingen.

Es scheint wenig beachtet zu werden, daß der Sklavenhandel, den man auf dem Ocean verboten hat[16], im Mittelmeer noch ganz offen betrieben wird. Die Zahl der jährlich nach Tripoli gebrachten und von da zur See weiter geführten Sclaven überstieg die gegenwärtige Anzahl gewöhnlich um das Doppelte, als noch tripolitanische Schiffe ihre Ladungen nach Egypten, Tunis und der Levante einnahmen; seit dem griechischen Aufstande [= 1821] aber handeln die Sclavenhändler der Barbarei nicht gerne unter ihrer eigenen Flagge; daher nun, nach Grabergs Versicherung, dieser Handel in christlichen Schiffen und unter christlichen Flaggen betrieben wird. Auch kommen manche Schiffe von der Küste von Albanien[17], unter ottomanischer Flagge, mit Schiffbauholz-Ladungen, die sie gegen schwarze weibliche Sclaven verkaufen, indem letztere mit großem Gewinn in der europäischen Türkei, hauptsächlich in Constantinopel, abgesetzt werden. [...]

Von den Tributen, welche einzelne europäische Staaten schmählicher Weise noch immer den Barbaresken [staaten] entrichten, erhält der Bey von Tripoli, trotz seiner unbedeutenden Seemacht, jährlich gegen 20.000 Dollars, und seine Finanzen sind in so armseligem Zustande, daß dieser Einkommenszweig immer mehrere Jahre voraus verpfändet ist. [...] **[1352]**

Als 1832 der Tod des seit fast vier Jahrzehnten regierenden Beys Sidi Jussuf in familiären Nachfolgestreitigkeiten mündete, ergriff die osmanische Regierung die Gelegenheit zur Beendigung der altertümlichen Lehnsverhältnisse. Sie entsandte im Mai 1835 ein Schiffsgeschwader, das 4500 Soldaten anlandete, die Bey-Familie gefangennahm und eine direkte türkische Verwaltung in Tripolis installierte. Diese sah sich infolge ihrer geringen Kräfte und der riesigen Ausdehnung des osmanischen Herrschaftsanspruchs aber schon bald genötigt, mit den bislang weitgehend autonomen Herrschaftsgebieten im Hinterland in Verhandlungen zu treten. Dies brachte bis zum Einpendeln einer neuen Machtbalance über anderthalb Jahrzehnte hinweg recht instabile Landesverhältnisse und wiederholte Kämpfe mit den angestammten Herrschern im Küstenhinterland mit sich. Ende der 1840er-Jahre dann stellte sich die politische Landkarte zwischen Tunesien und Ägypten wie folgt dar:

Anonym: Die Regentschaft Tripolis. In: Das Ausland, 1848: 21, Seite 315–316, 319–320.

Der von den Türken gegründete Staat, welchem die kriegerische Thätigkeit und Einsicht Ali Karamanly's[18] die gegenwärtige Gestalt gegeben, gränzt in großer Ausdehnung an die mittäglichen [= südlichen] Gestade des Mittelmeeres; einerseits stößt er östlich an das tunisische Gebiet, andrerseits erstreckt er sich [...] an der ägyptischen Gränze hin. Für Tripolis, wie für alle orientalischen Staaten, bei welchen die politische Organisation noch in der Kindheit liegt, ist es eine schwere Aufgabe genau die ganze Linie zu zeichnen, welche die Gränze gegen die benachbarten Gebiete bildet; übrigens ist dieß, wegen der Beschaffenheit der Gränzprovinzen selbst, die sehr häufig nur unfruchtbare Wüsten sind, nicht überall so nothwendig wie bei uns; [...]. [...] Im Süden ist Beudschem, unter 30° 35' 32" nördlicher Breite, der Punkt, wo man von Tripolis in Fezzan eintritt.

Die zwischen diesen äußersten Punkten liegende Gegend bildet ein Aggregat von Gebieten, die kein natürliches Band aneinander knüpft, [...]. [...] Der westlichste Bezirk des Paschaliks[19] erstreckt sich von der tunisischen Gränze bis nach Selyn, einem Dorfe das etwa 50 Kilometer von Tripoli, seinem Hauptort, liegt; hierauf kommt der Bezirk, welchem die kleine Stadt Mesratah den Namen gibt, und der sich von Selyn bis Sulib, zwei Tagreisen südlich von Mesratah, erstreckt; dann der Bezirk Sert, welcher von Sulib bis Mokhtar an die Syrte gränzt; diese verschiedenen Gebiete liegen sämmtlich am Meere. Hinter Tripolis bilden die

10 Alle vier Regionen lagen zwischen dem Tschad-See im Osten und Timbuktu am Nigerknie im Westen; siehe auch ► Abschn. 11.5, Das Sultanat Fessan und die Kufra-Oasen, Fußnoten 80 und 81.

11 Ein Karawanenknotenpunkt im Südwesten von Libyen, dicht an der heutigen Grenze zu Algerien.

12 Vor allem Schwerter, Feuerwaffen, große Mengen venezianische Glasperlen, Stoffe und Schönheitsartikel.

13 Der schwedische Konsul berichtet von jährlich etwa 42,5 kg meist über Timbuktu sowie etwa 11–14 kg als Jahrestributzahlung des Fessan an den Bey in Tripolis.

14 Umgangssprachliche Bezeichnung für verschiedene Nitratverbindungen, die größere Vorkommen gerade in Trockenräumen haben und zunächst für die Schwarzpulver-, später dann auch Düngemittelherstellung gesucht waren.

15 Nach Graberg betrugen die Preise für einen erwachsenen Mann 90–100, eine Frau je nach Schönheit etwa 120–150, für einen Eunuchen aber 650–700 US-Dollar.

16 Obwohl Dänemark hier schon 1803 vorausgegangen war, wirkte sich vor allem das britische Verschiffungsverbot von 1807 aus. Erst der Wiener Kongress verbot 1815 allen europäischen Mächten den Sklavenhandel.

17 Albanien gehörte bis 1912 zum europäischen Herrschaftsgebiet des Osmanischen Reichs.

18 Begründer der Bey-Dynastie zu Beginn des 18. Jahrhunderts.

19 Paschalik als Verwaltungsgebiet eines Paschas ist ein Synonym für die genau genommen zunächst als Eyalet und seit 1865 als Wilayat bezeichnete osmanische Herrschaft an der Großen Syrte.

Berge von Gharian und Tarhona eine besondere Abtheilung, in deren Süden sich, fern in der Wüste, jener große, unter dem allgemeinen Namen Fezzan bekannte, Oasen-Archipel und die ebenfalls vom Bey abhängige Stadt Ghadames befinden, was auf dieser Seite vier sehr genau geschiedene Gebiete bildet. Kehren wir ans Mittelmeer zurück und folgen wir jenseits Mokhtar dem Gestade desselben, so gelangen wir auf die eiförmige Hochebene Cyrenaika's, eine gebirgige und fruchtbare, zwischen dem Meer und den Sandwüsten ganz vereinzelt liegende Landstrecke, welcher die Araber den Namen Dschebel Akhdar, grüner Berg, beigelegt haben; in großer Entfernung von hier, im Süden, liegen inmitten der Wüste die Oasen Audschehlah, Dschallu, Leschkerreh und Maradeh verborgen. So haben wir zwei Gruppen abgesonderter Gebiete, die eine östlich, die andere westlich, zwischen denen sich die schauerlichen Flächen der Syrte und die große Wüste ausdehnen, welche sich jeder Annäherung aneinander widersetzen zu wollen scheinen. Gänzlicher Mangel an Einheit ist wahrhaftig der vorherrschende Charakter dieses ganzen Landes [...] Der Gebirgsbewohner von Gharian, der Beduine von Baryah, die Männer Fezzans, die Ghademsier – alle diese Bevölkerungen suchen unaufhörlich das sie vereinigende Band zu zerreißen; auch weiß die traurige Geschichte dieses Landes von fast nichts anderm zu berichten als von Empörungen und Aufruhr, weil alles dazu einladet, alles deren Ausführung begünstigt. Bedarf es jetzt noch eines Wortes darüber, daß das Ansehen der Paschas unablässig bestritten wird, daß die Araber dieselben oftmals in ihrer Hauptstadt belagert halten, daß die Erhebung der Steuern jedesmal mit langen und schwierigen Kriegszügen verbunden ist?

Die Oberfläche, auf welcher die Mitglieder dieses sonderbaren Staates zerstreut sind, bietet einen Flächenraum von ungefähr 630.000 Quadrat-Kilometer (die von Frankreich beträgt 527.700); allein diese unermeßliche Landstrecke ist bei weitem nicht ganz bewohnt; kaum zählt man darauf 600.000 Einwohner (58mal weniger als in Frankreich [Ende der 1840er-Jahre]); und wenn der zwanzigste Theil des Bodens culturfähig ist, so bietet das Uebrige nur kahle Berge und Wüsten, welche höchstens für die Araber auf einige Monate des Jahres bewohnbar sind. [...] **[320]**

Hinter den verbreiteten Kalkkliffen der niedrigen Küstenlandschaft von Tripolitanien finden sich zwischen nur wenigen Küstenoasen zumeist ausgedehnte Dünenfelder und Sebkas genannte brackig-salzige Sümpfe. Im Hinterland von Tripolis ragt als bogenförmige Landstufe das bis 968 m hohe Ghariangebirge auf, von dem tief eingeschnittene Wadis nur selten Oberflächenwasser bis in den Küstensaum bringen.
Gleich bei seinem ersten Besuch der osmanischen Mittelmeerküsten 1906 erkannte der abgebrochene Geographiestudent Ewald Banse (1883–1953), dass Tripolis und dessen Mnschia genanntes engeres Umland, ja eigentlich ganz Tripolitanien, in den Jahrzehnten zuvor zwar von zahlreichen Forschern besucht worden waren, diese aber dem Ausgangs- oder Endpunkt ihrer wüstendurchquerenden Reisen kaum tiefere geographische Aufmerksamkeit geschenkt hatten. Dies holte Banse nun in einer landeskundlichen Studie der Umgebung von Tripolis nach:

Ewald Banse: Das nordafrikanische Tripolis und seine Mnschia. In: Dr. A. Petermanns Mittheilungen aus Justus Perthes' Geographischer Anstalt, 1908: 54, Seite 49–57, 78–85.

Die Westgrenze von Tripolitanien fiel schon in osmanischer Zeit in etwa mit der heutigen tunesisch-libyschen Grenze zusammen. Im Osten wird sich kaum eine scharfe Abgrenzung vornehmen lassen, am einfachsten ist es vielleicht, die Steppenverengerung zwischen dem innersten Winkel der Großen Syrte und den Höhen südlich von ihr als das Ostende des Landes zu bezeichnen [...]. Dieses natürliche Länderindividuum Tripolitanien bildet ein Terrassenland, dessen einzelne Kreidegesteinstufen [...] von der stehenbleibenden großen Wüstenplatte im Süden absanken, während gleichzeitig jung vulkanische Lavaergüsse an den Bruchrändern emporgepreßt wurden und einzelne hervorragende Gipfel (bis über 900 m Höhe) entstehen ließen. Den größten Betrag erreichen die Verwerfungen im Nordwesten und im Südosten des Gebietes [...]. Die horizontalen Ausmaße sind hier im atlasnahen Teile gering, im Südosten hingegen beträgt die Entfernung der Küste vom [Plattenrand bei] Harudsch es' sod 300 km.

Der tektonische (nicht geologische!) Unterschied Tripolitaniens gegenüber der Saharaplatte macht sich in mehrfacher Beziehung fühlbar. Besonders in klimatischer Hinsicht ist die Abdachung des Landes zum Mittelmeer wichtig. Die milde Seeluft vermag im Winter ungehindert ins Innere des Landes hineinzuziehen, in den südöstlichen Landschaften natürlich weiter als im Nordwesten, wo die Kondensatoren Dschbel Nefusa und Rarian [= Gharian] hoch genug emporragen, um den Winden die Feuchtigkeit zu rauben und einer – im Altertum weit mehr ausgedehnten – subtropisch-üppigen Vegetation das Leben zu geben. Die weiten Gebiete an der Großen Syrte sind zu flach und niedrig gelegen, als daß sie in gleicher Weise auf die Regenwinde einwirken könnten [...].

Der Floren- und Faunencharakter entspricht völlig der klimatischen Zweiteilung. Im feuchten Bereich der nadirzerschnittenen[20] Schollenbruchränder des Nordwestens erinnern weite Bestände von Oliven und edlen Obstbäumen nebst Agrumen [= Zitrusgewächse] an Süditalien, bezeugt die Seltenheit der Dattelpalme das Fehlen der trockenen Gluthitze. Aber nur wenige Kilometer von der Schollenabbruchkante [landeinwärts] entfernt beweisen weite Halfabestände[21] die nach Süden schnell zunehmende Verringerung der Niederschläge. Die hohen Schollenflächen haben überall Steppencharakter [...]. In jener Jahreszeit stehen beträchtliche Strecken in Meernähe, besonders an der Großen Syrte unter Wasser, da verfestigte Dünenzüge und Kalksteinbänke manchen Uadis [= Wadis] den Eintritt in die See wehren, Schauplätze einer allerdings dürftig entwickelten Wasservögelfauna. Gazellen, Füchse, Fenneks, Springmäuse, Kragentrappen [...], Warane, Schlangen und Eidechsen beleben hin und wieder das Bild dieser leichtgewellten, oft von Dünenreihen bedeckten Steppen, als deren Charakterpflanzen das harte Halfagras [...] und der Besenginster zu gelten haben. [...]

Die Bevölkerung der Schollenflächen ist der Natur ihrer Wohngebiete entsprechend dem Nomadenleben ergeben. Mit

20 Gemeint sind tiefe Geländeeinschnitte.
21 Mediterrane Steppengrasart mit horstartigem, hohem Wuchs.

ihren Schaf- und Ziegen-, weniger Kamelherden ziehen die Araber von einem Weideplatz und einer Wasserstelle zur andern, die festen Ansiedelungen nur besuchend, um aus ihrem lebenden Eigentum Kapital zu schlagen und im Herbst während der Dattelernte Vorräte der schmackhaften Früchte einzuheimsen; ihre aus schwarzen Ziegenhaaren gearbeiteten Zelte (bet schaar, Haus der Haare) bilden dann ein fremdes Element im Bilde der grünen Oasen. Wie die Perlen einer Schnur – nur nicht so dicht gereiht – durchziehen lange Reihen von Oasen die einsamen Steppenflächen, bedingt durch das örtliche Emporquellen von Grundwasser, das die Existenz menschlicher Seßhaftigkeit ermöglicht. Diese Herde einer urwüchsigen, besonders von Berbern repräsentierten Kultur liegen immer an natürlichen Brunnen – denn mit der künstlichen **[50]** Aufschließung von Wasser, die ja Arbeit macht, wird sich kein Mohammedaner befassen; wo es Wasser überhaupt gibt, kommt es schon von selbst empor, inschalla, so Gott will! – Solche sind dort gegeben, wo durch Absinken einer Bodenpartie das wasserundurchlässige Liegende der stehen gebliebenen angezapft wurde, an den Schollenbruchflächen, die also jetzt die für Siedelungen vorgezeichneten Linien darstellen. Die Bevölkerung der Bergländer ist im allgemeinen berberischen Stammes; ihre Beschäftigung besteht in der Bestellung der Äcker und Gärten, ist also eine rein bäuerliche, die Berber sind die Felachen Tripolitaniens. Zwischen ihnen haben sich im Dschebel Rarian [= Gharian] einige hundert Juden angesiedelt, die sich ausschließlich industriell, als Schmiede betätigen. Ihre soziale Stellung ist eine sehr niedrige; kein Jude darf es wagen, in Gegenwart eines Muslim zu reiten. Die Siedelungsweise in Rarian ist teilweise scharf den Eigentümlichkeiten des Bodens angepaßt; natürliche und künstliche Höhlen (alte Steinbrüche) des zerklüfteten Kreidekalks bilden Behausungen.

Im Norden findet die Dschefaraebene ihr Ende an der Küste der Kleinen Syrte, längs der sich eine weitere vielfach von Steppenausläufern unterbrochene Kette von Oasen hinzieht. Suara, Sauia, Sansur, die Mnschia von Tripolis, Tadschura, Choms, Sliten und Misrata bilden die Hauptglieder. Gerade in der Mitte des tripolitanischen Anteils der Küste der Kleinen Syrte, liegt die Hauptstadt des Landes, Tripolis, das alte Oea des blühenden Dreistädtevereins Sabrata, Oea und Leptis magna, das die beiden Schwesterorte überdauerte und ihre Gesamtbezeichnung gegen seinen antiken Namen eintauschte. Es ist die Beherrscherin der Provinz, namentlich der wichtigeren Hälfte westlich des 15. Meridians, der durch Misrata geht. Die Vorteile der Lage sicherten Tripolis das Übergewicht über die beiden Rivalen und das schließliche Bestehen bleiben trotz aller äußeren Stürme überhaupt. Daß gerade an diesem Orte eine Stadtanlage entstand, bedingte in allererster Linie der von Natur vorzügliche Hafen. Von der Spitze des Halbinseldreiecks, auf dem die Stadt erbaut ist, zieht nach Nordosten ein mehrfach unterbrochenes Sandsteinriff, das im Altertum, als die Senkung der Küste noch nicht so großen Umfang angenommen hatte, sicher mehr Schutz gewährte als jetzt, wo bei heftigem Nordsturm tüchtige Wogenkämme in die Bucht hineinrollen. Die großartigen Hafenanlagen von Sabrata und Leptis waren künstliche, die unter muslimscher Herrschaft schnell verfielen und jetzt vom Meer bedeckt und vom Dünensand verweht sind. Der Hafen von Tripolis ist an dieser ganzen Küste der einzige, der sich trotz orientalischer Mißwirtschaft – also ohne menschliche Nachhilfe – in gebrauchsfähigem Zustande zu erhalten vermochte.

Ist die Verkehrsmöglichkeit der Stadt mit dem Auslande ausgezeichnet, so ist ihre Verbindung mit dem Innern ebenfalls eine gute. Die beste Karawanenstraße **[51]** aus dem Oasenland Fesan, dem südlichen Tripolitanien überhaupt, und dem wichtigsten Teil der Dschebelgegend, dem Rarian [= Gharian], im besonderen zielt fast genau auf Tripolis. Gerade im Süden der Stadt ist der Punkt, an dem man noch am leichtesten die mittlere Dschebelgegend am Gasr Rarian ersteigen kann. – Da also mit dem Hauptstraßenzug nach Fesan und den Negerländern die Wege von Westen (Tunesien) und von Osten (Steppen und Oasen des östlichen Tripolitanien und von der Kyrenaika) an und neben der Küste zu Schiff entlang im Verein mit dem Seewege nach Europa zusammenstoßen, so sind die Bedingungen für die beste, ja die einzig gute und bedeutende Ansiedelung gegeben. [...] **[52]**

An anderer Stelle ergänzte Banse zur Verkehrslage von Tripolis:

Der Hafen von Tripolis stellt eine Vereinigung zweier natürlicher Hafentypen dar [◘ Abb. 11.2]. Er ist ein Buchthafen, der durch einen Naturwall gegen den Ansturm der winterlichen Nord- und Nordwestwinde geschützt wird. Ein Nachteil ist es, daß die Küstenströmung von Osten her Sand in diesen Sackhafen einführt, der ohne Baggerung durch die Verschlammung natürlich an Wert verliert. Die Fahrstraße der Dampfer ist deshalb [um 1900] so schmal, daß sie im Winter bei steifem Seesturm oft nicht einzulaufen wagen, sondern nach dem nächsten Hafen weitergehen. **[53]**

Schließlich wendet sich Banse der Mnschia genannten engeren Umgebung von Tripolis zu:

Tripolis ist auf einer Halbinsel erbaut; sein durch Mauern engbegrenzter Rayon bewirkte die Entstehung einer fast ebenso großen Neustadt im Süden, die aber erst einige Dezennien [= Jahrzehnte] besteht. Diese eigentliche Stadt Tripolis wird auf der Landseite von einem verschieden breiten Halbmond von Palmengärten umsäumt, der sog[enannten] Mnschia. Beide, Stadt wie Oase, sind aufeinander angewiesen und als ein Ganzes zu betrachten, da die Mnschia von jener im Austausch ihrer Garten- und Ackerbauprodukte europäische Erzeugnisse empfängt. [...] **[52]** [...] Die Oberflächenbeschaffenheit der Gegend ist sehr einförmig. Reihen sanftgewellter Sandhügel äolischer [= windbedingter] Entstehung vermögen der herrschenden Eintönigkeit keine Abwechslung zu geben. Der tiefste Teil wird repräsentiert durch die flache Strecke des Dienstagsmarktes, der Neustadt und der westlichen Fortsetzung beider, die zum Bereich der vermutlichen Lokalsenkung des Hafenbeckens gehören. Alles übrige, auch die Altstadt, liegt mindestens einige Meter höher. Die Küste, die von den äußersten vom Meer noch nicht verschlungenen Dünensandsteinzügen repräsentiert wird, weist eine Höhe bis zu 25 m auf. Nach dem Innern zu verschwindet diese Formation, um Hügeln von sammetweichem Sand Platz zu machen. An der West- und Südseite der Oase [von Tripolis, der Mnschia] drängen sich schon Dünen zwischen die lich-

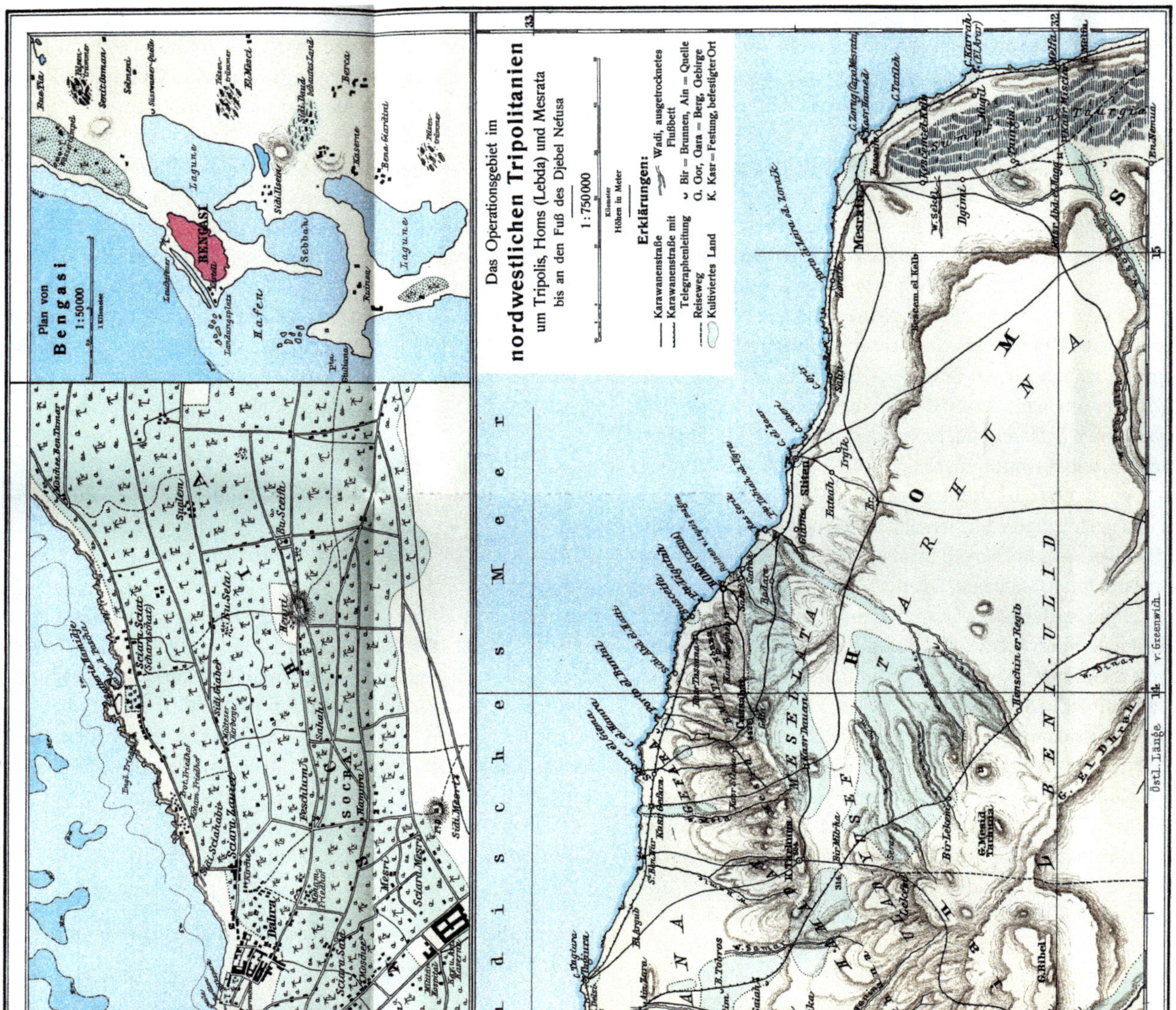

Abb. 11.2 Der italienisch-türkische Kriegsschauplatz in Tripolis. In: Dr. A. Petermanns Mittheilungen aus Justus Perthes' Geographischer Anstalt, 1911: 57 II, Tafel 49

ter werdenden Dattelpalmen- und [53] Ölbaumbestände, bis außerhalb jener sanftwogenden Steppe aus hart gedörrtem Material, südlich der letzteren der eigentliche Dünengürtel die Herrschaft gewinnt. Der Ostrand der Mnschia geht in seinem südlicheren Teil direkt in die langgestreckte Oase von Tadschura, in seinem nördlicheren in eine aus harten Gräsern [...] bestehende baumlose Zone von 2,5 km Breite über. Dieser steppenhafte Strich wird vom Meere durch 7 m hohe Dünensandsteinhügel geschieden; auch landeinwärts steigt der Sandboden allseitig wenige Meter an [...]. Die tiefste Stelle der flachen Mulde nimmt eine Ssebcha [= Sebka], eine Salzpfanne, ein, die dadurch entstanden ist, daß das Grundwasser hier zu Tage tritt und beim Verdunsten, da kein Abfluß vorhanden ist, seinen Gehalt an Salzen zurückläßt. In der Tat zeugt im Sommer z [ur] Z [eit] der größten Austrocknung eine beträchtliche Anzahl von silberglänzenden Salzkegeln von der wirtschaftlichen Ausnutzung der im Mittel 1 qkm großen Pfanne. Der östlich gelegene Häuserbezirk führt von dem Salz seinen Namen. Im Arabischen heißt Salz milh, der Wohnort danach Milaha; also ein tripolitanisches Halle. [...] [54] [...]

Der Acker- und Gartenbau, der sich mit der Kultur der angeführten Pflanzen befaßt, läßt viel zu wünschen übrig. Der Boden ist gut, Grundwasser ist überall vorhanden; jener könnte aber durch vernünftigere Bewässerung und das Abhalten des in die Gärten eindringenden Dünensandes wesentlich verbessert, dieses durch rationelle Wasserwirtschaft vermehrt und reguliert werden. Statt dessen begnügt sich der Landmann damit, nach dem Eintreten der ersten Winterregen die Saat auf der mit primitivem Holzpflug aufgeritzten Scholle auszustreuen und dann nach der Reife zu ernten. Der Ausfall der Ernte hängt allein vom Erscheinen oder Ausbleiben der Niederschläge ab, besonders der in der zweiten Hälfte des März niedergehenden. Ihr Ausbleiben bedingt eine Mißernte [...]. [...] Seit einigen Jahren [= um 1900] nimmt man wenigstens die Kultur der Agrumen [= Zitrusfrüchte] etwas energischer in Angriff, während der Olivenbau in Rückschritt begriffen ist, da die Bauern die Baumbestände allmählich niederhauen, einmal um Brennholz zu gewinnen, sodann aber auch, um die für jeden Fruchtbaum zu entrichtende jährliche Steuer zu sparen. Von Früchten und Gemüsen baut man soviel an, daß sie gerade für den Lokalbedarf genügen; nur eine geringe Menge von Frühgemüsen und Frühkartoffeln wird nach Malta ausgeführt; die letzteren, um von dort als echte „Maltakartoffeln" zu teurem Preise weiter verfrachtet zu werden. Einzig Henna und Datteln sind es, die in etwas größerer Menge exportiert werden; entkernt werden sie in Körben zu Dattelkuchen [...] gepreßt, der nach Bengasi und Tunesien geht. [57]

Den Grundzug der heutigen [= 1908] Bevölkerung bildet noch immer das berberische Element, sowohl in der Stadt (etwa 18.000), als besonders in der Mnschia (ungefähr 12.000), deren Bewohner sich fast nur aus diesen Hamiten zusammensetzen. Ihre eigene Sprache, das Tamasirt, haben sie verloren, es wird nur noch an der Südgrenze der Provinz gesprochen. Die Berbern sind der eigentliche Typus des Trabelssi, des Tripoliners, mit runden Wangen [...]. Der Landarbeiter ist im Sommer gewöhnlich nur mit dem schmierigen, um die Hüften von einem roten Gürtel gehaltenen Leinenhemd bekleidet, zu dem an Feiertagen und im Winter noch die leinene Hose, die in Tripolis immer unter dem Hemd getragen wird, und das große bis 6 m lange und 2 m breite wollene Umschlagtuch, der holi, seltener der bornus [= Burnus] kommen. Die Füße sind entweder unbekleidet oder stecken in gelben Lederpantoffeln. [...] [80] [...]

Unter den Europäern stehen der Zahl nach an erster Stelle die Malteser, die ebenfalls größtenteils schon seit längerer Zeit in Tripolis ansässig sind. [...] Etwa 2.850 Seelen stark, teilen sich die Malteser mit knapp 800 Italienern, 150 Griechen und etwa 200 Franzosen, Engländern und Deutschen (z [ur] Z [eit = 1906] 6) in die Marina, das nordöstliche am Hafen gelegene Viertel der Stadt. Zur Übersicht möge hier eine Tabelle der Einwohner von Tripolis (ohne die Mnschia) folgen, die auf +/- 1.000 genau sein dürfte.

Berber	18.000
Araber	5000
Neger	2000
Türken, Armenier, Perser, Kreter[a], Kurden, Arnauti[b]	1000
Fesasua [= aus Fessan]	200
Militär [...]	6000
Mohammedaner	32.000
Juden	10.000
Malteser	2850
Italiener	800
Griechen	150
Andere Europäer	200
Europäer	14.000

[a] Die seit 1898 autonome osmanische Insel Kreta wurde erst 1913 Griechenland angeschlossen.

[b] Arnauten sind Albaner, deren Land gleichfalls bis 1912 zum Osmanischen Reich gehörte.

Die Einwohnerzahl von Tripolis würde also 46.000 betragen. [...] [82] [...]

Da aber auch Banse keine ausführliche Beschreibung der Stadt Tripolis gab, stellen die Bemerkungen aus der Feder des Reisenden Dr. A. von Lorent, der in den 1840er-Jahren hier durchkam, die wohl beste Skizze der Hafen- und Hauptstadt dar:

[A. von Lorent]: Die Stadt Tripolis in Nordafrika. In: Das Ausland, 1848: 22, Seite 685–686, 690–691.

Der Umfang der Stadt beträgt innerhalb der Mauern nur dreiviertel Stunden, die Mauer selbst, welche mit zahlreichen Bastionen versehen ist, ist höchst baufällig und an manchen Stellen halb eingestürzt. Die auf den Brustwehren stehenden Kanonen sind im schlechtesten Zustande [...]. An der Spitze der Landzunge ist noch eine halbkreisförmige Batterie, welche durch einen Damm mit der Stadt in Verbindung steht. Es gibt drei Thore, von denen eines gegen Osten, die Landseite, das andere am Landungsplätze des Hafens liegt, das dritte ist nur ein kleines Pförtchen, welches auf den am Strande westlich gelegenen Kirchhof führt, aber nur bei Gelegenheit einer katholischen Leichenbestattung geöffnet wird, denn die Protestanten haben einen eigenen Begräbnißort in dem Palmenwalde der [...] Menschia.

Der Theil der Stadt neben dem Judenquartier, welcher auf der Landseite sich befindet, liegt beinahe ganz in Trümmern, welche von dem dreijährigen Bombardement von dem Bürgerkriege 1830 noch herrühren; später wurden die Einwohner von der Pest decimirt, welche im J [ahre] 1837 auf der Küstenlandschaft an 100.000 Menschen hinwegraffte und merkwürdigerweise trotz aller Communication nicht tiefer in das Innere des Paschalik[22] drang; die Häuser der damals Gestorbenen wurden herrenlos, und da bis jetzt [= 1848] die Population noch immer im Abnehmen begriffen ist, woran hauptsächlich das Fehlschlagen der Ernte und in Folge dessen die schlechten Nahrungsmittel schuld sind, so blieben sie leer stehen und fallen täglich noch mehr in Trümmer zusammen. Es macht wirklich einen traurigen Eindruck, wenn man durch lange Straßen mit verschlossenen Buden, ohne einem menschlichen Wesen zu begegnen, herumirrt, und wo dem Auge nichts als Sinken und Verfall sich zeigt. […]

Der beste Theil der Stadt ist das an der Leeseite [= dem Wind abgewandten] liegende und zunächst von Europäern bewohnte Quartier; hier ist auch der Bazar, welcher höchst unbedeutend ist; der Theil, wo die Gewehre verfertigt und verkauft werden, ist nach dem Fruchtmarkt der ansehnlichste, weil er aus acht Buden besteht; in der zweiten Bazarstraße findet man nur einige Kaffeehäuser, Barbierstuben und wenige Laden mit geringem Tabak, der von Konstantinopel eingeführt wird, Blechwaaren und Schuhen. […] Ein eigner Bazar ist für die levantinischen Waaren bestimmt, er besteht aus einer langen gedeckten Halle, welche erst am Anfange dieses [= 19.] Jahrhunderts gebaut wurde, wo aber die Käufer und Verkäufer keinen Handelsgeist verrathen, und den größten Theil des Tages sind daher die kleinen Läden geschlossen. In der Nähe von letzterem ist der Palast des Pascha's, welcher sich in der Ferne schon durch seine gelbrothe Farbe von den einförmigen weißen Häusern der übrigen Einwohner auszeichnet; die Bauart desselben ist sehr einfach und im europäischen Style, da ihn der erste Pascha, welcher nach der Besitznahme der Stadt durch die Türken [1835] hinkam, von Maltesern aufführen ließ. […] Das Vorzimmer des Pascha's dient als Arsenal. Die Gemächer, in denen er sich aufhält und von denen er eine Aussicht auf das Meer hat, sind wie europäische Salons: Sophas und Armstühle von rothem Sammet, eine Pendeluhr auf dem französischen Kamine, neben zwei Blumenvasen vor dem großen Spiegel und einer Ansicht von Tripolis in Vogelperspektive, wo sich in dem Hafen Schiffe an Schiffe, wie in einem wichtigen Handelsplatze reihen, verdrängten ganz die altorientalische Einrichtung, und man könnte sich nach Europa versetzt glauben, da bei den militärischen Angestellten auch die europäische Kleidung eingeführt ist, wenn nicht die hereintretenden Diener und Offiziere die Gewohnheit beibehalten müßten, die Schuhe statt der rothen Kappe [= Fez] abzulegen. […] **[685]** […]

[Öffentliche] Bäder findet man nur zwei, und diese sind nicht mit vielem Luxus versehen; dem Genusse des Badens kann man sich hier bei Abwesenheit von Flüssen und bei häufigem Mangel an Cisternenwasser nicht wie in den asiatischen Provinzen des Islams überlasten. In allen Häusern sind Cisternen, welche der Regen während der Monate December und Januar anfüllt; die Bauart der Wohnungen bietet nichts Besonderes dar; wie in den andern orientalischen Städten sind überall flache Dächer, auf welchen herumwandelnd man in den Hof und das häusliche Treiben der Nachbarn weit und breit blicken kann [▪ Abb. 11.3].

Säulen von Marmor, theils in neuerer Zeit verfertigt, theils durch ihre römischen und korinthischen Capitäle die Abstammung aus einer längst entflohenen Epoche verkündend, sind eine Liebhaberei der Einwohner; mit diesen wird der Hof verziert, und offene durch Bögen verbundene Colonnaden umgeben die Galerie der obern Stockwerke, auf welche bekanntlich die, Gemächer, statt auf die Straße, sich öffnen. Dieses gibt dem Innern der Wohnungen eine Leichtigkeit, welche man nie in unsere Häusern mit massiven Mauern darstellen kann; helle contrastirende Farben tragen dazu bei, den freundlichen Anblick zu erhöhen. […] **[690]** Der morgenländische Reisende findet hier nicht die geräumigen Okelas oder Chans und übernachtet gewöhnlich auf den Strohmatten der Kaffeehäuser; es sind zwar zwei Karawanserais noch von früheren Zeiten übrig, aber um in diesen zu übernachten, muß man sehr abgestumpfte Geruchsnerven haben; denn in diesen Eldorados der Hunde werden die Häute und Knochen, welche einen Ausfuhrartikel nach Europa bilden, getrocknet und verbreiten den abscheulichen Geruch der Verwesung.

Die Einwohnerzahl von Tripoli beläuft sich [Ende der 1840er-Jahre] auf 7000 Seelen, worunter 1200 Europäer, größtentheils Malteser, welche von neun Consulaten beschützt sind. Die Consulate sind in den muselmännischen Ländern, in welchen kein geregelter Codex [= Gesetzbuch] die Willkür der Richter einschränkt, für die Existenz der Europäer unumgänglich nöthig; aber gut versehen fand ich sie wirklich nur in Tripolis und Tunis, nachdem ich alle übrigen Provinzen des türkischen Reiches durchwandert hatte, in welchen der Handelsgeist mit seinen Attributen die Viceconsuln und ein unbegränzter Stolz die Generalconsuln leiten. Hier in Tripolis treiben die Consuln keinen Handel; die Regierungen, welche ihren nur wenige Unterthanen beschützende Stellvertretern keinen großen Gehalt geben konnten, wählten sich einen Agenten unter den von größeren seefahrenden Mächten Angestellten aus, welcher gut besoldet und unabhängig von dem türkischen Volke und der Regierung, mit Energie als Protektor auftreten kann, und Deutschlands Namen fand ich hier unter dem Schutze des französischen Generalkonsuls, H [er]rn Blanchet, zum erstenmal im Orient geachtet und gefürchtet. […]

Theater und Concerte kommen zwar nicht hier vor, in desto größerer Zahl folgen sich aber während des Carnevals die Bälle, und weil in den letzten Tagen die untern Classen der Europäer maskirt herumlaufen, glauben die Araber, daß die Christen gegen Ostern immer von einem periodischen Wahnsinn befallen würden. Der Fremde findet bei der europäischen Colonie eine gastfreundschaftlichere Aufnahme als in den andern osmanischen Provinzen, auf welche er aber auch in andern weniger isolirten Ländern der Türkei, wohin beständig Reisende, manchmal nicht sehr achtungswerthe, sich folgen, gerechterweise nicht so sehr Anspruch machen darf. Zu den Hauptbelustigungen der Europäer gehört die Jagd, und die mittelalterliche Falkenjagd findet man noch häufig; […]. […] Die hier etablirten Europäer führen ein ruhiges, sicheres Leben. Im allgemeinen hört man sie wie überall auch hier über ihren Aufenthalt klagen, die Meisten nämlich gehören dem Kaufmannsstande an, sie dachten in kurzer Zeit sich ein Vermögen zu erspa-

22 Siehe ► Abschn. 11.1, Tripolitanien und die osmanische Herrschaft an der Großen Syrte, Fußnote 19.

Abb. 11.3 **Tripolis, von der Nordseite gesehen.** In: Globus, 1862: 1, Seite 130

ren und in ihr Vaterland zurückzukehren. Obgleich nun aller nur einigermaßen beträchtliche Handel in den Händen der Franken [= Europäer] ist, so sind die Geschäfte doch zu unbedeutend, um ihnen mehr als ein gutes Auskommen an Ort und Stelle zu bieten. **[691]**

11.2 Der transsaharische Karawanenhandel

Während die Beschreibungen Tripolitaniens recht übereinstimmend die nicht allzu große Bedeutung von Landwirtschaft und Gewerbe schildern, regte noch 1896 ein Besuch den Orientalisten und Geographen Dr. Hugo Grothe (1869–1954) dazu an, den immer noch recht bedeutenden transsaharischen Karawanenhandel, der wesentlich über den Hafen Tripolis abgewickelt wurde, wegen dessen geopolitischen Potenzials in der Rivalität der von den Küsten ins Innere des Kontinentes vordringenden Kolonialmächte zu beschreiben:

Hugo Grothe: Tripolitanien und der Karawanenhandel nach dem Sudan. In: Deutsche Geographische Blätter, 1898: 21, Seite 88–110.

Die Form des Karawanenhandels, die Art der Ausrüstung, die Zusammensetzung der Karawanen, der Einkauf und Absatz der Waren, das Markt-, Kredit- und Zahlungssystem weisen interessante völkerpsychologische Merkmale auf. Das einheimische Element ist bei diesen Handelszügen das einzig herrschende. Sie treten als Geschäftsunternehmer der Karawanen auf, sowie als Leiter der Reise im Amt eines Karawanenführers. Wohl giebt es in Tripolis eine Reihe jüdischer und alteingesessener europäischer Handelshäuser, die sich ebenfalls mit der Entsendung von Karawanen nach dem Innern befassen. Zumeist jedoch tritt der arabische und berberische Kaufmann als direkter Abnehmer der Waren von den Import- und Kommissionsfirmen der Hafenstädte Tripolis und Benghasi auf, wobei ihnen der denkbar weiteste Kredit gewährt wird. Die Bewohner der [...] Ghadames und Ghat[23] haben unter ihnen die Oberhand. Die Bauart der Häuser dieser Städte, enge Fronten mit tiefen magazinartigen Parterreräumen, sowie ganze Magazinstrassen, stempelt dieselben auf den ersten Blick **[98]** als Warendepots. Wenn man die Fährlichkeiten der Karawanenunternehmung in Erwägung zieht, die, welche die Natur durch den Charakter der Öde, der Wasserarmut, der mangelnden Wegespur, der fehlenden politischen Ordnung ihrer Gebiete entgegenstellt, sowie solche, die von der Bewohnerschaft der zu durchquerenden Strecken durch Tributforderungen, Drangsalierungen und Plünderungen gegeben werden, so kann man nicht hoch genug den Mut desjenigen anschlagen, welcher das Risiko dieser Geschäfte trägt, man darf das Genie schätzen, das derartige Unternehmungen durch Geduld und Geriebenheit zu glücklichem Ausgang zu führen weiss. [...]

Das Leben der Nomaden ist nur gesichert, wenn denselben feste Siedlungen zu Gebote stehen, welche innerhalb ihres Bezirks oder doch im Bereich ihrer Wanderungen liegen. Plätze, an denen sie gegen Darbietungen der Erträgnisse der Jagd oder des Fleisses ihren Bedarf an Waffen, Instrumenten, Zeltgeräten zu decken oder ihr Luxusgefühl nach Schmuck und Ähnlichem zu befriedigen vermögen. Planmässige Beraubung der diese Punkte streifenden Warenzüge würde den Handel selbst töten, also ihnen die eigene Existenz erschweren und gefährden. Die Stämme, in denen einige Organisation, Abhängigkeit von politischen und religiösen Oberhäuptern herrscht, sind sogar zu Geleits- und Sicherheitsdiensten im Interesse der Karawanen gegen regelmässige auf Grund fester Abmachungen von den Bewohnern der Marktorte zu entrichtende Abgaben stets sehr geneigt. Kleinere unabhängige Stammesabteilungen, die in dem Umkreis einer kleinen Oase oder eines Brunnen hausen, begnügen sich meist mit kleinen Geschenken von Geld oder Gebrauchswert, Fellen, Schläuchen, Werkzeugen, die ihnen die Karawanenhändler zuwenden.

23 Beide Städte liegen heute unmittelbar an der libysch-algerischen Grenze, dabei Ghadames im Norden am Dreiländereck mit Tunesien und Ghat im Süden auf dem Ostausläufer des algerischen Ahaggargebirges.

Was nun den Unternehmern durch die Ungunst der Naturgewalten oder durch gelegentliche Räubereien verloren geht, wird durch den hohen Gewinn aufgewogen, welchen die Geschäfte tragen. Es sind dies gewöhnlich 100 und mehr Prozent. [...] **[99]** [...] Ehrlichkeit ist die Grundlage aller Karawanengeschäfte, was eben zur Gewährung hoher und langer Kredite führt. Von Seiten des Karawanenhauptes wird nie eine Veruntreuung oder falsche Angabe über erzielte Preise der mitgeführten Waren zu gewärtigen sein. Der geringste Verdacht an seiner Makellosigkeit würde seine Stellung naturgemäss für immer untergraben. Da an den einzelnen Märkten des Inneren durch den Karawanenhändler keine im Stile europäischer Konkurrenz gehaltenen Unterbietungen üblich sind und so die Preissätze für Kauf und Tausch nur wenig variieren, lassen sich zudem die Rechnungsablegungen eines Karawanenführers nicht schwer durch die des anderen kontrollieren.

Ein Akt gegenseitiger Schädigung zwischen den Karawanen, Vergreifen an den Gütern derselben wäre etwas für den ausgeprägten Rechtlichkeitssinn der Karawaniers geradezu Unerhörtes und ist darum kaum je dagewesen. Auf Strecken, wo die Karawanen durch Verträge mit den Stammeshäuptlingen gesichert sind, herrscht unbegrenztes Vertrauen. Gehen auf offener Strasse mehrere Kameele **[100]** zu Grunde und stellt sich der Weitertransport ihrer Ladungen als unmöglich heraus, so ist eine Niederlegung der betreffenden Güter am Wege die herrschende Praxis. Nie hat man gehört, dass an solchen gewissermassen der Obhut der Natur anheimgegebenen Gütern sich irgend ein menschliches Wesen vergriffen hätte. Schreitet der Karawanenführer das nächste Jahr den gleichen Weg, so wird er die noch am selben Ort vorhandenen Waren wieder aufladen und mit sich führen.

Der eigentliche Karawanenhandel ist durchaus Engrosgeschäft [= Großhandel]. Ist eine Karawane von einem bestimmten Geschäftshause ausgerüstet, das an den grösseren Marktstädten seine Filialen hat, so werden auf dem Hinwege die europäischen Erzeugnisse an die Agenten abgeliefert, auf dem Rückwege die in Ghadames, Ghat oder an der Küste verwertbaren Produkte der einzelnen Zonen von den Karawanen in Empfang genommen. Wie weit verzweigt eine arabische Handelsfirma Nordafrikas sein kann, beweisen die Angaben von Rohlfs[24] und Nachtigal[25], die von Ghadamesern und Ghateser berichten, die an 20 Plätzen des Innern wie der Küste Filialgeschäfte besassen. In Kano [im Norden von Nigeria], der bedeutendsten Marktstadt des Sudan[26], bestehen 60–80 ghadamesische Handelshäuser und finden sich zur Trockenzeit an 500 arabische Händler aus allen Handelsplätzen Nordafrikas zusammen. Hat der Karawanenführer Güter auf fremde Rechnung, gewöhnlich die mehrerer Kaufleute, mit sich, so sucht er an den einzelnen Stationen gegen bar oder im Tauschwege dieselben bestmöglichst abzusetzen. Offene Märkte für die Kleinkonsumenten, für die einzelnen Bestandteile der im Umkreis nomadisierenden oder wohnhaften Völkerschaften werden von den Karawanen in der Sahara und ihren Oasen gar nicht, in den Sudanlandschaften höchst selten abgehalten. Die Agenten oder die Kaufleute der Marktstädte, die immer stehende Siedelungen sind, nehmen ausschliesslich den Detailhandel auf sich.

Die Karawane ist selbstverständlich selten ein commerciell oder gesellschaftlich streng abgeschlossenes Ganzes. Den von grossen Geschäftshäusern abgesandten Warenzügen oder den vereinigten Kameelladungen, die ein Karawanenführer in Kommission zum Vertriebe übernommen hat, gesellen sich fast immer Private bei, die mit einem geringen Kapital und einigen mit Waren belasteten Kameelen unter dem Schutze der grossen Karawane ihr Glück im Sudan versuchen wollen; mancherlei beschäftigungslose und wanderlustige Elemente schliessen sich an, die unterwegs durch Dienstleistungen oder zufällige Geschäftchen einen kleinen Verdienst erwarten, Neger, die von Sehnsucht nach der Heimat getrieben werden, **[101]** oder solche, die der Karawane auf dem Rückweg sich beigesellen an der Küste gutes Brot zu verdienen gedenken. Kurz ein Menschenmaterial häuft sich, das hinsichtlich Rassen- und Charakter-Verschiedenheit an Buntheit nichts zu wünschen übrig lässt. In allen aber lebt vornehmlich ein Gedanke – der auf Erwerb oder Gewinn. Ferner bildet sich eine Karawane, indem eine Anzahl von kleineren Geschäftsleuten sich unter Führung eines von ihnen besoldeten Orts- und Wegkundigen zusammenschliesst.

Die Ankunft einer grösseren Karawane wird meist 1–2 Tage vorher durch einen Mehariereiter – Mehari heisst das Rennkameel – am Marktorte angezeigt. Die Handelslustigen haben also vollauf Zeit, ihre Waren zum Verkauf und Tausch zu sammeln und zu ordnen. Der Aufenthalt der Karawane an den Marktdepots der laufenden Route braucht sich also nur auf ein bis zwei Tage zu beschränken. Die Grösse der Karawane, Anzahl der Kameele, Anzahl der Lasten – ¼ der mitgeführten Kameele sind Träger des Proviants und der Wasserschläuche – richtet sich ganz nach den Verhältnissen. Ich habe von Tripolis Karawanen nach Wadai [im südlichen Tschad] abgehen sehen, die an 1.000 Kameele zählten. Wieder habe ich der Ankunft von Warenzügen aus Kairo und Sokoto [im Norden Nigerias] beigewohnt, die keine 100 Kameellasten aufwiesen. Bestimmt geregelt sind die Frachttarife. Die Abmachungen gehen gewöhnlich für den Transport von Hauptplatz zu Hauptplatz, so für den Weg von Tripolis nach Ghadames, von da nach Ghat, von da nach Kano [im Norden Nigerias], von Ghadames

24 Siehe ► Abschn. 9.1, Die deutsche Gelehrten-Expedition 1873–1874, Fußnote 9; ► Abschn. 11.5, Das Sultanat Fessan und die Kufra-Oasen.

25 Der Mediziner Gustav Nachtigal (1834–1885) war seit Mitte der 1860er-Jahre der Leibarzt des Beys von Tunis, bevor ihn Gerhard Rohlfs 1869 mit der Überbringung der Dankesgeschenke des preußischen Königs Wilhelm I. an den Sultan von Bornu für die freundliche Behandlung des deutschen Forschers Heinrich Barth 1851–1854 beauftragte. Bei der Ausreise traf Nachtigal noch 1869 im Karawanenknotenpunkt Murzuk die Niederländerin Alexandrine Tinné (1835–1869) – die einzig bedeutende Erforscherin der Nilländer, die kurz darauf von ihrer Tuareg-Eskorte ermordet wurde, welche in ihren metallenen Wasserkannistern (siehe auch ► Abschn. 9.1, Die deutsche Gelehrten-Expedition 1873–1874) Gold vermuteten. Nachdem er die Geschenke am Tschad-See übergeben hatte, gelang Nachtigal 1872–1874 als erstem Europäer die Durchquerung und Erkundung des ostwärts gelegenen Sultanats Wadai im Süden des heutigen Tschad sowie die Weiterreise des östlich anschließenden Sultanats Darfur und dann über Kordofan bis zum Nil; siehe auch ► Abschn. 10.3, Kordofan und Darfur. Ab 1882 deutscher Generalkonsul in Tunis, erlag Nachtigal als Kaiserlicher Kommissar der Tuberkulose auf der Schiffsrückreise nach den im Auftrag Berlins 1884 gemachten Kolonialerwerbungen der Küsten von Togo, Kamerun und Südwestafrika.

26 Gemeint ist hier nicht das ägyptische Kolonialgebiet am oberen Nil, sondern das von den Arabern als Sudan oder „Land der Schwarzen" bezeichnete Siedlungsgebiet der Bantu südlich der Sahara von Westafrika bis hin zum Kongogebiet.

nach Insalah [im Süden von Algerien], von Insalah nach Timbuktu [am Knie des Niger]. An solchen Hauptstationen wurden gewöhnlich neue Kamele zur Weiterreise gemietet. Der Frachtpreis wird nach dem Kantar[27] berechnet. Ein kräftiges Kamel vermag eine Last von drei Kantar, also von ziemlich 3 Centnern zu nehmen; im Notfalle trägt es selbst 4 Kantar. [...] **[102]** [...]

Als Geld läuft in tripolitanischem Gebiet selbst in Ghadames, Ghat, Mursuk, Sokna [= Oase Dschofra[28]], und in seinen nächsten Handelsdependenzen [...] selten die türkische Goldlira, häufiger das grosse Silberstück des medjidie (4 fr [ancs] 30 [centimes]) und der Mariatheresienthaler[29] (2 fr [ancs] 30 [centimes]) um. Letzterer kursiert auch in Timbuktu, im [marokkanischen] Tuat, auf dem [nordnigerianischen] Markte von Kano, auf dem von Kuka [im Westen des Tschad-Sees], in Wadai [im Süden des Tschad], seltener in Tibesti [-Gebirge an der Grenze von Tschad und Libyen] und Kanem [im Osten des Tschad-Sees]. In den westlichen Sudanländern dient bei grösseren Geschäften, namentlich in Timbuktu und Kano, das mitkal [=] Goldstaub als Wertmesser (1 mitkal = 13 fr [ancs], wiegt 4,27 Gramm). In Sokoto, Kano und Kuka dient die Kaurimuschel[30] – nach Ort und Zeit wechselnd, werten 2500–3000 5 Fr [ancs] – bei allen Preisschätzungen durchaus als Einheit, wenn auch die Zahlung bei bedeutenderen Geschäften durchgängig mit dem mitkal[31] [=] Goldstaub stattfindet. [...]

Über die Entwicklung dieses Karawanenhandels in der zweiten Hälfte des Jahrhunderts berichtete 1902 der britische Generalkonsul in Tripolis:

Anonym: Handelsbeziehungen zwischen Tripolis und seinem Hinterlande. In: Geographische Zeitschrift, 1902: 8, Seite 706–707.

Anfang der [achtzehnhundert]siebziger Jahre nahm der Karawanenhandel mit dem Zentral-Sudan[32] einen plötzlichen und starken Aufschwung. Während der Wert des Gesamthandels im Jahrzehnt 1862–71 weniger als 40 Millionen Mark betrug, stieg er im folgenden Jahrzehnt 1872–81 auf mehr als 160 Millionen Mark. Die Bahnbrecher dieses Handels waren die Kaufleute von Ghadames, welche ihre Waren durch ihre Agenten in Ghat[33], Kanem, Bornu, Kano und Timbuktu[34] gegen Straussenfedern, Goldstaub und Elfenbein eintauschen liessen. 1873 begannen die Kaufleute von Tripolis mit ihnen in Wettbewerb zu treten und ihrerseits Karawanen nach dem zentralen und westlichen Sudan zu schicken, aber durch den Einfall [des Usurpators] Rabahs in Bornu 1893 wurde der Handel der tripolitanischen Karawanen unterbrochen, und seit jener Zeit hat er gänzlich aufgehört. Die Händler waren in der Folge allein auf Kano [in Norden von Nigeria] und Wadai [im Süden des Tschad] angewiesen; aber seit 1895 verursachten Stammesstreitigkeiten häufige Karawanenplünderungen, sodass jetzt die Karawanen nach Kano erst nach Empfang guter Nachrichten über ihre Sicherheit von Tripolis aufbrechen. Eine Karawanenreise hin und zurück nimmt ungefähr 18 Monate in Anspruch und der Verdienst soll ungefähr die Hälfte ihrer Geldauslagen betragen. [...] **[707]**

Über die Lage des Karawanenhandels in den 1880er- und 1890er-Jahren ergänzt Grothe:

Hugo Grothe: Tripolitanien und der Karawanenhandel nach dem Sudan. In: Deutsche Geographische Blätter, 1898: 21, Seite 88–110.

Gegenüber der Blüte des tripolitanischen Karawanenverkehrs von Ende der [achtzehnhundert]sechziger bis Mitte der achziger Jahre ist die heutige Handelslage [= 1898] eine recht matte. Um 1885 begann die Rentabilität der Karawanengeschäfte nachzulassen und zwar namentlich infolge der Errichtung von Strausszüchtereien am Kap der Guten Hoffnung [in Südafrika], die den Preis einer der Hauptsudanwaren auf das empfindlichste drückten. Ein Aufleben des Karawanenhandels zeigte sich bereits in den Jahren [18]90 und [18]91, als mit einem Schlage der Ausbruch der Kämpfe in Zentralafrika [gegen die vordringenden Europäer und untereinander] den Verkehr mit dem Innern lahmlegte. Eine gewisse Zagheit hatte sich unter den Karawaniers schon seit der **[103]** Mahdistenerhebung [1881 im Sudan[35]] eingestellt. Sie verzichteten auf die Absatzgebiete des weiteren Osten, namentlich auf Darfur[36] [im Nordwesten des Sudan], und begnügten sich, in Wadai mit ihren Gütern Halt zu machen. Durch die moralische Unterstützung des religiösen Oberhauptes der Snussisekte[37] blieb Wadai von einem Einfall der Mahdisten verschont. Im September 1893 gelangten die ersten Nachrichten nach Tripolis, dass von Osten nach Westen die Kämpfe sich fortpflanzten und Rabah, ein Negeroffizier des Mahdi [...] Baghirmi [im Sultanat Bornu] in seine Hand gebracht habe. Die Karawanenzüge liefen trotzdem von Tripolis aus und trafen gerade ein, als der Sultan von Bornu sich gegen den auf ihn einstürmenden Rabah zu wehren hatte. Der Sultan von Bornu wurde überwältigt, [die Hauptstadt] Kuka [am Ostufer des Tschad-Sees] zerstört und die Karawaniers, welche für Bornu Partei genommen, teils getötet, teils gefangen

27 Ein arabisches Gewicht, in den Nilländern etwa 45 kg.
28 Siehe ▶ Abschn. 11.5, Das Sultanat Fessan und die Kufra-Oasen.
29 Seit 1741 bis heute gepägte österreichische Silbermünze von 28 g mit einem Feingehalt von 83⅓ %. Als der Maria-Theresia-Taler 1858 in seiner Heimat als gesetzliches Zahlungsmittel abgeschafft wurde, hatte dieser sich im gesamten Orient (siehe Abschn. 10.3) infolge der Mittlerrolle der Habsburgermonarchie im Handel mit dem Osmanischen Reich und dessen Nachbarländern die Rolle der Haupthandelswährung erworben, die er dort bis ins 20. Jahrhundert behauptete. Im Kaiserreich Abessinien waren diese Taler aus dem fernen Wien als Münze und Papiergeld sogar bis zur Annexion durch Italien 1936 das gesetzliche Zahlungsmittel.
30 Eigentlich das Haus einer Schneckenart in tropisch-subtropischen Meeren.
31 Arabische Gewichtseinheit von 4,25 g für wertvolle Stoffe wie Gold oder Safran.
32 Siehe Fußnote 26.
33 Karawanenknotenpunkt südlich von Ghadames und heute wie jenes knapp vor der Grenze zu Algerien gelegen.
34 Siehe ▶ Abschn. 11.1, Tripolitanien und die osmanische Herrschaft.
35 Siehe ▶ Abschn. 10.1, Traum und Alptraum einer Kolonialerwerbung.
36 Siehe ▶ Abschn. 10.3, Kordofan und Darfur.
37 Siehe ▶ Abschn. 11.5, Das Sultanat Fessan und die Kufra-Oasen.

genommen und ihrer Güter beraubt. Wenige entkamen nach Wadai oder Sokoto. Diese Ereignisse waren für Tripolis und seine engagierten Kapitalien einer Katastrophe gleich. Das Vermögen vieler Kaufleute war vernichtet und ihre Stellung auf dem tripolitanischen Markt auf die von Kommissionären für die europäische Warenversendungen herabgedrückt. Von 1894–96 lagen die Bornulandschaften für den Verkehr vollständig brach. Nur Wadai und der Westsudan[38], die Märkte Kano, Sinder und Timbuktu blieben den Tripolinern als Absatzfeld. […] **[104]** […]

Von den europäischen Erzeugnissen, die als Tausch- oder Verkaufsgut nach der Sahara und dem Sudan gehen, sind [in den 1890er-Jahren] gut ⅓ deutschen Ursprungs. Den Sudan als Bestimmungsort haben vornehmlich die Colonialproducte Kaffee, Thee, Zucker, Drogen, Kerzen, Parfüms, Quincaillerie [= Eisenwaren], Seidengewebe und Seidenabfälle, die sogenannten **[106]** „fils de bourrette" [= Seidengarne], Baumwoll- und Wollstoffe, Leinen, Waffen, Pulver, Glaswaren, Spiegel, Perlen, Korallenimitationen, Achatspangens, sowie die sogenannten Boxringe, herzförmige bunte Glasblättchen, welche als Hals- und Brustschmuck von den Bewohnerinnen der Sudanlandschaften getragen werden. Mit einigen Waren beherrscht Deutschland den tripolinischen Markt (mit Eisen- und Drahtwaren-Werkzeugen, Messern, Nadeln, Drogen, Galanterie- und Lederartikeln, Wollstoffen), nicht zum geringen Teile infolge der rheinischen und sächsischen Industrie. Für andere Erzeugnisse würde sich in Tripolitanien ihm ein Absatzfeld ergeben, wenn eine der deutschen Dampfergesellschaften, deren Schiffe von Hamburg und Bremen aus die Hauptplätze des Mittelmeers besuchen, von Tunis oder von Malta auch Tripolis anlaufen und so die Preisnotierungen franco [= transportkostenfrei bis] Bord Tripolis bei Verringerung der Frachtsätze (unter Wegfall der Umladespesen) sich niedriger stellen würden. Heute [= 1898] erfolgt alle Einfuhr von Deutschland aus über italienische, französische und englische Häfen auf fremden Dampfern. Da im Orient selbst die geringste Preisdifferenz für den Absatz ausschlaggebend ist, wird eine solche directe Verbindung auch den gegenwärtig schon von Deutschland mit Erfolg importierten Waren stärkeren Absatz bringen.

Trotz des starken Anteils, den Deutschland an der tripolitanischen Einfuhr hat, ist es bis heute konsularisch so ungenügend wie möglich vertreten. Der Posten eines kaufmännischen Vizekonsulats wird seit Jahren in den Listen des Auswärtigen Amts als vakant geführt. Die bestehende Abhängigkeit dieses Vizekonsulats vom Generalkonsulat Tunis [im französischen Kolonialgebiet] darf bei den an beiden Punkten durchaus verschiedenen Verwaltungs- und Jurisdiktionsverhältnissen als wenig angebracht erscheinen. Während die französischen, englischen, italienischen, österreichischen Konsuln sorgfältige Berichte über die Handelslage und die volkswirtschaftlichen Momente des Landes erstatten, Italien durch seine Reisenden, seine Schriftsteller und durch Agenten einer „Societa di Esplorazione commerciale in Africa" stete Kunde über diese Strecke Nordafrikas und seiner Hinterländer seiner Kaufmannschaft gesichert hat, ist in Deutschland von offizieller Seite bis heute Tripolitanien nie eine Art handelspolitischer Beobachtung geliehen worden. […] **[107]** […]

38 Siehe Fußnote 26.

11.3 Italiens Griff nach einem Zipfel des Orients

Die Ausführungen von Hugo Grothe belegen deutlich imperiale wie wirtschaftliche Interessen der europäischen Mächte, insbesondere des Küstengegenübers Italien, an dem rückständigen osmanischen Wilayat. Trotzdem erwartete Ewald Banse noch 1908 am Schluss seiner landeskundlichen Betrachtung von Tripolis und dessen Umgebung keinen baldigen Umbruch, ja warnte sogar prophetisch vor dem Kulturkonflikt einer europäischen Einmischung:

Ewald Banse: Das nordafrikanische Tripolis und seine Mnschia. In: Dr. A. Petermanns Mittheilungen aus Justus Perthes' Geographischer Anstalt, 1908: 54, Seite 49–57, 78–85.

Faßt man die vorausgehenden Betrachtungen zusammen, so stellt sich Tripolitanien als ein Steppen- und Oasenland dar, dem es an natürlicher, leicht zu verbessernder Bewässerung nicht gebricht, das aber seit mehr als einem Jahrtausend durch eine rückständige ackerbaufeindliche Religion und schlechte Regierungen ausgepreßt wurde, ohne jemals der Wohltat rationeller Bewirtschaftung teilhaftig zu werden. Ein Land, aus dem etwas zu machen ist, weshalb es begreiflich erscheint, daß die Hohe Pforte[39] mit neidischer Eifersucht ihre Provinz behütet und Reisen in ihr nach Möglichkeit erschwert; könnten doch Spione für Italien oder Frankreich oder Deutschland das Land „aufschreiben". Mit der Aufteilung Tripolitaniens unter die Mächte wird es aber noch gute Weile haben, denn die Türken scheinen nicht gesonnen zu sein, das Wilajet ohne weiteres herzugeben; das beweist ihre starke Truppenmacht, das beweisen ihre wenn auch bescheidenen Neuerungen, wie Straßenpflasterung und nächtliche Petroleumbeleuchtung, Dinge, die für die Türkei schon etwas bedeuten. Vom Standpunkt der reinen Menschlichkeit ist eine Okkupation durch einen christlichen Staat auch gar nicht zu wünschen. Denn im Augenblick der Landung europäischer Soldaten würde die ganze mohammedanische Bevölkerung im Aufruhr emporflammen, der dschhad [= Dschihad], der Heilige Krieg gegen die Ungläubigen, würde entbrennen, gegen den der Aufstand des Mahdi[40] ein Kinderspiel gewesen wäre. Tripolitanien ist ja die Hochburg des Islam in Nordafrika, auf deren Zinnen noch die rote Flagge mit dem Halbmond flattert [= Flagge des Osmanischen Reichs]; in ihm ist der Sitz des christenfeindlichen mohammedanischen Ordens der Snussi[41], dessen Sendboten das Land kreuz und quer durchziehen, deren Sauijas (Gebetshäuser) an nur wenigen Orten fehlen. […] **[85]**

Zumindest mit der Einschätzung der Dauerhaftigkeit der osmanischen Herrschaft über die Landschaften an der Großen Syrte lag Banse gründlich daneben. Das erst 1860 zum Nati-

39 Siehe ► Abschn. 1.2, Mehmed Ali: vom Söldnerführer zum Dynastiegründer, Fußnote 19.

40 Siehe ► Abschn. 10.1, Traum und Alptraum einer Kolonialerwerbung.

41 Gemeint sind die Kufra-Oasen; siehe ► Abschn. 11.5, Das Sultanat Fessan und die Kufra-Oasen.

onalstaat vereinigte Italien, ein noch kaum industrialisiertes Land mit großer Auswanderung, wollte vom fortschreitenden Zerfall des Osmanischen Reichs profitieren und sich wie die europäischen Großmächte ein Kolonialreich zulegen. Nach der am 26. September 1911 von Konstantinopel ultimativ geforderten Abtretung von Tripolitanien und der Cyrenaica erfolgte am 29. September die Kriegserklärung, und schon am 3. Oktober landete ein 40.000 Mann starkes italienisches Invasionsheer an verschiedenen Küstenpunkten der Großen Syrte. Während die türkischen Truppen – unter ihnen Major Mustapha Kemal, der spätere Staatsreformer Kemal Atatürk, als einer der Verteidiger der Cyrenaica – binnen weniger Wochen geschlagen wurden, hatte Rom den Widerstand der relativ unbehelligt unter osmanischer Herrschaft lebenden Stämme des Hinterlandes unterschätzt und hatte trotz Aufstockung der Expeditionstruppen auf 100.000 Mann große Probleme, jenseits der Küstenoasen vorzudringen. Während diese Durchsetzungskämpfe noch zwei Jahrzehnte dauern sollten[42], setzten die italienischen Flottenangriffe im Mittelmeer und im Roten Meer den Osmanen derart zu, dass Kontantinopel in einem Friedensschluss am 18. Oktober 1912 mit dem Wilayat Tripolitanien nach Ägypten *de facto* 1882 nun auch seine letzte Besitzung in Afrika verlor:

Anonym: Italiens Besetzung von Tripolitanien. In: Geographische Zeitschrift, 1912: 18, Seite 702.

Durch den am 18. Oktober [1912] zwischen der Türkei und Italien abgeschlossenen Frieden von Lausanne sind die letzten türkischen Besitzungen in Afrika, Tripolitanien und die Cyrenaika, in den Besitz von Italien übergegangen. Bereits vor Jahresfrist hatte Italien durch Parlamentsbeschluß [am 5. November 1911] die Annexion der nordafrikanischen, türkischen Besitzungen proklamiert, aber der tatsächlichen Besetzung der annektierten Provinzen stellten sich größere Schwierigkeiten in den Weg, als Italien erwartet hatte. In erster Linie bereitete der steppenhafte Charakter des Landes der Verpflegung der italienischen Truppen große Schwierigkeiten, und während des ganzen Kriegsjahres ist es den italienischen Truppen nicht gelungen, tiefer in das Land einzudringen, da sie der Verpflegung wegen in steter Verbindung mit der Flotte und der Küste bleiben mußten. Der zunächst geringe Widerstand, den die wenig zahlreichen türkischen Truppen den Italienern anfangs zu leisten vermochten, erfuhr im Laufe des Krieges eine erhebliche Verstärkung durch die fanatischen Anhänger der Senussi-Sekte, die aus den südlichen Oasen und dem östlichen Sudan zu vielen Tausenden herbeieilten, um ihren Glaubensgenossen im Kampfe gegen die Ungläubigen zu helfen. Den Widerstand dieser Fanatiker zu brechen, ist den Italienern nicht gelungen, und noch jetzt nach dem Friedensschlüsse befinden sich diese Araber im Kriegszustande gegenüber den Italienern, denen ihre Niederwerfung noch viel Mühe machen wird. Ohne besiegt zu sein, entschloß sich doch die Türkei zum Frieden und zur Aufgabe ihrer alten Provinzen, da sich die ersten Anzeichen des großen [Ersten] Balkankrieges[43] bemerkbar machten, in welchen die Türkei noch kurz vor dem Abschluß des Friedens durch die christlichen Balkanstaaten verwickelt wurde. Durch den Friedenschluß ist Tripolitanien und die Cyrenaika uneingeschränkter italienischer Besitz geworden, die während des Krieges von Italien besetzten Inseln des Ägäischen Meeres werden von den Italienern geräumt und der Türkei zurückgegeben werden [...]. Als Kalif und Oberhaupt der muselmanischen Kirche ernennt der Sultan einen Kommissar, der die geistigen Funktionen des Kalifen in Tripolitanien ausübt; den Einwohnern der abgetretenen Provinzen wird vollständige Freiheit in der Ausübung des muselmanischen Kultus gewährt. Italien hat sich zunächst die wirtschaftliche Erschließung seiner neuen Kolonie zur Aufgabe gemacht [...]. **[702]**

Unter dem Eindruck seines ersten Besuchs der mittelmeerischen Herrschaften des Osmanenreichs erkannte der Geograph Ewald Banse[44] bereits 1906 deren zahlreiche natur- und kulturgeographische Gemeinsamkeiten und propagierte ab 1908 den sich später durchsetzenden Sammelbegriff Orient für die arabisierten Trockenräume Nordafrikas und des Nahen Ostens:

Ewald Banse: Der Orient – ein geographischer Begriff? In: Deutsche Rundschau für Geographie und Statistik, 1908: 31, Seite 1–7.

Bisher war es auf fachmännischer Seite ungebräuchlich, den Orient als ein Ganzes zu behandeln. Man bespricht die Länder als Zubehöre Asiens und Afrikas, damit einen Komplex der Erdrinde zerreißend, den eine doch nur ganz äußerliche Kontraktionserscheinung in zwei Teile zu zerlegen scheint, der junge der Grabenbruch des Roten Meeres, [...]. Das klangvolle Wort Orient ist offenbar bei den Geographen als unwissenschaftlich – stillschweigend – geradezu verpönt. Ich meine aber, das Gebiet läßt sich außerhalb der schematischen Dividierung des Planeten in fünf, sechs oder sieben Erdteile sehr gut als selbständig nach der länderkundlichen Methode betrachten. [...] **[1]** [...]

Die Religion Mohammeds wandelte den ursprünglichen Osten [...], der eine Spanne Zeit den ehemaligen Westen [...] an Kultur überragte, dem Fortklopfen der Geistespulse aber nicht zu folgen vermochte und so als niedriger stehender „Orient" rastet. [...] Also ist der Orient kein geographischer Begriff? Mit nichten. Die Idee des Islam hat ihn geschaffen, des Islam, der eine landgeborene, dem Nomaden zugeschnittene Eingottreligion ist, [...].

42 Siehe ► Abschn. 11.5, Das Sultanat Fessan und die Kufra-Oasen.

43 In diesem im September 1912 ausgebrochenen Ersten Balkankrieg verlor das Osmanische Reich bis zum Mai 1913 alle europäischen Besitzungen auf dem Balkan bis auf den noch heute von der Türkei gehaltenen Rest zwischen Istanbul und Edirne.

44 Da Banse bereits vor dem Ersten Weltkrieg fest im völkischen Lager stand und später durch seine Volks- und Rassegedanken zum Nationalsozialismus kam, will sich die Geographie heute nicht so recht mit seinem Beitrag zur Fachgeschichte befassen, genauso wie anfänglich mit einem Kulturerdteil Orient.

Die Gleichheit weiter Räume ermöglichte die praktische Ausführung, erwarb dem Glauben des Friedens selbst Gebirgsländer, in denen aber öde Steppenflächen überwiegen, eben die Heimat dieser Religion. So ist das einigende Prinzip des Orients, das ihn in einem jetzt erst geschaffen, ein echt geographisches Moment. Wo der Islam festsitzt, wo zur grünen Fahne die Mehrzahl der Bewohner schwört, wo die Natur der Wiege des Propheten ähnelt, da ist der Orient.

Der leitende Gedanke der Untersuchung muß also die Idee des Islam sein. Diese durchaus geographische Methode ergibt ohne weiteres als Ostgrenze die äußersten Ketten Irans und das Grüne Gebirge von Oman. Jenen schließen sich naturgemäß an die Züge, die Iran, Armenien und Anatolien von ihren nördlichen Anlanden trennen, beziehungsweise dem Pontischen Meere. In Afrika rückt die orientalische Region weit nach Süden vor, gen Abend bespült von den Wogen des „Meeres der Stürme", wie der Marokkaner den Atlantischen Ozean nennt, in Mittag endend vor dem schweren Boden der sudanischen Ackerbaustriche, so daß hier eine nachdrückliche Naturscheide den Orient grenzt, Hirten von Pflügern, Wüste und Steppe von regional bebaubarer Erdkrume, [...]. [...] **[2]** [...]

Der Hauptcharakter des Orients als eines Komplexes von Trockenräumen bestimmt sein Pflanzenkleid. Das Bild der kahlen Steppe ist der wahre Typ der morgenländischen Landschaft. Baumarmut, Mangel einer geschlossenen Pflanzendecke, so daß der Boden vielfach geradezu kahl steht, das sind die Folgeerscheinungen der Trocknis. [...] Mancherorts differenziert sich das Bild durch Mischung niedrigen Gestrüppes, dessen Blätter zu spitzen harten Dornen geschrumpft sind, wieder ein Mittel, die ausdörrende Wirkung der Verdunstung zu mindern. [...] Die schärfste Pointierung der Steppenform, in der ausgesprochenste Trockenheit und so das Fehlen von Humus jeden Pflanzenwuchs ausschließen, ist dann die eigentliche Wüste, ohne Abstrom zum Meere, deren seltene, im Innern verbleibende Wässer die tonige Salzwüste hervorrufen. Hammada und Serir, die mit Quarzstücken als den einzigen Resten ehemaliger höherer Teile besäten Hauptformen, übertreffen die vierte Art, die in Dünen gewellte Staubwüste weitaus. Wälder aber und Macchien[45], die buschförmigen Überreste von Menschenhand und Kleinvieh ausgerotteter Wälder, überziehen nur die Hänge der Gebirge, denen der frische Anhauch der See lebenwirkendes Himmelsnaß zuteil werden läßt, im wesentlichen jene Striche, die 500 Millimeter Niederschlag und mehr im Jahre empfangen. **[4]** [...]

11.4 Benghazi und die Cyrenaica

Zwischen der tiefen Einbuchtung der Großen Syrte im Westen und dem schmalen Küstenrücken, der als Landschaft Marmarica im Osten die Katarrasenke vom Mittelmeer trennt, schiebt sich eine Hochlandmasse weit nach Norden vor, die in zwei Randstufen zum Meer hin abbricht. Küstennah erhebt sich das heute Barka genannte Hochland im Djebel el Akhdar oder „Grüne Insel" bis auf 876 m, fällt als verkarstete Kalkhochfläche nach Süden zur Wüste hin aber stetig ab. Von der vorantiken Bewaldung waren schon in osmanischer Zeit nurmehr Reste vorhanden, zwischen denen sich Macchie[46] ausbreitet und nach Süden in Wüstensteppe übergeht. In Wassernähe, vor allem den erdgefüllten Dolinen und Poljen[47], findet sich intensiver Garten- und Obstbau, in den trockenen Gebieten hingegen bis dicht an die Küste nomadische Weidewirtschaft.

Die in den Höhenlagen eingefangenen mediterranen Winterregenwolken bewässerten im Altertum ein wirtschaftlich wie kulturell blühendes griechisches Kolonistenland, dessen Name sich von Cyrene ableitet, einem Mitglied des Fünfstädtebundes. Durch die Jahrhunderte seit der arabischen Eroberung 643, dem damit einhergehenden Niedergang der agrarstädtisch geprägten Kulturlandschaft, über die osmanische Eroberung 1517 und bis ins 19. Jahrhundert teilte die Cyrenaica weitgehend das politische Schicksal Tripolitaniens, von dessen Vorort Tripolis es auch zumeist abhängig blieb. Der Niedergang der Cyrenaica seit ihrer antiken Blüte war nach drei Jahrhunderten als weitgehend vom Verkehr abgehängte und vernachlässigte osmanische Provinz von derartiger Fallhöhe, das 1829 bemerkt wurde:

Anonym: Das jetzige Cyrenaica. In: Das Ausland, 1829: 2.1, Seite 177–179, 181–183, 185–188.

Indessen ist kein Theil der Erde in solche Vergessenheit gefallen, als jene große Küstenstrecke zwischen Tripoli und Egypten, die mehr als den dritten Theil der Länge des Mittelmeers einnimmt. Andere Gegenden haben den Anstrengungen neuerer Unternehmungen getrotzt, diese aber scheinen dieselben gar nicht rege gemacht zu haben; eine Gleichgültigkeit, die weder, wenn man den alten Ruhm des Landes noch dessen Nachbarschaft mit häufig besuchten Gegenden betrachtet, erklärbar scheint. [...] **[177]** [...]

Entsprechend flüchtig taucht selbst Benghazi, der Hauptthafen und Verwaltungssitz der Cyrenaica, noch bis Mitte des 19. Jahrhunderts in den Berichten der Durchreisenden auf, obwohl sich dieser am Westrand des Hochlands am Ufer der Großen Syrte auf den Ruinen der Griechensiedlung Euhesperides nach der osmanischen Eroberung zum bedeutendsten Küstenort zwischen Tripolis und Alexandria entwickelt hatte. Auf der Wende zu genauerer landeskundlicher Untersuchung steht der dreiwöchige Aufenthalt von Moritz von Beurmann (1835–1863). Dieser preußische Ingenieuroffizier bereiste seit 1859 Nubien und Abessinien, bevor er eine Saharadurchquerung im Stile von Heinrich Barth plante. Im Januar 1862 nahm er Benghazi zum Ausgangspunkt seiner tragisch endenden

45 Nach Abholzung ursprünglicher Wälder entstandene mediterrane Sekundärvegetation aus dichter immergrüner Gebüschformation.

46 Siehe Fußnote 45.

47 Ausgewaschene Karsttrichter und ausgedehnte Karstverebnungen jeweils mit Erdansammlung, wobei in Letzteren die zufließenden Bäche häufig in Schlupflöchern versickern.

Expedition. Am 28. Februar 1862 teilte von Beurmann seinem Vorbild Barth brieflich mit:

Moritz von Beurmann: Brief des Herrn Moritz von Beurmann an Herrn Dr. H. Barth. In: Zeitschrift für allgemeine Erdkunde, 1862: Neue Folge 12, Seite 404–413.

Von der Seeseite aus gesehen bietet Bengasi einen nichts weniger als angenehmen Anblick dar. Auf einer Sanddüne, die durch eine Sebeha [= Sebka] (d [as] i [st] ein salziger See oder auch Teich, gleichviel ob er mit dem Meere in Verbindung steht oder nicht) vom festen Lande getrennt ist, hingestreckt [■ Abb. 11.4], zeigt es der See nur eingefallene Häuser, da dieser Stadttheil, von der Brandung unterspült, jährlich mehr und mehr zusammenschrumpft. [...] **[406]** [...] Auf der Spitze der Landzunge, die den Hafen vom Meere trennt, liegt das Castell, ein grosses viereckiges Gebäude, auf jeder Ecke mit einem runden Thurme zur Flankirung der Seiten versehen. Im Innern liegt die Wohnung des Kaimakam[48] und die Kaserne für die Besatzung, die 500 Mann beträgt. Auf der entgegengesetzten Seite wird die Stadt von einem Hügel, auf dem der Kirchhof mit zwei weiss angestrichenen Marabutgräbern[49] liegt, begränzt, während hart an der See die einzige Windmühle, die die Stadt aufzuweisen hat, vergebens ihre 8 Flügel in die Luft streckt; wenigstens haben dieselben während meines dreiwöchentlichen Aufenthaltes nicht eine einzige Umdrehung gemacht. Ein einzelnes Minaret überragt die niedrige Häuserreihe, die zwar von Stein erbaut ist, wozu als Bindemittel aber nicht immer Kalk, der hier sehr theuer ist, gebraucht worden, sondern eine weisse Porcellanerde, die unter dem Namen iblis bei dem Dorfe Srereie, eine Stunde nordöstlich von der Stadt, gegraben wird. Der Stein, der zu den Bauten verwandt wird, ist ein weicher Sandstein mit kalkigem Bindemittel, wie er in der ganzen Umgegend Bengasis die herrschende Felsart ist. Die gewöhnliche Bauart ist eine äusserst primitive; in der Mitte liegt der Hof, an den sich auf den Seiten die Zimmer anschliessen, die nur in den bessern Häusern der Vornehmen die Annehmlichkeit der Fenster haben, meist aber ihr Licht nur durch die Thüre erhalten. Da die Strassen mit losem Dünensande angefüllt sind, so machen sie für eine orientalische Stadt einen überraschend reinlichen Eindruck, der durch die, wenn auch meist schmalen, doch geraden Strassen, mit ihren weiss angestrichenen Häusern, noch erhöht wird. Das hervorragendste Gebäude der Stadt wird künftig das Franziskaner-Kloster sein, in dem sich auch die katholische Kirche befindet, doch ist dasselbe gegenwärtig noch in Bau begriffen. [...]

Die Stadt lebt jetzt [= 1862] grösstentheils vom Ackerbau und führt das überflüssige Getreide nach Malta aus, desgleichen wie das in reichlichem Maasse gezüchtete Schlachtvieh, das aus den Bergen Cyrenaicas hierher zum Verkauf kommt. Der Preis desselben ist in Folge der starken Nachfrage ein verhältnissmässig hoher und ein Ochse wird mit 30–35, ein Schaf mit 5–6 Maria-theresien-Thalern[50] bezahlt. **[407]** Das Trinkwasser wird aus dem Dorfe Sauani [„die Gärten"] in Schläuchen oder in Tonnen herbeigeschafft, da die Brunnen in der Stadt nur brakisches Wasser liefern. [...] Man wird, glaube ich, der Wahrheit nahe kommen, wenn man [als Einwohnerzahl] [...] 6–7.000 Seelen annimmt. Bengasi ist der Sitz eines Kaimakam[51] [...]. Er steht zunächst unter der Regentschaft von Tripoli und zahlt an die Pforte [= Konstantinopel] eine Abgabe von 40.000 Beuteln (à 500 Piaster) etwa = 4 Millionen Francs. Unter ihm steht auch die Verwaltung der Stadt, die ihren Repräsentanten in dem Schech el-Beled (eine Art Bürgermeister) hat, der jedesmal von Tripoli aus ernannt wird. Es ist dies eine sehr einflussreiche Stellung, die viel Geld einbringt, weshalb die angesehensten und reichsten Leute oft nach Tripoli reisen, um durch Geschenke und Bestechungen diesen Platz zu erhalten. Dem Kaimakam steht ein Rath zur Seite, bestehend aus dem Richter (Kadi), dem Geistlichen (Mufti) und etwa 10 der angesehensten Bürger der Stadt. Das diplomatische Corps ist hier vertreten durch einen englischen und italienischen Consul und einen französischen Viceconsul. Das Consulat, das Toscana[52] früher hier hatte, ist seit der Vereinigung dieses Staates mit Italien aufgehoben.

Das Klima Bengasis ist etwa dasselbe wie dasjenige Malta's; im Sommer etwas warm, wird die grösste Hitze doch stets durch Nähe der See gemildert, die auch im Winter die Nächte nicht so kalt werden lässt als im Inlande. [...] Krankheiten giebt es wenig; Fieber sind selten und Dyssenterie[53] fehlt ganz. Am meisten sind die Augenkrankheiten vertreten, die jedoch mehr die Eingeborenen in Folge ihrer Lebensweise als die Europäer treffen, da erstere nur leicht bedeckt meist im Freien schlafen und so des Morgens dem sehr starken Thau ausgesetzt sind, der in Folge des kalten Landwindes, der des Morgens weht, zu fallen pflegt.

Der Hafen Bengasi's ist nur noch kleinen Schiffen zugänglich und versandet immer mehr und mehr, da für seine Reinigung von Seiten der Regierung nichts gethan wird. Durch einen schmalen und sehr **[408]** flachen Arm hängt er mit der dahinterliegenden Sebcha [= Sebka] zusammen, die mit der Fluth und Ebbe steigt und fällt.

Gegenüber der Stadt, auf dem andern Ufer der Sebcha, hebt sich das Terrain ein wenig und bildet da eine Ebene, die sich ohne Unterbrechung bis zum Djebel achdar [grünes Gebirge] ausdehnt und auf dessen westlichen Abfall der Kirchhof des alten Berenice[54] liegt, den die Araber jetzt Silmani nennen. [...] **[409]** [...]

Nur wenige Jahre später nahm Gerhard Rohlfs Benghazi zum Ausgangspunkt seines ersten Vorstoßes zu den Kufra-Oasen[55] und ergänzte 1869 die Stadtbeschreibung von Beurmanns:

48 Im Osmanischen Reich der oberste Kreisbeamte, also in etwa dem Landrat entsprechend.

49 Marabuts sind im afrikanischen Islam als Heilige verehrte Führer der Gesellschaft.

50 Siehe ► Abschn. 11.2, Der transsaharische Karawanenhandel, Fußnote 29.

51 Siehe Fußnote 48.

52 Bis zum Anschluss an das Königreich Italien 1861 war das Großherzogtum Toskana ein selbstständiger Staat.

53 Sammelbezeichnung für alle Durchfallerkrankungen, aber zeitgenössisch häufig die Bakterienruhr.

54 Die hellenistische Nachfolgesiedlung des griechischen Euhesperides.

55 Siehe ► Abschn. 11.5, Das Sultanat Fessan und die Kufra-Oasen.

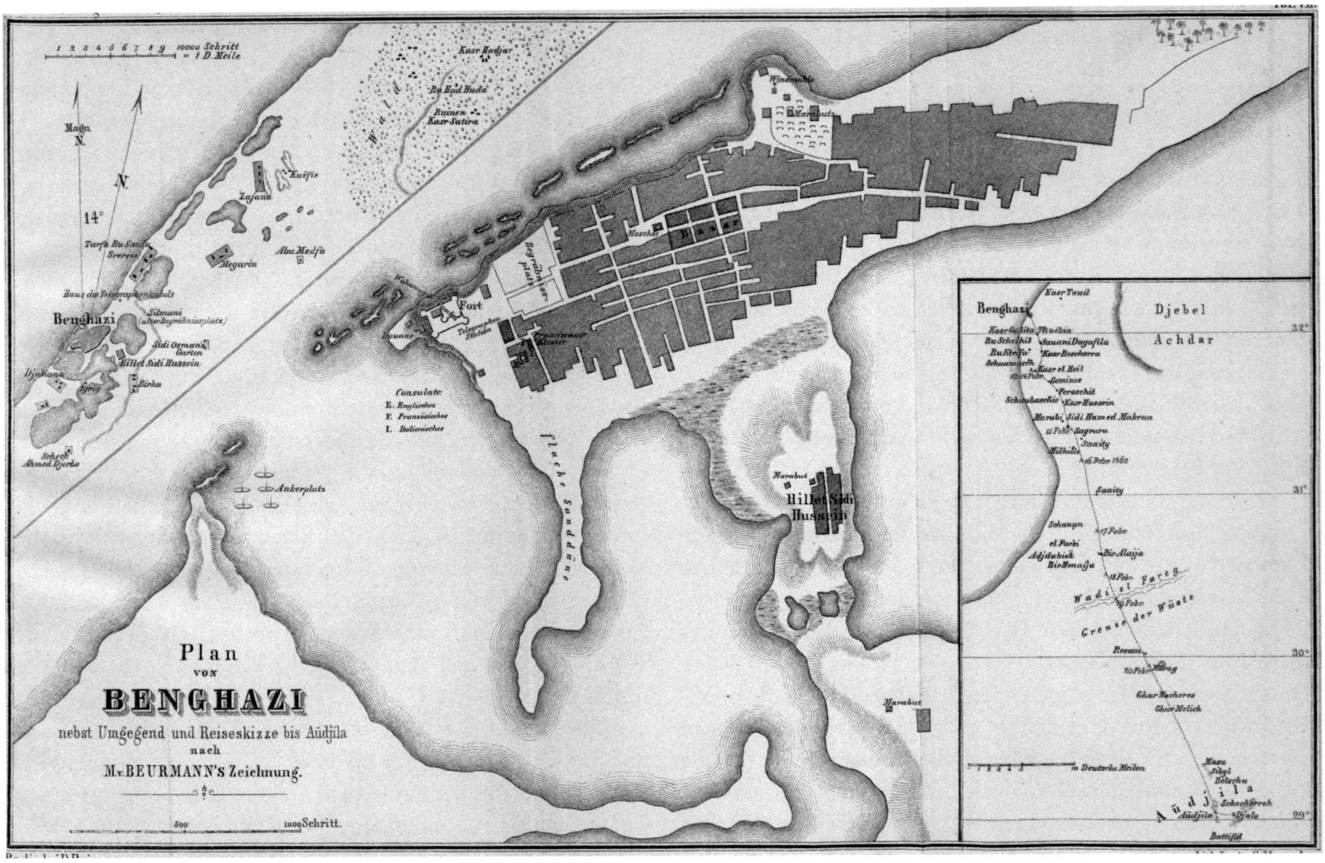

Abb. 11.4 Plan von Bengazi nebst Umgegend und Reiseskizze bis Audjila nach M. v. Beurmann's Zeichnung. In: Zeitschrift für allgemeine Erdkunde, 1862: N. F. 12, Tafel VII

Gerhard Rohlfs: Bengasi. In: Das Ausland, 1869: 42, Seite 947–952.

Ich blieb nur einige Tage in Bengasi, und hatte mich von Seiten der Europäer der zuvorkommendsten Aufnahme zu erfreuen. Die verschiedenen Consulate, die Geistlichen des Franciscanerklosters, die Schwestern und Privatpersonen, alle boten ihre Dienste an und wetteiferten mir den Aufenthalt so angenehm wie möglich zu machen. Aber auch die türkische Behörde [...] zeigte sich anerkennungswerth zuvorkommend. Sie bot mir Saptién [= Eskorte] und Empfehlungsbriefe an, da man indeß auf dem englischen Consulate der Meinung war daß eine türkische Begleitung der Eingebornen wegen eher schädlich als nützlich sein würde, so lehnte ich dankend das Anerbieten ab. [...] **[949]** [...] Seit den ersten Besuchen von europäischen Reisenden [= vor den 1850er-Jahren] hat sich Bengasi bedeutend gehoben und gebessert. [...] Gegenwärtig wird die Stadt etwa 15.000 Einw. haben, von denen 2.000 Europäer sind, meist Malteser, Italiener und Griechen. Die übrigen Eingebornen theilen sich in Mohammedaner arabischen Ursprungs und etwa 2–3000 Juden.

Die Stadt selbst, welche ihren Namen von einem Heiligen Namens Ben-Ghasi oder Ben Rhasi hat, dessen Grabmal sich unfern der Stadt im Norden befindet, liegt hart am Meere, derart daß sie auf eine von Norden nach Süden zu laufende Landzunge gebaut ist, die im W [esten] vom Mittelmeere selbst, im O [sten] von Lagunen bespült wird. Eine andere gegen die nördliche strebende von Süden her kommende Landzunge bildet mit der erst erwähnten das Thor zum Hafen, welcher 6 [Fuß = ca. 1,8 Meter] tief, bei hohem Wasser mit den Lagunen der flachen Salzsee communicirt. Bei Landwinden aber ist zwischen dem Hafen und den Seen eine Passage, und im Sommer trocknen diese oft ganz aus. Der Hafen ist so versandet, und überdieß bei starken Stürmen so unsicher, daß im Winter die Schiffe Bengasi nur selten, und dann auf kurze Zeit, berühren. Im Sommer ist übrigens auch die Rhede ein guter Ankerplatz. In diesem Jahre [= 1868] sind Ingenieure von Konstantinopel gekommen um neue Hafenbauten aufzuführen, und es läßt sich leicht voraussehen daß die baldige Eröffnung des Canals von Suez[56] auch hier einen belebenden Einfluß ausüben wird. [...]

Die Straßen in der Stadt sind zwar nicht gepflastert, aber passirbar, zudem gerade und für den Verkehr hinlänglich breit. Die Häuser sind solide aus Steinen gebaut, und auch äußerlich die meisten mit Kalk beworfen; alle sind numerirt, sehr viele haben eine zweite Etage, namentlich fast alle die welche in dem letzten Decennium [= Jahrzehnt] von den Europäern oder türkischen Beamten gebaut worden sind. [...] Die neue katholische Kirche [...] wird, wie das große Kloster, ganz von den Mönchen gebaut werden, nur die gröbsten Arbeiten werden von arabischen Hilfsarbeitern geleistet. Sie wird ganz aus behauenen Quadern von

56 Siehe ► Kap. 5, Der Suez-Kanal.

Kalkstein und im romanischen Styl errichtet. Diese fleißigen Franciscaner, erst vor wenigen Jahren von dem uralten Kloster von Tripolis als Filiale nach Bengasi geschickt, sorgen außerdem für die Erziehung der Kinder der christlichen Bevölkerung. Dicht beim Kloster ist auch das von ihnen erbaute Hospital der französischen Schwestern, welche zugleich eine Töchterschule haben, und durch Arzneivertheilung an Arme ohne Unterschied der Religion von den Arabern die christlichen Marabutia (Heiligen)[57] genannt werden. Auch diese sind nur eine Zweiganstalt von der großen in Tripolis.

Ohne Mauern, hat man zum Schutze der Stadt im Anfange dieses [= 19.] Jahrhunderts ein Castell erbaut das zugleich die Mündung des Hafens schützen soll. Aber obgleich äußerlich sauber gehalten, ist dieses Fort baufällig, und würde europäischer Artillerie, einerlei ob neuester oder älterer Construction, keinen Widerstand entgegensetzen können. In diesem Castell hat die Regierung ihren Sitz, außerdem befinden sich Harem, Casernen, Gefängnisse et [cetera] darin. Eine neue große Caserne, es sind in der Regel nur 500 Mann Infanterie in Bengasi, liegt dicht beim Castell und daneben das türkische Militärhospital. […] **[950]** […]

Die Stellung der Europäer der türkischen Regierung gegenüber, ist wie in den übrigen Provinzen des osmanischen Reichs. Die Einkünfte und Ausgaben von Bengasi und [der Provinz] Barca auch nur annähernd anzugeben, ist ganz unmöglich, sie schwanken überdieß sehr, je nachdem ein anderer Gouverneur an der Spitze steht, oder je nachdem man Razzien, um den Tribut von den Nomaden einzuziehen, unternimmt. Die verschiedenen zu erhebenden Abgaben werden, wie in Tripolis, an Meistbietende verpachtet, und Christen und Juden sind davon nicht ausgeschlossen.

Die Consulate und angesehenen Franken [= Europäer] wohnen in der Nähe des Hafens, die Mohammedaner und Juden wohnen durcheinander, ohne daß, wie man das in den meisten andern Städten des Orients antrifft, die Juden ein eigenes Viertel, Melha genannt, bewohnen. Daß es an zahlreichen Kaffeehäusern, sowohl europäischen wie türkischen, nicht fehlt, daß eine Legion von Schenken schlechte griechische und sicilianische Weine, starke Araki [= Anisschnaps] und Branntweine verkaufen, braucht wohl kaum angeführt zu werden. Bei den öffentlichen Gebäuden haben wir übrigens ein Bad anzuführen vergessen, das aber keineswegs empfehlungswerth ist, und wo namentlich die verschiedenen erwärmten Stuben fehlen welche zu den heißen Bädern so nothwendig sind. Da das Wasser aus den beiden einzigen öffentlichen Brunnen zu den Bädern geholt wird, diese aber auch stark brakisch sind, und nur zum Viehtränken benutzt werden können, so wird das Unangenehme des Badens noch vermehrt. Das Trinkwasser für die Bewohner wird in Fässern und Girben (Schläuchen) von außen weit hergeholt, und macht so den Einwohnern eine große jährliche Ausgabe. […] **[951]** […]

An Gärten besitzt Bengasi nur einen Palmhain, der sich nordwärts von der Stadt hinzieht. Obst und Gemüse gedeihen sehr schlecht, und um sie nur einigermaßen wachsen zu machen sind die Gärten alle auf Matten gebettet. Das heißt man hat das jetzige Terrain weggegraben, Matten gelegt und dann Dünger und guten Boden aufgetragen. Die Matten sollen offenbar einestheils das Aufsteigen des Salzwassers, anderntheils das Durchsickern der fruchtbaren Düngerjauche verhindern, und müssen daher immer erneuert werden. Ob sie aber diesen Zweck damit erreichen, habe ich nicht gut absehen können. Die Palme gedeiht an und für sich gut in salzhaltigem Terrain, ebenso die Olive, wie einige prächtige Bäume im englischen Consulate beweisen. Obst dagegen, namentlich Orangen, die gar nicht fortkommen wollen, und Gemüse können fast gar nicht gezogen werden. Alles Obst und Gemüse kommt daher von Derna[58], Candia[59], Malta und Tripolis. Sehr gut gedeiht aber noch Klee und Luzerne; die fruchtbare Ebene, die sich etwas weiter weg um die Stadt zieht, versorgt mehr als reichlich die Stadt mit Vieh und Korn.

Was den Handel anbetrifft, so hebt sich derselbe zusehends. In den letzten Jahren war der Hafen durchschnittlich von 300 Schiffen besucht. Natürlich beschränkt sich die Schifffahrt fast nur auf das mittelländische Meer und größere Schiffe als Zweimaster kommen nie nach Bengasi. Es läßt sich nicht läugnen daß der wieder angeknüpfte Verkehr mittelst Karawanen nach Wadai dazu beigetragen hat den Austausch mit dem Innern von Afrika zu beleben. Die große Menge von Sklaven welche von dort kommen, abgesehen von dem Elfenbein und den Straußenfedern[60], werden hauptsächlich hier gegen europäische Producte verwerthet. Es ist überhaupt erstaunlich wie in den letzten Jahren der Sklavenhandel schwunghaft betrieben worden ist, und hauptsächlich trug der Umstand dazu bei daß den englischen Consulaten, die früher die einzigen von allen in dieser Angelegenheit den Türken und Arabern den Fuß auf den Nacken hielten, die Weisung von [dem britischen Generalkonsul in] Konstantinopel aus zugegangen war so viel wie möglich sich der Einmischung zu enthalten. In diesem Jahre [= 1868] nun hat die Botschaft Englands in Stambul [= Konstantinopel] neuen Befehl gegeben streng über die Verträge gegen den Sklavenhandel zu wachen. Die Consulate der anderen Mächte bekümmern sich gar nicht um dergleichen. […] **[952]** […]

Wenn Rohlfs in allem ein Bild des Aufbruchs vermittelt, so äußerte sich der Orientalist Hugo Grothe[61] drei Jahrzehnte später an der Wende zum 20. Jahrhundert nach einem Besuch im November 1896 sehr ernüchtert über die Stadt wie die ganze Cyrenaica:

Hugo Grothe: Ein Besuch in Bengasi (Cyrenaika). In: Globus, 1897: 70, Seite 236–240.

Wenn wir auf das Kapitel der Administration und der öffentlichen Einrichtungen zum Gemeinwohl übergehen, so kann das

57 Siehe Fußnote 49.

58 Flussoase an der Nordostküste der Cyrenaica.

59 Das damals noch osmanische Kreta als nächstgelegene der griechischen Inseln; siehe auch ► Abschn. 11.1, Tripolitanien und die osmanische Herrschaft an der Großen Syrte, Fußnote a in der Tabelle am Schluss von Ewald Bannes Bericht über Tripolis.

60 Siehe ► Abschn. 11.2, Der transsaharische Karawanenhandel.

61 Siehe ► Abschn. 11.2, Der transsaharische Karawanenhandel.

nur in der Aufzählung der Miseren bestehen, an denen Stadt und Land Überfluss haben. Die Abtrennung Cyrenaikas vom Vilajet Tripolis und die grössere Selbständigkeit, die man dadurch seiner Entwickelung einräumen wollte, haben auf keinem Gebiete Früchte getragen. Der Mutissaref, wie der Civil- und Militärgouverneur in einer Person heisst, ist ein nur vom Centralgouvernement in Konstantinopel abhängiger grosser Herr, der die schöne Summe von 50.000 Francs jährlichen Gehalts bezieht […]. Seine vornehmliche Aufgabe ist, mit der ziemlich 6000 Mann betragenden Landesgarnison die Provinz in leidlicher Botmässigkeit zu halten und die Staatsabgaben – nicht zu vergessen seinen Gehalt! – auf beliebige Methode einzutreiben. Gelingt ihm dies […] so hat er vom Centralgouvernement alles Wohlwollen zu erwarten. „Stambul beida", sagt der Araber, d. h. für Klagen gegen seine Übergriffe ist der Weg nach der Sultansstadt weit genug, und unbequeme wie vielwissende Zeugen sind leicht in einem entlegenen Winkel des Landes stumm zu machen, wohin sie seine Machtbefugnis jederzeit exilieren kann.

Bei diesem Verwaltungssystem ist zu begreifen, dass die zu neuer Aufblüte so fähige Provinz gegenwärtig eher zu einer Einöde als zum Garten gestaltet wird. Die Verkehrswege entbehren jeder Pflege. Die ackerbauende und viehzüchtende Bevölkerung, in manchen Distrikten beinahe wohlhabend, erfährt Bedrückung statt Ermunterung und Hülfe. Das Land ist wie von aller Welt abgeschlossen. Weder Telegraphenlinien noch regelmässige Postverbindungen dienen der Handelsvermittelung mit dem Ausland. Als das Tripolis mit Alexandria verbindende Kabel brach, wurde die bis dahin privilegierte englische Gesellschaft (Eastern Telegraph Company) mit dem Ersuchen um einen Beitrag zu den Herstellungskosten kurzer Hand abgewiesen. Die einzige den Schiffsdienst aufrecht erhaltende Kompanie (Gesellschaft Mahsusse in Stambul [= Konstantinopel]), welche von der türkischen Regierung zwecks regelmässiger Verbindung Konstantinopel – Kreta – Bengasi – Tripolis beträchtliche Subsidien [= Subventionen] zieht, wird nicht im mindesten zur Vertragserfüllung angehalten. Dieselbe begnügt sich, Bengasi etwa alle drei Monate, nicht wie bedungen, alle drei Wochen, anzulaufen. So ereignet es sich zu Zeiten, dass die Stadt monatelang ohne jede Nachricht von der Aussenwelt bleibt. […] Hält es das civilisierte Europa nicht für nötig, durch direkte Massnahmen oder durch mittelbaren Druck einzugreifen, so wird türkische Unfähigkeit und Indifferenz binnen kurzem das vernichten, was arabischen Zerstörungsfanatismus zu überleben vermochte.

So jämmerlich wie um die ganze Provinz ist es auch um die Hauptstadt Bengasi bestellt. Es waltet kein Sanitätsdienst, existiert keine Wasserleitung, ebensowenig genügende Cisternenvorrichtungen, es finden sich weder Beleuchtungsanlagen noch auf irgend welchem Gebiete ausreichende Wohlfahrtseinrichtungen. Eine vor zwei Jahren [= 1894] hausende Pest raffte in zwei Monaten ziemlich ein Viertel der eingeborenen Bevölkerung hinweg und verminderte die europäische Kolonie auf 450 Seelen. […] Fühlt jemand das Bedürfnis, nach 9 Uhr abends die Strasse zu betreten, so hat er eine Laterne bei sich zu führen, wenn er nicht der Polizeimiliz als verdächtig in die Hände fallen will. Diese hat strengen Befehl, alle ohne einen derartigen Beleuchtungsapparat betroffenen Personen als staatsgefährlich der Hauptwache zu überliefern. Es sind keine Anekdoten, die ich hier auftische, sondern ungeschminkte Thatsachen. In den wenigen Wochen, die ich in Bengasi verbrachte, schien ein Stück Mittelalter mit seinen primitiven Bedürfnissen, seinem harten persönlichen Zwang und seiner brutalen Sorglosigkeit vor mir aufzuerstehen.

Auf einigen Gebieten ist indessen eine unbedeutende Vorwärtsbewegung kenntlich, nämlich bezüglich Regulierung der Hafenverhältnisse. Ein Leuchtturm dritter Grösse ist von einer französischen Gesellschaft gebaut worden, welcher zur Deckung ihrer Kosten das Recht zur Erhebung einer Abgabe von jedem anlegenden Fahrzeug **[238]** zusteht. Ein europäischer Ingenieur, Elsässer von Geburt, ist mit der technischen Leitung dieses Leuchtturms betraut. Von demselben ist auch der Hafenbau in Aussicht genommen, eine Arbeit, deren Durchführung dringend not thut, wenn nicht der Hafen Bengasis zu vollkommener Bedeutungslosigkeit herabsinken soll. – Gegenwärtig müssen die grösseren Segler, wie Dampfer, in einer Enfernung von ½ km von der Stadt Anker werfen, da das Hafenbassin vollständig versandet ist und nur eine Tiefe von 2 bis 5 Meter ausweist. Bei starker Brise und ungünstigem Seegang wird es den ankommenden Schiffen zur Unmöglichkeit, die für den Ort bestimmte Ladung zu bergen.

An dem im Werke befindlichen, vom Kastell aus nach Südwesten in das Meer hinausgreifenden Damme arbeitet man seit sechs Jahren [= seit 1890], da des öfteren die Ebbe der Gouvernementskasse dem Bau für Monate Stillstand gebietet. Ist dieser eine Damm zu Ende geführt, so wartet ein zweiter (von der gegenüberliegenden Landzunge aus geplant) seiner Erstehung. Ist dieser gediehen, so muss eine Passage von genügendem Tiefgang geschaffen werden. Und ist auch dies geschehen, – so steht die Hauptaufgabe: die Ausbaggerung des Bassins bevor. Freilich weiss man bis heute nicht, welcher Art der Grund ist, ob lediglich Sandbildung, ob steinig, ob unregelmässige Klippenformationen zu überwinden sind. Nach Gegebenem darf man sich eine Vorstellung machen, wann der erste starktonnige Dampfer im Hafen von Bengasi seine Einfahrt feiern wird. […] **[239]** […]

Der nächst Benghazi beste Hafenstandort des Eyalets Cyrenaica, ja einer der besten Tiefwasserhäfen an der ganzen nordafrikanischen Küste, war die im Zweiten Weltkrieg deshalb von Briten und Deutschen 1941–1942 so umkämpfte Bucht von Tobruk. Diese stellt ein ertrunkenes Tal in der östlich an das Kalkhochland der Cyrenaica anschließenden flachwelligen Kalktafel dar, der bis hin zur ägyptischen Grenze reichenden Landschaft Marmarica, die treppenartig in niedrigen Stufen zum Meer hin abfällt. Der geostrategische Wert des in osmanischer Zeit unbedeutenden Nestes veranlasste die Kaiserliche Kriegsmarine im April 1882, das Kanonenboot *Cyclop* unter Kapitänleutnant Kelch und mit dem Botaniker Schweinfurth[62] an Bord zur Aufklärung zu entsenden:

62 Siehe ► Abschn. 1.5, Reiche Touristen und arme Handwerksburschen, Fußnote 44.

[Kelch]: Die Bucht von Tobruk. In: Globus, 1883: 44, Seite 204–205.

Marsa Tebruk ist eine der wenigen Buchten der gesammten afrikanischen Nordküste, welche Schutz gegen Wind und Wetter gewähren; sie verdient daher weit mehr bekannt zu sein, als sie es augenblicklich noch ist. Bei einer Länge von zwei Seemeilen [= ca. 3,7 Kilometer] und einer fast überall gleichmäßigen Breite von sieben Kabellängen [= ca. 1,3 Kilometer] ist sie nur zwischen O [st] zu S [üd] bis S [üd]O [st] zu O [st] offen, sonst durch die einschließenden 60 bis 150 m hohen Berge gegen alle übrigen Winde gut geschützt. Die Tiefe flacht sich von der Hafeneinfahrt an von 16 m nach innen zu allmählich ab. Der Ankergrund ist überall Sand, an der ganzen Südseite kann ein Schiff bis dicht an die steil in die See fallenden Kalkfelsen heranfahren. Die Ansteuerung von Tobruk bietet wegen der fast überall gleichgeformten und der gleich hohen Küste selbst bei genügendem Besteck[63] und sichtigem Wetter Schwierigkeiten. Zum Ansteuern des Hafens empfiehlt sich besonders der nach See weit sichtbare „Tumulus", jedenfalls ein früherer altgriechischer Leuchtthurm, nach seinem Fundamente und den umhergestreuten behauenen Steinen mit verwitterten griechischen Inschriften zu urtheilen; viele dieser Steine sind zu den dort in der Nähe befindlichen größeren arabischen Gräbern verwendet worden. Die Regierung von Benghazi thäte ein gutes Werk, die behauenen Steine wieder auseinander zu schichten, damit eine bessere, nicht zu verwechselnde Landmarke wieder hergestellt wird, und es wäre auch bei dieser Gelegenheit aus den Inschriften der Steine das Alter des umgestürzten Thurmes zu erfahren.

Das im Nord-Westen der Bucht liegende alte verfallene Saracenen[64]-Kastell ist das einzige überhaupt vorhandene Gebäude und dient einem kleinen Trupp irregulärer Gendarmerie als Aufenthalt. In seiner Nähe wie auf der südlichen Seite der Bucht waren noch einige Zelte von Nissa-Beduinen sichtbar; auf der nördlichen Landzunge weideten größere Herden von Ziegen und Schafen, sowie kleine Kameelherden; auf der Südseite sah man in einem Thale nahe dem Meere einen Trupp brauner Rinder weiden; im Ganzen wurden gegen 1.000 Stück Vieh gezählt.

Der Verkehr in Tobruk ist sonst gleich Null zu rechnen; ab und zu kommt ein Fahrzeug oder eine kleine Karawane mit den wenigen Bedürfnissen für die anwesenden Beduinen und tauscht sie gegen Vieh ein. In Folge der geringen Regenmenge des letzten Winters [= 1881/82] waren die gesammten Thäler und Schluchten trocken geblieben und der sonst gut angelegte Pflanzenwuchs war sehr zurückgeblieben; nur zwei kümmerliche Gerstenfelder wurden bemerkt. Hervorgehoben zu werden verdient, daß unter den augenblicklich vorgefundenen Pflanzen der Seidelbast (Thymclea hirsuta) als Strauch bis zur Mannshöhe üppig vorkam. Es ist dieses eine Pflanze, welche wegen ihres festen Bastes und ihrer großen Häufigkeit im gesammten Mittelmeergebiete noch berufen zu sein scheint, in der Industrie eine Rolle zu spielen. In vielen der Thäler und Schluchten wurden zahlreiche, interessante, bisher unbekannte Versteinerungen vorgefunden, welchen zufolge die Formation des Tobruker Gebirges eine mitteltertiäre [...] ist. Das ganze Gebirge scheint unterirdische Hohlräume zu enthalten; einige derselben waren Höhlen, die im Winter jedenfalls zu Wohnorten dienen, wie die rauchgeschwärzten Wände und der in ihnen angehäufte Mist vermuthen lassen; andere hingegen wieder waren cementirt und dienten wohl früher wie noch jetzt als Cisternen. Die an der Südseite befindlichen größeren und kleineren tiefen Buchten sind Ausläufer der Thäler und haben annähernd einen Fjord-Charakter; die sie einrahmenden Felswände sind stark von der Brandung unterwühlt. Eigenthümlich sind sämmtlichen **[204]** Einbuchtungen die an den inneren Seiten vorhandenen brakigen Lagunen. Vom Thierleben war nicht viel sichtbar: Felstauben, kleinere Zugvögelarten und eine entsprechende Anzahl von Raubvögeln war Alles, was die öden mit Geröll bedeckten Berge belebte. **[205]**

So sehr Grothe, der schon als Kind über den Vater, der am Bau der Bagdadbahn beteiligt war, einen intimen Einblick in das Reich des Sultans erhalten hatte, am osmanischen Schlendrian verzweifelte, so viel Potenzial sah er, wie schon andere Reisende vor ihm, in dem nächst der Niloase wohl fruchtbarsten Teil der türkischen Herrschaft in Nordafrika. Nur richtete sich seine Hoffnung auf den baldigen Übergang des Landes an bessere (koloniale) Wirte:

Hugo Grothe: Ein Besuch in Bengasi (Cyrenaika). In: Globus, 1897: 70, Seite 236–240.

Ein üppiges Bild giebt die Oasenkultur nördlich und nordöstlich der Stadt [Benghazi]. Hier gedeihen alle Früchte der gemässigten wie heissen Zone. Und zwischen den Palmen und Obststämmen saftige Äcker, bebaut mit meschma, tasfa (arabische Kleearten), Henna, Weizen, Gerste und allerlei Gemüsearten. Je weiter man sich den Hügeln des „djebel achdar" nähert, desto reicher und wilder die Vegetation, desto jungfräulicher der Boden, desto spärlicher die Spuren regelmässiger Bebauung. Wer über die fruchtbaren Schollen dieses Landstrichs schreitet, der bedauert von Herzen, dass hier nicht Pflug und Hacke deutscher Bauern walten. Der von Gerhard Rohlfs gegebene Plan, die in Südrussland der Russifizierung anheimfallenden deutschen Ackerbauer am Kap Ptolemais[65] anzusiedeln, ist leider ohne Wiederhall geblieben. Auch die von der [...] „Societá d'Esplorazione commerciale" seit zehn Jahren aufgewandten Bestrebungen zur Gründung einer italienischen Ackerbaukolonie sind bei dem Widerstreben der [osmanischen] Regierung als gescheitert zu betrachten. Ein Gedanke drängt sich dem hier Wandernden von Schritt zu Schritt immer von neuem auf: welcher Kontrast zu jener Zeit der alten Autoren, welche vom 300fachen Gewinn der Aussaat berichten, zu jenem paradiesischen Zustande, von dem Herodot erzählt (lib. IV, 199): „Man mäht und erntet an der Küste, und hat hier das Einsammeln ein Ende, so reifen die Früchte auf den Abhängen. Kurz darauf geht es an die Ernte auf den Hochplateaus. – Kaum ist die erste Frucht verzehrt, so heisst es an das Bergen der letzten

63 Nautische Navigationsinstrumente zur astronomischen Ortsbestimmung.
64 Ab dem 8. Jahrhundert im christlichen Mittelmeergebiet die Sammelbezeichnung für muslimische Piraten aus allen Ländern des Orients.
65 Kap und antike Küstensiedlung etwa 130 km nordöstlich von Benghazi.

denken. So haben die Cyrener acht Monate des Jahres nichts zu thun, als zu ernten." **[240]**

Nachdem das Königreich Italien 1911 die osmanischen Gebiete an der Großen Syrte annektiert hatte, investierte es erheblich in die Verkehrsinfrastruktur, wie den endlichen Ausbau des Hafens von Benghazi und von dort ausgehende Eisenbahnlinien. Hierdurch wurde das fruchtbare Hochland erschlossen, der Widerstand der Einheimischen gegen die im Vergleich zur Osmanenzeit straffe Kolonialherrschaft gebrochen, und es wurden bis Ende der 1930er-Jahre mehr als 20.000 italienische Kolonisten oder etwa ein Zehntel der Gesamtbevölkerung angesiedelt – die jedoch alle nach dem Zweiten Weltkrieg wieder vertrieben wurden.

11.5 Das Sultanat Fessan und die Kufra-Oasen

Im Süden gehen die schon wüstenhaften Teile von Tripolitanien und der Cyrenaica fließend in den Fessan über, eine Region, deren Ausdehnung zu Beginn des 19. Jahrhunderts ebenso unbestimmt war wie die schon seit vier Jahrhunderten beanspruchte osmanische Herrschaft. Der Fessan als politische Region reichte im Südwesten bis zum Ahaggargebirge im tiefen Südwesten von Algerien, im Süden bis zum Tibestigebirge im Norden des Tschad und im Südosten am unsichersten bis etwa zum heutigen Dreiländereck von Libyen, Ägypten und Sudan.[66] Im Wesentlichen ein flachwelliges Hochland mit ausgedehnten trockenen Sand-, Kies- und Felswüsten, finden sich in Senken teils sehr ausgedehnte Oasengruppen. Als wichtigster Entdeckungsreisender der zweiten Jahrhunderthälfte beschrieb Gerhard Rohlfs[67] den Fessan mehrfach und ausführlich, was die geographische Publikumszeitschrift *Globus* 1875 zusammenfasste:

Anonym: Gerhard Rohlfs zu Murzuk im Fessan. In: Globus, 1875: 27, Seite 41–42.

Fessan bildet geographisch ein von natürlichen Grenzen umschlossenes Ganzes. Die Hammada (mit Steinen übersäete Hochwüste) mit den Schwarzen Gebirgen im Norden, die Hochlande der Asgar(-Tuareg) im Westen, die Gebirge, welche die Länder der Tebu (Teda, Tibbus) [= Tibesti] im Süden mit denen der Tuareg vereinigen, nehmen zusammen ein Becken ein, von dem nördlich Araber und Berber, westlich Tuareg, südlich und südöstlich Tedavölker wohnen. [...] Der Flächeninhalt kommt ungefähr dem des deutschen Reiches gleich, aber der größte Theil besteht aus Wüsten verschiedener Art. Sie werden von einer Anzahl bis zu 50 Meter tiefen Einsenkungen („Hofra", Gräben) durchzogen, von denen eine nicht weniger als 80 deutsche Meilen [= ca. 600 Kilometer] Länge hat. In allen ist Wasser unter der Erde zu finden, aber stark sprudelnde Quellen sind selten.

Der Südwind treibt zuweilen tropische Regen bis nach Fessan; aber die Fessaner wünschen keinen Regen, sie beten vielmehr, gleich den Bewohnern von Tuat, Tafilet und Draa (in Marokko) zu ihrem Gott, er möge nicht regnen lassen. Sie haben Wasser zur Bewässerung und die Palmen gedeihen ohne solche. Getreide wird durchschnittlich fünf Mal im Jahr geerntet; Baumwolle perennirt[68] 6 bis 7 Jahr, aber den Reichthum des Landes bilden, wie in allen Oasen der Sahara, die Dattelpalmen. Fessan scheint die Grenze ihrer Heimath zu sein und man zählt dort angeblich über 300 verschiedene Arten, um Mursuk allein mehr als 30. [...] **[41]** [...]

Die Bewohnerzahl von Fessan wird insgemein viel zu niedrig [...] angegeben; Rohlfs schätzt dieselbe, mit Hinzurechnung der im Lande sich aufhaltenden Araber- und Tuaregstämme, auf etwa 200.000 Köpfe. Was die Sprache betrifft, so wird am meisten Kanuri (Bornusprache [der Gegend des Tschad-Sees]) geredet, dann auch arabisch; Viele verstehen auch die targische (berberische), sodann die der Tibbus [= Volk der Tibesti-Region] und das [westafrikanische] Haussa. Die [Oasen-]Bewohner von Sokna[69] und Udschila [südlich der Cyrenaica] reden eine eigene berberische Sprache. Rohlfs bezeichnet die Fessaner als ein „gutmüthiges, ehrliches Volk"; im Land ist man vor Dieben und Räubern sicher, man kann seine Sachen unbewacht liegen lassen, vorausgesetzt, daß keine Tibbus da sind; diese stehlen. Aber der Verkehr zwischen den Geschlechtern ist durchaus schrankenlos; „säugende Mütter von 12 ja von 10 Jahren sind nichts Seltenes". Wie sich das Nachstehende mit „Gutmüthigkeit" reimt, ist uns unsererseits nicht recht klar. Rohlfs schreibt: „Wilde Ehen sind eben so häufig als legitime; es herrscht Vielweiberei und das Gesetz verstattet dem Manne, seine rechtmäßigen Frauen zu verstoßen, die sich dann meist der öffentlichen Prostitution hingeben. So werden uneheliche Kinder in Menge geboren und, da keine Findelhäuser vorhanden sind, gleich nach der Geburt dem Verhungern preisgegeben, höchstens daß bisweilen eines solchen hülflosen Wesens, das Nachts von seiner Mutter auf die Thürschwelle einer Moschee gelegt ist, ein mitleidiger Thaleb[70] oder sonst ein Vorübergehender sich annimmt. Das Volk lebt sorglos in den Tag hinein." [...] **[42]**

Wenige Jahre später veröffentlichte der Sachse Gottlob Krause (1850–1938), der aus der Leipziger Thomasschule entlaufen war und sich 1869 in Tripolis nur kurzzeitig der bald darauf ermordeten niederländischen Afrikareisenden Alexandrine Tinné[71] angeschlossen hatte, eine durch seinen ersten Aufenthalt vor Ort angeregte Fleißarbeit der Übersetzung einer bis dahin unveröffentlichten arabischen Handschrift in

66 Seit der italienischen Annexion 1911 beschränkte sich die administrative Bezeichnung Fessan nurmehr auf den westlichen Teil des beschriebenen Raums innerhalb der völkerrechtlichen Grenzen von Libyen.

67 Siehe ▶ Abschn. 9.1, Die deutsche Gelehrten-Expedition 1873–1874.

68 Dauer der Anpflanzung, bis die Bodenauslaugung einen Fruchtwechsel erzwingt.

69 Gemeint ist die Djofra-Oase, siehe deren Beschreibung durch Rohlfs zwei Seiten weiter unten.

70 Religionsschüler; eine moderne Wortform aus dem asiatischen Raum ist Taliban.

71 Siehe ▶ Abschn. 11.2, Der transsaharische Karawanenhandel, Fußnote 25.

der Bibliothek von La Valetta auf Malta. Aus dieser geht hervor, dass die Osmanen bis zum Beginn des 17. Jahrhunderts wiederholt versuchten, ihre Herrschaft auch auf den Fessan auszudehnen. Daraufhin schlossen beide Seiten 1627 einen bis in die Mitte des 19. Jahrhunderts tragenden Vergleich:

Gottlob Krause: Zur Geschichte von Fesan und Tripoli in Afrika. In: Zeitschrift der Gesellschaft für Erdkunde zu Berlin, 1878: 13, Seite 356–373.

Es kam ein Vertrag zu Stande, [...] dessen Einzelheiten folgende waren:

1. Die Türken sollten das Land Fesan verlassen.
2. Fesan sollte von einem Scheich regiert werden.[72]
3. Mohammed Ben Dschehim sollte [erblicher] Scheich von Fesan sein.
4. Der Scheich sollte jedes Jahr 4.000 Mitkal[73] Gold an Tripoli bezahlen, die Hälfte in Gold und die andere in Sklaven. Ein männlicher Sklave sollte zu 25 Mitkal, eine Sklavin zu 30 und eine Beischläferin zu 80 Mitkal gerechnet werden. Die Unterhaltungskosten der Sklaven auf der Reise von Fesan nach Tripoli sollten vom Scheich von Fesan getragen werden, der auch für jene Sklaven aufkommen sollte, welche unterwegs bis nach Sokna [= Oase Djofra[74]] sterben würden, die dagegen, welche auf der Reise zwischen Sokna und Tripoli sterben würden, sollten der Regierung von Tripoli zur Last fallen.
5. Der Scheich sollte jedes Jahr an verschiedene Würdenträger in Tripoli Geschenke schicken und es werden namentlich aufgeführt: **[365]** der Bei, der Kahja es Sekifa [= Stellvertreter des Beys], der Feld- [...] Kahja [= Truppenkommandeur], der Aga [= Hauptmann] der Türken, der Aga der Araber, der Schreiber der Regierung [= erster Minister], die Schausch [= Zermonienmeister und Regierungsbote].

Man kam ferner überein, dass der Scheich von Fesan jedes Jahr einen Mann mit dem Tribute und den Geschenken an den Bascha[75] von Tripoli schicken sollte. [...] Mohammed Ben Dschehim regierte über Fesan bis zu seinem Tode, welcher 1069 d [er] H [idschra[76] = 1659 n. Chr.] eintrat. Ihm folgte sein Sohn Dschehim, der den Tribut, wie er im Vertrage festgesetzt worden war, bezahlte und ruhig bis 1093 d [er] H [idschra = 1682 n. Chr.] herrschte, dem Jahre seines Todes. [...] **[366]** [...]

72 Nach Friedrich Hornemann (siehe ▶ Abschn. 9.1, Die deutsche Gelehrten-Expedition 1873–1874), der 1799 Murzuk besucht hatte, führten die dortigen Herrscher zwei Staatssiegel, eines mit der Bezeichnung Scheich für die Korrespondenz mit dem osmanischen Bey in Tripolis und eines mit der Bezeichnung Sultan für alle anderen Schriftstücke.

73 Siehe ▶ Abschn. 11.2, Der transsaharische Karawanenhandel, Fußnote 31.

74 Siehe Beschreibung der Oase Djofra durch Rohlfs ab der nächsten Seite.

75 Gemeint ist der Bey von Tripolis.

76 Im Islam erfolgt die Jahreszählung ab dem 622 erfolgten Auszug des Propheten Mohammed aus Mekka nach Medina.

Nachdem dieses Arrangement trotz einiger Konflikte über zwei Jahrhunderte gehalten hatte, erlebte der Fessan einen politischen Umbruch, der seine faktische Unabhängigkeit beendete:

Dies geschah im Jahre 1842, nachdem der verrätherische und grausame türkische Statthalter von Tripoli, Askar Ali Pascha, den Kopf des letzten selbständigen Herrschers von Fesan, des Sultans oder Scheich's Abd el Dschelil eingepöckelt nach Konstantinopel geschickt hatte. [...] **[360]** [...]

Dieser osmanische Gewaltschlag weckte beim Publikum den Wunsch nach einem Bericht über den Fessan, wobei man mangels deutscher Reisender auf eine erste landeskundliche Schilderung aus britischer Feder zurückgreifen musste:

James Grey Jackson: Bilder aus Fezzan und Sudan. In: Das Ausland, 1845: 18.2, Seite 807–808, 815–818, 820.

Fezzan ist eine große, aus mehrern Oasen gebildete Provinz, das ansehnlichste Territorium der ganzen Wüste von Magreb[77]. Residenz des unter tripolitanischer Oberherrschaft stehenden Sultans ist Murzuk, der bedeutendste Marktplatz für das innere Nordafrika, wo die Karawanen von Kairo, Tripoli, Tunis, Tombuctu und Bornu[78] zusammentreffen. Die übrigen Ortschaften von einiger Bedeutung sind: Tragan, vormals Hauptstadt des östlichen Fezzan, mit Teppichfabriken, die vortreffliche Waare liefern. In drei Moscheen versammeln sich die Bekenner des Islam, die des mosaischen Glaubens, die hier sehr zahlreich sind, in einer im besten maurischen Styl erbauten Synagoge. In den Fabriken sind viele Juden beschäftigt, in deren Händen sich auch der Detailhandel **[816]** mit Teppichen befindet. Andere nicht unbeträchtliche Ortschaften von Fezzan sind Gaoma, Ubari und Tibesti mit einer warmen Schwefelquelle. [...] **[817]** [...]

Die erste Kunde über die Stadt Murzuk selbst, einen Hauptknotenpunkt des transsaharischen Karawanenhandels, erhielten deutsche Leser aber schon 1803 durch den 1788 niedergeschriebenen Bericht eines tripolitanischen Gewährsmanns:

77 Mahgreb oder Sonnenuntergang ist die im Arabischen geläufige Bezeichnung der nordwestafrikanischen Staaten von Libyen bis zur Atlantikküste.

78 Siehe ▶ Abschn. 11.2, Der transsaharische Karawanenhandel.

Anonym: Nachrichten von Fezzan, und insbesondere von der Handelsverbindung zwischen diesem Lande und Tripoli. In: Allgemeine geographische Ephemeriden, 1803: 12, Seite 190–202.

Die Stadt Fezzan (richtiger Murzuk) ist eine mit Mauern umgebene Stadt, deren Bewohner auf 18 bis 20.000 Seelen geschätzt werden. Sie hat sieben Thore. Der Sultan von Fezzan ist mächtig und angesehen; sein Gebiet ist von beträchtlichem Umfange. […] Dieser König unterhält eine grosse Zahl Truppen. […] Dieser Sultan bezahlt dem Bascha von Tripoli[79] keinen Tribut; aber um der Erhaltung der Freundschaft und Handelsverbindungen willen, beschenkt er ihn alle Jahr mit einigen Negersklaven. In den Städten von Fezzan herrscht vortreffliche Polizey und auf den Landstrassen vollkommene Sicherheit. Im ganzen Umfange dieses Königreichs findet man keinen Fluss; alles Wasser muss aus gegrabenen Brunnen gezogen werden, deren Quellen nicht tief liegen, und deren Wasser mittelmässig ist; denn man kann es weder gut noch schlecht nennen. **[197]** […]

Die Negersklaven, die man in Fezzan findet, werden von den Handelsleuten aus Burnu[80] gebracht, **[198]** die sie selbst aus Kaschna[81] beziehen, welche Negerstadt ostwärts von Burnu in einer Entfernung von 20 Tagreisen liegt. Diese Handelsleute bringen auch Goldstaub und Elefantenzähne. Die Araber von Audjshelah (gewöhnlich Augila)[82] […] kommen ebenfalls nach Fezzan und konkuriren mit den tripolitanischen Kaufleuten in dem Aufkaufen aller dieser Artikel, ja sie erhandeln sogar den grössten Theil der Negersklaven, des Goldstaubs und des Elfenbeins, welche Waaren sie nach Aegypten verfüren. […] Ehemals [= im 18. Jahrhundert] haben die tripolitanischen Kaufleute sehr viel Goldstaub in Fezzan aufgekauft. Aber seit der Pascha sie nöthigte, dasselbe ihm und zwar auf Kredit oder um einen von ihm selbst bestimmten **[199]** Preiss zu verkaufen, haben sie diesen Handel, der sie zu Grunde richtete, aufgegeben. Die Kaufleute von Burnu beziehen ihren Goldstaub aus Gundscheh, einer Negerstadt im Norden von Guinea.[83] Die Karawanen, die von Burnu nach Fezzan ziehen, sind sehr häufig; sie gebrauchen 35 bis 40 Tage zu dieser Reise, welche gar nicht beschwerlich ist, weil die Reifenden jeden dritten oder vierten Tag eine Stadt antreffen, in welcher sie frische Lebensmittel einkaufen können. Von Zeit zu Zeit schickt auch der König von Fezzan eine Gesandtschaft an den König von Burnu. […] **[200]** […]

79 Gemeint ist der Bey von Tripolis.

80 Das seit dem 13. Jahrhundert am Südrand der Sahara bestehende Sultanat Bornu umfasste um 1800 alle den Tschad-See umliegenden Landschaften. Nach inneren Unruhen wurde dieses einst weit ausstrahlende Kultur- und Handelsreich im April 1900 von französischen Truppen besiegt und größtenteils dessen Kolonialreich einverleibt, während einige Gebiete an die Briten (Nigeria) und Deutschen (Kamerun) fielen.

81 Kaschna oder auch Kassina meint wohl eine Handelsstadt im Norden des heutigen Nigeria; dann liegt diese aber westlich von Bornu und nicht östlich wie in diesem Satz verortet.

82 Die Oasenstadt Audjila im Hinterland der Cyrenaica war ein wichtiger Karawanenknotenpunkt von Benghazi an der Küste und nach Ägypten.

83 Gemeint ist wohl ein Ort im goldreichen Königreich Aschanti im Hinterland der oberguineischen Küste von Westafrika, der späteren britischen Kolonie Gold Coast und dem heutigen Ghana.

Nach derselben Quelle benötigten die Karawanen von Murzuk nach Tripolis, den wichtigsten beiden libyschen Knotenpunkten des Karawanenhandels, für die rund 740 Kilometer Luftlinienstrecke je nach gewählter Route zumindest 25 Tage, in der Regel jedoch 40–45 Tage, da in wasser- und weidereichen Gegenden länger Rast gemacht wurde.
Einen der größten weißen Flecken auf der Karte vom Innern des afrikanischen Kontinents noch in den 1870er-Jahren stellte die weite Strecke im Hinterland der Mittelmeerküste zwischen den Oasen des Fessan um dessen Hauptort Murzuk im Westen und den Oasen im ägyptischen Teil der Libyschen Wüste im Osten dar. Dies zu ändern, nahm sich Gerhard Rohlfs[84] vor, der wohl erfahrenste Saharareisende jener Zeit. Bereits 1868–1869 versuchte er erstmals von der Cyrenaica aus die von Senussi beherrschten Kufra-Oasen zu erreichen, erhielt aber als vermuteter osmanischer Agent keinen Zutritt. Nach der von ihm 1873–1874 geleiteten deutschen Gelehrten-Expedition in die Oasen der Libyschen Wüste von Ägypten – trotz des abermaligen Nichterreichens der Kufra-Oasen die wissenschaftlich ertragreichste seiner zahlreichen Reisen – unternahm Rohlfs 1878 einen dritten Vorstoß zu den Kufra-Oasen.
Im Auftrag der Afrikanischen Gesellschaft in Berlin und mit tatkräftiger Unterstützung der osmanischen Regierung stießen Rohlfs und der böhmische Botaniker Anton Stecker (1855–1888), der im Gegensatz zu seinem eher kulturwissenschaftlich begabten Expeditionsleiter auch in der Kartenaufnahme geschult war, von Tripolis über die Karawanenroute gen Südosten vor. Auf dem Vormarsch kamen die beiden auch durch die im Übergang von Tripolitanien zum Fessan gelegene Oase Djofra, den sie als bedeutenden Etappenort eingehender untersuchten:

Gerhard Rohlfs: Die Oase Djofra. In: Zeitschrift der Gesellschaft für Erdkunde zu Berlin, 1880: 15, Seite 137–151.

Die Oase Djofra hat ihren Namen von der äusserlichen Eigenschaft einer Einsenkung. Djof heisst Bauch, Einsenkung. Eine eigentliche Depression bildet die Oase aber nicht, denn alle vom schwarzen Gebirge und vom Dj [ebel] Machrik kommenden Rinnsale durchlaufen die Oase, werden stellenweise aufgehalten, meistens von Felswänden, und geben dann Veranlassung zum Entstehen der Palmwälder, suchen sich aber stellenweise einen Ausweg durch die nordöstlichen Gebirgsketten, um in regenreichen Jahren das Mittelmeer zu erreichen [■ Abb. 11.5]. Geschichtlich unter dem Namen Djofra ist die Oase erst in neuerer Zeit bekannt geworden, jedoch hat der Ort Uadan in mittelalterlicher Zeit eine gewisse Rolle gespielt, so dass wir ihn nicht nur bei arabischen Geschichtsschreibern und Geographen angeführt finden, sondern, da nie Sokna's und Hon's Erwähnung **[138]** gethan wird, uns zur Annahme berechtigt fühlen, dass jene Ortschaften damals noch nicht existierten, oder doch so unbe-

84 Siehe ► Abschn. 9.1, Die deutsche Gelehrten-Expedition 1873–1874, insbesondere Fußnote 9.

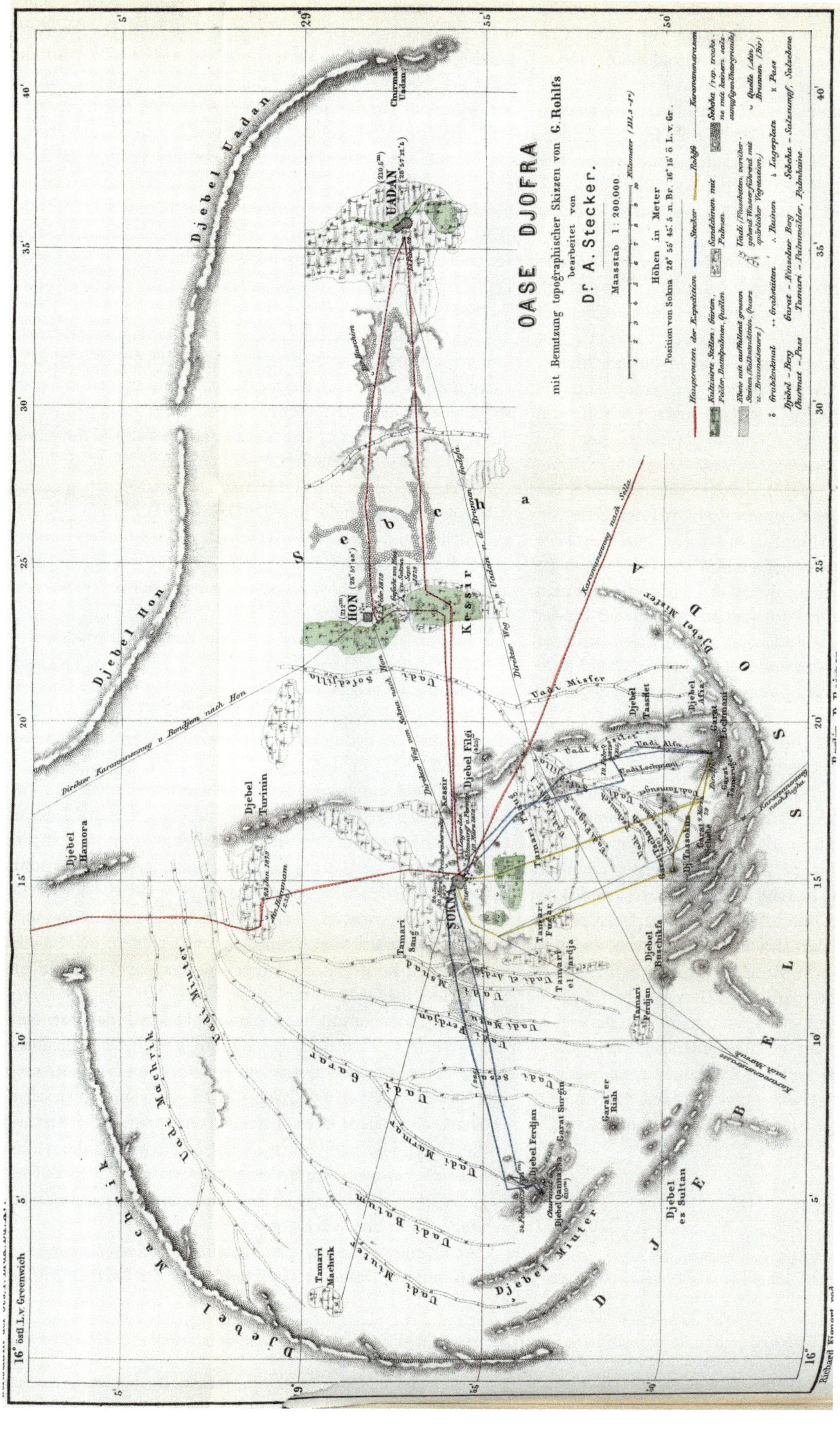

Abb. 11.5 Oase Djofra. Mit Benutzung topographischer Skizzen von G. Rohlfs. In: Zeitschrift der Gesellschaft für Erkunde zu Berlin, 1880: 15, Tafel III

deutend waren, dass man sie mit Stillschweigen überging. […] Die erste neuere Beschreibung von Djofra gibt uns dann Lyon[85], obschon er den Namen Djofra nicht in Erfahrung gebracht zu haben scheint, sondern nur von den drei Orten Sokna, Hoon und Wadan spricht. Lyon sagt: Sokna liegt in einer immensen Kiesebene, hat als Südgrenze in etwa 15 Miles [= ca. 24 Kilometer] Entfernung die schwarzen Berge, und im Osten in einer Entfernung von ca. 30 Miles [= ca. 48 Kilometer] die Uadan-Berge, sowie im Westen einen entfernteren Gebirgszug. Nach ihm hat Sokna etwa 2.000 Einwohner und 200.000 **[139]** versteuerte Palmen. […] **[140]** […]

Djofra hat eine längliche Gestalt, wird im Norden von den Machrik-, Hon- und Uadan-Bergen begrenzt, während im Süden das schwarze Gebirge die natürliche Grenze bildet; im Westen kommen Machrik und Dj [ebel] Ssoda zusammen, im Osten aber verflacht sich das Uadan-Gebirge in die Oase hinein, während nach Südosten dieselbe thatsächliche keine bestimmte Grenze hat. So haben wir denn auch bei unserer Abreise von Sokna in jener letzterwähnten Richtung gefunden, dass […] man den Flächeninhalt mindestens zu 2.000 Q [uadrat]k [ilometer] annehmen [muss]. […] Der Boden der Oase besteht meist aus Sand mit Kalkpartikelchen untermischt, bei der Tiefe von 1,50 m stösst man auf **[141]** eine Thonschicht. In dieser Tiefe findet man an manchen Stellen auch schon Wasser, obschon die eigentliche Wasserschicht sich auf 3,50 m Tiefe findet und man eine Kalksteinschicht zu durchstossen hat, ehe man auf Wasser trifft. Die Fruchtbarkeit des Bodens an und für sich ist daher gleich Null, obschon in den zahlreichen Uidian [= Wadis] nach regenreichen Jahren eine verhältnissmässig üppige Vegetation sich entwickelt. […]

Sokna liegt 268, Hon 212 und Uadan 210 m über dem Meere. Durch diese allerdings nicht bedeutende Höhe wird die grosse Hitze etwas gemindert. Und wenn auch die schwarzen Berge kaum höher als 1.000 m sein dürften […] so muss diese Höhe doch gewiss manchmal genügen, dass die [Winterregen-]Wolken des Mittelmeeres sich dort niederschlagen und Veranlassung zu jenen Erosionen und zu jenen zahlreichen Uidian [= Wadis] gegeben haben, welche Djofra durchziehen. […] Überhaupt bin ich geneigt, keineswegs mehr der Annahme zu huldigen, als ob in den Teilen der Sahara, wo sich wirkliche Rinnsale befinden, der Regen so überaus selten und spärlich sei. Den Angaben der Eingebornen ist in der Beziehung wenig zu trauen. Und dass selbst innerhalb der Oase Djofra der feuchte Niederschlag keineswegs zu den Seltenheiten gehört, wenn er auch nicht regelmässig in jedem Jahre sich einstellt, das beweist der Umstand, dass nach regenreichen Jahren nicht nur von den Honensern geackert wird[86], […]. […]

Sonst participiert Djofra im vollsten Masse am allgemeinen Wüstenklima, d. h. es ist während des grossen Teils des Jahres innerhalb der trockensten Luftregion. Die mittlere Jahrestemperatur dürfte dicht an +30° C [elsius] heranreichen[87]. Während aber innerhalb der Oase ein Fallen des Thermometers auf unter Null wohl nur äusserst selten vorkommen dürfte, friert es Nachts auf den umliegenden Bergen und Hochebenen während der Monate December, Januar und Februar häufig genug. Dass es selbst mitunter an **[142]** Schneefall in Djofra nicht mangelt, bestätigt [der Saharareisende Heinrich] Barth, indem er im J [ahr] 1850 schreibt: „Ebenso haben wir Nachricht aus Fesan, dass der Schneefall in Sokna Anfang Januar so stark gewesen, dass die Leute für den Einsturz ihrer Häuser gefürchtet haben etc. etc." […] **[143]** […]

Die Gesundheitsverhältnisse sind in Djofra ausgezeichnete, und ausser Augenkrankheiten giebt es vielleicht keine wirklich endemischen Übel. Das Wechselfieber [= Malaria] ist in Djofra so unbekannt, dass man diese Krankheit, tritt sie ja einmal auf, die „Fesanische" nennt. Trotzdem erfreuen sich die Bewohner gerade keines sehr gesunden Aussehens, was aber mehr in der verkehrten Lebensweise und in mangelhaften Ernährungsverhältnissen liegt, als in der Luft der Oase. So würde man vielleicht auch den Grund des elenden Wesens der Eingeborenen zum Teil in der Beschaffenheit des schlechten Trinkwassers finden können. Denn obwohl Djofra das süsseste und schönste Trinkwasser inmitten seiner Palmgärten in Hülle und Fülle besitzt, scheuen sich aus angeborener Faulheit **[144]** die Eingeborenen, davon zu trinken. Sie ziehen es vor, ihren Bedarf aus den in ihren Strassen und Haushöfen gelegenen Brunnen zu entnehmen, welche mit brakischem Wasser gefüllt sind, dessen Inhalt durch die Nähe der Latrinen oft genug mit den ekelerregensten Bestandteilen untermengt ist. […] **[145]** […]

Die Dattelpalmen und ihre Fruchtsorten werden von allen Reisenden sehr gelobt, es giebt nun an dreissig verschiedene Arten, und diese Armut der Verschiedenartigkeit erklärt sich aus dem Umstande, weil bei der Züchtung besonders auf das Produkt einer vorzüglichen Mittelsorte Gewicht gelegt wird. Feinere Sorten findet man sonst in Fesan, und die Fesaner werden weitaus von den Sorten der westlichen Oasen übertroffen, so dass man vollkommen Recht hat, zu sagen: je weiter nach dem Westen, desto feiner die Dattelsorten.

Wenn überhaupt in der Sahara die Heimath der Dattelpalmen gesucht werden darf, was allerdings nach [dem Botaniker Georg] Schweinfurth[88] zweifelhaft erscheint, dann müssten wir dies vorzugsweise von den Syrten-Oasen, Kufra und Fesan sagen. Dies sind diejenigen Oasen, in denen Palmen im wilden Zustand vorkommen, und namentlich in Kufra überwiegen die wilden Palmen die gezogenen in bedeutendem Masse. […] Es dürften in ganz Djofra mindestens 50.000 Palmbäume sein; eine Verbuschung kommt hier selten vor.

An Gemüsen und Getreide baut man in Djofra dasselbe, was in den übrigen Oasen gezogen wird, und die Bearbeitung des

85 Der britische Kriegsmarineoffizier George Lyons (1795–1832) wollte 1818 von Tripolis quer durch die Sahara nach Timbuktu am Niger vorstoßen, musste aber schon im Folgejahr nach einigen Streifzügen bei Murzuk umkehren.

86 Gegenwärtig empfängt der zentral gelegene Oasenort Hon im langjährigen Mittel jedoch nur 34 mm Jahresniederschlag, die Regenfeldbaugrenze liegt aber bei ungefähr 300 mm. Der berichtete Ackerbau kann sich deshalb nur auf Untergrundwasser der Wadis und Rückhaltebecken gestützt haben.

87 In der Tat beläuft sich die gegenwärtige Jahresmitteltemperatur von Hon auf 29,1 °Celsius.

88 Siehe ► Abschn. 1.5, Reiche Touristen und arme Handwerksburschen, Fußnote 44.

Bodens mittelst der Hacke erfolgt wie allerwärts in der Sahara. Die Düngung wird sehr rationell getrieben. Von Zeit zu Zeit werden die Ziegenställe gereinigt, der Mist wird mittelst auf Eseln geladener Körbe auf die Felder gebracht; auch die menschlichen Excremente werden derart in Dünger verwandelt, dass von Zeit zu Zeit die Abtritte mit einer Lage Sand überschüttet werden, so dass sich durch Vermischung dann ein vorzüglicher Dünger bildet. Die Berieselung der kleinen, kaum einen Qu [drat]-Meter grossen Felder erfolgt regelmässig, und sie ist natürlich verschiedentlich, je nachdem der Eigentümer Getreide, Gemüse oder melonenartige Gewächse zieht. Da jeder Garteneigentümer seinen eigenen Brunnen hat, meist sind es Ziehbrunnen, so sollte man meinen, dass die Berieselung ganz ohne Streitigkeiten abginge. Dem ist aber nicht so, weil der Grund und Boden nebst Brunnen oft einem ganz anderen Individuum angehört, als die im Garten wachsenden Palmen. Vielleicht sind die Palmen alle, oder einige **[146]** davon, schon ehe der Besitzer in sein Eigentumsverhältnis trat, von seinem Vater oder Vorfahren verkauft worden, vielleicht hat er selbst einige von den Palmen verkauft –, kurz, es kann eine Person Eigentümer mehrerer Hundert Palmen sein, ohne nur einen Qu [drat]-Fuss Erde zu besitzen, und umgekehrt. Diese sonderbaren Eigentumsverhältnisse, sodann die Berieselungsfragen bilden stets den Grund zu den vielen Streitigkeiten und Fehden in Djofra. [...] **[147]** [...]

Die Bewohner der Oase, welche man der Mehrzahl nach zu den Arabern rechnen muss, belaufen sich der Gesammtzahl nach auf etwa 5.000, höchstens 6.000 Seelen[89]. Während Uadan nur von Schürfa (Pl [ural] von Scherif d. h. Abkömmling von Mohammed) und einigen gewöhnlichen Arabern, Hon ausschliesslich von Arabern und die Hauptstadt Sokna zu zwei Dritteln von Berbern, und einem Drittel von Arabern bewohnt wird, muss man in jedem Ort eine grosse Anzahl Sclaven hinzurechnen, denn es giebt wohl kaum einen Freien in Djofra, der nicht mindestens einen Sclaven zu seiner Verfügung hätte. Sodann kommt zur Bevölkerung eine ganze stehende Colonie von Fesanern, [...] die manchmal Jahre bleibend, eine Art von Kuli-Verhältniss mit Berbern und Arabern eingehen, indem sie sich verpflichten, auf so und so lange bei einem Grundbesitzer Sclavendienst (Wasser ziehen, Land behacken, Palmbäume warten, Ausmisten der Latrinen mit Eseln) gegen eine geringe jährliche Ablöhnung (meist nur 120 Piaster und Nahrung[90]) zu leisten, um später wieder nach ihrem Vaterlande zurückzukehren.

Den vornehmsten Rang in der Bevölkerung nehmen natürlich die Schürfa von Uadan ein. Es ist das auch ganz natürlich! Man denke nur, dass sie als wirkliche Abkömmlinge Mohammed's des Stifters der mohammedanischen Religion gelten! Wie würden wir in Europa die Nachkommen verehren, wenn solche von Jesus Christus, oder auch nur von seiner Familie mit einiger Sicherheit nachzuweisen wären! Bei den Mohammedanern schwört eher jeder auf die Echtheit der Schürfa, sobald diese nur während einiger Generationen sich im selben Orte aufgehalten haben. [...] Den zweiten Rang in der Vornehmheit der Bevölkerung sollten eigentlich die Araber einnehmen; thatsächlich ist das aber nicht der Fall. Die Berber in Sokna nehmen an Vornehmheit als Grundbesitzer den zweiten, und was Reichtum anbetrifft, den ersten Platz ein. Ihr Ansehn wird noch dadurch erhöht, dass sich aus ihrer Mitte – abgesehen vom Kaimakam[91], der meistens ein Türke ist – die Regierungsbeamten rekrutieren, dass jener selbst in ihrer Mitte weilt, und sie selbst verschiedene Privilegien geniessen, welche durch Alter und Herkommen geheiligt erscheinen. So dürfen die in Sokna sich aufhaltenden Araber-Stämme nur in bestimmten Strassen Häuser erbauen und erwerben, in den eigentlichen Berberquartieren aber nicht. Durch zahlreiche Verheirathungen mit den Berbern verwandt und verschwägert, kann ein Araber doch kein Berbergrundstück erben, sondern dies fällt erst dem Seitenverwandten berberischen Ursprungs zu, oder, ist ein solcher nicht vorhanden, an den Stamm zurück. Geld und bewegliches Gut, sowie – merkwürdiger Weise – Palmbäume, sind hiervon ausgenommen. [...] **[149]** [...]

Übrigens leben arabische und berberische Stämme in Sokna in gutem Einvernehmen, und brechen z. B. Feindseligkeiten zwischen Sokna und einem der anderen Orte aus, so sieht man in Sokna Berber und Araber wie Ein Mann gegen den äusseren Feind auftreten. Gemeinsames vaterländisches Oasengefühl ist vollkommen unbekannt, und man muss es in der That als einen Fortschritt betrachten, dass die Leute es zu einem gemeinsamen Ortsgefühl gebracht haben. Ich erinnere nur daran, dass den Ghadamsern, welche bis zur Ankunft der Türkenherrschaft stets an grossen, inneren, meist blutigen Zwisten laborirten, das Gefühl gemeinsamer Interessen erst gewaltsam durch die Osmanli [= Osmanen] beigebracht worden ist. Und so mag es in Sokna und in den anderen Orten auch wohl gewesen sein, denn aus alter Leute Mund hört man noch Erzählungen von inneren Kämpfen, während heute [= 1878] nur solche zwischen den verschiedenen Ortschaften vorkommen. Diese allerdings sind häufig höchst blutiger Natur. [...] **[150]**

Den Hauptwiderstand gegen das weitere südöstliche Vordringen stellten aber nicht fehlende Karawanenwege oder gar eine unwirtliche Natur dar, sondern die feindliche Haltung des das Hinterland von Cyrenaica sowie die weite Umgebung der Kufra-Oasen beherrschenden Senussi-Ordens. Diese 1837 in Mekka gegründete und dem arabischen Wahabismus nahestehende radikalislamische Bruderschaft fasste 1842 im faktisch herrschaftsfreien Bergland der Cyrenaica Fuß. Schon in den 1850er-Jahren hatten die Senussi einen straff geführten Ordensstaat in der Nordostsahara errichtet, der auf der Beherrschung des Karawanenhandels beruhte und bis zu ihrem Ende in fast beständigem Konflikt mit der Osmanenherrschaft stand:

89 Vor der libyschen Revolution von 2011 lebten etwa 54.000 Menschen in der Djofra-Oase.

90 Nach Rohlfs entsprach dies etwa 16 Mark im Jahr oder 5 Pfennigen pro Tag plus Polenta aus Gerstenmehl mit Datteln als Verpflegungseinerlei.

91 Siehe ► Abschn. 11.4, Benghazi und die Cyrenaica, Fußnote 48.

Anonym: Djarabub, das Mekka der Senussi. In: Geographische Zeitschrift, 1914: 20, Seite 226–227.

Die nur selten von Europäern besuchte Oase Djarabub[92] liegt am Rande der libyschen Wüste, ungefähr 11 Tagereisen südlich von Derna[93]. In ihr liegt das Grabmal des Gründers der Senussi-Sekte, Sidi-Muhammed es Senussi, welcher hier 1858 sein Hauptquartier errichtete; gegenwärtig [= 1914] haben sich jedoch die Senussi nach der weniger leicht erreichbaren Oase Kufrah zurückgezogen, und Djarabub ist nur noch ein Wallfahrtsort für die Sekte, in dem gegen 350 Einwohner leben. Mit der Moschee ist eine Schule verbunden, in welche die benachbarten Stämme teilweise ihre Kinder zur Erziehung schicken. Achtzig schwarze Sklaven bewachen die Moschee und das Grabmal mit den wenigen sie beschattenden Palmen. [...] Es gibt jetzt [= 1914] in Afrika 140 Senussi-Klöster, Zawias, von denen 12 in Ägypten, 6 in Tripolis und die übrigen in der Cyranaika und im [ägyptischen] Sudan liegen; es gibt ihrer aber auch noch in Arabien. [...] **[226]** [...]

Die fast 1000 Kilometer südlich von Benghazi gelegenen Kufra-Oasen liegen schon im Kontaktraum von Arabern und schwarzafrikanischen Niloten. Zu Letzteren gehörende Beduinen der um das Tibestigebirge lebenden Tubu wurden Mitte des 18. Jahrhunderts von Arabern aus der Cyrenaica verdrängt, die sich ab den 1850er-Jahren dem Senussi-Orden anschlossen und dessen Hochburg wurden. Die sich etwa zwischen 24° und 26° nördlicher Breite und 19° und 23° auf 270–430 m über dem Meeresspiegel erstreckenden Kufra-Oasen sind die Sammelbezeichnung für drei große und zwei kleine Oasen: Kebabo (ca. 8800 Quadratkilometer), Taiserbo (ca. 6300 Quadratkilometer), Sighen (ca. 2000 Quadratkilometer), Buseima (ca. 320 Quadratkilometer) und Erbehna (ca. 310 Quadratkilometer). Mit dieser Ausdehnung stellten die Kufra-Oasen vor der technologischen Bewässerungserschließung des 20. Jahrhunderts die größte Oasenansammlung der zumeist Libysche Wüste genannten nordöstlichen Sahara dar.
Zwar erreichten Rohlfs und Stecker 1879 Kebabo, die größte der Kufra-Oasen, wurden dort jedoch von Senussi angegriffen und noch vor genauerer Erkundung der Oasen zum fluchtartigen Rückzug gezwungen [■ Abb. 11.6]. Entsprechend knapp fiel der Bericht etwa in einem Auszug für den Schulunterricht aus:

Anonym: Die Oase Kufra. In: Zeitschrift für Schulgeographie, 1882: 3, Seite 189–190.

„Das Land steigt von Norden nach Süden an, da die nördlichste Oase Taiserbo etwa 250 m über dem Meere, dagegen Kebabo etwa 400 m höher liegt." Im Norden wird die Oase von einem schmalen Dünenkranze umsäumt. Selbst mitten durch die Oase hindurch ziehen sich Dünen, und diese stehen mit dem libyschen Sandmeere [bis hin zu den ägyptischen Oasen] wahrscheinlich in Verbindung. Der Oasenboden besteht aus mergeligem Sande[94], das Gebirge ruht auf nubischem Sandsteine, der von Kalk überbaut und von lavaartigen Massen übergossen ist. Das ganze Gebirgsrelief erscheint tafelförmig, „als ob das Umland fortgehoben wäre"; alle Spitzen sind gleich hoch, aber ihre Höhe nimmt gleichmäßig nach Süden zu. Nirgends durchrieselt ein Gewässer das Land, obwohl in einer Tiefe von 1–3 m eine mächtige Wasserschicht zu bestehen scheint. Nur ausgedehnte Sümpfe mit kleinen salzigen Seen erfüllen Taiserbo und Kebabo. Augenblicklich stellt sich an ihren Rändern eine eigenthümliche Salzflora [...] ein, während süße Quellen, freilich immer noch mit etwas Bittersalz geschwängert, an ihnen hervorsprudeln. Der Oasen-Archipel besteht aus fünf Hauptinseln: zwei im Norden, eine in der Mitte und zwei im Süden, welche zusammen ein Areal von 17.818 Q [uadrat]-Kilometer enthalten. Innerhalb desselben ist nirgends pflanzenloser Boden; ein Beweis, dass man dem Boden überall gutes Wasser entlocken kann, was Kufra bedeutend vor anderen Oasen der libyschen Wüste auszeichnet. Die Bewohner eines so ausgezeichnet ausgestalteten Landes hält Gerhard Rohlfs für Nachkömmlinge der Garamanten[95], welche viel älter sind als die modernen [nilotischen] Tebu oder Toba. Doch schätzt sie der Genannte, die Sclaven inbegriffen, aus kaum 700 Seelen. Eine so schwache Bevölkerung, dass man gar nicht begreift, wie selbige im Stande sein toll, die Früchte von einer Million Dattelpalmen zu verzehren.

Sonderbarerweise hat diese Thatsache, welche die Bewohner so selbständig hinstellt, ausgereicht, in ihnen den Wunsch rege zu machen, sich von der Welt möglichst abzuschließen, weshalb man auch die Zugänge zu der großen Oase nicht, wie man leicht könnte, durch Brunnen in verschiedenen Zwischenräumen erleichtert. Jedenfalls rührt das von der Herrschsucht des bewussten Snussi-Ordens her. Um jedoch auf die Palmen zurückzukommen, zeigen dieselben das Bestreben, sich zu verbuschen, weshalb man auch einzelne Bäume nur selten findet. Dafür sieht man riesige, bis 20 m hohe Büsche (Hausch in der Landessprache) von 30–50 m Umfang, aus denen heraus sich 20–60 Palmbäume entwickeln. Trotz der möglichst beförderten Abgeschlossenheit eines so fruchtbaren Oasenlandes ziehen doch fortwährend Karawanen von Norden nach Süden und umgekehrt hindurch. Kein Wunder, dass sich mit der Erhebung von Wegegeldern und durch Besitz eine zahlreiche Classe der Schiuh[96] dieser Suya-Bevölkerung bildete; eine Menschenclasse, die ihre eigenen Attribute an und mit sich trägt. In erster Linie gehören für einen Schich ein Ross, ein Windhund, ein Sonnenschirm, ein Falke und eine lange Flinte mit verrostetem Bajonnet. [...]

Die Zugänge zu einer solchen Oase sind äußerst beschwerlich, da sie alle durch eine fürchterliche Wüste führen, und dieses erklärt auch wohl ihre Abgeschlossenheit und ihr Unbekanntsein bis auf Gerhard Rohlfs. Schon 1868 hatte der Reisende versucht, dahin zu kommen, allein er fand niemand, welcher ihn dahin geführt hätte. [...] **[190]**

92 Am Südabhang des Djebel el Akhdar in der Cyrenaica.
93 Küstenort der Cyrenaica etwa halbwegs zwischen Benghazi und Tobruk.
94 Verfestigte Sedimentablagerungen aus feintonigem Material.
95 Ein antikes Volk, das als hervorragende Bewässerungsfeldbauer seit dem 5. Jahrhundert v. Chr. die Nordostsahara beherrschte und erst dem Ansturm der Araber im 7. Jahrhundert n. Chr. erlag.
96 Mehrzahl von Schich als Obere einer islamischen Religionsgemeinschaft.

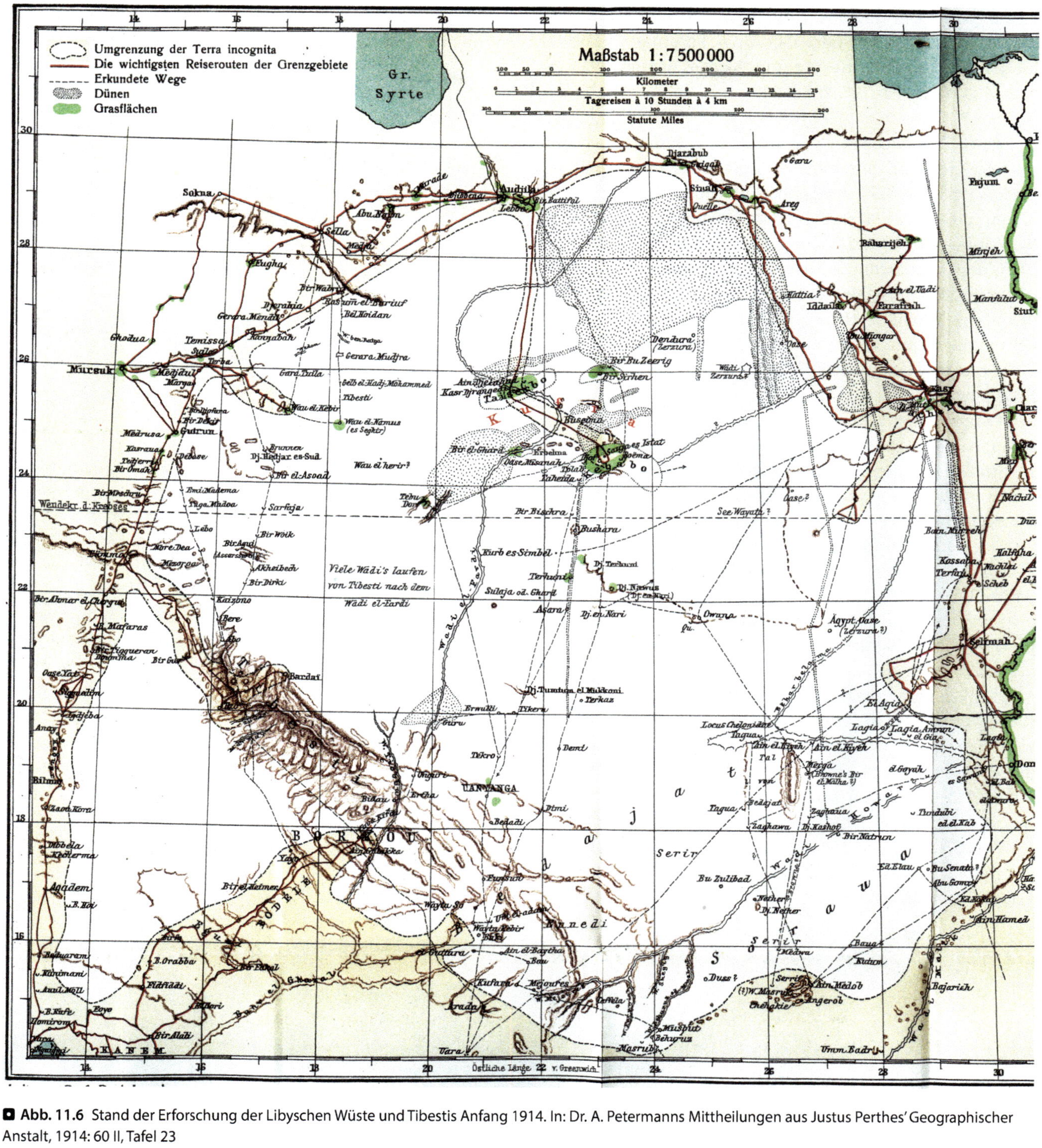

Abb. 11.6 Stand der Erforschung der Libyschen Wüste und Tibestis Anfang 1914. In: Dr. A. Petermanns Mittheilungen aus Justus Perthes' Geographischer Anstalt, 1914: 60 II, Tafel 23

Nach der Rohlfs-Expedition 1879 gelang für ein halbes Jahrhundert kein europäischer Vorstoß mehr in die Kufra-Oasen, wohin die Senussi 1895 ihr Zentrum verlegt hatten und dies unter der Führung des Widerstandskämpfers Omar Muktar bis zur Eroberung durch italienische Kolonialtruppen am 19. Januar 1931 hielten. Aus diesem Grund war noch beim Ausbruch des Ersten Weltkriegs die Libysche Wüste von den ägyptischen Oasen im Osten bis hin zum Tibestigebirge von Europäern unbereist und nicht kartiert geblieben. Nach der Einschätzung von Ewald Banse war dies damit der letzte große weiße Fleck auf der Landkarte von Afrika:

Ewald Banse: Der gegenwärtige Stand der Erforschung der Libyschen Wüste und Tibestis. In: Dr. A. Petermanns Mittheilungen aus Justus Perthes' Geographischer Anstalt, 1914: 60, Seite 137–142, 193–196, 261–264.

Die ganze Terra incognita[97] der östlichen Sahara setzt sich nun aus folgenden Stücken zusammen: L [ibysche] W [üste] mit mindestens 1,4 Mill [ionen] unbekannten Quadratkilometern; Tibesti mit etwa 85- bis 90.000 unbekannten Quadratkilometern; [...]; die Wüste westlich von Tibesti [...]; ferner der Osten und Südosten des Oasenarchipels Fesan (nämlich östlich der Karawanenstraße Tummo – Mursuk – Audschila, aber mit Ausnahme des Weges Mursuk – Uau el kebir) mit vielleicht 100.000 unbekannten Quadratkilometern. Der gesamte Flächeninhalt der Terra incognita der östlichen Sahara umfaßt also 1.940.000 qkm. Erwägt man nun aber, daß auch zwischen der hier angenommenen Ostgrenze der L [ibyschen] W [üste] und dem Nil sowie zwischen ihrer Nordgrenze und dem Mittelmeer die dort bekannten Straßen von ziemlich umfangreichen unbekannten Strichen getrennt werden, so wächst die Zahl der unerforschten östlichen Sahara auf weit über 2 Mill [ionen] qkm an! Das ist also ein Gebiet von der vierfachen Größe des Deutschen Reichs, nicht sehr viel kleiner als der belgische Kongo oder die deutschen Kolonien in Afrika[98]. [...] **[138]** [...]

Seiner Lage und Ausdehnung nach wäre Kufra die beste Basis für die Erforschung der L [ibyschen] W [üste]. Ich glaube aber, der Reisende tut gut daran, diesen Zentralsitz der Ssenussi nach Möglichkeit zu vermeiden oder doch nur seine unbewohnten Ränder zwecks Wasser und Futter zu berühren. Wenn ich auch nicht fürchte, daß die Ssenussi ihn töten würden, so dürften sie ihn doch am Weiterreisen und am Forschen verhindern und schnellstens zurückschicken, falls sie ihn nicht gefangen setzen. Das zu riskieren und damit die Erforschung der völlig unbekannten Teile der L [ibyschen] W [üste] aufs Spiel zu setzen, lohnt aber der Besuch Kufras nicht, da der Oasenarchipel uns in seinen Hauptzügen durch Rohlfs vertraut ist. [...] **[141]** [...]

97 Der lateinische Audruck für unbekanntes Land ist die Schreckensvorstellung der Kartographen, die bis zum Zeitalter der Aufklärung solche Kenntnislücken oft mit Fabelwesen oder ihrer Phantasie ausfüllten, ab dem 18. Jahrhundert aber solche Leerstellen wissenschaftlich korrekt ungefüllt ließen und damit zugleich zur Erforschung herausforderten.

98 Immerhin die vier Schutzgebiete Togo, Kamerun, Deutsch-Südwestafrika (Namibia) und Deutsch-Ostafrika (Tansania, Ruanda und Burundi).

Serviceteil

I. J. Demhardt, *Aus allen Weltteilen Ägypten mit Sudan und Libyen*, Geographische Anthologie des 19. Jahrhunderts,
DOI 10.1007/978-3-662-46274-4

Verzeichnis der verwendeten geographischen Zeitschriften

Allgemeine geographische Ephemeriden
Weimar, 1798: 1–1816: 51, herausgegeben von F. J. Bertuch
Fortsetzung:
Neue allgemeine geographische Ephemeriden
Weimar, 1817: 1–1822: 10, herausgegeben von F. J. Bertuch
Fortsetzung:
Neue allgemeine geographische und statistische Ephemeriden
Weimar, 1822: 11–1831: 31, herausgegeben vom Geographischen Institut

Annalen der Erd-, Völker- und Staatenkunde
(*siehe:* Hertha. Zeitschrift für Erd-, Völker- und Staatenkunde)

Aus allen Welttheilen. Illustriertes Familienblatt für Länder- und Völkerkunde
Leipzig (später: Berlin), 1869/79: 1–1898: 29, Verlag: Paetel
Aufgegangen in: **Globus**

Das Ausland. Wochenschrift [Tageblatt] für Erd- [Länder-] und Völkerkunde [und weitere Untertitel]
Stuttgart (später: München, Augsburg und Tübingen), 1828: 1–1893: 66, [Gründer-]Verlag: Cotta
Aufgegangen in: **Globus**

Deutsche Rundschau für Geographie und Statistik
Wien (später: Budapest und Leipzig), 1878/79: 1–1909/10: 32, Verlag: Hartleben

Dr. A. Petermann's Mittheilungen aus Justus Perthes' Geographischer Anstalt
(*siehe*: Mittheilungen aus Justus Perthes' Geographischer Anstalt über wichtige neue Erforschungen auf dem Gebiete der Geographie [...])

Geographische Zeitschrift
Leipzig (später: Wiesbaden), 1895: 1–1944: 50/1963: 51–Gegenwart, Gründungsherausgeber Alfred Hettner, [Gründer-]Verlag: Teubner, heute: Steiner

Globus. Illustrierte Zeitschrift für Länder- und Völkerkunde [bis 1864: 7: Illustrierte Chronik der Reisen und geographische Zeitung]
Braunschweig, 1861/62: 1–1910: 98, herausgegeben u. a. von Herrmann Meyer [1861–1866] und Richard Kiepert [1875–1910], Verlag: Vieweg
Aufgegangen in: **Dr. A. Petermann's Mittheilungen aus Justus Perthes' Geographischer Anstalt**

Hertha. Zeitschrift für Erd-, Völker- und Staatenkunde
Stuttgart (später: Tübingen), 1825: 1–1829: 14, herausgegeben von Karl Friedrich Vollrath und Heinrich Berghaus, Verlag: Cotta
Fortsetzung:
Annalen der Erd-, Völker- und Staatenkunde
Breslau, 1829/30: 1–1843: 18, herausgegeben von Heinrich Berghaus, Verlag: Grass, Barth & Co.

Mittheilungen aus Justus Perthes' Geographischer Anstalt über wichtige neue Erforschungen auf dem Gesammtgebiete der Geographie [...]
Gotha, 1855: 1–1878: 24, herausgegeben von August Petermann (Verlag: Justus Perthes)
Fortsetzung:
Dr. A. Petermann's Mittheilungen aus Justus Perthes' Geographischer Anstalt
Gotha, 1879: 25–1937: 83, herausgegeben von Ernst Behm [1879–1884], Alexander Supan [1885–1908], Paul Langhans [1909–1937], Verlag: Justus Perthes
Fortsetzung:
Petermanns geographische Mitteilungen
Gotha, 1938: 84–2004: 148, Verlage: Justus Perthes, VEB Hermann Haack, Klett Perthes

Mittheilungen der Kaiserlich-Königlichen Geographischen Gesellschaft in Wien
Wien, 1857: 1–1866/67: 10/Neue Folge 1868: 1 [= 11]–1897: 30 [= 40]/1898: 41–1958: 100
Titel ab 1919: Mitteilungen der Geographischen Gesellschaft in Wien
Fortsetzung:
Mitteilungen der Österreichischen Geographischen Gesellschaft
Wien, 1959: 101–Gegenwart

Monatliche Correspondenz zur Beförderung der Erd- und Himmelskunde
Gotha, 1800: 1–1813: 38, herausgegeben von Franz Xaver von Zach, Verlag: Becker

Monatsberichte über die Verhandlungen der Gesellschaft für Erdkunde zu Berlin
Berlin, 1839/40: 1–1842/43: 4/Neue Folge 1844: 1–1853: 10, Verlag: Schropp [1839–1844], Nicolai [1844–1853]

Neue allgemeine geographische und statistische Ephemeriden
(*siehe:* Allgemeine geographische Ephemeriden)

Vermischte Beyträge zur physikalischen Erdbeschreibung
Brandenburg 1773/74: 1–1786/87: 6, herausgegeben von Johann Friedrich Wilhem Otto, Verlag: Halle und Halle

Zeitschrift der Gesellschaft für Erdkunde zu Berlin
(*siehe:* Zeitschrift für allgemeine Erdkunde)

Zeitschrift für allgemeine Erdkunde
Berlin, 1853: 1–1856: 6/Neue Folge 1856: 1–1865: 19, herausgegeben mit Unterstützung der Geographischen Gesellschaft zu Berlin, Verlag: Reimer

Vorläufer:

Zeitschrift für Erdkunde als vergleichende Wissenschaft
[...], 1842–1850

Fortsetzung:

Zeitschrift der Gesellschaft für Erdkunde zu Berlin
Berlin, 1866: 1–1901: 36/Neue Folge 1902: 37–1944: 79

Fortsetzung:

Die Erde
Berlin, 1949/50: 1–Gegenwart

Zeitschrift für Schulgeographie
Wien, 1880: 1–1911: 32, Verlag: Hölder

Aufgegangen in: Geographischer Anzeiger

Verzeichnis der in Auszügen zitierten Zeitschriftenaufsätze

1 Osmanisches Ägypten – eine Einführung

Anonym (1829): *Aegypten's Eintheilung, Verwaltung, Ertrag, 1827.* In: Neue allgemeine geographische und statistische Ephemeriden, XXX.2: 33–50

Anonym (1828): *Egypten unter Mehmed Ali.* In: Das Ausland, 1.1: 69, 74–75, 78–79, 84, 101–103, 114–115, 118–120, 577–578

Anonym (1836): *Aegypten. Fabriken.* In: Das Ausland, 9.1: 705–706

Anonym (1846): *Ein Besuch bei Mehmed Ali.* In: Das Ausland, 19.1: 475–476

Anonym (1873): *Der Chedive von Aegypten.* In: Globus, 24: 128

Anonym (1875): *Aegypten als Touristen-Ziel.* In: Das Ausland, 48: 461–463

Anonym (1887): *Der Sklavenhandel in Aegypten.* In: Deutsche Rundschau für Geographie und Statistik, 9: 326–327

Anonym (1909): *Fläche und Bevölkerung von Ägypten.* In: Dr. A. Petermann's Mittheilungen aus Justus Perthes' Geographischer Anstalt, 55: 192

Brehm, Alfred (1862): *Wieder zwei Opfer Afrikanischer Reisen: W. V. Harnier und Dr. Th. Bilharz.* In: Mittheilungen aus Justus Perthes' Geographischer Anstalt [...], 8: 274–276

Ehrmann, Theophil (1807): *Ueber die neueste Kunde von Aegypten verglichen mit der älteren. Ein geographisch-kritischer Versuch.* In: Allgemeine geographische Ephemeriden, XXIV.10: 171–193; XXIV.11: 249–289

Frank, Ludwig (1803): *Ueber den Negerhandel zu Kairo (Kahira).* In: Allgemeine geographische Ephemeriden, XI.6: 659–674

Jaeger, Fritz (1907): *Ägypten.* In: Geographische Zeitschrift, 13: 1–23, 71–92

Josaphet, Don (1893): *Die Kophten in Ägypten.* In: Aus allen Welttheilen, 24: 217–221, 235–240

Klunzinger, Carl (1877): *Bädeker's Aegypten.* In: Globus, 32: 47–48

Kremer, Alfred von (1862): *Die Zigeuner in Ägypten.* In: Mittheilungen aus Justus Perthes' Geographischer Anstalt [...], 8: 41–44

Lundstedt, G. F. (1826): *Gegenwärtiger Zustand der Gewerbe und des Handels in Aegypten.* In: Neue allgemeine geographische und statistische Ephemeriden, XIX.14: 417–432

Paul, Ewald (1884): *Die Deutschen in Egypten.* In: Aus allen Welttheilen, 15: 143–145

2 Alexandria und das Nildelta

Anonym (1852): *Alexandria.* In: Das Ausland, 25: 387–388

Andréossy, Antoine-Francois (1800): *Über das Thal der Natron-Seen und den Fluss ohne Wasser.* In: Allgemeine geographische Ephemeriden, V.5: 406–426

Andréossy, Antoine-Francois (1800): *Untersuchung des Menzaleh-Sees [...].* In: Allgemeine geographische Ephemeriden, V.6: 491–512

Kiepert, Heinrich (1872): *Zur Topographie des alten Alexandria. Nach Mahmud Beg's Entdeckungen.* In: Zeitschrift der Gesellschaft für Erdkunde zu Berlin, 7: 337–349

Kürchhoff, Detmer (1908): *Alte und neue Handelsstraßen und Handelsmittelpunkte an den afrikanischen Küsten des roten Meeres und des Golfes von Aden, sowie in deren Hinterländern.* In: Geographische Zeitschrift, 14: 251–267, 312–327

Pleimes, R.C. (1865): *Ein Besuch auf der Messe von Tanta in Aegypten.* In: Globus, 7: 52–53

Prokesch, Anton von (1829): *Ansichten von Egypten. 1. Alexandria.* In: Das Ausland 2.2: 1237–1238

[**Non**, Dominique-Vivant de] (1802): *Auszug aus Denon's Werk über Ägypten.* In: Allgemeine geographische Ephemeriden, X.9: 260–273

Rohlfs, Gerhard (1874): *Das jetzige Alexandrien.* In: Mittheilungen aus Justus Perthes' Geographischer Anstalt [...], 1874: 20 788–791

Sauer, A. (1891): *Das Delta des Nil.* In: Globus, 60: 276–278

Schweinfurth, Georg/Lewin, Louis (1898): *Beiträge zur Topographie und Geochemie des ägyptischen Natron-Tals.* In: Zeitschrift der Gesellschaft für Erdkunde zu Berlin, 33: 1–25

3 Der Nil und seine Oase

Anonym (1774): *Von den periodischen Ueberschwemmungen des Nilstroms in Egypten.* In: Vermische Beyträge zur physikalischen Erdbeschreibung, 1: 64–83

Anonym (1903): *Das Nilstauwerk von Assuan.* In: Globus 83: 76–80

Anonym (1903): *Untergang der Tempelruinen auf Philä.* In: Deutsche Rundschau für Geographie und Statistik, 25: 474–475

Anonym (1907): *Der Nationalreichtum Ägyptens.* In: Geographische Zeitschrift, 13: 271

Anonym (1913): *Die Erhöhung des Nilstaudammes von Assuan.* In: Geographische Zeitschrift, 19: 109–110

Anonym (1913): *Nil-Staudamm bei Assuan.* In: Geographische Zeitschrift, 19: 407

[**Anderlind**, Leo] (1888): *Der Ackerbau in Ägypten.* In: Aus allen Welttheilen, 19: 139–142

[**Clot** Bey] (1847): *Der Nildamm.* In: Das Ausland, 20.2: 751

Kupka, P.F. (1892): *Den Nil hinauf.* In: Deutsche Rundschau für Geographie und Statistik, 14: 145–159, 445–455, 503–511, 551–561

Lampe, Felix (1902): *Die Bewässerung Ägyptens.* In: Zeitschrift der Gesellschaft für Erdkunde zu Berlin, 37: 305–322, 390–410

Moeser, Herman (1901): *Die Nilregulierung und der wirtschaftliche Aufschwung Ägyptens.* In: Globus, 79: 336–338

Rüppell, Eduard (1824): *Briefe des Aegypten reisenden Herrn Eduard Rüppel an Herrn von Zach.* In: Neue allgemeine geographische und statistische Ephemeriden, 13.2: 166–194

Schweinfurth, Georg (1880): *Bemerkungen zu der neuen Karte des Fayum.* In: Zeitschrift der Gesellschaft für Erdkunde zu Berlin, 15: 152–160

[**Ziegler**, Alexander] (1863): *Eine Fahrt auf dem Nil bis zu den nubischen Katarakten.* In: Globus, 4: 289–298, 321–330

Zimmermann, Albert (1898): *Das Staubecken des Nil bei Assuan.* In: Globus, 73: 323–325

Zöppritz, Rudolf (1871): *Ein Ausflug in das Fayum.* In: Aus allen Welttheilen, 2: 94–95, 110–114

4 Kairo und Umgebung

Anonym (1832): *Der Hof des Pascha von Aegypten.* In: Das Ausland, 5.2: 812

Anonym (1877): *Aus Aegypten.* In: Globus, 32: 80

Anonym (1877): *Die Cheops-Pyramide bei Gizeh.* In: Aus allen Welttheilen, 8: 91–93

Anonym (1890): *Die Pyramiden in Ägypten.* In: Aus allen Welttheilen, 21: 315

Ebers, Georg (1868): *Die ägyptischen Pyramiden.* In: Globus, 13: 84–87, 108–112

[**Jomard**, Edmé] (1830): *Cairo.* In: Das Ausland, 3.2: 737–738, 742–743, 769–771, 818–819, 823, 825–826

Kachel, G. (1868): *Ein orientalischer Bazar.* In: Globus, 13: 181–184, 210–212

Rambeau, Adolf (1875): *Am Nil.* In: Aus allen Welttheilen, 6: 206–208, 347–348, 364–367

Roesler, Robert (1872): *Kairo. Topographische Skizzen.* In: Mittheilungen der k. k. Geographischen Gesellschaft zu Wien, 15: 297–327

5 Der Suez-Kanal

Anonym (1798): *Über die Erdenge von Suez und die Vereinigung des Mittelländischen Meeres mit dem Rothen*, Allgemeine Geographische Ephemeriden, 2 (Stück 2 = August): 97–109

Anonym (1830): *Dampfschiffahrt zwischen Suez und Bombay.* In: Das Ausland, 3.1: 694

Anonym (1833): *Die Kanäle von Panama und Suez.* In: Das Ausland, 6.2: 1056

Anonym (1840): *Die Landenge von Suez.* In: Das Ausland, 13.1: 77–79, 83

Anonym (1844): *Canal von Suez.* In: Das Ausland, 17.1: 296

Anonym (1850): *Verkehr über Suez.* In: Das Ausland, 23: 1184

Anonym (1851): *Omnibus für die Wüste von Suez.* In: Das Ausland, 24: 176

Anonym (1855): *Das Project des Hrn. v. Lesseps über die Durchstechung der Landenge von Suez.* In: Das Ausland, 28: 845–848

Anonym (1859): *Der Süßwasserkanal vom Nil ins rothe Meer.* In: Das Ausland, 32: 305–306

Anonym (1863): *Die Arbeiten an dem Kanal auf der Landenge von Suez.* In: Globus, 2(3): 188–189

Anonym (1864): *Der Süsswaser-Kanal vom Nil nach Sues.* In: Mittheilungen aus Justus Perthes' Geographischer Anstalt, 10: 220–222

Anonym (1867): *Stand der Arbeiten am Suez-Kanal, 1. Juli 1867.* In: Mittheilungen aus Justus Perthes' Geographischer Anstalt, 13: 394–395
Anonym (1871): *Der Verkehr auf dem Suez-Kanal.* In: Mittheilungen aus Justus Perthes' Geographischer Anstalt, 17: 276
Anonym (1889): *Endpunkte des Suezkanals.* In: Globus, 56: 304
Anonym (1895): *Suezcanal-Verkehr 1893.* In: Zeitschrift für Schulgeographie, 16: 25
Anonym (1904): *Gegen die Malaria am Suezkanale.* In: Deutsche Rundschau für Geographie und Statistik, 26: 304
[**Andree**, Karl] (1862): *Wie steht es mit dem Suez-Kanal.* In: Globus, 1 (1): 52–55
Bader, H. (1869): *Die Bittersee'n des Suez-Kanals.* In: Mittheilungen aus Justus Perthes' Geographischer Anstalt, 15: 471–472
[**Berghaus**, Heinrich] (1833/34): *Eisenbahn zwischen Kairo und Suez.* In: Annalen der Erd-, Völker- und Staatenkunde, 9: 368
Fitzau, August (1913): *Suezkanal.* In: Geographische Zeitschrift, 19: 579–580
Foetterle, Franz (1857): *Bericht über die Durchstechung der Landenge von Suez an die k. k. geographische Gesellschaft von der hierzu gewählten Commission [...].* In: Mittheilungen der k. k. Geographischen Gesellschaft in Wien, 1: 67–82
Rösler, Robert (1872): *Die Canalbauten auf dem Isthmus von Suez in alter und neuer Zeit.* In: Das Ausland, 45: 270–274
Schweinfurth, Georg (1864): *Georg Schweinfurths Fahrt auf dem Suez-Kanal.* In: Globus, 3(6): 33–42
Wildenbruch, [Louis von] (1849): *Ueber die Schwierigkeiten, welche sich der Ausführung einer Canalverbindung zwischen dem Mittelländischen und Rothen Meere entgegenstellen dürften.* In: Monatsberichte [...] der Geographischen Gesellschaft zu Berlin, 10: 29–43

6 Die Sinai-Halbinsel

[**Berghaus**, Heinrich] (1831): *Auszug aus dem geographischen Memoir zur Erklärung und Erläuterung der Karte von Arabia und dem Nillande (als Probe der Berarbeitung von Berghaus' Atlas von Asia.).* In: Annalen der Erd-, Völker- und Staatenkunde, 5: 1–64
[**Natterer**, Konrad] (1898): *Ein Besuch des Sinai.* In: Zeitschrift für Schulgeographie, 19, Seite 154–159
Saul, J. (1902): *Auf der Sinai-Halbinsel. Vom Dschebel Musa nach el-Akaba.* In: Deutsche Rundschau für Geographie und Statistik, 25: 1–9
Seetzen, Ulrich (1808): *Auszug aus einem Schreiben des Russisch-Kaiserlichen Cammer-Assessors, Dr. U. J. Seetzen.* In: Monatliche Correspondenz zur Beförderung der Erd- und Himmelskunde, 17: 132–163
Steudner, Hermann (1861): *Die Deutsche Expedition bei den Moses-Quellen im Peträischen Arabien.* In: Mittheilungen aus Justus Perthes' Geographischer Anstalt, 7: 427–429
Umanez [= Aleksandr Umanets] (1851): *Das Betreten des Sinaiklosters.* In: Das Ausland, 24: 221–222

7 Das Rote Meer

Anonym (1774): *Woher das rothe Meer seinen Namen habe?* In: Vermischte Beyträge zur physikalischen Erbeschreibung, 1774: 1: 115–117
Anonym (1869): *Das rothe Meer in seiner Bedeutung für den Handel.* In: Mittheilungen der k. k. Geographischen Gesellschaft in Wien, 12: 333–352
Klunzinger, Carl (1871): *Ueber den Fang und die Anwendung der Fische und anderer Meersgeschöpfe im Rothen Meere.* In: Zeitschrift der Gesellschaft für Erdkunde zu Berlin, 6: 58–72
Kropp, Wilhelm (1872): *Die Beschiffung des rothen Meeres.* In: Mittheilungen der k. k. Geographischen Gesellschaft in Wien, 15: 348–363
Kürchhoff, Detmer (1908): *Alte und neue Handelsstraßen und Handelsmittelpunkte an den afrikanischen Küsten des roten Meeres und des Golfes von Aden, sowie in deren Hinterländern.* In: Geographische Zeitschrift, 14: 251–267, 312–327
Marbois, M. (1828): *Das rothe Meer.* In: Ausland, 1(1+2): 725–727, 738–739

8 Die Arabische Wüste

Floyer, Ernest (1893): *Die Ursachen der Wüstennatur des Landes zwischen Nil und dem roten Meer.* In: Globus, 63: 83
Güßfeldt, Paul (1877): *Reise durch die Arabische Wüste.* In: Mittheilungen aus Justus Perthes' Geographischer Anstalt [...], 23: 252–258, 339–346
Schweinfurth, Georg (1887): *Forschungen im arabischen Wüstenplateau von Mittelägypten.* In: Dr. A. Petermann's Mittheilungen aus Justus Perthes' Geographischer Anstalt, 33: 193–196

9 Die Libysche Wüste und ihre Oasen

Anonym (1899): *Deutsche Forschungsreise durch Nordafrika von hundert Jahren.* In: Deutsche Rundschau für Geographie und Statistik, 21: 233
Ascherson, Paul (1875): *Die Libysche Wüste und ihre Oasen.* In: Das Ausland, 48: 1005–1009, 1028–1032
Grünau, Curt von (1899): *Bericht über meine Reise nach Siwah.* In: Zeitschrift der Gesellschaft für Erdkunde zu Berlin, 34: 271–280
Parthey, Gustav (1839-39): *Die Einsenkungen unter dem Niveau des Mittelmeeres.* In: Annalen der Erd-, Völker- und Staatenkunde, 7: 327–334
Rohlfs, Gerhard (1874): *Die deutsche Expedition in der libyschen Wüste.* In: Globus, 1874: 25: 169–170
[**Zittel**, Karl] (1874): *Die deutsche Expedition in der libyschen Wüste.* In: Globus, 1874: 25: 318–320

10 Der osmanisch-ägyptische Sudan

Anonym: (1812) *Durch wen wurde das Reich Fur oder Darfur im Innern von Afrika den Europäern zuerst bekannt?* In: Allgemeine geographische Ephemeriden, 28.5: 3–11
Anonym (1862): *Nubien und seine Eroberung durch Aegypten.* In: Das Ausland, 35: 569–574
Anonym (1864): *Die österreichische Mission zu Gondokoro am oberen Weißen Nil.* In: Globus, 5: 287
Anonym (1867): *Der Handel am oberen Nil.* In: Mittheilungen aus Justus Perthes' Geographischer Anstalt [...], 13: 455
Anonym (1872): *Die Reform der Zustände im ägyptischen Sudan.* In: Das Ausland, 45: 926–929
Anonym (1875): *Darfur.* In: Das Ausland, 48: 96–98
Anonym (1887): *Vandalismus.* In: Globus, 51: 160
Anonym (1888): *Schicksal von Lupton, Slatin und der übrigen Gefangenen des Mahdi.* In: Dr. A. Petermann's Mittheilungen aus Justus Perthes' Geographischer Anstalt, 34: 219–221
Anonym (1899): *Neu-Chartum.* In: Deutsche Rundschau für Geographie und Statistik, 21: 284
Anonym (1900): *Das neue Khartum.* In: Deutsche Rundschau für Geographie und Statistik, 22: 426–427
Anonym (1902): *Chartum.* In: Geographische Zeitschrift, 8: 290
Anonym (1828): *Schiffsverkehr auf dem Nil und seinen Nebenflüssen.* In: Geographische Zeitschrift, 8: 104
Anonym (1903): *Eisenbahn von Suakin nach Berber.* In: Geographische Zeitschrift, 9: 410
Anonym (1905): *Besiedlungsverhältnisse von Chartum.* In: Geographische Zeitschrift, 11: 56
Anonym (1905): *Neuer Handelshafen an der afrikanischen Küste des roten Meeres.* In: Geographische Zeitschrift, 11: 709–710
Anonym (1908): *Die neue Stadt Port Sudan.* In: Globus, 94: 211–212
[**Andree**, Karl] (1862): *Chartum, die Hauptstadt des ägyptischen Sudan. Die Anwohner des weißen Nils und des Gazellenflusses.* In: Globus, 2: 353–359
Baker, Samuel (1863): *Die Sklavenjagden der Europäer am Weißen Nil.* In: Globus, 3: 214–215
[**Baker**, Samuel] (1873): *Samuel Baker's Expedition nach dem oberen Weißen Nil.* In: Mittheilungen aus Justus Perthes' Geographischer Anstalt [...], 19: 361–366
Baudey (1852): *Über die Straßen nach Darfur.* In: Das Ausland, 25: 719
[**Berghaus**, Heinrich] (1836/37): *Skizzen aus Nubien. Nach Cadalvene und Breuvery.* In: Annalen der Erd-, Völker- und Staatenkunde, 3: 133–167
Brehm, Alfred (1856): *Charthum und seine Bewohner.* In: Zeitschrift für allgemeine Erdkunde, 6: 27–48, 208–227
Buchta, Richard (1884): *Der Aufstand im Sudan.* In: Das Ausland, 57: 181–186, 212–216, 226–230, 249–254, 301–308
Heuglin, Theodor von (1865): *Reise durch die Wüste von Berber nach Sauakin, September 1864.* In: Mittheilungen aus Justus Perthes' Geographischer Anstalt [...], 11: 165–171

Marno, Ernst (1874): *Ueber Sclaverei und die jüngsten Vorgänge im egyptischen Sudan. Die Nilfrage.* In: Mittheilungen der k. k. Geographischen Gesellschaft zu Wien, 17: 243–255
Marno, Ernst (1880): *Ueber die Pflanzen-Barren im oberen Weissen Nil.* In: Mittheilungen der k. k. Geographischen Gesellschaft zu Wien, 23: 401–409
Martonne, Emannuel de (1897): *Die Hydrographie des oberen Nil-Beckens.* In: Zeitschrift der Gesellschaft für Erdkunde zu Berlin, 32: 303–342
Mason-Bey [= Alexander Mason] (1880): *Dar-For.* In: Dr. A. Petermann's Mittheilungen aus Justus Perthes' Geographischer Anstalt, 26: 377–381
Oberhummer, Eugen (1915): *Der Ägyptische Sudan.* In: Zeitschrift der Gesellschaft für Erdkunde zu Berlin, 50: 265–314
Rüppell, Eduard (1825): *Nachricht über Rüppel's Reise in Afrika.* In: Neue allgemeine geographische und statistische Ephemeriden, 15.4: 121–126
Schweinfurth, Gustav (1865): *Reise von Suakin nach Kassala. April 1865.* In: Zeitschrift für allgemeine Erdkunde, Neue Folge 19: 385–406
Seetzen, Ulrich (1809): *Nachrichten von dem Negerlande Fur (Dar Fur).* In: Monatliche Correspondenz zur Beförderung der Erd- und Himmelskunde, 19: 429–446

11 Wilayat Tripolitanien – der Vorläufer von Libyen

Anonym (1803): *Nachrichten von Fezzan, und insbesondere von der Handelsverbindung zwischen diesem Lande und Tripoli.* In: Allgemeine Geographische Ephemeriden, 12: 190–202
Anonym (1829): *Das jetzige Cyrenaica.* In: Das Ausland, 2.1: 177–179, 181–183, 185–188
Anonym (1848): *Die Regentschaft Tripolis.* In: Das Ausland, 21: 315–316, 319–320
Anonym (1875): *Gerhard Rohlfs zu Murzuk im Fessan.* In: Globus, 27: 41–42
Anonym (1882): *Die Oase Kufra.* In: Zeitschrift für Schulgeographie, 3: 189–190
Anonym (1902): *Handelsbeziehungen zwischen Tripolis und seinem Hinterlande.* In: Geographische Zeitschrift, 8: 706–707
Anonym (1912): *Italiens Besetzung von Tripolitanien.* In: Geographische Zeitschrift, 18: 702
Anonym (1914): *Djarabub, das Mekka der Senussi.* In: Geographische Zeitschrift, 20: 226–227
Banse, Ewald (1908): *Das nordafrikanische Tripolis und seine Mnschia.* In: Dr. A. Petermann's Mittheilungen aus Justus Perthes' Geographischer Anstalt, 54: 49–57, 78–85
Banse, Ewald (1908): *Der Orient - ein geographischer Begriff?* In: Deutsche Rundschau für Geographie und Statistik, 31: 1–7
Banse, Ewald (1914): *Der gegenwärtige Stand der Erforschung der Libyschen Wüste und Tibestis.* In: Dr. A. Petermann's Mittheilungen aus Justus Perthes' Geographischer Anstalt, 60: 137–142, 193–196, 261–264
Beurmann, Moritz von (1862): *Brief des Herrn Moritz von Beurmann an Herrn Dr. H. Barth.* In: Zeitschrift für allgemeine Erdkunde, Neue Folge 12: 404–413
[**Graberg** von Hemsö, Jacob] (1828): *Gegenwärtiger Zustand von Tripoli.* In: Das Ausland, 1.2: 1337–1338, 1351–1352
Grothe, Hugo (1897): *Ein Besuch in Bengasi (Cyrenika).* In: Globus, 70: 236–240
Grothe, Hugo (1898): *Tripolitanien und der Karawanenhandel nach dem Sudan.* In: Deutsche Geographische Blätter, 21: 88–110
Jackson, James Grey (1845): *Bilder aus Fezzan und Sudan.* In: Das Ausland, 18.2: 807–808, 815–818, 820
[**Kelch**] (1883): *Die Bucht von Tobruk.* In: Globus, 44: 204–205
Krause, Gottlob (1878): *Zur Geschichte von Fesn und Tripoli in Afrika.* In: Zeitschrift der Gesellschaft für Erdkunde zu Berlin, 13: 356–373
[**Lorent**, A. von] (1848): *Die Stadt Tripolis in Nordafrika.* In: Das Ausland, 22: 685–686, 690–691
Rohlfs, Gerhard (1869): *Bengasi.* In: Das Ausland, 42: 947–952
Rohlfs, Gerhard (1880): *Die Oase Djofra.* In: Zeitschrift der Gesellschaft für Erdkunde zu Berlin, 15: 137–151

Orts- und Personenregister

A

B

C

D

E

M

N

O

P

Q

R

S

T

U

V

W

Z